U0249876

住房城乡建设部土建类学科专业"十三五"规划教材
高等学校建筑学专业推荐系列教材
国家级精品资源共享课程教材
国家级精品课程教材

BUILDING PHYSICS

建筑物理 （图解版）（第二版）

重庆大学　杨春宇　唐鸣放　谢辉　主编
冉茂宇　陈仲林　康健　主审

(GRAPHIC EDITION)

中国建筑工业出版社

图书在版编目（CIP）数据

建筑物理 : 图解版 =BUILDING PHYSICS（GRAPHIC EDITION）/ 杨春宇，唐鸣放，谢辉主编 . —2 版 . —北京：中国建筑工业出版社，2020.12（2024.6 重印）

住房城乡建设部土建类学科专业"十三五"规划教材 高等学校建筑学专业推荐系列教材　国家级精品资源共享课程教材　国家级精品课程教材

ISBN 978-7-112-25247-3

Ⅰ. ①建… Ⅱ. ①杨… ②唐… ③谢… Ⅲ. ①建筑物理学 - 高等学校 - 教材　Ⅳ. ① TU11

中国版本图书馆 CIP 数据核字（2020）第 099588 号

为了更好地支持相应课程的教学，我们向采用本书作为教材的教师提供课件，有需要者可与出版社联系。

建工书院：https://edu.cabplink.com
邮箱：jckj@cabp.com.cn　电话：010-58337285

责任编辑：陈　桦
文字编辑：柏铭泽
书籍设计：康　羽
责任校对：李美娜

住房城乡建设部土建类学科专业"十三五"规划教材
高等学校建筑学专业推荐系列教材
国家级精品资源共享课程教材
国家级精品课程教材

建筑物理

BUILDING PHYSICS（GRAPHIC EDITION）

（图解版）（第二版）

重庆大学　杨春宇　唐鸣放　谢辉　主编

冉茂宇　陈仲林　康健　主审

＊

中国建筑工业出版社出版、发行（北京海淀三里河路 9 号）
各地新华书店、建筑书店经销
北京雅盈中佳图文设计公司制版
建工社（河北）印刷有限公司印刷

＊

开本：787 毫米 ×1092 毫米　1/16　印张：32　字数：720 千字
2020 年 12 月第二版　2024 年 6 月第十二次印刷
定价：59.00 元（赠教师课件）
ISBN 978-7-112-25247-3
（35864）

——— Preface ———

第二版前言

建筑学教育主要是由建筑设计及其理论、建筑技术科学和建筑历史及其理论三大板块组成。建筑物理是建筑技术课程之一，是一门专业基础课，又是一门理论课，它是由建筑热工学、建筑光学和建筑声学三部分组成。本书的内容继续发扬了"厚基础、宽口径"的指导思想，在撰写本书时，我们不但参考了全国一级注册建筑师考试大纲，采用了与建筑物理相关的现行规范、标准，而且还考虑了加强学习建筑物理概念和原理的主观能动性。本书把整个建筑物理分为基础篇、应用篇和发展篇三大部分：基础篇的基本概念，采用了图解建筑物理的方式来阐述；应用篇中介绍了建筑物理在建筑相关领域中的实际应用；发展篇介绍了建筑物理在近年来重要的或有代表性的技术成果及发展趋势。三部分内容使建筑物理这一门理论课的教学更为生动、形象，并拓宽了学生视野及知识难点和要点，更容易被学生接受。通过建筑物理课程学习，让同学们能熟练地掌握建筑物理学的基本原理以及正确应用调整和控制建筑物理环境条件的技术措施和方法，创造出适宜的物理环境，达到绿色建筑和健康建筑的要求，实现可持续发展的战略目标。

我国高等学校建筑类学科设置建筑物理课程已有半个多世纪了，建筑物理的教学、实验和应用已形成了较完整的学科体系。本书对已有内容进行了重组，对于实验内容已从本书中去掉，同时重新编写"建筑物理实验"的内容，并在已有的验证性实验基础上，增加创新性实验，目的是提高学生的学习兴趣和主动性。本书与"建筑物理实验"组成完整的建筑物理系统教材，这样会更有利于理论联系实际。

本书聘请华侨大学建筑学院冉茂宇教授对建筑热工学、重庆大学陈仲林教授对建筑光学、英国伦敦大学学院康健教授对建筑声学进行审阅。审阅人提出了许多宝贵意见，对提高本书的编写质量起到了重要作用。

本书由杨春宇、唐鸣放、谢辉主编，编写工作的分工如下：

前言、目录　杨春宇

基本符号　杨春宇、唐鸣放、谢辉

第1篇　基础篇

第1章：杨春宇

第2章：唐鸣放

第3章：杨春宇

第4章：何荥、谢辉

第2篇　应用篇

第5章：唐鸣放、张海滨（5.1）、杨真静（5.2）、许景峰（5.3）、张海滨（5.4）

第6章：杨春宇

第7章：许景峰（7.1）、何荥（7.2）、谢辉（7.2）、谢辉（7.3）

第3篇　发展篇

第8章：冯驰

第9章：杨春宇、何荥和梁树英（9.1）、杨春宇（9.2.1.1）、翁季（9.2.2.2）、段然（9.2.2.3）、杨春宇（9.3）

第10章：谢辉

本书的"植物夜景照明"章节由重庆工商大学副教授段然编写，在本书的编写过程中，尹轶华老师，刘英婴老师，博士后黄彦，博士生方巾中、熊珂、任晶、马俊涛、阳佩良、何伟、李亨、刘俊超、葛煜喆、肖玉玮、刘玮璠、邓智骁，硕士生汪统岳、王燕尼、李娟洁、李官未参加了本书的编写和校核工作，噪声控制工程实例2～4由深圳中雅机电提供，在此表示感谢。

限于编者的水平，书中错误和遗漏之处，恳切希望使用本书的读者批评指正。

杨春宇

2019年11月

—— Preface ——

第一版前言

　　建筑学教育是由建筑设计、建筑技术和历史理论三大板块组成的。建筑物理既是一门建筑技术课，也是一门专业基础课，还是一门理论课，它由建筑热工学、建筑光学和建筑声学三部分组成。本书的内容继续发扬了现行教材的"厚基础、宽口径"的指导思想。在撰写本书时，不但参考了全国一级注册建筑师考试大纲，采用了与现行的建筑物理相关的规范、标准；而且还考虑了使建筑学专业的学生学习建筑物理概念和原理的能动性。本书把整个建筑物理分为基础篇和应用篇两大部分。基础篇的基本概念采用了图解建筑物理的方式来阐述；应用篇介绍了数字技术在建筑物理中的应用。使建筑物理这一门理论课的教学更为生动、形象，更能符合学生的实际情况，通过建筑物理课程学习，就能熟练地掌握建筑物理学的基本原理，以及正确应用调整和控制建筑物理环境条件的技术措施和方法，创造出适宜的物理环境，达到节能和节约材料的目的，实现可持续发展的战略目标。

　　我国高等学校建筑类学科设置建筑物理课程已有半个多世纪了，建筑物理的教学、实验和应用已形成了较完整的学科体系。本书对已有内容进行了重组，对于实验内容已从原《建筑物理》书中去掉，同时重新编写了一本《建筑物理实验》教材，并在已有的验证性实验基础上，增加了创新性实验，目的是提高学生的学习兴趣和主动性。本课程是2009年国家级精品课程，并有配套的教学课件、教学大纲和全程授课录像等网上资源供下载。

　　本书主编聘请重庆大学丁小中教授进行审阅，并聘请华南理工大学李建成副教授对数字技术在建筑物理中的应用部分进行了审阅。审阅人提出了许多宝贵意见，对提高本书的编写质量起到了重要作用。

　　本书由陈仲林、唐鸣放主编。编写工作的分工如下：

前言、目录、第1章：陈仲林

第2章：唐鸣放

第3章：陈仲林

第4章：何　荥

第 5 章：许景峰（5.1、5.3）唐鸣放（5.2、5.4）

第 6 章：陈仲林

第 7 章：许景峰（7.1）何 荥（7.2）

第 8 章：宗德新 何 荥 许景峰 胡英奎

在本书的编写过程中，还有刘炜、杨春宇、严永红、刘英婴、罗玮、黄彦、黄珂、蒋琳、石丹、谷海东等也参加了本书的编写和校核工作，在此表示感谢。

限于编者的水平，书中错误和疏漏在所难免，恳切希望使用本书的读者批评指正。

陈仲林

2009 年 1 月

第1篇 基础篇

第2篇 应用篇

第3篇 发展篇

基本符号表

B	感觉量；		P	水蒸气分压力，Pa；
F_o	波的能量；		P_s	饱和水蒸气分压力，Pa；
F_r	反射波的能量；		P_i	室内空气水蒸气分压力，Pa；
F_α	吸收波的能量；		P_e	室外空气水蒸气分压力，Pa；
F_τ	透射波的能量；		Q	传热量，W；
S	刺激量；		q	热流强度，W/m²；
α	吸收系数；		q_c	对流换热强度，W/m²；
	光吸收比；		q_r	辐射换热强度，W/m²；
	视角，（′）；		R	热阻，m² · K/W；
τ	透射系数；		R_i	内表面热换阻，m² · K/W；
	光透射比；		R_e	外表面热换阻，m² · K/W；
r	反射系数；		R_o	总热阻，m² · K/W；
	辐射热反射系数；		S	材料蓄热系数，W/（m² · K）；
	光反射比。		SD	遮阳系数；
			T_m	地方平均太阳时，h；

建筑热工学

			T_o	标准时间，h；
			t_d	露点温度，℃；
A	温度波动振幅，℃；		t_e	室外空气温度，℃；
A_s	太阳方位角，deg；		t_i	室内空气温度，℃；
A_w	墙的方位角，deg；		t_{sa}	室外综合温度，℃；
B	地面吸热指数，W/（m²·h⁻¹ᐟ²·K）；		T	绝对温度，K；
C	物体表面辐射系数，W/（m²·K⁴）；		ω	水蒸气渗透强度，g/（m² · h）；
c	比热容，kJ/（kg · K）；		a_c	对流换热系数，W/（m² · K）；
D	热惰性指标（无量纲）；		a_e	外表面换热系数，W/（m² · K）；
E	全辐射本领，W/m²；		a_i	内表面换热系数，W/（m²·K）；
E_λ	单色辐射本领，W/（m² · μm）；		a_r	辐射换热系数，W/（m² · K）；
H	蒸汽渗透阻，（m²·h·Pa）/g；		δ	太阳赤纬角，度；
H_o	总蒸汽渗透阻，（m²·h·Pa）/g；		ε	黑度；
h_s	太阳高度角，deg；		θ	表面温度，℃；
I	太阳辐射照度，W/m²；		λ	材料导热系数，W/（m · K）；
K	传热系数，W/（m² · K）；			辐射线波长，μm；

μ	水蒸气渗透系数，g/（m·h·Pa）；	K_w	侧窗采光的室外遮挡物挡光折减系数；
v	衰减度；		
v_o	室外热作用谐波传到围护结构内表面时的总衰减度；	L_α	亮度，cd/m²；
		L_t	目标亮度，cd/m²；
ξ_o	总延迟时间，h；	L_b	背景亮度，cd/m²；
ρ	材料密度，kg/m³；	L_θ	仰角为 θ 的天空亮度，cd/m²；
ρ_s	太阳辐射热吸收系数；	L_z	天顶亮度，cd/m²；
τ	时间，h；	H	色调；
	透射系数；	V	明度；
ϕ	相位角，deg；	N	中性色；
φ	空气相对湿度，%。	R_a	一般显色指数；
		R_i	特殊显色指数；

建筑光学

		ΔE	色差；
A	面积，m²；	RCR	室空间比；
C	彩度；采光系数，%；亮度对比；	CCR	顶棚空间比；
C_{av}	顶部采光系数平均值，%；	$\dfrac{V}{r}(\lambda)$	光谱光视效率；
C_{min}	侧面采光系数最低值，%；		光热比；
C_d	天窗窗洞口的采光系数，%；	η	灯具效率，导光管的采光系统效率，%；
C'_d	侧窗窗洞口的采光系数，%；		
C_u	照明装置的利用系数；	ρ	材料反射比；
d	识别物件细节尺寸，mm；	λ_m	在明视觉条件下视感觉最大值对应的波长，nm；
E	照度，lx；		
E_n	室内照度，lx；	Ω	立体角，sr；
E_w	室外照度，lx；	UGR	统一眩光值；
ϕ	光通量，lm；	CRF	对比显现因数；
I_α	发光强度，cd；	LPD	照明功率密度，W/m²。
K_f	晴天方向系数；		
K	光气候系数；维护系数；		

建筑声学

K_c	侧面采光的窗宽系数；	A	吸声量，m²；
K_q	高跨比系数；	ANC	有源噪声控制；
K_r	顶部采光的室内反射光增量系数；	c	声速，m/s；
		C	粉红噪声频谱修正量；
K'_τ	侧面采光的室内反射光增量系数；	C_{tr}	交通噪声频谱修正量；
		$C\,(C_{80})$	音乐明晰度指标，dB；
K_τ	天窗总透光系数；	D	言语明晰度，%；
K'_τ	侧窗总透光系数；	EDT	早期衰减时间，s；

E	板的动态弹性模量，N/m^2；	NRC	降噪系数；
f	声波的频率，Hz；	NII	噪声冲击指数；
f_c	吻合临界频率，Hz；	ρ	有效声压，N/m^2；
I	声强，W/m^2；	P	穿孔率，%；
K	结构的刚度因素，$kg/(m^2 \cdot S^2)$；	PNC	无源噪声控制；
L_A	A 计权声级，dB（A）；	$Phon$	响度级（方）；
L_{dn}	昼夜等效声级，dB（A）；	Q	声源的指向性因数，无因次量；
L_{PN}	感觉噪声级；	r_c	混响半径，m；
L_{eq}	等效声级，dB；	R	隔声量，dB；
L_I	声强级，dB；	R	房间常数，m^2；
L_p	声压级，dB；	R_w	计权隔声量，dB；
L_i	撞击声压级，dB；	R_f	材料的空气流阻，$Pa \cdot s/m^2$；
L_N	标准撞击声级，dB；	SIL	语言干扰级；
L_N	累计百分声级，dB（A）；	Δt	一次反射声延时，ms；
L'_{pnT}、L'_{nT}	标准化撞击声压级；	T_{60}	混响时间，s；
L_n	规范化撞击声压级；	TNI	交通噪声指数；
$L_{n,w}$、$L_{pn,w}$	计权规范化撞击声压级；	W	声源声功率，W；
$L'_{pnT,w}$、$L'_{nT,w}$	计权标准化撞击声压级；	V/n	每座容积，m^3；
L_w	声功率级，dB；	α	吸声系数，%；
L_{Np}	噪声污染，dB；	$\overline{a}$	室内平均吸声系数，%；
NR	国际标准化组织提出的噪声评价数；	r	反射系数，%；
		λ	声波的波长，m；
NC	美国国家标准协会提出的噪声评价数；	τ	透射系数，%；
		σ	泊松比。

第1篇 基础篇

第 1 章　人感觉的物理基础

环境是影响人类生活的包括太阳活动到有机体分子的所有因素。环境相对于某一中心事物而言，是作为某一中心事物的对立面和依存面而存在的，它因中心事物的不同而不同，随中心事物变化而变化。与某一中心事物有关的周围，就是这个事物的环境，也可以说成是人们周围的，对其生存有很大影响的物理的、化学的、生物的和社会条件的综合。在人与环境的关系中，人类既是环境的创造物，又是环境的创造者，即人既是创造环境的主体，又是环境影响下的客体。我们所研究的环境，其中心是人类，因此，环境可以定义为：围绕人类生存的各种外部条件或要素的总体，包括非生物要素和人类以外的所有生物体。环境分为自然环境和人工环境。自然环境是人类出现前就存在的，是"直接或间接影响到人类的一切自然形成的物质、能量和自然现象的总体"，自然环境大致分为两类：一是气候环境，指冷热、光照、声音、风雨、雾和雷电等自然现象，二是地理环境，指陆地、海岸等自然位置，我们主要研究自然环境中的气候环境，也称为物理环境。物理环境有诸要因素，主要包括热环境、光环境、声环境等。人工环境从广义上讲是指由于人类活动而形成的环境要素，从狭义上讲是人类根据生产、生活、科研、文化、医疗、娱乐等需要而创建的环境空间，与自然物理环境要素相似，主要仍然是包括热环境、光环境、声环境等。但人工物理环境与自然物理环境相比具有：直接性、稳定性、可控性和依赖性等特点。建筑是环境中的一个主要研究对象，建筑、人和环境三者密不可分，"走可持续发展之路必将带来新的建筑运动，促进建筑科学的进步和建筑艺术的创造"。建筑师的设计理念应从建筑设计、组织空间扩大到创造环境，这就是建筑的内涵。工业建筑与民用建筑设计都是使建筑物满足各项使用功能要求，使热、光、声物理环境有利于提高工业产品数量与质量，提高人们的工作和学习效率、生活舒适和身心健康，所以，必须研究物理环境因素，对物理环境给出合适的评价，提供良好物理环境的技术措施，创造出最佳的环境，走建筑的可持续发展之路。

1.1　物理环境刺激

物理环境是环境因素中的一个重要因素。人们受到物理环境的刺激，主要是听觉刺激、视觉刺激、热觉刺激和嗅觉及振动、冲击的刺激等。这些物理环境的刺激量在达到阈限量时才能被人们感觉到；随着刺激量增加，感觉效果首先是越来越好，达到最佳值后变得越来越差；而且，当刺激量一旦超过极限值后，人们就不能忍受（图 1-1）。

物理环境的刺激在一定范围内具有良好的感觉效果，于是人们可以采用必要的技术手段，调整和控制物理环境的刺激量（例如温度、湿度、气流速度、亮度、声强等）大小，使物理环境刺激量趋于最佳刺激范围。但是，不同的刺激类型与感觉的关系是不一样的，例如人们对长度的感觉大约是线性关系，而电击的感觉则是放大的，对光的主观亮度却是压缩的（图1-2）。

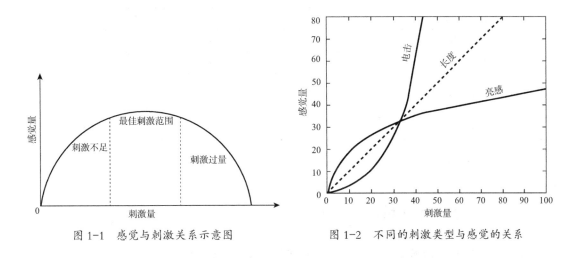

图1-1　感觉与刺激关系示意图　　　　　　图1-2　不同的刺激类型与感觉的关系

实验结果表明，不同刺激类型的感觉量与刺激量之间的关系可用下式近似表示：

$$B=kS^n \tag{1-1}$$

式中　B——感觉量；

　　　k——系数；

　　　S——刺激量；

　　　n——指数，不同刺激类型的指数值见表1-1。

不同刺激类型的指数值　　　　　　　　　　　　　表1-1

刺激类型	n 实测值	刺激条件
冷的感知	1	手臂触摸金属
热的感知	1.6	手臂触摸金属
热的感知	1.3	小面积皮肤照射
热的感知	0.7	大面积皮肤照射
不舒适，感觉冷	1.7	全身照射
不舒适，感觉热	0.7	全身照射
烫痛	1	皮肤辐射热
亮感	0.33	黑暗中 5° 视场目标
亮感	0.5	点光源
亮感	5	短暂闪烁

刺激类型	n 实测值	刺激条件
亮感	1	短暂闪烁的点光源
亮感	1.2	灰色纸的反射
红色饱和度	1.7	红色与灰色混合
视觉长度	1	投影线
视觉区域	0.7	正方形投影
响度	0.67	3 000 Hz 声压
振动	0.95	指尖 60 Hz 振幅
振动	0.6	指尖 250 Hz 振幅
声强	1.1	口发声的声压

1.2 人感觉的物理基础

人们对物理环境的视觉、一部分热觉和听觉，都是与波的传播有关。辐射是一种常见的现象。例如，太阳能向地球的传播和电视台的播放等，都是辐射现象。为了区分它们，通常把由内能转化成电磁波能的辐射现象，称为热辐射。可见光和热辐射都是属于电磁波范畴，都是以电磁波的形式将能量传播出去。固体和液体在热辐射时，会发出各种不同波长的电磁波，并与物体的温度有着密切的关系。例如，把金属铁加热到 500 ℃时呈暗红色；随着物体的温度升高，呈现出来的光色将由红色逐渐变成白色；当加热到 1 500 ℃时便发出耀眼的白色光。在室温时，物体的热辐射仍然没有停止，只是辐射出人眼看不见的红外线，但可产生热觉。给人以光和辐射热感觉的波是整个电磁波波谱中的很小一部分（图 1-3）。而引起人们听觉的声波一般是受到外力作用产生振动的物体，引起了弹性介质中压力迅速而微小的起伏变化，并且经由弹性介质传播到正常人的耳中，产生听觉。

可见光、热辐射和声音均可用波长（或频率）、振幅、速度等物理量表示它们的性质。在标准情况下，电磁波的传播速度约为 3×10^6 km/s，声波的速度约为 340 m/s。可见光的波长比热辐射和声波的波长均较短。实际上，光不仅具有波动性，而且还有微粒性。光在传播过程中波动性较为显著，而在与物质发生相互作用时，微粒性较为显著。

设一个点辐射源（点光源、点声源）置于空心球的球心 O，球表面 A_1、A_2、A_3 距球心的距离分别为 l、$2l$、$3l$，即球半径分别为 l、$2l$、$3l$，则球表面 A_1、A_2、A_3 的面积比为球半径的平方比，即 1 : 4 : 9。设点辐射源均匀地向四周辐射，则辐射到如图 1-4 所示的球表面 A_1、A_2、A_3 上的总能量不变。由于它们的面积不同，故辐射到这些面上的能量密度也不相同，这种辐射能量密度与距离的关系称为距离平方反比定律。

在波的传播过程中，遇到介质（如玻璃、墙等）时，波的能量（F_0）中的一部分被反射（F_r），一部分被吸收（F_α），一部分有可能透过介质进入另一侧的空间（F_τ），见图 1-5。

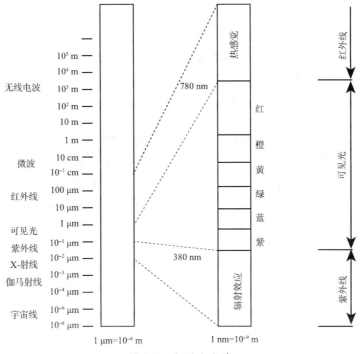

图 1-3　电磁波波谱

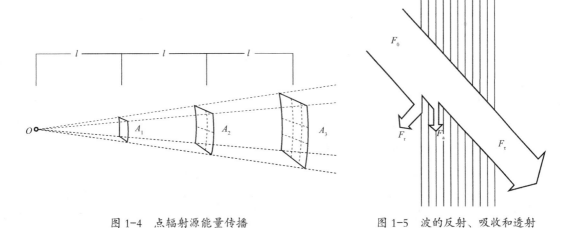

图 1-4　点辐射源能量传播　　　　图 1-5　波的反射、吸收和透射

根据能量守恒定律，这三部分的能量之和应等于入射能量

$$F_r + F_a + F_\tau = F_0 \qquad (1-2)$$

反射、吸收和透射能量与入射能量之比，即分别称为反射系数 r、吸收系数 a 和透射系数 τ，即：

$$r = F_r / F_0 \qquad (1-3)$$

$$a = F_a / F_0 \tag{1-4}$$

$$\tau = F_\tau / F_0 \tag{1-5}$$

由式（1-2）、式（1-3）、式（1-4）和式（1-5）中得出

$$\frac{F_r}{F_0} + \frac{F_a}{F_0} + \frac{F_\tau}{F_0} = r + a + \tau = 1 \tag{1-6}$$

在日常生活中，与人们看到的颜色很少是单色光产生的色彩一样，人们也很少听到由单一频率的声波发出的纯音。事实上，人们每时每刻总是在热环境条件、光环境条件、声环境条件综合作用下生活、工作和学习，通过对建筑物理的系统学习，可对物理环境进行合适的评价，调整和控制物理环境，创造出有利于人们舒适和身心健康的物理环境影响因素的最佳组合。

第2章 建筑热工学基础知识

本章主要内容为人体生理感觉舒适的热环境及其评价，影响室内热环境的室外气候要素及其变化规律，建筑围护结构传热原理及其性能，建筑材料的热物性。通过学习了解建筑热工设计目标、设计边界条件、设计内容的物理原理，为设计应用打下基础。

2.1 室内热环境

2.1.1 人体热平衡

人体是一种发热体，其发热量来源于人体新陈代谢。人体通过吃进食物和吸入氧气，在体内发生化学反应产生热量，为人体各种器官提供功能需要的能量。同时，人体又是恒温体。为了维持正常的生命活动，人的体温必须保持恒定，所以人体所产生的热量最终都会散发到周围环境中去。人体维持身体健康的必要条件是保持代谢产热与各种方式散热之间的平衡，正如图 2-1 中人体热平衡天平所示。

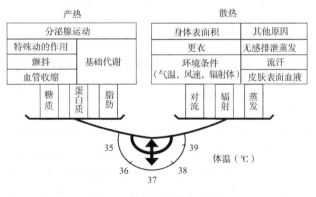

图 2-1　人体热平衡天平

根据人体热平衡天平，只有散热量等于产热量时，体温才保持恒定。如果散热量与产热量出现的不平衡导致体温变化不大，时间也不长，可以通过环境因素的改善和肌体本身的调节，逐渐消除，恢复正常体温状态，一般不会影响人体健康；若体温变动幅度大，时间长，人体将出现不舒适感，严重者将出现病态征兆，甚至死亡。因此，应从室内热环境条件上使人体处于热平衡状态。

对于环境的冷热变化，人体具有一定的生理调节功能。当环境变冷时，人体皮肤受到冷刺激，引起毛细血管收缩，体表血流量减少，出现皮肤温度降低，以减少向环境散热；当环境变热时，毛细血管扩张，体表血流量增加，皮肤温度将升高，以增加向环境散热。由于人体皮肤温度的调节范围很有限，在高热环境，人体主要以出汗方式向环境散热。而在过冷环境，虽然人体生理调节功能已无能为力，但人类发明了衣服保暖来维持生存。因此，人体的生理调节与衣着相结合就能大大提高对气候变化的适应能力。

人体热平衡是人体保持正常生命活动的基本要求，在这种情况下，人体健康不会受到损害。但人体处于热平衡状态并不一定表示人体感到舒适，只有那些能使人体按正常比例散热的平衡才是舒适的，即人体总散热量中对流散热量约占 25 % ~ 30 %，辐射散热量约占 45 % ~ 50 %，呼吸和无感觉蒸发散热量约占 25 % ~ 30 %。

2.1.2　人体热感觉影响因素

1）人体产热量因素

影响人体新陈代谢产热量的因素较多，除年龄、性别、身高、体重等人体因素及环境因素的不同程度影响外，主要取决于人体的活动量。人体活动量越大，其新陈代谢产热量越高，图 2-2 为人体常见活动状态下产热量的差别。

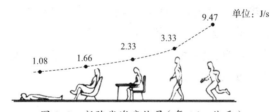

图 2-2　新陈代谢产热量（每 1 kg 体重）

2）人体换热量因素

在室内，人体散热有对流、辐射和蒸发三种主要方式，每种方式关联着不同的室内环境因素。

（1）人体对流换热

当人体表面温度与空气温度之间存在温差时，就会出现对流换热，如图 2-3 所示。只有体表温度高于周围空气温度时，才会存在人体对流散热，其大小不仅与空气温度有关，还与空气流速有关。流速越大，人体散热越多。反之，当人体周围空气温度高于体表温度时，人体是对流得热，增大气流速度将使人体感觉更热。因此，在夏季当空气温度低于体表温度时，采取通风方式可促进人体散热与降温。

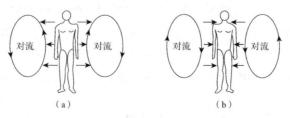

图 2-3　人体对流换热
（a）人体表面温度大于气温；（b）人体表面温度小于气温

（2）人体辐射换热

当人体表面温度与周围壁面温度存在温差时，就会出现辐射换热，如图2-4所示。辐射换热的结果既有可能使人体散热也有可能使人体得热，取决于人体表面温度是否高于壁面温度。因此在建筑设计中应控制室内各表面温度冬季不要过低、夏季不致过高。

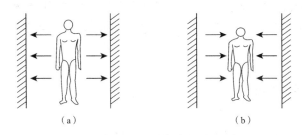

图 2-4　人体辐射换热
（a）人体表面温度大于壁面温度；（b）人体表面温度小于壁面温度

室内各壁面辐射的平均效果用平均辐射温度表示，其值近似等于室内各表面温度的平均值。

（3）人体蒸发散热

人体蒸发散热主要通过皮肤和呼吸进行，而通过皮肤的蒸发又分为有感蒸发和无感蒸发两种情况，其中出汗时为有感蒸发。

空气湿度影响人体蒸发散热，尤其是在夏季气温较高的时候，人体皮肤与空气之间温差太小，对流散热不足，人体开始出汗，进入有感蒸发状态，这时人体蒸发散热快慢与空气湿度有很大关系，还与空气流速有关。空气湿度大，则蒸发困难，蒸发散热量小，人体感觉闷热。而在气温舒适范围，人体处于无感蒸发状态，蒸发量较小，空气湿度对人体热感影响小。当然，空气湿度过低也不好，会引起眼、鼻、喉和皮肤干燥等不适觉，降低身体抵抗力。

（4）人体衣着

在人体散热因素中，除了室内空气温度、湿度、流速和平均辐射温度等环境因素以外，还有人体衣着因素。在冬季人们穿上厚重的衣物来隔绝冷空气，保持身体温暖，减少人体散热；而在夏天则穿短袖等少量衣物，加速人体散热达到舒适。衣着对人体散热的影响用热阻表示，单位为 $m^2 \cdot K/W$。图2-5为几种着衣状况下的热阻比较。

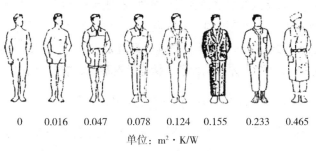

0　　0.016　　0.047　　0.078　　0.124　　0.155　　0.233　　0.465

单位：$m^2 \cdot K/W$

图 2-5　衣着的保温性

3）室内热环境因素

影响人体冷热感觉的因素有两组：室内环境客观因素和人体主观因素。室内空气温度、空气湿度、气流速度以及室内平均辐射温度为室内环境客观因素；而人体活动量和衣着为人体主观因素，是人体主观上可以控制的，在同样的室内环境条件下，人体活动状态不同、衣着不同都会有不同的热感觉。因此室内环境客观因素和人体主观因素构成了室内人体热感觉的基本因素，室内热环境因素是指客观因素，它们的不同组合产生了不同的室内热环境，各因素之间具有互补性。

2.1.3　室内热环境评价

1）单因素评价

由于人体浸泡在空气中的缘故，人对环境的热感觉因素中，空气温度是热环境的第一指标，并且容易测量而被广泛用于评价室内外热环境。根据不同空气温度下人的热感觉调查，结合我国国情，居住建筑室内舒适性标准为空气温度夏季 26 ~ 28 ℃，冬季 18 ~ 20 ℃。此外，可居住性标准为空气温度夏季不高于 30 ℃，冬季不低于 12 ℃。

2）综合评价

使用空气温度作为评价室内热环境的指标，虽然方便、简单、易行，但却不完善，因为人体热感觉的程度依赖于室内热环境要素的共同作用。例如，在其他因素相同的情况下，室温 30 ℃时，比 28 ℃感觉要热；但当室温为 30 ℃且气流速度为 3 m/s 时，组合起来要比室温为 28 ℃且气流速度为 0 m/s 时感觉舒适。因此采用多因素综合评价有利于发挥各种热环境改善措施的积极作用，降低能源消耗和经济成本。

多因素综合评价就是把多个因素综合作用的效果用单一指标来表示，这样就可以对室内热环境进行定量预测。综合评价的早期研究是以人体热感觉为标尺，通过做人体等感觉试验将热环境的多个影响因素综合成单一的温度，其中具有代表性的是有效温度。近期的研究是以人体生理热平衡为基础，建立人体热舒适模型，对热环境的多个影响因素的作用进行综合，其中丹麦学者 Fanger 的热舒适指标 PMV-PPD 被公认为评价室内热环境质量较好的方法。

Fanger 的研究是从人体热平衡出发，建立人体新陈代谢产热量以及人体对流、辐射、蒸发散热量与热环境的各影响因素之间的定量关系，得到由人体生理因素（皮肤平均温度、肌体蒸发率）、人体主观因素（活动量、衣着）和环境因素（空气温度、相对湿度、气流速度、辐射温度）表达的人体热平衡方程，即是人体热舒适的必要条件，在此基础上找出人体感到舒适的充分条件。经过实验与研究得到在人体舒适范围内，皮肤温度和肌体的蒸发率都可表达为人体新陈代谢率的函数，于是人体热舒适方程的参数实际上是 4 个环境因素（空气温度 t_i，空气相对湿度 φ，空气流速 v，辐射温度 t_r）和 2 个人体主观因素（新陈代谢率 q_m，衣着热阻 R_{clo}），即

$$f\left(t_i,\ \varphi,\ v,\ t_r,\ q_m,\ R_{clo}\right)=0 \tag{2-1}$$

当热环境的 6 个影响因素使上式为零时，人体便处于舒适状态；不为零时，人体便有冷热感，由此定义热环境综合评价指标 PMV（Predict Mean Vote）为式（2-1）中函数，并

把 PMV 的值按人体热感觉分成 7 个等级（图 2-6）。经过大量的人体热感觉投票试验，得出 PMV 与不满意人员百分比 PPD（Percentage of Predict Dissatisfy）的关系符合正态分布（图 2-7），表明 PMV 指标所指示的结果与人体的实际热感觉相吻合。这种热环境评价指标也称为 PMV-PPD 指标。

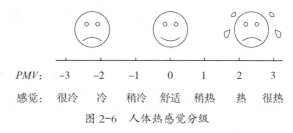

图 2-6 人体热感觉分级

我国《民用建筑室内热湿环境评价标准》GB/T 50785—2012 以 PMV-PPD 指标为基础，针对使用供热、空调等人工冷热源调节的室内环境和通过自然调节或机械通风等非人工冷热调节的室内环境，制定了相应的热环境评价等级。

对于采用人工冷热源调节的建筑室内热环境，可以按表 2-1 的规定评价热环境等级。

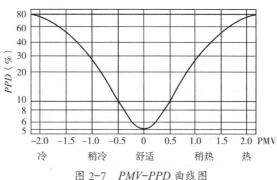

图 2-7 PMV-PPD 曲线图

人工冷热源热环境评价等级 表 2-1

等级	整体评价指标	
Ⅰ级	$PPD \leqslant 10\%$	$-0.5 \leqslant PMV \leqslant 0.5$
Ⅱ级	$10\% < PPD \leqslant 25\%$	$-1.0 \leqslant PMV < -0.5$ 或 $0.5 < PMV \leqslant 1.0$

对于采用非人工冷热源调节的建筑室内热环境，使用者对热环境的调节方式主要是依靠自然调节，除了人体生理感觉舒适，还需要考虑人体对长期生活环境的适应性。因此提出热感觉指标如下：

$$APMV = \frac{PMV}{1 + \lambda \times PMV} \tag{2-2}$$

式（2-2）中，APMV 为适应性平均热感觉指标（Adaptive Predict Mean Vote），λ 为自适应系数，与地区气候有关，可以按表 2-2 取值。

自适应系数 表 2-2

建筑气候区		居住建筑、商店建筑、宾馆建筑及办公室	教育建筑
严寒、寒冷地区	$PMV \geqslant 0$	0.24	0.21
	$PMV < 0$	−0.50	−0.29
夏热冬冷、夏热冬暖、温和地区	$PMV \geqslant 0$	0.21	0.17
	$PMV < 0$	−0.49	−0.28

以 *APMV* 为评价指标，非人工冷热源的建筑室内热环境可以按表 2-3 的规定评价热环境等级。

非人工冷热源热环境评价等级　　　　　　　　表 2-3

等级	评价指标（*APMV*）
Ⅰ级	$-0.5 \leqslant APMV \leqslant 0.5$
Ⅱ级	$-1.0 \leqslant APMV < -0.5$ 或 $0.5 < APMV \leqslant 1.0$

2.2　室外气候

2.2.1　室外气候因素

气候的构成要素主要有太阳辐射、风、空气温度、空气湿度等。

1）太阳辐射

太阳辐射属于电磁波辐射，其光谱范围很宽，而能量主要集中在紫外线、可见光及红外线 3 个波段，波长在 0.2 ～ 3.0μm（1μm=10^{-6} m）范围内的能量占全部辐射能量的 98%，其中约 52% 的辐射能量集中在可见光范围内，而红外线波段辐射的能量占 48% 左右。图 2-8 为太阳辐射光谱。

太阳以辐射方式向地球投射能量，由于大气层的反射、折射和吸收的共同作用，使得太阳辐射在穿过大气层的过程中能量被衰减。到达地面的太阳辐射能，有一部分被地面所吸收，另一部分则由地面向天空反射。太阳辐射能量对于地面的热交换是一个复杂的过程。图 2-9 表示夏季中午太阳辐射热交换的情况，其中长波辐射为地面发出的热辐射。

照射到地球表面的太阳辐射由两部分组成，一部分是太阳直接照射到达地面的部分，称为直射辐射，它的射线是平行的；另一部分是经大气或地上其他物体反射后到达地面的，它

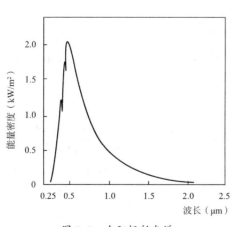

图 2-8　太阳辐射光谱

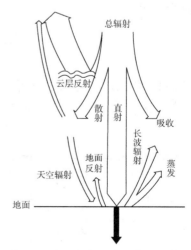

图 2-9　太阳辐射主要热交换示意图

的射线来自各个方向，称为散射辐射。直接辐射和散射辐射之和是到达地面的太阳辐射总量，称为总辐射。太阳辐射能量密度的大小用辐射照度表示，单位为 W/m^2。

水平面上太阳直射辐射照度与太阳高度角（即太阳光线与水平面的夹角，见图 2-10）、大气透明度成正比关系。高度角大，穿过的云层薄，透过的能力强，如图 2-11 所示。在云量少的地方，直射辐射的日总量和年总量都比较大。在海拔越高的地区，太阳光线所透过的大气层越薄，同时大气中的云量与尘埃也就越少，所以太阳直射辐射照度较大。此外，高纬度地区的太阳直射辐射照度比低纬度地区小，因为高纬度地区的太阳高度角低（图 2-12），太阳辐射透过的大气层较厚，因而太阳直射辐射随纬度的增加而减小。至于大气透明度，则随大气中含有的烟雾、灰尘、水汽及二氧化碳等造成的混浊状况而异。城市上空的大气较农村混浊，透明度较差，因此城市区域的太阳直射辐射照度比农村弱。

散射辐射是太阳辐射中波长较短部分的辐射被空气分子和大气中悬浮的灰尘多向散射的辐射。太阳辐射被散射后，一部分朝向天空，另一部分到达地面。散射辐射照度与太阳高度角成正比，与大气透明度成反比；有云天的散射辐射照度较无云天大。在海拔高的地方散射辐射照度低；高纬度地区有反射能力较强的积雪覆盖时，故散射辐射较强。

在同一地区，太阳辐射照度随时间、日期而变化。在一天中，中午太阳高度角比早晨和傍晚大（图 2-13），因此中午太阳辐射照度最大。在一年中，地球围绕太阳运行，但由于地轴与地球运行的轨道平面始终呈 66°33′ 倾斜，因此地面有了春夏秋冬四季变化。对于北半球的同一地区，夏季太阳高度角比冬季大（图 2-14），由此带来了夏季太阳辐射能量比冬季多。

2）气温

在室外气候因素中，气温是影响人体最重要的因素，通常以气温为指标来评价气候的冷暖程度。气象部门以气温为指标来划分春夏秋冬四季。

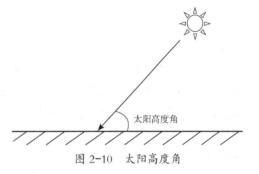

图 2-10　太阳高度角

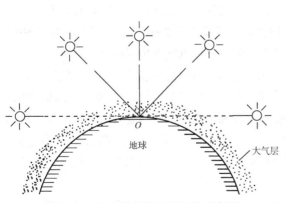

图 2-11　太阳辐射透过大气层示意图

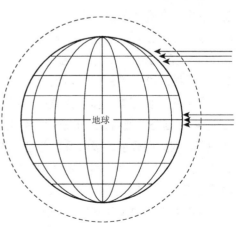

图 2-12　不同纬度太阳高度角差别

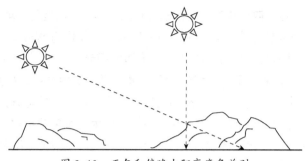

图 2-13　正午和傍晚太阳高度角差别

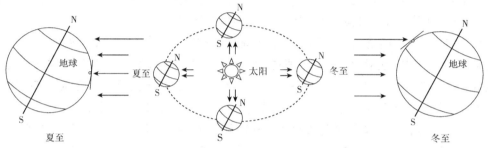

图 2-14　地面冬季和夏季太阳高度角差别

建筑设计也是以气温为指标来划分不同的热工气候区，作为采取适用技术措施改善室内环境的依据。

空气中的热量来自太阳，但空气并不直接被太阳辐射加热升温。对于太阳辐射来说，大气几乎是透明的，直接受太阳辐射的增温非常微弱。空气增温的过程可以用图 2-15 示意。太阳辐射穿透大气直达地面，地面吸热升温，发出长波辐射（波长为 3.0 ~ 120 μm）被大气吸收，同时地面与空气之间产生自然对流，因此地面与空气的热交换是空气温度升降的直接原因。

太阳辐射是气温变化的决定因素。空气温度的日变化、年变化，以及随地理纬度而产生的变化，都是由于太阳辐射热量的变化而引起的。由于太阳辐射首先影响地面，地面再影响气温，因此出现气温变化与太阳辐射变化不同步，具有一定的滞后性。例如在晴天中，正午 12 时太阳辐射最强，但气温在下午 14 ~ 15 时左右最高（图 2-16）；在一年中，太阳辐射 6 月底最强，12 月底最弱，但最高气温出现在 7 ~ 8 月，最低气温出现在 1 ~ 2 月。

影响气温的因素很多。大气的对流作用，无论是水平方向还是垂直方向的空气流动，都会使高、低温空气混合，从而减少地域间空气温度的差异。地表覆盖材料，如草原、森林、水体、沙漠等，对太阳辐射的吸收及其与空气的热交换状况都不相同，对气温的影响也不同，因此各地气温就有了差别。例如水体和陆地，在同样的太阳辐射下，水体由于蓄热大、蒸发量大，表面温度上升慢、下降也慢，因此水体上的空气温度变化小，比陆地稳定。另外，海拔高度、地形地貌都对气温及其变化有一定影响。

气温有明显的日变化与年变化。一日内气温最高值与最低值之差称为气温的日较差，

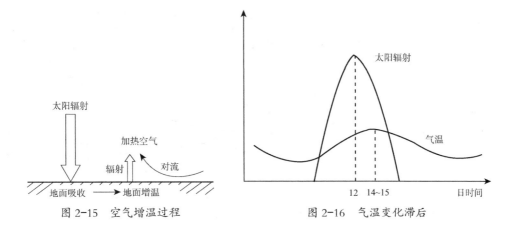

图 2-15 空气增温过程 图 2-16 气温变化滞后

通常用它来表示气温的日变化。一年内最热月与最冷月的平均气温差称为气温的年较差。我国气温的年较差自南到北逐渐增大。华南和云贵高原约为 10 ~ 20 ℃，长江流域一般为 20 ~ 30 ℃，华北和东北的南部约为 30 ~ 40 ℃，东北的北部和西北部则常超过 40 ℃。沿海地区常受台风影响，北方地区则受寒流影响，长江中下游地区常为北方寒流与南方暖湿气流的交汇处，气温波动较大。

3）空气湿度

我们周围的空气都含有水蒸气，把这种含有水蒸气的空气叫作湿空气，空气湿度是指空气中水蒸气的含量。这些水蒸气来源于各种水面、植物及其他载水体的蒸发。空气湿度有多种指标表示，在建筑环境设计中常用的指标有水蒸气分压力、相对湿度、露点温度等。

（1）水蒸气分压力

湿空气由干空气和水蒸气组成（图 2-17），由道尔顿定理可知，湿空气所具有的压力为各组分分压力之和。湿空气中水蒸气所具有的分压力称为水蒸气分压力 P，单位：Pa。

水蒸气分压力代表了空气含湿量，空气中水蒸气分压力越大，空气中的水分就越多，空气就越湿。显然，空气中水蒸气分压力不能超过一定压力，因此空气中的水蒸气分压力有一个最大限值，称为饱和水蒸气分压力 P_s，此时空气中的水蒸气达到了饱和状态。饱和水蒸气分压力表示空气容纳水分的能力，与空气温度有关，气温越高，饱和水蒸气分压力就越大，空气容纳水分的能力也越大。饱和水蒸气分压力与气温的关系见图 2-18，具体数值可见附录 1。

一年四季气温是变化的，空气中所含的水蒸气也是变化的。夏季气温高，饱和水蒸气分压力 P_s 大，空气容纳水分的能力也大，这就为地面水分蒸发进入空气创造了条件。这时，江、河、湖、海、农田等地表中的水分大量进入空气，使得空气中的水分增多，水蒸气分压力增大。当气温逐渐降低时，饱和水蒸气分压力随之降低，空气容纳水分的能力减小，当饱和水蒸气分压力降低到空气中的实际水蒸气分压力时，空气容纳不下过多的水分，多余的水蒸气就会在地面或其他温度较低的表面凝结，使得空气中的水分减少，水蒸气分压力降低（图 2-19）。因此空气中的水蒸气分压力总是夏季大、冬季小。

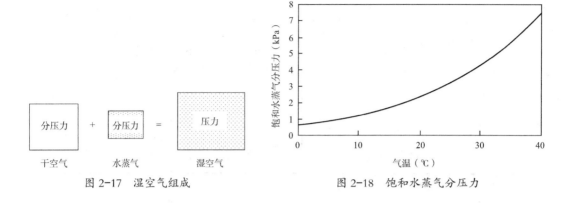

图 2-17　湿空气组成　　　　　　图 2-18　饱和水蒸气分压力

（2）绝对湿度

绝对湿度是单位体积空气中所含水蒸气的重量，用 f 表示（g/m³）。饱和状态下的绝对湿度用饱和水蒸气量 f_{max}（g/m³）表示。

水蒸气分压力 P 主要取决于空气的绝对湿度 f，同时也与空气温度 T（K）有关，一般近似表示为：

$$P = 0.461\ Tf \qquad\qquad\qquad （2\text{-}3）$$

（3）相对湿度

水蒸气分压力也体现湿空气中水蒸气的实际含量，然而空气中水蒸气的含量多少与人对空气干湿程度的感觉不一致。例如，夏季晴天空气中水蒸气分压力比冬季阴雨天高许多倍，但人们感觉却是阴雨天比晴天湿得多，因为阴雨天晒衣服干得慢，而夏季晴天干得快。再如冬季室内烤火会感觉干燥，其实室内空气中水蒸气的含量并没有变化，只是温度升高了，感觉皮肤表面水分蒸发得快。可见，人感觉的空气干湿程度与空气引起体表水分蒸发的快慢有关，空气引起的蒸发力越强，人感觉越干燥。

空气引起的蒸发能力取决于空气中水蒸气接近饱和的程度，图 2-20 为示意简图。当空气中水蒸气接近于饱和时，空气的容湿量变小，蒸发速度变慢；相反，当空气中水蒸气远离饱和状态时，空气的容湿量大，蒸发能力强，水分蒸发速度快。

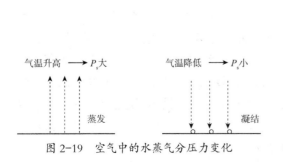

图 2-19　空气中的水蒸气分压力变化

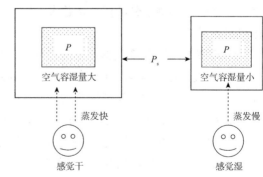

图 2-20　空气中的水蒸气分压力变化

　　用空气中的水蒸气量 f 与同温同压下的饱和水蒸气量 f_{max} 的百分比来表示人感觉的空气干湿程度，称为空气相对湿度，用 φ 表示，单位为 %，即

$$\varphi = \frac{f}{f_{max}} \qquad (2-4)$$

　　在同一温度下，建筑热工设计中近似认为 P 与 f 成正比关系，因此相对湿度也可表示如下：

$$\varphi = \frac{P}{P_s} \qquad (2-5)$$

　　空气相对湿度的日变化受地面性质、水陆分布、季节寒暑、天气阴晴等因素所影响，一般是大陆大于海面，夏季大于冬季，晴天大于阴天。相对湿度日变化趋势与气温相反，即白天小、夜间大（图2-21）。在晴天，空气相对湿度最高值出现在黎明前后，虽然此时空气中的水蒸气含量少，但温度最低，故相对湿度最大；最低值出现在午后，此时虽然空气所含的水蒸气较多，但蒸发较强，且温度已达最高，故相对湿度低。

　　我国因受海洋气候的影响，南方大部分地区相对湿度以夏季为最大，秋季最小。华南地区和东南沿海一带，因春季海洋气团侵入，故相对湿度以 3 ~ 5 月为最大，秋季最小，所以在南方地区春夏之交时气候较为潮湿，形成明显的潮湿季节，对这一地带的建筑防潮和室内热环境都具有重要影响。

　　（4）露点温度

　　如果保持空气中水蒸气分压力不变，而只是降低空气温度，则因其饱和水蒸气分压力的降低而使得空气相对湿度增大。当空气温度降低到使水蒸气达到饱和时，即空气相对湿度为 100 % 的时候，这时的空气温度称为露点温度，见图 2-22。简言之，空气的露点温度就是空气中水蒸气开始出现结露的温度。由于空气经常处于未饱和状态，所以露点温度经常比气温低。只有在空气处于饱和时，露点温度才和气温相等。空气温度降低到露点温度是导致水蒸气产生凝结的重要条件。

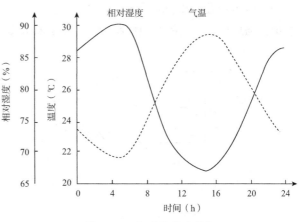

图 2-21　相对湿度日变化

　　【例 2-1】房间空气温度为 18 ℃，相对湿度为 60 %，求房间内表面温度为多少时才不出现凝结。

　　【解】由附录1查出空气温度为 18 ℃ 时的饱和水蒸气分压力 P_s =2 062.5 Pa。根据式（2-5）可算出房间水蒸气分压力：

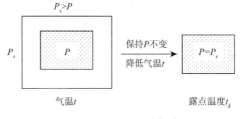

图 2-22　露点温度概念

$$P = \varphi \times P_s = 60\% \times 2\,062.5 = 1\,237.5\ \text{Pa}$$

以 $P=1\,237.5$ Pa 为饱和水蒸气分压力，查附录 1 得露点温度 $t_d=10.1$ ℃。因此房间内表面温度必须高于 10.1 ℃才不会出现凝结。

4）风

风是由于空气流动而产生的，当大气中出现不平衡的扰动时，就会发生空气流动，气象上把水平方向的气流称为风。

风具有地域性、地方性和局部性。根据风的成因、范围和规模，风可分成大气环流、季风、地方风等类型。大气环流是大规模的大气运动，牵涉到整个地球大气。季风是由于海洋与大陆对太阳辐射的升温效果不同而产生的范围较大、周期较长的大气运动，造成夏季气流由海洋流向大陆，冬季气流由大陆流向海洋。地方风是由于局部环境，如地形起伏、水陆分布、绿化地带等影响，造成某些局部地方加热、冷却不均，产生的周期为一天的小规模的气流。地方风的种类很多，主要有水陆风、山谷风、林原风等（图 2-23）。

风的特性用风向、风速来描述。风向是指风吹来的方向，通常分成 8 个方位或 16 个方位。将一段时期观察的风向次数按各方位统计起来，并在极坐标上将各方位的风向频率用向径表示，得到风向频率图，如果将各风向频率的端点用直线连结成一封闭的多角形，得到风向玫瑰图（图 2-24）。

风的流动可分为两种状态：当风流经表面时，由于表面对空气分子的吸引以及空气具有黏性，会在表面很薄的范围内形成分层流动现象称为层流；当空气流动远离表面会存在层间流体微团相互掺和流动现象称为湍流或紊流，湍流具有脉动性和瞬时性特征。障碍物的干扰会加强风速和风向的脉动性和瞬时性。自然风多为湍流，其风速和风向用统计方法确定。

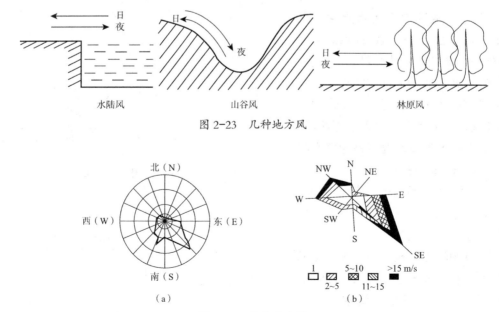

图 2-23　几种地方风

图 2-24　风向玫瑰图

风速的垂直分布，由于地面摩擦阻力使风流动受阻，风速较小，随着距地面高度增加，地面摩擦阻力对风速的影响越来越小，风速逐渐增大，达到一定高度，不再增加，该高度称为边界层。风速边界层的厚度与地面粗糙程度有关，地面越粗糙，边界层越厚，城市边界层厚于郊区。

2.2.2　城市气候特点

城市气候是区域气候在城市化影响下形成的一类特殊气候现象。城市中的街道纵横、建筑物高低错落，形成了立体化的下垫面；城市中人口密集，交通频繁，生产和生活中消耗大量能源，排放出大量的污染物和"人为热"。这些使城市区域气候要素发生了显著变化，主要有以下基本特征：

（1）太阳直接辐射减少，散射辐射增多，晴天减少，阴天、雾天增多，天空透明度降低。

（2）气温偏高，普遍出现城市热岛现象（图2-25）。热岛中心与郊区的气温差称为热岛强度，见图2-26。热岛强度的一般规律是：冬季强，夏季弱，夜间强，白天弱，无风时强，有风时弱，城市人口规模越大热岛效应越强。热岛效应的影响高度，在小城市约50 m，大城市则可达500 m以上。由热岛效应形成的热岛环流，见图2-27，在背景风速很小时，容易把城市边缘工厂排放的污染带进市区，加大城市大气污染。

（3）平均风速降低。城市立体化的下垫面增大了粗糙程度，使得下垫面对风速影响的边界层变厚，见图2-28，在边界层内同一高度，城市风速低于郊区。

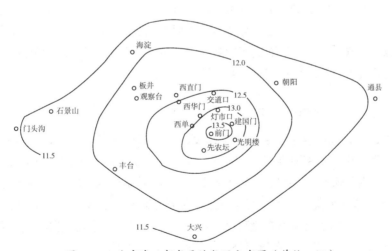

图2-25　北京城、郊年平均气温分布图（单位：℃）

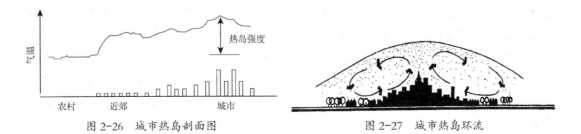

图2-26　城市热岛剖面图　　　　　　　　　图2-27　城市热岛环流

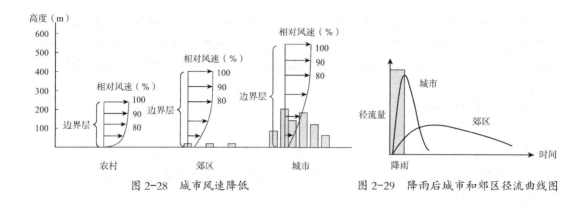

图 2-28　城市风速降低　　　　图 2-29　降雨后城市和郊区径流曲线图

（4）蒸发量减少、湿度变小。城市下垫面大部分为不透水的硬化表面，降雨后水分迅速被人工排水管道排走，径流量急剧增大，见图 2-29，而郊区土壤和植被可贮存大量雨水。因此导致城市可供蒸发的水分少，空气比较干燥。

（5）降水增多

城市空气中的尘埃浓度较高，所以雾和云量亦高，城市的降水量比郊区多。但较多的降水量不能在地表储存，而是由排水设施迅速输送至城外排走。

城市气候产生的原因有两方面：一是人为散热。城市生产和生活以及新陈代谢产生的废热，城市输入的各种能源最终都以废热的形式排放到大气中，人为增加了许多热量。二是城市建设改变了下垫面。城市的立体化降低了地面向天空长波辐射散热以及水平方向通风散热的能力，城市不透水的硬化表面其蒸发量小，缺少水的蒸发和蓄热对气候的调节作用。许多河流、湖泊因城市建设而面积缩小，甚至消失。

2.2.3　建筑热工设计气候分区

我国幅员辽阔，地形复杂。各地由于纬度、地势和地理条件不同，气候差异悬殊。根据气象资料表明，我国从漠河到三亚，最冷月（一月份）平均气温相差 50 ℃左右。相对湿度从东南到西北逐渐降低，一月份海南岛中部为 87 %，拉萨仅为 29 %；七月份上海为 83 %，吐鲁番为 31 %。年降水量从东南向西北递减，台湾地区年降水量多达 3 000 mm，而塔里木盆地仅为 10 mm。北部最大积雪深度可达 70 cm，而南岭以南则为无雪区。新疆地区全年日照时数达 3 000 h 以上，四川、贵州部分地区只有 1 000 h 左右。

为了区分我国不同地区气候条件对建筑热作用的差异，明确各气候区的建筑热工基本要求，使各类建筑能更充分地利用和适应气候条件，做到因地制宜，我国《民用建筑热工设计规范》GB 50176—2016，从建筑热工设计的角度，以累年最冷、最热月平均温度为主要指标，累年日平均温度≤ 5 ℃和≥ 25 ℃的天数为辅助指标，将全国划分成五个区，即严寒地区、寒冷地区、夏热冬冷地区、夏热冬暖地区和温和地区，并提出相应的设计要求。这五个地区的分区指标、气候特征的定性描述以及对建筑设计的要求见表 2-4。

建筑热工设计分区及设计要求 表 2-4

分区名称	分区指标		设计要求
	主要指标	辅助指标	
严寒	最冷月平均温度 ≤ -10 ℃	日平均温度 ≤ 5 ℃的天数 ≥ 145 天	必须充分满足冬季保温要求，一般可不考虑夏季防热
寒冷	最冷月平均温度 0 ～ -10 ℃	日平均温度 ≤ 5 ℃的天数为 90 ～ 145 天	应满足冬季保温要求，部分地区兼顾夏季防热
夏热冬冷	最冷月平均温度 0 ～ 10 ℃，最热月平均温度 25 ～ 30 ℃	日平均温度 ≤ 5 ℃的天数为 0 ～ 90 天 日平均温度 ≥ 25 ℃的天数为 40 ～ 110 天	必须满足夏季防热要求，适当兼顾冬季保温
夏热冬暖	最冷月平均温度 > 10 ℃，最热月平均温度 25 ～ 29 ℃	日平均温度 ≥ 25 ℃的天数 100 ～ 200 天	必须充分满足夏季防热要求，一般可不考虑冬季保温
温和	最冷月平均温度 0 ～ 13 ℃，最热月平均温度 18 ～ 25 ℃	日平均温度 ≤ 5 ℃的天数 0 ～ 90 天	部分地区应考虑冬季保温，一般可不考虑夏季防热

2.3 建筑传热基本概念与原理

在自然界中，只要存在温差，就会出现传热现象，而且传热方向总是从高温到低温，传热方式有辐射、对流和导热三种基本方式及其组合。下面介绍三种基本传热方式的特点和描述参数。

2.3.1 辐射传热

1）热辐射

辐射传热是以电磁波传递热能，不需要中间介质。凡是绝对温度高于零度的物体，都会从表面向外辐射电磁波，同时也会接收其他物体发来的电磁波。不同波长的电磁波落到物体上面可产生各种不同的效应。波段为 0.38 ～ 40μm 范围内的电磁波产生的热效应特别显著，称为热射线（包括可见光和红外线的短波部分）。在热射线波段内，大体以 4μm 为界又将热射线分成短波和长波，便于建筑设计上利用建筑材料的热辐射特性。

2）物体接收热辐射的性能

物体接收外来热辐射的特性表现为对入射能量的吸收、反射和透射 3 部分分配，如前面的图 1-5 所示，其特性参数为吸收系数、反射系数和透射系数，满足式（1-6）。

对于多数不透明的物体来说，对外来入射的热辐射只有吸收和反射，即吸收系数与反射系数之和为 1。吸收系数愈大，则反射系数愈小。不同非透明物体对外来热辐射的反射系数，不仅取决于材质、材料的分子结构、表面光洁度等因素，还与热辐射波长有关。由图 2-30 可见，擦光的铝表面对各种波长热辐射的反射系数都很大；黑色表面对各种波长热辐射的反射系数都很小；白色表面对波长为 2μm 以下的短波热辐射的反射系数很大，而对于波长为 6μm 以上的长波热辐射的反射系数很小，与黑色表面接近。

对于常用普通玻璃，一般认为是透明材料，但它只对波长在 0.2 ～ 2.5μm 范围内的短波热辐射有很高的透过率，而对于波长超过 4μm 的长波热辐射透过率很低（图 2-31）。

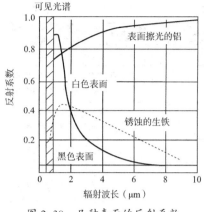

图 2-30　几种表面的反射系数

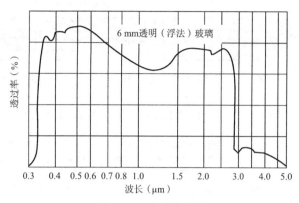

图 2-31　玻璃透过率

各种物体对不同波长热辐射的吸收、反射及透射性能是不同的，为便于比较，定义几种接收热辐射极端的物体。凡能将热辐射全部反射的物体称为绝对白体，全部吸收的称为绝对黑体，全部透过的称为绝对透热体。在自然界中并没有绝对黑体、绝对白体及绝对透热体。在工程应用中，通常把吸收系数接近于 1 的物体近视为黑体。

3）物体发射热辐射的性能

物体发射热辐射是因为物体具有温度和电子的能级跃迁，但在同样温度下不同物体具有各自的辐射能力和辐射光谱。图 2-32 为同温下 3 种类型物体的辐射光谱。对于其中的黑体，我们已经知道它能吸收一切波长的外来辐射，由图中还可看出它能向外发射一切波长的辐射能，且在同温度下其辐射能力最大。值得注意的是"黑体"并不是指物体的颜色，人们常用的书写纸，尽管并非黑色，其辐射特性也接近黑体。另一类物体的辐射光谱曲线的形状与黑体相似，且各波长辐射能力总是小于黑体同波长的辐射能力，两者的比例为小于 1 的常数，这类物体称之为灰体。事实上，在建筑热工中的常温热辐射范围内，大多数的建筑材料多可近似地看作灰体。还有一类物体的辐射光谱具有选择性，这类物体只能吸收和发射某些波长的辐射能，并且其辐射能力总是小于或等于黑体同波长的辐射能力，将这类物体称为选择性辐射体。

物体在全部波长范围的辐射能力称为全辐射能力。根据斯蒂芬—波尔兹曼定律，绝对黑体全辐射能力与其绝对温度的四次幂成正比，即：

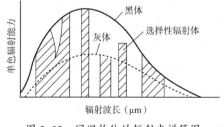

图 2-32　同温物体的辐射光谱简图

$$E_b = C_b \left(\frac{T_b}{100} \right)^4 \qquad (2-6)$$

式中　E_b——绝对黑体全辐射能力，W/m^2；

T_b——绝对黑体的绝对温度，K；

C_b——绝对黑体的辐射系数，$C_b = 5.68$ W/（$m^2 \cdot K^4$）。

绝对黑体在不同温度时的辐射光谱如图 2-33 所示。由图可见，当黑体温度升高时，不仅其辐射能力增大，而且短波辐射所占的比例逐渐增多，最大辐射能力向短波方向移动。黑体温度越高，其最大辐射力的波长越短。如太阳相当于温度为 6 000 K 的黑体辐射，其最大辐射力波长约为 0.5 μm，其辐射能量集中在短波范围（图 2-8），而常温物体发射的最大辐射力波长都在长波范围，其能量为长波热辐射。

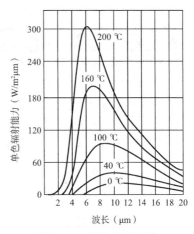

图 2-33　黑体辐射光谱

对于灰体，由于其辐射光谱形状与黑体相似，且两者各波长辐射能力的比例为常数，因此其全辐射能力计算与公式（2-6）相似，只是其中的黑体辐射系数 C_b 为灰体辐射系数 C。在同样温度下，黑体与灰体辐射能力的差别在于辐射系数不同，灰体辐射系数小于黑体，用 ε 表达其比值，即：

$$\frac{C}{C_b} = \varepsilon \qquad (2-7)$$

ε 称为灰体的黑度或发射率，其值在 0 ~ 1 之间。对于黑体，ε 为 1；对于灰体，ε 小于 1。可见，黑度表示灰体辐射能力接近黑体的程度。

对于常用的建筑材料，对太阳辐射和常温物体辐射的接收性能会有所不同。白色粉刷饰面对太阳辐射反射能力很强，而对于被太阳辐射加热后的环境发射的长波热辐射，其反射性能则与黑色表面相近（图 2-30）；普通玻璃对来自太阳的短波热辐射透过率很高，而对于长波热辐射透过率很低（图 2-31），玻璃的这种特性用于温室，能透进大量太阳辐射热，而对室内吸收太阳辐射升温后发射的长波热辐射，阻止其向外透过，这种现象称为温室效应，如图 2-34 所示。

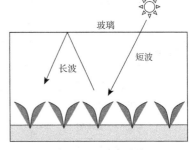

图 2-34　温室效应

各种建筑材料的太阳辐射热吸收系数 ρ_s 和黑度值 ε，以及玻璃的光热性能均通过实验确定。表 2-5 为常用材料的辐射系数 C、黑度 ε 和太阳辐射热吸收系数 ρ_s。表 2-6 为常用玻璃的光热性能。

常见材料 C、ε、ρ_s 　　　　　　表 2-5

材料	ε（10 ~ 40℃）	$C=\varepsilon C_b$	ρ_s
黑体	1.00	5.68	1.00
开在大空腔上的小孔	0.97 ~ 0.99	5.50 ~ 5.62	0.97 ~ 0.99
黑色非金属表面（如沥青、纸等）	0.90 ~ 0.98	5.10 ~ 5.50	0.85 ~ 0.98

续表

材料	ε（10～40℃）	$C=\varepsilon C_b$	ρ_s
红砖、红瓦、混凝土、深色油漆	0.85～0.95	4.83～5.40	0.65～0.80
黄色的砖、石、耐火砖等	0.85～0.95	4.83～5.40	0.50～0.70
白色或浅奶油色砖、油漆、粉刷等	0.85～0.95	4.83～5.40	0.30～0.50
涂料	0.90～0.95	5.10～5.40	—
窗玻璃	0.40～0.65	2.27～3.41	0.30～0.50
光亮的铝粉漆	0.20～0.30	1.14～1.70	0.40～0.65
铜、铝、镀锌铁皮、研磨铁板	0.02～0.05	0.14～0.28	0.30～0.50
研磨的黄铜、铜	0.02～0.04	0.14～0.23	0.10～0.40

不同种类玻璃的日光热特性　　　　　　　　　　表 2-6

玻璃种类	日光特性			总得热量（%）	光透过量（%）	热光比
	反射（%）	吸收（%）	透过（%）			
净片玻璃						
3 mm 平板玻璃	7	8	85	87	90	0.97
6 mm 磨砂玻璃	8	12	80	84	87	0.96
6 mm 嵌丝玻璃	6	31	61	71	85	0.83
彩色压花玻璃						
3 mm 绿色玻璃	6	55	39	56	49	1.14
3 mm 蓝色玻璃	6	32	62	72	31	2.32
3 mm 琥铂玻璃	6	40	52	66	58	1.14
吸热玻璃						
6 mm 本色玻璃	5	51	44	60	41	1.46
6 mm 蓝绿色玻璃	5	75	20	43	48	0.85
6 mm 绿色玻璃	6	49	45	60	75	0.80
6 mm 赤褐色玻璃	5	51	44	60	50	1.20
6 mm 虹光磨砂玻璃（赤褐色）	10	34	56	66	49	1.35
热反射玻璃						
叠层：6 mm 镀金玻璃						
厚涂层的	47	42	11	25	20	1.25
中等涂层的	33	42	25	41	38	1.08
薄涂层的	21	43	36	53	63	0.84

4）物体辐射换热

由于任何物体都具有发射辐射和对外来辐射吸收反射的能力，所以在空间任意两个相互"看得见"的物体表面之间都会进行辐射换热。如果两物体表面存在温差，则两物体之间相互辐射、吸收、反射的最终结果是温度较高的物体把热量传向了温度较低的物体，即高温物体失去了热量，而低温物体得到了热量。在建筑工程中，围护结构表面与其周围其他物体表面之间出现温差时就会存在辐射换热。

由于建筑材料大多可以看成灰体，因此物体表面之间的辐射换热量主要取决于各个表面的温度、发射和吸收辐射热的能力以及它们之间的相对位置。

任意相对位置的两物体表面，若忽略两表面之间的多次反射，则表面辐射换热量可按以下方式计算：

$$q_r = \alpha_r (\theta_1 - \theta_2) \tag{2-8}$$

式中　q_r——辐射换热热流强度，指单位面积、单位时间内表面辐射换热量，W/m^2；

　　　α_r——辐射换热系数，$W/(m^2 \cdot K)$；

　θ_1，θ_2——两表面温度，℃。

在建筑中，有时需要了解围护结构表面与其相对的其他表面（如壁面、人体表面等）以及室内、外空间之间的辐射换热，这些表面相对位置复杂，难以详细计算，因此在工程中也可近似采用式（2-8）进行计算。

2.3.2　对流传热

对流是由于温度不同的各部分流体之间发生相对运动、互相掺和而传递热能。因此，对流换热只发生在流体之中或者固体表面与其紧邻的运动流体之间。对流可分为自然对流和受迫对流两种。自然对流由温差产生，受迫对流由外力产生。当环境中存在空气温度差时，温度低、密度大的空气与温度高、密度小的空气之间形成压力差，使空气产生自然对流，流动方向为热空气上升、冷空气下沉。而受迫对流的方向和速度取决于外力的方向和大小，外力越大，对流越强。

在建筑热工中所涉及的主要是空气沿围护结构表面流动时与壁面之间所产生的热交换过程。当空气沿壁面流动时，因受壁面摩擦力的影响，在紧贴壁面处有平行于壁面流动的空气薄层，称为层流边界层，其垂直壁面方向主要传热方式是导热；随着与壁面距离增大，壁面摩擦力的影响减小，导热方式逐渐减弱，而对流方式逐渐增强，在远离壁面的核心区，空气呈紊流状态，称为紊流区，其主要传热方式是对流，因流体的剧烈运动而使温度分布比较均匀；在层流边界层与紊流区之间为过渡区，是空气在垂直于壁面方向的导热方式由强变弱、对流方式由弱变强的过程，见图2-35。

表面对流换热是指在空气温度与物体表面的温度不等时，由于

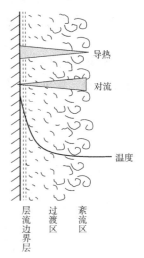

图2-35　表面对流换热

空气沿壁面流动而使表面与空气之间所产生的热交换，其换热量的大小除与温度差成正比外，还与热流方向（从上到下、从下到上或水平方向）、气流速度及物体表面状况（形状、粗糙程度）等因素有关。一般用下式计算：

$$q_c = \alpha_c (\theta - t) \tag{2-9}$$

式中　q_c——对流换热热流强度，指单位面积、单位时间内表面对流换热量，W/m²；

　　　α_c——对流换热系数，W/（m²·K）；

　　　θ——壁面温度，℃；

　　　t——空气温度，℃。

对流换热系数 α_c 不是固定不变的常数，而是一个取决于许多因素的物理量。对于建筑围护结构需考虑的因素有：气流状况（自然对流还是受迫对流），壁面所处位置（是垂直、水平，还是倾斜），表面状况（是否有利于空气流动），传热方向（由下而上还是由上而下）等。由于影响因素很多，目前 α_c 值多是由模型实验结果用数理统计方法得出计算式。

2.3.3　热传导

1）导热机理

导热是物体不同温度的各部分直接接触时，由质点（分子、原子、自由电子）热运动引起的热传递现象。在固体、液体和气体中都能发生导热现象，但机理有所不同。固体中，非金属材料导热是保持平衡位置不变的质点振动引起的，而金属材料导热是自由电子迁移所引起的；液体中的导热是通过平衡位置间歇移动着的分子振动引起的；气体中导热则是通过分子无规则运动时互相碰撞而发生的。单纯的导热现象仅在密实的固体中发生。

固体中发生的导热既有大小又有方向。导热大小用单位时间通过单位面积的导热热量表示，称为导热热流密度或导热热流强度，单位为 W/m²。导热方向为物体中温度降低的方向。由于导热由温度差引起，因此发生导热的物体中出现由等温线（面）构成的温度梯度。热流方向垂直于等温线（面），并且跨过温度梯度从高温指向低温，如图2-36所示。在建筑上，外墙、屋顶、楼板等结构中发生的导热，大都可以看成是热流沿厚度方向传递的平壁导热，如图2-37所示。此外，平壁中导热情况还根据热流及各部分温度分布是否随时间而改变，又分为稳定导热和不稳定导热两种情况。

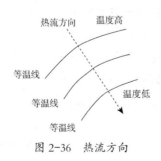

图2-36　热流方向

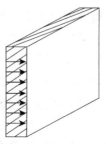

图2-37　平壁导热

2）平壁稳定导热

平壁稳定导热情况下各点温度不随时间而改变，并且根据能量守恒定律，沿厚度方向各截面热流强度大小相等。这时平壁内温度分布为直线，如图 2-38 所示。通过平壁的导热量大小，一方面与两表面温度差成正比，温度差越大，导热量亦越大；另一方面与平壁对热量传导的阻力成反比，阻力越大，传热量就越小。把平壁导热的阻力称为导热热阻，单位为 m²·K/W，则通过平壁的热流强度大小可用下式计算：

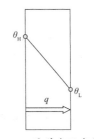

图 2-38 平壁内温度分布

$$q = \frac{\theta_H - \theta_L}{R} \tag{2-10}$$

式中　q——热流强度，W/m²；

　　　θ_H——高温表面温度，℃；

　　　θ_L——低温表面温度，℃；

　　　R——平壁导热热阻，m²·K/W。

平壁导热热阻是平壁稳定导热的性能参数。在平壁两侧同样的温差情况下，热阻越大，则热流强度越小，导热量也越少，平壁保温或隔热性越好。

平壁热阻与平壁厚度成正比，与平壁材料导热系数成反比，可用下式计算：

$$R = \frac{d}{\lambda} \tag{2-11}$$

式中　d——平壁厚度，m；

　　　λ——材料导热系数，W/（m·K）。

平壁的阻热性由平壁厚度和材料导热系数两个因素决定。在达到同样的热阻情况下，采用导热系数小的材料可以减少平壁厚度，否则需要增大平壁厚度。因此导热系数反映了壁体材料的导热能力。

3）平壁周期导热

平壁一侧温度随时间作周期性变化所引起的导热现象称为周期性导热。平壁周期性导热为不稳定传热中的一种特例，与建筑围护结构实际传热情况相近似。

平壁一侧壁面温度随时间作周期性变化并沿平壁厚度方向传递时具有如下基本特征：

（1）平壁表面和内部各点温度都按照同样的周期进行波动变化。

（2）温度波动振幅逐渐减小，见图 2-39，其中 A_i、A_o 为两侧壁面温度波动振幅。这种现象称为温度波幅衰减。

（3）温度变化波形中最大值出现的时间逐渐延迟，图 2-40 所示为两侧壁面温度波动及波形延时。

周期性变化的温度波动在平壁中传递时出现的衰减、延迟特性称为平壁的热惰性，即固体材料抵抗温度变化传递的能力，用平壁热惰性指标 D 表示。热惰性指标越大，对温度波动传递的衰减和延迟能力就越强，平壁一侧的温度变化对另一侧的影响就越小。当平壁热惰性指标足

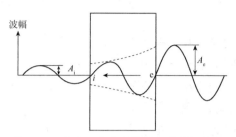

图 2-39　壁面温度波动传递中的波幅衰减

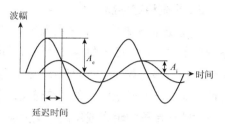

图 2-40　两侧壁面温度波动及衰减延迟

够大时，平壁一侧的温度变化对另一侧几乎没有影响。这种特性对维持房间温度稳定有利。

单一平壁两表面温度波动振幅的比值与热惰性指标 D 有如下近似关系：

$$\frac{A_i}{A_e} \approx e^{\frac{D}{\sqrt{2}}}　\text{（2-12）}$$

式中　A_i、A_e——平壁中温度波动传递的起始和终止表面的温度波动振幅（℃），见图 2-40。

平壁热惰性指标是平壁周期传热的性能参数，单位无量纲，其值为平壁热阻与材料蓄热系数乘积，可用下式计算：

$$D = R \cdot s　\text{（2-13）}$$

式中　D——平壁热惰性指标；

　　　R——平壁热阻，$m^2 \cdot K/W$；

　　　s——材料蓄热系数，$W/(m^2 \cdot K)$。

4）材料热物性

（1）导热系数

导热系数是表示材料导热难易程度的热物理量。材料的这一基本参数通常用专门的实验测定。各种不同的材料或物质在一定的条件下都具有确定的导热系数。空气的导热系数最小，在 27 ℃状态下仅为 0.026 24 $W/(m \cdot K)$；而纯银在 0 ℃时，导热系数达 410 $W/(m \cdot K)$，两者相差约 1.56 万倍，可见材料或物质的导热系数值变动范围之大。常用建筑材料的导热系数值可查附录 2。

材料的导热系数受多种因素的影响，归纳起来，大致有以下几个主要方面：

①材质的影响

由于不同材料的组成成分或者结构的不同，其导热性能也各不相同，甚至相差悬殊，前面所说的空气与纯银就是明显的例子。就常用非金属建筑材料而言，其导热系数值的差异仍然明显，如矿棉、泡沫塑料等材料的导热系数比较小，而砖砌体、钢筋混凝土等材料的导热系数就比较大。至于金属建筑材料如钢材、铝合金等的导热系数就更大了。建筑工程上常把导热系数小于 0.2 $W/(m \cdot K)$ 的材料称为绝热材料，作保温、隔热之用。

②材料干密度的影响

材料的干密度反映了材料的密实程度，材料越密实，干密度越大，材料内部的孔隙越少，其导热性能也就越强。因此，在同一类材料中，干密度是影响其导热性能的重要因素。一般来说，干密度大的材料导热系数也大，尤其是像泡沫混凝土、加气温凝土等一类多孔材料；但也有某些材料例外，当干密度降低到某一程度后，如果再继续降低，其导热系数不仅不随之变小，反而会增大，例如图 2-41 所示的玻璃棉导热系数与干密度的关系。显然，这类材料存在着一个最佳干密度，即在该干密度时，其导热系数最小。

③材料含湿量的影响

在自然条件下，一般非金属建筑材料常常并非绝对干燥，不同程度上都含有水分，表明在材料中水分占据了一定体积的孔隙。含湿量越大，水分所占有的体积越多。水的导热性能约比空气高 20 倍，因此，材料含湿量的增大必然使导热系数值增大。图 2-42 表示砖砌体导热系数与重量湿度的关系，当砖砌体的重量湿度由 0 增至 4 %时，导热系数由 0.5 W/（m·K）增至 1.04 W/（m·K）。可见影响之大。因此，在工程设计时，材料的生产、运输、堆放、保管及施工过程对湿度的影响都必须予以重视。

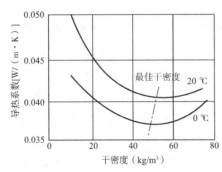

图 2-41　玻璃棉导热系数与干密度的关系

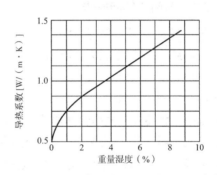

图 2-42　砖砌体导热系数与重量湿度的关系

（2）材料蓄热系数

建筑材料在周期性波动的热作用下，均有蓄存热量或放出热量的能力，借以调节材料层表面温度的波动。在建筑热工学中，材料的蓄热系数由下式定义：

$$s_T = \sqrt{\frac{2\pi}{T} \lambda c \rho}$$

（2-14）

式中　s_T——材料蓄热系数，W/（m²·K）；

　　　T——热作用的周期，h；

　　　c——材料比热容，kJ/（kg·K）；

　　　ρ——材料的密度，kg/m³。

材料的蓄热系数表示材料在周期热作用下，表面反抗温度变化的性质。材料的这种能力与热作用的周期有关系，周期 T 越大，蓄热系数 s_T 就越小，反之亦然。也就是说，在长周期的热作用下，材料反抗温度变化的能力很差，几乎丧失反抗能力；但在短周期热作用下反抗能力大。例如，内燃机的气缸，虽然汽油在其中发火爆炸，汽缸升温却并不高，这是因为，T 等于几千分之一秒，s_T 很大的缘故。

在建筑实践中，以日为周期的热作用是基本的，因此一般材料蓄热系数给定是以 1 日 24 h 为周期的材料的蓄热系数：

$$S_{24} = \sqrt{\frac{2\pi}{T} \lambda c\rho} = 0.529\sqrt{\lambda c\rho} \tag{2-15}$$

上式中，以日为周期的材料的蓄热系数是材料几个基本物理指标的复合参数，因此可以通过测定材料基本参数计算蓄热系数。常用建筑材料的 S_{24} 值可查附录 2。

材料的导热系数和蓄热系数是选择围护结构保温隔热材料的重要参数。导热系数小的材料保温性好，蓄热系数大的材料蓄热性好。通常，保温性好的材料轻质、多孔，蓄热性好的材料重质、密实。在工程实践中，为提高围护结构保温性和热惰性，通常采用多种材料组成的复合围护结构。

2.3.4　封闭空气间层传热

上面介绍的平壁热传导反映了建筑围护结构中实体材料层的导热现象，但在建筑中经常采用空心结构，如空心砖、空心板等，利用空心结构中空气导热系数非常小的特点来提高围护结构保温隔热性能。把这类空心结构传热问题归结为封闭空气间层传热，如图 2-43 所示，在空气间层中对流、辐射、导热三种方式都明显存在。实际上封闭空气间层的传热是导热、对流和辐射三种传热方式综合作用的结果。由于空气的导热性很差，因此封闭空气间层的传热主要取决于影响辐射传热和对流传热的因素。

从对流传热来看，传热大小与空气间层厚度、位置、形状等因素有关。图 2-44 是空气在不同封闭间层中的自然对流状态。

在垂直空气间层中，当间层两界面存在温度差时，热表面附近的空气上升，冷表面附近的空气下沉，形成间层内上升气流和下沉气流循环的自然对流状态。当间层厚度较薄时，上升气流和下沉气流相互干扰，形成局部环流，见图 2-44（b）。当间层厚度增大时，上升气流和下沉气流的相互干扰程度越来越小，当间层厚度增大到一定程度以后，间层表面对流的情况就与开敞空间中垂直壁面自然对流的情况相同，见图 2-44（a）。

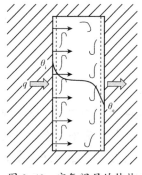

图 2-43　空气间层的传热

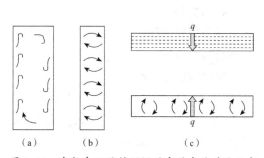

图 2-44　空气在不同封闭间层中的自然对流状态

在水平空气间层中,当上表面温度较高时,间层内热空气浮在上面,难以形成对流;而当下表面温度较高时,热空气上升和冷空气下沉形成了自然对流,这时对流换热较强,见图2-44(c)。

从辐射传热来看,传热大小与间层两侧表面的温度差和材料的辐射性能有关。

图2-45为垂直空气间层内在单位温差作用下通过不同传热方式传递的各部分热量的分配情况。图中虚线表示空气间层内空气处于静止状态时纯导热方式传递的热量。可以看出,因空气的导热性差,纯导热量随着间层厚度的增加而迅速减少,尤其是在4 cm以内变化十分显著;图中"对流"曲线表示当存在自然对流时的对流换热量。当三种传热方式传递的总热量与导热和对流单独传递的热量相比较可知,用一般建筑材料做成的封闭空气间层,辐射换热量占总传热量的70 %以上,因此要减少空气间层传热量必须减少辐射传热量。由图还可以看出,当间层厚度超过4 cm时,增加间层的厚度并不能有效地减少传热量。

减小空气间层辐射传热量可采用低辐射系数的材料。一般建筑材料的辐射系数为4.65 ~ 5.23 W/(m²·K⁴),而铝箔的辐射系数仅为0.29 ~ 1.12 W/(m²·K⁴)。所以在建筑工程中常将铝箔贴于间层内壁面,改变壁面的辐射特性,能够有效地减少辐射换热量。图2-46为三种垂直空气间层传热量相比较,当一个表面贴上铝箔后,总传热量下降相当显著;当两个表面都贴上铝箔后,总传热量又有所下降,但减少并不很多。因此,在应用中常以一个表面贴反射材料为宜。

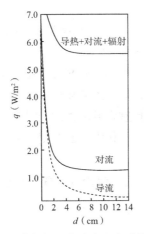

图 2-45　空气间层内传热方式的传热量

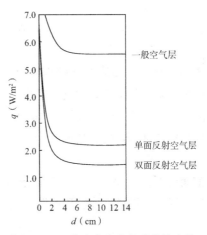

图 2-46　三种垂直空气间层传热比较

2.4　围护结构传热计算方法

2.4.1　概述

围护结构包括外门窗、外墙和屋顶等构件,在室内、外的温度不相等的时候,必然会发生传热现象。围护结构热工设计的目的是减少热量传递,即冬季减少室内热量传出室外,夏季减少室外热量传入室内;同时还要减小室外热作用的波动变化对室内的影响,维持室内

热稳定性。对于占围护结构面积最多的外墙和屋顶，其保温性
和热惰性对减少热量传递和室内环境的舒适性有直接而重要的
影响。因此本节主要针对围护结构中的外墙和屋顶。

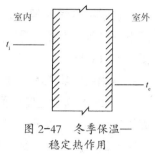

图 2-47　冬季保温——
稳定热作用

　　根据建筑保温和隔热设计中所考虑的室内外热作用的特点，
可将室内外温度的计算模型归纳成如下两种：

　　（1）恒定热作用。室内和室外温度在计算期间不随时间变化，
见图 2-47，这种计算模型通常用于冬季供暖房间的保温设计。

　　（2）周期热作用。根据室内外温度波动情况又分为单向周期热作用和双向周期热作用
两种，见图 2-48，前者通常用于空调房间的隔热设计，后者通常用于自然通风房间的隔热
设计。

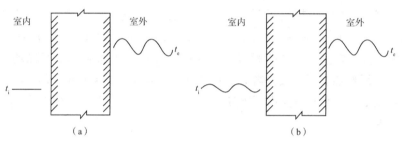

图 2-48　周期热作用
（a）空调建筑隔热——单向周期热作用；（b）自然通风建筑隔热——双向周期热作用

　　围护结构保温隔热设计需要控制的主要参数为内表面温度和热流。通过保温隔热设计
控制内表面温度冬季不要过低、夏季不要过高，以保证良好的室内热环境状况。对于供暖空
调房间，重点是控制通过围护结构的热流量，以减少维持室内温度恒定所需要的能耗。要将
这些参数控制落实到围护结构设计中，关键是要知道围护结构内表面温度、热流与室内外温
度、材料和构造之间的关系。

　　前面介绍的平壁传热是以表面温度为边界条件，下面将讨论以平壁两侧空气温度为边
界条件的围护结构稳定传热和周期传热问题。

2.4.2　围护结构稳定传热过程及传热量

　　假设室内温度高于室外，在室内外温差作用下，围护结构
传热包括 3 个基本过程，即内表面吸热、围护结构传热和外表面
放热，见图 2-49 所示，每个过程的主要传热方式和传热量如下：

　　（1）表面吸热

　　围护结构内表面主要通过对流和辐射方式从室内得到热量，
单位面积内表面在单位时间内从室内得到的热量，即为内表面热
流强度，可用下式计算：

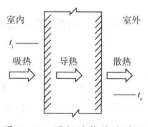

图 2-49　围护结构传热过程

$$q_i = a_i(t_i - \theta_i) \qquad (2\text{-}16)$$

式中　q_i——内表面的热流强度，W/m^2；

　　　t_i——室内空气温度，℃；

　　　θ_i——内表面温度，℃；

　　　a_i——内表面换热系数，$W/(m^2 \cdot K)$。

　　这里的内表面换热系数应为内表面辐射换热系数与对流换热系数之和。在建筑热工计算中，围护结构内表面换热系数可根据其表面状况直接查表2-7得到。

　　上面的内表面热流强度计算式还可写为如下形式：

$$q_i = \frac{t_i - \theta_i}{R_i} \qquad (2\text{-}17)$$

式中 R_i 为内表面换热系数的倒数，即 $R_i = 1/a_i$，称为内表面换热阻，其值也可在表 2-7 中查到。

内表面换热系数 a_i 和内表面换热阻 R_i 　　　　　表 2-7

表面特征	$\alpha_i[W/(m^2 \cdot K)]$	$R_i(m^2 \cdot K/W)$
墙面、地面、表面平整或有肋状突出物的顶棚（$h/s \leqslant 0.3$）	8.7	0.11
有肋状突出物的顶棚（$h/s > 0.3$）	7.6	0.13

注：表中 h 为肋高，s 为肋间净距。

　　（2）围护结构传热

　　围护结构内表面吸收室内热量后，以导热方式通过围护结构材料层传到外表面，传热量按平壁稳定传热计算，即：

$$q_\lambda = \frac{\theta_i - \theta_e}{R} \qquad (2\text{-}18)$$

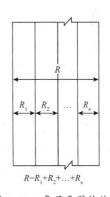

$$R = R_1 + R_2 + \cdots + R_n$$

图 2-50　多层平壁传热阻

式中　q_λ——通过围护结构材料层的热流强度，W/m^2；

　　　θ_e——外表面温度，℃；

　　　R——围护结构传热阻，$m^2 \cdot K/W$。

　　围护结构传热阻为两表面之间的各构造层的热阻之和，如图 2-50 所示。

　　（3）表面散热

　　围护结构外表面向周围环境和空气散热也是主要通过对流和辐射方式，这与内表面吸热相同，因此外表面散热量的计算式也与内表面相似，即：

$$q_e = a_e(\theta_e - t_e) \qquad (2\text{-}19)$$

　　或

$$q_e = \frac{\theta_e - t_e}{R_e} \qquad\qquad （2-20）$$

式中　q_e——外表面的热流强度，W/m^2；

　　　θ_e——外表面温度，℃；

　　　t_e——室外空气温度，℃；

　　　a_e——外表面换热系数，$W/（m^2 \cdot K）$；

　　　R_e——外表面换热阻，$m^2 \cdot K/W$。

上式中的外表面换热系数和外表面换热阻互为倒数，即 $R_e=1/a_e$。一般围护结构的外表面换热系数和外表面换热阻都可查表 2-8 得到。

外表面换热系数 a_e 和外表面换热阻 R_e 　　　　　表 2-8

适用季节	表面特征	$\alpha_e[W/（m^2 \cdot K）]$	$R_e（m^2 \cdot K/W）$
冬季	外墙、屋顶、与室外空气直接接触的表面	23.0	0.04
	与室外空气相通的不供暖地下室上面的楼板	17.0	0.06
	闷顶、外墙上有窗的不供暖地下室上面的楼板	12.0	0.08
	外墙上无窗的不供暖地下室上面的楼板	6.0	0.17
夏季	外墙、屋顶	19.0	0.05

上面 3 个基本传热过程中，尽管传热方式不同，但传热强度计算都可以归结为温差除以热阻的形式，因此围护结构表面与空气之间的传热也可以看成是"平壁"传热。于是，热量从室内空气传向室外空气的过程中可以看成是经过了"3 层"平壁，其中内外两层平壁为空气，中间那层平壁为围护结构，如图 2-51 所示。

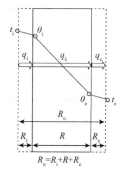

图 2-51　围护结构传热过程中的三层平壁

根据能量守恒，稳定传热状态下经过各层平壁的传热量应相等，即：

$$q_i = q_\lambda = q_e = q \qquad\qquad （2-21）$$

其中 q 看成通过这 3 层平壁组成的组合平壁的传热强度，其值仍然可以用温差除以热阻的形式表达，这时的温差应为室内、外空气温度差，热阻应为 3 层平壁的热阻之和，称为总传热阻。即

$$q = \frac{t_i - t_e}{R_o} \qquad\qquad （2-22）$$

式中　q——通过围护结构传热强度，W/m^2；

　　　R_o——围护结构总热阻，$m^2 \cdot K/W$，$R_o=R_i+R+R_e$。

如果用 K 表示总热阻的倒数，$K=1/R_o$，则（2-22）还可写为：

$$q=K(t_i-t_e) \qquad\qquad （2-23）$$

式中 K 称为围护结构传热系数，单位，$W/（m^2 \cdot ℃）$。

2.4.3 围护结构构造层热阻

根据前面讨论，围护结构总热阻为内表面换热阻、围护结构传热阻以及外表面换热阻之和，即

$$R_{o}=R_{i}+R+R_{e} \qquad (2-24)$$

其中的内、外表面换热阻根据围护结构表面特征查表 2-7、表 2-8 确定，而围护结构传热阻为各构造层热阻之和。

如果围护结构中的构造层为单一实体材料，则其热阻按平壁热阻公式（2-11）计算。而对于多种材料组合的构造层以及带有空气层的构造层，其热阻将在下面讨论。

1）组合壁热阻

在建筑工程中，围护结构内部有些材料层常出现两种以上的材料组成的组合材料层，如各种形式的空心砌块、填充保温材料的墙体等。图 2-52 所示为两种材料组成的组合材料层。计算这类组合平壁热阻时，在平行于热流方向沿着组合材料层中不同材料的界面，将其分成若干部分，按下式计算其平均热阻：

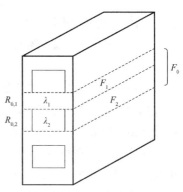

图 2-52 两种材料组合壁平壁

$$\overline{R} = \left[\frac{F_{o}}{\dfrac{F_{1}}{R_{o,1}} \quad \dfrac{F_{2}}{R_{o,2}} + \cdots \dfrac{F_{n}}{R_{o,n}}} - (R_{i} + R_{e}) \right] \varphi \qquad (2-25)$$

式中　　　　　$\overline{R}$——平均热阻，$\text{m}^2 \cdot \text{K/W}$；

F_{o}——与热流方向垂直的总传热面积，m^2；

F_{1}，F_{2}，……F_{n}——按平行于热流方向划分的各个传热面积，m^2；

$R_{o,1}$，$R_{o,2}$，……$R_{o,n}$——各个传热部位的总热阻，$\text{m}^2 \cdot \text{K/W}$；

R_{i}——内表面换热阻，$\text{m}^2 \cdot \text{K/W}$；

R_{e}——外表面换热阻，$\text{m}^2 \cdot \text{K/W}$；

φ——修正系数，按表 2-9 取值。

修正系数 φ 值　　　　　　　　　　　　　　　表 2-9

$\frac{\lambda_{2}}{\lambda_{1}}$ 或 $\frac{\lambda_{2}+\lambda_{3}}{2}/\lambda_{1}$	φ	$\frac{\lambda_{2}}{\lambda_{1}}$ 或 $\frac{\lambda_{2}+\lambda_{3}}{2}/\lambda_{1}$	φ
0.09 ~ 0.19	0.86	0.40 ~ 0.69	0.96
0.20 ~ 0.39	0.93	0.70 ~ 0.99	0.98

注：1. 当围护结构由两种材料组成时，λ_{2} 应取较小值，λ_{1} 应取较大值，然后求两者的比值。

2. 当围护结构由三种材料组成或有两种厚度不同的空气层时，φ 值应按比值 $\frac{\lambda_{2}+\lambda_{3}}{2}/\lambda_{1}$ 确定。

3. 当围护结构中存在圆孔时，应先将圆孔折算成同等面积的方孔，然后按上述规定计算。

2）封闭空气间层热阻

由前面介绍知道，在建筑围护结构中采用封闭空气间层可以减少热量传递，并且材料省、重量轻，是一项有效而经济的技术措施。尽管封闭空气间层传热非常复杂，包括导热、对流和辐射三种传热方式综合作用，但传热总是在空气间层内的两个表面之间进行，因此可以把空气间层看成平壁。根据平壁稳定传热计算公式（2-10），可以得到平壁热阻的另一种计算式：

$$R = \frac{\theta_H - \theta_L}{q} \tag{2-26}$$

式中　R——平壁热阻，$m^2 \cdot K/W$；

　　　θ_H——平壁高温侧表面温度，℃；

　　　θ_L——平壁低温侧表面温度，℃；

　　　q——通过平壁的热流强度，W/m^2。

由上面计算式可以知道，只要测量出了平壁两侧表面温度差和通过平壁的热流，就可以计算出平壁热阻。用这种方法确定的空气间层热阻，称为当量热阻。

由于封闭空气间层的传热主要取决于影响辐射传热和对流传热的因素，而对流传热大小与空气间层厚度、位置、形状等因素有关，辐射传热大小与表面反射情况有关，因此空气间层的热阻也由这些影响因素决定。

2.4.4　围护结构周期传热计算方法

1）单向周期传热内表面逐时热流

夏季，当室内为空调环境时，围护结构为单向周期传热，即室内温度恒定，室外温度周期变化，这时内表面温度和热流都随时间变化。如果能够计算出任意时间的内表面热流，则根据式（2-16）就可以计算出当时的内表面温度。下面介绍一种内表面热流逐时计算方法。

由前面知道，当室内、外温度都是恒定的时候，围护结构为稳定传热，热流强度可表达为围护结构传热系数与室内、外温差之积，即：

$$q = K(t_e - t_i) \tag{2-27}$$

当室外温度周期性变化时，每小时内表面热流强度仍然可用上式表达，即：

$$q_k = K(t_k - t_i) \qquad (k=1, 2, \cdots\cdots, 24) \tag{2-28}$$

式中　q_k——第 k 小时的内表面热流；

　　　t_k——第 k 小时影响室内的室外温度。

由于围护结构具有热惰性，t_k 并不是当时的室外温度 $t_{e, k}$，而是以前各小时的室外温度的一种加权平均值。即：

$$t_k = W_0 t_{e, k} + W_1 t_{e, k-1} + W_2 t_{e, k-2} + \cdots\cdots + W_{23} t_{e, k-23} \tag{2-29}$$

其中，各个权重 W 可以直观理解为：某个时间的室外脉冲温度作用于围护结构并传递到室内的过程。

即：

$$W_0+W_1+W_2+\cdots\cdots+W_{23}=1 \qquad (2\text{-}30)$$

不同材料和构造的围护结构有不同的权重值，可以用反应系数法计算。

2）双向周期传热

对于自然通风房间，夏季隔热设计的目标是控制内表面温度，因此需要知道内表面温度如何计算。由于室内、外空气温度都是周期变化的，内表面温度同时受到室内、外双向周期热作用影响，解决这类问题的方法是分解热作用的过程为几个单一过程，分别进行计算，然后再将各单一过程的计算结果进行叠加，得到最终结果。

假设室内、外空气温度表达为平均值与余弦函数波（也称为谐波）的和，即

$$t_e = \overline{t_e} + A_e \cos(\omega\tau - \phi_e) \qquad (2\text{-}31)$$

$$t_i = \overline{t_i} + A_i \cos(\omega\tau - \phi_i) \qquad (2\text{-}32)$$

式中　$\overline{t_e}$、$\overline{t_i}$——室外、室内空气温度平均值，℃，是与时间无关的定值；

　　　A_e、A_i——室外、室内空气温度波的振幅，即最高温度与平均温度之差，℃；

　　　ω——角速度，若以 24 小时为周期，则 ω=15 deg/h；

　　　τ——时间，h；

　　　ϕ_e、ϕ_i——温度波的初相位，deg。

在这种双向周期热作用下，围护结构传热过程可以分解为 3 个基本过程（图 2-53）：一个稳定传热过程和两个单向周期传热过程。

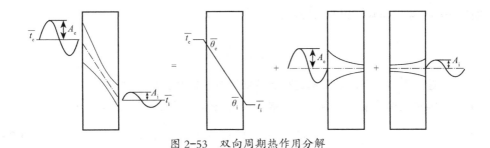

图 2-53 双向周期热作用分解

（1）稳定传热过程

已知室内、外平均温度，根据稳定传热状态围护结构各层热流相等，可以计算出内表面平均温度。

（2）单向谐波周期传热过程

不管是室外温度波经过围护结构传递到内表面，还是室内温度波经过空气层传递到内表面，其实质都是波幅被压缩、波动变化被延迟的过程，用图 2-54 表示。只不过两种单向周期传热过程中，波幅压缩的程度和延迟时间的长短不相同。

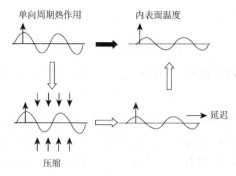

图 2-54　单向温度波作用

通常用衰减倍数来表示波幅被压缩的程度，即压缩前的波幅与压缩后的波幅的比值。两种单向周期传热过程的波幅衰减倍数和延迟相位与作用的温度波无关，主要由围护结构材料和构造决定。

在双向周期热作用下，围护结构内表面温度可以表达为如下形式：

$$\theta_i = \overline{\theta_i} + \frac{A_e}{v_o} \cos(\omega\tau - \phi_e - \phi_{ef}) + \frac{A_i}{v_i} \cos(\omega\tau - \phi_i - \phi_{if})$$ （2-33）

式中　$\overline{\theta_i}$——内表面平均温度，℃；

　　　v_o——室外到内表面的总衰减倍数；

　　　ϕ_{ef}——室外到内表面的总延迟相位，deg；

　　　v_i——室内到内表面的衰减倍数；

　　　ϕ_{if}——室内到内表面的延迟相位，deg。

围护结构总衰减倍数可以简单表达为：

$$v_o = \beta \cdot e^{\frac{D}{\sqrt{2}}}$$ （2-34）

式中　β——修正系数，与围护结构材料层的热物性参数有关；

　　　D——围护结构热惰性指标，为各层材料层热惰性指标之和，即：

$$D = D_1 + D_2 + \cdots\cdots + D_n$$ （2-35）

每层材料热惰性指标按公式（2-13）计算，如果是空气间层，由于空气蓄热性太小，可取空气间层热惰性指标为 0。

习　题

2-1　为什么人体达到热平衡，并不一定就舒适？

2-2　为什么说，即使人们富裕了，也不应该把房子搞成完全的"人工空间"？

2-3　室内热环境有哪些因素？通过建筑设计能够最有效改善的是哪些因素？

2-4 室外气候因素通过哪些途径和方式影响室内环境？哪些情况是有利的？哪些情况是不利的？

2-5 决定气候的因素有哪些？人类活动可以影响气候的哪些方面？

2-6 说明风和水在气候调节中的作用。

2-7 外墙为 240 mm 厚的实心砖墙，室内、外空气温度分别为 18 ℃和 0 ℃，室内相对湿度为多少时外墙内表面不会出现凝结？

2-8 物体对热辐射的吸收、发射性能与物体的哪些因素有关？物体吸收热辐射的能力越大，是否发射热辐射的能力也越大？

2-9 选择性辐射体的特性，对开发有利于夏季防热的外表面装修材料有什么启发？

2-10 平壁稳定传热有哪些特点？传热量与哪些因素有关？如何提高其保温性？

2-11 平壁周期传热有哪些特点？这些特点对建筑室内环境有什么作用？

2-12 材料导热系数与哪些因素有关？保温材料有什么特点？蓄热材料有什么特点？

2-13 通过空气间层的传热量与空气层厚度有什么关系？一个"厚"的空气间层与几个"薄"的空气间层的隔热效果是否相同？

2-14 如果在空气间层内单侧表面涂贴反射材料，是选择涂贴在温度较高侧的表面还是较低侧的表面，为什么？

2-15 分析图 2-55 所示被动太阳能建筑传热原理，画出空气流动方向。

2-16 已知室内、外平均温度，根据围护结构稳定传热特点，写出内表面平均温度计算式。

2-17 屋顶构造从外到内分别为：10 mm 厚油毡防水层，20 mm 厚水泥砂浆，50 mm 厚加气混凝土（ρ=500 kg/m³），150 mm 厚钢筋混凝土板。计算屋顶传热系数和热惰性指标。

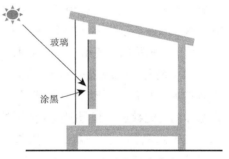

图 2-55 被动太阳能建筑

第 3 章　建筑光学基础知识

　　本章中研究的光是一种能直接引起视感觉的光谱辐射，其波长范围为 380 ~ 780 nm。波长大于 780 nm 的红外线、无线电波等，以及小于 380 nm 的紫外线、X 射线等，人眼均是感觉不到的。由上可知，光是客观存在的一种能量，而且与人的主观感觉有密切的联系。因此光的度量必须和人的主观感觉结合起来。为了做好天然采光和人工照明设计，应该对人眼的视觉特性、光的度量、材料的光学性能等有必要的了解。

3.1　人眼的视觉与非视觉

3.1.1　人眼的构造

　　视觉就是由进入人眼的辐射所产生的光感觉而获得的对外界的认识。人们的视觉只能通过眼睛来完成,眼睛好似一个很精密的光学仪器,它在很多方面都与照相机相似。图 3-1 是人的右眼剖面图。眼睛的主要组成部分和其功能如下:

　　（1）瞳孔。虹膜中央的圆形孔，它可根据环境的明暗程度，自动调节其孔径，以控制进入眼球的光能数量。起照相机中光圈的作用。

　　（2）水晶体。为一扁球形的弹性透明体，它受睫状肌收缩或放松的影响，使其形状改变，从而改变其屈光度，使远近不同的外界景物都能在视网膜上形成清晰的影像。它起照相机的透镜作用，不过水晶体具有自动聚焦功能。

　　（3）视网膜。光线经过瞳孔、水晶体在视网膜上聚焦成清晰的影像。它是眼睛的视觉感受部分，类似于照相机中的胶卷。视网膜上满了感光细胞——锥体和杆体感光细胞[1]。光线射到它们上面就产生光刺激，并把光信息传输至视神经，再传至大脑，产生视觉感觉。

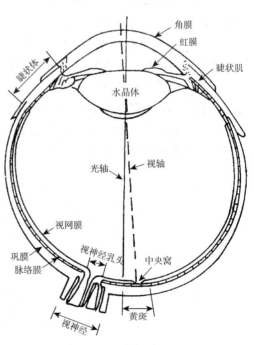

图 3-1　人的右眼剖面图

---

　　[1]　在 2002 年又发现了第三种感光细胞，它能控制昼夜节律和强度，并影响瞳孔大小变化等，即能产生非映像视觉效应。

（4）感光细胞。它们处在视网膜最外层上（图3-2），接受光刺激。它们在视网膜上的分布是不均匀的：锥体细胞主要集中在视网膜的中央部位，称为"黄斑"的黄色区域；黄斑区的中心有一小凹，称"中央窝"；在这里，锥体细胞达到最大密度，在黄斑区以外，锥体细胞的密度急剧下降。与此相反，在中央窝处几乎没有杆体细胞，自中央窝向外，其密度迅速增加，在离中央窝20°附近达到最大密度，然后又逐渐减少（图3-3）。

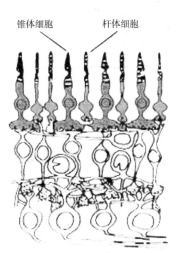

图3-2 视网膜上的感光细胞

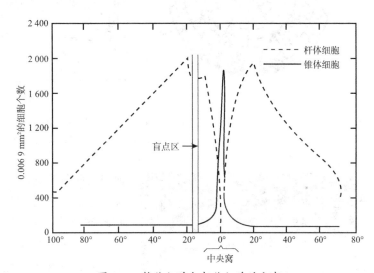

图3-3 锥体细胞与杆体细胞的分布

两种感光细胞有各自的功能特征。锥体细胞在明亮环境下对色觉和视觉敏锐度起决定作用，即这时它能分辨出物体的细部和颜色，并对环境的明暗变化作出迅速的反应，以适应新的环境。而杆体细胞在黑暗环境中对明暗感觉起决定作用，它虽能看到物体，但不能分辨其细部和颜色，对明暗变化的反应缓慢。

3.1.2 人眼的视觉特点

由于感光细胞的上述特性，故人们的视觉活动具有以下特点：

（1）视看范围（视野）。根据感光细胞在视网膜上的分布，以及眼眉、脸颊的影响，人眼的视看范围有一定的局限。双眼不动的视野范围为：水平面180°；垂直面130°，上方为60°，下方为70°（图3-4a，白色区域为双眼共同视看范围；打上斜线区域为单眼视看最大范围；黑色为被遮挡区域）。黄斑区所对应的角度约为2°，它具有最高的视觉敏锐度，能分辨最微小的细部，称"中心视野"。由于这里几乎没有杆体细胞，故在黑暗环境中这部分几乎不产生视觉。从中心视野往外直到30°范围内是视觉清楚区域（图3-4b），这是观看物体的有利位置。通常站在离展品高度的2～1.5倍的距离观赏展品，就是使展品处于上述视觉清楚区域内。

（2）明、暗视觉。由于锥体、杆体感光细胞分别在不同的明、暗环境中起主要作用，故形成明、暗视觉。明视觉是指在明亮环境中，主要由视网膜的锥体细胞起作用的视觉（即正常人眼适应高于约3个坎德拉每平方米的亮度时的视觉）。明视觉能够辨认很小的细节，同

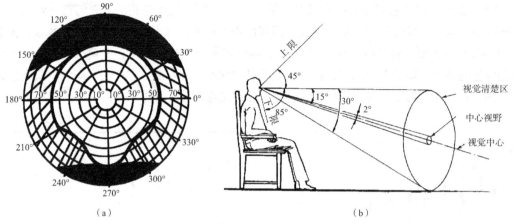

（a）　　　　　　　　　　　　　　　（b）

图 3-4　人眼视野范围
（a）人眼视野范围；（b）处于放松姿态，坐着的人的视野

图 3-5　道路照明水平处于中间视觉范围

时具有颜色感觉，而且对外界亮度变化的适应能力强。暗视觉是指在暗环境中，主要由视网膜杆体细胞起作用的视觉（即正常人眼适应低于 0.01 坎德拉每平方米的亮度时的视觉）。暗视觉只有明暗感觉而无颜色感觉，也无法分辨物件的细节，对外部变化的适应能力低。

介于明视觉和暗视觉之间的视觉是中间视觉（图 3-5）。在中间视觉时，视网膜的锥体感光细胞和杆体感光细胞同时起作用，而且它们随着正常人眼的适应水平变化而发挥的作用大小不同：中间视觉状态在偏向明视觉时较为依赖锥体细胞，在偏向暗视觉时则依赖杆体细胞的程度变大。

（3）光谱光视效率。

人眼观看同样功率的辐射，在不同波长时感觉到的明亮程度不一样。人眼的这种特性常用光谱光视效率 $V(\lambda)$ 曲线来表示（图 3-6）。它表示在特定光度条件下产生相同视觉感觉时，在视亮度匹配实验里，波长 λ_m 和波长 λ 的单色光辐射通量[①]的比。λ_m 选在视感最大值处（图 3-7，明视觉时为 555 nm，暗视觉为 507 nm）。明视觉的光谱光视效率以 $V(\lambda)$ 表示，暗视觉的光谱光视效率用 $V'(\lambda)$ 表示。

由于在明、暗环境中，分别由锥体和杆体细胞起主要作用，所以它们具有不同的光谱光视效率曲线。这两条曲线代表等能光谱波长 λ 的单色辐射所引起的明亮感觉程度。明视觉曲线 $V(\lambda)$ 的最大值在波长 555 nm 处，即在黄绿光部位最亮，越向光谱两端的光显得越暗。$V'(\lambda)$ 曲线表示暗视觉时的光谱光视效率，它与 $V(\lambda)$ 相比，整个曲线向短波方向推移，长

---

① 辐射通量——辐射源在单位时间内发出的能量，一般用 φ_e 表示，单位为瓦（W）。

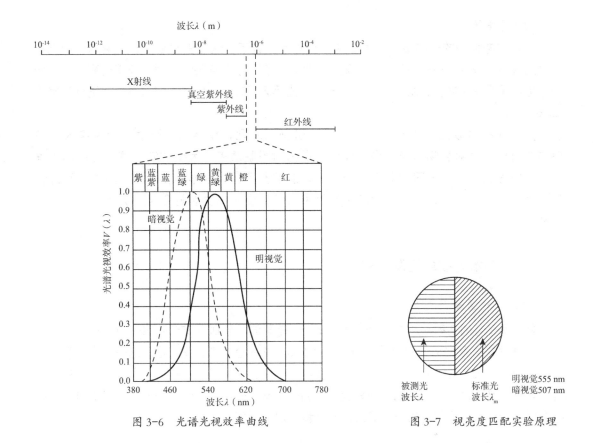

图 3-6 光谱光视效率曲线　　　　图 3-7 视亮度匹配实验原理

波端的能见范围缩小，短波端的能见范围略有扩大。在不同光亮条件下人眼感受性不同的现象称为"普尔金耶效应"（Purkinje Effect）。我们在设计室内颜色装饰时，就应根据它们所处环境的明暗可能变化程度，利用上述效应，选择相应的明度和色彩对比，否则就可能在不同时候产生完全不同的效果，达不到预期目的。

3.1.3 非视觉效应

光被视觉细胞感知以获得外界视觉信息，21世纪以来照明视觉科学发展确立的非视觉效应表明，光同样可对人及动物的生物节律（生物钟）产生影响。所有动植物在大约以24小时的周期中表现出行为变化的模式的一贯性，被称为生物节律。非视觉效应被认为不受椎体及杆体感光细胞控制，人眼视网膜还存在一种非视觉的视网膜神经节细胞，光可对这种非视觉神经节细胞产生刺激，传送到下丘脑的视交叉上核（SCN），再经由脑室外神经核和上部颈神经神经节到松果体，影响褪黑色素（Melatonin）的分泌，从而产生调节人与动物生物节律的作用。

（1）神经交叉核（SCN）

视交叉上核指前侧下丘脑核，在大脑的下丘脑中是成对的结构，被认为是哺乳类动物的内源性振荡器，可调节动物的各种昼夜节律活动。

（2）松果体

松果体是大脑的一种腺体，可合成并分泌褪黑激素，这种机制是受光影响的，受光照强度的增加而减少，在较暗的环境中则分泌增加。在昼夜周期性交替时，褪黑色素的合成和分泌也呈现周期性变化，所以在一般情况下，褪黑激素在晚上大量分泌，在白昼则分泌水平降低。

光的非视觉效应对人及哺乳动物影响机制的发现，使得利用照明手段调控人的健康成为可能。光对生物节律的调控作用表现为对睡眠质量、大脑认知、情绪控制等生理及心理方面的影响。人眼的非视觉光生物效应涉及照明、医学等多学科，随着学科综合性研究的进一步深入，综合性健康照明相关技术的应用和发展将会为人类社会带来更大福利。

3.2 基本光度单位及应用

3.2.1 光通量

假设两个灯的功率都是 1 W，均发射单色光，辐射波长分别为 555 nm 和 620 nm（图 3-8），这时人眼对波长为 555 nm 的单色光比波长 620 nm 的单色光感觉要亮些。这是因为人眼对不同波长的电磁波具有不同的灵敏度，所以我们就不能直接用光源的辐射功率或辐射通量来衡量光能量，必须采用以标准光度观察者对光的感觉量为基准的单位——光通量来衡量，即根据辐射对标准光度观察者的作用导出的光度量。对于明视觉，有：

$$\Phi = K_\mathrm{m} \int_0^\infty \frac{\mathrm{d}\Phi_\mathrm{e}(\lambda)}{\mathrm{d}\lambda} V(\lambda) \mathrm{d}\lambda \qquad (3-1)$$

式中　　Φ——光通量，单位为流明，lm；

$\mathrm{d}\Phi_\mathrm{e}(\lambda)/\mathrm{d}\lambda$——辐射通量的光谱分布，W；

　$V(\lambda)$——光谱光视效率，可由图 3-6 查出，或由附录 4 的 $\overline{y}(\lambda)$ [等于 $V(\lambda)$] 中查得；

　K_m——最大光谱光视效能，在明视觉时 K_m 为 683 lm/W。

在计算时，光通量常采用下式算得：

图 3-8　人眼对不同波长光线的感觉

$$\varPhi = K_{\mathrm{m}} \sum \varPhi_{\mathrm{e},\lambda} V(\lambda) \qquad (3\text{-}2)$$

式中 $\varPhi_{\mathrm{e},\lambda}$ ——波长为 λ 的辐射通量，W。

建筑光学中，常用光通量表示一光源发出的光能多少。例如手电筒发出的光通量类似于水龙头的喷水量（图 3-9），光通量成为光源的一个基本参数；100 W 普通白炽灯发出 1 179 lm 的光通量；40 W 日光色荧光灯约发出 2 400 lm 的光通量。

【例 3-1】已知低压钠灯发出波长为 589 nm 的单色光，设其辐射通量为 10.3 W，试计算其发出的光通量。

【解】从图 3-6 的明视觉（实线）光谱光视效率曲线中或从附录 4 的 $\overline{y}(\lambda)$ 中可查出，对应于波长 589 nm 的 $V(\lambda)=0.769$，则该单色光源发出的光通量为：

$$\varPhi_{589} = 683 \times 10.3 \times 0.769 \approx 5\ 410 \text{ lm}$$

图 3-9 光通量类似于喷水量的示意图
（a）手电筒发出的光通量；（b）水龙头的喷水量

【例 3-2】已知 500 W 汞灯的单色辐射通量值，试计算其光通量。

【解】500 W 汞灯发出的各种辐射波长列于表 3-1 中第一栏，相应的单色辐射通量列于表 3-1 中第二栏。从附录 4 的 $\overline{y}(\lambda)$ 中查出表中第一栏所列各波长相应的光谱光视效率 $V(\lambda)$，分别列于表中第三栏的各行。将第二、三栏数值代入式（3-2），即得各单色光通量值，列于第四栏。最后将其总和得光通量为 15 613.2 lm。

500 W 汞灯的光通量计算表   表 3-1

波长 λ（nm）	单色辐射通量 $\varPhi_{\mathrm{e},\lambda}$（W）	光谱光视效率 $V(\lambda)$	光通量 $\varPhi_{\lambda}$（lm）
365	2.2	—	—
406	4.0	0.000 7	1.9
436	8.4	0.018 0	103.3
546	11.5	0.984 1	7 729.6
578	12.8	0.889 2	7 773.7
691	0.9	0.007 6	4.7
总计	39.8		15 613.2

3.2.2　发光强度

以上谈到的光通量是说明某一光源向四周空间发射出的总光能量。不同光源发出的光通量在空间的分布是不同的。例如悬吊在桌面上空的 1 盏 100 W 白炽灯，它发出 1 179 lm 光通量。但用不用灯罩，投射到桌面的光线就不一样。加了灯罩后，灯罩将往上的光向下反射，使向下的光通量增加，因此我们就感到桌面上亮一些（图 3-10）。这例子说明只知道光源发出的光通量还不够，还需要了解它在空间中的分布状况，即光通量的空间密度分布。

图 3-11 表示一空心球体，球心 O 处放一光源，它向由 $A_1B_1C_1D_1$ 所包的面积 A 上发出 Φ lm 的光通量。而面积 A 对球心形成的角称为立体角，它是以 A 的面积和球的半径 R 平方之比来度量的，即：

$$\mathrm{d}\Omega = \frac{\mathrm{d}A\cos\alpha}{R^2}$$

式中　α——面积 A 上微元 $\mathrm{d}A$ 和 O 点连线与微元法线之间的夹角。对于本例有：

$$\Omega = A/R^2 \tag{3-3}$$

立体角的单位为球面度（sr），即当 $A=R^2$ 时，它对球心形成的立体角为 1 Sr（球面度）。

光源在给定方向上的发光强度是该光源在该方向的立体角元 $\mathrm{d}\Omega$ 内传输的光通量 $\mathrm{d}\Phi$ 除以该立体角之商，发光强度的符号为 I。例如，点光源在某方向上的立体角元 $\mathrm{d}\Omega$ 内发出的光通量为 $\mathrm{d}\Phi$ 时，则该方向上的发光强度为：

$$I = \frac{\mathrm{d}\Phi}{\mathrm{d}\Omega}$$

当角 α 方向上的光通量 Φ 均匀分布在立体角 Ω 内时，则该方向的发光强度为：

$$I_\alpha = \frac{\Phi}{\Omega} \tag{3-4}$$

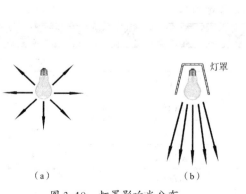

图 3-10　灯罩影响光分布
（a）普通白炽灯的光分布；（b）加灯罩后向下的光通量增大

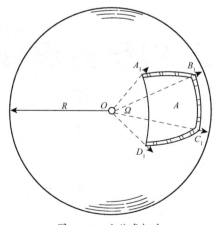

图 3-11　立体角概念

发光强度的单位为坎德拉，符号为 cd，它表示光源在 1 sr 立体角内均匀发射出 1 lm 的光通量，即：

$$1cd = \frac{1\ lm}{1\ sr}$$

40 W 白炽灯泡正下方具有约 30 cd 的发光强度。而在它的正上方，由于有灯头和灯座的遮挡，在这方向上没有光射出，故此方向的发光强度为零。如加上一个不透明的搪瓷伞形罩，向上的光通量除少量被吸收外，都被灯罩朝下面反射，因此向下的光通量增加，而灯罩下方立体角未变，故光通量的空间密度加大，发光强度由 30 cd 增加到 73 cd 左右。

3.2.3 照度

在同一盏具有灯罩的台灯下的书，由于位置不同，明暗也不同（图 3-12），为了描述该现象，引入"照度"概念。

对于被照面而言，常用落在其单位面积上的光通量多少来衡量它被照射的程度，这就是常用的照度，符号为 E，它表示被照面上的光通量密度。表面上一点的照度是入射在包含该点面元上的光通量 $d\Phi$ 除以该面元面积 dA 之商，即：

$$E = \frac{d\Phi}{dA}$$

当光通量 Φ 均匀分布在被照表面 A 上时，则此被照面各点的照度均为：

$$E = \frac{\Phi}{A} \qquad (3-5)$$

图 3-12 台灯下的书位置不同，明暗不同

照度的常用单位为勒克斯，符号为 lx，它等于 1 lm 的光通量均匀分布在 $1 m^2$ 的被照面上（图 3-13），

$$1\ lx = \frac{1\ lm}{1\ m^2}$$

为了对照度有一个实际概念，下面举一些常见的例子。在 40 W 白炽灯下 1m 处的照度约为 30 lx；加一搪瓷伞形罩后照度就增加到 73 lx；阴天中午室外照度为 8 000 ~ 20 000 lx；晴天中午在阳光下的室外照度可高达 80 000 ~ 120 000 lx。

照度的英制单位为英尺烛光（fc），它等于 1 流明（lm）的光通量均匀分布在 1 平方英尺的表面上，由于 1 平方米 = 10.76 平方英尺，所以 1 英寸烛光（fc）=10.76 lx。

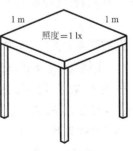

图 3-13 照度单位

3.2.4 发光强度和照度的关系

一个点光源在被照面上形成的照度，可从发光强度和照度这两个基本量之间的关系求出（图 1-4）。从式（3-5）算得表面上的照度为：

$$E = \frac{\Phi}{A}$$

由式（3-4）可知 $\Phi = I_\alpha \Omega$（其中 $\Omega = \dfrac{A}{R^2}$），将其代入式（3-5），则得：

$$E = \frac{I_\alpha}{R^2} \qquad\qquad (3-6)$$

式（3-6）表明，某表面的照度 E 与点光源在这方向的发光强度 I_α 成正比，与光源的距离 R 的平方成反比。这就是计算点光源产生照度的基本公式，称为距离平方反比定律。

以上所讲的是指光线垂直入射到被照表面即入射角 i 为零时的情况。当入射角不等于零时，如图 3-14 的表面 A_2，它与 A_1 成 i 角，A_1 的法线与光线重合，则 A_2 的法线与光源射线成 i 角，由于

$$\Phi = A_1 E_1 = A_2 E_2$$

且　　$A_1 = A_2 \cos i$

故　　$E_2 = E_1 \cos i$

由式（3-6）可知，$E_1 = \dfrac{I_\alpha}{R^2}$

故　　　　$E_2 = \dfrac{I_\alpha}{R^2} \cos i$ 　　　（3-7）

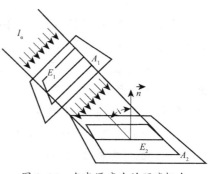

图 3-14　点光源产生的照度概念

式（3-7）表示：表面法线与入射光线成 i 角处的照度，与它至点光源的距离平方成反比，而与光源在 i 方向的发光强度和入射角 i 的余弦成正比。

式（3-7）适用于点光源。一般当光源尺寸小于至被照面距离的 1/5 时，即将该光源视为点光源。

【例 3-3】如图 3-15 所示，在桌子上方 2 m 处挂一盏 40 W 白炽灯，求灯下桌面上点 1 处照度 E_1，及点 2 处照度 E_2 值（设辐射角 α 在 0 ~ 45° 内该白炽灯的发光强度均为 30 cd）。

【解】因为 $I_{0 \sim 45} = 30$ cd，所以按式（3-7）算得

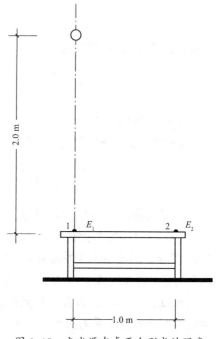

图 3-15　点光源在桌面上形成的照度

$$E_1 = \frac{I_\alpha}{R^2}\cos i = \frac{30}{2^2}\cos 0° = 7.5(\text{lx})$$

$$E_2 = \frac{I_\alpha}{R^2}\cos i = \frac{30}{2^2+1^2}\cos 26°34' \approx 5.4(\text{lx})$$

3.2.5　亮度

在房间内同一位置，放置了黑色和白色的两个物体（图3-16），虽然它们的照度相同，但在人眼中引起不同的视觉感觉，看起来白色物体亮得多，这说明被照物体表面的照度并不能直接表明人眼对物体的视觉感觉。下面我们就从视觉过程来考察这一现象。

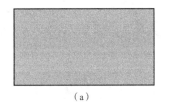 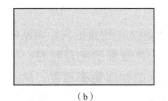

（a）　　　　　　　　　　　　　　（b）

图3-16　黑色物体和白色物体的视觉感觉
（a）黑色物体；（b）白色物体

一个发光（或反光）物体，在眼睛的视网膜上成像，视觉感觉与视网膜上的物像的照度成正比，物像的照度越大，我们觉得被看的发光（或反光）物体越亮。视网膜上物像的照度由物像的面积（它与发光物体的面积有关）和落在这面积上的光通量（它与发光体朝视网膜上物像方向的发光强度有关）所决定（图3-17）。它表明：视网膜上物像的照度是和发光体在视线方向的投影面积 $A\cos\alpha$ 成反比，与发光体朝视线方向的发光强度 I_α 成正比，即亮度就是单位投影面积上的发光强度，亮度的符号为 L，其计算公式为：

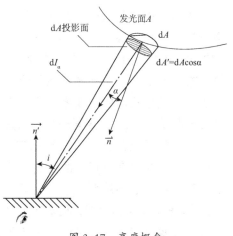

图3-17　亮度概念

$$L = \frac{\mathrm{d}^2\Phi}{\mathrm{d}\Omega\,\mathrm{d}A\cos\alpha}$$

式中　$\mathrm{d}^2\Phi$——由给定点处的束元 $\mathrm{d}A$ 传输并包含给定方向的立体角元 $\mathrm{d}\Omega$ 内传播的光通量；

　　　$\mathrm{d}A$——包含给定点处的射束截面积；

　　　α——射束截面法线与射束方向间的夹角。

当角 α 方向上射束截面 A 的发光强度 I_α 均相等时，角 α 方向的亮度为：

$$L_\alpha = \frac{I_\alpha}{A\cos\alpha} \tag{3-8}$$

由于物体表面亮度在各个方向不一定相同，因此常在亮度符号的右下角注明角度，它表示与表面法线成 α 角方向上的亮度。亮度的常用单位为坎德拉每平方米（cd/m^2），它等于 1 平方米表面上，沿法线方向（$\alpha = 0°$）发出 1 坎德拉的发光强度，即：

$$1\ cd/m^2 = \frac{1\ cd}{1\ m^2}$$

有时用另一较大单位熙提（符号为 sb），它表示 1 cm^2 面积上发出 1 cd 时的亮度单位。很明显 1 sb=10^4 cd/m^2。常见的一些物体亮度值如下：

白炽灯灯丝　　　　　　　　　　　　　　　　　　300 ~ 500 sb

荧光灯管表面　　　　　　　　　　　　　　　　　0.8 ~ 0.9 sb

太阳　　　　　　　　　　　　　　　　　　　　　200 000 sb

无云蓝天（视距太阳位置的角距离不同，其亮度也不同）　0.2 ~ 2.0 sb

亮度反映了物体表面的物理特性。而我们主观所感受到的物体明亮程度，除了与物体表面亮度有关外，还与我们所处环境的明暗程度有关。例如同一亮度的表面，分别放在明亮和黑暗环境中，我们就会感到放在黑暗中的表面比放在明亮环境中的亮一些。在图 3-18 中，三角形 1 和三角形 2 的表观亮度不同，看上去左边的三角形 1 要比右边的三角形 2 亮些。但实际上两者的物理亮度是相同的，读者可将上下部分的三角形 3、4、5、6 用同一种白纸进行遮挡后再进行观察对比，可以得出三角形 1 和三角形 2 的亮度是相同的结论。为了区别这两种不同的亮度概念，常将前者称为"物理亮度（或称亮度）"，后者称为"表观亮度（或称明亮度）"。图 3-19 是通过大量主观评价获得的实验数据整理出来的亮度感觉曲线。从图 3-19 中可看出，相同的物体表面亮度（横坐标），在不同的环境亮度时（曲线），产生不同的亮度感觉（纵坐标）。从该图中还可看出，要想在不同适应亮度条件下（如同一房间晚上和白天时的环境明亮程度不一样，适应亮度也就不一

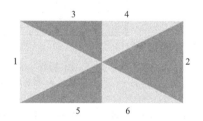

图 3-18　表观亮度与物理亮度区别与联系

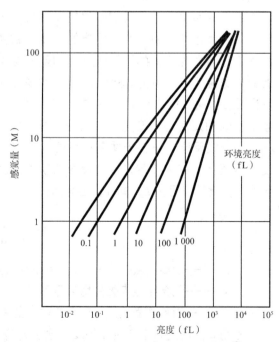

图 3-19　物理亮度与表观亮度的关系[1]

① fL——英尺朗伯，英制中的亮度单位，1 fL=3.426 cd/m^2。

样），获得相同的亮度感觉，就需要根据以上关系，确定不同的表面亮度。在本章中，仅研究物理亮度（亮度）。

3.2.6　照度和亮度的关系

所谓照度和亮度的关系，指的是光源亮度和它所形成的照度间的关系。如图 3-20 所示，设 A_1 为各方向亮度都相同的发光面，A_2 为被照面。在 A_1 上取一微元面积 dA_1，由于它的尺寸和它距被照面间的距离 R 相比，显得很小，故可视为点光源。微元发光面积 dA_1 射向 O 点的发光强度为 dI_α，这样它在 A_2 上的 O 点处形成的照度为：

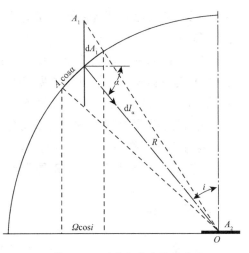

图 3-20　照度和亮度的关系

$$dE = \frac{dI_\alpha}{R^2} \cos i \qquad （3-9a）$$

对于微元发光面积 dA_1 而言，由亮度与光强的关系式（3-8）可得：

$$dI_\alpha = L_\alpha dA_1 \cos\alpha \qquad （3-9b）$$

将式（3-9b）代入式（3-9a）则得：

$$dE = L_\alpha \frac{dA_1 \cos\alpha}{R^2} \cos i \qquad （3-9c）$$

式中 $\dfrac{dA_1 \cos\alpha}{R^2}$ 是微元面 dA_1 对 O 点所张开的立体角 $d\Omega$，故式（3-9c）可写成：

$$dE = L_\alpha d\Omega \cos i$$

整个发光表面在 O 点形成的照度为：

$$E = \int_\Omega L_\alpha \cos i d\Omega$$

因光源在各方向的亮度相同，则：

$$E = L_\alpha \Omega \cos i \qquad （3-9）$$

这就是常用的立体角投影定律，它表示某一亮度为 L_α 的发光表面在被照面上形成的照度值的大小，等于这一发光表面的亮度 L_α 与该发光表面在被照点上形成的立体角 Ω 的投影（$\Omega \cos i$）的乘积。这一定律表明：某一发光表面在被照面上形成的照度，仅和发光表面的亮度及其在被照面上形成的立体角投影有关。在图 3-20 中 A_1 和 $A_1 \cos\alpha$ 的面积不同，但由于它对被照面形成的立体角投影相同，故只要它们的亮度相同，它们在 A_2 面上形成的照度就一样。

立体角投影定律适用于光源尺寸相对于它和被照点距离较大时。

【例 3-4】在侧墙和屋顶上各有一个 1 m² 的窗洞，它们与室内桌子的相对位置见图 3-21，设通过窗洞看见的天空亮度均为 1 sb，试分别求出各个窗洞在桌面上形成的照度（桌面与侧窗窗台等高）。

【解】窗洞可视为一发光表面，其亮度等于透过窗洞看见的天空亮度，在本例题中天空亮度均为 1 sb，即 10^4 cd/m²。

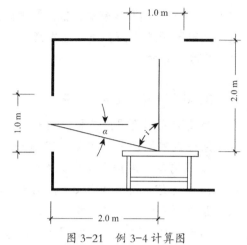

图 3-21　例 3-4 计算图

按公式（3-9）$E=L_\alpha\Omega\cos i$ 计算：

侧窗时

$$\cos a = \frac{2}{\sqrt{2^2+0.5^2}} \approx 0.970$$

$$\Omega = \frac{1 \times \cos a}{2^2+0.5^2} \approx 0.228 \ (\text{sr})$$

$$\cos i = \frac{0.5}{\sqrt{4.25}} \approx 0.243$$

$$E_\text{w}=10\ 000 \times 0.228 \times 0.243 \approx 554 \ (\text{lx})$$

天窗时

$$\Omega = \frac{1}{4} \ (\text{sr}), \quad \cos i = 1$$

$$E_\text{m}=10\ 000 \times \frac{1}{4} \times 1 = 2\ 500 \ (\text{lx})$$

3.3　材料的光学性质

在日常生活中，我们所看到的光，大多数是经过物体反射或透射的光。如图 3-22 所示，在窗扇中装上不同的玻璃，就产生不同的光效果。装上透明玻璃，从室内可以清楚地看到室外景色；换上磨砂玻璃后，只能看到白茫茫的一块玻璃，室外景色已无法看到，同时室内的采光效果也完全不同。窗口装上普通透明玻璃，阳光直接射入室内，在阳光照射处很亮，而其余地方则暗得多；而装上磨砂玻璃，它使光线分散射向四方，整个房间都比较明亮。

由此可见，我们应对材料的光学性质有所了解，根据它们的不同特点，合理地应用于不同的场合，才能达到预期的目的。

在光的传播过程中，遇到介质（如玻璃、空气、墙……）时，入射光通量（Φ）中的一部分被反射（Φ_r），一部分被吸收（Φ_α），

图 3-22　不同窗玻璃的透光效果

一部分透过介质进入另一侧的空间（Φ_τ），见图1-5。

反射、吸收和透射光通量与入射光通量之比，分别称为光反射比（曾称为反光系数）r、光吸收比（曾称为吸收系数）α和光透射比（曾称为透光系数）τ。

表3-2、表3-3分别列出了常用建筑材料的光反射比和光透射比，供采光设计时参考使用，其他材料可查阅有关手册和资料。

为了做好采光和照明设计，仅了解这些数值还不够，还需要了解光通量经过介质反射和透射后在分布上起了什么变化。

光经过介质的反射和透射后，它的分布变化取决于材料表面的光滑程度和材料内部分子结构。反光和透光材料均可分为两类：一类属于规则的，即光线经过反射和透射后，光分

饰面材料的光反射比 r 值　　　　　　　　　　　　表 3-2

材料名称	r 值	材料名称	r 值	材料名称	r 值
石膏	0.91	陶瓷锦砖		塑料贴面板	
		白色	0.59	浅黄色木纹	0.36
		浅蓝色	0.42	中黄色木纹	0.30
大白粉刷	0.75	浅咖啡色	0.31	深棕色木纹	0.12
水泥砂浆抹面	0.32	绿色	0.25		
白水泥	0.75	深咖啡色	0.20	塑料墙纸	
白色乳胶漆	0.84			黄白色	0.72
调合漆				蓝白色	0.61
白色和米黄色	0.70	铝板		浅粉白色	0.65
中黄色	0.57	白色抛光	0.83 ~ 0.87		
红砖	0.33	白色镜面	0.89 ~ 0.93	广漆地板	0.10
灰砖	0.23	金色	0.45	菱苦土地面	0.15
				混凝土面	0.20
				沥青地面	0.10
瓷磁釉面砖		大理石		铸铁、钢板地面	0.15
白色	0.80	白色	0.60	镀膜玻璃	
黄绿色	0.62	乳色间绿色	0.39	金色	0.23
粉色	0.65	红色	0.32	银色	0.30
天蓝色	0.55	黑色	0.08	宝石蓝	0.17
黑色	0.08			宝石绿	0.37
				茶色	0.21
无釉陶土地砖		水磨石			
土黄色	0.53	白色	0.70		
朱砂色	0.19	白色间灰黑色	0.52	彩色钢板	
浅色彩色涂料	0.75 ~ 0.82	白色间绿色	0.66	红色	0.25
		黑灰色	0.10	深咖啡色	0.20
不绣钢板	0.72				
胶合板	0.58	普通玻璃	0.08		

布的立体角没有改变，如镜子和透明玻璃；另一类为扩散的，这类材料使入射光程度不同地分散在更大的立体角范围内，粉刷墙面就属于这一类。下面分别介绍这两类情况。

1）规则反射和透射

光线射到表面很光滑的不透明材料上，就出现规则反射现象。规则反射（又称为镜面反射）就是在无漫射的情形下，按照几何光学的定律进行的反射。它的特点：①光线入射角等于反射角；②入射光线、反射光线以及反射表面的法线处于同一平面，见图3-23。玻璃镜、磨得很光滑的金属表面都具有这种反射特性，这时在反射方向可以很清楚地看到光源的形象，但眼睛（或光滑表面）稍微移动到另一位置，不处于反射方向，就看不见光源形象。例如人们照镜子，只有当入射光（本人形象的亮度）、镜面的法线和反射光在同一平面上，而反射光又刚好射入人眼时，人们才能看到自己的形象。利用这一特性，将这种表面放在合适位置，就可以将光线反射到需要的地方，或避免光源在视线中出现。如布置镜子和灯具时，必须使人获得最大的照度，同时又不能让刺眼的灯具反射形象进入人眼。这时就可利用这种反射法则来考虑灯的位置。如图3-24所示，人在 A 的位置时，就能清晰地看到自己的形象，看不见灯的反射形象；而人在 B 处时，人就会在镜中看到灯的明亮反射形象，影响照镜子效果。

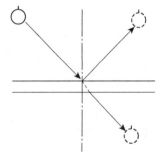

图3-23　规则反射和透射

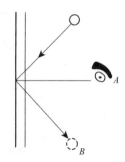

图3-24　避免受规则反射影响的办法

采光材料的光透射比 τ 值　　　　　　　　　　　　　　表3-3

材料名称	颜色	厚度（mm）	τ 值	材料名称	颜色	厚度（mm）	τ 值
普通玻璃	无	3～6	0.78～0.82	聚碳酸酯板	无	3	0.74
钢化玻璃	无	5～6	0.78	聚酯玻璃钢板	本色	3～4层布	0.73～0.77
磨砂玻璃（花纹深密）	无	3～6	0.55～0.60		绿	3～4层布	0.62～0.67
压花玻璃（花纹深密）	无	3	0.57	小波玻璃钢板	绿	—	0.38
（花纹浅疏）	无	3	0.71	大波玻璃钢板	绿	—	0.48
夹丝玻璃	无	6	0.76	玻璃钢罩	本色	3～4层布	0.72～0.74
压花夹丝玻璃	无	6	0.66	钢窗纱	绿	—	0.70
（花纹浅疏）				镀锌铁丝网	—	—	0.89
夹层安全玻璃	无	3+3	0.78	（孔20 mm×20 mm）			
双层隔热玻璃	无	3+5+3	0.64	茶色玻璃	茶色	3～6	0.08～0.50
（空气层5 mm）				中空玻璃	无	3+3	0.81
吸热玻璃	蓝	3～5	0.52～0.64	安全玻璃	无	3+3	0.84

续表

材料名称	颜色	厚度（mm）	τ值	材料名称	颜色	厚度（mm）	τ值
				镀膜玻璃	金色		
乳白玻璃	乳白	1	0.60		银色	5	0.10
有机玻璃	无	2~6	0.85		宝	5	0.14
乳白有机玻璃	乳白	3	0.20		石蓝	5	0.20
聚苯乙烯板	无	3	0.78		宝	5	0.08
聚氯乙烯板	本色	2	0.60		石绿	5	0.14
					茶色		

注：τ值应为漫射光条件下测定值。

光线射到透明材料上则产生规则透射。规则透射（又称为直接透射）就是在无漫射的情形下，按照几何光学的定律进行的透射。如材料的两个表面彼此平行，则透过材料的光线方向和入射方向保持平行。例如，隔着质量好的窗玻璃就能很清楚地、毫无变形地看到另一侧的景物。

材料反射（或透射）后的光源亮度和发光强度，因材料的吸收和反射，而比光源原有亮度和发光强度有所降低，其值为：

$$L_\tau = L \times \tau \text{ 或 } L_r = L \times r \tag{3-10}$$

$$I_\tau = I \times \tau \text{ 或 } I_r = I \times r \tag{3-11}$$

式中　L_τ（L_r）、I_τ（I_r）——分别为经过透射（反射）后的光源亮度和发光强度；

　　　　L、I——光源原有亮度和发光强度；

　　　　τ、r——材料的光透射比和光反射比。

由于压花玻璃砖（图3-25）的两个表面不平，各处厚薄不匀，因而各处的折射角不同，透过材料的光线互不平行，隔着它所见到的物体形象就发生变形。人们利用这种效果，将玻璃的一面制成各种花纹，使玻璃两侧表面互不平行，因而光线折射不一，使外界形象严重歪曲，达到模糊不清的程度，这样既看不清另一侧的情况，不致分散人们的注意力，又不会过分地影响光线的透过，保持室内采光效果，同时也避免室内活动从室外一览无余。图3-26表示在不同花纹的压花玻璃（a）和压花玻璃背后处放一玩偶（b），在玻璃前产生的不同效果。

2）扩散反射和透射

半透明材料使入射光线发生扩散透射，表面粗糙的不透明材料使入射光线发生扩散反射，使光线分散在更大的立体角范围内。这类材料又可按它的扩散特性分为两种：漫射材料，混合反射与混合透射材料。

（1）漫射材料。漫射材料又称为均匀扩散材料。这类材料将入射光线均匀地向四面八方反射或透射，从各个角度看，其亮度完全相同，看不见光源形象。漫反射就是在宏观上不存在规则反射时，由反

图3-25　压花玻璃砖

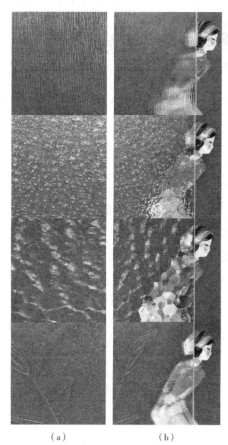

（a）　　　　　　（b）

图 3-26　各种压花玻璃的效果

射造成的漫射。漫反射材料有氧化镁、石膏等。大部分无光泽、粗糙的建筑材料，如粉刷、砖墙等都可以近似地看成这一类材料。漫透射就是宏观上不存在规则透射时，由透射造成的漫射。漫透射材料有乳白玻璃和半透明塑料等，透过它看不见光源形象或外界景物，只能看见材料的本色和亮度上的变化，常将它用于灯罩、发光顶棚，以降低光源的亮度，减少刺眼程度。这类材料用矢量表示的亮度和发光强度分布见图 3-27，图中实线为亮度分布，虚线为发光强度分布。漫射材料表面的亮度可用下列公式计算：

对于漫反射材料　　　　$L=\dfrac{E \times r}{\pi}$（cd/m²）　　　（3-12）

对于漫透射材料　　　　$L=\dfrac{E \times \tau}{\pi}$（cd/m²）　　　（3-13）

上两式中照度单位是勒克斯（lx）。

如果用另一亮度单位阿熙提（asb），则

$$L=E \times r　　（asb）　　　（3-14）$$

$$L=E \times \tau　　（asb）　　　（3-15）$$

上两式中照度单位也是勒克斯（lx）；

显然有 $1asb=\dfrac{1}{\pi}$ cd/m²。

漫射材料的最大发光强度在表面的法线方向，其他方向的发光强度和法线方向的值有如下关系：

$$I_i=I_0 \cos i　　　　　（3-16）$$

式中　i——表面法线和某一方向间的夹角，这一关系式称为"朗伯余弦定律"。

（2）混合反射与透射材料。多数材料同时具有规则和漫射两种性质。混合反射就是规则反射和漫反射兼有的反射，而混合透射就是规则透射和漫透射兼有的透射。它们在规则反射（透射）方向，具有最大的亮度，而在其他方向也有一定亮度。这种材料的亮度分布见图 3-28。

具有这种性质的反光材料有光滑的纸、较粗糙的

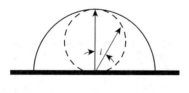

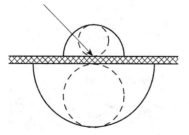

图 3-27　漫反射和漫透射

金属表面、油漆表面等。这时在反射方向可以看到光源的大致形象，但轮廓不像规则反射那样清晰，而在其他方向又类似漫反射材料具有一定亮度，但不像规则反射材料那样亮度为零。混合透射材料如磨砂玻璃，透过它可看到光源的大致形象，但不清晰。

图 3-29 表示不同桌面处理的光效果。在图 3-29（a）中是一常见的办公桌表面处理方式——深色的油漆表面，由于它具有混合反射特性，在桌面上看到光源反射形象，形成眩光，在深色桌面衬托下感到特别刺眼，很影响工作。而在图 3-29（b）中，办公桌采用一浅色漫反射材料代替原有的深色油漆表面，由于它的均匀扩散性能，使反射光通量均匀分布，故亮度均匀，看不见荧光灯管形象，给工作创造了良好的视觉条件。

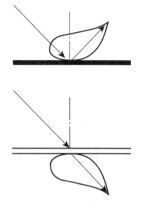

图 3-28 混合反射和透射

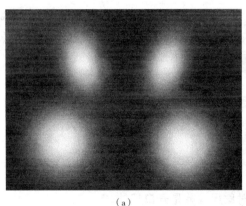

（a）

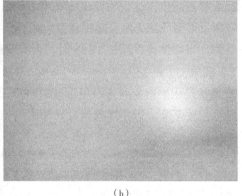

（b）

图 3-29 不同桌面材料的光效果

3.4 可见度及其影响因素

可见度就是人眼辨认物体存在或形状的难易程度。在室内应用时，以标准观察条件下恰可感知的标准视标的对比或大小定义。在室外应用时，以人眼恰可看到标准目标的距离定义，故常称为能见度。可见度概念是用来定量表示人眼看物体的清楚程度（故以前又把它称为视度）。一个物体之所以能够被看见，它要有一定的亮度、大小和亮度对比，并且识别时间和眩光也会影响这种看清楚程度。

1）亮度

在黑暗中，我们如同盲人一样看不见任何东西，只有当物体发光（或反光），我们才会看见它。实验表明：人们能看见的最低亮度（称"最低亮度阈"），仅 10^{-5} asb。随着亮度的增大，我们看得越清楚，即可见度增大。西欧一些研究人员在办公室和工业生产操作场所等工作房间内进行了调查，他们调查在各种照度条件下，感到"满意"的人所占的百分数，

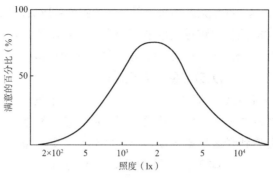

图 3-30　人们感到"满意"的照度值

不同研究人员获得的平均结果见图 3-30。从图中可以看出：随着照度的增加，感到"满意"的人数百分比也增加，最大百分比约在 1 500 ~ 3 000 lx 之间。照度超过此数值，对照明"满意"的人反而越高越少，这说明照度（亮度）要适量。若亮度过大，超出眼睛的适应范围，眼睛的灵敏度反而会下降，易引起视疲劳。如夏日在室外看书，感到刺眼，不能长久地坚持下去。一般认为，当物体亮度超过 16 sb 时，人们就感到刺眼，不能坚持工作。

2）视角

视角就是识别对象对人眼所形成的张角，通常以弧度单位来度量。视角越大看得越清楚，反之则可见度下降。识别对象尺寸 d 和眼睛至物件的距离 l 形成视角 α，其关系如下：

$$\alpha = 3\,440\,\frac{d}{l}\quad(')\qquad(3\text{-}17)$$

在图 3-31 中需要指明开口方向时，识别对象尺寸就是开口尺寸。

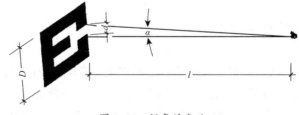

图 3-31　视角的定义

3）亮度对比

亮度对比即观看对象和其背景之间的亮度差异，差异越大，可见度越高（图 3-32）。常用 C 来表示亮度对比，它等于视野中目标和背景的亮度差与背景亮度之比：

$$C = \frac{L_t - L_b}{L_b} = \frac{\Delta L}{L_b}\qquad(3\text{-}18)$$

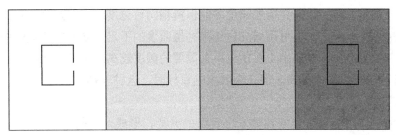

图 3-32　亮度对比和可见度的关系

式中　L_t——目标亮度；

L_b——背景亮度；

ΔL——目标与背景的亮度差。

对于均匀照明的无光泽的背景和目标，亮度对比可用光反射比表示：

$$C = \frac{r_t - r_b}{r_b} \qquad\qquad (3-19)$$

式中　r_t——目标光反射比；

r_b——背景光反射比。

视觉功效实验表明：物体亮度（与照度成正比）、视角大小和亮度对比三个因素对可见度的影响是相互有关的。图 3-33 所示为辨别概率为 95%（即正确辨别视看对象的次数为总辨别次数的 95%）时，三个因素之间的关系。

从图 3-33 中的曲线可看出：①从同一根曲线来看，它表明观看对象在眼睛处形成的视

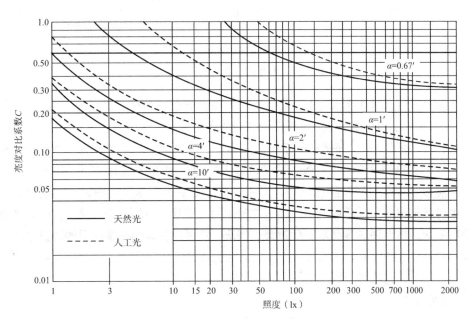

图 3-33　视觉功效曲线

角不变时，如对比下降，则需要增加照度才能保持相同可见度。也就是说，对比的不足，可用增加照度来弥补。反之，也可用增加对比来补偿照度的不足。②比较不同的曲线（表示在不同视角时）后看出：目标越小（视角越小），需要的照度越高。③天然光（实线）比人工光（虚线）更有利于可见度的提高。但在观看大的目标时，这种差别不明显。

4）识别时间

眼睛观看物体时，只有当该物体发出足够的光能，形成一定刺激，才能产生视觉感觉。在一定条件下，亮度 × 时间 = 常数（邦森—罗斯科定律），也就是说，呈现时间越少，越需要更高的亮度才能引起视感觉；图 3-34 表明它们的关系。它表明，物体越亮，察觉它的时间就越短。这就是为什么在照明标准中规定，识别移动对象，识别时间短促而辨认困难，则要求可按照度标准值分级提高一级。

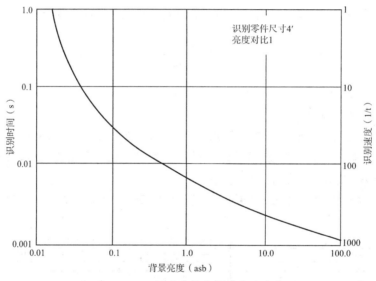

图 3-34　识别时间和背景亮度的关系

当人们从明亮环境走到黑暗处（或相反）时，就会产生一个原来看得清，突然变成看不清，经过一段时间才由看不清东西到逐渐又看得清的变化过程，这叫作"适应"。从暗到明的适应时间短，称"明适应"，即是视觉系统适应高于几个坎德拉每平方米亮度的变化过程及终极状态；从明到暗的适应时间较长，称"暗适应"，即是视觉系统适应低于百分之几坎德拉每平方米亮度的变化过程及终极状态。适应过程见图 3-35。这说明在设计中应考虑人们流动过程中可能出现的视觉适应问题。暗适应时间的长短随此前的背景亮度及其辐射光谱分布等不同而变化，当出现环境亮度变化过大的情况，应考虑在其间设置必要的过渡空间，使人眼有足够的视觉适应时间。在需要人眼变动注视方向的工作场所中，视线所及的各部分的亮度差别不宜过大，这可减少视疲劳。

5）避免眩光

眩光就是在视野中由于亮度的分布或亮度范围不适宜，或存在着极端的对比，以致引

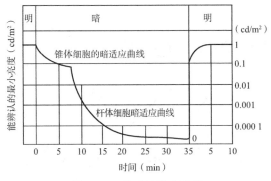

图 3-35　眼睛的适应过程

图 3-36　夜间汽车的前照灯形成的失能眩光

起不舒适感觉或降低观察细部或目标能力的视觉现象（图 3-36）。根据眩光对视觉的影响程度，可分为失能眩光和不舒适眩光。降低视觉对象的可见度，但并不一定产生不舒适感觉的眩光称为失能眩光。出现失能眩光后，就会降低目标和背景间的亮度对比，使可见度下降，甚至丧失视力。而产生不舒适感觉，但并不一定降低视觉对象的可见度的眩光称为不舒适眩光。不舒适眩光会影响人们的注意力，长时间就会增加视疲劳。如常在办公桌上玻璃板里出现灯具的明亮反射形象就是这样，这是一种常见的、又容易被人们忽视的一种眩光。对于室内光环境来说，只要将不舒适眩光限制在允许的限度内，失能眩光也就消除了。

从形成眩光过程来看，可把眩光分为直接眩光和反射眩光。直接眩光是由视野中，特别是在靠近视线方向存在的发光体所产生的眩光；而反射眩光是由视野中的反射所引起的眩光，特别是在靠近视线方向看见反射像所产生的眩光。反射眩光往往难以避开，故比直接眩光更为讨厌。

直接眩光可用下述措施使其减轻或消除：

（1）限制光源亮度。当光源亮度超过 16 sb 时，不管亮度对比如何，均会产生严重的眩光现象。在这种情况下，应考虑采用半透明材料（如乳白玻璃灯罩）或不透明材料将光源挡住，降低其亮度，减少眩光影响程度。

（2）增加眩光源的背景亮度，减少二者之间的亮度对比。当视野内出现明显的亮度对比就会产生眩光，其中最重要的是工作对象和它直接相邻的背景间的亮度对比，如书和桌面的亮度对比，深色的桌面（光反射比为 0.05 ~ 0.07）与白纸（光反射比为 0.8 左右）形成的亮度对比常大于 10，这样就会形成一个不舒适的视觉环境。如将桌面漆成浅色，减小了桌面与白纸之间的亮度对比，就会有利于视觉工作，可减少视觉疲劳。

（3）减小形成眩光的光源视看面积，即减小眩光源对观测者眼睛形成的立体角。如将灯具作成橄榄形（图 3-37），减少直接眩光的影响。

（4）尽可能增大眩光源的仰角。当眩光源的仰角小于 27° 时，眩光影响就很显著；而当眩光源的仰角大于 45° 时，眩光影响就大大减少了（图 3-38）。通常可以提高灯的悬挂高度来增大仰角，但要受到房间层高的限制，而且把灯提得过高对工作面照明也不利，故有时用不透明材料将眩光源挡住更为有利。

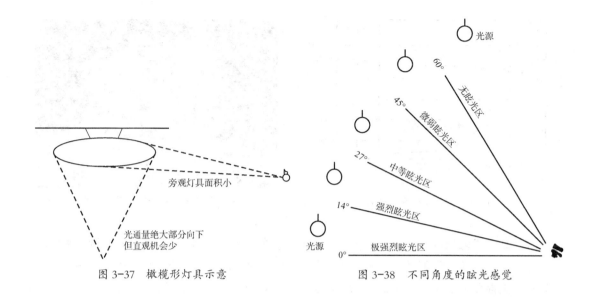

图 3-37　橄榄形灯具示意　　　　　　图 3-38　不同角度的眩光感觉

反射眩光可用下述方法使其减少至最低程度：

（1）尽量使视觉作业的表面为无光泽表面，以减弱规则反射而形成的反射眩光；

（2）应使视觉作业避开和远离照明光源同人眼形成的规则反射区域；

（3）使用发光表面面积大、亮度低的光源；

（4）使引起规则反射的光源形成的照度在总照度中所占比例减少，从而减少反射眩光的影响。

3.5　颜色

在人们的日常生活中，经常要涉及各种各样的颜色。颜色就是由有彩色成分或无彩色成分任意组成的视知觉属性。颜色是影响光环境质量的要素，同时对人的生理和心理活动产生作用，影响人们的工作效率。因此，为了合理地进行颜色设计，就要掌握色度学的基本知识，还要正确应用光学、视觉心理学和美学等方面的知识。

3.5.1　颜色的基本特性

1）颜色形成

在明视觉条件下，色觉正常的人除了可以感觉出红色、橙色、黄色、绿色、蓝色和紫色外，还可以在两个相邻颜色的过渡区域内看到各种中间色，如黄红色、绿黄色、蓝绿色、紫蓝色和红紫色等。从颜色的显现方式看，颜色有光源色和物体色的区别。

光源就是能发光的物理辐射体，如灯、太阳和天空等。通常一个光源发出的光包含很多单色光，如果单色光对应的辐射能量不相同，那么就会引起不同的颜色感觉，所谓色感觉就是眼睛接受色刺激后产生的视觉。辐射能量分布集中于光短波部分的色光会引起蓝色的视觉；辐射能量分布集中于光长波部分的色光会引起红色的视觉；白光则是由于光辐射能量分布均匀而形成的。由上可知，光源色就是由光源发出的色刺激。

物体色就是被感知为物体所具有的颜色。它是由光被物体反射或透射后形成的。因此，物体色不仅与光源的光谱能量分布有关，而且还与物体的光谱反射比或光谱透射比分布有关。例如一张红色纸，用白光照射时，反射红色光，相对吸收白光中的其他色光，故这一张纸仍呈现红色；若仅用绿光去照射该红色纸时，它将呈现出黑色，因为光源辐射中没有红光成分。通常把漫反射光的表面或由此表面发射的光所呈现的知觉色称为表面色。一般来说，物体的有色表面是比较多的反射某一波长的光，这个反射得最多的波长通常称为该物体的颜色。物体表面的颜色主要是从入射光中减去一些波长的光而产生的，所以人眼感觉到的表面色主要决定于物体的光谱反射比分布和光源的发射光谱分布。

2）颜色分类和属性

颜色分为无彩色和有彩色两大类。无彩色在知觉意义上是指无色调的知觉色，它是由从白到黑的一系列中性灰色组成的。它们可以排成一个系列，并可用一条直线表示，参见图 3-39。它的一端是光反射比为 1 的理想的完全反射体——纯白，另一端是光反射比为 0 的理想的无反射体——纯黑。在实际生活中，并没有纯白和纯黑的物体，光反射比最高的氧化镁等只是接近纯白，约为 0.98；光反射比最低的黑丝绒等只是接近纯黑，约为 0.02。

当物体表面的光反射比都在 0.8 以上时，该物体为白色；当物体表面的光反射比均在 0.04 以下时，该物体为黑色，参见图 3-40。对于光源色来说，无彩色的白黑变化相应于白光的亮度变化。当光的亮度非常高时，就认为是白色的；当光的亮度很低时，认为是灰色的；无光时为黑色。

有彩色在感知意义上是指所感知的颜色具有色调，它是由除无彩色以外的各种颜色组成的。根据色的心理概念，任何一种有彩色的表观颜色，均可以按照三种独立的属性分别加以描述，这就是色调（色相）、明度、彩度。

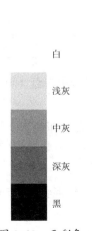

图 3-39　无彩色

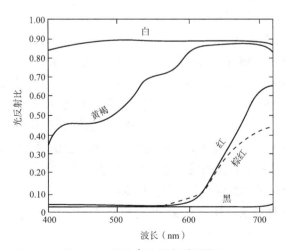

图 3-40　物体表面的光谱反射比

色调相似于红、黄、绿、蓝、紫的一种或两种知觉色成分有关的表面视觉属性，也就是各彩色彼此相互区分的视感觉的特性。色调用红、黄、绿、蓝、紫等说明每一种色的范围。在明视觉时，人们对于 380 ~ 780 nm 范围内的光辐射可引起不同的颜色感觉。不同颜色感觉的波长范围和中心波长见表 3-4。光源的色调取决于辐射的光谱组成对人产生的视感觉；各种单色光在白色背景上呈现的颜色，就是光源色的色调。物体的色调取决于光源的光谱组成和物体反射（透射）的各波长光辐射比例对人产生的视感觉。在日光下，如一个物体表面反射 480 ~ 550 nm 波段的光辐射，而相对吸收其他波段的光辐射，那么该物体表面为绿色，这就是物体色的色调。

光谱颜色中心波长及范围 表 3-4

颜色感觉	中心波长（nm）	范围（nm）	颜色感觉	中心波长（nm）	范围（nm）
红	700	640 ~ 750	绿	510	480 ~ 550
橙	620	600 ~ 640	蓝	470	450 ~ 480
黄	580	550 ~ 600	紫	420	400 ~ 450

明度就是在同样照明条件下，依据表观为白色或高透射比的表面的视亮度[①]来判断的某一表面的视亮度，它是颜色相对明暗的视感觉特性。彩色光的亮度越高，人眼感觉越明亮，它的明度就越高；物体色的明度则反映光反射比（或光透射比）的变化，光反射比（或光透射比）大的物体色明度高；反之则明度低。无彩色只有明度这一个颜色属性的差别，而没有色调和彩度这两种颜色的属性的区别。

彩度就是在同样照明条件下，一区域根据表观为白色或高透射比的一区域的视亮度比例来判断的颜色丰富程度，它是用距离等明度无彩点的视知觉特性来表示物体表面颜色的浓淡，并给予分度，简言之，彩度指的是彩色的纯洁性。各种单色光是最饱和彩色。当单色光掺入白光成分越多，就越不饱和，当掺入的白光成分比例很大时，看起来就变成白光了。物体色的彩度决定于该物体反射（或透射）光谱辐射的选择性程度，如果选择性很高，则该物体色的彩度就高。

3）颜色混合

色度学是研究人的颜色视觉规律和颜色测量的理论与技术的科学。由色度学中的颜色视觉实验确定，任何颜色的光均能以不超过三种纯光谱波长的光来正确模拟。实验还证实，通过红、绿、蓝三种颜色可以获得最多的混合色。因此，在色度学中将红（700 nm）、绿（546.1 nm）、蓝（435.8 nm）三色称为加色法的三原色。

颜色可以相互混合。颜色混合分为光源色的颜色光的相加混合（加色法）和染料、涂料的物体色的颜色光的减法混合（减色法）。

颜色光的相加混合具有下述规律：

每一种颜色都有一个相应的补色。某一颜色与其补色以适当比例混合得出白色或灰色，

---

① 视亮度——人眼知觉一个区域所发射光的多寡的视觉属性。

通常把这两种颜色称为互补色。如红色和青色，绿色和品红色，蓝色和黄色都是互补色。

任何两个非互补色相混合可以得出两色中间的混合色。如 400 nm 紫色和 700 nm 红色相混合，产生的紫红色系列是光谱轨迹上没有的颜色。中间色的色调决定于两种颜色的比例大小，并偏向比例大的颜色，中间色的彩度决定于两者在红、橙、黄、绿、蓝、紫色等这种色调顺序上的远近，两者相距越近彩度越大，反之则彩度越小。

表观颜色相同的色光，不管它们的光谱组成是否一样，颜色相加混合中具有相同的效果。如果颜色 A = 颜色 B，颜色 C = 颜色 D，那么只要在颜色光不耀眼的很大范围内有

$$颜色 A + 颜色 C = 颜色 B + 颜色 D$$

上式称为颜色混合的加法定律，常称为格拉斯曼定律（代替律），这是 2° 视场色度学的基础。

混合色的总亮度等于组成混合色的各颜色光亮度的总和。

颜色的相加混合应用于不同光色的光源的混光照明和舞台照明等方面。

染料和彩色涂料的颜色混合以及不同颜色滤光片的组合，与上述颜色的相加混合规律不同，它们均属于颜色的减法混合。

在颜色的减法混合中，为了获得较多的混合色，应控制红、绿、蓝三色，为此，采用红、绿、蓝三色的补色，即青色、品红色、黄色三个减法原色。青色吸收光谱中红色部分，反射或透射其他波长的光辐射，称为"减红"原色，是控制红色用的，如图 3-41（a）所示；品红色吸收光谱中绿色部分，是控制绿色的，称为"减绿"原色，如图 3-41（b）所示；黄色吸收光谱中蓝色部分，是控制蓝色的，称为"减蓝"原色，如图 3-41（c）所示。

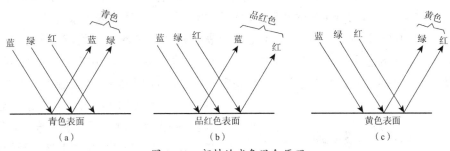

图 3-41　颜料的减色混合原理

当两个滤光片重叠或两种颜料混合时，相减混合得到的颜色总要比原有的颜色暗一些。如将黄色滤光片与青色滤光片重叠时，由黄色滤光片"减蓝"和青色滤光片"减红"共同作用后，即两者相减只透过绿色光；又如品红色和黄色颜料混合，因品红色"减绿"和黄色"减蓝"而呈红色；如果将品红、青、黄三种减法原色按适当比例混在一起，则可使有彩色全被减掉而呈现黑色。

我们要掌握颜色混合的规律，一定要注意颜色相加混合（图 3-42a）与颜色减法混合（图 3-42b）的区别，切忌将减法原色的品红色误称为红色，将青色误称为蓝色，以为红色、黄色、蓝色是减法混合中的三原色，造成与相加混合中的三原色红色、绿色、蓝色混淆不清。

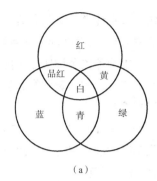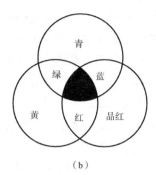

（a）　　　　　　　　　　　　　（b）

图 3-42　颜色的混合
（a）相加混合（光源色）；（b）相减混合（物体色）

3.5.2　颜色定量

从视觉的观点来描述自然界景物的颜色时，可用白、灰、黑、红、橙、黄、绿、蓝、紫等颜色名称来表示。但是，即使颜色辨别能力正常的人对颜色的判断也不完全相同。有人认为完全相同的两种颜色，如换一个人判断，就可能会认为有些不同。

随着科学技术的进步，颜色在工程技术方面得到广泛应用，为了精确地规定颜色，就必须建立定量的表色系统。所谓表色系统，就是使用规定的符号，按一系列规定和定义表示颜色的系统，亦称为色度系统。表色系统有两大类：一是用以光的等色实验结果为依据的，由进入人眼能引起有彩色或无彩色感觉的可见辐射表示的体系，即以色刺激表示的体系，国际照明委员会（CIE）1931 标准色度系统就是这种体系的代表；二是建立在对表面颜色直接评价基础上，用构成等感觉指标的颜色图册表示的体系，如孟塞尔表色系统等。

孟塞尔于 1905 年创立了采用颜色图册的表色系统，它就是用孟塞尔颜色立体模型（图 3-43）所规定的色调、明度和彩度来表示物体色的表色系统；当明度值为 5 时，孟塞尔颜色立体模型见图 3-44。在孟塞尔颜色立体模型中，每一部位均代表一个特定颜色，并给予一定的标号，称为孟塞尔标号。这是用表示色的三个独立的主观属性，即色调（符号 H）、明度（符号 V）和彩度（符号 C）按照视知觉上的等距指标排列起来进行颜色分类和标定的。它是目前国际上通用的物体色的表色系统。

在孟塞尔颜色立体模型里，中央轴代表无彩色（中性色）的明度等级，理想白色为 10，理想黑色为 0，共有视知觉上等距离的 11 个等级。在实际应用中只用明度值 1 至 9。

颜色样品离开中央轴的水平距离表示彩度变化。彩度也分成许多视知觉上相等的等级，中央轴上中性色的彩度为 0，离开中央

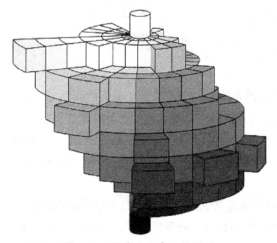

图 3-43　孟塞尔颜色立体模型

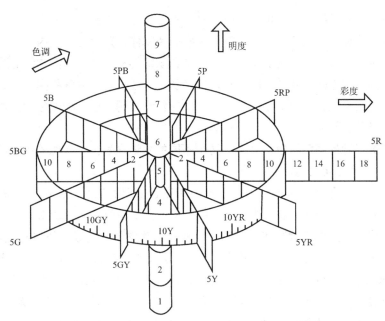

图 3-44　明度值为 5 时的孟塞尔颜色立体模型

轴越远彩度越大。各种颜色的最大彩度是不一样的，个别最饱和颜色的彩度可达到 20。

　　孟塞尔颜色立体模型水平剖面上的各个方向代表 10 种孟塞尔色调，包括红（R）、黄（Y）、绿（G）、蓝（B）、紫（P）5 种主色调，以及黄红（YR）、绿黄（GY）、蓝绿（BG）、紫蓝（PB）和红紫（RP）5 种中间色调。为了对色调作更细的划分，10 种色调又各分成 10 个等级，每种主色调和中间色调的等级都定为 5。

　　任何一种物体色都可以用孟塞尔表色系统来标定，即先写出色调 H，然后写明度值 V，再在斜线后面写出彩度 C：

$$HV/C= 色调 \, 明度 / 彩度$$

　　例如孟塞尔标号为 10Y8/12 的颜色，就表示它的色调是黄（Y）与绿黄（GY）的中间色；明度值为 8，该颜色是比较明亮；彩度是 12，它是比较饱和的颜色。

　　无彩色用 N 符号表示，且在 N 后面给出明度值 V，斜线后空白：

$$NV/= 中性色 \, 明度值 /$$

　　例如明度值等于 5 的中性灰色写成 N5/。

　　1943 年美国光学学会对孟塞尔颜色样品进行重新编排和增补，制定出孟塞尔新表色系统，修正后的色样编排在视觉上更接近等距。

3.5.3　光源的色温和显色性

　　在光环境设计实践中，照明光源的颜色质量对光环境影响很大，它可以使被照物体颜色的色知觉发生变化。产生这种变化的原因是光源的光谱功率分布的改变，导致被照物体的反射光的光谱功率分布不同，因而使三刺激值发生变化，产生对有色物体的色知觉的变化。

此外，视觉系统对视场的适应性也会对有色物体的色知觉产生影响。如人眼已适应于日光下观察有色物体，再突然改在暗室内白炽灯下观察有色物体，开始时，室内物体颜色看起来带有白炽灯的黄色，几分钟后，当视觉系统适应了白炽灯的颜色后，室内物体的颜色也趋向日光下的原来的颜色。这就是视觉适应，它是指在现在和过去呈现的各种亮度、光谱分布、视角的刺激下，视觉系统状态的变化过程。视觉适应包含有明适应、暗适应和色适应，这些视觉适应均会对光源的颜色质量评价产生影响。

下面只研究光源的颜色质量，它常用两个不同的术语来表征：光源的色温和显色性。

1）光源的色温和相关色温

在辐射作用下既不反射也不透射，而能把落在它上面的辐射全部吸收的物体称为黑体或称为完全辐射体。一个黑体被加热，其表面按单位面积辐射的光谱功率大小及其分布完全取决于它的温度。当黑体连续加热时，它的相对光谱功率分布的最大值将向短波方向移动，相应的光色将按顺序红→黄→白→蓝的方向变化。黑体温度在 800 ~ 900 K 时，光色为红色；3 000 K 时为黄白色；5 000 K 左右时呈白色，在 8 000 ~ 10 000 K 之间为淡蓝色。在不同温度下，对应的光色变化在 CIE 1931 色品图上形成弧形轨迹，叫作黑体轨迹或称为普朗克轨迹，见图 3-45，图中 x 和 y 为颜色的色品坐标。色品（色度）是用 CIE 1931 标准色度系统所表示的颜色性质；色品坐标是三刺激值各值与它们之和的比值，在 XYZ 表色系统中可用三刺激值 X、Y、Z 算得色品坐标 x、y、z。

由于不同温度的黑体辐射对应着一定的光色，所以人们就用黑体加热到不同温度时所

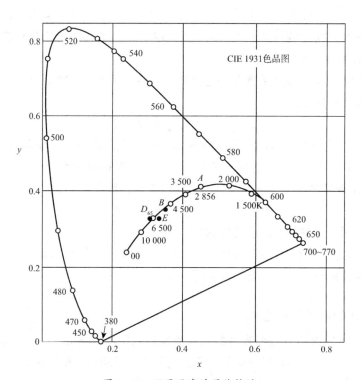

图 3-45　不同温度的黑体轨迹

发出的不同光色来表示光源的颜色（图 3-46）。通常把某一种光源的色品与某一温度下的黑体的色品完全相同时黑体的温度称为光源的色温，并用符号 T_c 表示，单位是绝对温度（K）。例如，某一光源的颜色与黑体加热到绝对温度 3 000 K 时发出的光色完全相同，那么该光源的色温就是 3 000 K，它在 CIE 1931 色品图上的色品坐标为 x=0.437，y=0.404，这一点正好落在黑体轨迹上。CIE 标准照明体 A 是代表 1968 年国际实用温标而规定的绝对温度为 2 856 K 的完全辐射体，它的色品坐标为 x=0.447 6，y=0.407 4，正好落在 CIEl931 色品图黑体轨迹上（图 3-45）。

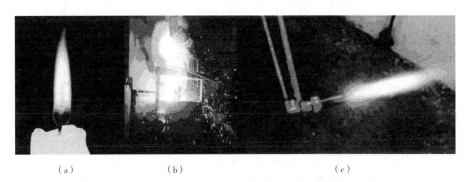

图 3-46　色温与颜色
（a）蜡烛色温为 800 ~ 900 K，呈红色；（b）熔化的钢水色温 3 000 K 左右，呈黄白色；
（c）切割金属用氧炔焰，色温 5 000 K 左右，呈白色

白炽灯等热辐射光源的光谱功率分布与黑体辐射分布近似，而且他们的色品坐标点也正好落在黑体轨迹上，因此，色温的概念能恰当地描述白炽灯等光源的光色。

气体放电光源，如荧光灯、高压钠灯等，这一类光源的光谱功率分布与黑体辐射相差甚大，他们的色品坐标点常常落在黑体轨迹附近，因此严格地说，不应当用色温来表示这类光源的光色，但是往往用与某一温度下的黑体辐射的光色来近似地确定这类光源的颜色。通常把某一种光源的色品与某一温度下的黑体的色品最接近时的黑体温度称为相关色温，以符号 T_{cp} 表示。在图 3-47 中，绘出了确定相关色温用的等温线和黑体轨迹。凡某光源的色品坐标点位于黑体轨迹附近，都可以自该色品坐标点起，沿着与最接近的等温线相平行的方向作一直线，此直线与黑体轨迹相交点指示的温度就是该光源的相关色温。如图 3-47 所示，CIE 标准照明体 D_{65} 是代表相关色温约为 6 504 K 的平均昼光，它的色品坐标为 x=0.312 7，y=0.329 0，该坐标点落在黑体轨迹的上方（图 3-45）。CIE 标准照明体 D_{65} 是根据大量自然昼光的光谱分布实测值经统计处理而得，考虑到它是由代表着任意色温的昼光的光谱分布，故把它称为 CIE 平均昼光或称为 CIE 合成昼光，它相当于中午的日光。

2）光源的显色性

物体色在不同照明条件下的颜色感觉有可能要发生变化，这种变化可用光源的显色性来评价。光源的显色性就是照明光源对物体色表[①] 的影响（该影响是由于观察者有意识或无

————————————
① 色表——与色刺激和材料质地有关的颜色的主观表现。

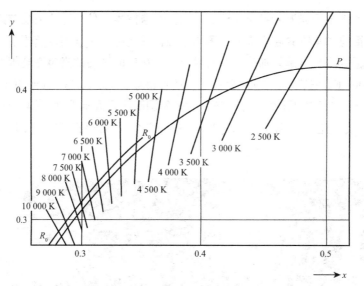

图 3-47　确定相关色温用的等温线与黑体轨迹

意识地将它与标准光源下的色表相比较而产生的），它表示了与参考标准光源相比较时，光源显现物体颜色的特性。

　　光源的显色性可以采用简易装置进行评价。图 3-48 中红、黄、蓝、绿均是标准色块，并在中间用隔板隔开，位置 1 是标准光源，位置 2 是被测光源。在比较光源显色性的时候，两个光源同时开启，以位置 1 的标准色块的颜色为准，再比较位置 2 标准色块的失真程度，这样就可以评价出被测光源显色性的好坏。

　　CIE 及我国制定的光源显色性评价方法中，都规定把 CIE 标准照明体 A 作为相关色温低于 5 000 K 的低色温光源的参照标准，它与早晨或傍晚时日光的色温相近；当相关色温高于 5 000 K 的光源用 CIE 标准照明体 D_{65} 作为参照标准，它相当于中午的日光。在光源显色性评价方法中，还给出了这两种 CIE 标准照明体的光谱功率分布。

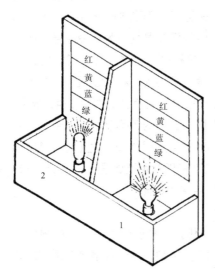

图 3-48　比较光源显色性的简易装置
1—标准光源；2—被测光源

　　光源的显色性主要取决于光源的光谱功率分布。日光和白炽灯都是连续光谱，所以他们的显色性均较好。据研究表明，除了连续光谱的光源有较好的显色性外，由几个特定波长的色光组成的光源辐射也会有很好的显色效果。如波长为 450 nm（浅紫蓝光）、540 nm（绿偏黄光）、610 nm（浅红橙光）的辐射对提高光源的显色性具有特殊效果。如用这三种波长的辐射以适当比例混合后，所产生的白光（高度不连续光谱）也具有良好的显色性。但是波长为 500 nm（绿光）和 580 nm（橙偏黄光）

的辐射对显色性有不利的影响。

光源的显色性采用显色指数来度量，并用一般显色指数（符号 R_a）和特殊显色指数（符号 R_i）表示。在被测光源和标准光源照明下，在适当考虑色适应状态下，物体的心理物理色符合程度的度量称为显色指数；而与 CIE 色试样的心理物理色的符合程度的度量称为特殊显色指数；光源对特定的 8 个一组的色试样的 CIE 1974 特殊显色指数的平均值则称为一般显色指数。由 CIE 规定的这 8 种颜色样品如表 3-5 中所示的第 1 号至第 8 号，它们是从孟塞尔颜色图册中选出来的明度为 6，并具有中等彩度的颜色样品。如要确定一般显色指数，可根据光源和 CIE 标准照明体的光谱功率分布以及 CIE 第 1 号至第 8 号颜色样品的光谱辐射亮度因数，采用色差公式（一般指的是 CIE 1964$W*U*V*$ 表色系统中的色差计算公式）分别计算这 8 种颜色样品的色差 ΔE_i，然后按下式计算每一种颜色样品的显色指数：

$$R_i = 100 - 4.6\Delta E_i \qquad (3-20)$$

式中的色差 ΔE_i 是用定量表示的色知觉差异，它表示色空间（表示颜色的三维空间）中两个颜色点之间的距离，并可用相应的色差公式算得；系数 4.6 是用来改变标度的，为的是使暖白色荧光灯的一般显色指数 R_a 为 50。

一般显色指数就是第 1 号～第 8 号 CIE 颜色样品显色指数的算术平均值，即：

$$R_a = \frac{1}{8}\sum_{i=1}^{8} R_i \qquad (3-21)$$

显色指数的最大值定为 100。一般认为光源的一般显色指数在 100 ～ 80 范围内，显色性优良；在 79 ～ 50 范围内，显色性一般；如小于 50 则显色性较差。

CIE 颜色样品　　　　　　　　表 3-5

号数	孟塞尔标号	日光下的颜色	号数	孟塞尔标号	日光下的颜色
1	7.5R6/4	淡灰红色	9	4.5R4/13	饱和红色
2	5Y6/4	暗灰黄色	10	5Y8/10	饱和黄色
3	5GY6/8	饱和黄绿色	11	4.5G5/8	饱和绿色
4	2.5G6/6	中等黄绿色	12	3PB3/11	饱和蓝色
5	10BG6/4	淡蓝绿色	13	5YR8/4	淡黄粉色（人的肤色）
6	5PB6/8	淡蓝色	14	5GY4/4	中等绿色（树叶）
7	2.5P6/8	淡紫蓝色	15	1YR6/4	中国女性肤色
8	10P6/8	淡红紫色			

常用的人工照明光源只用一般显色指数 R_a 作为评价光源的显色性的指标就够了。如需要考察光源对特定颜色的显色性时（常用装置见图 3-48），应采用表 3-5 中第 9 号至第 15 号颜色样品中一种或数种计算相应的色差 ΔE_i，然后按式（3-20）就可以求得特殊显色指数 R_i。表 3-5 中第 13 号颜色样品是欧美妇女的面部肤色，第 15 号是 CIE 追加的中国和日本女

性肤色，第 14 号是树叶绿色，这 3 种颜色是最经常出现的颜色，人眼对肤色尤为敏感，稍有失真便能察觉出来，而使人物的形象受到歪曲。因此，这 3 种颜色样品的特殊显色指数在光源显色性评价中占有重要地位。随着 LED 照明技术的发展以及对空间照明质量要求的提高，某些应用场所如商超卖场、展陈空间等，对第 9 号饱和红色的显色性也有一定要求，通常是采用一般显色指数 R_a 与第 9 号颜色特殊显色指数来综合评价 LED 光源的色彩还原能力。

因为一般显色指数是一个平均值，所以即使一般显色指数相等，也不能说这两个被测光源有完全相同的显色性。这是因为光源的显色指数是基于色空间对被测光源下和标准照明体下颜色样品色差矢量长度的比较，即基于颜色样品的色位移量的比较，所以应承认色位移的方向也是重要的。但是在上述的一般显色指数和特殊显色指数中均不包括色位移方向度量。因此，即使两个具有相同特殊显色指数的光源，如果颜色样品的色位移方向不同，那么在这两个光源下，该颜色样品在视觉上也不会相同。当要求精确辨别颜色时，应注意到不同的光源可能具有相同的一般显色指数和特殊显色指数，但是不一定可以相互替代。

视觉系统对视野的色适应还会影响到显色性的评价，以及对色适应变化还没有完整的预测理论，所以显色性的评价变得更为复杂。

习　题

3-1　波长为 540 nm 的单色光源，其辐射功率为 5 W，试求：（1）这单色光源发出的光通量；（2）如它向四周均匀发射光通量，求其发光强度；（3）离它 2 m 处的照度。

3-2　一个直径为 250 mm 的乳白玻璃球形灯罩，内装一个光通量为 1 179 lm 的白炽灯，设灯罩的光透射比为 0.60，求灯罩外表面亮度（不考虑灯罩的内反射）。

3-3　一房间平面尺寸为 7 m×15 m，净空高 3.6 m。在顶棚正中布置一亮度为 500 cd/m² 的均匀扩散光源，其尺寸为 5 m×13 m，求房间正中和四角处的地面照度（不考虑室内反射光）。

3-4　有一物件尺寸为 0.22 mm，视距为 750 mm，设它与背景的亮度对比为 0.25。求达到辨别概率为 95 ％时所需的照度。如对比下降为 0.2，需要增加照度若干才能达到相同可见度？

3-5　有一白纸的光反射比为 0.8，最低照度是多少时我们才能看见它？达到刺眼时的照度又是多少？

3-6　试说明光通量与发光强度，照度与亮度间的区别和联系。

3-7　看电视时，房间完全黑暗好，还是有一定亮度好？为什么？

3-8　为什么有的商店大玻璃橱窗能够像镜子似的照出人像，却看不清里面陈列的展品？

3-9　你们教室的黑板上是否存在反射眩光（窗、灯具）？它是怎么形成的？如何消除它？

3-10　写出下列颜色的色调、明度、彩度：
（1）2.5PB5.5/6；（2）5.0G6.5/8；（3）7.5R4.5/4；（4）N9.0/；（5）N1.5/。

3-11　已知一光源的色品坐标为 $x = 0.348\,4$，$y=0.351\,6$，求它的相关色温是多少？

第4章　建筑声学基础知识

4.1　声音的基本性质

4.1.1　声音的产生

声音是人耳所能感觉到的"弹性"介质的振动，是压力迅速而微小的起伏变化。

声音产生于物质的振动，例如扬声器的膜片、拨动的琴弦等。这些振动的物体称之为声源。

振动的形式有多种多样，在现实生活中，许多声音都来源于最简单的振动——简谐振动。当把质量为 M 的小块用一弹簧系住，弹簧一端固定，如图4-1所示。假定弹簧的质量、内摩擦以及小块与支持面的摩擦力都可忽略不计，当没有外力时，系统处于平衡状态，M 静止于 O 点；若以外力将小块向右推到 A 处，然后撤去外力，这时小块便以 O 为中心沿 A、B 方向振动，这种振动就是简谐振动。当小块由 A 振动到 O 再振动到 B 又经 O 回到 A 点，就完成一次振动过程。并且如果不考虑空气的阻力，小块的振动时间将无限长。

如上所述，系统不受其他外力、没有能量损耗的振动，称为"自由振动"，其振动频率叫作该系统的固有频率，也称自振频率，记为 f_0，它由系统本身参量决定

$$f_0 = \frac{1}{2\pi}\sqrt{\frac{K}{M}} \quad (\text{Hz}) \qquad (4-1)$$

式中　M——小块质量，kg；

　　　K——弹簧的劲度系数，它等于使弹簧伸长单
　　　　　位长度所需要的力，N/m。

4.1.2　声音的传播

为了分析振动在空气中的传播过程，以活塞振动为例。设在一无限长圆管内置一直径与圆管内径相同的活塞，并假设活塞与管壁的摩擦可以忽略，以外力作用于活塞使之产生振动。现分析活塞两侧空气质点层的运动状况（图4-2）。

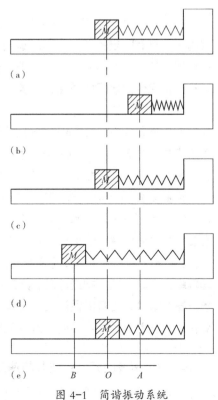

图4-1　简谐振动系统

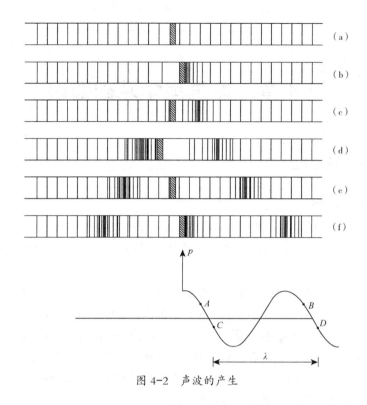

图 4-2　声波的产生

　　当活塞受力离开静止位置向右方作一小位移时，紧靠活塞右面空气质点层被压缩而变得密集，具有一定的位能，同时运动的质点具有一定的动能，接着它向右膨胀，挤压临近的质点层，使之亦变得密集，由于质点的弹性碰撞，动能也随之传递过去。这样邻近的质点的运动又依次传向较远的质点，密集状态即逐层向右传播，以致离开振源较远的质点也相继运动。与此同时，紧挨活塞左侧的质点层由于活塞向右移动而变得稀疏。同样这一稀疏层也逐层向左传播，如图 4-2（a）、（b）所示。下一时刻，当活塞做反向运动时，它的左侧出现密集质点层，右侧则出现稀疏层，如图 4-2（c）、（d）所示。这样，随着活塞不断来回振动，它的两侧就形成疏密相间的质点层并向远处传播，此即声波。

　　因此对声波而言，当声源发声后，必须经过一定的介质才能向外传播。这种介质可以是气体，也可以是液体和固体。在受到声源振动的干扰后，介质的分子也随之发生振动，从而使能量向外传播。但必须指出，介质的分子只是在其未被扰动前的平衡位置附近做来回振动，并没有随声波一起向外移动。介质分子的振动传到人耳时，将引起人耳耳膜的振动，人耳耳蜗将振动转换成神经冲动，再由听神经传递冲动，最终在大脑听觉中枢形成听觉。例如，扬声器的纸盆，当音圈通过交变电流时就会产生振动。这种振动引起邻近空气点疏密状态的变化，又随着介质依次传向较远的质点，最终到达接收者，如图 4-2 所示。

4.1.3　声波的频率、波长与速度

　　当声波通过弹性介质传播时，介质质点在其平衡位置附近作来回振动。质点完成一次

完全振动所经历的时间称为周期，记为 T，单位是秒（s）。质点在 1 s 内完成完全振动的次数称为频率，记为 f，单位为赫兹（Hz），它是周期的倒数，即：

$$f=1/T \qquad (4-2)$$

介质质点振动的频率即声源振动的频率。频率决定了声音的音调，高频声音是高音调，低频声音是低音调。人耳能够听到的声波的频率范围约在 20 ~ 20 000 Hz 之间。低于 20 Hz 的声波称为次声波，高于 20 000 Hz 的声波称为超声波。次声波与超声波都不能使人产生声音的感觉。

在波动过程中质点的位移和方向总是相同的各点，它们的相位相同。图 4-2 中的 A 和 B 相位相同，C 和 D 相位相同。声波在其传播途径上，相邻两个同相位质点之间的距离称为波长，记为 λ，单位是米（m）；或者说，波长是声波在每一次完全振动周期中所传播的距离。

声波在弹性介质中传播的速度称为声速，记为 c，单位是米每秒（m/s）。声速不是介质质点振动的速度，而是质点振动状态的传播速度。它的大小与质点振动的特性无关，而是与介质的状态、密度及温度有关。

当温度为 0℃时，声波在不同介质中的传播速度为：

松木 3 320 m/s；软木 500 m/s；钢 5 000 m/s；水 1 450 m/s。

在空气中，声速与温度有如下关系：

$$c=331.4\sqrt{1+t/273} \qquad (4-3)$$

式中 t——空气温度，℃。

通常室温下（15℃），空气中的声速为 340 m/s。

声速、波长和频率之间有如下关系：

$$c=\lambda \cdot f \qquad (4-4)$$

或

$$c=\frac{\lambda}{T} \qquad (4-5)$$

在房屋建筑中，频率为 100 ~ 10 000 Hz 的声音很重要。它们的波长范围相当于 3.4 ~ 0.034 m。这个波长范围与建筑内部的一些部件尺度相近，故在处理一些建筑声学问题时，对这一波段的声波尤其要引起重视。

4.1.4 波阵面与声线

声波从声源出发，在同一介质中按一定方向传播，在某一时刻，波动所达到的各点的包迹面称为波阵面。波阵面为平面的波称为平面波，波阵面为球面的波称为球面波。由一点声源辐射的声波就是球面波，但在离声源足够远的局部范围可近似地把它看作平面波。当声源的尺度比它所辐射的声波波长小很多时，可看成是点声源。波阵面为同轴柱面的波，称为柱面波，它是由线声源发出的。如果把许多靠得很近的单个点声源沿一直线排列，就形成了线声源。波阵面为与传播方向垂直的平行平面的波称为平面波，它是由面声源发出的。在靠近一个大的振动表面处，声波接近于平面波。如果把许多距离很近的声源放置在一平面上，也类似于平面波声源。

我们常用声线来表示声波的传播方向。在各向同性的介质中，声线与波阵面互相垂直。

4.1.5　声波的反射与绕射

1）声波的镜像反射

声波在前进过程中，如果遇到尺寸大于波长的界面，则声波将被反射。反射的声能与界面的吸声系数有关。图 4-3 所示的是光滑的表面对球面波反射的情况。图中虚线表示反射线，它就像是从声源 O 的像——虚声源 O' 发出的，O' 是 O 相对于反射平面的对称点。如果用声源表示声波的传播方向，反射声线可以看作是从虚声源 O' 发出的。这一关系可以用镜像反射定律来说明：入射声线、反射声线和界面的法线在同一平面内，入射声线和反射声线分居法线两侧，入射角等于反射角。反射的声能与界面的吸声系数有关。

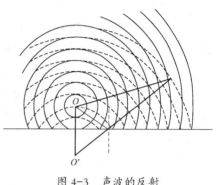

图 4-3　声波的反射

2）声波的扩散反射

声波在传播的过程中，如果遇到一些凸形界面，就会被分解成许多较小的反射声线，并且使传播的立体角扩大，这种现象称之为扩散反射。适当的声波扩散反射，可以促进声音分布均匀，并可防止一些声学缺陷的出现。但是，这些表面的凸出和粗糙不平处，最小需要达到声波波长的 1/7 时才能起到扩散作用。

扩散反射可分为完全扩散反射和部分扩散反射两种。前者是将入射的声线均匀地向四面八方反射，即反射的方向分布完全与入射方向无关，如图 4-4 所示；后者是指反射同时具有镜像和扩散两种性质，即部分作镜像反射，部分作扩散反射，如图 4-5 所示。在室内声学中大多数的情况都是部分扩散反射，如方格顶棚、有花纹的壁画、粗糙的墙面及观众区等。

3）声波的聚焦反射

声波在传播的过程中，如果遇到一些凹形界面，凹面对声波形成集中反射，使反射声聚集于某个区域，造成声音在该区域特别响的现象。声聚焦现象会造成声能过分集中，使室内声压分布不均匀；造成声能汇聚点的声音嘈杂，而其他区域听音条件变差，扩大了声场不均匀度，严重影响听众的听音条件；因此应该防止声聚焦这种缺陷。

4）声波的绕射（衍射）

当声波在传播过程中遇到一块有小孔的障板时，并不像几何光学光线那样直线传播，而是能绕到障板的背后继续传播，并改变了原来的传播方向，这种现象称为绕射。如果孔的尺度（直径 d）与声波波长 λ 相比很小时（$d \ll \lambda$），小孔处的空气质点可近似看作一个集中的

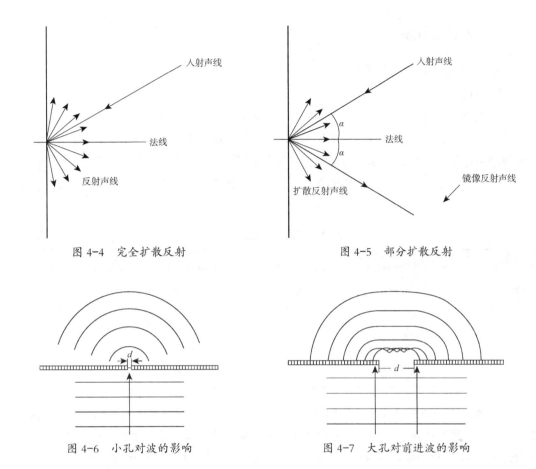

图 4-4　完全扩散反射　　　　　　　　　　图 4-5　部分扩散反射

图 4-6　小孔对波的影响　　　　　　　　　图 4-7　大孔对前进波的影响

新声源，产生新的球面波，见图 4-6。当孔的尺度比波长大得多时（$d \gg \lambda$），新的波形则比较复杂，见图 4-7。当声波遇到某一障板，声音绕过障板边缘而进入其背后的现象也是绕射的结果。例如，有一声源在墙的一侧发声，在另一侧虽看不见声源却由于声波的绕射而能听见声音。声波的频率越低，绕射的现象越明显。

4.1.6　声波的透射与吸收

当声波入射到建筑材料或部件时，一部分声能被反射，一部分被吸收，还有一部分则透过建筑部件传递到了另一侧，见图 1-5。其中反射声能与入射声能之比称为反射系数，记作 r，见式（1-3）；透射声能与入射声能之比称为透射系数，记作 τ，见式（1-5）。

但从入射波和反射波所在的空间考虑问题，常用下式来定义材料的吸声系数 α：

$$\alpha = 1 - r = 1 - \frac{F_\tau}{F_0} = \frac{F_\alpha + F_\tau}{F_0} \qquad (4\text{-}6)$$

在进行室内音质设计或噪声控制时，必须了解各种材料的隔声和吸声特性，从而合理地选用材料。

4.2　声音的计量

4.2.1　声功率、声强与声压

1）声功率

声源辐射声波时对外做功。声功率是指声源在单位时间内向外辐射的声能，记作 W，单位是瓦（W）或微瓦（μW）。声源声功率是指全部可听频率范围所辐射的功率，或指在某个有限频率范围所辐射的功率（通常称为频带声功率）。在建筑声学中，声源所辐射的声功率一般可看作是不随环境条件而改变的，它是属于声源本身的一种特性。表 4-1 中列出了几种声源的声功率。

几种不同声源的声功率　　　　　　　　　　　　　　　　表 4-1

声源种类	声功率
喷气飞机	10 kW
汽锤	1 W
汽车	0.1 W
钢琴	2 mW
女高音	1 000 ~ 7 200 μW
对话	20 μW

声功率不应与声源的其他功率相混淆。例如扩声系统中所用的扩大器的电功率通常是数十瓦，但扬声器的效率一般只有千分之几，它辐射的声功率只有百分之几瓦。电功率是声源的输出功率，而声功率是声源的输出功率。室内声源的声功率一般是很微小的。人讲话时，声功率大致是 10 ~ 50 μW；40 万人同时大声讲话时所产生的功率也只相当于一只 40 W 灯泡的功率；独唱或一件乐器发出的声功率是几百至几千微瓦（μW）。如何充分合理利用有限的声功率，是室内声学设计应注意的中心问题之一。

2）声强

声强是衡量声波在传播过程中声音强弱的物理量。声场中某一点的声强，即指单位时间内，在垂直于声波传播方向的单位面积上所通过的声能，符号为 I，单位是瓦每平方米（W/m²），由下式表示：

$$I = \frac{W}{S} \tag{4-7}$$

式中　W——声源声功率，W；

　　　S——声能所通过的面积，m²。

对平面波而言，在无反射的自由声场中，由于在声波的传播过程中，其声线相互平行，波阵面大小相同，故同一束声波通过与声波距离不同的表面时，声强不变，如图 4-8 所示。

对于球波面而言，随着传播距离的增加，波阵面也随之扩大。在与声源相距 r 米处，球面的面积为 $4\pi r^2$，则该处的声强为：

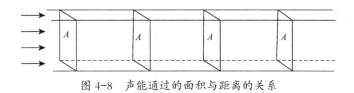

图 4-8　声能通过的面积与距离的关系

$$I = \frac{W}{4\pi r^2} \qquad (4-8)$$

由此可知，对于球面波而言，其声强与点声源的声功率成正比，而与到声源的距离平方成反比，如图 1-4 所示。

以上现象均未考虑声能在介质中传播时由于介质的吸收而导致的能量损耗。实际上，这种能量损耗是存在的。声音的频率越高，传播的距离越长，损耗就越大。

3）声压

介质质点由于声波作用而产生振动时所引起的大气压力的起伏称为声压（N/m^2），记作 p，单位是帕斯卡（Pa）。任何一点，声压都是随时间而变化的。每一瞬间的声压称为瞬时声压。某段时间内瞬时声压的均方根值称为有效声压。对于正弦波，有效声压等于瞬时声压的最大值除以 $\sqrt{2}$，即 $p = p_m/\sqrt{2}$。通常我们所说的声压，如果未加说明，即指有效声压。

声压与声强有着密切的关系。在无反射、吸收的自由声场中，某点的声强与该处声压的平方成正比，而与介质的密度和声速的乘积成反比，即：

$$I = \frac{p^2}{\rho_0 c} \qquad (4-9)$$

式中　p——有效声压，Pa；

ρ_0——介质密度，kg/m^3，一般空气取 1.225 kg/m^3；

c——介质中的声速，m/s；

$\rho_0 c$——介质的特性阻抗。

由此可知，在自由声场中，如果测得某点的声压和该点离开声源的距离，就可以算出该测点的声强，并进一步用式（4-8）可得到声源的声功率。

4.2.2　声功率级、声强级与声压级

正常的人耳所能感知的声强和声压的范围是很大的。对于 1 000 Hz 的纯音，人耳刚能听见的闻阈声强是 10^{-12} W/m^2，相应的声压是 2×10^{-5} Pa；而使人耳产生痛觉得痛阈声强是 1 W/m^2，相应的声压为 20 Pa。可以看出，人耳可容许的声强范围相差 10^{12} 倍，即一万亿倍，其声压也相差一百万倍。因此，很难直接用声强或声压来计量。如果改用对数标度，就可以压缩量程范围。同时，人耳对声音大小的感觉也并非与声强、声压成正比，而是近似地与声强或声压的对数值成正比。所以，对声音的计量常采用对数标度，于是就引入了级的概念。在声学中，级表示一个量与同类基准量之比的对数。

1）声功率级 L_W

声功率级是声功率与基准声功率之比的对数的 10 倍，记作 L_W，单位是分贝（dB）表达式为：

$$L_W = 10\lg \frac{W}{W_0} \qquad (4\text{-}10)$$

式中　W——某点的声功率，W；

　　　W_0——基准声功率，10^{-12} W。

2）声强级 L_I

声强级是声强与基准声强之比的对数的 10 倍，记作 L_I，单位也是分贝（dB），可用下式表示：

$$L_I = 10\lg \frac{I}{I_0} \qquad (4\text{-}11)$$

式中　I——某点的声强，W/m^2；

　　　I_0——基准声强，10^{-12} W/m^2。

3）声压级 L_P

声压级是声压与基准声压之比的对数乘以 20，记作 L_P，单位也是分贝（dB），可表示为：

$$L_P = 20\lg \frac{p}{p_0} \qquad (4\text{-}12)$$

式中　p——某点的声压，Pa；

　　　p_0——基准声压，2×10^{-5} Pa。

声功率级、声强级、声压级都是无量纲量，是相对比较的值，其数值大小与所规定的参考值有关。在级的分贝标度中，压缩了人耳感觉上下限范围量程的数量级，并接近人耳的感觉变化。表 4-2 列出了一些声源在一定距离处的声强值、声压值和它们所对应的声强级、声压级以及与其相应的声学环境。

声强、声压与对应的声强级、声压级以及相应的环境　　　　表 4-2

声强（W/m^2）	声压（N/m^2）	声强级或声压级（dB）	相应的环境
10^2	200	140	离喷气机口 3 m 处
1	20	120	疼痛阈
10^{-1}	$2 \times \sqrt{10}$	110	风动铆钉机旁
10^{-2}	2	100	织布机旁
10^{-4}	2×10^{-1}	80	
10^{-6}	2×10^{-2}	60	相距 1 m 处交谈
10^{-8}	2×10^{-3}	40	安静的室内
10^{-10}	2×10^{-4}	20	
10^{-12}	2×10^{-5}	0	人耳最低可闻阈

4.2.3 声级的叠加

当几个声音在同一方向传播时，其总强度是各个声强的代数和，即：

$$I=I_1+I_2+\cdots\cdots+I_n \tag{4-13}$$

而它们的总声压是各个声压平方和的平方根：

$$p = \sqrt{p_1^2 + p_2^2 + \cdots + p_n^2} \tag{4-14}$$

声强级、声压级叠加时，不能进行简单的算术相加，而是要按照"级"的加法规律进行，即要采用对数运算规则。对于几个声压均为 p 的声音，叠加后的声压级是：

$$L_p = 20\lg\frac{\sqrt{np^2}}{p_0} = 20\lg\frac{\sqrt{n}\cdot p}{p_0} = 20\lg\frac{p}{p_0} + 10\lg n \tag{4-15}$$

从上式可以看出，几个声压相等的声音级叠加，它们的总声压级并不是 $n\cdot20\lg\frac{p}{p_0}$，而是只增加了 $10\lg n$。例如，两个数值相等的声压级叠加，只比原来增加了 3 dB，而不是增大一倍。因此根据声音级叠加的运算，如果两个声压差超过 15 dB，则附加值可以忽略不计。

【例 4-1】已知某机器噪声频带声压级如下：

倍频带中心频率（Hz）	63	125	250	500	1 000	2 000	4 000	8 000
声压级（dB）	90	95	100	93	82	75	70	70

试求上述 8 个倍频程的总声压级。

【解】声压级的大小顺序依次为 100、95、93、90、82、75、70、70 dB，利用式（4-14）逐个依次叠加。

```
100 ┐
    ├ 101.2 ┐
 95 ┘       ├ 101.8 ┐
 93 ┐       │       ├ 102.1≈102 dB
    ├───────┘       │
 90 ┘ ──────────────┘
```

计算至此可知，进行三次叠加后即得 102 dB，该叠加值与其余声压级的差值均超过 15 dB，再次叠加产生的附加值很小，因此其余的未叠加声压级没有多大作用就不再计入。

4.3 声音与人的听觉

4.3.1 可听的频率与声压范围

人耳是声波最终的接收者。当声波的交变压力到达外耳时，可使鼓膜按入射声波的频率振动。这些振动经过几个听小骨放大，并通过内耳中的液体传递到神经末梢，然后传至大脑皮层，最终产生声音的感觉。人对声音的识别主要是依据音调的高低、声音的大小和音色（音品）的好坏，这三个基本性质称为声音的三要素。音调的高低主要取决于声音的频率，频率越高，音调就越高；同时，音调还与声压级和声音的组成成分有关。声音的大小可用响度级表示，它与声音的频率和声压级有关。而音色是反映出复合声的一种特性，它主要是由复合声中各种频率成分及其强度，即频谱决定的。由于人耳的生理特性的限制，人耳可听闻的范围在频率、响度等方面均有一定的上、下限。

1）可听频率最高和最低极限

对于可听频率的上限，不同人之间可有相当大的差异，而且和声音的声压级也有关系。一般青年人可听到 20 000 Hz 左右的声音，而中年人只能听到 12 000 ~ 16 000 Hz 的声音。可听频率的下限，通常是 20 Hz。

2）可听声压最大和最小极限

人耳可接受的声音的声压变化范围是很大的。人耳的最小可听声压极限与测试方法有关。在建筑声学中，通常用自由场最小可听阈表示。一般正常青年人在中频附近最小可听极限大致相当于基准声压，即 2×10^{-5} Pa（声压级为 0 dB），当一个人最小可听极限提高时，可认为听觉灵敏度降低了。

人耳的最大可听极限可根据对由于极高声压级作用下致聋人员的调查来做出统计判断。在高声压级的作用下，人耳会感觉不舒服，甚至会产生疼痛的感觉。当声音声压级在 120 dB 左右时，人耳就会感觉不适；声压级 130 dB 左右的声音会引起人耳发痒或产生痛感；而声压级 150 dB 左右的声音可能破坏人耳的鼓膜等听觉机构，引起永久性的损坏。当然，可容忍的最大声压级还与个人对声音暴露的经历有关；通常，经常处于强噪声环境中的人，可容忍最大声压级可达到 130 ~ 140 dB；而无此经历的人，其极限约为 125 dB。图 4-9 给出了自由场中人耳可听声压极限的范围。

4.3.2　响度级、总声级

从实验知道，强度相等而频率不同的两个纯音（指只具有单一频率的声音）听起来并不一样响；两个频率和声压级都不同的声音，有时听起来可能会一样的响；声音的强度加倍并不感到加倍的响。可见，主观感受与客观物理量的关系并非简单地呈线性关系。为了定量地确定某一声音使人的听觉器官产生多响的感觉，最简单的办法是把它和另一个标准声音比较测定。如果某一声音与已选定的 1 000 Hz 的纯音听起来同样响，这个 1 000 Hz 纯音的声压

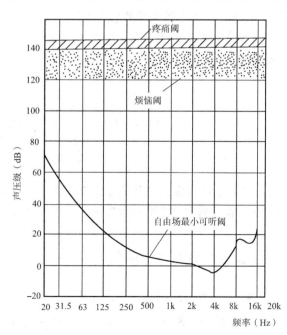

图 4-9　人耳的听觉范围

级值就定义为待测声音的"响度级"。响度级的单位是方（phon）。对一系列的纯音都用标准音来做上述比较，可得到图 4-10 所示的等响曲线。这是根据对大量健康的人的实验统计结果，由国际标准化组织（ISO）于 1959 年确定的。图中同一条曲线上的各点所表示的不同频率纯音虽然具有不同的声压级，但人们听起来却一样响，即同一条曲线上的各点，具有相等的响度级。例如：声压级为 50 dB 的 1 000 Hz 纯音，和声压级为 72 dB 的 50 Hz 纯音是等响的，响度级都是 50 phon。从等响曲线可知，人耳对 2 000 ~ 5 000 Hz 的声音特别敏感，而声音频率越低人耳越不敏感。图 4-10 中最下面的一条曲线为可闻阈，表示人耳刚能使人听到声音的界限；最上面一条曲线为疼痛阈，表示使人产生疼痛感觉的界限。所以，人耳感受到声压级不能超过这两条曲线所包括的范围。

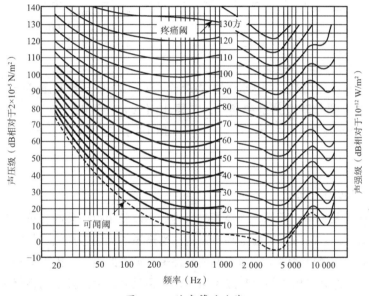

图 4-10　纯音等响曲线

　　对于复合声，不能直接使用纯音等响曲线，其响度级需通过计算求得。目前在测量声音响度级时使用的仪器为"声级计"，读数称为"声级"，单位是分贝。在声级计中设有 A、B 及 C 三个计权网络，这三种计权网络是大致参考某几条等响曲线而设计的，它们的频率特性如图 4-11 所示，可以看出，它们与相应的曲线是倒置的关系。A 计权网络参考 40 phon等响曲线，对 500 Hz 以下的声音有较大的衰减，以模拟人耳对低频不敏感的特性。C 计权网络参考 100 phon 等响曲线，具有接近线性较平坦的特性，在整个可听范围内几乎不衰减，以模拟人耳对 85 phon 以上纯音的响应。而 B 计权网络介于 A 计权网络和 C 计权网络之间，参考 70 phon 等响曲线，用于模拟中等强度噪声。此外，有些测量仪器上还有 D 声级，它用于测量航空噪声的。

　　用声级计的不同网络测得的声级，分别记作 dB（A）、dB（B）、dB（C）和 dB（D）。通常人耳对不太强的声音感觉特性与 40 phon 的等响曲线很接近，因此在音频范围内进行测量时，多使用 A 网络。

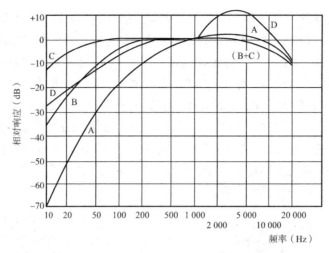

图 4-11　A、B、C、D 计权网络

从计权网络的特性可知，如果分别用声级计的 A、B、C 三档测量某一声音所得到声级相近，可知它的主要频率成分是中高频；如果 dB（A）小于 dB（B），dB（B）又小于 dB（C），则低频成分是主要的；如果 dB（B）等于 dB（C），它们又大于 dB（A），则中频成分是主要的。

4.3.3　声源的指向性

我们平时所涉及的单个声源，当声源的尺寸比声波长小得很多时，可看成是"点声源"。点声源没有方向性，它向四周等量地辐射声音。当声源的尺度与声波波长相差不多，或大于波长时，就不能看成是点声源了，而应看成是许多点声源的组合，因而向各个方向辐射的声音能量就不同了，即具有指向性。与波长相比，声源尺度越大，其指向性就越强。例如，扬声器的尺寸与低频声波波长相比很小，这时，扬声器就可以看作是点声源，其发出的声音没有方向性。但是对于高频声声波而言，这时就不能视为点声源，因而也就具有明显的指向性。我们常用极坐标图来表示声源的指向性。图 4-12 给出了人们说话时声音的指向性。图中箭头方向是说话者面对的方向。从图中可以看出，频率越高指向性越强，其直达声越集中在声源辐射的轴线附近。与发声者距离相同的前后位置，对于高频语言声，其响度可相差 1 倍以上。所以，在厅堂设计及扬声器布置时，均需考虑到声源的指向性。

4.3.4　声音的频谱

在通常的建筑声学测量中，为了全面了解声源的特性，除了要知道声源在某一点产生的声能外，还需了解声能在不同频率的分布情况，因此通常将整个频率范围划分成一系列连续的频带。研究精度要求高时，频带通常划得较窄，而要求不高时，则频带相应放宽。目前常采用倍频带和 1/3 倍频带两种划分。

在实际测量中，常用倍频程的概念。即把 20 Hz 到 20 000 Hz 的声频范围分为几个段落，

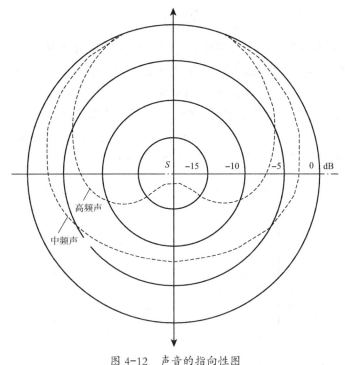

图 4-12　声音的指向性图

每个频带成为一个频程，倍频程就是对频率做相对比较的单位。两个频率的相距倍频程数 n 可由下式决定：

$$n = \log_2 \frac{f_2}{f_1} \tag{4-16}$$

或

$$\frac{f_2}{f_1} = 2^n \tag{4-17}$$

式中　n——正整数或分数。

在倍频程中，上限频率 f_2 是下限频率 f_1 的 2 倍，即 $f_2=2f_1$。在较简易的测量中，常采用这种频程。例如，琴键的低音 A 的频率为 220 Hz，中音 A 的频率是 440 Hz，而高音 A 的频率为 880 Hz，从低音 A 到高音 A 的频率比为 $\frac{880}{220}=2^2$，我们称这两个频率相差两个倍频程。

在 1/3 倍频程中，在两个相距为 1 倍的倍频程 f、$2f$ 之间，插入两个频率 $2^{1/3}f$ 和 $2^{2/3}f$，使它们之间成以下比例：$1 : 2^{1/3} : 2^{2/3} : 2$，即，$f_2 : f_1 = 2^{k/3}$，$k=0$，1，2，3……此处指数 $n = \frac{k}{3}$，而不是整数。这四个频率之间的关系就是把一个倍频程划分为三个 1/3 倍频程。常用的倍频带与 1/3 倍频带划分是以频带的中心频率 f_m 来排列的。中心频率是截止频率的几何平均，即：

$$f_{\mathrm{m}} = \sqrt{f_1 f_2} \qquad\qquad (4-18)$$

倍频带与 1/3 倍频带的中心频率与截止频率可查阅相关参考资料。

声音的频谱分为线状谱和连续谱。音乐的频谱是断续的线状谱，如图 4-13 所示的是单簧管的频谱。而噪声大多是连续谱，图 4-14 表示了几种噪声的频谱。

音乐声中往往包含有一系列的频率成分，其中的一个最低频率声音称为基音，人们据此来辨别音调，其频率称为基频；另一些则称为谐音，它们的频率都是基频的整数倍，称为谐频。这些声音组合在一起，就决定了音乐的音色或音质。

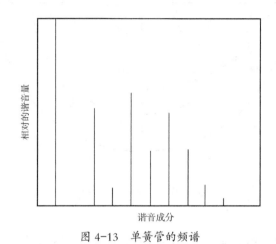

图 4-13　单簧管的频谱

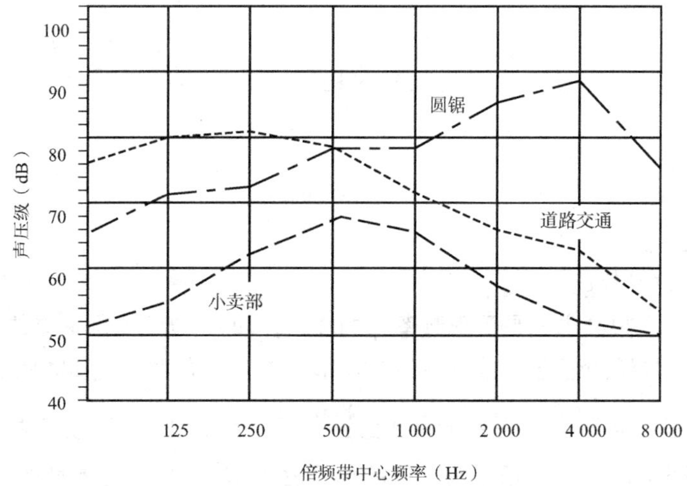

图 4-14　噪声的频谱

了解声源的频谱特性很重要。在噪声控制中，必须了解噪声是由哪些频率成分组成的，哪些频率成分比较突出，从而首先处理这些成分，以便有效地降低噪声。在音质设计中，则应尽量避免声音频谱发生畸变，以保证良好的音质。

4.3.5　音调和音色

声音的强弱、音调的高低和音色的好坏，是声音的基本性质，即所谓声音三要素。

前面已经谈到，声音的强弱可用声强级、声压级或总声级等表示。而音调主要决定于声音的频率，频率越高，音调越高；但它还和声压级及其组成成分有关。例如，有两个纯音，它们的频率相同，但如果它们的声压级不等，尽管它们频率相同，听起来也感到音调不同。复合声音调的高低，还随组成该复合声的频率成分的不同而不同。对于由两个频率很接近的纯音组成的复合声，人耳感觉到的是平均频率的音调的高度。对于两个频率相差较大的纯音所组成的复合声，人耳能辨别出每个成分的不同音调。如果许多频率成分中的某一频率成分非常强，复合声音调高低就可能由该频率来决定。乐器发出的复合声系由基音和泛音组成，所有频率都是基频的整数倍，这样的复合声即使基音成分很弱，其音调的高度也是由基音频率决定的。

不同的人所发出的嗓音，各种乐器所发出的乐音，即使它们具有相同的音调和相同的声压级，仍然可以把它们分辨出来，这是因为它们具有不同的"音色"。"音色"是反映复合声的一种特性，它主要是由复合声成分里各种纯音的频率及其强度（振幅）决定的，即由频谱决定的，虽然基音相同，但由于各种声源的性质不同，其泛音成分也各不相同，因而组成的复合声也不相同，人们根据不同泛音的频率成分及其相对强弱来区分各种不同的音色。一般说来，泛音多且低次泛音足够强，音乐就优美动听。在厅堂音质设计中和选用电声设备时，应保证语言—音乐的原有频谱不改变，不发生音色失真现象。

4.3.6　双耳听闻与声像定位

由于声源发出的声波到达分布在头部两侧的双耳有一定的时间差、强度差和相位差，人耳就可以根据此来判断声源的方向和远近，进行声像的定位。这种由双耳听闻而获得的声像定位能力，在频率高于 1 400 Hz 时，主要取决于到达双耳声音的强度差；在频率低于 1 400 Hz 时，则主要取决于声音到达的时间差。通常，人耳分辨水平方向声源位置的能力比垂直方向的要好。正常听觉的人在安静和无回声的环境中，水平方向可以辨别出 1°～3° 的方向变化。在水平方向 0°～60° 范围内，人耳具有良好的定位能力，超过 60°，则迅速变差。而垂直方向的定位，有时要达到 60° 的方向变化才能分辨出来。

4.3.7　时差效应与回声感觉

声音对人听觉器官的作用效果并不随着声音的消失而立即消失，而是会暂留一段时间。如果到达人耳的两个声音的时间间隔小于 50 ms，那么人耳就不会觉得这两个声音是断续的。但是，当两者的时差超过 50 ms，也就是相当于声程差超过 17 m 时，人耳就能辨别出它们是来自不同的方向的两个独立的声音。在室内，当声源发出一个声音后，人们首先听到的是直达声，然后陆续听到经过各界面的反射声。一般认为，在直达声后约 50 ms 以内到达的反射声，可以加强直达声，而在 50 ms 以后到达的反射声，则不会加强直达声。如果反射声到达的时间间隔较长，且其强度又比较突出，则会形成回声的感觉。回声感觉会妨碍语言和音乐的良好听闻，因而需要加以控制。人耳对回声感觉的规律，最早是由哈斯发现的，故又称哈斯（Hass）效应。

图 4-15 表示了哈斯效应。图中横坐标是两个声音的时差，纵坐标代表了全体被测者中感到受干扰的人数的百分比。曲线代表不同强度差时的干扰情况。从图中可以看出，时差越小，强度差越大则干扰越小，反之则干扰越大。如果考虑到语言速度不同的影响，则发现，每秒音节越多干扰越大，节奏缓慢的声音，干扰越小。

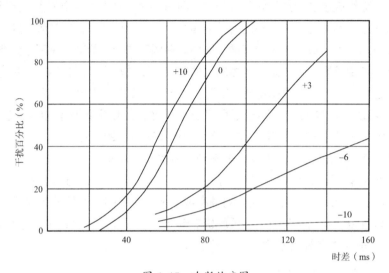

图 4-15　哈斯效应图
注：图中表示的是每秒 5.3 个音节的不同衰减讯号的相应的级（0 dB 为未延迟讯号的级）

4.3.8　掩蔽效应

某一个声音，虽然在安静的房间中可以被听到，但如果在听这个声音时存在着另一个声音，则人耳的听闻效果就会受到影响。这时，若要听清该声音，就要提高它的听阈。人耳对一个声音的听觉灵敏度因为另一个声音的存在而降低的现象，称为掩蔽效应。因此，若要听到某个声音，它的声压级不仅要超过听者的听阈，而且要超过其所在环境中的掩蔽阈。一个声音被另一个声音所掩蔽的量，取决于这两个声音的频谱、两者的声压级差和两者到达听者的时间和相位关系。通常，掩蔽量有以下特点：

①当被掩蔽的声音和掩蔽声频谱接近时，掩蔽量较大，即频率接近的声音掩蔽效果明显；

②掩蔽声的声压级越高，掩蔽量就越大；

③低频声对高频声会产生相当大的掩蔽效应，特别是在低频声声压很大的情况下，其掩蔽效应就更大，而高频声对低频声的掩蔽效应则相对较小。

上述这些规律可以用来解释我们日常的经验。例如，很强烈的低频声或杂音（例如通风机噪声或扩音机的交流声），是听报告或音乐时特别令人讨厌的干扰噪声源，因为它几乎对全部可听频率范围的声音都起到掩蔽作用；又如观众厅内听众的交谈声，由于频谱和台上报告人的频谱有较大的一致性，交谈声所起的掩蔽作用也就很大，成为听报告的最大干扰之一。

4.4 语言声、音乐声及噪声特性

4.4.1 语言声的特性

1）语言声的频率特性

汉语是单音节语言，一字一个音节。音节由元音和辅音组成，元音比辅音容易辨别。通常影响言语清晰度的因素是辅音听错，所以辅音对听懂语言具有很重要的作用。

语声主要由声带振动产生，男子的声带长而厚，故发声频率较低，其基音约为150 Hz，女声的基音比男音高，约为230 Hz。对于歌唱家，男低音低频可低至55 Hz；女高音的基音（频）可高至1 000 Hz，同时发出的许多泛音（谐波）也要高得多，有的甚至超过6 000 Hz。

图4-16（a、b）分别为英语和汉语在不同发音声级时的长时平均频谱。由于语言声频率范围并不很宽，因此，用于语言扩声的设备只要在300～4 000 Hz的频率范围内具有平直的频率响应特性即可满足要求，如果兼顾到播放音乐节目的需要，可采取具有100～4 000 Hz平直的频响特性的扩声设备。

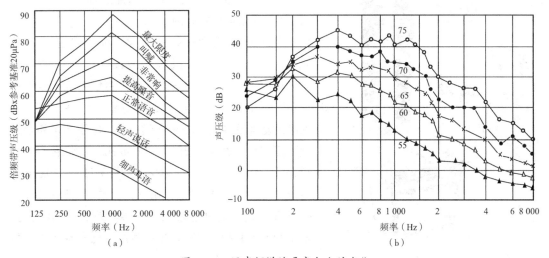

图4-16 语声频谱随噪音大小的变化
（a）典型男声用不同噪音时的长时间平均语言频谱（英语），距讲者1 m处的倍频带声压级与频率的关系；
（b）汉语在五种发话总声级时的长时间平均频谱（中科院声学所资料）

2）语言声的指向特性

人讲话时带有方向性（图4-12），一般而言，在讲话者正前方140°范围内声级较高，听音较清楚。语言声的指向特性图与频率有关，低频时指向性不明显，随着频率提高，指向性越来越明显。

3）语言声的声压级与声功率

人讲话时连续发出声级不断变化的声音，因此，语言声声压级通常以长时间平均值表示。一般而言，当人用正常嗓音讲话时，在距讲者正前方1 m处声压级大约为50～65 dB（A），从最轻的细语至最大的嗓音，其声压级约从40 dB（A）变化至88 dB（A）。实用中可取：

正常的嗓音 66 dB（A），提高的嗓音 72 dB（A），很响的嗓音 78 dB（A），喊叫时的嗓音 84 dB（A）。

根据一些实测结果表明，人在大于 60 s 的较长时间内讲话时测得的平均声功率输出（包括音节和语句的自然停顿），男子为 34 μW（共 5 人，10 ～ 91 μW），女子为 18 μW（共 6 人，8 ～ 55 μW）；如取 1/8 s 短时间来统计，其平均声功率则要高得多，男子超过 230 μW，女子超过 150 μW，选用上述数据时要注意这些取值的含义和统计条件。

4.4.2　音乐声的特性

音乐声由各种乐器 [包括民族乐器（图 4-17）、西洋乐器（图 4-18）和电声乐器] 以及歌唱演员（包括声乐演员和戏曲演员）的发声构成。

从古至今，世界上大约出现过 4 万多种乐器，目前比较普遍使用的大约有 200 多种乐器。对乐器的分类，通常使用音乐会分类法对乐器进行分类，即根据乐器的发音机理，把发音和音色相近的乐器分为木管乐器组、铜管乐器组、弓弦乐器组、打击乐器组及特性乐器组等。

1）音乐声频率范围

各种乐器的频率范围变化很宽，教堂中的管风琴可发出低于听觉阈限（16 Hz）的低音和高达 10 000 Hz 的高音；一般乐队通常由低音提琴发出最低音（41 Hz），由短笛发出最高音（3 729 Hz）。小提琴的基音音域为 196 ～ 2 093 Hz。歌唱演员嗓音的频率范围为：女高音 261 ～ 1 046 Hz，女低音 196 ～ 692 Hz，男高音 141 ～ 466 Hz，男中音 110 ～ 392 Hz；男低音 81 ～ 329 Hz。以上所列的仅是基音频率范围，而泛音将大大超过基频范围，甚至超出人的听觉上限（20 000 Hz）。有些乐器还能产生低于基音的噪声和次谐音。

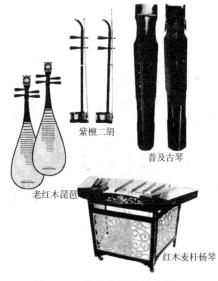

紫檀二胡

普及古琴

老红木琵琶

红木麦杆杨琴

图 4-17　部分中国民族乐器

（a）　　　　　　（b）　　　　　　（c）　　　　　　（d）

图 4-18　部分西洋乐器示意
（a）小号；（b）定音鼓；（c）萨克管；（d）小提琴

表4-3所列为各种乐器的频率范围（包括泛音）。当音乐和歌唱通过电声系统重放时，其频率范围将会有所变化。这种变化取决于有关系统的频率响应特性。

各种乐器的频率范围（包括谐频）　　表4-3

声源	频率范围（基频与谐频，Hz）	重放时不会引起重大音色改变的频率极限（Hz）
小提琴	196 ~ 16 000	250 ~ 9 000
低音提琴	41 ~ 1 000	60 ~ 7 000
小号	180 ~ 10 000	180 ~ 8 000
圆号	90 ~ 8 000	160 ~ 6 000
低音单簧管	80 ~ 14 000	80 ~ 8 000
单簧管	150 ~ 15 000	150 ~ 8 000
双簧管	250 ~ 12 000	250 ~ 10 500
短笛	500 ~ 18 000	500 ~ 9 000
鼓	55 ~ 6 000	80 ~ 4 000

2）音乐声功率与声压级

根据北京市建筑设计研究院的测试，我国民族乐器的声级统计值，结果列于表4-4，其动态范围见表4-5。

民乐及部分演唱声级统计值　　表4-4

声源	声级（dB）		声源	声级（dB）	
	线性	A声级		线性	A声级
扬琴	90.7	92.7	笙	90.8	89.5
筝	89.4	85.1	管子	90.2	90.4
板胡	83.8	86.4	锣	108.1	108.6
二胡	85.1	79.0	女中音	79.4	79.3
三弦	93.9	92.7	女高音	85.0	85.9
琵琶	83.1	84.0	男低音	90.3	89.8
笛子	87.4	86.2	男高音	88.6	89.3

民乐及部分演唱声级的动态范围　　表4-5

声源	动态范围（dB）	声源	动态范围（dB）
扬琴	80 ~ 102	笙	60 ~ 103
筝	65 ~ 95	管子	60 ~ 100
板胡	48 ~ 100	锣	95 ~ 110
二胡	50 ~ 98	女中音	60 ~ 90

续表

声源	动态范围（dB）	声源	动态范围（dB）
三弦	60 ~ 101	女高音	58 ~ 100
琵琶	46 ~ 93	男低音	60 ~ 102
笛子	59 ~ 100	男高音	60 ~ 100

3）乐器发声指向特性

各种乐器发声都具有各自不同的指向特性。同一乐器发声的指向特性也随着所演奏音乐频率的变化而变化，频率越高，指向性也越明显。当需要了解各种乐器的指向特性时，可查阅有关文献。

4.4.3　噪声的特性

所谓噪声，就是人们不需要的声音。它包括杂乱无章的、影响人们工作、休息、睡眠的各种不协调声音，甚至谈话声、脚步声、不需要的音乐声等都是噪声。与人们接触时间最长、危害最广泛、治理最困难的噪声是生活和社会活动所产生的噪声。生活噪声虽然不会对人产生生理危害，但会使人烦躁、心神不定，干扰休息和工作，见图 4-19。

图 4-19　噪声对人的影响

1）噪声的定义：

通常噪声可认为包含如下两种类型：

（1）在物理上指不规则的、间歇的或随机的声振动。

（2）指任何难听的、不和谐的声或干扰。有时也指在有用频带内的任何不需要的干扰。这种噪声干扰不仅由声音的物理性质决定，还与人们的心理状态有关。例如人的心情不好的时候，乐音也会变成噪声而感到刺耳。

所以，现代声学将噪声定义为不需要的声音，即物体作非周期性，无节奏的振动而产生的声音，没有固定的频率和波形，刺耳难听的声音。

2）噪声的来源

在噪声的概念中，我们常常提到宽带噪声、窄带噪声和白噪声。这些都是运用在听力检测设备中进行掩蔽时用的专用噪声。而建筑室内噪声主要来自如下几个方面：

（1）室外环境噪声

与我们生活密切相关的是环境噪声污染，其来源较广。现代城市中环境噪声有四种主要来源：

①交通噪声：主要指的是机动车辆、飞机、火车和轮船等交通工具在运行时发出的噪声。产生这些噪声的噪声源是流动的，干扰范围大，见图 4-20。

②工业噪声：主要指工业生产劳动中产生的噪声，主要来自机器和高速运转的设备。

③建筑施工噪声：主要指建筑施工现场产生的噪声。在施工中要大量使用各种动力机械，要进行挖掘、打洞、搅拌，要频繁地运输材料和构件，从而产生大量噪声。

④社会生活噪声：主要指人们在商业交易、体育比赛、游行集会及娱乐场所等各种社会活动中产生的喧闹声，以及音响、电视机、洗衣机等各种家电产生的嘈杂声，这类噪声一般在 80 dB 以下。

（2）建筑内部噪声

在建筑物内噪声级比较高、容易对其他房间产生噪声干扰的房间有风机房、泵房及制冷机房等各种设备用房；道具制作等加工、制作用房以及娱乐用房，如歌舞厅、卡拉 OK 厅等。

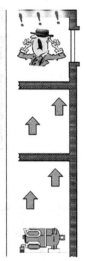

图 4-20 交通噪声   图 4-21 建筑内部噪声

它们自身要求不被噪声干扰，同时又要防止对其他房间产生噪声干扰。此外，各种家电、卫生设备、打字机、电话及各种生产设备也会产生噪声，如图 4-21 所示。

（3）房间围护结构撞击噪声

室内撞击声（也称固体声）主要有人员活动产生的楼板撞击声，设备、管道安装不当产生的固体传声等。

3）噪声与人体健康

噪声存在于我们生活的各个方面，如工作中、休闲时，甚至在夜间睡眠时。随着现代工业的发展，使得交通噪声、施工噪声等日益普遍地存在于人类的生存环境之中，并严重危害人类的身心健康及生活质量，已成为不容忽视和亟待治理的世界性公害。

（1）噪声的生理效应

①噪声引起的听力损失

噪声对人体的危害是多方面的，但对听觉器官的损害最为明显。一次高强度的脉冲噪声瞬间就可致人耳聋，而长时间的强噪声刺激会导致噪声性耳聋。噪声性耳聋在一二百年前就发现了。目前我国约有 1 000 万工人在噪声超标的环境中工作，其中有 100 万工人患有不同程度的噪声性耳聋。噪声性耳聋与噪声的强度和频率有关，噪声强度越大，频率越高，噪声性耳聋的发病率越高（图 4-22）。

噪声性耳聋也与噪声作用的时间长短有关，同样强度的噪声作用时间越长，发病率越高。研究表明随着工龄的延长，听觉疲劳加重，会导致工人听力的下降。长期暴露在超过 85 dB（A）噪声环境下的 85 名工人，与对照组暴露噪声 < 85 dB 相比，85 人的听力显著下降（听力损失 > 40 dB）。

②噪声对神经系统的影响

噪声对机体的神经行为具有一定的影响作用，通过调查发现在高噪声工作环境中的人

图 4-22 工业噪声与肺部纤维化

群患神经衰弱综合征的比例明显高于正常人群。神经衰弱综合征，指的是出现头痛、头晕、耳鸣、失眠、心慌、记忆力衰退、容易疲劳等症状的疾病。神经衰弱综合征是职业人群中的一种常见疾病。长期接触强噪声者，其患病率高于其他职业人群，甚至也高于脑力劳动者。WHO 报道噪声可引起明显的情绪障碍，长期的噪声接触可产生抑郁和悲观等精神症状，增加自杀的倾向。常年暴露在噪声环境中，人们的负性情感因素如紧张、忧郁、愤怒、疲劳、困惑得分明显增高，具有明显的"剂量—反应"关系（Perform Dose-response），尤其是接触≥ 95 dB（A）的高强度噪声。

③噪声对血压的影响

研究发现接触暴露噪声强度 > 85 dB（A）的作业工人，舒张压偏高者占 50.1%，且噪声和收缩压存在显著相关性。血压的变化一方面是由于不适应噪声环境所造成的紧张因素（间接作用），另一方面是由于听觉中枢和中枢神经系统的其他部位交互作用，所形成的潜意识的生理性应激（直接作用）。

④噪声对血脂的影响

血脂异常是指脂肪代谢或运转异常，表现为总胆固醇（TC）、甘油三酯（TG）以及低密度脂蛋白（LDL）的升高和（或）高密度脂蛋白（HDL）的下降。噪声对血清 TC 和 TG 水平的影响程度较对 HDL 和 LDL 水平的影响程度高，长期接触噪声可使 TC 和 TG 水平升高，导致高 TC 血症或高 TG 血症。但也有研究表明，噪声作业工人中出现的 TC、TG、HDL 和 LDL 水平变化还与吸烟、饮酒、身高和体质量等多种混杂因素相关。

⑤噪声对心脏电生理的影响

接触噪声后可导致心电图异常。噪声对心脏电生理的影响作用主要通过引起交感神经兴奋，从而促进交感神经末梢和肾上腺分泌，进而导致心肌的兴奋性和传导性发生变化，最终引起窦性心律不齐或窦性心动过速。同时，由于噪声引起植物神经功能紊乱导致心脏负荷加重，长期的心脏负荷过重会导致心肌肥厚及心肌相对缺血。

⑥噪声对生殖系统的影响

作为一种职业性危险因素，噪声对女性生殖健康的影响已引起了许多学者的关注。研究表明长期接触噪声可影响月经功能，导致月经周期紊乱、经期异常和经量异常等。此外，接触噪声还可影响妊娠过程，导致自然流产率、先兆流产发生率和早产儿出生率上升；另外，外界刺激也可导致多种激素分泌紊乱，进而影响妊娠过程。目前，有关噪声对男性生殖功能的影响报道较少。

⑦噪声对呼吸系统的影响

研究发现噪声也可对呼吸系统造成一定的损伤。国外现已把长期接触高声压、低频率（LPALF）噪声（≥ 90 dB，≤ 500 Hz）所致的一种多系统损害疾病，命名为振动听觉病（VAD），此病的听觉外系统损伤包括神经功能紊乱、呼吸系统疾病和心血管系统损害。长期接触 LPALF 噪声，引起的呼吸系统损害有咳嗽、支气管炎、上呼吸道感染等。通过对职业性接触 LPALF 噪声所致的 VAD 病人的研究发现，接触者的肺纤维化是由职业性接触 LPALF 噪声所致，并提示肺纤维化是 VAD 的重要特征（图 4-22）。

⑧噪声对视力的损害

人们通常都知道噪声会影响听力，其实噪声还影响视力。长时间处于噪声环境中的人很容易发生眼疲劳、眼痛、眼花和视物流泪等眼损伤现象。同时，噪声还会使色觉、视野发生异常，调查发现噪声影响使得红、蓝、白三色视野缩小 80 %。

（2）噪声对各种活动的影响

①噪声与言语干扰

人们对言语听闻的好坏决定于语言的声功率和清晰度。在噪声环境中，人们往往试图选择自己所要听的声音而排斥其他噪声。过高的环境噪声会掩蔽需要的声音。表 4-6 列出了噪声干扰谈话的最大距离。

过长的混响时间会降低言语清晰度，导致人们不能很好地听闻言语。前面音节的较强混响掩盖了后续发出的声音，使人们听到的言语很模糊。供言语通信用的房间，混响应当衰减得快，并且在直达声后紧接着有较强的前次反射声。

噪声干扰谈话的最大距离（m）　　　　　　　表 4-6

噪声级 L_A（dB）	直接交谈		电话通信	噪声级 L_A（dB）	直接交谈		电话通信
	普通声	大声			普通声	大声	
45	7.0	14.0	满意	65	0.70	1.40	困难
50	4.0	8.0		75	0.22	0.45	
55	2.2	4.5	较困难	85	0.07	0.14	不能
60	1.3	2.5					

②噪声与效率

噪声对人们工作效率的影响随工作性质的不同而有所不同。对于那些要求思想集中、依信号做出反应的工作，即使噪声较低，也会受到影响，因为人们会间歇地去注意噪声而出现差错。对于熟练的手工操作，当噪声级高达 85 dB（A）时，可能出现差错的次数便会增加，甚至可能引起事故。噪声对学习的影响也是明显的。例如学生对教师讲课的理解往往有赖于在课堂上循序的连续思考，但是偶然出现的交通噪声，就会打断学生的听课和思考。

③噪声与烦恼

噪声对人的刺激程度与生理和心理因素有关，人与人之间也有差别。有关噪声引起烦恼的反应一般都与睡眠、工作、阅读、交谈、休闲等活动的干扰相关。通过广泛的社会调查，得到了对噪声干扰程度起决定性作用的一些因素：性格焦虑的人和病人易引起烦恼；老年人比青年人更容易引起烦恼；新噪声源干扰比听惯了的噪声要大，高频噪声、音调起伏的噪声以及突发噪声引起的烦恼更大（图 4-23）。

图 4-23　噪声与烦恼

④振动对人的影响

除了被人耳感受为声音的振动外，人体的许多部分还可能对振动有反应。人们对振动的感受主要取决于 3 个因素，即强度、频率和时间特性。此外，在不同的振动环境里，人们可能感受到全身振动或局部振动（例如手或手臂）。人们对垂直振动和水平振动的感受不同。常用位移、速度、加速度等描述振动的强度，它们之间的差别主要是频率。在很低频率的振动环境中，人们对位移（振幅）的反应较为敏感；如果是较高频率的振动环境，则对加速度的反应较为敏感。与人们感受有关的振动频率范围主要是 0.5 ~ 100 Hz，最敏感的是 2 ~ 12 Hz。

（3）低频噪声效应

低频噪声是相对于中频和高频噪声而言的，但它们之间并没有明确的界限。一般而言，国内外将低频噪声的频率下限定为 20 Hz，频率低于 20 Hz 的声音属于次声的范畴。自然界中的低频噪声来源非常广泛，例如风、雷电、海浪、地震、火山喷发等都会产生低频噪声。人工低频噪声来源主要有社会生活噪声（如住宅或办公建筑配套的空调、通风机、水泵、电梯、变配电设备及商业娱乐活动噪声等）、交通噪声（如道路、铁路、航空、航运等噪声）、工业噪声（如变电站、换流站、风电场、电厂等噪声）及建筑施工噪声（含土石方、打桩、结构和装修噪声），上述噪声源与人们的生活密切相关，其中的低频噪声成分较为显著时，更易对人产生影响。

①低频噪声的心理效应

研究发现主观烦恼度（Annoyance）比响度（Loudness）和噪度（Noisiness）等更适于描述低频噪声引起的心理效应。除了主观烦恼度，舒适度、可接受度、干扰度等都曾被用于低频噪声主观感受的实验室研究。此外，一些学者也尝试过利用认知心理学的方法研究低频噪声的心理效应，并在实验中发现，低频噪声可对多种认知任务产生影响，尤其是注意力任务。

②低频噪声的生理效应

众所周知，高声压级的噪声能够造成听力损失，所以人们最早开始关注的低频噪声生理效应就是听力损失。研究证实了低频噪声暴露能够造成人体暂时性听力阈移（TTS），暴露量越大，TTS恢复所需的时间越长。

此外，人体短期暴露在高声压级的低频噪声中也会造成人体的TTS，但会在短期内恢复，而关于人体长期噪声暴露效应的研究文献较少。除了对听觉的影响，低频噪声可通过引起人体振动而影响其他器官。人体一般人很难察觉到这种振动，并且是长期的效应，容易引发人体的一些慢性病。

低频噪声还可对血压与心率产生影响，通过对低频噪声职业暴露的调查，发现了长期暴露可引发人体的血管收缩。除此以外，人在睡眠过程中对噪声是比较敏感的，所以低频噪声对睡眠的影响也是人们关注的焦点之一，大量证据表明低频噪声可影响人们的睡眠质量。睡眠质量下降会间接引起其他疾病，比如神经衰弱、偏头疼、内分泌失调等。

4）对建筑物及设备的影响

20世纪50年代曾有报道，一架以每小时1 100 km速度飞行的飞机从60 m低空掠过地面，其产生的噪声使得地面上一幢楼房遭到破坏。该飞机还仅是亚音速飞行，目前飞机的速度越来越快，甚至达到5倍音速，而由超声速飞行引起的空气冲击波将产生巨大的"轰声"，且声压级可达到130～140 dB，使得人们听起来像是突如其来的爆炸声。

工厂中的机械与城市建设中施工机械的噪声与振动，对建筑物也有一定的破坏作用。如大型振动筛、冲床、空气锤、发动机试验站、打桩机等，对附近建筑都有不同影响。

当噪声超过160 dB以上时，不仅建筑物受损，发声体本身会由于连续的振动而损坏。因此在极强的噪声作用下，灵敏的自控、遥控设备会失灵。

4.5　室内声学原理

在室外，某点声源发出的球面声波，其波阵面连续向外扩张，随着声波与声源距离的增加，声源迅速衰减。而在室内，声波的传播将受到封闭空间各个界面（如墙壁、顶棚、地面等）的约束，形成一个比在露天场合要复杂得多的声场。这时，声波将受到封闭空间各个界面，如顶棚、地面、墙壁等的反射、吸收与透射的影响，室内声场因而存在着许多与自由声场不同的声学问题。因此，研究室内声场，对室内音质设计和噪声控制具有重要的意义。

4.5.1　自由声场与室内声场

1）自由声场中声音的传播与声压级计算

当点声源向没有反射面的自由空间辐射声能时，声波以球面波的形式辐射。这时，任何一点上的声强遵循与距离平方成反比的定律，见式（4-8）。如果用声压级表示，则距离增加一倍，声压级衰减6 dB。如果是线声源，在自由场条件下，声波以柱面波的形式辐射。这时，距离增加一倍，声压级衰减3 dB。若是平面波，则声压级不会随距离改变而改变。

在点声源向自由空间辐射声能的条件下，距声源 r 米处的声压级为：

$$L_P=L_W-20\lg r-11 \tag{4-19}$$

式中　L_W——声源的声功率级（dB）；

　　　r——距声源的距离（m）。

在半自由空间条件下，如点声源置于刚硬地面向半无限空间辐射声能的情况下，上式可改写为：

$$L_P=L_W-20\lg r-8 \tag{4-20}$$

2）室内声场的特点

在建筑声学中，常常要面临许多封闭空间的声学问题。这时，室内声场将要受到封闭空间各个界面的影响，其主要特点有：

①声波在各个界面引起一系列的反射、吸收与透射；

②与自由声场有不同的音质；

③由于房间的共振可能引起某些频率的声音被加强或减弱；

④声能的空间分布发生了变化。

分析声波在室内传播的情况，可以用波动声学的理论进行，但这将涉及复杂的数学公式与推导。在工程实践中，主要采用"几何声学"的方法。几何声学适用的前提是：室内界面或障碍物的尺度以及声波传播的距离比声波波长大得多。除了低频段某些频率外，通常室内声学所考虑的问题，用几何声学来处理不致产生大的误差。在室内几何声学中，波的概念不太重要，而代之以声线的概念。声线具有明确的传播方向，且是直线传播的。它代表球面波的一部分，携带着声能以声速前进。由于在几何声学中用声线的概念来取代波的概念，因而通常不考虑衍射、干涉等现象。如果声场是几个分量的叠加，那么就是它们声强的简单相加，而不考虑它们之间的相位关系。

当声线碰到室内任一界面时它将被反射，反射角与入射角相等。我们利用几何声学的方法可以得到一个很直观的声音在室内传播的图形（图4-24）。从图中可以看到，对于一个听者，接收到的不仅有直达声，而且还有陆续到达的来自顶棚、地面以及墙面的反射声，它们有的经过一次反射，有的经过二次甚至多次反射。图4-25中 A 与 B 均为平面反射，所不同的是离声源近者（A），由于入射角变化较大，反射声线发散较大；离声源远者（B），各入射线近乎平行，反射声线的方向也接近一致。C 与 D 是两种反射效果截然不同的曲面。凸曲面（C）使声线束扩散，凹曲面（D）则使声音集中于一个区域，形成声音的聚焦。对于一个曲面，只要确定了它们的圆心和曲率半径，就可以利用几何作图的方法进行声线分析。

据研究，在室内各接收点上，直达声以及反

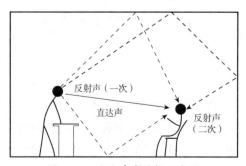

图4-24　室内声音传播示意图

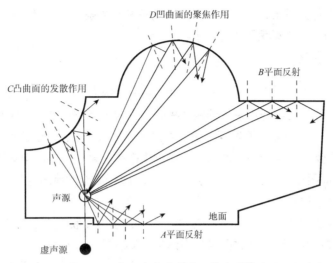

图 4-25 室内声音反射的几种典型情况

射声的分布情况对听音有很大的影响。利用几何作图方法可以将各个界面对声音的反射情况进行清楚的分析，但由于经过多次反射后，声音的反射情况已相当复杂，有的已接近无规分布。所以，通常只着重研究一、二次反射声，并控制它们的分布情况以改善室内音质。除了直接作图法外，还可利用附录 10 的专业声学软件对室内几何声线进行直观的分析调整。

3）室内声音的增长、稳态和衰减

前面介绍的几何声学的概念用声线的方法来研究声波在空间中的分布，对于室内声音的形成，除了考虑其空间分布外，还需考虑到到达某一接收点的直达声和各个反射声，在时间上有先后；此外，在传播过程中，由于碰到界面，部分声能被吸收而由强变弱。下面把声波到达某接收点的时间和能量因素结合空间分布一起，来研究声音的增长、稳态和衰减过程。

（1）室内声音的增长

当声源在室内辐射声能时，声波即同时在空间内开始传播，当入射到某一界面时，就有部分声能被吸收，其余部分则被反射。反射的声能继续传播，将再次乃至多次被吸收和反射。这样，在空间就形成了一定的声能密度。如果声源是连续地发声，随着声源不断地供给能量，室内声能密度将随时间而增加，这就是室内声音的增长过程，可用下式表示：

$$E(t) = \frac{4W}{c \cdot A}(1 - e^{-\frac{cA}{4V}t}) \quad (\text{J/m}^3) \tag{4-21}$$

式中 $E(t)$——瞬时声能密度，J/m³；

W——声源声功率，W；

c——声速，m/s；

A——室内表面总吸声量，m²；

V——房间容积，m³；

t——声源发声后经历的时间，s。

由式（4-21）可以看出，在一定的声源声功率和室内条件下，随着时间 t 的增加，室内瞬时声能密度 $E(t)$ 将逐渐积累（增长）。

（2）稳态声能密度

从式（4-21）可知，当 $t=0$ 时，$E(t)=0$；当 $t\to\infty$ 时，$E(t)\to\dfrac{4W}{c\cdot A}$。这时，单位时间内被室内表面吸收的声能与声源供给的能量相等，室内声能密度就不再增加，而处于稳定状态。需指出，实际上，大多数情况下，大约经过 1～2 s，声能密度即接近最大值（稳态）。对于一个室内吸声量大、容积也大的房间，接近稳态前的某一时刻的声能密度，比一个吸声量、容积均小的房间要小。这就说明，在房间声学设计时，需恰当地确定其容积与室内吸声量。

（3）室内声音的改变

当声能密度达到稳态时，若声源突然停止发声，室内接收点上的声音并不会立即消失，而是有一个逐渐衰变的过程。首先是直达声消失，然后是一次反射声、二次反射声……逐次消失。因此，室内声能密度将逐渐减弱，直至趋近于零。这一衰变过程亦称为"混响过程"或"交混回响"，可用式（4-22）表示：

$$E(t) = \frac{4W}{cA}\,\mathrm{e}^{-\frac{cA}{4V}t} \tag{4-22}$$

由式（4-22）可以看出，随着时间的增长，声能密度 $E(t)$ 逐渐减小，且室内总吸声量 A 越大，房间容积 V 越小，则衰变过程进行得越快。

房间声音的增长，达到稳态和衰变的过程可用图 4-26 表示。根据式（4-21）与式（4-22）可知，理想的衰变曲线是指数曲线的形式。图中实线表示室内表面反射很强时的情况，此时，在声源发声后，很快即达到较高的声能密度并进入稳定状态；当声源停止发声，声音将比较

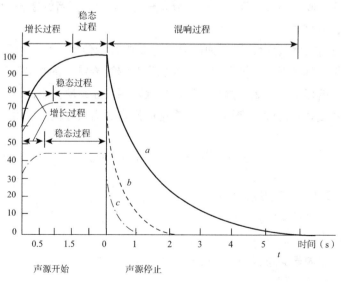

图 4-26　室内吸收不同对声音增长和衰减的影响
a—吸声较少；b—吸声中等；c—吸声较强

慢地衰减下去。虚线和点虚线则表示室内表面的吸声量增加到不同程度时的情况,不难看出,室内吸声量愈大,室内声能达到稳态的数值也愈低,衰减过程(混响过程)也愈短。

4.5.2 混响和混响时间计算公式

声源在室内发声后,由于反射与吸收的作用,使室内声场有一个逐渐增长的过程。同样,当声源停止发声以后,声音也不会立刻消失,而是要经历一个逐渐衰变的过程,或称为混响过程。混响时间长,将增加音质的丰满感,但如果这一过程过长,则会影响到听音的清晰度,混响过程短,有利于清晰度,但如果过短,又会使声音显得干涩,强度变弱,进而造成听音吃力。因此,在进行室内音质设计时,根据使用要求适当地控制混响过程是非常重要的。

在室内音质设计时,常用混响时间作为控制混响过程长短的定量指标。混响时间是当室内声场达到稳态后,令声源停止发声,自此刻起至其声压级衰变 60 dB 所经历的时间,记作 T_{60},或 RT,单位是秒(s),见图 4-27。

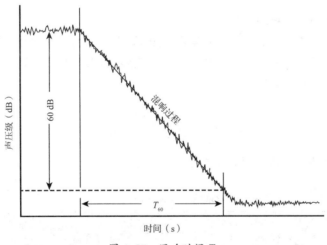

图 4-27 混响时间 T_{60}

长期以来,不少学者对混响时间的计算进行了大量的研究。目前,比较适用于工程设计的计算公式主要有赛宾公式和伊林公式两种。

1)赛宾公式

20 世纪末到 21 世纪初,赛宾(W.C.Sabine)首先建立起混响时间与房间容积和室内总吸声量的定量关系,即:

$$T_{60} = \frac{0.161V}{S\bar{\alpha}} \tag{4-23}$$

式中　V——房间容积,m^3;

　　　S——室内总表面积,m^2;

　　　$\bar{\alpha}$——室内平均吸声系数。

$$\overline{\alpha} = \frac{\alpha_1 S_1 + \alpha_2 S_2 + \cdots\cdots + \alpha_n S_n}{S_1 + S_2 + \cdots\cdots + S_n}$$

式中　S_1、S_2……S_n 和 α_1、α_2……α_n——各种界面材料的表面积及其吸声系数；

S——室内总表面积，$S = S_1$、$S_2 + \cdots\cdots + S_n$（m^2）。

赛宾公式具有非常重要的意义。但是，在实际使用中，如果总吸声量超过一定的范围，则计算结果与实际情况的误差较大。据研究，赛宾公式适用于室内平均吸声系数 $\overline{\alpha} < 0.2$ 的情况。

2）伊林公式

在赛宾公式的基础上，又有人进行了大量的研究，做出了某些修正，其中包括在工程界普遍应用的伊林（Eyring）公式：

$$T_{60} = \frac{0.161V}{-S\ln(1-\overline{\alpha})} \tag{4-24}$$

式中各符号的意义同式（4-23）。

上式仅考虑了室内表面的吸声。但实际上，当房间较大时，空气对频率较高的声音（2 kHz 以上）也有较大的吸收。这种吸收主要取决于空气的相对湿度和温度的影响。当计算中需考虑空气吸声时，式（4-24）可修正为：

$$T_{60} = \frac{0.161V}{-S\ln(1-\overline{\alpha}) + 4mV} \tag{4-25}$$

式中　$4m$——空气衰减系数，见表4-7。

空气衰减系数 4 m 值（m^{-1}，20 ℃）　　　　　表4-7

相对湿度	倍频程中心频率（Hz）			
	500	1 000	2 000	4 000
50%	0.002 4	0.004 2	0.008 9	0.026 2
60%	0.002 5	0.004 4	0.008 5	0.023 4
70%	0.002 5	0.004 5	0.008 1	0.020 8
80%	0.002 5	0.004 6	0.008 2	0.019 4

式（4-25）是在赛宾公式的基础上加以修正而得出的。特别是当室内吸声量较大时（$\overline{\alpha} > 0.2$），计算结果更加接近于实际值。例如，当 $\overline{\alpha}$ 趋近于 1 时，即声能全部被吸收时，实际的混响时间趋近于零。但是，按赛宾公式计算时，T_{60} 并不为零，而是接近于 $\frac{0.161V}{S}$ 这一定值；若按伊林公式计算，则由于 $\ln(1-\overline{\alpha})$ 趋向于 ∞，使 T_{60} 趋向于零。而当 $\overline{\alpha}$ 较小时，$-\ln(1-\overline{\alpha})$ 与 $\overline{\alpha}$ 很接近，两者的计算结果相近。此外，由于在计算中考虑了空气对高频声的吸收，故减少了高频混响时间的计算误差。

表 4-8 给出了 $\overline{\alpha}$ 和 $-\ln(1-\overline{\alpha})$ 对应关系。从表中可以看出,当 $\overline{\alpha}$ 值较小时 (如小于 0.20),$\overline{\alpha}$ 和 $-\ln(1-\overline{\alpha})$ 很接近,随着 $\overline{\alpha}$ 的增加,两者差别增大。

$\overline{\alpha}$ 和 $-\ln(1-\overline{\alpha})$ 换算表　　　　　　　　　　表 4-8

$\overline{\alpha}$	$-\ln(1-\overline{\alpha})$	$\overline{\alpha}$	$-\ln(1-\overline{\alpha})$	$\overline{\alpha}$	$-\ln(1-\overline{\alpha})$	$\overline{\alpha}$	$-\ln(1-\overline{\alpha})$
0.01	0.010 0	0.12	0.127 7	0.23	0.261 1	0.34	0.415 1
0.02	0.020 2	0.13	0.139 1	0.24	0.274 1	0.35	0.430 3
0.03	0.030 4	0.14	0.150 6	0.25	0.287 4	0.36	0.445 8
0.04	0.040 8	0.15	0.162 3	0.26	0.300 8	0.37	0.461 5
0.05	0.051 3	0.16	0.174 2	0.27	0.314 4	0.38	0.477 5
0.06	0.061 8	0.17	0.186 1	0.28	0.328 1	0.39	0.493 7
0.07	0.072 5	0.18	0.198 2	0.29	0.342 1	0.40	0.510 3
0.08	0.083 3	0.19	0.210 5	0.30	0.356 5	0.45	0.597 2
0.09	0.094 2	0.20	0.222 9	0.31	0.370 6	0.50	0.692 4
0.10	0.105 2	0.21	0.235 5	0.32	0.385 2	0.55	0.797 6
0.11	0.116 4	0.22	0.248 2	0.33	0.400 0	0.60	0.915 3

在计算混响时间时,为了求得各个频率的混响时间,需将材料对各频率的吸声系数带入公式。通常取 125、250、500、1 000、2 000、4 000 Hz 六个频率的数值。需指出,在观众厅内,观众和桌椅的吸收,通常不同于一般材料那样将面积乘以吸声系数,而是用每一观众或座椅所具有的吸声量乘以总个数。

3)混响时间计算公式的精确性评价

混响时间计算公式的计算结果与实测值往往有 10 % ~ 15 %左右的误差,有时会更大。其主要原因有:

(1)赛宾公式、伊林公式等的推导过程中,都运用了一些假设条件,即首先假定室内声场是完全扩散的,室内任何一点上的声音的强度均相同,而且在任何方向上均一致;其次,假定室内各个表面吸声是均匀的。但是在实际中,这些假设条件往往不能完全满足。如在观众厅中,观众席上的吸声要比墙面、顶棚大得多。有时,为了消除回声,还常常在后墙上做强吸声处理,因而室内吸声分布很不均匀。并且在实际中,完全扩散、均匀分布的声场是很少存在的。声源常具有一定的指向性,又常位于房间的一端发声,而房间的形状又是各式各样的,房间尺度的变化范围也可能较大。这些因素都导致了声场分布的不均匀性。

(2)驻波和房间共振,将使某些频率的声音加强并延长它们的衰变时间,使声音失真。混响时间的计算公式并未考虑这种现象。

(3)在计算中所用的数据也有可能不太准确。主要是材料的吸声系数,一般是选自各种资料或是通过试验测量而得到的。它们都是根据标准的测试方法,在无规入射的条件下对一定面积试件的测量结果。而材料的实际使用状况不可能完全符合这些条件,因而产生了一定的误差。此外，对各种吸声面积的准确计算也有不少困难。还有些吸声结构其吸声量很难加以测定。例如，观众厅的吊顶、观众、座椅以及舞台等，它们的吸声量都不是很精确的。

通过上面的分析可以看出，混响时间的计算与实测结果之间往往有一定的误差。但并不能因此而否定这些公式的重要价值。首先，不同听者对混响时间的要求就有一定的变化范围，此外，计算的不准确性可以在施工中进行调整，最终将以调整到观众满意为准，这就可以在很大程度上纠正误差的影响。因此，混响时间计算对"控制性"地指导材料的选择和布置、预计将来的效果和分析现有建筑的音质缺陷等均具有实际意义。

4.5.3　室内声压级计算

1）直达声、早期反射声与混响声

当一声源在室内发声时，声波由声源到各接收点形成复杂的声场。由任一点所接收到的声音可看成三个部分组成：直达声、早期反射声及混响声。

（1）直达声：声源直接到达接收点的声音。这部分声音不受室内界面的影响，其传播遵循距离平方反比定律。

（2）早期反射声：一般是指直达声到达后，相对延迟时间为 50 ms（对于音乐可放宽至 80 ms）内到达的反射声。这些反射声主要是经过室内界面一次、二次及少量三次反射后到达接收点的声音，故也称为近次反射声。这些反射声会对直达声起到加强的作用。

（3）混响声：在早期反射后陆续到达的，经过多次反射后的声音统称为混响声。即比直达声晚 50 ms 以上的多次反射声。有的场合，当不必特别区分早期反射声时，也可把早期反射声包括在混响声里面，即除了直达声外，余下的反射声统称为混响声。

2）室内稳态声压级

当一声功率级为 L_w 的声源在室内连续发声，声场达到稳态时，距声源为 r 米的某一点的稳态声压级，可近似地看作由直达声和混响声两部分组成。直达声声强与距离 r 的平方成反比，而混响声的强度则主要取决于室内的吸声状况。故稳定声压级 L_p 可由下式表示：

$$L_p = L_w + 10 \lg \left(\frac{Q}{4\pi r^2} + \frac{4}{R} \right) \tag{4-26}$$

式中　L_w——声源声功率级，dB；

　　　Q——声源指向性因数，见表 4-9；

　　　r——接收点与声源距离，m；

　　　R——房间常数，$R = \dfrac{S\bar{\alpha}}{1-\bar{\alpha}}$，$m^2$，其中：

　　　$\bar{\alpha}$——室内平均吸声系数。

上式计算室内稳态声压级时，忽略了空气对声音的吸收，而考虑到声源所处位置的影响，则用指向性因数 Q 来修正。从表 4-9 可以看出，当声源在房间中央时（如表中 A），$Q=1$；在一面墙或地面上时（如表中 B），$Q=2$；在二面墙的交界处（如表中 C），$Q=4$；在三面墙的交角处（如表中 D），$Q=8$。

声源指向性因素 表 4-9

点声源位置	指向性因素
A 整个自由空间	⊚ $Q=1$
B 半个自由空间	⟩ $Q=2$
C 1/4 自由空间	⟩ $Q=4$
D 1/8 自由空间	⊚ $Q=8$

3）混响半径

从室内稳态声压级的计算公式可以看出，在接近声源即 r 较小处，直达声占主要成分；随着距离 r 的增大，混响声的作用渐渐加强；更远处，则混响声将起主要作用，此时，声压级的大小主要决定于室内吸声量的大小，而与距离无关。二者作用相等之处离开声源的距离称之为"混响半径" r_c，也称"临界半径"。它是区分直达声与混响声哪一个起主要作用的分界点。混响半径处，应有：

$$\frac{Q}{4\pi r_c^2} = \frac{4}{R} \qquad (4\text{-}27)$$

上式可转化为：

$$r_c = \sqrt{\frac{RQ}{16\pi}} = 0.14\sqrt{RQ} \qquad (4\text{-}28)$$

在室内，当接收点与声源的距离小于 r_c 时，接收点的声能主要是直达声的贡献。这时进行吸声处理对声场特性没有明显效果；只有当接收点与声源的距离超过混响半径 r_c 时，改变室内吸声量才会有明显意义。同理，当听者与声源的距离小于 r_c 时，直达声作用大于混响声，容易得到较高的清晰度；而反之，当距离大于 r_c 时，则清晰度降低，混响感提高。

4.5.4 驻波与房间共振

生活中，我们常常会遇到共振现象，即某一物体被外界干扰振动激发时，将按照它的某一固有频率振动。激发频率越接近于物体的某一固有频率，其振动的响应就越大。在室内，当声源发声时，如果激发起这个房间的某些固有频率，也会发生共振现象，使声源中某些频率被特别地加强。此外，还会使某些频率的声音在空间分布上很不均匀，即某些固定位置被加强，某些固定位置被减弱。所以，房间共振现象会对室内音质造成不良的影响。

房间共振可以用波动声学的驻波原理加以说明。简单地说，驻波是驻定的声压起伏，由两列在相反方向上传播的同频率、同振幅的声波相互叠加而形成。图 4-28 可以解释这种现象。

图 4-28 中实线为入射波，虚线为反射波，二者相向传播。在 $t=0$ 时，反射的声波与入

射声波压力抵消，也就是声压的瞬时消失，用水平粗实线表示；$t=\dfrac{T}{4}$时，入射声波与反射声波的叠加达到最大，同样用粗实线表示；$t=\dfrac{T}{2}$时，同$t=0$时刻；$t=\dfrac{3}{4}T$时，同$t=\dfrac{T}{4}$时刻。可以看出，无论哪一时刻，图中竖线处，即自反射面起半波长的整数倍处，均是始终不振动的点，即波节。在两波节间的中点处，振幅最大，即波腹。在相距为L的两平行墙面之间，产生驻波的条件是：

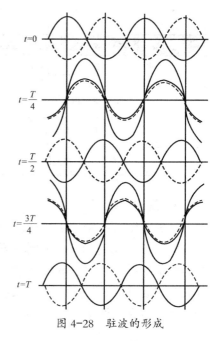

$$L=n\cdot\dfrac{\lambda}{2},\ n=1,\ 2,\ 3\cdots\cdots\infty \tag{4-29}$$

当声源持续发声时，在两平行墙之间始终维持驻波状态，即产生轴向共振，其共振频率为：

$$f=\dfrac{nc}{2L} \tag{4-30}$$

图4-28　驻波的形成

可见，在矩形房间的三对平行表面间，只要其距离为半波长的整数倍，就可产生相应方向上的轴向共振。

在矩形房间中，除了上述三个方向的轴向驻波外，声波还可在二维空间内产生驻波，称切向驻波；同样，还会出现三维的斜向驻波，见图4-29。

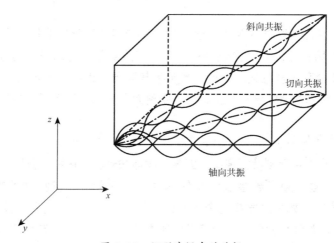

图4-29　矩形房间中的共振

在一矩形房间中，计算房间共振频率（包括轴向、切向和斜向）的通用公式为：

$$f_{n_x,n_y,n_z}=\dfrac{c}{2}\sqrt{\left(\dfrac{n_x}{L_x}\right)^2+\left(\dfrac{n_y}{L_y}\right)^2+\left(\dfrac{n_z}{L_z}\right)^2} \tag{4-31}$$

式中　L_x、L_y、L_z——房间的长、宽、高（m）；

　　　　n_x、n_y、n_z——零或任意正整数，但不同时为零。

由上式可以看出，只要 n_x、n_y、n_z 中有一项为零，就可以算出切向共振频率；如果有两项为零，则可求得相应于某一轴向的共振频率。利用这个公式，选择 n_x、n_y、n_z 为一组不全为零的非负整数，就对应于一组振动方式。例如，计算一个尺寸为 7 m×7 m×7 m 的矩形房间的 10 个最低共振频率，如表 4-10 所示：

房间共振频率计算

表 4-10

振动方式 （n_x、n_y、n_z）	1, 0, 0	0, 1, 0	0, 0, 1	1, 1, 0	1, 0, 1	0, 1, 1	1, 1, 1	2, 0, 0	0, 2, 0	0, 0, 2
共振频率（Hz）	24	24	24	34	34	34	42	50	50	50

从上表的计算结果可以看出，该房间某些共振方式的共振频率相同，如（1，0，0）、（0，1，0）、（0，0，1）几种方式的共振频率均为 24 Hz。这时，就会出现共振频率的重叠现象，或称共振频率的简并。在出现简并的共振频率上，那些与共振频率相当的声音将被大大加强，这会造成频率畸变，使人们感到声音失真，产生声染色。此外，这种房间的共振还表现为使某些频率，尤其是低频声在空间分布上很不均匀，出现了某些固定位置上的加强和某些固定位置上的减弱。

为了克服简并现象，需要选择适合的房间尺寸、比例和形状，并进行室内表面处理。例如，在房间比例上，如果将上述 7 m×7 m×7 m 的房间改为 6 m×6 m×9 m，即只有两个尺度相同，便可计算得共振频率的分布要均匀一些。如果尺寸进一步改为 6 m×7 m×8 m，即房间三个尺度均不相同，则共振频率的分布就更为均匀了。可见，正立方体的房间最为不利。如果将房间长、宽、高的比值选择为无理数时，则可有效地避免共振频率的简并。再者，如果将房间的墙面或顶棚处理成不规则的形状，布置声扩散构件，或合理布置吸声材料，也可减少房间共振引起的不良影响。

4.6　吸声材料和吸声结构

4.6.1　概述

为了解决声学问题，吸声材料的研制、生产和运用日显重要。早些时候，吸声材料主要用于对音质要求较高的场所，如音乐厅、剧院、礼堂、播音室等。后来为了在一般建筑物内控制室内噪声，吸声材料也得到了广泛的使用，如教室、车间、办公室和会议室等。为了控制室内噪声，而广泛使用吸声材料。对一些本身吸声量不大的材料或构件，经过打孔、开缝等简单的机械加工和表面处理，形成吸声结构，也得到广泛的应用。吸声材料往往与隔声材料结合使用，以获得良好的声学特性。

所有建筑材料都有一定的吸声特性，工程上把吸声系数比较大的材料和结构（一般大于 0.2）称为吸声材料或吸声结构。吸声材料和吸声结构的主要用途有：在音质设计中控制混响时间，消除回声、颤动回声、声聚焦等音质缺陷；在噪声控制中用于室内吸声降噪以及通风空调系统和动力设备排气管中的管道消声。

材料和结构的吸声能力用吸声系数表示，吸声系数定义见 4.1.6 节。同一种材料和结构对于不同频率的声波有不同的吸声系数。通常采用 125、250、500、1 000、2 000 和 4 000 Hz 六个频率的吸声系数来表示材料和结构的吸声频率特性。有时也把 250、500、1 000、2 000 Hz 四个频率吸声系数的算术平均值称为"降噪系数"（NRC），用在吸声降噪时粗略地比较和选择吸声材料，在附录 5 中，我们列举了部分常用材料和结构的吸声系数。

4.6.2　材料和吸声结构分类

吸声材料和吸声结构的种类很多，按其吸声机理可分为三大类，即多孔吸声材料、共振型吸声结构和兼有两者特点的复合吸声结构，如矿棉板吊顶结构等。

根据材料的外观和构造特征，吸声材料大致可分为表 4-11 中所列几类。材料外观和构造特征与吸声机理有密切的联系，同类材料和结构具有大致相似的吸声特性。

主要吸声材料的种类　　　　　　　　　　　　　表 4-11

名称	示意图	例子	主要吸声特性
多孔材料		矿棉、玻璃棉、泡沫塑料、毛毡	本身具有良好的中高频吸收，背后留有空气层时还能吸收低频
板状材料		胶合板、石棉水泥板、石膏板、硬质板	吸收低频比较有效（吸声系数 0.2 ~ 0.5）
穿孔板		穿孔胶合板、穿孔石棉水泥板、穿孔石膏板、穿孔金属板	一般吸收中频，与多孔材料结合使用吸收中高频，背后留大空腔还能吸收低频
成型顶棚吸声板		矿棉吸声板、玻璃棉吸声板、软质纤维板	视板的质地而别，密实不透气的板吸声特性同硬质板状材料，透气的同多孔材料
膜状材料		塑料薄膜、帆布、人造革	视空气层的厚薄而吸收低中频
柔性材料		海绵、乳胶块	内部气泡不连通，与多孔材料不同，主要靠共振有选择地吸收中频

4.6.3　多孔吸声材料

多孔材料是普遍运用到的吸声材料。最初是以麻、棉、毛等有机纤维材料为主，现在则大部分由玻璃棉、超细玻璃棉、岩棉、矿棉等无机纤维材料代替。除了棉状的以外，还可以用适当的胶粘剂制成板材或毡片。

1）吸声机理及吸声特性

多孔吸声材料的构造特点是具有大量内外联通的微小间隙和连续气泡，因而具有通气性，这是多孔吸声材料最基本的构造特征。当声波入射到多孔材料表面时，声波能顺着微孔进入材料内部，引起孔隙中的空气振动。由于空气的黏滞阻力，空气与孔壁的摩擦使相当一部分声能转化成热能而被损耗。此外，当空气绝热压缩时，空气与孔壁之间不断发生热交换，由于热传导作用，也会使一部分声能转化为热能。

所以多孔材料吸声的先决条件是声波能很容易地进入微孔内，因此不仅材料内部，而且材料表面上均应有大量连续的微孔，如果微孔被灰尘污垢或抹灰油漆等封闭，其吸声性能会受到不利的影响。某些保温材料，如聚苯和部分聚氯乙烯泡沫塑料，内部也有大量气泡，但大部分为单个闭合，互不联通，因此，其吸声效果不好。而通过使墙体表面粗糙的方法，如水泥拉毛做法，并没有改善墙体的透气性，因此并不能提高墙体的吸声系数。

多孔吸声材料吸声频率特性是：中高频吸声系数较大，低频吸声系数较小。

2）影响吸声性能的因素

影响多孔吸声材料吸声性能的因素，主要有材料的空气流阻、孔隙率、表观密度和结构因子，其中结构因子是由多孔材料结构特性所决定的物理量。此外，材料厚度、背后条件、面层情况以及环境条件等因素也会影响其吸声特性。

（1）空气流阻

空气流阻是空气质点通过材料空隙中的阻力。如图 4-30 测定装置中，试件两面的压力差 Δp（Pa）与材料中气流速度 v（m/s）之比，定义为材料的空气流阻，R_f，单位为 Pa·s/m 即：

$$R_f = \Delta p / v \tag{4-32}$$

单位厚度的流阻称为材料的流阻率，单位为 Pa·s/m^2。

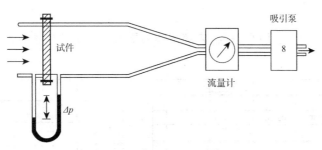

图 4-30　空气流阻测定装置

流阻对材料吸声特性的影响见图 4-31。空气黏性越大、多孔材料越厚、越密实，流阻就越大，相应的透气性也越小，因此流阻不能过大。但流阻也不能太小，否则为克服摩擦力、黏滞阻力而使声能转化为热能的效率就太低，所以存在最佳流阻。

低流阻板材，低频段吸声系数很低，到某一中高频段后，随频率的增高，吸声系数陡然上升；高流阻材料与低流阻材料相比，高频吸声系数明显下降，低中频吸声系数有所提高。

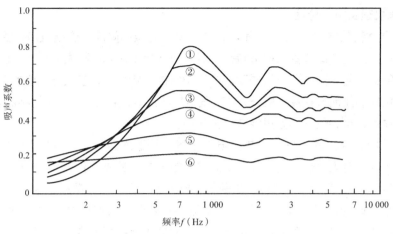

图 4-31　多孔材料流阻与吸声系数的关系
注：①至⑥表示流阻逐渐加大

（2）孔隙率

多孔吸声材料孔隙率是指材料中与外部联通的孔隙体积占材料总体积的百分数。吸声材料的孔隙率一般在 70 % 以上，多数达 90 % 左右。通常孔隙率与流阻有较好的对应关系，孔隙率大，流阻小，反之，孔隙率小，则流阻大。因此，对于一定厚度的材料亦存在最佳的孔隙率。

（3）厚度

增加材料厚度，可增强低频声吸收，但对高频吸收的影响则很小，参见图 4-32。

图 4-33 是玻璃棉板厚度与平均吸声系数的关系。从图 4-33 中可知，继续增加材料的厚度，吸声系数增加值逐步减少。当厚度相当大时，就看不到由于材料厚度而引起的吸声系数的变化。

（4）表观密度

多孔吸声材料的表观密度与材料内部固体物质大小、密度有密切的关系。由于纤维粗

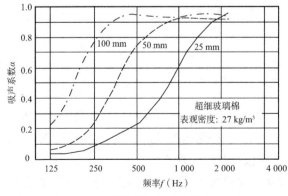

图 4-32　不同厚度超细玻璃棉吸声系数

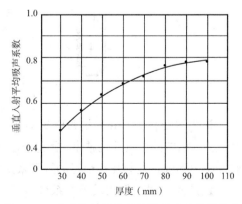

图 4-33　玻璃棉板厚度与平均吸声系数的关系

细的影响，严格地说，由于纤维粗细的影响，多孔吸声材料的表观密度并不和吸声系数相对应，如纤维直径不同，同一表观密度的不同种类材料，其吸声系数会有不同。因此，一定的表观密度对某一种材料是合适的，对另一种材料则可能是不合适的。

当材料厚度不变时，增大表观密度可以提高低中频的吸声系数，不过比增加厚度所引起的变化要小。表观密度过大，即过于密实的材料，其吸声系数也不会高。材料表观密度也存在最佳值。图 4-34 是 5 cm 厚超细玻璃棉表观密度变化对吸声系数的影响。

（5）背后条件

多孔材料的吸声性能还取决于安装条件。当多孔材料与刚性壁之间留有空腔时，与材料实贴在刚性壁上相比，中低频吸声能力会有所提高，其吸声系数随空气层厚度的增加而增加，但增加到一定值后效果就不明显（图 4-35），其情形如同空腔中填满材料一样。

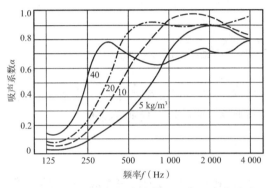

图 4-34　5 cm 厚超细玻璃棉不同表观密度时的吸收系数

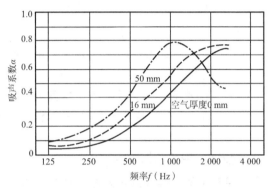

图 4-35　背后空气层对玻璃棉吸声系数的影响

（6）面层影响

多孔吸声材料在使用时，往往需要加饰面层。由于面层可能影响其吸声特性，故必须谨慎从事。在多孔材料表面油漆或刷涂料，会降低材料表面的透气性，加大材料的流阻，从而影响其吸声系数，使高中频吸声系数降低，尤以高频下降更为明显，低频吸声系数则稍有提高。

为减少涂层对吸声特性的影响，可在施工中采用喷涂来代替涂刷，图 4-36 是施工操作对吸声的影响。

多孔材料外加饰面可采用透气性好的阻燃织物，也可采用穿孔率在 30 % 以上的穿孔金属板。饰面板穿孔率降低，中高频吸声系数就降低。

多孔吸声材料用在有气流的场合（如通风管道或消声器内），要防止材料的飞散。对于棉状材料，如超细玻璃棉，在每秒几米的气流速度下可用玻璃丝布和尼龙丝布等作为护面层，当气流速度大于每秒 20 m 时，则还要外加金属穿孔板面层。

（7）湿度和温度的影响

多孔材料受潮吸湿后水分堵塞材料内部微孔，降低孔隙率，从而降低高中频吸声系数。吸湿还会使材料变质，故多孔材料不宜在潮湿的环境中使用。

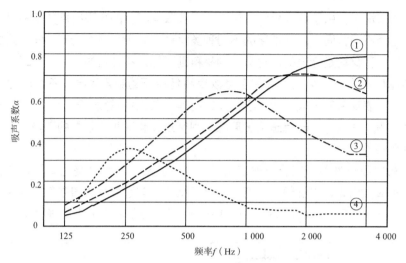

图 4-36　在多孔吸声板上喷涂和涂刷油漆的效果
①—未油漆表面；②—喷涂一层油漆；③—涂刷一层油漆；④—涂刷两层油漆

常温条件下，温度对多孔材料吸声系数几乎没有影响。但温度变化很大时会引起声波波长发生变化，从而使吸声频率特性曲线沿频率轴平移，而曲线形状则保持不变。

4.6.4　空腔共振吸收结构

最简单的空腔共振吸声结构是亥姆霍兹共振器，它是一个封闭空腔通过一个开口与外部空间相联系的结构；各种穿孔板和狭缝板背后设置空气层形成的吸声结构，根据它们的吸声机理，均属空腔共振吸声结构。这类结构取材方便，如可用穿孔的石棉水泥板、石膏板、硬质纤维板、胶合板、钢板以及铝板等。使用这些板材和一定的结构做法，可以很容易地根据使用要求来设计所需的吸声特性，并在施工中达到设计要求；同时由于材料本身具有足够的强度，所以这种吸声结构在建筑中广泛使用。

亥姆霍兹共振器的吸声原理可由图 4-37 加以说明，图 4-37（a）是亥姆霍兹共振器示意图。它由一个体积为 V 的空腔通过直径为 d 的小孔与外界相连通。小孔深度为 t。当声波入射到小孔开口面时，由于孔径 d 和深度 t 比声波波长小得多，孔颈中的空气柱弹性变形很小，可以视为质量块。封闭空腔则起空气弹簧的作用，二者构成类似图 4-37（b）所示的

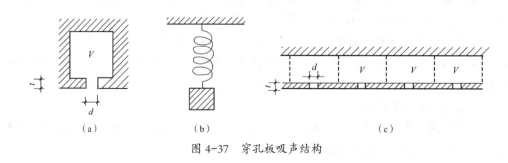

（a）　　　　　（b）　　　　　（c）

图 4-37　穿孔板吸声结构

弹簧质量块振动系统。当入射声波频率 f 和系统固有频率 f_0 相等时，将引起孔颈空气柱的剧烈振动，并由于克服孔壁摩擦阻力而消耗声能。

亥姆霍兹共振器的共振频率 f_0 可用下式计算：

$$f_0 = \frac{c}{2\pi} \sqrt{\frac{s}{V(t+\delta)}} \quad (\text{Hz}) \tag{4-33}$$

式中　c——声速，一般取 34 000 cm/s；

　　　　s——颈口面积，cm^2；

　　　　V——空腔容积，cm^3；

　　　　t——孔颈深度，cm；

　　　　δ——开口末端修正量，cm。因为颈部空气柱两端附近的空气也参加振动，因此需对 t 加以修正。对于直径为 d 的圆孔，$\delta=0.8\,d$。

图 4-37 中（c）所示的穿孔板吸声结构，可以看作是多个亥姆霍兹共振器的组合，其共振频率可用下式计算：

$$f_0 = \frac{c}{2\pi} \sqrt{\frac{P}{L(t+\delta)}} \quad (\text{Hz}) \tag{4-34}$$

式中　c——声速，cm/s；

　　　　L——板后空气层厚度，cm；

　　　　t——板厚，cm；

　　　　δ——孔口末端修正量，cm，同式（4-33）；

　　　　P——穿孔率，即穿孔面积与总面积之比。

【例 4-2】穿孔板厚 $t=4$ mm，孔径 $d=8$ mm，孔距 $B=30$ mm，穿孔按正方形排列，穿孔板背后留 $L=50$ mm 空气层，求其共振频率。

【解】　　　穿孔率 $P = \pi \cdot \left(\frac{d}{2}\right)^2 / B^2 = \dfrac{3.14 \times \left(\frac{8}{2}\right)^2}{30^2} \approx 0.056$

$$f_0 = \frac{c}{2\pi} \sqrt{\frac{P}{L(t+\delta)}} = \frac{34\,000}{2 \times 3.14} \times \sqrt{\frac{0.056}{5 \times (0.4 + 0.8 \times 0.8)}} \approx 562 \ (\text{Hz})$$

穿孔板结构在共振频率附近吸声系数最大，离共振峰越远，吸声系数越小。孔颈处空气阻力越小，则共振吸声峰越尖锐；反之，则较平坦。

穿孔板用作室内吊顶时，背后空气层厚度往往超过 20 cm。这时为了较精确地设计共振频率，其共振频率可采用以下修正公式计算：

$$f_0 = \frac{c}{2\pi} \sqrt{\frac{P}{L(t+\delta) + PL^3/3}} \quad (\text{Hz}) \tag{4-35}$$

式中各符号意义同式（4-34）。式（4-35）比式（4-34）多了一项 $PL^3/3$，它比式（4-34）更精确，当然用于小空腔的计算也会更精确些。

需指出，由于空腔深度大，在低频范围将出现共振吸收，若在板后铺放多孔材料，还将使高频具有良好的吸声特性，中频范围呈过渡状态，吸收稍差些。因此这种吸声结构具有较宽的吸声特性。

穿孔板吸声结构空腔无吸声材料时，最大吸声系数约为 0.3～0.6。这时穿孔率不宜过大，以 1％～5％比较合适。穿孔率大，则吸声系数峰值下降，且吸声带由宽变窄。

在穿孔板吸声结构空腔内放置多孔吸声材料，可增大吸声系数，并扩宽有效吸声频带。尤其当多孔材料贴近穿孔板时吸声效果最好。见图 4-38。

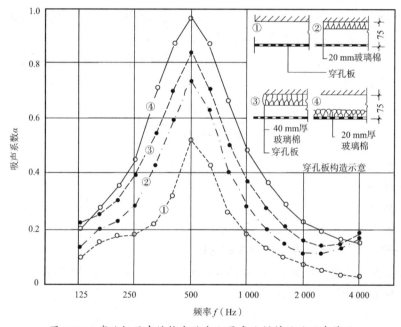

图 4-38　穿孔板吸声结构空腔内配置多孔材料时的吸声特性

在穿孔板背后贴一层布料（玻璃布、麻布、再生布或医用纱布），也可增加空气运动的阻力，从而使吸声系数有所提高。

当穿孔板吸声结构的孔径小于 1 mm 时，被称为微穿孔板。孔小则孔周长与截面之比就大，孔内空气与颈壁摩擦阻力就大，同时微孔中空气粘滞性损耗也大，因此它的吸声特性优于未铺吸声材料的一般穿孔板结构。图 4-39 为一种双层微穿孔板吸声特性。

微穿孔板吸声结构能耐高温、高湿，没有纤维、粉尘污染，特别适合于高温、高湿、超净和高速气流等环境。

对于空腔设置多孔材料的穿孔板结构，高频吸声系数随穿孔率的提高而增大。但当穿孔率达到 30％时，再提高穿孔率，吸声系数的增大就不明显了（图 4-40）。从吸声机理看，当穿孔率超过 20％时，穿孔板已成了多孔吸声材料的护面层而不属于空腔共振吸声结构。

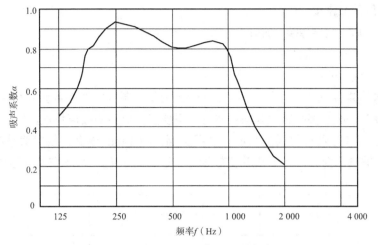

图 4-39　一种双层微穿孔板吸声特性

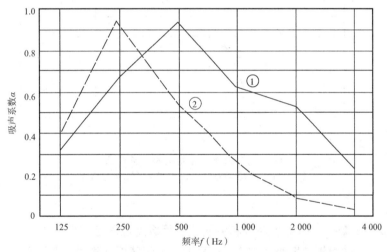

图 4-40　不同穿孔率板加多孔材料的吸声特性
（空腔 100 mm，内加 50 厚，表观密度 23 kg/m³ 超细玻璃棉）
① 57 mm 厚，P=9 % 穿孔硬质纤维板；② 5 mm 厚，P=3 % 穿孔硬质纤维板

4.6.5　薄膜与薄板吸声结构

1）薄膜

皮革、人造革、塑料薄膜和不透气帆布等材料具有刚度小、不透气和受拉时具有弹性等特性。当膜后设置空气层时，膜和空气层形成共振系统。对于不受张拉或张力很小的膜，其共振频率可按下式计算：

$$f_0 = \frac{1}{2\pi}\sqrt{\frac{\rho_0 c^2}{mL}} = \frac{600}{\sqrt{mL}}\ (\text{Hz}) \tag{4-36}$$

式中　m——膜的面密度，kg/m²;

　　　L——膜后空气层厚度，cm;

　　　ρ_0——空气密度，kg/m³;

　　　c——声速，m/s。

膜状结构的共振频率通常在 200 ~ 1 000 Hz 之间，最大吸声系数为 0.30 ~ 0.40。

当膜很薄时，膜加多孔吸声材料结构主要呈现多孔材料的吸声特性。

这时膜成为多孔吸声材料的面层。根据实测，0.03 mm 厚聚乙烯薄膜贴在超细玻璃棉表面，对超细玻璃棉的吸声大小几乎没有影响。图 4-41 给出一种帆布共振结构的吸声特性。

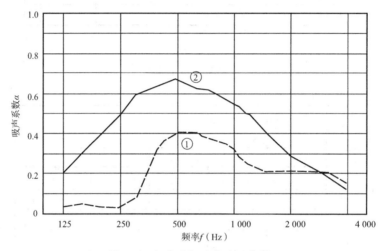

图 4-41　帆布共振结构的吸声特性
①—背后空气层 45 mm；②—再放入 25 mm 厚岩棉

2）薄板

把胶合板、石膏板、石棉水泥板和金属薄板等板周边固定在龙骨上，板后留有一定深度的空气层，就构成薄板共振吸声结构。当声波入射到薄板结构时，薄板在声波交变压力激发下而振动，消耗一部分声能而起到吸声作用。薄板吸声结构共振频率可按下式计算：

$$f_0 = \frac{1}{2\pi}\sqrt{\frac{\rho_0 c^2}{M_0 L} + \frac{K}{M_0}} \quad (\text{Hz}) \qquad (4-37)$$

式中　ρ_0——空气密度，kg/m³;

　　　c——声速，m/s;

　　　M_0——薄板单位面积质量，kg/m²;

　　　L——薄板后空气层厚度，cm;

　　　K——结构的刚度因素，kg/（m²·s²）。

K 与板的弹性、骨架构造及安装情况有关。板越薄，龙骨间距越大，K 值就越小。一般板材的 K 值大约为（1-3）× 10⁶ kg/（m²·s²）。当板的刚度因素 K 和空气层厚度 L 都比较小时，则式（4-37）中根号内第二项远小于第一项，可以忽略，结果就和式（4-36）相同。

建筑中薄板吸声结构共振频率多在 80 ~ 300 Hz 之间，最大吸声系数约为 0.2 ~ 0.5。如果在空气层中填充多孔吸声材料，或在板内侧涂刷阻尼材料，可以提高吸声系数。图 4-42 为胶合板各种情况下的吸声特性。薄板吸声结构表面涂刷普通油漆或涂料，吸声性能不会改变。建筑中的架空木地板、大面积的抹灰吊顶、玻璃窗等也相当于薄板共振吸声结构，对低频声有较大的吸收。

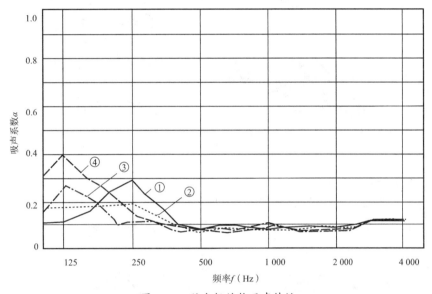

图 4-42　胶合板结构吸声特性

板厚 9 mm；背后空气层：①—45 mm；②—90 mm；③—180 mm；④—45 mm，空腔加玻璃棉

4.6.6　其他吸声结构

1）空间吸声体

将吸声材料与结构制作成一定的形状，悬吊在建筑空间中，就构成空间吸声体。空间吸声体有两个或两个以上的面接触声波，相当于增加了有效吸声面积，因此其吸声效率较高，按投影面积计算，其吸声系数可大于 1。对于空间吸声体，实际中都采用单个吸声量来表示其吸声大小。

空间吸声体可以根据建筑空间艺术造型需要，做成各种形体。目前已有厂家生产定型空间吸声体（图 4-43）。

空间吸声体的吸声频率特性与其所用材料及构造形式有关，通常用多孔材料外加透气面层（如织物或金属板网）做成的空间吸声体，具有与多孔材料相似的吸声频率特性，即中高频吸声大，低频吸声小。空间吸声体的吸声性能还与悬吊间隔及悬吊高度有关，如果悬吊间隔越大，单个吸声体的吸声量越大或离顶棚的距离越大，吸声效果越好。因此在使用中应根据具体情况选择合适空间吸声体吸声量、悬吊间隔和吊高。

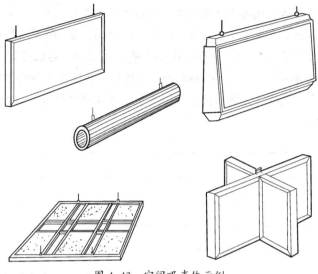

图 4-43　空间吸声体示例

2）可调吸声结构

在多功能厅和录音室等建筑的音质设计中，为取得可变声学环境，往往采用可调吸声结构，以达到改变吸声量的目的。图 4-44 为几种可调吸声结构示意图。

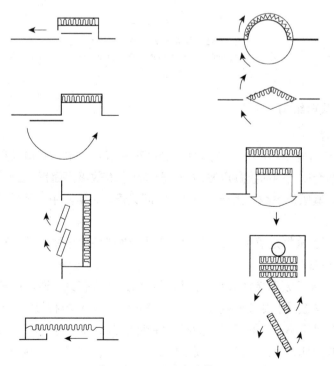

图 4-44　可调吸声结构示例

可调吸声结构应尽可能做到在全频域内都有较大的吸声调节量。由于中高频吸声容易调节，故设计中应注意考虑吸声面暴露时提高低频吸声量，反射面暴露时结构四周应合缝，以避免缝隙对低频声的吸收。可调吸声结构的使用往往受到建筑装修、空调送回风口及灯具安装等的限制，故应结合室内具体情况进行合理设计。

3）织物帘幕

窗帘与幕布具有多孔吸声材料的吸声性能。帘幕离墙一定距离悬挂，如同多孔吸声材料背后加空腔，可以提高吸声系数（图 4-45）。

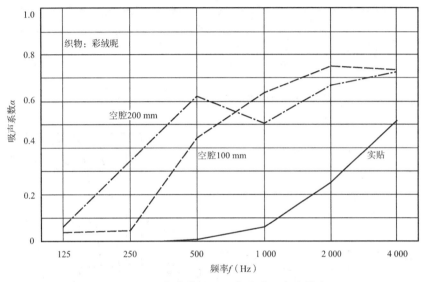

图 4-45　织物帘幕后不同空腔对吸声的影响

帘幕的吸声性能还与其材质、单位面积重量、厚度、打褶的状况等有关。单位面积重量增加，厚度加厚，打褶增多都有利于吸声系数的提高。图 4-46 为不同打褶程度对吸声系数的影响。一些织物帘幕通过背后留空腔和打褶，平均吸声系数可高达 0.70 ~ 0.90 左右，成为强吸声结构，可作为可调吸声结构，用以调节室内混响时间。

4）强吸声结构

在消声室等一些特殊声学环境，要求在一定频率范围内，室内各表面都具有极高的吸声系数（如高达 0.99 以上）。这种场合往往使用吸声尖劈，尖劈的一般结构如图 4-47 所示。图中（b）为节省空间所用的平头尖劈，相对尖头尖劈低频吸声影响不大，对高频稍有影响。图 4-48 是四种尖劈的吸声频率特性曲线。

尖劈常用 ϕ 3.2 ~ 3.5 mm 钢丝制成框架，在框架上固定玻璃丝布、塑料窗纱等面层材料，再往框内填装多孔吸声材料，也可将多孔材料制成毡状裁成尖劈形状后装入框内。多孔材料多采用超细玻璃棉及岩棉等。由于尖劈头部面积较小，它的声阻抗从接近空气阻抗逐渐增大到多孔材料的声阻抗。由于声阻抗是逐渐变化的，因此，声波入射时不会因阻抗突变而引起反射，使绝大部分声能进入材料内部而被高效吸收。

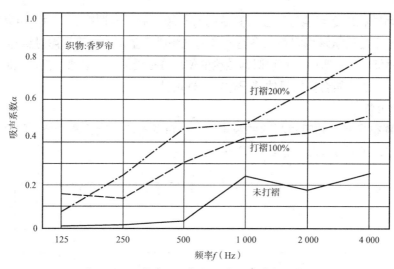

图 4-46　织物帘不同打褶程度吸声系数的变化

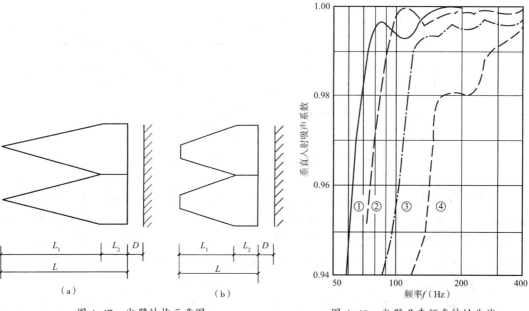

图 4-47　尖劈结构示意图

图 4-48　尖劈吸声频率特性曲线
尖劈基部长度 L_2=10 cm，与壁面距离 D=10 cm
① L_1=90 cm；② L_1=70 cm；
③ L_1=50 cm；④ L_1=30 cm

　　尖劈形状尺寸及内部所用多孔材料的材性决定其吸声特性。吸声尖劈的中高频吸声系数可达到 0.99 以上。工程上把吸声系数达到 0.99 的最低频率称为尖劈的截止频率，用 f_c 表示。截止频率主要取决于尖劈的尖部长度。一般截止频率约为 $0.2 \times c/L_1$，其中 c 为声速（m/s），L_1 为尖劈头部长度（m）。常用的尖部长度大约相当于截止频率波长的 1/4。楔底的空腔与尖劈基部形成共振吸声。调节空腔深度，可以调整共振频率，提高低频吸声。

5）洞口

向室外自由声场敞开的洞口，从室内角度来看，它是完全吸声的，对所有频率的吸收系数均为1。当室内平均吸声系数较小时，由于洞口吸声系数很大，它对室内声学问题（如混响时间）往往有较大的影响。例如，长、宽、高分别是6 m、5 m、4 m的房间，若平均吸声系数为0.1，表面积为148 m²，总吸声量为14.8 m²，如果把总面积为6 m²的两个窗户和一扇门打开，其吸收量为6 m²。可见，孔洞面积虽然只占总表面积的4 %，其吸声量却占25 %以上，平均混响时间缩短25 %以上。对于某些原来吸声差，混响时间较长的频率，影响更为显著。

特别小的孔洞，它的尺度比声波波长小得多，其吸收系数小于1，这里不做详细讨论。若洞口不是朝向自由声场，其吸收系数就小于1。例如，建筑中的门、窗、送回风口、舞台口、耳光、面光口等洞口均具有一定的吸声性能。对于开向室外的窗，由于声波通过它可全部透射到室外，因此，吸声系数为1。而对于舞台口、耳光、面光口等，声波通过它们透射到第二个空间，经第二个空间多次反射，部分声能可返回到原先的空间。因此，其吸声系数一般小于1。其吸声量取决于第二空间的吸声量及洞口面积。以舞台口为例，舞台上各种幕布、布景、道具等都具有吸声作用，根据实测，舞台口的吸声系数约为0.3 ~ 0.5。

6）人和家具

人和家具是建筑环境中的重要吸声体。由于人的衣着属多孔材料，故具有多孔材料的吸声特性。随着四季的变化，人所穿衣服的多少也不一样，因此，个体吸声特性有所差异，一般用统计平均值来表示。

座椅的吸声量主要取决于所用材料及尺寸大小，同时还与排列方式、密度等因素有关。胶合板椅、塑料椅及玻璃钢椅等硬座吸声量较小，单个椅子的吸声量常在0.10 m²以下。沙发椅吸声量较大，具体的吸声量取决于垫层的厚薄及面层材料的透气性等因素。用织物等透气性好的材料作为面层的沙发椅，对中高频声吸收较大；而用人造革等透气性差的材料作面层时，高频吸声相对要小一些，对低频的吸声量增加。在沙发椅底板穿孔，可增大低频吸声量。观众厅中当声波沿等间距排列的成排座椅传播时，会在50 ~ 500 Hz之间，尤其是在100 ~ 150 Hz之间有较大的吸收，通常是在125 Hz附近出现吸声低谷。如果在顶棚提供声反射板，可减轻这种效应。

实际使用中，硬椅上坐有观众时，吸声量增加很大。软垫上坐有观众时，吸声量增加不会很多。

椅子或观众的吸声可用单个吸声量表示，这样，观众席总吸声量等于单个吸声量乘以座位数。但据美国声学家白瑞纳克的研究，在观众厅混响设计中，观众席的吸声量应用观众席的面积加上四周0.5 m的附加面积乘以观众席单位面积的吸声系数来表示更为准确，加上0.5 m的附加面积是为了考虑观众席边缘的竖向声吸收。

普通房间中的桌子、柜子，一般都用薄板制作，具有薄板共振吸声结构的吸声特性。

7）空气吸收

声音在空气中传播，由于空气的热传导性、黏滞性和空气中分子弛豫现象，导致对声音的吸收。在混响时间计算中，用$4 m$来表示空气衰减系数。空气吸声衰减与温度和相对湿度有关，见表4-7。

由于空气吸声，对很高的频率，即使大厅表面完全不吸声，其混响时间也不会特别长。故有人建议音乐厅相对湿度不宜太低，以减少空气吸收，增加声音"亮度"。

4.6.7　吸声材料的选用及施工中注意事项

在声环境控制中，选择何种吸声材料常需作多方面考虑。

从吸声性能考虑，超细玻璃棉、岩棉、阻燃麻绒、聚氨酯吸声泡沫塑料等都具有良好的中高频吸声特性，增加厚度或材料层背后留有空气层还能获得较大的低频吸声量，可作为首选的吸声材料。有时为了增加低频吸声，则选用穿孔板或薄板吸声结构。

除吸声性能外，还必须考虑防火要求，应选用不燃或阻燃材料。在一些重要场合，如电视演播室等必须使用不燃材料。随着建筑防火要求的提高，早期使用的可燃有机纤维吸声材料如刨花板、木丝板等早已不能使用。

由于多孔吸声材料吸湿后吸声性能降低，应在墙体干燥后再做吸声面层，并且不宜在潮湿的场合使用。对于洁净度要求特别高的房间，也不应选用多孔吸声材料。上述两种环境，要获得较强吸声效果，可选用微穿孔板吸声结构。

此外，选择吸声材料时，尚需考虑其力学强度、耐久性、化学性质、尺寸的稳定性、装饰效果以及是否便于施工安装等因素。

常用的多孔吸声材料，如超细玻璃棉等，使用时必须有护面层。为防止面层对其吸声性能的影响，面层材料应具有良好的透气性。为防止多孔吸声材料纤维逸出，可先用玻璃丝布覆盖或包裹，再用钢板网或铝板网等作为护面层。在一些装饰要求较高的场所，可在钢板网外再加上一层阻燃织物。这样既美观、吸声又好。随着织物阻燃处理技术的发展，利用织物作为吸声材料的面层具有良好的应用前景。图4-49为吸声结构基本做法。

采用穿孔板作为多孔吸声材料面层时，穿孔率最好在20％以上。金属穿孔板穿孔率几乎不受限制，是理想的面层材料。由于受强度限制，石膏板的穿孔率较小，不宜选作面层。此外在穿孔面板表面油漆或刷涂料时应注意防止孔洞堵塞。

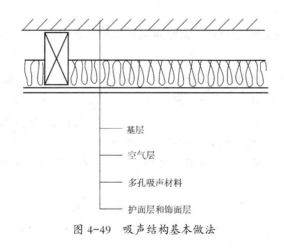

基层

空气层

多孔吸声材料

护面层和饰面层

图4-49　吸声结构基本做法

习　题

4-1　试举两个简谐振动的例子，并指明它们的周期、振幅和波长。

4-2　两列相干波的波长均为 λ，当它们相遇叠加后，合成波的波长等于什么？

4-3　声音的物理计量中采用"级"有什么实用意义？ 70 dB 的声强级和 70 dB 的声压级是否为一回事？为什么？（用数学计算证明）

4-4　录音机重放时，如果把原来按 9.5 cm/s 录制的声音按 19.05 cm/s 重放，听起来是否一样？为什么？（用数学关系式表示）

4-5　验证中心频率为 250、500、1 000、2 000 Hz 的 1 倍频率和 1/3 倍频程的上下截止频率。

4-6　证明式 $L_{p}=L_{p1}+10\lg(1+10^{\frac{L_{p1}-L_{p2}}{10}})$ （dB）。

4-7　在应用几何声学方法时应注意哪些条件？

4-8　混响声和回声有何区别？它们和反射声的关系怎样？

4-9　混响公式应用的局限性何在？

4-10　房间共振对音质有何影响？什么叫共振频率的简并，如何避免？

4-11　试计算一个 4 m×4 m×4 m 的房间内，63 Hz 以下的固有频率有多少？

4-12　多孔吸声材料具有怎样的吸声特性？随着材料密度、厚度的增加，其吸声特性有何变化？试以超细玻璃棉为例予以说明。

4-13　[例 4-2] 中用式（4-34）验算了一穿孔板吸声结构的共振频率，试用较准确的计算式（4-35）加以验算；若空气层厚度改为 20 cm，两式计算频率各为多少？若又将穿孔率改为 0.02（孔径不变），结果怎样？

4-14　如何使穿孔板结构在很宽的频率范围内有较大的吸声系数？

第**2**篇 应用篇

第 5 章　建筑热工学

5.1　建筑保温

对于严寒、寒冷及夏热冬冷地区而言，在冬季减少建筑物室内热量向室外散发的措施，对创造适宜的室内热环境和节约能源具有重要作用。建筑保温主要针对从建筑外围护结构上采取措施，同时还从房间朝向、单体建筑的平面和体型设计，以及建筑群的总体布置等方面加以综合考虑，从而达到节约建筑冬季供暖能耗的目的。

5.1.1　建筑保温设计综合处理的基本原则

进行建筑热工设计时，必须了解当地的气候特点，建筑热工设计应与地区气候相适应。从建筑热工设计分区和分区指标（表 2-4）中可以看出，严寒、寒冷及夏热冬冷地区约占据了我国国土的 85 %，在这些地区，建筑都必须具有足够的保温性能。即使是温和地区，其中的部分地区冬季气温也比较低，其建筑同样需要考虑保温设计。

建筑保温设计是建筑设计的一个重要组成部分，其目的是保证室内有良好的热环境质量，同时尽可能节约供暖能耗。当然，为保证供暖地区冬季室内热环境达到相应的标准，除建筑保温外，还需要有供暖设备来供给热量。但在同样的供热条件下，如果建筑本身的保温性能良好，就能维持所需的室内热环境；反之，若建筑自身保温性能不好，则不仅达不到应有的室内热环境标准，还将产生围护结构表面结露或内部受潮等一系列问题。因此，为了充分利用有利因素，克服不利因素，从各个方面全面处理有关建筑保温设计问题，应注意以下几条基本原则。

1）充分利用可再生能源

可再生能源是指在自然界中可以不断再生、永续利用的清洁能源，它对环境无害或危害极小，而且资源分布广泛，适宜就地开发利用。主要包括太阳能、风能、水能、地热能等。其中，太阳能的应用最为广泛。

在建筑中利用太阳能一般包括两个方面：

一是日照方面。即从卫生角度考虑，太阳辐射中的短波成分（紫外线）具有良好的杀菌防腐效果。因此，在建筑设计中应充分考虑日照的要求，选择良好的建筑朝向和合理的日照间距。

二是能源利用方面。从节约能源角度考虑，太阳能是一种清洁、环保、可再生的能源，将其引入建筑作为供暖能源或进行光电利用和光化学利用，有利于节约常规能源，保护自然生态环境。我国太阳能资源丰富，寒冷地区的年辐射总量在 500 kJ/cm^2 以上，其热量相当于

170 kg 标准煤 /m² 以上。而且供暖期间晴天多、照射角度低、日照率在 60% 以上。

另外对于风能、水能、地热能等可再生能源的利用，也可以在很大程度上节约常规能源。目前国内外正在研究和推广的"低能耗建筑"和"零能耗住宅"，都充分利用了当地的各种可再生能源。

2）选择合理的建筑体形与平面形式

建筑体形与平面形式，对保温质量和供暖能耗有很大的影响。同样体积的建筑物，在各面外围护结构的传热情况均相同时，外围护结构的面积越小则传出的热量越少。有研究资料表明，体形系数每增大 0.01，耗热量指标约增加 2.5%。体形系数（S）即建筑物的外表面积 F_o 与外表面积所包围的体积 V_o 之比，即 $S = F_o / V_o$。

因此，在建筑保温设计中，需要对建筑物的体形系数进行控制。在《严寒和寒冷地区居住建筑节能设计标准》JGJ 26—2018 中，对不同层数居住建筑的体形系数进行不同的限制，例如寒冷地区 4 层及以上的居住建筑体形系数应控制在 0.33 及 0.33 以下；若体形系数大于 0.33，则应进行围护结构热工性能的权衡判断。《公共建筑节能设计标准》GB 50189—2015 中也对严寒和寒冷地区公共建筑的体形系数进行了规定，对于单栋建筑面积大于 300 m² 而不大于 800 m² 的公共建筑，其体形系数不应大于 0.5；对于单栋建筑面积大于 800 m² 的公共建筑，其体形系数不应大于 0.4。

3）避免冷风的不利影响

风对室内热环境的影响主要有两方面：一是通过门窗洞口或其他缝隙进入室内，形成冷风渗透；二是作用在围护结构外表面上，使对流换热系数变大，增强外表面的散热量。冷风渗透量越大，室温下降越多；外表面散热越多，房间的热损失就越多。因此，在保温设计时，建筑物宜设在避风的区域，并应避免大面积的外表面朝向冬季主导风向。当受条件限制而不可能避开主导风向时，亦应在迎风面上尽量少开门窗或其他孔洞，在严寒地区还应设置门斗或风幕等避风设施，以减少冷风的不利影响。

就保温而言，建筑的密闭性愈好，则热损失愈少，从而可以在节约能源的基础上保持室温。但从卫生要求来看，房间必须有一定的换气量，而且过分密闭会妨碍湿气的排除，使室内湿度升高，从而容易造成表面结露和围护结构内部受潮。

基于上述理由，从增强建筑保温能力来说，虽然总的原则是要求建筑有足够的密闭性，但还是要有适当的换气措施或者设置可控制的换气孔。当然，那种由于设计和施工质量不好造成的围护结构接头、接缝不严而产生的冷风渗透，是必须防止的。

4）良好的围护结构热工性能与合理的供热系统

房间所需的正常温度，是靠供热设备和围护结构保温性能相互配合来保证的。建筑围护结构热工性能的优劣对建筑供暖耗热量的多少起关键性作用，民用建筑节能设计标准中，对不同地区供暖居住建筑各部分围护结构的传热系数限值进行了规定，从而从总体上保证实现节能目标。

同时，不同的房间使用性质具有不同的房间热特性，围护结构热工性能和供热系统要根据房间热特性进行配置。例如需要全天供暖的房间（如医院病房、火车站候车厅）应有较大的热稳定性，以防室外温度变化或间断供热时室温波动太大；而对于只是白天使用（如办公室、商场营业厅）或只有一段时间使用的房间（如影剧院观众厅），则要求在开始供热后，室温能较快地上升到所需的标准，即房间的热稳定性不宜太大。

因此，对于需要连续供暖的房间，宜采用外保温的围护结构构造和连续供热的方式；而对于间歇供暖的房间，则宜采用内保温的围护结构构造和间歇供热的方式。

5.1.2 外墙和屋顶的保温设计

外墙和屋顶是建筑外围护结构的主体部分，从传热耗热量的构成来看，外墙和屋顶也占了较大的比例。因此，做好外墙和屋顶的保温设计是建筑保温设计的基础。

1）最小热阻

建筑保温设计是提高建筑热工性能的重要手段，按照我国的《民用建筑热工设计规范》GB 50176—2016，设置集中供暖设备的建筑，其围护结构的保温性能应满足围护结构最小热阻的要求。对外墙和屋顶最小热阻的要求，主要取决于房间的使用性质及技术经济条件。一般从以下几个方面来考虑：

①保证内表面不结露，即内表面温度不得低于室内空气的露点温度；

②对于大量的民用建筑，不仅要保证内表面不结露，还需满足一定的热舒适条件，限制内表面温度，以免产生过强的冷辐射效应；

③从节能要求考虑，热损失应尽可能的小；

④应具有一定的热稳定性。

按我国现行设计规范，保温设计是取阴寒天气作为设计计算的基准条件。在这种情况下，建筑外围护结构的传热过程可近似为稳态传热，热阻便成为外墙和屋顶保温性能优劣的特征指标，外墙和屋顶的保温设计首先要确定其合理的热阻。以下是我国《民用建筑热工设计规范》GB 50176—2016 中规定的设计方法——最小热阻法。

在我国北方供暖地区，设置集中供暖的建筑，其外墙和屋顶的热阻不得小于按下式确定的最小热阻：

$$R_{\min} = n\varepsilon \left(\frac{t_i - t_e}{[\Delta t]} R_i - (R_i + R_e) \right) \tag{5-1}$$

式中　t_i——冬季室内计算温度，℃；

　　　t_e——冬季室外计算温度，℃；

　　　n——温差修正系数；

　　　ε——密度修正系数；

　　　R_i——内表面换热阻，$m^2 \cdot K/W$；

$[\Delta t]$——室内气温与外墙（或屋顶）内表面之间的允许温差，℃。

以上参数的确定原则和选用方法如下：

①冬季室内计算温度 t_i

t_i 值因房间使用性质不同而有不同的规定值。对于一般居住建筑取 18 ℃，对于高级居住建筑、医疗和福利建筑、托幼建筑等取 20 ℃，其他建筑应按相应规范取值。

②冬季室外计算温度 t_e

t_e 的取值大小与所设计的外墙或屋顶的热惰性指标值大小有关。一般来说，热惰性指标 D 值大时，t_e 取值较高，相反亦然。其原因是，在进行保温设计时，假定室内、外温度都不随时间而变，但实际上二者都是变化的。同样的室外温度变化对不同围护结构的室内影响是不同的，厚重的砖石结构和混凝土结构影响小一些，轻质结构影响大一些。针对这种情况，我国规范对 t_e 的选取做了具体规定，见表 5-1，全国其他城市的 t_e 详见规范。

冬季室外计算温度　　　　　　　　　表 5-1

类型	热惰性指标 D 值	t_e 的取值	典型城市的 t_e 值
Ⅰ	> 6.0	$t_e = t_w$	北京，−9 ℃；西安，−5 ℃
Ⅱ	4.1 ~ 6.0	$t_e = 0.6\ t_w + 0.4\ t_{e,min}$	北京，−12 ℃；西安，−8 ℃
Ⅲ	1.6 ~ 4.0	$t_e = 0.3\ t_w + 0.7\ t_{e,min}$	北京，−14 ℃；西安，−10 ℃
Ⅳ	≤ 1.5	$t_e = t_{e,min}$	北京，−16 ℃；西安，−12 ℃

注：1. t_w 和 $t_{e,min}$ 分别表示供暖室外计算温度和累年最低一个日平均温度。
　　2. 冬季室外计算温度 t_e 应取整数值。

③温差修正系数 n

因最小热阻计算式采用的是室外空气温度，当某些围护结构的外表面不与室外空气直接接触时，应对室内温差加以修正，修正系数 n 见表 5-2。

温差修正系数 n 值　　　　　　　　　表 5-2

序号	围护结构所处情况	n 值
1	与室外空气直接接触的围护结构	1.00
2	与有外窗的不供暖房间相邻的围护结构	0.80
3	与无外窗的不供暖房间相邻的围护结构	0.50

④内表面换热阻 R_i

内表面换热阻与室内墙面（顶棚）的表面状况和环境有关，在建筑热工设计中，除特殊需要外，内表面换热阻 R_i 直接按表 2-7 取值。

⑤室内气温与外墙（或屋顶）内表面之间的允许温差 $[\Delta t]$

允许温差 $[\Delta t]$，根据房间性质及结构，按表 5-3 取值。允许温差是根据卫生和建造成本等因素确定的。按允许温差设计的围护结构，其内表面温度不会太低，一般可保证不会产生结露现象。不会对人体形成过分的冷辐射，同时，热损失也不会太多。

室内空气与外墙（屋顶）内表面之间的允许温差 [Δt] 的限值　　表 5-3

房间设计要求	防结露	基本舒适	
		外墙	屋顶
允许温差 [Δt]	$t_i - t_d$	3.0	4.0

由表 5-3 可见,使用质量要求较高的房间,允许温差小一些。在相同的室内外气候条件下,按较小 [Δt] 确定的最小总热阻值,显然就大一些。也就是说,使用质量要求越高,其围护结构应有更大的保温能力。

⑥在实际设计当中,当外墙、屋顶为轻质材料时,应按表 5-4 规定的密度修正系数加以修正。

密度修正系数 ε　　表 5-4

密度 ρ（kg/m³）	$\rho \geqslant 1\,200$	$1\,200 > \rho \geqslant 800$	$800 > \rho \geqslant 500$	$500 > \rho$
修正系数 ε	1.0	1.2	1.3	1.4

【例 5-1】已知西安地区冬季室外计算温度 t_e 分别为 -5、-8、-10、-12 ℃,试验证图 5-1 所示外墙是否满足住宅的热工要求。

【解】首先计算热阻及热惰性指标:

$R_1 = 0.02/0.81 = 0.025$　　　　　（m²·K/W）

$R_2 = 0.24/0.63 = 0.381$　　　　　（m²·K/W）

$R_i = 0.11$　　　　　（m²·K/W）

$R_e = 0.04$　　　　　（m²·K/W）

$R_o = R_1 + R_2 + R_i + R_e = 0.556$　　（m²·K/W）

$D_1 = 0.025 \times 10.12 = 0.253$

$D_2 = 0.381 \times 8.16 = 3.109$

$D = D_1 + D_2 = 0.253 + 3.109 = 3.362$

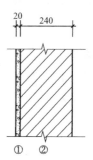

图 5-1　页岩陶粒混凝土外墙
①—石灰砂浆 $\rho_1 = 1\,600$ kg/m³,$\lambda_1 = 0.81$ W/（m·K）
　$S_1 = 10.12$ W/（m²·K），$\delta_1 = 0.02$ m;
②—页岩陶粒混凝土 $\rho_2 = 1\,300$ kg/m³,
　$\lambda_2 = 0.63$ W/（m·K）$S_2 = 8.16$ W/（m²·K），
　$\delta_2 = 0.24$ m

其次,计算应有的最小总热阻 $R_{o,\,min}$。此时,通过计算出的该墙热惰性指标 $D = 3.362$,可以得知该外墙属于Ⅲ型,故应取 $t_e = -10$ ℃。

$$R_{o,\,min} = [18 - （-10）] \times 1 \times 0.11/3 = 1.03 \quad （m²·K/W）$$

$$R_o < R_{o,\,min}$$

因此该墙不满足热工要求。

2）保温构造的种类及其特点

（1）保温构造的种类

根据地方气候特点及房间的使用性质,外墙和屋顶可以采用的保温构造方案是多种多样的，大致可分为以下几种类型：

①单一材料保温

单一材料保温又称自保温，如多孔砖、空心砖、空心砌块、加气混凝土砌块等，既能承重又能保温。只要材料导热系数比较小，机械强度满足承重的要求，又有足够的耐久性，那么采用这种单一材料的方案，在构造上比较简单，施工比较方便。但由于建筑节能标准的提高，要想采用单一材料的围护结构达到相应的热工性能，往往不得不增加其厚度。

如图5-2所示为重庆、四川地区使用的KP1型页岩多孔砖平面，其多孔砖的保温性能约为普通实心砖的1.9倍。

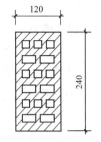

图5-2　KP1型页岩多孔砖

②复合结构保温

采用两种类型（或两种以上）材料分别满足保温和承重的需要，称为复合围护结构。它可以充分发挥材料的特性，以强度大的材料承重，以导热系数很小的轻质材料（如岩棉、膨胀珍珠岩制品或聚苯乙烯泡沫等）作为保温层起主要保温作用。由于不要求保温层承重，所以选择的灵活性较大，不论是板块状、纤维状以至松散颗粒材料，均可应用。

随着建筑节能标准对围护结构保温要求的提高，复合结构保温构造在外墙和屋顶上的使用日益广泛。

③封闭空气间层保温

封闭的空气层有良好的绝热作用。围护结构中的空气层厚度，一般以 4～5 cm 为宜。为提高空气间层的保温能力，间层表面应采用强反射材料，如涂贴铝箔。用强反射隔热板来分隔成两个或多个空气层，其效果更好。但值得注意的是，这类反辐射材料必须要有足够的耐久性，而铝箔不仅极易被碱性物质腐蚀，而且长期处于潮湿状态也会变质。因此，应当采取涂膜处理等保护措施，如图5-3所示。

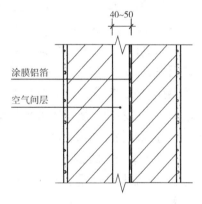

图 5-3　空气间层保温构造示例

④混合型保温构造

当单独用某一种方式不能满足保温要求，或为达到保温要求而造成技术经济上的不合理时，往往采用混合型保温构造。例如既有实体保温层，又有空气层和承重层的外墙（屋顶）结构。显然，混合型构造的保温性能好，对于恒温恒湿等热工要求较高的房间，是经常采用的。但是，混合型保温的构造比较复杂，需要较高的施工质量，因此在大量民用建筑中并不普及。图5-4是一个 20±0.1 ℃的恒温车间外墙构造，为了提高封闭空气层的热阻，使用了铝箔纸板。

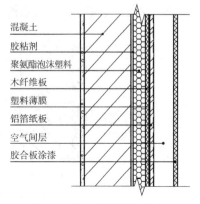

图 5-4　混合型保温构造示例

（2）单设保温层复合构造的种类及特点

当采用单设保温层的复合保温构造时，保温层的位置不同，对结构及房间的使用质量、结构造价、施工方式及维护费用等各方面都有重大影响。对于建筑师来说，能否正确布置保温层，是检验其构造设计能力的重要标志之一。

复合结构大体可分为：外保温（保温层在室外侧）、内保温（保温层在室内侧）和夹芯保温（保温层在中间）三种。图 5-5 为外墙三种保温构造的示意。

三种配置方式各有其优缺点，从建筑热工的角度上看，外保温优点较多，但内保温施工比较方便，中间保温则有利于用松散填充材料作保温层。具体比较如下：

①热稳定性

外保温和中间保温做法，在室内一侧均为体积热容量较大的承重结构，材料的蓄热系数大，从而在室内供热波动时，内表面温度相对稳定，对室温调节避免骤冷骤热很有好处，适用于经常使用的房间。但对一天中只有短时间使用的房间（如体育馆、影剧院等）是在每次使用前临时供热，要求室温尽快达到所需值，而外保温做法由于靠近室内的承重层要吸收大量的热量，室温达标所需的时间长，不如用内保温做法可使室内温度快速上升。

②热桥问题

热桥不但降低了局部温度，也会使建筑物总的耗热量增加。内保温做法常会在内连接处以及外墙与楼板连接处产生热桥。

根据计算，一栋居住建筑如果外墙采用 370 mm 砖墙，墙角处和热桥的热损失约为全部热损失的 10 % 左右；而改用 240 mm 砖墙或 200 mm 混凝土加内保温构造，墙角和热桥所占的热损失可达到全部热损失的 25 % ~ 30 %。中间保温的外墙由于内外两层结构需要拉接而增加了热桥耗热，所以外保温在减少热桥方面比较有利。

③保温材料内部受潮

在冬季，外保温和中间保温做法由于室内一侧为密实的承重材料，室内水蒸气不易透过，对防止保温材料由于水蒸气的渗透而受潮有利。而内保温做法中保温材料则可能在冬季极易受潮。

④对承重结构的保护

外保温可避免主要承重结构受到室外温度剧烈波动的影响，从而可以提高其耐久性。

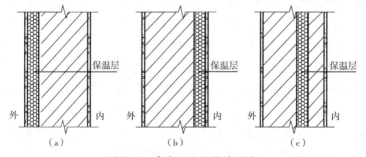

图 5-5 外墙保温层构造种类
（a）外保温；（b）内保温；（c）夹芯保温

⑤旧房改造

为节约能源而增加旧房保温能力时，如果采用外保温构造，在施工中可不影响房间使用，同时不占用室内面积，但施工技术要求高。

⑥外饰面处理

外保温做法对外表面保护层要求较高，外饰面比较难于处理。内保温和中间层保温则由于外表面是由强度大的密实材料构成，饰面层的处理比较简单。

三种保温构造外墙的技术性能比较，见表5-5。

三种保温外墙的技术性能比较

表 5-5

构造类型	典型构造做法 （由外至内）	主要优点	主要缺点
内保温	外墙饰面层＋结构层＋保温层＋内墙饰面层	1. 对内墙饰面层无需耐候性 2. 施工便利 3. 施工不受气候影响 4. 造价适中 5. 利于间歇供暖（空调）使用的房间	1. 有热桥产生，削弱墙体保温性能 2. 墙体内表面易发生结露 3. 若内墙饰面层接缝不严而空气渗透，易在保温层上结露 4. 减少有效使用面积 5. 室温波动较大
夹芯保温	1. 现场施工：结构层中填入保温层 2. 预制夹芯保温复合板	1. 施工尚便利 2. 保温性能及使用功能尚可 3. 用现场施工法，造价不高	1. 有热桥产生，削弱墙体保温性能 2. 墙体较厚，影响使用面积 3. 墙体抗震性不好 4. 预制复合板接缝处理不当易发生渗漏
外保温	1. 现场施工：外墙饰面层＋增强层＋保温层＋结构层＋内墙饰面层 2. 预制带饰面外保温复合板，用粘挂结合法固定于结构层上	1. 基本可消除热桥，保温层效率高 2. 有利于防止内表面和内部结露 3. 不减少使用面积 4. 既适用于新建造建筑，也适用于旧房改造 5. 室温较稳定，热舒适性好	1. 冬期、雨期施工受一定限制 2. 采用现场施工，施工质量要求严格，否则面层易发生开裂 3. 采用预制板时，板缝处理不严则易发生渗漏 4. 造价较高 5. 高层外墙不宜采用面砖饰面

（3）倒置式保温屋面

采用外保温的屋顶，传统的做法是在保温层上面做防水层。这种防水层的水蒸气渗透阻很大，使屋面内部容易产生结露。同时，由于防水层直接暴露在大气中，受日晒、交替冻融作用，极易老化和破坏。为了改进这种状况，产生了"倒置式"屋面的做法，即防水层不设在保温层上面，而是倒过来设在保温层下面。这种做法，在国外叫作"Upside Down"构造方法，简称 USD 构造。

倒置式保温屋面于 20 世纪 60 年代开始在德国和美国被采用，它不仅有可能完全消除内部结露，而且减少阳光、气候变化及外界机械损伤对其的影响，对防水层起到一个屏蔽和防护的作用，从而大大提高其耐久性。

倒置式屋面的保温材料应采用吸湿性小的憎水材料，如聚苯乙烯泡沫塑料板、聚氨酯泡沫塑料板等，不宜采用如加气混凝土或泡沫混凝土这类吸湿性强的保温材料。保护层上还应铺设防护层，以防止保温层表面破损及其老化。保护层应选择有一定重量、足以压住保温层的材料，使保温材料不致在下雨时漂浮起来，可以选择大阶砖、混凝土预制板、卵石等。其屋面构造如图 5-6 所示。倒置式保温屋面因其保温材料价格较高，一般适用于较高标准建筑的保温屋面。

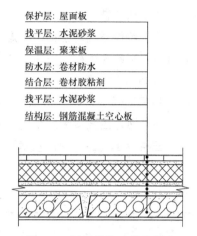

图 5-6　倒置式保温屋面构造

保护层：屋面板
找平层：水泥砂浆
保温层：聚苯板
防水层：卷材防水
结合层：卷材胶粘剂
找平层：水泥砂浆
结构层：钢筋混凝土空心板

5.1.3　外门、外窗的保温设计

对于一栋建筑来说，外门、外窗的设计除了考虑艺术美观之外，还要考虑其自然采光、供热、通风以及隔声的需要。在外围护结构中，门窗的保温性能较差，是建筑保温设计中的薄弱环节。从冬季对人体热舒适的影响来说，外门、外窗的内表面温度要低于外墙、屋顶和地面的内表面温度；从热工设计方法来说，由于它们的传热过程不同，因而采用的保温措施也不同；从冬季失热量来看，外门、外窗的失热量所占的比重甚至大于外墙及屋顶的失热量。表 5-6 是西安建筑科技大学一栋住宅楼外围护结构各部分耗热量分布。

外围护结构各部分耗热量分布　　　　　　　　　　　　表 5-6

外围护结构名称	耗热量（W）	所占围护结构耗热量比例（%）
外墙	25 151.0	26.6
屋面	4 347.0	4.6
外窗	32 573.0	34.4
外门	6 026.0	6.4
楼梯间内隔墙	8 205.0	8.7
地面	2 521.0	2.6
空气渗透耗热量	15 805.0	16.7

注：窗墙面积比：南向 0.283，东西向 0.114，北向 0.144。

从上表中看出，外门、外窗的传热失热量的比例之和为 40.8%，连同由门窗缝隙引起的空气渗透耗热量，占总耗热量的 57.5%。因此，必须做好外门、外窗的保温设计。

1）外门保温设计

这里的外门主要包括户门（不供暖楼梯间）、单元门（供暖楼梯间）、阳台门下部以及与室外空气直接接触的其他各式各样的门。门的传热阻一般比窗户的传热阻大，而比外墙和屋顶的传热阻小，因而也是围护结构保温设计的薄弱环节。外门的保温设计主要包括：

（1）门的保温性能要求

《严寒和寒冷地区居住建筑节能设计标准》JGJ 26—2018 中对不同地区居住建筑中户门、

阳台门下部门芯板的传热系数都有相应的要求，如北京地区不供暖楼梯间的户门传热系数 ≤ 2.00 W/（m² · K）；阳台门下部门芯板的传热系数 ≤ 1.70 W/（m² · K）。表 5-7 所示是几种常见门的传热阻和传热系数。

几种常见门的传热阻和传热系数 表 5-7

序号	名称	传热阻（m² · K/W）	传热系数 [W/（m² · K）]	备注
1	木夹板门	0.37	2.7	双面三夹板
2	金属阳台门	0.156	6.4	—
3	铝合金玻璃门	0.164 ~ 0.156	6.1 ~ 6.4	3 ~ 7 mm 厚玻璃
4	不锈钢玻璃门	0.161 ~ 0.150	6.2 ~ 6.5	5 ~ 11 mm 厚玻璃
5	保温门	0.59	1.7	内夹 30 mm 厚轻质保温材料
6	加强保温门	0.77	1.3	内夹 40 mm 厚轻质保温材料

从表 5-7 看出，不同种类门的传热系数相差很大，铝合金玻璃门的传热系数是保温门的 3.5 倍，在建筑设计中应当尽可能选择保温性能好的保温门。

（2）减少主要入口处的冷风渗透

外门的另一个重要特征是空气渗透耗热量特别大。与窗户相比，门的开启频率要高很多，这使得门缝的空气渗透程度要比窗户缝大，特别是容易变形的木制门和钢制门。

为减少冷风渗透，在严寒和寒冷地区应注意主要出入口不要朝向冬季主导风向，尤其是人流大量出入的公共建筑。据统计，在哈尔滨，迎风状态下住宅单元门通过渗透的热损失相当于单层外门本身的 1.7 倍。

在入口处设置门斗作为防风的缓冲区，对避免冷风直接渗入室内具有一定的效果。图 5-7 为几种门斗形式，如图中 a 和 b，进入门斗后转 90° 进入室内，其防止冷风渗透效果较好。

同时，在竖向交通井（电梯、楼梯）的布置上也要进行相应的考虑。因为楼梯、电梯以及内天井等上下联系的空间，高度大，像烟囱一样能显著增加由热压引起的冷风渗透；尤其是高层建筑的竖向交通井，如果正对入口布置，将大大增加不必要的冷风渗透。因此，底层的门厅最好设在底层的裙房内，使其与电梯井之间有一段距离，或门厅虽在楼下而电梯井

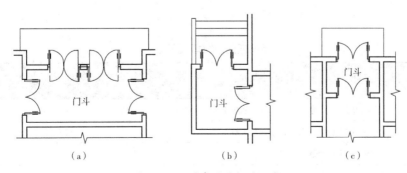

（a） （b） （c）

图 5-7 几种常见的门斗形式

不正对入口，中间有一段缓冲的部分（图 5-8），
也可以在不同程度上减小由热压通风引起的大
量的冷风渗透。

2）窗户保温设计

玻璃窗不仅传热量大，而且由于其热阻远
小于其他围护结构，造成冬季窗户表面温度过
低，对靠近窗户的人体产生冷辐射，形成"辐
射吹风感"，严重影响室内热环境的舒适。就建
筑设计而言，窗户的保温主要从以下几个方面
考虑：

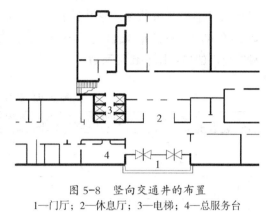

图 5-8　竖向交通井的布置
1—门厅；2—休息厅；3—电梯；4—总服务台

（1）控制窗墙面积比

窗墙面积比（简称窗墙比）是指窗户洞口面积与房间立面单元面积（即房间层高与开
间定位线围成的面积）的比值，即

$$窗墙面积比 = \frac{窗户洞口面积}{外墙表面积（开间 \times 层高）}$$ （5-2）

窗墙面积比既是影响建筑能耗的重要因素，也受建筑日照、采光、自然通风等满足室
内环境要求的制约。一般普通窗户（包括阳台的透明部分）的保温性能比外墙差很多，而且
窗的四周与墙相交之处也容易出现热桥，窗越大，温差传热量也越大。因此，从降低建筑能
耗的角度出发，必须合理地限制窗墙面积比。

为了充分利用太阳辐射热、改善室内热环境，节约供暖能耗，南向窗墙比应大一些，而
北向窗墙比应最小，东、西向介于两者之间。我国《严寒和寒冷地区居住建筑节能设计标准》
JGJ 26—2018 和《夏热冬冷地区居住建筑节能设计标准》JGJ 134—2010 中都对开窗面积做
了相应的规定。对于居住建筑，各朝向的窗墙面积比规定值见表 5-8。如果窗墙面积比超过
表中规定，则必须根据相关要求进行围护结构热工性能的权衡判断。

（2）提高气密性，减少冷风渗透

除少数空调建筑设置固定密闭窗外，一般建筑的窗户均有缝隙。特别是材质不佳、加
工和安装质量不高时，缝隙更大。为加强窗生产的质量管理，根据现行国家标准《建筑外窗

不同朝向的窗墙面积比　　　　　　　　　　　　　　　　　　　　　　表 5-8

朝向	《严寒和寒冷地区居住建筑节能设计标准》 JGJ 26—2018	《夏热冬冷地区居住建筑节能设计标准》 JGJ 134—2010
北	≤ 0.25（严寒）；≤ 0.30（寒冷）	≤ 0.40
东、西	≤ 0.30（严寒）；≤ 0.35（寒冷）	≤ 0.35
南	≤ 0.45（严寒）；≤ 0.50（寒冷）	≤ 0.45

注：夏热冬冷地区住宅要求每套住宅允许一个房间（不分朝向）窗墙面积比不大于 0.6。

气密、水密、抗风压性能分级及其检测方法》GB/T 7106—2008、《公共建筑节能设计标准》GB 50189—2015 和《严寒和寒冷地区居住建筑节能设计标准》JGJ 26—2018 规定，我国建筑热工节能标准对于居住建筑和公共建筑窗户的气密性，应符合表 5-9 规定。

居住建筑和公共建筑窗户气密性要求 表 5-9

建筑类型	气候区/部位	建筑层数	气密性等级	单位缝长空气渗透量 q_1 [m³/(m·h)]	单位面积空气渗透量 q_2 [m³/(m²·h)]
居住建筑	严寒地区、寒冷地区	/	≥ 6	≤ 1.5	≤ 4.5
	夏热冬冷地区	1 ~ 6 层	≥ 4	≤ 2.5	≤ 7.5
		≥ 7 层	≥ 6	≤ 1.5	≤ 4.5
公共建筑	/	1 ~ 10 层	≥ 6	≤ 1.5	≤ 4.5
	/	≥ 10 层	≥ 7	≤ 1.0	≤ 3.0
	寒冷地区外门	/	≥ 4	≤ 2.5	≤ 7.5
	建筑幕墙	/	≥ 3	≤ 3.0	≤ 9.0

注：q_1 是指窗户试件两侧空气压力为 10 Pa 条件下，每小时通过每米缝长的空气渗透量。
q_2 是指窗户试件两侧空气压力为 10 Pa 条件下，每小时通过每平方米窗户的空气渗透量。

我国普通非气密型单层钢窗 [q_1 > 4.2 m³/(m·h)] 及双层钢窗 [q_1 > 3.5 m³/(m·h)] 都不能满足气密性要求，只有制作和安装质量良好的标准型气密窗、国际气密条密封窗，以及类似的带气密条窗户才能达到要求。对于气密性达不到上述要求的窗户，则需要在技术上进行改进，改进窗户气密性的措施有：

①通过提高窗用型材的规格尺寸、准确度、尺寸稳定性和组装的精确度以增加开启缝隙部位的搭接量，减少开启缝的宽度达到减少空气渗透的目的。

②采取密封措施。例如，将弹性良好的橡皮条固定在实腹钢窗的窗框上，窗扇关闭时压紧在密封条上，充分发挥钢窗本身两处压紧的密封作用；在木窗上同时采用密封条和减压槽，效果较好，风吹进减压槽时，形成涡流，使冷风和灰尘的渗入减少。

值得注意的是，在提高窗户气密性的同时，不要以为气密性程度越高越好。窗户气密性与保持室内空气适当的洁净度和相对湿度是有矛盾的，过分气密会妨碍室内外空气的交换和水汽向室外的渗透和扩散，从而导致室内空气混浊，相对湿度过高，不利于人的健康。因此，在我国目前建筑物内尚不能普及机械换气设备和热压换气系统的条件下，采用具有适当气密性的窗户是经济合理的。

（3）提高窗户的保温性能

现行国家标准《建筑外窗保温性能分级及其检测方法》GB/T 8484—2008 中按外窗传热系数 K 值对外窗保温性能进行了分级，表 5-10 则为外窗保温性能十个等级的划分。

《公共建筑节能设计标准》GB 50189—2015 和《严寒和寒冷地区居住建筑节能设计标准》JGJ 26—2018 中也对不同地区供暖居住建筑窗户的传热系数进行了规定，详见标准。

外窗保温性能分级 [W/ (m² · K)]　　　　　　　　　　　　表 5-10

分级	分级指标值	分级	分级指标值
1	$K \geqslant 5.0$	6	$2.5 > K \geqslant 2.0$
2	$5.0 > K \geqslant 4.0$	7	$2.0 > K \geqslant 1.6$
3	$4.0 > K \geqslant 3.5$	8	$1.6 > K \geqslant 1.3$
4	$3.5 > K \geqslant 3.0$	9	$1.3 > K \geqslant 1.1$
5	$3.0 > K \geqslant 2.5$	10	$K < 1.1$

提高窗户保温性能的措施主要有：

①改善窗框的保温能力

改善窗框部分的保温能力首先是要选用导热系数较小的窗框材料，木制和塑料窗框保温性能比较好，而金属及钢筋混凝土窗框传热系数则较大。但由于种种原因，实际工程中会经常采用金属及钢筋混凝土窗框，因此，必须采取保温措施提高其保温能力，例如将金属窗框的薄壁实腹型材改为空心型材，内部形成封闭空气层；或者对窗框进行断热处理，选用高效保温材料镶嵌于金属窗框之间，如断桥铝合金窗框；或选用复合型窗框，如塑钢、钢木及木塑型窗框。

总之，不论选用什么材料做窗框，都应将窗框与墙之间的缝隙，用保温砂浆、泡沫塑料等填充密封。

②改善窗玻璃的保温能力

单层窗的热阻很小，仅适用于较温暖地区。在严寒及寒冷地区，应采用双层甚至三层窗。这不仅是室内正常气候条件所必须，也是节约能源的重要措施。由于每两层窗扇之间所形成的空气层加大了窗的热阻，因此提高了窗户的保温能力。

此外，还可以使用单层窗扇上安装双层玻璃，中间形成良好密封空气层的新型窗户，这种窗户近年来得到广泛采用。为了与传统的"双层窗"相区别，我们称这种窗为"双玻窗"。双玻窗的空气间层厚度以 20 ～ 30 mm 为最好，此时传热系数最小。

同时，提高玻璃对红外线的反射能力也可改善窗户的保温性能。将具有红外线高反射、低辐射放热性的薄膜材料和普通玻璃组成中空窗户，其保温性能高于普通中空玻璃，可大大减少透过玻璃的热损失。

另外，在某些建筑设计中，建筑师可结合建筑立面设计，选择空心玻璃砖来代替普通的平板玻璃窗，从而达到既具有良好艺术效果，也具有良好保温能力的目的。

当采用普通双层窗时，应注意避免在外层窗玻璃内表面产生结露或结霜现象，其后果是大大降低天然采光效果。因此，其内层应尽可能做得严密一些，而外层的窗扇与窗框之间，则不宜过分严密。

（4）合理选择窗户类型

窗户保温性能低的原因，主要是缝隙空气渗透和玻璃、窗框和窗樘等构件的热阻太小。表 5-11 是目前我国大量性建筑中常用的一些窗户的传热系数 K 值。

由表可见，单层窗的 K 值在 4.7 ~ 6.4 W/（m²·K）范围，约为普通实心砖墙 K 值的 2 ~ 3 倍，即便是单框双玻窗、双层窗，其 K 值仍大于普通实心砖墙。窗的传热系数直接关系到建筑能耗的大小，因此，各地区建筑节能设计标准对窗户的传热系数均做了规定，设计人员在进行热工设计中可参考相应标准合理地选择窗户类型。

窗户的传热系数

表 5-11

窗框材料	窗户类型	空气层厚度（mm）	窗框窗洞面积比（%）	传热系数 K[W/（m²·K）]
钢、铝	单层窗	—	20 ~ 30	6.4
	单框双玻窗	12	20 ~ 30	3.9
		16	20 ~ 30	3.7
		20 ~ 30	20 ~ 30	3.6
	双层窗	100 ~ 140	20 ~ 30	3.0
	单层 + 单框双玻窗	100 ~ 140	20 ~ 30	2.5
木、塑料	单层窗	—	30 和 40	4.7
	单框双玻窗	12	30 和 40	2.7
		16	30 和 40	2.6
		20 ~ 30	30 和 40	2.5
	双层窗	100 ~ 140	30 和 40	2.3
	单层 + 单框双玻窗	100 ~ 140	30 和 40	2.0

注：1. 本表中的窗户包括一般窗户、天窗和阳台门上部带玻璃部分。
　　2. 阳台门下部门肚板部分的传热系数，当下部不做保温处理时，应按表中值采用；当作保温处理时，应按计算确定。

5.1.4　地面的保温设计

地面和地板的保温是容易被人们忽视的问题。实践证明，在严寒和寒冷地区的供暖建筑中，接触室外空气的地板，以及不供暖地下室上面的地板如不加保温，则不仅增加供暖能耗，而且因地面温度过低，也会影响人们的身体健康。因此，对地面和地板进行保温可以改善室内热环境，降低供暖能耗。

1）地面对人体热舒适感的影响

人体各个部位的血液循环和充血状况不一样，故各部位对冷热的反应不同。人体对热的敏感部位是头部和胸部，而对寒冷的敏感部位则是手和脚。人体各部位的表皮温度各异，脚温要比头温低得多。因脚直接接触地面，由它传走的热量较多，赤脚时其传出的热量约为身体其余部位的六倍。说明脚对冷热的感觉最为敏锐，如果脚长期处于寒冷状态，将影响人体的调节机能，会因着凉而致病。因此，分析地面热工性能对脚冷热感觉的影响，研究地面保温设计是非常必要的。

脚在地面上的冷热感觉与脚接触地面的时间长短有关，而且赤脚还是穿鞋也大相径庭，下面分别进行论述。

（1）脚与地面短时间接触

脚与地面短时间接触，即在地面上步行或站立 10 min 左右称短时间接触。

①赤脚状态

这种情况只有少数房间内才有，如高级宾馆的卧室、育儿室和浴室等。

赤脚冷热感觉主要取决于地表面温度和面层材料的热工性能（材料的热渗透系数 b_1）；如地表面温度低于 18 ℃，脚会感到冷与不舒服。地面面层材料不同则有明显的影响，其热渗透系数越大，脚越感到冷，尤其在室温低的时候，影响更大。如普通混凝土地面的温度比木板地面高出 12 ℃，脚才有同样的冷热感。如若面层相同，不论地面是几层，在短时间接触时，下面层次的材料还来不及对脚的冷热感产生影响，例如，混凝土地面与木地面上都铺设地毡，脚对两者的冷热感差不多。

② 穿鞋状况

穿着鞋子的脚与各种面层材料作短时间接触时的冷热感没有什么差异，因面层对脚的影响在人体上还没有反应。

（2）脚与地面长时间接触

人长时间坐着或站着，地面对脚的冷热感与短时间不同，此时脚的冷热感还受到地面附近空气温度和流速的影响。不论赤脚或穿鞋，在长时间接触时，影响脚部热舒适感最重要的因素是地面附近的空气温度和流速。这两者的影响远远大于地面及其面层。

当空气温度低于 18 ℃时，坐着或从事轻微劳动的人将会减少胸部的血液供应量，从而使脚温下降，随之而来全身就感到寒冷。故通常在室温低的房间中，任何地面均会使脚有寒冷感。因此，在寒冷地区内，必须保证有一定的室温，且供暖通风设计时要注意地面附近的气温，气温不应过低，并且流速不应过大。

①赤脚状态

由于脚与地面接触时间长，因而不仅是地面面层材料，而且面层下面的基层材料的热工性能都影响脚的冷热感。如果在这种情况下混凝土地面上铺以橡胶或塑料毡，效果并不显著。此外基层保温能提高地面的表面和附近的空气温度。

②穿鞋状态

此时，脚的热舒适感主要取决于地面附近的空气温度。若温度低于 16 ℃，接触时间超过 1h，就会感到胸部不舒适。若温度超过 18 ℃，脚不大会感到寒冷，且与地面的热工性能关系不大。

2）地面的分类和保温要求

（1）地面的分类

地面按其是否直接接触土壤分为两类：

①不直接接触土壤的地面，又称地板，其中又分为接触室外空气的地板和不供暖地下室上部的地板，以及底部架空的地板等。

②直接接触土壤的地面

（2）地面的保温要求

供暖建筑地面的热工性能对室内热环境的质量和人体的热舒适感有重要影响。与建筑的屋顶、外墙一样，也应有必要的保温能力，以保证地面温度不致太低。

为衡量地面从人体脚部吸收热量多少和快慢的程度，对于供暖建筑地面的热工性能进行了分类，并对其适用的建筑类型进行了规定，见表 5-12。

供暖建筑地面热工性能分类及适用的建筑类型　　　　　　表 5-12

地面热工性能类别	吸热指数 B 值 [W/（$m^2 \cdot h^{-1/2} \cdot K$）]	适用的建筑类型	常见地面类型
I	< 17	高级居住建筑、幼儿园、托儿所、疗养院等	木、塑料地面
II	17 ~ 23	一般居住建筑、办公楼、学校等	水泥砂浆地面
III	> 23	临时逗留用房及室温高于 23℃的供暖房间	水磨石地面

吸热指数 B 是与热阻 R 不同的另一个热工指标。B 越大，则从人脚吸取的热量越多越快。木地面的 B=10.5 W/（$m^2 \cdot h^{-1/2} \cdot K$），属于 I 类地面；而水磨石地面的 B=30 W/（$m^2 \cdot h^{-1/2} \cdot K$），属于III类地面。

3）地面保温措施

（1）地板面层材料选择

地面与人脚直接接触传热，在室内各种不同材料的地面，即使其温度完全相同，但人体站在上面的感觉也会不一样。以木地面和水磨石两种地面为例，后者使人感觉上凉得多。这是因为地面的热舒适性取决于地面的面层吸热指数 B。

试验研究证明，地面对人体热舒适感及健康影响最大的是厚度约为 3 ~ 4 mm 的面层材料。理论解析也得出：

$$B = f(b_1) \tag{5-3}$$

$$b_1 = \sqrt{\lambda_1 c_1 \rho_1} \tag{5-4}$$

式中　b_1——第一层（面层）材料的热渗透系数，W/（$m^2 \cdot h^{-1/2} \cdot K$）；

λ_1——第一层材料的导热系数，W/（$m \cdot K$）；

c_1——第一层材料的比热容，$W \cdot h$/（$kg \cdot K$）；

ρ_1——第一层材料的松散密度，kg/m^3。

在大多数情况下，可以近似地取 $B=b_1$。因此，在进行地面保温设计时，应选用 b_1 小的面层材料，如选用木板作面层。这是地面保温设计的第一个措施。

（2）沿底层外墙周边局部的保温处理

地面保温设计的第二个措施是，往往需要沿底层外墙内侧周边做局部保温处理。这是因为越靠近外墙，地板表面温度越低，单位面积的热损失越多，其宽度约在 0.5 ~ 2 m 左右。图 5-9 所示为一供暖建筑地面及地板下土壤中温度分布。根据实测调查结果，在沿外墙内侧周边宽约 1 m 的范围内，地面温度之差可达 5 ℃左右。

至于每幢建筑，每个房间外墙周边温度的具体情况，则因受到建筑大小、当地气候、地板下的水文地质以及室内供暖方式等诸多因素的影响，不可能作出简单的结论。

《严寒和寒冷地区居住建筑节能设计标准》JGJ 26—2018 规定，在严寒地区周边地面（即从外墙侧算起 2.0 m 范围内的地面）一定要增设保温材料层，在寒冷地区周边地面也应该增设保温材料层。周边地面的保温层热阻要求，大致相当于 2 ~ 6 cm 厚的挤压聚苯板的热阻。挤压聚苯板不吸水，抗压强度高，用在地下比较适宜。具体做法可参照图 5-10 所示的局部保温措施。

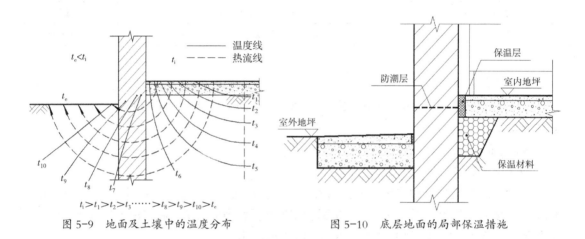

图 5-9　地面及土壤中的温度分布　　　　图 5-10　底层地面的局部保温措施

5.1.5　特殊部位的保温设计

本章前述各项内容主要是针对围护结构主体部分而言的。实际上，建筑外围护结构中还有不少传热较为特殊的构件和部位，例如，结构转角或交角，以及结构内部的热桥（钢或钢筋混凝土骨架、圈梁、过梁、板材的肋条等）。对这些热工性能薄弱的环节，必须采取相应的保温措施，才能保证结构的正常热工状况和整个房间的正常室内热环境。

1）围护结构交角处的保温设计

围护结构的交角，包括外墙转角、内外墙交角、楼板或屋顶与外墙的交角等。在这些部位，散热面积大于吸热面积，气流不畅，从而与主体部分相比，就单位面积而言，吸收的热量少，而散失的热量多。其结果当然是交角处内表面温度比主体部分低，往往结露或结霜。我国东北地区及其他一些寒冷和严寒地区，一到冬季不少建筑都曾发生过这种现象。综合国内、外实验研究的结果，外墙角低温的影响带 l，大约是墙厚 δ 的 1.5 ~ 2.0 倍（图 5-11）。对于单一材料匀质外墙角内表面温度 θ'_i，可按下面公式计算：

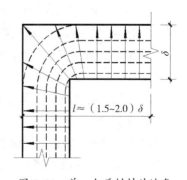

图 5-11　单一匀质材料外墙角

$$\theta'_i = t_i - \frac{t_i - t_e}{R_0} R_i \xi \qquad (5-5)$$

式中 t_i——室内计算温度，℃；

t_e——室外计算温度，℃，按规范中Ⅰ型围护结构的室外计算温度取值；

R_i——外墙角处内表面换热阻，取 $0.11 \ m^2 \cdot K/W$；

ξ——比例系数，根据墙体主体部分总热阻 R_0，按表 5-13 取值。

比例系数 ξ 值   表 5-13

外墙总热阻 R_0（$m^2 \cdot K/W$）	比例系数 ξ
0.10 ~ 0.40	1.42
0.41 ~ 0.49	2.72
0.50 ~ 1.50	1.73

如果 θ'_i 低于室内露点温度 t_d，则应采取适当的局部保温措施。最小附加热阻按下式确定：

$$R_{ad \cdot min} = \left(\frac{t_i - t_e}{t_i - t_d} - \frac{t_i - t_e}{t_i - \theta'_i} \right) R_i \qquad (5-6)$$

式中符号意义同前。设计时，即可根据最小附加热阻值，选择材料，确定构造

上述公式仅适用于单一材料外墙之计算。但在实践中，不仅外墙角有许多是多种材料的非匀质结构，更多的楼地板、屋顶与外墙的交角，内外墙交角等，几乎无一不是非匀质的。对于这些部位，就不能简单地用公式计算内表面温度和最小附加热阻。但仍可参照上述分析，采取改善措施。

为了改善围护结构交角处的热工状况，在热工设计中可采用局部保温措施；在供暖设计中，应尽可能将供暖系统的立管（或横管）布置在交角处，以提高该处的温度。

图 5-12 是加气混凝土复合墙板外墙角的保温处理。局部保温材料是聚苯乙烯泡沫塑料。为了防止雨水和冷风侵入两块板材的接缝，在缝口内附加有防水砂浆。类似的方法，也可用于内墙与外墙交角的局部保温（图 5-13）。

屋顶与外墙交角的保温处理，有时比内外墙交角要复杂得多。有的平屋顶保温层只做到外墙内侧，这对保温来说是不够的。最低限度应该将保温层延伸到外墙外皮以外一定长度。图 5-14 中将该屋顶的水泥珍珠岩保温层延伸到

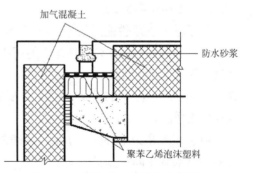

图 5-12 复合墙板外墙角局部保温

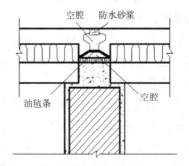

图 5-13 外墙与内墙交角保温示例

外墙皮以外约 20 cm 处，使钢筋混凝土檐口板在墙头部分被保护起来。同时还用聚苯乙烯泡沫塑料，增强外墙板端部的保温能力。这样一来，该交角内表面就不会出现结露现象。

图 5-15 是楼板与外墙交角处用聚苯乙烯泡沫塑料进行保温处理的实例之一。当然，用其他高效保温材料也是可以的，例如，矿棉毡、岩棉、水泥珍珠岩等填入缝内均可，但缝宽应比 2 cm 稍大一点。

与不供暖楼梯间墙相交的楼板边侧，为防止室内交角附近结露，也应适当保温。图 5-16 为一例，图中是用铁丝网固定聚苯乙烯泡沫塑料的做法，但也可用各种保温砂浆保温。

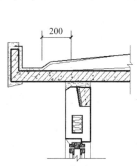

图 5-14　屋顶与外墙交角保温

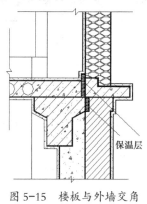

图 5-15　楼板与外墙交角保温

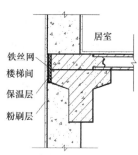

图 5-16　楼板与不供暖楼梯间墙交角保温

2）热桥的保温设计

热桥就是保温性能远低于主体部分的嵌入构件，是热量容易通过的地方。在围护结构中，一般都存在热桥，如外墙体中的钢或钢筋混凝土骨架、圈梁；楼板、墙板中的肋条等。在这些部位，热量散失快，如果不加以保温处理则局部温度低，不但影响使用，而且会增加建筑的热损耗。图 5-17 所示为高效轻质保温材料制成的轻板，其中的薄壁型钢骨架，就是板材的热桥。

由于以热桥为中心的一小部分内表面层失去的热量比别处多，所以该处内表面温度比没有热桥部分（即主体部分）低一些，即 $\theta'_i < \theta_i$。在外表面上则正相反，由于传到热桥外表面处的热量比主体多，所以外表面上 $\theta'_e > \theta_e$（图 5-17）。当然，这里所说的热量指的是热流强度，而不是总热量。

热桥的特点是相对比较才表现出来。例如，在钢筋混凝土框架填充墙中，钢筋混凝土的梁、柱，都是砖墙的热桥。但如在加气混凝土砌块墙中有砖砌的承重柱子，那么砖柱就成了加气混凝土墙的热桥。

由于前述按最小传热阻设计的围护结构，只保证主体部分达到保温要求，而并没有考虑热桥影响。所以，还要单独校核热桥内表面是否会结露，以便决定是否需要采取相应的保温措施。为此，就要求给出计算热桥内表面温度的方法。具体热桥的构造形式是多种多样的，图 5-18 所示为几种常见热桥形式，其内表面温度可按下面方法进行验算。

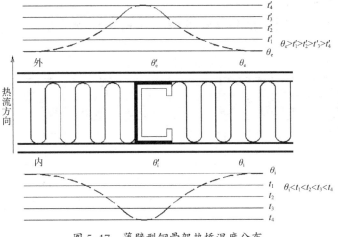

图 5-17 薄壁型钢骨架热桥温度分布

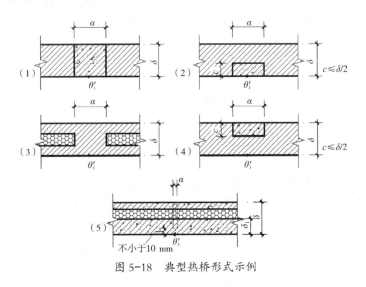

图 5-18 典型热桥形式示例

（1）当肋宽与结构厚度比 $a/\delta \leqslant 1.5$ 时，

$$\theta'_i = t_i - \frac{R'_o + \eta\,(R_o - R'_o)}{R'_o \cdot R_o} R_i\,(t_i - t_e) \tag{5-7}$$

式中 θ'_i——热桥部位内表面温度，℃；

　t_i——室内计算温度，℃；

　t_e——室外计算温度，℃，按规范中 I 型围护结构的室外计算温度取值；

　R_o——非热桥部位的传热阻，$m^2 \cdot K/W$；

　R'_o——热桥部位的传热阻，$m^2 \cdot K/W$；

R_i——内表面换热阻，取 0.11，$m^2 \cdot K/W$；

η——修正系数，应根据比值 α/δ，按表 5-14 或表 5-15 采用。

修正系数 η 值　　　　　　　　　　　　　　　表 5-14

热桥形式	肋宽与结构厚度比 α/δ								
	0.02	0.06	0.10	0.20	0.40	0.60	0.80	1.00	1.50
（1）	0.12	0.24	0.38	0.55	0.74	0.83	0.87	0.90	0.95
（2）	0.25	0.50	0.96	1.26	1.27	1.21	1.16	1.10	1.00
（3）	0.07	0.15	0.26	0.42	0.62	0.73	0.81	0.85	0.94
（4）	0.04	0.10	0.17	0.32	0.50	0.62	0.71	0.77	0.89

修正系数 η 值　　　　　　　　　　　　　　　表 5-15

热桥形式	δ_l/δ	肋宽与结构厚度比 α/δ							
		0.04	0.06	0.08	0.10	0.12	0.14	0.16	0.18
（5）	0.50	0.011	0.025	0.044	0.071	0.102	0.136	0.170	0.205
	0.25	0.006	0.014	0.025	0.040	0.054	0.074	0.092	0.112

（2）当肋宽与结构厚度比 $\alpha/\delta > 1.5$ 时，

$$\theta_i{'} = t_i - \frac{t_i - t_e}{R_o{'}} R_i \qquad (5-8)$$

热桥内表面温度主要取决于其自身的热阻，同时也与其相对尺度、位置以及主体部分热阻有关。修正系数 η 即表示热桥尺寸及位置的影响。η 值小、R_o 大，则热桥内表面温度就不致太低，设计时应运用这种规律。

如果用上述公式求出的 θ'_i 比房间的露点温度还低，那么就要预先对热桥采取局部保温措施。

热桥保温处理，理论上就是采用某种导热系数很小的保温材料，附加到热桥的适当部位，并尽量保持保温材料的连续性。但实际做起来则要受到使用、构造等各方面的限制，而无法按理论去做，例如，钢筋混凝土夹心保温板的肋条，实际上是无法进行有效的保温处理的。再比如，聚苯乙烯泡沫塑料虽是很适合局部保温处理的好材料，但它既怕碰撞，又怕火烧，裸露在外面使用是不合适的。因此，具体热桥的保温处理方法，还要结合实际条件才能确定。下面仅介绍一些启发性方法：

①贯通式热桥保温处理

从建筑保温来看，贯通式热桥是最不合适的。因为即使其宽度 α 远小于主体部分的厚度 δ，也会引起内表面温度明显下降。这类热桥以钢筋混凝土框架填充墙中的梁、柱最为典型（图 5-19a）。

　　根据法国建筑科学技术研究所的试验研究，这类热桥最好以硬质泡沫塑料，结合墙壁内粉刷综合处理。图5-19（b）即为用聚苯乙烯泡沫塑料附贴在热桥处，其内侧及墙壁其他部分为普通灰浆粉刷。

　　保温层的厚度由下式确定：

$$d=（R_o - R'_o）\lambda \tag{5-9}$$

式中　　d——热桥保温层的厚度，m；

　　　　λ——热桥保温材料的导热系数，W/（m·K）；

　　　　R_o——主体部分的传热阻，$m^2·K/W$；

　　　　R'_o——热桥部分的传热阻，$m^2·K/W$。

　　试验表明，仅在热桥宽度a范围内保温是不行的，因为热桥两侧一定范围内的表面温度仍比主体部分低得多。为此建议保温层的宽度l应达到下面规定的大小：

　　当$a < \delta$时，$l > 1.5\delta$；当$a > \delta$时，$l > 2.0\delta$。

　　②非贯通式热桥保温处理

　　在围护结构构造设计时，首先要尽可能将非贯通热桥布置在靠室外一侧，因为此时的内表面温度θ'_i要比热桥靠室内一侧时高一些。然后，再按前面贯通式热桥的保温处理方法，在室内一例，去掉宽为l范围内及厚度为d的原主体材料，代之以保温性能更好的材料（如加气混凝土板、水泥珍珠岩板、蛭石砂浆等）。当然，这些保温材料的使用，需要与主体部分的内饰面以及隔汽层等统一考虑。

5.1.6　被动式太阳能设计初步

　　太阳能是人们熟知的一种取之不尽、用之不竭、无污染且廉价的能源，同时，它也是一种低能流密度且仅能间歇利用的能源。在建筑中利用太阳能进行供暖，可以提高和改善冬季室内热环境质量，节约常规能源，保护生态环境，是一项利国利民、促进人类住区可持续发展的"绿色"技术。

1）太阳能资源概述

　　（1）我国太阳能资源的分布

　　我国幅员广大，有着十分丰富的太阳能资源。据估算，我国陆地表面每年接受的太阳辐射能约为$50×10^{18}$kJ，全国各地太阳年辐

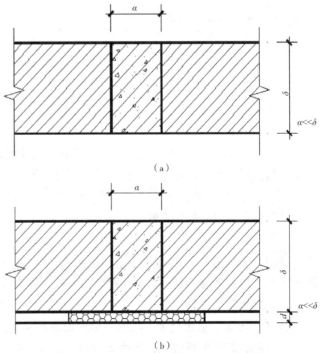

图5-19　贯通式热桥的处理原则

射总量在 335 ~ 837 kJ/cm² 范围内，中值为 586 kJ/cm²。其中青藏高原地区最大，那里平均海拔高度在 4 000 m 以上，大气层薄而清洁，透明度好，纬度低，日照时间长。例如被人们称为"日光城"的拉萨市，1961 年至 1970 年的年平均日照时间为 3 005.7 h，年平均晴天为 108.5 d（天），太阳总辐射为 816 kJ/cm²，比全国其他省区和同纬度的地区都高。

各地太阳能资源分布情况取决于该地区所在的纬度、海拔及气候特征，计算比较困难，一般只能根据实际测量。按接受太阳能辐射量的大小，全国大致上可分为五类地区，详见表 5-16，其中，一、二、三类地区，年日照时数大于 2 000 h，辐射总量高于 586 kJ/cm²，是我国太阳能资源丰富或较丰富的地区，面积较大，约占全国总面积的 2/3 以上，具有利用太阳能的良好条件。四、五类地区虽然太阳能资源条件较差，但仍有一定的利用价值。

我国各地年太阳总辐射量及日照总时数　　　　　　表 5-16

类型	地区	年太阳总辐射量 （4.186 kJ/cm²）	年日照总时数 （h）	相当于标准煤 数量（kg）
一类	宁夏北部、甘肃西部、新疆东南部、青海西部、西藏西部	160 ~ 200	2 800 ~ 3 300	225 ~ 235
二类	河北西北部、山西北部、内蒙古、宁夏南部、甘肃中部、青海东部、西藏东南部、新疆南部	140 ~ 160	3 000 ~ 3 200	200 ~ 225
三类	山东、河南、河北东南部、山西南部、新疆北部、吉林、辽宁、云南、陕西北部、甘肃东南部、广东南部、福建南部、江苏北部、安徽北部	120 ~ 140	2 200 ~ 3 000	170 ~ 200
四类	湖南、广西、江西、浙江、湖北、福建北部、广东北部、陕西南部、江苏南部、安徽南部、黑龙江	100 ~ 120	1 400 ~ 2 200	140 ~ 170
五类	四川、贵州	80 ~ 100	1 000 ~ 1 400	115 ~ 140

（2）太阳能资源的特点

①广泛性

太阳能是太阳内部的核聚变反应释放出来的能量，据估计，这种核聚变反应可以维持几十亿至几百亿年，相对于人类的有限生存时间而言，太阳能可以说是取之不尽，用之不竭的。而且它是任何地区、任何个人都能分享的一种自然能源。这对于经济不发达地区、能源匮乏地区更显示出它的优越性。

②无污染性

煤炭、石油等常规能源的开采和使用造成严重的环境污染，而太阳能却有以上各种能源无法相比的清洁性。利用太阳能可以大大减少环境污染，并给人一种亲切的自然感。

③稀薄性及间歇性

虽然太阳能的总量很大，我国陆地表面每年接受的太阳能就相当于 1 700 亿吨标准煤，但十分分散，能流密度较低，到达地面的太阳能只有 1 000 瓦/平方米左右。作为一种能源比较"稀薄"。

而且，地面上太阳能还受季节、昼夜、气候等影响，时阴时晴，时强时弱，具有不稳定性。要想经济有效地收集并储藏足够的供生产生活使用的太阳能，就需要采取一定的技术措施。

2）太阳能利用的方式

在建筑中利用太阳能的方式，根据运行过程中是否需要机械动力，一般分为："主动式"和"被动式"两种。

主动式利用太阳能系统是指需用集热器、蓄热器、管道、风机与泵等设备，靠机械动力驱动达到供暖和制冷效果的系统，图 5-20 是主动式利用太阳能系统的示意图，系统的集热器与蓄热器相互分开，太阳能在集热器中转化为热能，随着流体工质（一般为水或空气）的流动而从集热器输送到蓄热器，再从蓄热器通过管道与散热设备输送到室内。工质流动的动力由泵或风机提供。

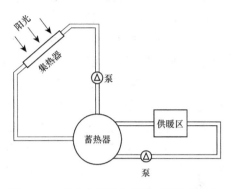

图 5-20　主动式利用太阳能系统的示意图

3）被动式太阳能设计

太阳能向室内的传递也可以不借助于机械动力，而是通过建筑朝向和周围环境的合理布置，内部空间和外部形体的巧妙处理，以及结构构造和建筑材料的恰当选择，使建筑物以完全自然的方式（经由辐射、传导和自然对流），冬季能集取、保持、储存、分布太阳热能，从而解决供暖问题；同时夏季能遮蔽太阳辐射，提高通风效果，散佚室内热量，从而使建筑物降温。换句话说就是让建筑物本身成为一个利用太阳能的系统。为了与主动式系统相区别，我们把这种方式称之为被动式太阳能利用系统。

（1）被动式太阳房的主要集热方式

在大多数情况下，被动系统的集热部件与建筑结构融为一体，既达到利用太阳能的目的，又是建筑整体结构的一部分。但是，大部分传统建筑利用太阳能的能量较少，而经过专门设计的被动式太阳能系统，却可使太阳供暖量占建筑总需能量的一半以上。

被动式太阳房与主动式太阳房相比，具有简单、经济、管理方便等优点，因而为广大用户所接受。被动式太阳房的形式多种多样，按集热形式主要分为以下几种方式：

①直接受益式

建筑物利用太阳能供暖的最普通、最简单的方法，就是让阳光透过玻璃窗照进来（图 5-21）。安装不严密的普通单层玻璃窗，它损失的热量有可能大于它接受的太阳热能。而设计安装较好，设有夜间保温装置的南向双层玻璃窗，大致可以和同样面积的主动式太阳能集热系统提供同样多的热量。

在直接受益供暖方式中，应恰当选择窗玻璃的类型。净片玻璃有它的优点，但很多人不喜欢在阳光直接照射下工作，同时建筑空间内部的隐秘感也会受到一定程度上的影响。在这种情况下，采用半透明的漫射玻璃、耐老化玻璃钢以及聚丙烯类透光材料等，可以弥补这方面的不足。

如要增加阳光对蓄热体如地板、墙板等的照射，可选择透过性能较好的半透明玻璃扩散射进房间的光线，将热量直接分布到很多表面上。要使阳光照进北向房间，可采用易于夏季遮阳的天窗。

直接受益方式升温快，构造简单，且与常规建筑的外貌相似，建筑艺术处理比较灵活但要保持比较稳定的室内温度，需要布置足够的蓄热材料，如砖、土坯、混凝土等。蓄热体可以和建筑结构结合为一体，也可以在室内单独设置，例如安放若干装满水的容器等。当大量阳光射入建筑物时，蓄热体可以吸收过

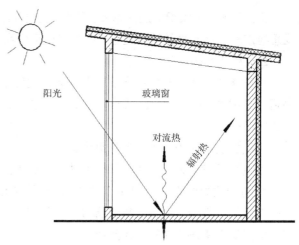

图 5-21　直接受益供暖方式

剩的热能，随后在没有阳光射入建筑物时，用于调节室内温度，减小温度波动幅度。

减少通过玻璃损失的热量，是改善直接受益系统特性的最好途径之一。增加玻璃层数只是可供选择的一种办法；而夜间对窗玻璃进行保温，是正在被广泛采用的较好措施。窗户的夜间保温装置如保温帘、保温板等，应尽可能放在窗户的外侧，并尽可能严密。

②集热墙式

1956 年，法国学者 Trombe 等提出了一种现已流行的集热方案，这就是在直接受益式太阳窗后面筑起一道重型结构墙，如图 5-22 所示。这种形式的太阳房在供热机理上与直接受益式不同。阳光透过透明覆盖层后照射在集热墙上，该墙外表面涂有吸收率高的涂层，使墙的外表面温度升高，集热墙所吸收的太阳热量，一部分通过墙体的导热传入室内；另一部分通过夹层内被加热空气的自然对流，由顶部开设的通风孔送入室内；还有一部分则通过透明覆盖层向室外散失。

最早的集热墙是 0.5 m 厚、并在上下两端开孔的混凝土墙，外表面涂黑。多年来，集热墙无论在材料上、结构上，还是在表面涂层上，都有了很大发展。从材料角度来看，大体有三种类型，即建筑材料（砖、石、混凝土、土坯）墙、水墙和相变蓄热材料墙。对于建筑材料墙，墙体结构的主要区别在于通风口。按照通风口的有无和分布情况，又可分为三类：无通风口，在墙顶端和底部设有通风口和墙体均布通风口。目前，习惯于对前两种工程材料墙称为"特郎勃（Trombe）墙"，后一种称为"花格墙"，把花格墙用于居室供暖，是我国清华大学研究人员的一项发明，理论和实践均证明其具有优越性。

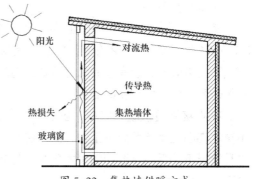

图 5-22　集热墙供暖方式

水墙结构上的主要区别取决于蓄水容器的壳体形状，可以有箱式和圆桶式等。相变蓄热材料墙还处在研究和试用阶段。

集热墙外表面涂有吸收层，与集热墙本体相比，吸收率增大，但同时表面黑度增大，墙的长波辐射热损失增多，部分地抵消了吸收率提高所能产生的增益。总起来说，采用涂层能使蓄热墙效率提高，为了在提高吸收率的同时降低表面黑度，人们开始研究采用选择性涂层。试验表明，采用选择性涂层后，效果显著。

③附加日光间式

"附加日光间"是指那些由于直接获得太阳热能而使温度产生较大波动的空间。日光间可以用于加热相邻的房间，或者储存起来留待无太阳照射时使用。在一天的所有时间内，附加日光间内的温度都比室外高，这一较高的温度使其作为缓冲区减少建筑的热损失。除此之外，附加日光间还可以作为温室（Green House）栽种花卉，以及用于观赏风景、交通联系、娱乐休息等多种功能。它为人们创造了一个亲近自然的室内环境。

普通的南向缓冲区，如南廊、封闭阳台、门厅等，把南面做成透明的玻璃墙，即可成为日光间（图5-23）。它的屋顶如做成倾斜玻璃，集热量将大大增加。但斜面玻璃易积灰，且须具有足够的强度，以保证安全。

大多数日光间采用双层玻璃建造，并未附加其他减少热损失的措施。如为了最大限度地利用太阳能，减少夜间的热损失，也可安装上卷式保温帘。

哪怕是设计得最好的日光间，在日照强烈、气候炎热期间也需要通风。大多数日光间每 20～30 m^2 玻璃需要 1 m^2 的排风口。排风口应尽可能地靠近屋脊，而进风口应尽可能低一些，这样也有助于加强室内的通风。

日光间中的地板是布置蓄热体的最容易、最明显的位置。不论是土壤还是混凝土或缸砖，都有很大的蓄热容量，可以减小日光间的温度波动。玻璃外墙的基础应当向下保温到大方脚。日光间与房间之间的墙体，也是设置蓄热体的好位置。这些墙体冬季可以充分接受太阳照射，并把其热量的一部分传给房间，其余的热量温暖日光间。由日光间到房间的热量传递方法主

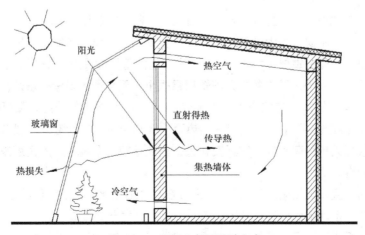

图 5-23　附加日光间供暖方式

要有三种（图 5-23）：

　　a. 太阳热能通过日光间与房间之间的玻璃门窗直接射入室内；

　　b. 日光间的热量借助于自然对流或小的风扇直接传送到房间；

　　c. 通过日光间与房间之间的墙体传导、辐射给房间。

　　图 5-24 所示的是一种"抱合式"平面布置的附加日光间，能使日光间的东西两侧有较好的供暖性能。

　　图 5-25 所示的是一种"暖廊式"温室，采用直立的南向墙面，与图 5-23 的建筑形式相比，较大地减少了玻璃面积，因而减少了热损耗；与集热墙式被动房相比，只是空气夹层加宽了。因此，这种暖廊式被动房其性能与传热原理更类似于集热墙式被动房。

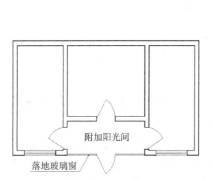

图 5-24　抱合式附加日光间的平面示意

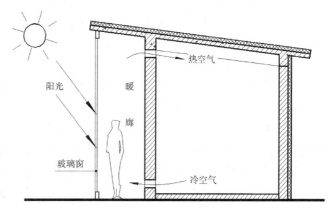

图 5-25　暖廊式日光间

　　以上三种是国内外采用较多的最基本的被动式太阳能供暖方式。至于它们的热工设计计算，参见本书所列参考书目。

　　（2）被动式太阳房设计中应注意的问题

　　①太阳房的热稳定性

　　由于太阳辐射的时间性，会造成太阳房白天有日照时，室温剧增，日落后室温迅速下降，室内温度波动过大，不仅会加大辅助供热量，还会影响到人体的热舒适。因此房间热稳定性是衡量太阳房热工性能的重要指标之一，它与太阳房的蓄热体设置，集热面朝向等因素有关。

　　a. 集热面朝向。由于东西向冬季太阳辐射量很小，而夏季太阳辐射量却很大，因此集热面应布置在正南及南偏东、南偏西 15° 以内较合适。但考虑到冬季室外最低气温出现于早晨 7：00，最高气温出现于午后，太阳房集热面偏西则会由于午后室外气温及日射辐射量均较大，从而导致全天热负荷不均，室温变化大，因此从使室温波动小的角度来看，集热面的方位以略偏东为宜。

　　b. 蓄热体的配置和集热墙厚度。蓄热体设置在室内阳光能直接照射到的区域是最有效的。地板是最佳位置，但地板面积往往被家具遮挡，所以，蓄热体配置在东、西、北墙或内墙也可以。关于在地板或墙面配置蓄热体的数量可参照有关资料详细计算，根据国外实验和经验推荐，以砖石材料砌筑的墙和地面至少要有 10 cm 厚，其室外一侧必须保温，阳光直接照射到的室内一侧蓄热体面积应不小于玻璃面积的 4 倍。

同一种材料不同厚度的集热墙，在当天日照期间，外表面温度十分相近，通过对流换热对室内的供热量相差不大，但其内表面最高温度及通过导热方式进入室内的热量的数值和出现的时间差别却很大。在一定限度内，墙体越厚蓄热量越大，夜间供热量占总供热量比例愈大，热稳定性愈好。但墙体过厚会导致太阳房热效率下降，因此存在一个最佳厚度。以双玻璃特朗勃集热墙而言，根据我国在部分地区及一般居住建筑的情况来看，采用 24 cm 厚砌体为最佳，而 12 cm 厚的砖砌体则会出现室温波动过大的现象。

②夏季的防热

a. 集热面的遮阳。为了解决太阳房集热部件夏季导致室温过热的问题，可运用一年中正午的太阳高度角 h 变化的规律，利用挑檐作为夏季的遮阳措施（太阳房应避免设置竖向固定遮阳措施，任何固定的竖向遮阳措施冬季都会对集热面产生遮挡作用）。冬至日正午太阳高度角最小，夏至日正午太阳高度角最大，太阳房又基本上朝向正南，所以以正确设计的遮阳板就可以起到隆冬季节不遮挡太阳，而盛夏季节则可遮挡住绝大部分入射太阳光的作用。

我国北方农村的传统住宅坐北朝南，南立面开大窗户，屋檐挑出一定长度，以免夏季阳光透过窗户直接射入室内，这些措施与现代被动式利用太阳能的设计原则是一致的。

b. 太阳房的环境绿化。为了使环境绿化在冬季不遮挡太阳房的阳光，在太阳房的前方以种植花草及灌木为宜，高大的树木在图 5-26 所示建筑前方 120° 范围以外，这些树木冬季不会遮挡阳光，夏季可起到一定遮阳作用，另外考虑到夏季的遮阳，可在建筑前方搭架种植季节性藤类植物。当在建筑设计中采用被动式供暖方式时，除考虑供暖效果外，和常规建筑一样，还必须做到功能适用、造型美观、结构安全合理、维护管理方便，以及节约用料、减少投资等，因而需要反复进行方案比较。此外，特别应该注意的是，当利用被动式供暖时，必须使得该建筑的外围护结构具有良好的保温性能，这是因为一栋建筑物获得的太阳热能数量有限，在外围护结构平均传热系数很大时，会使被动式供暖系统变得作用甚微。

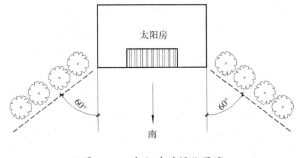

图 5-26　太阳房的绿化区域

5.2　建筑防热

5.2.1　概述

我国地域辽阔，各地气候差异大。从长江中下游地区，四川盆地、云贵部分地区到东南沿海各省和南海诸岛因受东南季风和海洋暖气团北上的影响，以及强烈的太阳辐射热和下垫面共同的作用，每年自 6 月以后大部分地区进入夏季。这些地区夏季时间长、气候炎热，大量民用建筑都必须进行建筑防热、节能设计，否则会造成室内过热，严重影响人们的生活和工作，甚至人体的健康，同时会造成空调负荷过大，增加空调能耗。因此在建筑设计时要根据建筑物的使用要求采取防热措施。

1）热气候特征及建筑设计原则

热气候有干热和湿热之分。温度高、湿度大的热气候称为湿热气候；温度高而湿度低的热气候称为干热气候。两种热气候的特征，见表5-17。

热气候类型　　　　　　　　　　　　　　　　　　　　　　　表5-17

气候参数	热气候类型	
	湿热	干热
日最高温度（℃）	34 ~ 39	39 ~ 40以上
温度日振幅（℃）	5 ~ 7	7 ~ 10
相对湿度（%）	75 ~ 95	10 ~ 55
年降雨量（mm）	900 ~ 1 700	<250
风	和风	热风

我国南方地区大多属于湿热气候，其范围主要包括长江流域的江苏、浙江、安徽、江西、湖南、湖北各省和四川盆地，东南沿海的福建、广东、海南和台湾四省以及广西、云南和贵州的部分地区。四川盆地和湖北省、湖南省一带，夏季气温高，湿度大，加之丘陵起伏，以致风速弱小，形成著名的火炉闷热气候。

新疆吐鲁番盆地高山环绕，为世界著名洼地，干旱少雨，夏季酷热，气温高达50℃，昼夜气温变化极大，是典型的干热气候。

热气候地区的传统建筑在长期的经验积累过程中，都具有各自适应气候的特色。

湿热地区的民居开敞、轻快，注重遮阳、通风、防湿。例如西双版纳地区的"干阑"建筑（图5-27），底层架空，设凉台，屋顶坡度较大，多采用"歇山式"以利屋顶通风，飘檐较远，多采用重檐的形式以利遮阳、防雨。平面呈四方块，中央部分终日处于阴影区内，较为阴凉。又如海南岛地区，汉族民居前有外廊、中有天井、旁有冷巷；黎族的"船屋"，底层架空以防潮、防水，屋前屋后都设有带防雨篷的凉台，屋顶是卷棚形以利防雨通风。再如广州的"竹筒屋"，前庭后院，中设天井，进深较大，形成窄长的冷巷，又阴又凉。

干热地区的民居严密、厚重，注重遮阳、隔热，多设内院，有的在庭院内种植物和设置水池以调节干热气候。例如我国喀什地区的民居（图5-28），设内院、柱廊、半地下室、屋顶平台和拱廊等。非洲和中东地区有的建筑屋顶设置穹隆和透气孔等措施。甚至穹隆设双层圆穹屋顶，底层用生土做成半圆形，同时埋入短柱以支撑上层草帘，上下层间形成了空气层，上层草帘防雨以保护下层土顶，空气层起着良好的隔热作用。当室外气温昼夜在18 ~ 40 ℃变化时，房间内部温度仅在24 ~ 29 ℃之间。

在总结传统建筑气候适应性的基础上，提出热气候地区建筑设计原则，见表5-18。

图 5-27 云南"干栏式"民居图　　　　　　　　图 5-28 干热地区民居

建筑设计原则　　　　　　　　　　　　　表 5-18

设计内容	湿热气候区	干热气候区
群体布置	争取自然通风好的朝向，间距稍大些布局较自由，房间要防西晒，环境要有绿化、水域	布局较密形成小巷道，间距较密集，便于相互遮挡；防止热风，注意绿化
建筑平面	外部较开敞，亦设内天井，注意庭院布置。设置凉台；平面形式多条形或竹筒形，多设外廊或底层架空，进深较大	外封闭、内开敞，多设内天井，平面形式有方块式、内廊式，进深较深；防热风，开小窗；防晒隔热
建筑措施	遮阳、隔热、防潮、防霉、防雨、防虫、争取自然通风	防热要求高，防止热风和风沙袭击，宜设置地下室或半地下室以避暑
建筑形式	开敞轻快，通透淡雅	严密厚实，外闭内敞
材料选择	轻质隔热材料、铝箔、铝板及其复合隔热板	白色外表面，混凝土、砖、石、土等热容量大的隔热材料

2）建筑防热的途径

如图 5-29 所示，夏季室内热量主要来自以下方面：

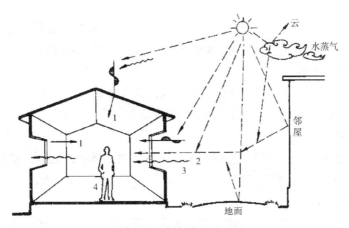

图 5-29 室内过热的原因
1—屋顶、外墙传热；2—窗口辐射；3—热空气交换；4—室内余热（包括人体散热）

（1）围护结构向室内的传热。在太阳辐射和室外气温共同作用下，围护结构外表面吸热升温，将热量传入室内，使围护结构内表面及室内空气升温。

（2）透进的太阳辐射热。通过窗口直接进入的太阳辐射热，使部分地面、家具等吸热升温，然后加热室内空气。此外，太阳辐射热投射到房屋周围地面及其他物体，其一部分直接反射到建筑的墙面或直接通过窗口进入室内；另一部分被地面及其他物体吸收后温度升高而向外辐射热量，也可能通过窗口进入室内。

（3）通风带入的热量。自然通风或机械通风过程中带进热量。

（4）室内产生的余热。室内生产或生活过程中产生的余热，包括人体散热。

建筑防热的主要任务，就是要尽可能地减弱室外热作用的影响，改善室内热环境，使室外热量少传入室内，并使室内热量尽快地散发出去，避免室内过热。建筑防热设计应根据地区气候特点、人们的生活习惯和要求、房间的使用情况，采取综合的防热措施，见图5-30，主要如下：

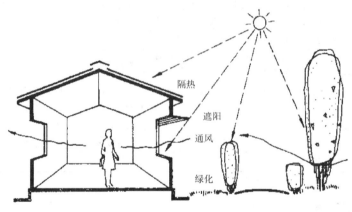

隔热

遮阳

通风

绿化

图 5-30　建筑综合防热措施

（1）减弱室外的热作用

正确选择房屋朝向和布局，防止日晒。同时绿化周围环境，降低环境辐射和气温，冷却热风。建筑外表面采用浅色，减少对太阳辐射的吸收，降低热作用。

（2）外围护结构隔热

对屋面、外墙（特别是西墙）进行隔热处理，减少热量传入，降低内表面温度。屋面、外墙的材料选择和构造形式最好是白天隔热好而夜间散热快的方案。

（3）窗口遮阳

对窗户采取遮阳措施，阻挡直射阳光透入，减少对人体的热辐射，防止室内墙面、地面和家具表面被曝晒而导致室温升高。

（4）房间自然通风

组织好房屋的自然通风，引凉风入室，排除房间余热，帮助人体散热，尤其是间歇的夜间通风，能够降低夏季室内平均温度和温度波幅，改善室内热环境。

（5）利用自然能源

自然能源用于建筑的防热降温主要包括建筑外表面的长波辐射、夜间对流、被动蒸发冷却、地源及水源热泵、太阳能拔风降温等防用结合的措施。

5.2.2　屋顶、外墙隔热

1）室外综合温度

屋顶和外墙是建筑的非透明围护结构，室外气温和太阳辐射加热室内的过程都是首先提高外表面温度，然后传递到内表面，影响室内环境。因此，室外各种因素对非透明围护结构的热作用都可以等效为一个假想的空气温度，称为"室外综合温度"。

夏季，作用于屋顶、外墙的室外综合温度，要同时考虑室外气温和太阳辐射的热作用，因此室外综合温度计算公式为：

$$t_{se} = t_e + \frac{\rho_s I}{\alpha_e} \tag{5-10}$$

式中　t_{se}——室外综合温度，℃；

t_e——室外气温，℃；

ρ_s——外表面对太阳辐射热的吸收系数，参见表 5-19；

I——太阳辐射强度，W/m²；

α_e——外表面换热系数，W/（m²·K），可查表 2-8。

表面对太阳辐射热的吸收系数　　　　　　　　　　表 5-19

材料名称	表面状况	表面颜色	ρ_s
红褐色瓦屋面	旧	红褐色	0.65 ~ 0.74
灰瓦屋面	旧	浅灰色	0.52
水泥屋面	旧	素灰色	0.74
水泥瓦屋面	—	深灰色	0.69
石棉水泥瓦屋面	—	浅灰色	0.75
浅色油毡屋面	新、不光滑	浅黑色	0.72
黑色油毡屋面	新、不光滑	深黑色	0.86
抛光铝反射体片	—	浅色	0.12
硅酸盐砖墙	不光滑	黄灰色	0.45 ~ 0.50
硅酸盐砖墙	不光滑	灰白色	0.50
白水泥粉刷墙面	新、光滑	白色	0.48
水刷石墙面	旧、粗糙	浅色	0.68
水泥粉刷墙面	新、光滑	浅灰色	0.56
红砖墙	旧	红色	0.70 ~ 0.78
草地	—	绿色	0.78 ~ 0.80

　　式（5-10）中与太阳辐射有关的一项温度称为太阳辐射的"等效温度"或"当量温度"，用 t_{eq} 表示，即

$$t_{eq} = \frac{\rho_s I}{\alpha_e} \qquad (5-11)$$

　　图 5-31 是广州某建筑物平屋顶一天的综合温度变化曲线，可见，太阳辐射的等效温度相当大。气温对任何朝向的外墙和屋顶的影响是相同的，但太阳辐射热的影响就不同了，由于这个原因，再加上围护结构外表面的材料和颜色以及室外风速等差异，各朝向的室外综合温度差异显著。图 5-32 是广州夏季某建筑的平屋顶和东西向外墙的室外综合温度变化曲线。由图可见，平屋顶的室外综合温度最大，其次是西墙，这就说明在炎热的南方，除了特别着重考虑屋顶的隔热外，还要重视西墙、东墙的隔热。

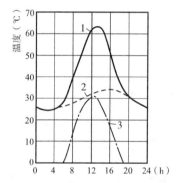

图 5-31　夏季室外综合温度的组成
1—室外综合温度；2—室外空气温度；
3—太阳辐射当量温度

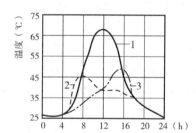

图 5-32　不同朝向的室外综合温度
1—水平面；2—东向垂直面；
3—西向垂直面

　　气温和太阳辐射的昼夜波动变化，导致室外综合温度也是昼夜波动变化的。对这种波动变化的热作用，用最大值和平均值来表征。在式（5-10）中，用室外气温平均值 $\bar{t}_e$、太阳辐射强度平均值 $\bar{I}$ 代入，便得到综合温度平均值 $\bar{t}_{se}$。室外综合温度最大值按下式计算：

$$t_{se,max} = \bar{t}_{se} + A_{se} \qquad (5-12)$$

式中　　$t_{se,max}$——综合温度最大值，℃；

　　　　A_{se}——综合温度振幅，℃。

　　室外综合温度振幅由室外气温和太阳辐射当量温度合成，当两者变化同步时，综合温度振幅为两者振幅之和；当两者变化不同步时，综合温度振幅小于两者振幅之和，见图 5-33所示。

　　为计算方便，室外综合温度振幅采用对两振幅之和进行修正的办法计算：

$$A_{se} = (A_e + A_s)\beta \qquad (5-13)$$

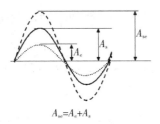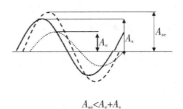

$$A_{\text{se}}=A_{\text{e}}+A_{\text{s}}\qquad\qquad A_{\text{se}}<A_{\text{e}}+A_{\text{s}}$$

图 5-33　综合温度振幅

式中　A_{e}——室外气温振幅（℃）；

　　　A_{s}——太阳辐射当量温度振幅（℃），$A_{\text{s}}=(\bar{I}_{\text{max}}-\bar{I})\rho_{\text{s}}/\alpha_{\text{e}}$；

　　　β——时差修正系数，根据 $A_{\text{s}}/A_{\text{e}}$ 和 I_{max} 与 $t_{\text{e,max}}$ 的时差查表 5-20 取值。

时差修正系数 β 取值　　　　　　　　表 5-20

$\dfrac{A_{\text{s}}}{A_{\text{e}}}$	I_{max} 与 $t_{\text{e,max}}$ 出现的时差（h）									
	1	2	3	4	5	6	7	8	9	10
1.0	0.98	0.97	0.92	0.87	0.79	0.71	0.60	0.50	0.38	0.26
1.5	0.99	0.97	0.93	0.87	0.80	0.72	0.63	0.53	0.42	0.32
2.0	0.99	0.97	0.93	0.88	0.81	0.74	0.66	0.58	0.49	0.41
2.5	0.99	0.97	0.94	0.89	0.83	0.76	0.69	0.62	0.55	0.49
3.0	0.99	0.97	0.94	0.90	0.85	0.79	0.72	0.65	0.60	0.55
3.5	0.99	0.97	0.94	0.91	0.86	0.81	0.76	0.69	0.64	0.59
4.0	0.99	0.97	0.95	0.91	0.87	0.82	0.77	0.72	0.67	0.63
4.5	0.99	0.97	0.95	0.92	0.88	0.83	0.79	0.74	0.70	0.66
5.0	0.99	0.98	0.95	0.92	0.89	0.85	0.81	0.76	0.72	0.69

【例 5-2】已知广州地区：室外平均气温 $\bar{t}_{\text{e}}=30$ ℃，最高气温 $t_{\text{e,max}}=35$ ℃，出现在 15 时；西向太阳辐射强度平均值 $\bar{I}=206$ W/m²，最大值 $I_{\text{max}}=768$ W/m²，出现在 16 时。求西墙室外综合温度最大值（墙面刷白）。

【解】取 $\rho_{\text{s}}=0.48$，取 $\alpha_{\text{e}}=19$ W/（m²·K），按式（5-10）室外综合温度平均值计算如下：

$$\bar{t}_{\text{se}}=\bar{t}_{\text{e}}+\frac{\rho_{\text{s}}\bar{I}}{\alpha_{\text{e}}}=30+\frac{0.48\times206}{19}=35.2\ \text{℃}$$

室外气温振幅和太阳辐射当量温度振幅计算如下：

$$A_{\text{e}}=t_{\text{e,max}}-\bar{t}_{\text{e}}=35-30=5\ \text{℃}$$

$$A_{\text{s}}=\frac{(I_{\text{max}}-\bar{I})\rho_{\text{s}}}{\alpha_{\text{e}}}=\frac{(768-206)\times0.48}{19}=14.2\ \text{℃}$$

由于 $A_s/A_e=14.2/5=2.8$，I_{max} 与 $t_{e,max}$ 出现的时差为：$16-15=1$ h，所以 $\beta=0.99$

因此西墙室外综合温度最大值为：

$$t_{se,max} = \overline{t}_{se} + A_{se} = \overline{t}_{se} + (A_e + A_s)\beta = 35.2 + (5 + 14.2) \times 0.99 = 54.2 \ ℃$$

2）隔热设计标准

建筑外围护结构应具有抵御夏季室外气温和太阳辐射综合热作用的能力。隔热设计标准就是屋顶和外墙的隔热能力应当控制到什么程度，这与地区气候特点，人民的生活习惯和对地区气候的适应能力以及当前的技术经济水平有密切关系，此外还与建筑功能有关。对于自然通风的民用建筑，主要控制内表面温度不致过高，以减少内表面对人体的热辐射。对于空调建筑，主要控制从内表面进入室内的传热量，以减少空调能耗，控制指标为内表温度与室内空气温度的差值。

按照《民用建筑热工设计规范》GB 50176—2016 要求，自然通风房间与空调房间围护结构应当满足表 5-21 隔热控制指标：

自然通风房间与空调房间围护结构隔热控制指标 表 5-21

房间类型	自然通风房间	空调房间	
		重质围护结构（$D \geqslant 2.5$）	轻质围护结构（$D < 2.5$）
外墙内表面最高温度（℃）$\theta_{i,max}$	$\leqslant t_{e,max}$	$\leqslant t_i+2$	$\leqslant t_i+3$
屋顶内表面最高温度（℃）$\theta_{i,max}$	$\leqslant t_{e,max}$	$\leqslant t_i+2.5$	$\leqslant t_i+3.5$

注：表中 $\theta_{i,max}$ 为内表面最高温度；$t_{e,max}$ 为夏季室外计算温度最大值，t_i 为室内空气温度。

上表中的围护结构内表面最高温度，可以应用围护结构周期传热计算软件来计算，根据计算结果判定是否满足隔热控制指标。

目前夏热冬冷地区和夏热冬暖地区城镇民用建筑都已实行建筑节能，因此围护结构隔热设计还要满足节能要求，控制传热系数不大于节能设计标准规定的限值。

3）隔热方式及效果

夏季，围护结构外表面受到太阳照射的时数和强度，以水平面为最大，东、西向其次，所以，围护结构隔热的重点在屋面，其次是西墙与东墙，主要有以下几种方式。

（1）反射隔热

采用浅色外饰面，减少对太阳辐射热的吸收，降低室外综合温度。如屋面外墙采用隔热反射涂料，也可采用浅色平滑的粉刷和瓷砖等以及对太阳辐射吸收率小而对长波辐射发射率大的材料。

要减少热作用，必须降低外表面太阳辐射热吸收系数 ρ_s，由于屋面材料品种较多，ρ_s 值差异较大，合理地选择材料和构造是完全可行的。现以武汉地区的平屋顶为例，说明屋面材料太阳辐射热吸收系数 ρ_s 值对当量温度的影响。

武汉地区水平太阳辐射照度最大值 I_{max}=961 W/m²，平均值 $\bar{I}$=312 W/m²。几种不同屋面的当量温度比较如表 5-22 所示：

表 5-22

当量温度	屋面类型		
	油毡屋面 ρ_s=0.85	混凝土屋面 ρ_s=0.70	陶瓷隔热板屋面 ρ_s=0.40
平均值	14.0	11.5	6.6
最大值	43.0	35.4	20.2
振幅	29.0	23.9	13.9

从以上数据可以看出，屋面材料的 ρ_s 值对当量温度的影响是很大的。当采用太阳辐射热吸收系数较小的屋面材料时，即降低了室外热作用，从而达到隔热的目的。这种措施简便适用，所增荷载小，无论是新建房屋，还是改建的屋顶都适用。

采用浅色反射隔热措施，要注意材料褪色和耐久性问题。此外，对于高低错落的建筑群，在屋面和外墙上采取这种措施，将增大对相邻建筑的太阳辐射反射热，如图 5-34 所示，因此，最好综合考虑。

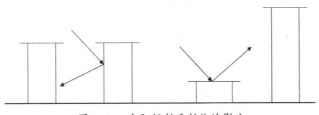

图 5-34 太阳辐射反射热的影响

（2）材料隔热

在屋顶和外墙构造中选用传热率低的保温材料，如泡沫塑料保温材料、加气混凝土、空心砌块等，增大围护结构热阻和热惰性，阻隔热量传递。这种方式的隔热原理和构造方法与保温相同，其做法详见前面 5.1 建筑保温。

当屋顶、外墙热惰性指标 D > 3.0（2.5），且传热系数满足：屋顶 K < 1.0（0.8）W/（m²·K），外墙 K < 1.5（1.0）W/（m²·K）的条件，就能达到隔热标准。对于热惰性差而传热系数小的轻质外墙，采用浅色反射外饰面可以弥补热惰性不足，达到隔热要求。

（3）遮阳通风隔热

在屋顶和外墙的构造中设置遮阳通风层，如架空通风屋顶，通风外墙等，既遮挡阳光直射，又利用通风层排出遮阳设施吸收的太阳辐射热量，达到隔热目的。

①通风屋顶

通风屋顶的构造方式较多，既可用于平屋顶，也可用于坡屋顶；既可在屋面防水层之上组织通风，也可在防水层之下组织通风，基本构造如图 5-35 所示。

通风屋顶起源于南方沿海地区民间的双层瓦屋顶，在平屋顶房屋中，以大阶砖通风屋顶最为流行。图 5-36 表示通风屋顶的传热过程。当室外综合温度将热量传给间层的上层板面时，上层将所接受的热量 Q_0 向下传递，在间层中借助于空气的流动带走部分热量 Q_e，余下部分 Q_i 传入下层。因此，隔热效果取决于间层所能带走的热量 Q_e，这与间层的气流速度、进气口温度和间层高度有密切关系。

通风间层的高度关系到通风口的面积大小。由实测得到，通风间层的高度增加，隔热效果呈上升趋势；通风间层高度应大于 0.3 m。风道长度不宜大于 10 m，屋面基层应做保温隔热层，通风平屋面风道口与女儿墙的距离不应小于 0.6 m。

通风间层的气流速度关系到间层的通风量，取决于间层的通风动力。通风动力有风压和热压两种，其中风压与当地室外风环境有关，热压与间层内外温度差和进出风口高度差有关。

在室外风速大的地区，如沿海地区，无论白天、还是夜晚，都会因陆地与海面的气温差而形成气流，在这种条件下，间层通风以风压为主。组织好通风间层进出风口的引风、导风，如采用兜风檐口等，见图 5-37，使得间层内通风流畅。

在室外风速小的地区，如长江中、下游，两湖（鄱阳、洞庭）盆地夏季气温高、湿度大，加以丘陵环绕，风速甚小，在这种条件下，间层通风设计应注重提高热压。坡屋顶设置通风屋脊，比较容易利用热压产生气流，如图 5-35（d）；平屋顶间层内空气很难流动，可以采用提高热压的办法，如图 5-38，采用室内室外同时进气，利用室内进气口和屋顶出气口的高度差产生热压，在屋顶上增设排风帽，造成进出风口高度差增大，并在帽顶外表面涂黑，加强太阳辐射吸收，提高帽内温度，有利于排风。

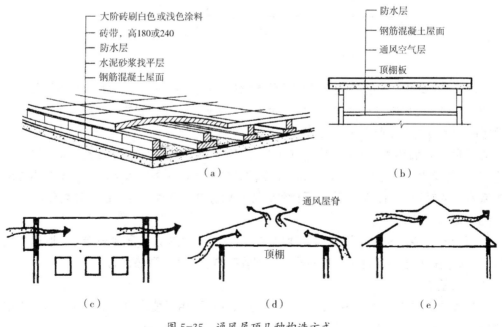

图 5-35　通风屋顶几种构造方式

图 5-36 通风层传热过程

图 5-37 间层通风组织

无兜风檐口   有兜风檐口

对于坡屋顶，可将坡屋顶的通风间层结合太阳能集热设计，提高间层空气温度，增大热压，加强通风，如图 5-39 所示。

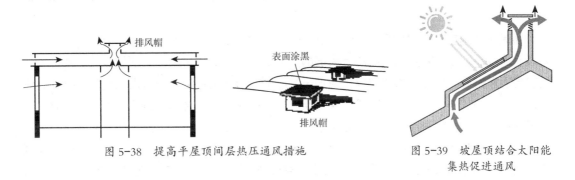

图 5-38 提高平屋顶间层热压通风措施

图 5-39 坡屋顶结合太阳能集热促进通风

通风屋顶的隔热效果以内外表面温度对比测量来说明。图 5-40 所示的几种构造的通风屋顶隔热效果见表 5-23。

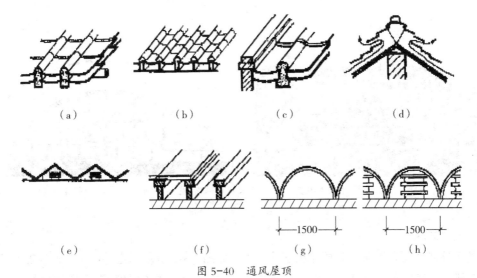

（a）   （b）   （c）   （d）

（e）   （f）   （g）   （h）

图 5-40 通风屋顶

（a）双层架空黏土瓦（坡顶）；（b）山形槽瓦上铺黏土瓦（坡顶）；（c）双层架空水泥瓦（坡顶）；（d）坡顶的通风屋脊；（e）钢筋混凝土折板下吊木丝板；（f）钢筋混凝土板上铺大阶砖；（g）钢筋混凝土板上砌 1/4 砖拱；（h）钢筋混凝土板上砌 1/4 砖拱加设百叶

通风屋顶隔热效果　　　　　　　表 5-23

序号	构造	间层高度（cm）	外表面温度		内表面温度		室外温度		
			最高（℃）	平均（℃）	最高（℃）	平均（℃）	最高出现时间	最高（℃）	平均（℃）
1	双层架空黏土瓦	5	48.3	31.6	32.1	28.8	14：40	33.3	26.3
2	山形槽板上铺黏土瓦	15	52.0	32.4	30.0	27.8	15：00	33.7	29.4
3	双层架空水泥瓦	9	54.5	34.1	36.4	30.0	14：00	32.2	27.1
4	钢筋混凝土折板下吊木丝板	63	56.0	—	32.8	—		29.1	—
5	钢筋混凝土上铺大阶砖	24	56.0	36.3	29.8	28.8	20：00	35.5	31.3
6	钢筋混凝土上砌 1/4 砖拱	60（内径）	59.0	38.4	33.8	32.3	18：00	34.9	31.3
7	钢筋混凝土上砌 1/4 砖拱加设百叶	60（内径）	56.5	38.3	34.0	31.8	19：00	35.5	31.3

通风屋顶内空气间层的厚度一般仅为 100 ~ 200 mm，因此不可避免地会影响原有屋顶外表面的散热。如果将空气间层的上面层的高度提高，就形成了架空屋顶的做法。架空屋顶是在屋顶上设置一个镂空的棚架或再增加一层屋顶，形成架空层，一方面起遮阳和导风的作用，另一方面提供一个屋面活动空间。架空通风屋顶的形式多样，棚架格片可置于不同的角度，或可根据太阳运行轨迹自动调节。近年来，我国南方炎热地区的居住建筑和公共建筑多采用架空屋顶，有效地遮挡了水平太阳辐射，极大地改善了顶层房间的热环境。研究表明，在低纬度地区，通过遮阳技术控制屋顶的太阳辐射可削减顶层房间近 70% 空调制冷负荷，散热效果十分显著。因此，近年来在这些地区出现了架空屋顶的设计，并逐步从住宅建筑推广运用到大型公共建筑，见图 5-41。

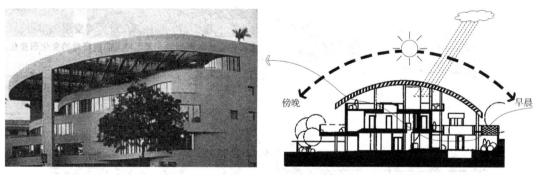

图 5-41　柯里亚设计的 MRF 总部办公大厦的架空屋顶和杨经文设计的架空屋顶

②通风外墙

通风外墙主要利用通风间层排出部分热量，如图 5-42 所示的空斗砖墙、通风复合墙板，在墙上部开排气口，下部开进气口，利用热压的作用，使间层内空气流通带走热量。

南方地区的通风外墙，既有防晒、通风的隔热作用，又兼有防雨作用。形式多种多样，常见的有：混凝土或陶土烧制的蜂窝形、格栅形、空心圆柱形的花格所砌成的多孔墙，见图5-43（a）、（b）；"匚"形砌块所砌成的格墙，见图5-43（c）；钢筋混凝土做成的V形砌块水平堆砌的通风墙，见图5-43（d）；钢筋混凝土制成的A形或百叶竖板垂直交错排列所砌成的通风遮阳墙，见图5-43（e）、（f）。通风遮阳的墙面还可种植攀缘植物，利用绿化遮阳。

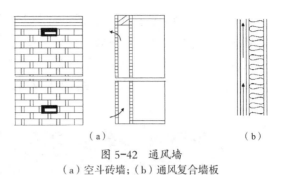

图 5-42　通风墙
（a）空斗砖墙；（b）通风复合墙板

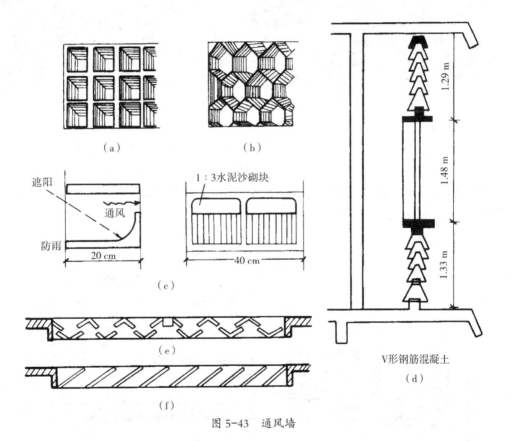

图 5-43　通风墙

（4）绿化隔热

在屋顶上种植绿化植物，在外墙边种植攀缘植物，或将多层建筑西向立面设计成台阶状进行立体绿化，利用植物的光合作用，将热能转化为生化能；利用植物叶面的遮挡和蒸腾作用，降低屋顶、外墙的室外综合温度，达到生态隔热、美化环境的目的。

屋顶绿化形式分为花园式和简单式。花园式屋顶绿化也称为屋顶花园，绿化植物配置丰富，有小型乔木、低矮灌木和草坪、地被植物等，设置径道、座椅和园林小品等，提供一定的游览和休憩活动空间，见图 5-44。这种绿化形式对屋顶荷载要求高，需要良好的管理和养护。简单式屋顶绿化一般种植耐旱草坪、地被植物，这些植物抗气候性强，春发冬枯，自生自繁，无须施肥，一般也不必浇水，管理粗放。这种绿化形式对屋顶荷载要求低，应用范围广，主要用于屋顶隔热和改善生态环境，见图 5-45。

图 5-44　花园式屋顶绿化

图 5-45　简单式屋顶绿化

　　屋顶绿化构造的关键是做好排水和防水，一般包括种植层、滤水层、防水层。图 5-46 为四川、重庆等地采用的蓄水覆土种植屋顶，滤水层通常采用炉渣、陶砾等材料，比较厚重。为了减轻重量，近年来采用塑料排（蓄）水板和无纺布一起作滤水层，既能透水又能过滤，这种屋顶绿化构造层见图 5-47。

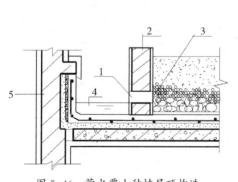

图 5-46　蓄水覆土种植屋顶构造
1—溢水孔；2—种植床埂；3—格篦；4—天沟；5—女儿墙

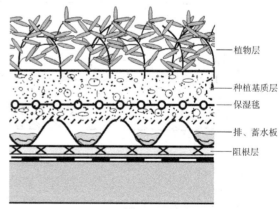

图 5-47　屋顶绿化排（蓄）水板铺设方法

　　屋顶绿化的隔热效果采用内表面温度与室外空气温度相比较的方法进行评价。表 5-24 为广州、湖南、四川等地所做的测量结果，可见，几种屋顶绿化都达到了热工规范所要求的隔热标准。

几种屋顶绿化的隔热性能 表 5-24

屋顶形式	各层材料	内表面温度最高温度（℃）	室外最高温度（℃）
覆土植草	1—120 黏土植草 2—20 水泥砂浆抹面 3—80 钢筋混凝土	29	34.4
覆蛭石种红薯	1—200 蛭石种红薯 2—50 水渣 3—二毡三油防水层铺绿豆砂 4—120 矿渣混凝土，20 找平层	30.2	36.4
覆蛭石种草	1—100 蛭石种草 2—50 水渣 3—20 水泥砂浆 4—120 钢筋混凝土空心板内抹灰	36.4	38.4

对于采用空调的房间，在屋顶上设置绿化后可以大幅减少进入室内的热量，降低空调能耗。现以上海地区所做的实验为例，说明绿化对减少屋顶传热的影响。

在钢筋混凝土屋面上设置景天科植物绿化，对屋顶有绿化和无绿化的空调房间，保持室内温度基本相同，测量屋顶内表面温度和热流如图 5-48 所示，屋顶绿化使内表面平均温度降低了 2 ℃，热流降低了 70 %。可见，屋顶绿化对空调房间屋顶节能效果显著。

外墙绿化遮阳同样能有效降低室外热作用。植物叶面层层遮蔽，中间还可以通风，此外树叶通过蒸腾作用蒸发水分，保持自身凉爽，能降低表面辐射温度。实测研究表明：在其他条件不变的情况下，西墙绿化时室内环境温度较室外环境温度低约 3 ~ 9 ℃；绿化状态下室外环境温度可望降低约 4 ℃，可减少空调负荷约 12.7 %；在中午高温时刻，峰值温降作用更为明显，可以达到 6 ℃，减少空调负荷 20 %。具体做法上，可以直接在外墙脚种植爬藤植物，也可以离墙一定距离设置专门的支架，在植物层和外墙之间形成通风间层，隔热效果更好见图 5-49。

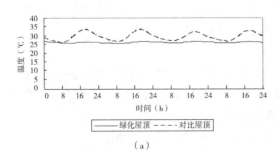

(a)

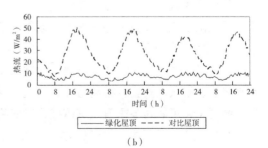

(b)

图 5-48 屋顶内表面温度和热流
(a) 内表面温度；(b) 内表面热流

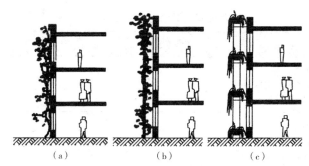

图 5-49　外墙绿化方式
（a）藤类直接攀爬在墙上；（b）藤类攀爬在墙前构架上；（c）墙前花盆种植垂吊植物

5.2.3　外窗遮阳

1）遮阳的目的与要求

在夏季，直射阳光进入房间会产生许多不利影响。在民用建筑中，阳光透过窗户进入房间，会造成室内过热，影响人体热舒适。在车间、教室、实验室和阅览室等房间中，直射阳光照射到工作面上，会产生眩光，刺激眼睛，妨碍正常工作。在陈列室、商店橱窗和书库等房间中，直射阳光往往使物品、书刊褪色、变质以致损坏。因此，夏季外窗应采取遮阳措施，防止过多直射阳光直接照射房间。

设计窗户遮阳时，应满足下列要求：

①夏季防止日照，冬天不影响必需的房间日照；

②晴天遮挡直射阳光，阴天保证房间有足够的照度；

③减少遮阳构造的挡风作用，最好还能起导风入室的作用；

④能兼作防雨构件；

⑤不阻挡从窗口向外眺望的视野；

⑥构造简单，经济耐久，并与建筑造型处理相协调统一。

2）遮阳的形式

窗户遮阳的形式通常指遮阳构件的形式，分固定遮阳和活动遮阳两类，固定遮阳是指遮阳构件作为建筑的一部分，在土建施工时跟随建筑主体建设完成，活动遮阳为建筑建好后采用的遮阳设施，如窗帘等。此外，近年来还出现了各种与玻璃结合的遮阳膜等。

（1）固定遮阳

固定遮阳构件有四种基本形式：水平式、垂直式、综合式和挡板式，见图 5-50，其优点是经济、耐久、安全，容易与建筑造型协调统一，缺点是不能动态控制来满足不同室外气候下的要求，可能对冬季日照有遮挡，对房间通风有影响。

根据太阳在不同季节的运行方位，几种遮阳构件基本形式的适用范围如下：

水平式遮阳能够有效遮挡太阳高度角较大、从窗口前上方投射下来的直射阳光。就我国地域而言，在北回归线以北地区，它适用于南向附近窗口；而在北回归线以南地区，它既可用于南向窗口也可用于北向窗口。

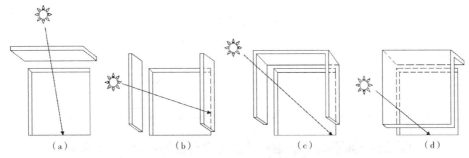

图 5-50 固定遮阳基本形式
（a）水平式；（b）垂直式；（c）综合式；（d）挡板式

垂直式遮阳能够有效地遮挡太阳高度角较小、从窗侧向斜射过来的直射阳光。故主要适用于东北向、西北向及北回归线以南地区的北向附近的窗口。

综合式遮阳是由水平式遮阳形式与垂直式遮阳形式综合而成，能够有效地遮挡从窗前侧向斜射下来的、中等大小太阳高度角的直射阳光。故它主要适用于东南向或西南向附近窗口，且适应范围较大。

挡板式遮阳能够有效地遮挡从窗口正前方射来、太阳高度角较小的直射阳光。因此，这种遮阳形式上主要适用于东向、西向附近窗口。

以上基本形式的适用朝向并不是绝对的，在设计中还可以根据建筑要求、构造方式与经济条件，并结合建筑立面造型进行比较后再选定。图 5-51 为结合建筑立面的遮阳形式。

（2）活动遮阳

活动遮阳比固定遮阳装置更能适应室外天气变化。因为人们需要在夏季高温时遮挡阳光进入室内，在其他季节气温较低时获取阳光，这就需要一种与温度变化相协调的遮阳方式。阳光射进窗口的时间和太阳位置（即太阳高度角以及太阳方位角）直接相关。太阳辐射与气温的影响并不完全一致，特别在春、秋两季，某一天可能很热而第二天变得很冷。由于室外气温的"迟滞效应"，北半球当夏至来临，太阳高度角最大、日照时间最长时，气温还未达到最高，真正的酷暑通常要滞后到 7、8 月份。同样，冬天最冷期也要比冬至日晚一个月。如图 5-52 所示为一年内高温期、低温期区段及遮阳装置的影响。高温期不是以夏至日为中心均匀分布，如果以固定遮阳涵盖整个高温夏季，在三、四月份的冬末、春初，窗口也只能处于遮阳状态之中，影响需要的日照。活动遮阳则能根据室外的气候条件和室内对日照的需求情况加以灵活控制。

常见的活动遮阳构件有百叶遮阳窗、遮阳帘、遮阳板等，见图 5-53，可按需要调节遮阳的效果，冬季还可拆卸。活动遮阳装置除可遮挡阳光以免室内过热外，还可以起到防止眩光、调节通风量以及遮挡视线的作用。

图 5-51 建筑遮阳

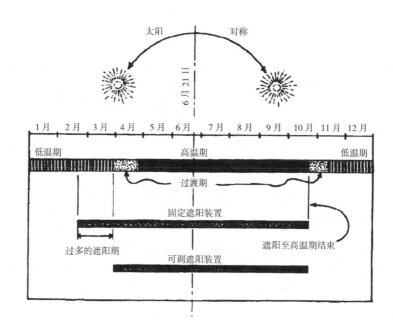

图 5-52　固定遮阳装置与活动遮阳装置的对比

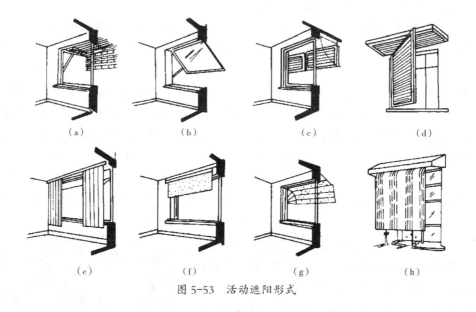

图 5-53　活动遮阳形式

（3）玻璃遮阳膜

除构件遮阳的形式外，近年来还出现了各种玻璃遮阳膜，与玻璃结合后称为镀膜玻璃或贴膜玻璃。它具有对可见光透过率高而对红外线透过率低的特点，其透过率光谱如图 5-54 所示。这种玻璃可阻挡太阳辐射中的红外线进入房间，不同程度上减少透过窗口的辐射热量，起到一定的防热效果；但也会减少窗口的透光量，对房间的采光有所影响。目前主要应用于玻璃幕墙。

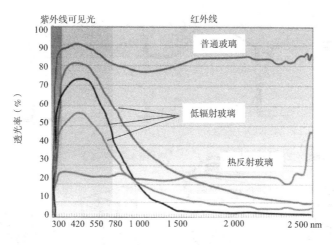

图 5-54 玻璃遮阳膜透过率

低辐射玻璃（Low-e 玻璃）是目前建筑工程应用最普遍的一种玻璃遮阳形式。它对可见光透过率高，红外透过率低，具有高透光低传热的优点。低辐射玻璃反射远红外是双向的，它既可以阻止玻璃吸热产生的热辐射进入室内，还可以将室内物体产生的热辐射反射回来。Low-e 玻璃涂层材料不同，遮阳性能也会有很大差异。

除上面提到的遮阳形式外，有些建筑，特别是低层建筑，可以依建筑与环境的条件，利用绿化遮阳。这既有利于建筑与环境的绿化、美化，也是一种经济、有效的技术措施。绿化遮阳有两种方法：一是在阳台、外廊种植蔓藤植物；二是在窗外一定距离种树。植物攀缘的水平棚架能起到水平式遮阳的作用，垂直棚架能起到挡板式或综合式遮阳的作用，如图 5-55 所示。在窗外种树需要根据不同朝向的窗口选择适宜的树形。例如，南向要伞形，东、西向要柱形或圆锥形。树的位置除满足遮阳要求外，还要尽量减少对通风、采光和视线的影响。

此外，结合建筑构件的建筑自遮阳处理进行遮阳也是常见的措施，如加大挑檐、设置百叶挑檐、外廊、凹廊及旋窗等，见图 5-56。但其构造应合理，并同样应满足遮阳要求。

图 5-55 绿化遮阳

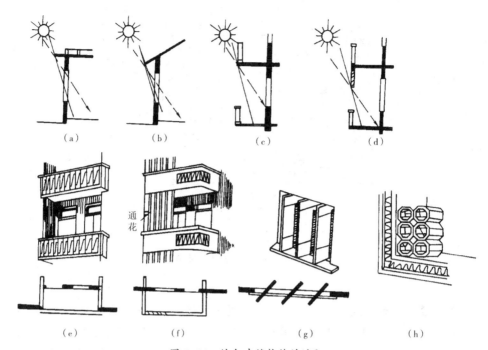

图 5-56　结合建筑构件的遮阳

（a）、（b）挑檐；（c）外廊；（d）外廊加垂帘百叶；（e）凹阳台；（f）凸阳台；（g）垂直翻窗；（h）蜂窝形陶管

3）遮阳的效果

窗口设置遮阳之后，对遮挡太阳辐射热量和在闭窗情况下降低室内气温，效果都较为显著。但是对房间的采光和通风，却有不利的影响。

（1）遮阳对阻挡太阳辐射热的效果

遮阳对防止太阳辐射的效果显著，图 5-57 为广州地区四个主要朝向，在夏季一天内透进的太阳辐射热量及其遮阳后的效果。由图可见，各主要朝向的窗口经遮阳透进的太阳辐射热量，与无遮阳时透进的太阳辐射热量之比，分别为：西向 17 %；西南向 41 %；南向 45 %；北向 60 %；由此可见，西向太阳辐射虽强，但窗口遮阳后效果也较好。

遮阳设施遮挡太阳辐射热量的效果除取决于遮阳形式外，还与遮阳设施的构造处理、安装位置、材料与颜色等因素有关。各种遮阳设施的遮挡太阳辐射热量的效果，一般以遮阳系数来表示。遮阳系数是指在照射时间内，透进有遮阳窗口的太阳辐射量与透进无遮阳窗口的太阳辐射量的比值。遮阳系数越小，说明透过窗口的太阳辐射热量越小，防热效果越好。表 5-25 为常见遮阳设施的遮阳系数。应该指出，固定遮阳设施的遮阳系数在不同的朝向、不同的地区是不同的。

（2）遮阳对室内降温的效果

根据在广州的西向房间的试验观测资料，遮阳对室内降温的效果与窗户是否关闭有很大关系。由图 5-58 可见，在闭窗情况下，遮阳对防止室温上升的作用较明显。有、无遮阳室温最大差值达 2 ℃，平均差值达 1.4 ℃。而且有遮阳时，房间温度波幅较小，室温出现高

遮阳设施的遮阳系数　　　　　　　表 5-25

遮阳形式	窗口朝向	构造特点	颜色	遮阳系数
木百叶窗扇	西	双开木窗，装在窗口	白	0.07
合金软百叶	西	挂在窗口，百叶呈45°	浅绿	0.08
木百叶挡板	西	装在窗外 50 cm，顶部加水平百叶	白	0.12
垂直活动木百叶	西	装在窗外，百叶呈45°	白	0.11
水平木百叶	西	装在窗外，板面呈45°	白	0.14
竹帘	西	挂在窗口，竹条较密	米黄	0.24
外廊加百叶垂帘	西	垂帘为木百叶	白	0.45
综合式遮阳	西南	木或钢筋混凝土的水平百叶加垂直挡板	白	0.26
折叠式帆布篷	东南	铁条支架装帆布篷全放下	浅色	0.25
水平式遮阳	南	木或钢筋混凝土的水平百叶呈45°	白	0.38

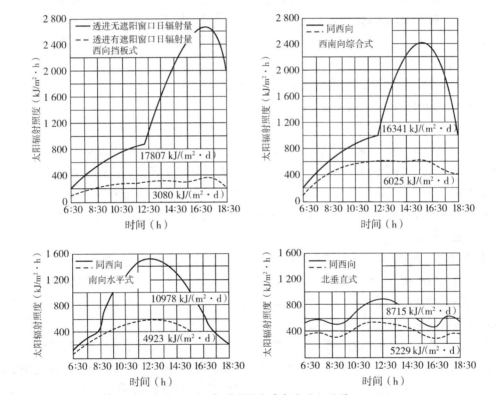

图 5-57　广州地区主要朝向遮阳效果

温的时间较晚。在开窗情况下，室温最大差值为 1.2 ℃，平均差值为 1 ℃，显然不如闭窗的明显，但在炎热的夏季，能使室温稍降低些也具有一定的意义。

（3）遮阳对房间采光、通风的不利影响

从天然采光来看，遮阳设施会阻挡直射阳光，防止眩光，有助于视觉的正常工作。但是，固定遮阳设施有挡光作用，从而会降低室内照度，在阴天更为不利。据观察，一般室内照度

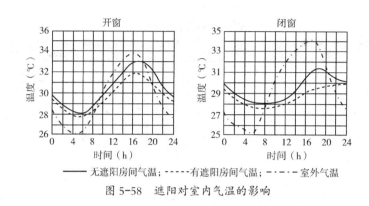

图 5-58　遮阳对室内气温的影响

约降低 53 % ~ 73 %，但室内照度的分布则比较均匀。

遮阳设施对房间的通风有一定的阻挡作用，使室内风速有所降低。实测资料表明，有遮阳的房间，室内的风速约减弱 22 % ~ 47 %，视遮阳的构造而异。因此在构造设计上应加以注意。

4）遮阳设计依据

遮阳设计时，要根据建筑气候、窗口朝向和房间用途这三方面来决定应采用哪种遮阳形式和种类；同时还要考虑需要遮阳的月份和一天中的时间等因素。

（1）地区气候

在高纬度地区，由于夏天热的时间短，冬天冷的时间长，一般可以不遮阳。但在中低纬度的南方地区，夏季热的时间长，冬季冷的时间短或者没有冬天，应该加强夏季遮阳。

设置水平遮阳板的挑出长度，与太阳高度角有关。纬度较低的地区，中午太阳高度角大，太阳射进的深度浅，因此南向窗口的水平遮阳板的挑出长度可比高纬度地区的短。

（2）窗口朝向

窗口的朝向不同，太阳辐射进入的热量也不同，且照射的深度和时间长短也不一样。东、西窗传入的热量比南窗将近大一倍，北窗最小。当东、西窗未开窗时，则应加强南向窗的遮阳。朝向不同的窗口，要求不同形式的遮阳，如果遮阳形式选择不当，遮阳效果就大大降低并且造成浪费。

东、西窗的传热量虽然差不多，但东窗传入热量最多的时间是上午 7 时至 9 时左右。这时，室外气温还不高，室内积聚的热量也不多，所以影响不显著。西窗就不一样，它传入热量最多的时间是下午 3 时左右。这时，正是室内外温度最高的时候，所以影响比较大。因此，西窗遮阳比其他朝向的窗口更重要。

（3）房间用途

用途不同的房间，对遮阳的要求也不同。不允许阳光射进的特殊建筑，如博物馆、书库等，应当按全年完全遮阳来设计；一般公共建筑，主要是防止室内过热，应按一年中气温最高的几个月和这段时间内每天中的某几个小时的遮阳来设计；一般居住的建筑，阳光短时射进来，或照射不深，采用简易活动遮阳设施较好。

　　窗户遮阳的设计受多方面的影响，要全面考虑。既要夏天能遮阳，避免室内过热，又要冬天不影响必需的日照，以及保证春、秋季节的阳光。晴天既能防止眩光，阴天又不致使室内光线太差，还能防雨。

　　5）遮阳形式选择与构造设计

　　（1）遮阳形式选择

　　遮阳形式的选择，应从地区气候特点和朝向来考虑。冬冷夏热和冬季较长的地区，宜采用竹帘、软百叶、布篷等临时性轻便遮阳。冬冷夏热和冬、夏时间长短相近的地区，宜采用可拆除的活动式遮阳。对冬暖夏热地区，一般以采用固定的遮阳设施为宜。对于多层民用建筑遮阳，尤以活动式较为优越。活动式遮阳多采用铝板，因其质轻，不易腐蚀，且表面光滑，反射太阳辐射的性能较好。对终年需要遮阳的特殊房间，需要专门设置各种类型的遮阳设施，根据窗口不同朝向来选择适宜的遮阳形式。

　　（2）遮阳构造设计

　　①遮阳的板面组合与构造。遮阳板在满足阻挡直射阳光的前提下，设计者可以考虑不同的板面组合，而选择对通风、采光、视野、构造和立面处理等要求更为有利的形式。图5-59表示水平式遮阳的不同板面组合形式。

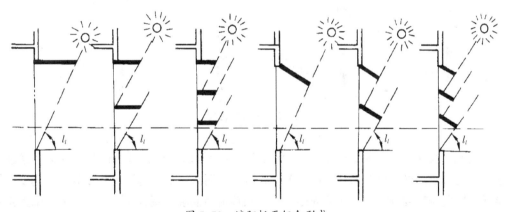

图5-59　遮阳板面组合形式

　　为了便于热空气的逸散，并减少对通风、采光的影响，通常将板面做成百叶的（图5-60a）；或部分做成百叶的（图5-60b）；或中间层做成百叶的，而顶层做成实体，并在前面加吸热玻璃挡板（图5-60c）；后一种做法对隔热、通风、采光、防雨都比较有利。

　　蜂窝形挡板式遮阳也是一种常见的形式，蜂窝形板的间隔宜小，深度宜深，可用铝板、玻璃钢、塑料或混凝土制成。

　　②遮阳板的安装位置。遮阳板的安装位置对防热和通风的影响很大。例如将板面紧靠墙布置时，由受热表面上升的热空气将由室外空气导入室内。这种情况对综合式遮阳更为严重，如图5-60（a）所示。为了克服这个缺点，板面应离开墙面一定距离安装，以使大部分热空气沿墙面排走，如图5-61（b）所示，且应使遮阳板尽可能减少挡风，最好还能兼起导风入室作用。装在窗口内侧的布帘、百叶等遮阳设施，其所吸收的太阳辐射热大部分将散发

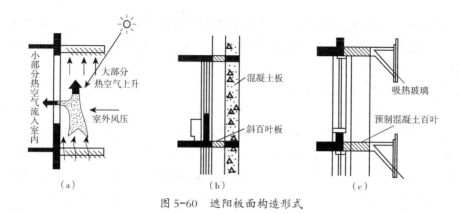

图 5-60　遮阳板面构造形式

给室内空气，见图 5-61（c）。如果装在外侧，则所吸收的辐射热，大部分将散发给室外空气，从而减少对室内温度的影响，见图 5-61（d）。

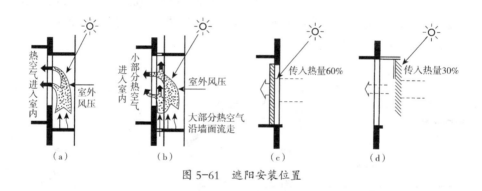

图 5-61　遮阳安装位置

③材料与颜色。为了减轻自重，遮阳构件以采用轻质材料为宜。遮阳构件又经常暴露在室外，受日晒雨淋，容易损坏，因此要求材料坚固耐久。如果遮阳是活动式的，则要求轻便灵活，以便调节或拆除。材料的外表面对太阳辐射热的吸收系数要小；内表面的辐射系数也要小。遮阳构件的颜色对隔热效果也有影响。以安装在窗口内侧的百叶为例，暗色、中间色和白色对太阳辐射热透过的百分比分别为：86%、74%、62%，白色的比暗色的要减少24%。为了加强表面的反射，减少吸收，遮阳板朝向阳光的一面，应涂以浅色发亮的油漆，而在背阳光的一面，应涂以较暗的无光泽油漆，以避免产生眩光。

活动遮阳的材料，过去多采用木百叶转动窗，现在多用铝合金、塑料制品等，调节方式有手动、机动和遥控等几种。

6）遮阳计算

（1）遮阳构件尺寸计算

对于固定遮阳构件，在选择了遮阳形式以后还要进行遮阳尺寸计算。下面的方法可计算遮挡某一时间直射阳光的遮阳尺寸。这种计算目前已经可以用计算机软件来实现，并可生成可视化遮阳构件图形。

①水平式遮阳

窗口的水平遮阳板挑出长度，见图5-62（a），按下式计算：

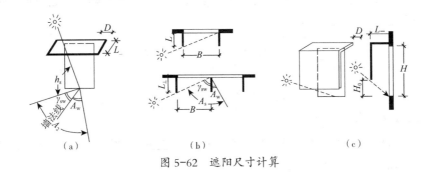

图5-62　遮阳尺寸计算

$$L_- = H\cot h_s \cos\gamma_{s,w} \tag{5-14}$$

式中　L_-——水平板挑出长度，m；

　　　　H——水平板下沿至窗台高度，m；

　　　　h_s——太阳高度角，deg；

　　　　$\gamma_{s,w}$——太阳方位角A_s与外墙方位角A_w之差，deg，即：

$$\gamma_{s,w} = A_s - A_w$$

水平板两翼挑出长度按下式计算：

$$D = H\cot h_s \sin\gamma_{s,w} \tag{5-15}$$

②垂直式遮阳

窗口的垂直遮阳板挑出长度，见图5-62（b），按下式计算：

$$L_\perp = B\cot\gamma_{s,w} \tag{5-16}$$

式中　$L_\perp$——垂直板挑出长度，m；

　　　　B——板面间净距，m。

③综合式遮阳

任意朝向窗口的综合式遮阳的挑出长度，可先计算出垂直板和水平板的挑出长度，然后根据两者的计算数值按构造的要求确定综合式遮阳板的挑出长度。

④挡板式遮阳

挡板式遮阳尺寸，可先按构造的需要确定板面至墙外表面的距离L_-，见图5-62（c），然后按式（5-14）计算出挡板下端的高度H_0，再根据式（5-15）求出挡板两翼至窗口边线的距离D，最后可确定挡板尺寸（即为水平板下沿至窗台高度H减去H_0）。

（2）遮阳系数计算

在建筑节能设计中，遮阳系数是遮阳设施遮挡太阳辐射的性能参数，不同的遮阳形式有不同的遮阳系数。下面介绍几种固定遮阳设施的遮阳系数计算。

①水平遮阳和垂直遮阳

水平遮阳板和垂直遮阳板所遮挡的太阳辐射情况不同，其遮阳系数也不同，但它们的遮阳系数都可以按下面形式的公式计算：

$$SC_s = (I_D \cdot X_D + 0.5 I_d \cdot X_d) / I_o \qquad (5-17)$$

$$I_o = I_D + 0.5 I_d \qquad (5-18)$$

式中　SC_s——建筑遮阳的遮阳系数；

I_d——门窗洞口朝向的太阳直射辐射，W/m^2，应按门窗洞口朝向和当地的太阳直射辐射照度计算；

X_d——遮阳构件的直射辐射透射比，应按《民用建筑热工设计规范》GB 50176—2016 的相关规定计算；

I_D——水平面的太阳散射辐射，W/m^2；

X_D——遮阳构件的散射辐射透射比，应按《民用建筑热工设计规范》GB 50176—2016 的相关规定计算；

I_o——门窗洞口朝向的太阳总辐射，W/m^2。

②组合遮阳

由水平遮阳板和垂直遮阳板合成的组合遮阳形式，其遮阳系数取水平遮阳板和垂直遮阳板的遮阳系数的乘积。

③挡板遮阳

在窗口前方设置与窗面平行的挡板遮阳，其遮阳系数按下面的公式计算：

$$SC_s = 1 - (1-\eta)(1-\eta^*) \qquad (5-19)$$

式中　η——挡板轮廓透光比；

η^*——挡板构造透光比。

上式中的挡板轮廓透光比，即为窗洞口面积减去挡板轮廓由太阳光线投影在窗洞口上所产生的阴影面积后的剩余面积与窗洞口面积的比值。而挡板构造透光比与挡板材料有关，透光性材料 η^* 大，不透光材料 η^* 小。混凝土、陶土釉彩窗外花格 $\eta^*=0.6$，玻璃、有机玻璃类板 $\eta^*=0.7$；木质窗外帘 $\eta^*=0.4$。

④百叶遮阳

百叶遮阳的建筑遮阳系数应按下面的公式计算：

$$SC_s = E_\tau / I_o \qquad (5-20)$$

式中　E_τ——通过百叶系统后的太阳辐射，W/m^2。

⑤活动遮阳

活动外遮阳全部收起时的遮阳系数可取 1.0，全部放下时应按照不同的遮阳形式进行计算。

5.2.4　房间自然通风

1）自然通风作用

房间通风有三种作用：一是保持室内环境健康，利用室外新鲜空气更新室内被人体、家具和装饰材料等污染的空气；二是保持人体舒适，通过人体周围空气流动，增强人体散热并防止由皮肤潮湿引起的不舒适感，改善人的舒适条件；三是对房间降温，当室内气温高于室外气温时，利用通风可使建筑内部构件快速降温。这些作用也可以通过机械通风达到，而且机械通风的换气效率更高，但机械通风耗能、有噪声。实际上，人体对自然风的接受率更高。目前，自然风的空气质量和流动状况还不能完全被模仿和替代。

合理组织自然通风，引风入室，争取"穿堂风"，是炎热地区建筑对自然通风的主要要求。炎热地区建筑对自然通风的另一个要求是"间歇通风"，即在室外较热时，把大部分门窗关闭，减少通风量，而在室外较凉爽时将部分门窗打开通风。

2）自然通风原理

气流自动穿过房间是因为两侧存在空气压力差，压差的形成来源于两个方面：①室内热的作用，即热压；②室外风的作用，即风压。

（1）热压作用

空气受热后温度升高，密度降低；相反，若空气温度降低，则密度增加。这样，当室内气温高于室外气温时，室外空气因为较重而通过建筑物下部的门窗流入室内，而室内较轻的空气则从上部的窗户排出。进入室内的空气被加热后，又变轻上升排出，室外空气再流入。这样，室内空气形成自下而上的流动，见图5-63。这种现象是因温差而形成，通常称之为热压作用。热压的大小取决于室内、外空气温度差和进、排气口的高度差，实际上热压与这两者乘积成正比。

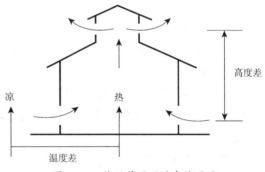

图 5-63　热压作用下的自然通风

（2）风压作用

风压作用是风作用在建筑物上产生的压力差。当风吹到建筑物上时，在迎风面上，由于空气流动受阻，速度减小，使风的部分动能转变为静压，即建筑物的迎风面上的压力大于大气压，形成正压区。在建筑物的背面、屋顶和两侧，由于气流的旋绕，这些面上的压力小于大气压，形成负压区，见图5-64。如果在建筑物的正、负压区都设有

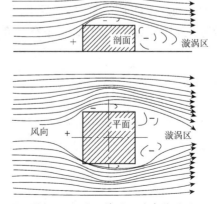

图 5-64　风压作用下的自然通风

门窗洞，气流就会从正压区流进室内，再从室内流向负压区，形成室内空气的流动。

形成风压的关键是室外风速，两者关系为：风压与其风速的平方成正比。

上述两种自然通风的动力因素对各建筑物的影响是不同的，甚至随着不同地区和地形的不同、建筑物的布局和周边环境状况的差异、室内使用情况等产生很大的差异。比如，工厂的热车间，常常有稳定的热压可以利用；沿海地区的建筑物，往往风压较大，因此房间的通风良好。如果室外的风速较小或者没有风时，建筑物内部的通风将难以通畅。因此，建筑师要善于利用自然通风原理，合理地进行建筑物的总体布局和建筑物开口的设计，采取必要的技术措施来改变现实环境中各气候要素对建筑的影响，比如，改变热压差和风压差，使通风成为改善室内热环境的有利因素。

（3）热压与风压综合作用

建筑内的实际气流是在热压与风压的综合作用下形成的，这两种压力的作用可以同方向，也可以反方向。当这两种压力的作用方向一致时，室内通风得到加强，通过开口的气流量比在较大的一种压力单独作用下所产生的气流量稍多一些（最多达40％）。

由于热压取决于室内、外温度差与气流通道高度差之乘积，因此只有当其中的一个因素足够大时，才具有实际意义。在居住建筑中，房间内气流通道的有效高度很低，夏季室内、外温度差也很小，因此要得到实际有用的通风，热压就显得太小。但是，在厨房、浴室及厕所等可利用垂直管道通风之处，则为例外。因此，通风道向上延伸可有几层楼之高，这样形成的热压，就可以有效地应用于自然通风。

由热压和风压所促成的气流，它们之间除了数量上的差别外，还有质量上的差别。热压通风是单凭压力差促使空气流动，在进风口处的气流速度通常很低，难以带动室内整个空气团运动。由风压促成的气流，可穿过整个房间，气流在很大程度上由进入室内的空气团的惯性力所决定，这样的气流由于在室内形成紊流，比由热压促成的同等量的气流具有较高的速度。

（4）空气流动规律

设计房间自然通风，除了需要了解自然通风的基本动力，还需要了解空气流动的基本规律，即伯努利（Bernoulli）规律与文丘里（Venturi）效应。

伯努利规律是指当空气的流速增加时，空气的静压会降低。文丘里效应是指在图5-65所示的文丘里管的收缩部位，由于空气流速增加，形成负压区，成为吸引空气流动的条件。

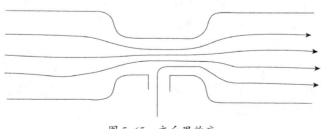

图 5-65　文丘里效应

　　建筑中也存在很多文丘里现象。建筑的人字形屋面就像半个文丘里管，当气流通过屋面时，在屋脊处形成负压区，当屋脊有开口时，室内空气就会从开口流出去，图 5-66 是一楼梯并利用热压通风和文丘里效应结合构造通风的手法，图 5-67 是利用太阳能烟囱提高开口温差的常见做法。

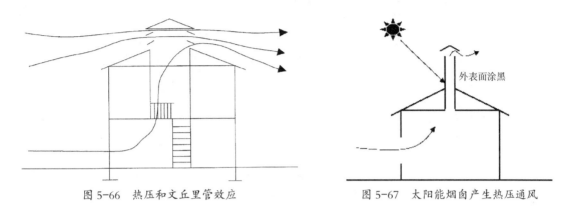

<table>
<tr><td>图 5-66　热压和文丘里管效应</td><td>图 5-67　太阳能烟囱产生热压通风</td></tr>
</table>

3）自然通风组织

（1）建筑朝向、间距及建筑群布置

　　为了组织好房间的自然通风，在朝向上应使房屋纵轴尽量垂直于夏季主导风向。因此每个地区的夏季风玫瑰图成为自然通风设计的基本依据。我国大部分地区夏季的主导风向都是南向或南偏东，选择这样的朝向也有利于避免东、西晒，两者都可以兼顾。对于那些朝向不够理想的建筑，应采取有效措施进行引风导风。

　　有些地区由于地理环境、地形、地貌的影响，夏季主导风向与风玫瑰图并不一致，则应按实际的地方风确定建筑物的朝向。

　　在城镇地区，无论街坊或居住区，建筑都是多排、成群布置，若风向垂直于前幢建筑物的纵轴，则屋后的涡旋区将很长，如图 5-68 所示，涡旋区内风速很小。为了保证后排房屋有良好的通风，后排房屋需要布置在前幢房屋的涡旋区以外，这样，两排房屋的间距大约为前幢房屋高度的 4 倍左右。这样大的距离与节约用地的原则相矛盾，难以在规划设计中实施。为合理解决这一矛盾，常将建筑朝向偏转一定角度，使风向对建筑物产生一投射角 α，这样，屋后的涡旋区将缩短（图 5-69），但室内风速也会降低，两者变化与投射角的关系见表 5-26。可见，当投射角为 45° 时比较合理。

风向投射角对室内风速影响　　　　　　　　　　　　　　　　表 5-26

风向投射角	室内风速降低值（%）	屋后涡旋区深度
0°	0	3.75 H
30°	13	3 H
45°	30	1.5 H
60°	50	1.5 H

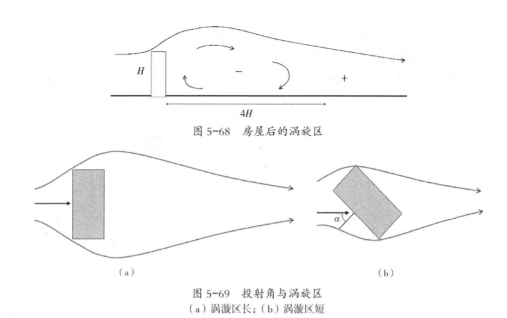

图 5-68　房屋后的涡旋区

图 5-69　投射角与涡旋区
（a）涡漩区长；（b）涡漩区短

除风向投射角外，建筑物体形、建筑群的平面及空间布局等均会对室外风环境产生重要影响。总体来说，增加建筑的高度和长度，漩涡区将变大，而增加建筑深度则可缩短漩涡区的深度。不同的建筑体形背后形成的漩涡区的范围和深度也会有很大的不同（图 5-70）。

一般建筑群的平面布局有行列式、错列式、斜列式、周边式等（图 5-71），从通风的角度来看，以错列式、斜列式较行列式、周边式为好。当用行列式布置时，建筑群内部流场因风向投射角不同而有很大变化。错列式和斜列式可使风从斜向导入建筑群内部，有时亦可结合地形采用自由排列的方式。周边式很难使风导入，这种布置方式只适于冬季寒冷地区。

在建筑群空间布局设计时，同样需要考虑到不同高度建筑组合时可能对风环境的影响。通常当建筑按照前高后低的方式布置时，前幢高层建筑会形成较大的漩涡区而使得后幢较矮的建筑风环境变差（图 5-72a）。在高层建筑的前方有低层建筑时，会在建筑之间造成很强的旋风，风速增大，风向多变，容易吹起地面的灰尘等污染物，影响周围空气质量（图 5-72b）。

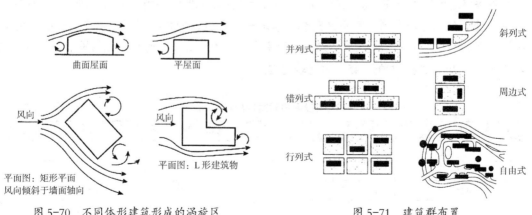

图 5-70　不同体形建筑形成的涡旋区　　　　　图 5-71　建筑群布置

表 5-27 给出了由于高低建筑的相互作用，使得在 1.5 m 高度处的风速与在空旷地面上同一高度处原有风速之比值。

由表 5-27 可知，后幢高层建筑下方开口可增大近地处的风速，有利于周边的风环境。在两幢高层建筑之间由于在建筑的侧面产生负压区，使得该处的风速增大而形成风槽（图 5-75），对夏季通风是有利的，但由于该处的风速过大，容易影响行人安全，因此应该权衡利弊。

从以上的分析可知，影响建筑周围风环境的因素很多，这些因素相互影响、错综复杂，通常只能对周边风环境作定性分析，很难对实际风环境状况加以精确描述。如果要深入了解掌握建筑朝向、间距以及布局等因素对风环境的影响，需借助于风洞模型试验或计算机模拟分析等方法。

近年来，随着计算技术的不断发展，计算流体力学 CFD 等计算机方法逐步被用来分析建筑环境中的空气流动状况。借助于这种分析方法，可利用计算机对室内外空气流动状况快速准确地加以分析。相比于传统的利用"风洞"实验模拟方法，CFD 技术成本较低、速度快、

不同位置处的风速变化　　　　　　　　　　　　　　　　表 5-27

位置	风速比
建筑物之间的风旋	1.3
建筑物拐角处的气流	2.5（图 5-73）
由高层建筑物下方穿过的气流	3.0（图 5-74）

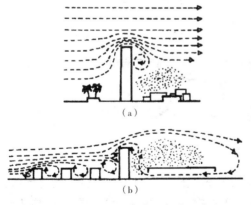

（a）

（b）

图 5-72　不同体形建筑形成的涡旋区

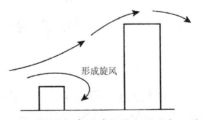

形成旋风

图 5-73　低层与高层建筑物之间的相互作用

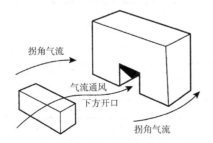

拐角气流

气流通风

下方开口

拐角气流

图 5-74　建筑物拐角处及其下方开口处的气流

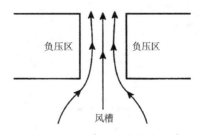

负压区　　　　　　负压区

风槽

图 5-75　狭管效应产生的风槽

不受实际条件限制、方便地仿真不同自然条件下的风环境、结果显示直观形象等诸多优点而逐步成为分析建筑室内、外风环境的主要手段。

（2）建筑开口与室内通风

在建筑的位置布置有利于自然通风的情况下，室内通风组织至关重要，房间开口位置和尺寸大小，直接影响房间进风量和室内风场分布。

一般来说，进、出气口位置设在中央，气流直通，对室内气流分布有利。这时，开口大，则气流场也大；缩小开口面积，开口流速虽然相对增加，但气流场缩小，如图 5-76 中（a）、（b）所示。据测定，当开口宽度为开间宽度的 1/3 ~ 2/3、开口面积为地板面积的 15 % ~ 25 % 时，通风效率最佳。当进风口大于出风口时，排出室外的风速加大；反之，进入房间的风速增大，如图 5-76 中（c）、（d）所示。

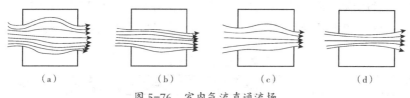

（a）　　　　　　（b）　　　　　　（c）　　　　　　（d）

图 5-76　室内气流直通流场

在建筑设计时，由于平面组合要求，不易做到进、出气口位置正对、气流直通，往往把开口偏于一侧或设在侧墙上。这时，室内部分区域产生涡流现象，风速减小，有的位置甚至无风，如图 5-77 中（a）、（b）所示。如果开口位置不能改变，为了把风引到室内人员活动区，可在进气口加设导风板，如图 5-77 中（c）所示。

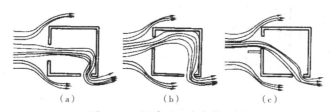

（a）　　　　　　（b）　　　　　　（c）

图 5-77　侧墙开口室内气流场

在建筑剖面上，开口高低与气流路线亦有密切关系。图 5-78 中（a）、（b）为进气口在房间中线以上位置的情况，其中（a）是进气口顶上无挑檐，气流向上倾斜。图 5-78 中（c）、（d）为进气口在房间中线以下位置的情况，其中（c）做法的气流贴地面通过，（d）做法的气流向上倾斜。

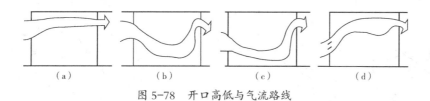

（a）　　　　　　（b）　　　　　　（c）　　　　　　（d）

图 5-78　开口高低与气流路线

此外，为了增加人体舒适度，在人体活动高度内，应设置可开启的窗户，使风吹经人体活动区域以加快人体蒸发散热。现代住宅大量运用落地玻璃窗，但底部窗户往往不能开启。当人坐着休息时，风从头顶掠过却吹不到全身。因此在做好安全措施前提下，应设置可开启的低窗，使风吹经人体，改善舒适度（图5-79）。

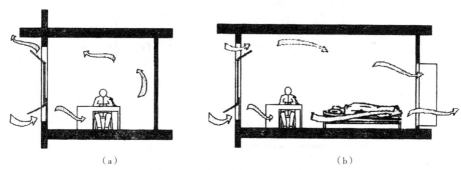

图5-79　开设低窗使风流经身体
（a）单侧通风；（b）穿堂风

除了开口位置以外，门、窗装置的方式对室内自然通风的影响很大。窗扇的开启有挡风或导风作用，装置得当，则能增加室内通风效果。一般房屋建筑中的窗扇常向外开启成90°角，这种开启方式，当风向入射角较大时，将使风受到阻挡，如图5-80中（a）所示。如增大开启角度，则常可导风入室，如图5-80中（b）所示。中悬窗、上悬窗、立转窗、百叶窗都可起调节气流方向的作用，如图5-81所示。落地长窗、漏窗、漏空窗台、折叠门等通风构件有利于降低气流高度，增大人体受风面，在炎热地区亦是常见的构造措施。一般形式如图5-82所示。

除可利用窗扇、门扇等窗户构件，亦可在窗外另设置导风板改善室内通风。导风板可改变表面气压分布，引起气压差，从而改变风的方向。图5-83为设置导风板后室内空气流通效果的比较。

建筑物周围的绿化，不仅对降低周围空气温度和日辐射的影响有显著的作用，当安排合理时，也能改变房屋的通风状况。成片绿化起阻挡或导流作用，可

图5-80　窗扇挡风或导风

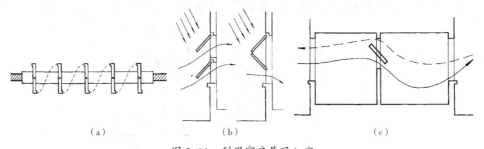

图5-81　利用窗扇导风入室
（a）立转窗；（b）上悬窗；（c）隔墙上的中旋窗

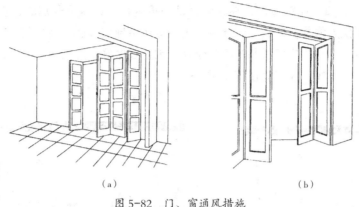

图 5-82　门、窗通风措施
（a）落地窗；（b）折叠门

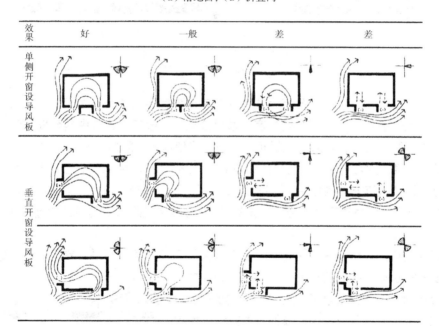

图 5-83　导风板设置方式对室内气流影响

改变房屋周围和内部的气流流场。如图 5-84 中（a）是利用绿化布置导引气流进入室内的情况，图 5-84（b）是利用高低树木的配置从垂直方向导引气流流入室内的情况。

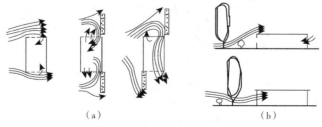

图 5-84　绿化导风作用

5.2.5　自然能源的利用与防热降温

凡不是由化石类或核燃料产生的能源，都可以称为自然能源。由于不需要燃烧，自然能源又可以称为无污染能源。在建筑防热设计中可资利用的自然能源大致有以下几种：

①夜间对流；

②地冷能；

③水的蒸发能；

④有效长波辐射能。

1）夜间通风—对流降温

长期以来，人们把全天持续自然通风作为夏季住宅降温的主要手段之一。实测证明，在夏季连晴天气过程中，全天持续自然通风的住宅，白天室内气温与室外基本相同，日平均气温比室外高 1 ~ 2 ℃，多在 31 ~ 34 ℃之间；而夜间和凌晨反比室外高 3 ℃左右，说明全天持续自然通风没有真正达到降温的目的，室内热环境没有得到实质性的改善。

最近的研究表明，夜间通风可以明显地改变通风房屋的热环境状况。这是因为，在白天特别是午后室外气温高于室内时，门窗紧闭，限制通风，避免了热空气侵入，从而遏制了室内气温上升，减少室内蓄热；夜间开窗，把室外相对干、冷的空气，自然或机械强制地穿越室内，直接降低室内空气的温度和湿度，排除室内蓄热，解决夜间闷热问题。实验结果说明：间歇通风能够降低房间的平均气温和温度振幅，室内最高温度比室外低 3 ~ 5 ℃，平均温度比室外低 1 ℃左右。同时，夜间机械通风优于夜间自然通风，这就为改善重庆、武汉、长沙、南京等长江流域闷热地区人居环境提供了一条新的途径。

2）地冷空调

夏季，大地内部的温度一般总是低于大气温度，而且一座建筑物很大部分与大地接触，因而利用大地降温是可行的。远古时代的穴居，流传至今的窑洞，近年日渐开发的地下城市、地下街道、地下仓储和地下住宅，都是利用这一原理来节省能源和改善人居环境。开发和利用大地能源大有可为。

地冷空调就是利用夏季地温低于室外气温的原理，把室外高温空气流经地下埋管散热后直接由风机送入室内的冷风降温系统（图 5-85）。最常用的做法是将 PVC 塑料管或水泥管埋入地下 1 ~ 3 m 深处，将室内空气通入其中冷却后抽送至室内。

实测结果表明，地冷空调房屋中平均气温 27 ℃，室内平均辐射温度 27.5 ℃，夏季室内外温差可达 5 ~ 7 ℃。地冷空调房屋中的这种低温、稳定和均匀的室内热环境为人体的热舒适提供了重要保证，而且也避免了自然通风房屋各个表面因不对称辐射或不稳定的热环境

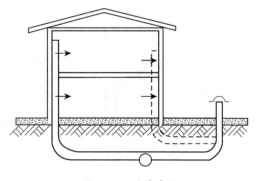

图 5-85　地冷空调

参数引起的不舒适感。当人体着轻型夏装静坐时，地冷空调房间的热环境质量达到了 ISO—DIS7730 的热舒适标准。但空气直接与土壤或地道接触的冷却方式，如地道风降温，因空气质量差，使用受到限制。

3）被动蒸发降温

蒸发降温就是直接利用水的汽化潜热（2 428 kJ/kg）来降低建筑外表面的温度，改善室内热环境的一种手段。传统方法是对屋顶喷水、淋水和在屋顶上蓄水，见图 5-86。

在气候干燥地区，蒸发冷却的效果更为显著。蒸发冷却分为直接蒸发冷却和间接蒸发冷却，根据应用类型可分为被动直接、被动间接、混合直接和混合间接蒸发冷却系统。被动直接蒸发冷却系统包括依靠植物的蒸发冷却，使用喷泉、喷水池、室内或半室内水面以及容积式或塔式蒸发冷却技术。被动间接蒸发冷却系统包括屋顶喷水、开放式水池或移动式水帘系统，如图 5-87（a）所示。混合直接蒸发冷却系统主要指在喷水系统中引入吸水性纤维以增大蒸发面积的冷却设备，空气掠过纤维屋面层大幅度降低干球温度，主要适用于干燥地区，其主要缺点是大幅度提高了进风的湿度。混合间接蒸发冷却系统指使用蒸发冷却使室内排风降温后再通过气—气换热器的一侧，以冷却换热器另一侧的新风进风，也可利用一部分室外空气经喷淋后来冷却另一部分送入室内供通风换气用的新风，如图 5-87（b）、（c）所示。

最近研究的被动蒸发冷却是在屋面上铺设一层多孔含湿材料，利用含湿层中水分的蒸发大量消耗太阳辐射热能，控制屋顶内外表面温升，达到降温节能，改善室内热环境的目的。理论计算和实测证明，多孔含湿材料被动蒸发冷却降温效果卓著，外表面能降低 25 ℃，内表面降低 5 ℃，优于传统的蓄水屋面，是一种很有开发前途的蒸发降温系统。还可以综合利用被动蒸发和自然通风对建筑进行降温，如图 5-88 所示。

图 5-86　蓄水屋面

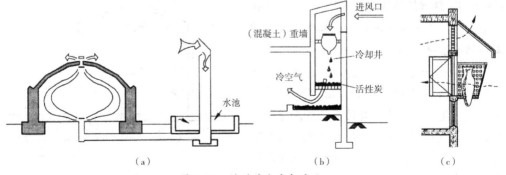

图 5-87　被动蒸发冷却系统

4）长波辐射降温

夜间房屋外表面通过长波辐射向天空散热，加强这种夜间辐射散热可达到使房间降温的目的。白天采用反射系数较大的材料覆盖屋面，可抵御来自太阳的短波辐射；夜间将覆盖层收起，利于屋面的长波辐射散热。另外也可在屋面涂刷选择性辐射涂料，使屋面具有对短波辐射吸收能力小而长波辐射本领强的特性，建筑物外表面刷白等浅色处理即是长波辐射降温的应用之一。这种长波辐射降温法对于日夜温差较大的地区其降温效果较为显著。

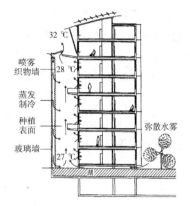

图 5-88　利用潮湿表面和自然通风降温

5.3　建筑日照

5.3.1　日照的基本原理

1）地球绕太阳运行的规律

日照是指物体表面被太阳光直接照射的现象。建筑对日照的要求主要是根据它的使用性能和当地气候情况而定。太阳在天空中的位置因时、因地时刻都在变化，正确掌握太阳相对运动的规律，是处理建筑环境问题的基础。

地球按一定的轨道绕太阳的运动称为公转。公转一周的时间为一年。地球公转轨道的平面叫黄道面。由于地球自转的地轴是倾斜的，它与黄道面约成 66°33′ 的交角，而且在公转中，这个交角和地轴的倾斜方向固定不变。这样就使太阳光线直射的范围在南北纬 23°27′ 之间做周期性的变动，从而形成了春夏秋冬四季的更替，如图 5-89 所示。

通过地心并和地轴垂直的平面称为赤道面。地球在公转中，阳光直射地球的变动范围用太阳赤纬角 δ 来表示，所谓赤纬角 δ 是指太阳光线与地球赤道面之间的夹角。它是表征地球公转的参数。在一年中春分时，阳光直射赤道，赤纬角为 0°，阳光正好切过两极，因此南、北半球昼夜等长。此后，太阳光移动到夏至日，阳光直射北纬 23°27′，且切过北极

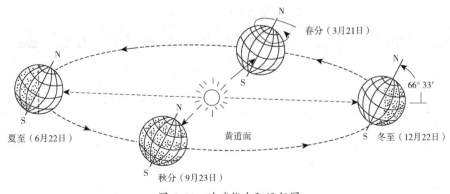

图 5-89　地球绕太阳运行图

圈，即北纬66°33′线，这时的赤纬角为＋23°27′。北极圈内都在向太阳的一侧是"永昼"；南极圈内却在背太阳的一侧是"长夜"；北半球昼长夜短，南半球夜长昼短。夏至以后，太阳光回到赤道，赤纬角为0°，是为秋分，这时南北半球昼夜又是等长。当阳光移动到冬至日，阳光直射南回归线，即南纬23°27′，赤纬角为-23°27′，且切过南极圈，即南纬66°33′线。这种情况恰好与夏至日相反，南极圈内为"永昼"，北极圈内为"长夜"，南半球昼长夜短，北半球昼短夜长。冬至以后，阳光返回赤道又是春分。如此周而复始，年复一年，见图5-90、图5-91。

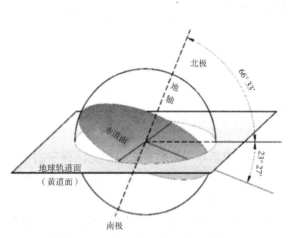

图5-90　地球自转与公转的角度关系

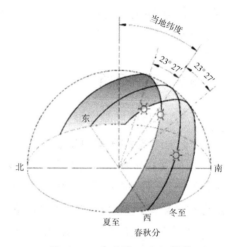

图5-91　某地的日运行轨道

地球绕太阳公转中，不同季节有不同的太阳赤纬角。春分、夏至、秋分、冬至是四个典型季节日，分别为春夏秋冬四季中间的日期。这四个季节把黄道等分成四个区段，若将每一个区段再等分成六小段，则全年可分为二十四小段，每小段太阳运行大约为15天左右。这就是我国传统的历法——二十四节气。全年二十四节气太阳赤纬角δ见表5-28。

二十四节气太阳赤纬角δ值　　　　　　　　　　表5-28

节气	日期	赤纬δ	日期	节气
夏至	6月21日或22日	＋23°27′	—	—
芒种	6月6日左右	＋22°30′	7月7日左右	小暑
小满	5月21日左右	＋20°00′	7月21日左右	大暑
立夏	5月6日左右	＋15°00′	8月8日左右	立秋
谷雨	4月21日左右	＋11°00′	8月21日左右	处暑
清明	4月5日左右	＋6°00′	9月8日左右	白露
春分	3月21日或22日	0°	9月22日或23日	秋分

续表

节气	日期	赤纬 δ	日期	节气
惊蛰	3 月 6 日左右	−6°00′	10 月 8 日左右	寒露
雨水	2 月 21 日左右	−11°00′	10 月 21 日左右	霜降
立春	2 月 4 日左右	−15°00′	11 月 7 日左右	立冬
大寒	1 月 21 日左右	−20°00′	11 月 21 日左右	小雨
小寒	1 月 6 日左右	−22°30′	12 月 7 日左右	大雪
—	—	−23°27′	12 月 22 日或 23 日	冬至

地球自转 1 周为 1 天，即 24 小时，不同的时间有不同的时角 Ω。地球自转一周为 360°，因而每小时的时角为 15°。时角 $\Omega = 15 t$，t 表示时数，即当地时间 12 点之间的小时数。如 10 点和 14 点的时角分别为 −30° 和 30°。

为了说明地球面上任一观察点所在的位置，通常以该地铅垂线对赤道面的夹角 φ 表示，φ 称为该地的地理纬度。赤道的纬度为零，由赤道向两极各分 90°，北半球称北纬，南半球称南纬。由于观察点在地球上所处的纬度不同，在不同季节和不同时刻，从观察点看太阳在天空的位置都不相同。太阳位置常以太阳高度角 h_s 和方位角 A_s 来表示，如图 5-92 所示。

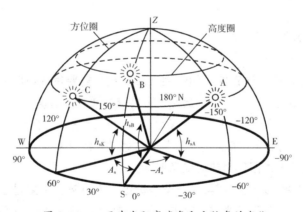

图 5-92　一天中太阳高度角和方位角的变化

太阳光线与地平面间的夹角 h_s 称为太阳高度角。太阳方位角 A_s 即为太阳光线在地平面上的投射线与地平面正南线所夹的角，以正南点为零，顺时针方向的角度为正，表示太阳位于下午；反时针方向的角度为负，表示太阳位于上午。任何一天内，上、下午太阳的位置对称于正午，例如下午 2 时 15 分对称于上午 9 时 45 分。

任何地区，日出、日落时，太阳高度角为零。一天中太阳位于正南时，高度角最大。

2）日照的作用

日照是与人类生存、身心健康、卫生、工作效率均有着密切的关系，特别是在严寒和寒冷地区的冬季，人们更希望获得更多的日照。日照的作用主要有：

（1）促进新陈代谢

由于阳光照射，引起动植物的各种光生物学反应，因而促进生物机体的新陈代谢。

（2）预防和治疗疾病

日照中含有紫外线，能起到杀菌、预防和治疗一些疾病的作用，如感冒、支气管炎、扁桃腺炎和佝偻病等。

（3）改善室内的热、光环境

日照中的红外线产生热辐射，有利于提高冬季室内温度，降低建筑供暖能耗；同时，可见光也有利于建筑物室内的照明和天然采光。

（4）增加建筑艺术效果

日照对于建筑物的艺术造型也有一定的影响，良好的日照能增强建筑物的立体感，其不同角度的阴影会给人们不同的艺术感觉。

但是，日照并非越多越好，过量的日照，特别是在我国南方炎热地区的夏季，容易造成室内过热，对人们的生活、学习和工作都有不利的影响，同时还会增加能源的消耗。而且阳光直射在工作面上还可能会产生眩光，损害视力。尤其在工业厂房中，工人会因室内过热或眩光而易感疲劳，降低工作效率，甚至造成伤亡事故。此外，直射阳光对物品有褪色、变质等损坏作用。有些化学药品被晒，还有发生爆炸的危险。

因此，如何利用日照的有利一面，控制与防止日照不利的影响，是建筑日照设计时应当考虑的问题。

3）建筑对日照的要求及利用

（1）建筑对日照的要求

建筑对日照的要求根据建筑的不同使用性质而定。需要争取日照的建筑，如病房、幼儿活动室和农业用的日光室等，它们对日照各有特殊的要求。病房和幼儿活动室主要要求中午前后的阳光，因这时的阳光含有较多的紫外线，而日光室则需整天的阳光。对居住建筑，则要求一定的日照，目的在于使室内有良好的卫生条件，起消灭细菌与干燥潮湿房间的作用，以及在冬季能使房间获得太阳辐射热而提高室温。

需要避免日照的建筑大致有两类：一类是防止室内过热，主要是在炎热地区，夏季一般建筑都需要避免过量的直射阳光进入室内，特别是恒温恒湿的纺织车间等更要注意；另一类是避免眩光和防止起化学作用的建筑，如展览室、绘图室、阅览室、精密仪器车间，以及某些化工厂、实验室、药品车间等，都需要限制阳光直射在工作面和物体上，以免发生危害。有特殊要求的房间甚至终年要求限制阳光直射。

为此，在建筑日照设计时，应考虑日照时间、面积及其变化范围，以保证必需的日照或避免阳光过量射入以防室内过热。因此要正确选择房屋的朝向、间距和布局形式，做好窗口的遮阳处理，综合考虑地区气候特点、房间的自然通风及节约用地等因素。

（2）争取日照的方法

对于大部分地区的居住建筑来说，为了保证居民的身心健康和节能的要求，需要争取到更多的日照。因此，在建筑选址和建筑布局中应从以下几个方面争取日照：

①建筑基地应选择在向阳的平地或山坡上，以争取尽量多的日照。

②应选择满足日照间距要求、不受周围其他建筑严重遮挡的基地。

③建筑布局尽可能满足最佳朝向范围，并使建筑内的各主要房间尽可能有良好的朝向和充足的日照。

④在多排多列建筑布置时，采用错位布局，利用山墙空隙争取日照，如图 5-93 所示。

⑤点式、条式建筑组合布置时，将点式建筑布置在向阳位置，条式建筑布置在其后，有利于利用点式建筑空隙获得日照，如图 5-94 所示。

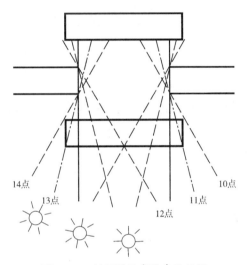

图 5-93　利用错位布局争取日照

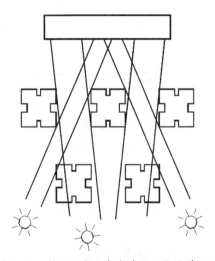

图 5-94　利用点式和条式建筑组合改善日照

⑥当采用退台式建筑或不同高度建筑组合布置时，将低建筑布置在向阳位置，高建筑布置在其后，有利于争取更多的采光面积、减少日照间距、节约用地，如图 5-95 所示。

⑦当采用封闭或半封闭的周边式建筑方案时，需要进行合理布局或科学组合，争取更多的日照。如图 5-96 所示，从争取室内日照，减少日照遮挡来看，南北向与东西向建筑拼接方案中方案 3、方案 4 更好些。

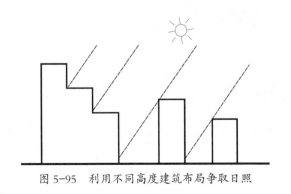

图 5-95　利用不同高度建筑布局争取日照

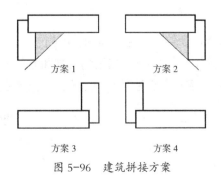

图 5-96　建筑拼接方案

⑧采用全封闭围合式建筑组合时，其开口的位置和方位以向阳和居中为好。

⑨利用落叶树木争取冬季日照，且在夏季可获得良好的遮阳效果，如图 5-97 所示。

图 5-97　落叶树木对日照的调节作用

5.3.2　太阳高度角 h_s 和方位角 A_s 的计算

确定太阳高度角和方位角的目的是进行日照时数、日照面积、房屋朝向和间距以及房屋周围阴影区范围等问题的设计。

影响太阳高度角 h_s 和方位角 A_s 的因素有三：

①赤纬 δ，它表明季节（即日期）的变化；

②时角 Ω，它表明时间的变化；

③地理纬度 φ，它表明观察点所在地方的差异。

太阳高度角和方位角的计算公式为：

（1）求太阳高度角 h_s：

$$\sin h_s = \sin\varphi \cdot \sin\delta + \cos\varphi \cdot \cos\delta \cdot \cos\Omega \tag{5-21}$$

式中　h_s——太阳高度角，deg；

　　　φ——地理纬度，deg；

　　　δ——赤纬，deg；

　　　Ω——时角，deg。

（2）求太阳方位角 A_s

$$\cos A_s = \frac{\sin h_s \sin\varphi - \sin\delta}{\cos h_s \cos\varphi} \tag{5-22}$$

式中　A_s——太阳方位角，deg。

（3）求日出、日没的时刻和方位角

因日出日没时 $h_s = 0$，代入式（5-21）和式（5-22）得

$$\cos\Omega = -\tan\varphi \cdot \tan\delta \tag{5-23}$$

$$\cos A_s = \frac{-\sin\delta}{\cos\varphi} \tag{5-24}$$

（4）中午的太阳高度角

以 $\Omega = 0$ 代入式（5-21）得：

$$h_s = 90 - (\varphi - \delta) \qquad \varphi > \delta \text{ 时} \tag{5-25}$$

$$h_s = 90 - (\delta - \varphi) \qquad \varphi < \delta \text{ 时} \tag{5-26}$$

【例 5-3】求北纬 35° 地区在立夏日午后 3 点的太阳高度角和方位角。

【解】已知 $\varphi = +35°$；$\delta = +15°$；$\Omega = 15\ t = 15 \times 3 = 45°$。将已知值代入式（5-21）可得：

$$\sin h_s = \sin\varphi \cdot \sin\delta + \cos\varphi \cdot \cos\delta \cdot \cos\Omega = 0.708$$

$$h_s = 45° 04'$$

将已知值代入式（5-22）可得：

$$\cos A_s = \frac{\sin h_s \sin\varphi - \sin\delta}{\cos h_s \cos\varphi} = 0.255$$

$$A_s = 75° 15'$$

【例 5-4】求北纬 35° 地区夏至日的日出、日没时刻及方位角。

【解】已知 $\varphi = + 35°$；$\delta = + 23° 27'$

将已知值代入式（5-24）可得：

$$A_s = \pm 119° 04'$$

将已知值代入式（5-23）可得：

$$\Omega = \pm 107° 45' \text{ 即 } \pm 7 \text{ 时 } 11 \text{ 分}$$

故日出、日没的方位角为 $\pm 119° 04'$，

日出时刻为 -7 时 11 分 +12= 4 时 49 分，

日没时刻为 +7 时 11 分 +12=19 时 11 分。

【例 5-5】求广州地区（$\varphi = + 23° 8'$）和北京地区（$\varphi = + 40°$）夏至日中午的太阳高度角。

【解】夏至日的 $\delta = + 23° 27'$；广州地区 $\varphi = + 23° 8'$

广州的太阳高度角可按式（5-26）得：

$h_s = 90 - (\delta - \varphi) = 90 - (23° 27' - 23° 8') = 89° 41'$（太阳位置在观察点的北面）。

北京地区 $\varphi = + 40°$，北京的太阳高度角可按式（5-25）得：

$h_s = 90 - (\varphi - \delta) = 90 - (40° - 23° 27') = 73° 27'$（太阳位置在观察点的南面）。

5.3.3　地方时与标准时

一天时间的测定，是以地球自转为依据给出的一种尺度。日照设计中所用的时间，均以地方平均太阳时为准。它与日常钟表所指的标准时之间往往有一差值，故需换算。

　　所谓地方平均太阳时，是以太阳通过该地的子午线（经线）时为正午 12 时来计算一天的时间。这样经度不同的地方，正午时间均不同，使用起来不方便。因此规定在一定经度范围内统一使用一种标准时间。所谓标准时间，是各国按所处地理位置的范围，划定所有地区的时间以某一中心子午线的时间为标准时，在该范围内同一时刻的钟点均相同。

　　1884 年经过国际协议，以穿过伦敦当时的格林尼治天文台的经线为本初经线，或称本初子午线。以本初子午线处的平均太阳时为世界时间的标准时，称为"世界时"。以本初子午线东西各 7.5° 为零时区，向东分 12 个时区，向西也分 12 个时区。每个时区包含地理经度 15°，把全世界按地理经度划为 24 个时区。每个时区都按它的中央子午线的平均太阳时为计时标准，称为该时区的标准时，相邻两个时区的时差为 1 小时。时区划分见图 5-98。

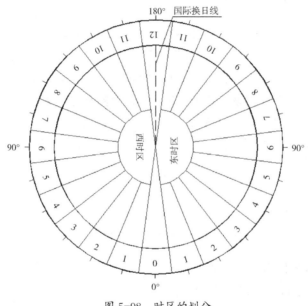

图 5-98　时区的划分

　　我国从东五时区到东九时区，横跨五个时区。为计算方便，我国统一采用东八时区的时间，即以东经120° 的平均太阳时为中国的标准时间，称为"北京时间"。北京时间与世界时相差 8 小时，即北京时间等于世界时加上 8 小时。

　　地方太阳时与标准时之间的转换可按下式计算：

$$T_o = T_m + 4 (L_o - L_m) \qquad (5-27)$$

式中　T_o——标准时间，min；

　　　　T_m——地方平均太阳时，min；

　　　　L_0——标准时间子午圈所处的经度，deg；

　　　　L_m——地方时间子午圈所处的经度，deg。

　　【例 5-6】求广州地区地方平均太阳时 12 点钟相当于北京标准时几点几分？

【解】已知北京标准时间子午圈所处的经度为东经120°，广州所处的经度为东经113° 19′。按式（5-27）得：

$$T_o = T_m + 4（L_o - L_m） = 12 + 4 \times（120° - 113° 19′）= 12 时 27 分$$

所以，广州地区地方平均太阳时12点钟，相当于北京标准时间12时27分。

5.3.4 日照标准及日照间距的计算

1) 日照标准

所谓日照标准，就是在规定的日照标准日（冬至日或大寒日）的有效日照时间范围内，建筑外窗获得的最低日照时间。日照标准主要包括日照时数和日照质量两个指标。日照时数是表示太阳照射的时数。日照质量是指每小时室内地面和墙面阳光照射面积累计的大小以及阳光中紫外线的效用高低。

对一些疗养院、托儿所和居住建筑来说，都应保证一定的室内日照时间，但具体标准涉及卫生保健的需要以及经济条件等较多因素，各个国家规定的标准不尽相同。美国公共卫生协会推荐至少应有一半居住用房在冬至日中午有 1 ~ 2 h 日照；苏联提出，普通玻璃窗的居住建筑，每天有 3 ~ 4 h 的日照；德国柏林建筑法规规定，所有居住面积每年须有 250 天每天有 2 h 的日照。

我国《住宅建筑规范》GB 50368—2005 和《城市居住区规划设计规范》GB 50180—2018根据不同气候区对住宅日照标准进行了相应的规定，即每套住宅至少应有一个居住空间满足表 5-29 的日照要求。

住宅建筑日照标准　　　　　　　　　　　表 5-29

建筑气候区划	Ⅰ、Ⅱ、Ⅲ、Ⅶ气候区		Ⅳ气候区		Ⅴ、Ⅵ气候区
	大城市	中小城市	大城市	中小城市	
日照标准日	大寒日				冬至日
日照时数（h）	≥ 2	≥ 3			≥ 1
有效日照时间带（h）	8 ~ 16				9 ~ 15
计算起点	底层窗台面				

注：1. 建筑气候区划应符合《建筑气候区划标准》GB 50178—93 的规定。
　　2. 底层窗台面是指距室内地坪0.9 m高的外墙位置。
　　3. 大城市指城区常住人口为50万人及以上，其余为中小城市。

同时，我国《中小学校设计规范》GB 50099—2011 中规定，普通教室冬至日满窗日照不应小于 2 h，中小学校至少应有 1 间科学教室或生物实验室的室内能在冬季获得直射阳光；《托儿所、幼儿园建筑设计规范》JGJ 39—2016 中规定，托儿所、幼儿园的幼儿生活用房应布置在当地最好朝向，并满足冬至日底层满窗日照不少于 3 h（小时）的要求。其他建筑规范中对相应的房间也提出了日照的要求。

2）日照间距的计算

在居住小区中，往往由于建筑布局不当，四周的建筑互相遮挡，使得某些虽然朝向选择较好的建筑并不能获得良好的日照条件。因此，在建筑规划设计中，必须在建筑之间留出一定的距离，以保证日光不受遮挡能直接照射到室内。这个距离就称为建筑的日照间距。

日照间距的大小主要是根据现行小区规划设计、住宅设计及其他建筑设计规范中对日照标准要求来确定。它受当地地理纬度、建筑朝向、建筑的高度和长度及用地地形等因素的影响。如图 5-99 所示，在平坦场地上，任意朝向的条式建筑日照间距计算公式为：

$$D = (H-H_1) \cdot \cot h_s \cdot \cos \gamma = H_o \cdot \cot h_s \cdot \cos \gamma \tag{5-28}$$

式中　D——两建筑物间平地日照间距，m；

　　　H——前排建筑高度，m；

　　　H_1——后排建筑底层窗台高度，m；

　　　H_o——前排建筑檐口至后排建筑底层窗台高度间高度差，m；

　　　h_s——太阳高度角，deg；

　　　γ——建筑墙面法线与太阳方位的夹角，deg。

其中，太阳高度角 h_s 和 γ 是根据相应的日照标准及建筑朝向所确定。

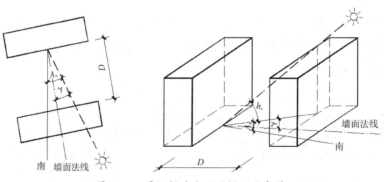

图 5-99　平坦场地上日照间距示意图

【例 5-7】重庆市区（纬度 φ 为 29° 30′），在平坦场地上有前后两幢正南朝向条式住宅，已知前幢住宅高度为 10.9 m，后幢住宅的窗台高度为 0.9 m，试求这两幢住宅之间的日照间距。

【解】根据表 5-29 住宅建筑日照标准，可知该日照标准为大寒日需要 2 h 以上的日照。因此，要满足 2 h 日照需要取午前 11 点或午后 13 点时的太阳高度角 h_s 和方位角 A_s 计算。

已知 H =10.9 m，H_1=0.9 m，φ=29° 30′，大寒日赤纬角 δ=−20° ，时角取 Ω=15° 。

将已知值代入公式（5-21）可得：

$$\sin h_s = \sin \varphi \cdot \sin \delta + \cos \varphi \cdot \cos \delta \cdot \cos \Omega = 0.622$$
$$h_s = 38.4°$$

将已知值代入公式（5-22）可得：

$$\cos A_s = \frac{\sin h_s \sin \varphi - \sin \delta}{\cos h_s \cos \varphi} = 0.95$$

$$A_s = 18.1°$$

因为建筑的朝向为正南向，因此 $\gamma = A_s = 18.1°$

将已知值代入公式（5-28）可得：

$$D = (H-H_1) \cdot \coth_s \cdot \cos\gamma = 10 \times \cot 38.4° \times \cos 18.1° = 12.0 \text{ m}$$

3）日照设计方法

日照间距是日照设计的主要内容，采用上面的公式计算费时费力，对于比较复杂的建筑形式和布局，只能进行简化处理，无从谈及日照分析和优化设计的问题。目前求解日照问题的方法，有计算法、图解法和模型试验等，随着计算机数字技术的广泛应用，各种日照问题都可以用计算机软件来解决。

5.4 建筑防潮

5.4.1 概述

空气中的水蒸气遇到低温表面就会凝结成水，这种凝结发生在建筑围护结构上就会导致许多严重问题。如果在围护结构内表面凝结，就会在潮湿表面上形成细菌，滋生霉菌及其他微生物繁殖，并会散布到室内空气中和物品上，使物品变质，危害环境卫生和人体健康。如果在围护结构内部凝结，建筑材料受潮后，可能导致强度降低、变形、腐烂、脱落，从而降低使用质量，影响建筑物的耐久性。若围护结构中的保温材料受潮，将使其导热系数增大，保温能力降低。因此在设计围护结构时，不仅必须考虑到它的热状况，同时还要考虑它的湿状况。

影响围护结构湿状况的因素很多，在建筑热工中主要针对围护结构内表面及内部凝结而引起的湿状况以及防止措施。

围护结构内表面凝结主要发生在两种情况：一种是冬季供暖建筑，由于围护结构保温不足，且存在明显的热桥，在室温偏低、湿度偏高的条件下，围护结构及热桥部位内表面温度低于室内空气露点温度而引起凝结；另一种是南方居住建筑，在夏季和梅雨季节容易出现地面泛潮。

对于冬季供暖建筑内表面凝结问题，关键是做好围护结构保温。若设计围护结构时已考虑了最小热阻的要求，一般情况下是不会出现表面冷凝现象。但使用中应注意尽可能使外围护结构内表面附近的气流畅通，所以家具、壁橱等不宜紧靠外墙布置。当供热设备放热不均匀时，会引起围护结构内表面温度的波动，为了减弱这种影响，围护结构内表面层宜采用蓄热特性系数较大的材料，利用它蓄存的热量起调节作用，以减少出现周期性冷凝的可能。

对于南方居住建筑夏季内表面出现的凝结问题，则是建筑中的一种大强度的差迟凝结现象，即春末室外空气温度和湿度都骤然增加时，建筑物中的物体表面温度由于热容量的影响而上升缓慢，滞后若干时间而低于室外空气的露点温度，以至于高温、高湿的室外空气流过室内低温表面时必然发生大强度的表面凝结。

围护结构内部凝结主要发生在冬季建筑供暖期间。在室内、外存在较大的温差条件下，同时也存在空气水蒸气压力差。例如，供暖房间室内气温为 18 ℃、相对湿度为 60 %，若室外气温为 0 ℃、相对湿度为 80 %，在这种条件下，室内、外空气中的水蒸气分压力分别为 1 237 Pa 和 488 Pa。这种压力差驱使水蒸气由室内向室外沿围护结构渗透，遇到结构内部温度达到或低于露点时，水蒸气即形成凝结水。在这种情况下，外围护结构内部将受潮，这种情况难以检查，是最为不利的。

在上面提到的几种围护结构凝结问题中，通过保温设计可以有效控制冬季供暖建筑围护结构内表面温度，避免发生表面凝结；而对于冬季围护结构内部凝结和夏季表面凝结，这类问题不是用保温可以解决的。因此本章内容主要针对冬季围护结构内部凝结和夏季表面凝结的控制。

5.4.2　围护结构内部冷凝控制

1）围护结构内部冷凝判定依据

当室内、外空气的水蒸气含量不等时，在外围护结构的两侧就存在水蒸气分压力差，水蒸气分子将从压力较高的一侧通过围护结构向低的一侧渗透扩散。若设计不当，水蒸气通过围护结构时，会在材料的孔隙中凝结成水或冻结成冰造成内部冷凝受潮，所造成的危害是一种看不见的隐患。因此在设计之初，应分析所设计的构造方案是否会产生内部冷凝现象，以便采取措施加以消除，或控制其影响程度。

围护结构内部是否会发生冷凝，关键是其材料孔隙中的水蒸气是否达到饱和，即围护结构内部的水蒸气分压力 P 与饱和水蒸气分压力 P_s 的分布曲线是否

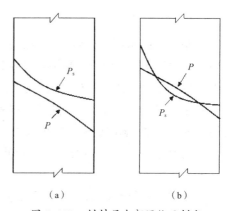

图 5-100　材料层内部湿状况判定
（a）无内部冷凝；（b）有内部冷凝

相交。如图 5-100 所示，如果 P 与 P_s 曲线不相交，说明围护结构内部总是 $P < P_s$，不会产生凝结；如果 P 与 P_s 曲线相交，说明围护结构内部某处有 $P \geqslant P_s$，该处会发生凝结。

2）围护结构内部热湿分布

由于饱和水蒸气分压力与温度有对应关系，因此知道了围护结构内部温度分布也就可以得出饱和水蒸气分压力分布。所以需要解决的问题是计算围护结构内部温度分布和水蒸气分压力分布，即热湿分布，通常按照稳定传热传湿原理计算。

（1）温度分布

以图 5-101 所示的 3 层平壁结构为例，可由稳定传热条件下，通过各层平壁热流相等求出内表面及内部温度。

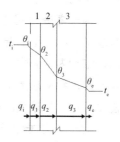

图 5-101　多层平壁传热

根据 $q=q_i$ 得：

$$\frac{1}{R_o}\left(t_i-t_e\right)=\frac{1}{R_i}\left(t_i-\theta_i\right) \tag{5-29}$$

由此得到内表面温度：

$$\theta_i=t_i-\frac{R_i}{R_o}\left(t_i-t_e\right) \tag{5-30}$$

又根据 $q=q_1$ 得：

$$\frac{1}{R_o}\left(t_i-t_e\right)=\frac{\lambda_1}{d_1}\left(\theta_i-\theta_2\right) \tag{5-31}$$

由此得到：

$$\theta_2=\theta_i-\frac{R_1}{R_o}\left(t_i-t_e\right)=t_i-\frac{R_i+R_1}{R_o}\left(t_i-t_e\right) \tag{5-32}$$

同理可知，对于多层平壁内任一层的内表面温度 θ_m，可写成：

$$\theta_m=t_i-\frac{R_i+R_1+R_2+\cdots+R_{m-1}}{R_o}\left(t_i-t_e\right) \tag{5-33}$$

最后根据 $q=q_e$ 得：

$$\frac{1}{R_o}\left(t_i-t_e\right)=\frac{1}{R_e}\left(\theta_e-t_e\right) \tag{5-34}$$

由此得到外表面温度：

$$\theta_e=t_e+\frac{R_e}{R_o}\left(t_i-t_e\right) \tag{5-35}$$

或

$$\theta_e=t_i-\frac{R_o-R_i}{R_o}\left(t_i-t_e\right) \tag{5-36}$$

围护结构内部温度分布除了用上面的计算法外还可用图解法得到。对图 5-102 中（a）所示的三层平壁，先计算出各层热阻，然后以热阻为横坐标、温度为纵坐标画出从室内空气温度到室外空气温度的直线，即图 5-102 中（b），将各层平壁表面温度对应到以厚度为横坐标的平壁中，最后得到平壁内部温度分布，即图 5-102 中（c）。

可见，在稳定传热情况下，每一材料层内的温度分布为一直线，多层平壁中则是一条连续的折线。材料层内温度降落的程度与该层的热阻成正比，材料层的热阻越大，该层内的温度降落也越大。

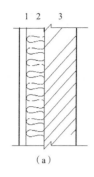
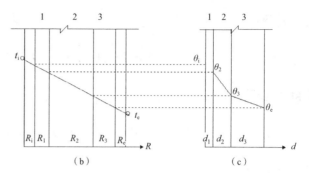

图 5-102　温度分布图解法

（2）水蒸气分压力分布

稳态下水蒸气渗透过程的计算与稳定传热的计算方法是完全相似的。如图 5-103 所示，在稳态条件下通过围护结构的水蒸气渗透量，与室内外的水蒸气分压力差成正比，与渗透过程中受到的阻力成反比，即

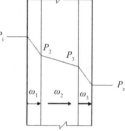

图 5-103　多层平壁传湿

$$\omega = \frac{P_i - P_e}{H_o} \tag{5-37}$$

式中　ω——水蒸气渗透强度，g/（m²·h）；

　　　H_o——围护结构的总水蒸气渗透阻，m²·h·Pa/g；

　　　P_i、P_e——室内、外空气的水蒸气分压力，Pa。

围护结构的总水蒸气渗透阻按下式计算：

$$H_o = H_1 + H_2 + \cdots\cdots = \frac{d_1}{\mu_1} + \frac{d_2}{\mu_2} + \cdots\cdots \tag{5-38}$$

式中　d_1、d_2、$\cdots\cdots$——各材料层厚度，m；

　　　μ_1、μ_2、$\cdots\cdots$——各层材料的水蒸气渗透系数，g/（m·h·Pa）。

水蒸气渗透系数表明材料的透汽能力，与材料的密实程度有关，材料的孔隙率越大，透气性就越强。例如油毡的 $\mu = 1.35 \times 10^{-6}$ g/（m·h·Pa），玻璃棉的 $\mu = 4.88 \times 10^{-4}$ g/（m·h·Pa），静止空气的 $\mu = 6.08 \times 10^{-4}$ g/（m·h·Pa），玻璃和金属是不透气的。常用材料的水蒸气渗透系数可查附录 3。

由于围护结构内外表面的湿转移阻与结构材料层的水蒸气渗透阻本身相比很微小，所以在计算总水蒸气渗透阻时可忽略不计。这样，围护结构内外表面的水蒸气分压力可近似地取为 P_i 和 P_e。按照与内部温度计算相似的方法，可得

$$P_2 = P_i - \frac{H_1}{H_o}(P_i - P_e) \tag{5-39}$$

$$P_3 = P_2 - \frac{H_2}{H_o}(P_i - P_e) = P_i - \frac{H_1 + H_2}{H_o}(P_i - P_e) \tag{5-40}$$

同理可知，对于多层平壁内任一层界面的 P_m，可写成

$$P_m = P_i - \frac{H_1 + H_2 + \cdots\cdots + H_{m-1}}{H_o}(P_i - P_e) \qquad (5-41)$$

（3）围护结构湿分布计算步骤

假设围护结构为多层材料构成，在稳定传热传湿状态下，单一材料层中的温度分布和水蒸气分压力分布为直线，因此只需要计算出各材料层界面的温度和水蒸气分压力，计算步骤如下：

①由室内外空气温度 t_i、t_e，计算围护结构各材料层界面温度 θ_i、θ_1……θ_e；

②由材料层界面温度 θ_i、θ_1……θ_e，查表得到相应的饱和水蒸气分压力 P_{si}、P_{s1}……P_{se}；

③由室内外空气温度 t_i、t_e 和相对湿度 φ_i、φ_e，计算出空气水蒸气分压力 P_i、P_e，忽略空气和围护结构表面的水蒸气分压力的差别，假设 P_i、P_e 为围护结构内外表面的水蒸气分压力，计算围护结构内部各材料层界面水蒸气分压力 P_1、P_2……；

④在围护结构剖面图上，以压力为纵坐标，连接 $P_{s,i}$、$P_{s,1}$……$P_{s,e}$ 各点为一折线，即为饱和水蒸气分压力 P_s 分布；同理，连接 P_i、P_1……P_e 各点为一折线，即为水蒸气分压力 P 分布。

⑤由 P 与 P_s 曲线是否相交，判断围护结构内部是否出现冷凝。

【例5-8】检查图5-104所示的外墙是否会产生冷凝。已知：t_i=16℃，φ_i=60 %，供暖期室外平均气温 t_e=-4℃，平均相对湿度 φ_e=50%。外墙构造为：1—20 mm 厚石灰砂浆内粉刷；2—50 mm 厚加气混凝土（ρ_0=500 kg/m³）；3—120 mm 厚砖墙。

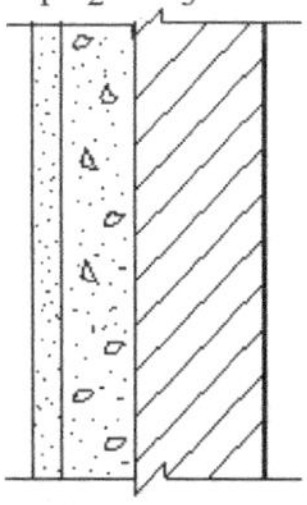

图5-104 外墙构造

【解】①计算各层热阻和水蒸气渗透阻

序号	材料层	d	λ	$R = \dfrac{d}{\lambda}$	μ	$H = \dfrac{d}{\mu}$
1	石灰粉刷	0.02	0.81	0.025	0.000 12	166.67
2	加气混凝土	0.05	0.19	0.263	0.000 199	251.51
3	砖墙	0.12	0.81	0.148	0.000 066 7	1 799.10

ΣR=0.436　ΣH=2 217.28

由此得：　　　　　　R_o=0.11+0.436+0.04=0.586 m²·K/W

H_o=2 217.28 m²·h·Pa/g

②计算室内、外空气的水蒸气分压力

t_i=16℃时，P_s=1 817 Pa

则：
$$P_i = 1\ 817.2 \times 60\ \% = 1\ 090.3\ \text{Pa}$$
$$t_e = -4\ \text{℃时，} P_s = 437.3\ \text{Pa}$$

则：
$$P_e = 437.3 \times 50\ \% = 218.7\ \text{Pa}$$

③计算围护结构内部各层的温度和水蒸气分压力

$$\theta_i = 16 - \frac{0.11}{0.586}(16 + 4) = 12.2\ \text{℃}$$

$$P_{s,i} = 1\ 419.9\ \text{Pa}$$

$$\theta_2 = 16 - \frac{0.11 + 0.025}{0.586}(16 + 4) = 11.4\ \text{℃}$$

$$P_{s,2} = 1\ 347.9\ \text{Pa}$$

$$\theta_3 = 16 - \frac{0.11 + 0.025 + 0.263}{0.586}(16 + 4) = 2.4\ \text{℃}$$

$$P_{s,3} = 726.6\ \text{Pa}$$

$$\theta_e = 16 - \frac{0.586 - 0.04}{0.586}(16 + 4) = -2.6\ \text{℃}$$

$$P_{s,e} = 492.0\ \text{Pa}$$

$$P_2 = 1\ 090.3 - \frac{166.67}{2\ 217.28}(1\ 090.3 - 218.7) = 1\ 024.78\ \text{Pa}$$

$$P_3 = 1090.3 - \frac{166.67 + 251.51}{2\ 217.28}(1\ 090.3 - 218.7) = 925.92\ \text{Pa}$$

④依据以上数据，按一定比例作出 P 与 P_s 分布线如图5-105所示。由于 P 线与 P_s 线相交，说明墙体内部将出现冷凝。

（4）冷凝量估计

若经判别出现内部冷凝时，可按下述近似方法估算冷凝强度和供暖期保温层材料湿度的增量。

实践经验和理论分析都已判明，在水蒸气渗透的途径中，若材料的水蒸气渗透系数出现由大变小的界面，因水蒸气至此遇到较大的阻力，最易发生冷凝现象，习惯上把这个最易出现冷凝，而且凝结最严重的界面，叫作围护结构内部的"冷凝界面"，如图5-106所示。

显然，当出现内部冷凝时，冷凝界面处的水蒸气分压力已达到该界面温度下的饱和水蒸气分压力 $P_{s,c}$。设

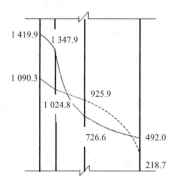

图5-105　墙体内部水蒸气分压力分布

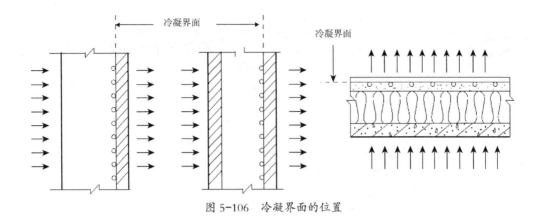

图 5-106　冷凝界面的位置

由水蒸气分压力较高一侧空气进到冷凝界面的水蒸气渗透强度为 ω_1，从界面渗透到分压力较低一侧空气的水蒸气渗透强度为 ω_2，两者之差即是界面处的冷凝强度（图 5-107），即：

$$\omega_c = \omega_1 - \omega_2 = \frac{P_A - P_{s,c}}{H_{o,i}} - \frac{P_{s,c} - P_B}{H_{o,e}} \qquad (5\text{-}42)$$

式中　P_A——分压力较高一侧空气的水蒸气分压力，Pa；

　　　P_B——分压力较低一侧空气的水蒸气分压力，Pa；

　　　$P_{s,c}$——冷凝界面处的饱和水蒸气分压力，Pa；

　　　$H_{o,i}$——在冷凝界面水蒸气流入一侧的水蒸气渗透阻，$m^2 \cdot h \cdot Pa/g$；

　　　$H_{o,e}$——在冷凝界面水蒸气流出一侧的水蒸气渗透阻，$m^2 \cdot h \cdot Pa/g$。

供暖期内总的冷凝量近似估计为：

$$\omega_{c,o} = 24\omega_c Z_h \qquad (5\text{-}43)$$

式中　$\omega_{c,o}$——供暖期内总的冷凝量，g/m^2；

　　　Z_h——供暖期的天数。

供暖期内保温材料湿度的增量为：

$$\Delta\omega = \frac{24\omega_c Z_h}{1\,000 d_i \rho_i} \times 100(\%) \qquad (5\text{-}44)$$

式中　d_i——保温层厚度，m；

　　　ρ_i——保温材料密度，kg/m^3。

一般供暖房间，在围护结构内部出现少量的冷凝水是允许的，这些冷凝水在气候变暖时会从围护结构内部蒸发出去。为了保证保温效果的耐久性，保温材料在供暖期间因内部冷凝受潮而增加的湿度应在允许范围内。表 5-30 列出了部分保温材料的允许湿度增量。

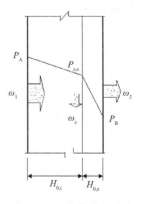

图 5-107　内部冷凝强度

供暖期间保温材料重量湿度的允许增量　　　　　　　　　表 5-30

保温材料名称	允许增量 $[\Delta\omega]$（%）
多孔混凝土（泡沫混凝土、加气混凝土等）ρ_0=500 ~ 700 kg/m³	4
水泥膨胀珍珠岩和水泥膨胀蛭石等，ρ_0=300 ~ 500 kg/m³	6
沥青膨胀珍珠岩和沥青膨胀蛭石等，ρ_0=300 ~ 400 kg/m³	7
水泥纤维板	5
矿棉、岩棉、玻璃棉及其制品（板或毡）	3
聚乙烯泡沫塑料	15
矿渣和炉渣填料	2

3）防止和控制内部冷凝措施

由于围护结构内部的湿转移和冷凝过程比较复杂，目前在理论研究方面虽有一定进展，但尚不能满足解决实际问题的需要，所以在设计中主要是根据实践中的经验和教训，采取一定的构造措施来改善围护结构内部的湿度状况。

（1）合理布置材料层的相对位置

在同一气象条件下，使用相同的材料，由于材料层次布置不同，可能会出现不同的效果。图 5-108 中，（a）方案是将导热系数小、水蒸气渗透系数大的材料层（保温层）布置在水蒸气流入的一侧，导热系数大而水蒸气渗透系数小的密实材料层布置在水蒸气流出的一侧。由于第一层材料热阻大，温度降落大，饱和水蒸气分压力"P_s"曲线相应地降落也快，但该层透汽性大，水蒸气分压力"P"降落平缓；在第二层中的情况正相反，这样"P_s"曲线与"P"线易相交，也就是容易出现内部冷凝。（b）方案是把保温层布置在外侧，就不会出现上述情况。所以材料层次的布置应尽量在水蒸气渗透的通路上做到"进难出易"。

在屋面构造设计中，通常将防水层设置在屋面的最外侧。冬季室内水蒸气分压力高于室外，水蒸气传递方向是由室内传向室外。这种布置方式与水蒸气"难进易出"原则相左，进入围护结构的水蒸气难以排出，极易产生内部冷凝。有一种倒置屋面，其构造如图 5-6 所示，符合"难进易出"的原则。这种屋面将防水层设在保温层下，不仅消除了内部冷凝，又使防水层得到了保护，提高了耐久性。

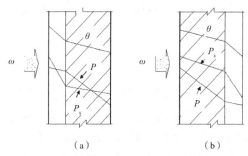

（a）　　　　　　　　　（b）

图 5-108　材料层次布置对内部湿状况的影响
（a）有内部冷凝；（b）无内部冷凝

（2）设置隔汽层

在具体的构造方案中,材料层的布置往往不能完全符合上面所说的"进难出易"的要求。为了消除或减弱围护结构内部的冷凝现象,可在保温层水蒸气流入的一侧设置隔汽层（如沥青或隔汽涂料等）。这样可使水蒸气流抵达低温表面之前,水蒸气分压力已得到急剧的下降,从而避免内部冷凝的产生,如图5-109所示。

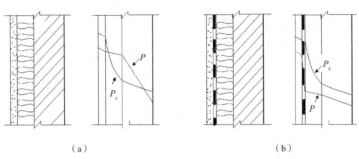

（a） （b）

图5-109 设置隔水蒸气层防止内部冷凝
（a）未设隔汽层；（b）设置隔汽层

采用隔汽层防止或控制内部冷凝是目前设计中应用最普遍的一种措施。为达到良好效果,隔汽层应布置在水蒸气流入的一侧,设计中应保证围护结构内部正常湿状况所必需的水蒸气渗透阻。常用隔汽材料的水蒸气渗透阻见表5-31。

常用隔汽材料的水蒸气渗透阻　　　　　　　　　　表5-31

隔汽材料	d（mm）	H（m²·h·Pa/g）	隔汽材料	d（mm）	H（m²·h·Pa/g）
石油沥青油纸	0.4	333	聚氯乙烯涂层二道	—	3 866
石油沥青油毡	1.5	1 107	氯丁橡胶涂层二道	—	3 466
热沥青一道	2	267	聚乙烯薄膜	0.16	733
热沥青二道	4	480	环氧煤焦油二道	—	3 733
乳化沥青二道	—	520	偏氯乙烯二道	—	1 240

根据供暖期间保温层内允许的湿度增量,可得出冷凝界面内侧,即水蒸气渗入一侧所需的水蒸气渗透阻为:

$$H_{i,min} = \frac{P_i - P_{s,c}}{\dfrac{10\rho_1 d_i [\Delta\omega]}{24Z_h} + \dfrac{P_{s,c} - P_e}{H_{0,e}}} \qquad （5-45）$$

式中　$H_{i,min}$——冷凝计算界面内侧所需的水蒸气渗透阻,m²·h·Pa/g。

（3）设置通风间层或泄汽沟道

设置隔汽层虽能改善围护结构内部的湿状况,但并不是最妥善的办法,因为隔汽层的隔汽质量在施工和使用过程中不易保证。为此，对于高湿房间的围护结构以及卷材防水屋面的平屋顶结构，采用设置通风间层或泄气沟道的方法最为理想。由于保温层外侧设有一层通风间层，从室内渗入的水蒸气可借不断与室外空气交换的气流带走，对保温层起风干的作用，如图 5-110 所示。

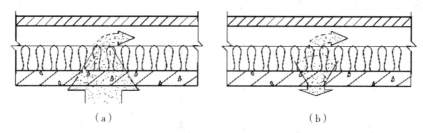

（a）   （b）

图 5-110　有通风间层的围护结构
（a）冬季冷凝受潮；（b）暖季蒸发干燥

图 5-111 为瑞典一建筑实例，其墙体外表面为玻璃板，原来在玻璃板与其内部保温层之间有小间隙，墙体内部无冷凝；改建后玻璃板紧贴保温层，原起到泄汽沟道作用的小间隙消失，一年后保温材料内部冷凝严重，体积含湿量高达 50 %。

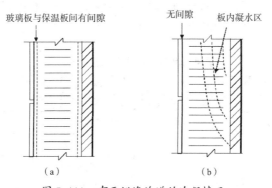

（a）   （b）

图 5-111　有无泄汽沟道的冷凝情况
（a）改建前无冷凝水；（b）改建后产生冷凝水

（4）冷侧设置密闭空气层

在冷侧设一空气层，可使处于较高温度侧的保温层经常干燥，这个空气层叫作引湿空气层，空气层底部一般做泄水沟道。

5.4.3　夏季防潮设计

1）夏季结露危害

我国南方广大湿热气候区，在春夏之交的梅雨时节，或者在久雨初晴之际，或者台风骤雨来临前夕，一般自然通风房屋内普遍产生夏季结露现象，并以首层地面最为严重。与冬季结露相比，夏季结露的强度大，持续时间长，受害的区域或人群也更多。夏季结露现象给人们的生活和工作带来不便，影响身体健康，若常住在潮湿地面的房间，易患风湿性关节炎等病。潮湿的房间还易繁殖细菌。科学实验证明，霉菌在温度 25 ~ 30 ℃，湿度 80 % 以上，且有充足氧气时，便能大量繁殖。被霉菌污染的食物具有很强的致癌性。潮湿房间的衣物、家具或仪器等极易受潮发霉。潮湿房间对房屋结构也会起到破坏作用，如木制构件容易长白蚁、生蛀虫，墙面抹灰、顶棚的板条抹灰易脱落。所以，建筑师和建筑技术工作者必须对夏季结露给予充分的认识和注意。

2）夏季结露原因

我国南方湿热地区夏季结露的产生主要是由两方面的原因形成的：一是我国华南和东南沿海地区受热带海洋气团和赤道海洋气团的控制，在春夏之交，从海洋带来的较高的温湿度的东南季风，吹向大陆和沿海使空气中的温湿度骤增，尤其以珠江流域为最。二是我国长江流域和东南丘陵与南岭山地一带，在春末夏初，由于大陆不断有极地大陆气团南下与热带海洋气团和赤道气团相遇，当锋面停滞不前时，常阴雨连绵，因这时正是黄梅成熟季节，故称为"梅雨"。

海洋的较高温湿度的空气吹向陆地，以及大陆上的久雨初晴，都会使空气中的温湿度骤然增加，但居室中有些结构表面的温度，尤其地面的表面温度往往上升较慢，因此，当较湿的空气流过地表面时遇冷，常在表面出现结露现象，俗称"地面泛潮"。

建筑结构表面泛潮的形成有气象和结构热工性能两个方面的因素。首先是与结构接触的空气必须是相对湿度很高；其次是结构物本身的热惰性较大，从而使表面温度不论在数值上或时间上，都不能紧跟气温变化。在房屋结构中，地面常常采用又厚又重的材料，故黄梅期内的泛潮现象常比其他围护结构严重。

虽然地面热惰性大，表面温度变化迟缓。但在程度上各种地面有所不同。因此，黄梅期内绝不是所有地面都会出现表面冷凝。众所周知，木板地面很少泛潮，而磨石子地面却可能出现一薄水层。表 5-32 给出 10 种地面的测定结果，并根据表面泛潮程度，分为三类。

几种地面凝结时的表面温度和相对湿度 表 5-32

地面面层材料	表面温度（℃）	空气温度（℃）	产生凝结时的相对湿度（%）	地面类型
磨石子	26	28	90	湿地面
水泥	25	27	80	
瓷砖	25	27	80	
水泥花砖	25	27	80	
白色防潮砖	24	27	90	吸湿地面
黄色防潮砖	25	26	90	
大阶砖	26	27	95	
素混凝土	29	26	100	干地面
三合土	29	29	100	
木地板	29	29	100	

（1）湿地面

这类地面面层材料的密度较大，蓄热能力较强，在气温变化下，其表面温度波动较平缓。这类地面的表面温度要比气温低 2 ℃左右，当相对湿度达 80 %～90 % 就会产生表面凝结（气温为 26～28 ℃）。属此类地面的有：磨石子、水泥、瓷砖、水泥花砖等地面。又由于这些地面的表面材料很密实，不会吸收表面上的凝结水，因此泛潮后表面显得十分潮湿。

（2）吸湿地面

此类地面的表面温度比气温低 1～1.5 ℃，相对湿度达 90 %～95 % 时产生凝结（对应气温为 24～27.9 ℃）。由于这种地面的面层材料具有微孔，它们会吸收表面上的凝结水，故表面不出现泛潮现象。由于产生表面结露的时间较短，所以孔隙中吸收的水分可以在其余的时间蒸发出去，不会持续累积而使面层材料潮湿不堪。材料的这种吸湿、放湿作用常称为"呼吸"作用。采用具有"呼吸"功能的面层材料是减少地面泛潮的较好方法。

（3）干地面

这种地面的表面温度能紧跟气温变化，两者相差较小（约 0.5 ℃），故相对湿度要十分接近饱和时才有可能产生少量的表面凝结。

不难看出，发生室内夏季结露必要且充分的条件有以下三条：

①室外空气温度高、湿度大，空气饱和或者接近饱和；

②室内某些表面热惰性大，使其温度低于室外空气的露点温度；

③室外高温、高湿空气与室内物体低温表面发生接触。

此三个条件必须同时存在，不可或缺。假设室外空气低温、低湿，室内物体表面温升与室外空气温升同步或超前，即便室外空气大量流经室内各表面，也不会发生结露现象。

3）夏季防潮措施

在建筑设计、构造材料、使用管理上采取防潮措施，减轻、减弱夏季结露的强度、危害和影响。常用的建筑设计方法有以下几种：

（1）架空层防结露

架空地板对防止首层地面、墙面夏季结露有一定的作用。近来南方城市大多把住宅首层设为车库等公用设施，地板离开了土地，提高了温度，降低了居室地面夏季结露的强度。

（2）空气层防结露

采用空气层防潮构造（图 5-112）技术可以解决首层地板的夏季结露问题。

（3）材料层防结露

采用热容量小的材料装饰房间内表面特别是地面，如木地板、三合土、地毯等地面材料，提高表面温度，减小夏季结露的可能性。

（4）呼吸防结露

利用多孔材料对水分吸附冷凝原理和呼吸作用，可以延缓和减小夏季结露的强度，还能有效地

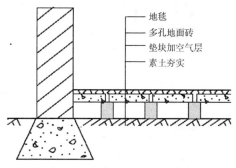

图 5-112　空气层防结露构造

调节室内空气的湿度。如陶土防潮砖和防潮缸砖就有这种呼吸防结露作用。

（5）密闭防结露

在雷暴将至和久雨初晴之时，室外空气的温湿度骤升，此时若开启门窗通风，往往结露更严重，经久不干，应尽量紧闭门窗，避免室外高温高湿空气与室内低温表面接触；减少气流将大量水分带进室内，在温度较低的地面结露。

（6）通风防结露

梅雨季节，自然通风越强，室内越易结露，但是有控制的通风仍不失为防止夏季结露的有效方式之一。白天，夏季结露严重发生之前，应该紧闭门窗，限制通风。夜间，室外气温降低以后，开启门窗，通风有减湿、干燥、降温、防潮作用。采用双向换气机对房间同时进行送风和排风，不仅能将室内潮湿和污浊空气排出，而且送入的新鲜空气接近室温，不会发生夏季结露。这种简易的机械通风是南方梅雨季节改善室内热湿环境的好办法。

（7）空调防结露

近年来，居民使用空调越来越多。利用空调器的抽湿降温作用，对防止夏季结露也十分有效。

习　题

5-1　供暖居住房间的密闭程度（气密性程度）对卫生保健、经济、能源消耗等方面各有什么影响？

5-2　试从节约能源的角度分析，在相同面积的情况下，正方形平面与长方形平面何者有利？

5-3　为什么我国规定围护结构的热阻不得小于最小热阻 R_{min}？

5-4　说明允许温差 $[\Delta t]$ 大或小，哪一种的质量要求高？为什么？

5-5　试说明一般轻质材料保温性能都比较好的原因，并解释为什么并非总是越轻越好。

5-6　试详述外保温构造方法的优缺点。

5-7　倒置式屋面有哪些好处？在应用中应注意哪些方面？

5-8　设在哈尔滨地区有一栋办公楼，其屋顶为加气混凝土条板平屋顶（图 5-113），试校核该屋顶是否满足保温要求？已知：t_i =18 ℃，$t_{e I}$ =-26 ℃，$t_{e II}$ =-29 ℃，$t_{e III}$ =-31 ℃，$t_{e IV}$ =-33 ℃。

提示：加气混凝土用在这种构造内时，其 λ 和 S 值均应乘以 1.25 进行修正。其中：

二毡三油 λ_1=0.17 W/（m·K），S_1=3.33 W/（m²·K），δ_1=0.01 m；水泥砂浆 λ_2=0.93 W/（m·K），S_2=11.26 W/（m²·K），δ_2=0.02 m；加气混凝土 λ_3=0.26 W/（m·K），S_3=3.56 W/（m²·K），

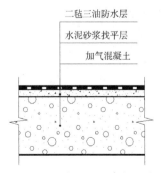

二毡三油防水层
水泥砂浆找平层
加气混凝土

图 5-113　加气混凝土条板平屋顶

δ_3=0.26 m。

5-9 在夏热冬冷地区，适宜采用哪些遮阳方式？说明理由。

5-10 高温车间厂房设计中，应怎样组织自然通风？

5-11 试计算武汉地区某厂房屋顶的室外综合温度平均值和最大值。已知：I_{max}=998 W/m² （12 时出现）；$\bar{I}$=326 W/m²；$t_{e, max}$=37 ℃（15 时出现），$\bar{t}_e$=32.2 ℃；a_e=19 W/（m²·K），ρ_s=0.88。

5-12 围护结构隔太阳辐射热和隔空气热分别有哪些方式？

5-13 屋面上放置吸湿多孔材料，无论干还是湿都具有隔热作用，说明其隔热机理。

5-14 试分析：①多层实体围护结构；②有封闭空气间层围护结构；③带通风空气间层围护结构；④植被覆盖围护结构等的隔热机理及适用性。

5-15 用计算法计算出北纬 40° 地区 4 月下旬下午 3 点的太阳高度角和方位角，日出、日没时刻和方位角。

5-16 试求学校所在地区或任选一地区的地方平均太阳时 12 点，相当于北京标准时间多少？两地时差多少？

5-17 围护结构受潮后为什么会降低其保温性？试从传热机理上解释。

5-18 试述供暖房屋与冷库建筑在水蒸气渗透过程和隔汽处理原则上有何差异。

5-19 试从降温和防止地面泛潮的角度来分析南方地区几种室内地面（木地板、水泥地面、磨石子地面或其他地面）中，在春季和夏季哪一种地面较好？该地面处于底层或楼层时有无区别？

第6章 建筑光学

6.1 天然采光

由第 3 章知道，人眼只有在良好的光照条件下才能有效地进行视觉工作。现在大多数工作都是在室内进行，故必须在室内创造良好的光环境。

从视觉功效试验来看（参见图 3-33 视觉功效曲线），人眼在天然光下比在人工光下具有更高的视觉功效，并感到舒适和有益于身心健康，这表明人类在长期进化过程中，眼睛已习惯于天然光。太阳能是一种巨大的安全的清洁光源，室内充分地利用天然光，就可以起到节约资源和保护环境的作用。而我国地处温带，气候温和，天然光很丰富，也为充分利用天然光提供了有利的条件。

充分利用天然光，节约照明用电，对我国实现可持续发展战略具有重要意义，同时具有巨大的经济效益、环境效益和社会效益。

6.1.1 光气候和采光系数

1）光气候

在天然采光的房间里，室内的光线是随着室外天气的变化而改变。因此，要设计好室内采光，必须对当地的室外照度状况以及影响它变化的气象因素有所了解，以便在设计中采取相应措施，保证采光需要。所谓光气候，就是由太阳直射光、天空漫射光和地面反射光形成的天然光平均状况。下面简要地介绍一些光气候知识。

（1）天然光的组成和影响因素

由于地球与太阳相距很远，故可认为太阳光是平行地射到地球上。太阳光穿过大气层时，一部分透过它射到地面，称为太阳直射光，它形成的照度大，并具有一定方向，在被照射物体背后出现明显的阴影；另一部分碰到大气层中的空气分子、灰尘、水蒸气等微粒，产生多次反射，形成天空漫射光，使天空具有一定亮度，它在地面上形成的照度较小，没有一定方向，不能形成阴影；太阳直射光和天空漫射光射到地球表面上后产生反射光（图 6-1），并在地球表面与天空之间产生多次反射，使地球表面和天空的亮度有所增加。在进行采光计算时，除地表面被白雪或白沙覆盖的情况外，一般可不考虑地面反射光影响。因此，全阴天时只有天空漫射光；晴天时室外天然光由太阳直射光和天空漫射光两部分组成。这两部分光的比例随天空中的云量[①]

---

① 云量划分为 0 ~ 10 级，它表示天空总面积分为 10 份，其中被云遮住的份数，即覆盖云彩的天空部分所张的立体角总和与整个天空立体角 2π 之比。

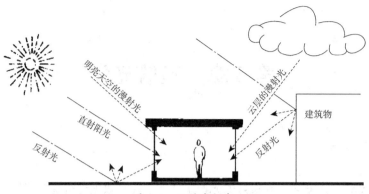

图 6-1　天然光组成

和云是否将太阳遮住而变化：太阳直射光在总照度中的比例由全晴天时的 90 % 到全阴天时的零；天空漫射光则相反，在总照度中所占比例由全晴天的 10 % 到全阴天的 100 %。随着两种光线所占比例的不同，地面上阴影的明显程度也改变，总照度大小也不一样。现在分别按不同天气来看室外光气候变化情况。

①晴天

它是指天空无云或很少云（云量为 0 ~ 3 级）。这时地面照度是由太阳直射光和天空漫射光两部分组成。其照度值都是随太阳的升高而增大，只是漫射光在太阳高度角较小时（日出、日落前后）变化快，到太阳高度角较大时变化小。而太阳直射光照度在总照度中所占比例是随太阳高度角的增加而较快变大（图 6-2），阴影也随之而更明显。

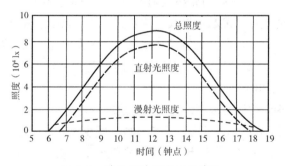

图 6-2　晴天室外照度变化情况

两种光线的组成比例还受大气透明度的影响。大气透明度越高，直射光占的比例越大。

从立体角投影定律知道，室内某点的照度是取决于从这点通过窗口所看到的那一块天空的亮度。

为了在采光设计中应用标准化的光气候数据，国际照明委员会（CIE）根据世界各地对天空亮度观测的结果，提出了 CIE 标准全晴天空亮度分布的数学模型，CIE 标准全晴天空相对亮度分布是按下式描述的：

$$L_{\xi\gamma} = \frac{f(\gamma)\varphi(\xi)}{f(Z_0)\varphi(0°)} L_z \tag{6-1}$$

式中 $L_{\xi\gamma}$——天空某处亮度，cd/m^2；

L_z——天顶亮度，cd/m^2；

$f(\gamma)$——天空 $L_{\xi\gamma}$ 处到太阳的角距离（γ）的函数；

$$f(\gamma) = 0.91 + 10\exp(-3\gamma) + 0.45\cos^2\gamma$$

$\varphi(\xi)$——天空 $L_{\xi\gamma}$ 处到天顶的角距离（ξ）的函数；

$$\varphi(\xi) = 1 - \exp(-0.32\sec\xi)$$

$f(Z_0)$——天顶到太阳的角距离（Z_0）的函数；

$$f(Z_0) = 0.91 + 10\exp(-3Z_0) + 0.45\cos^2 Z_0$$

$\varphi(0°)$——天空点 $L_{\xi\gamma}$ 处对天顶的角距离为 $0°$ 的函数；

$$\varphi(0°) = 1 - \exp(-0.32) = 0.273\,85$$

式中角度定义参见图6-3。

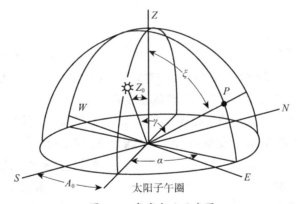

图6-3 角度定义示意图

当 γ、Z_0 和 ξ 的角度值给定时，这些函数值可计算出来。在一般实际情况中，ξ 和 Z_0 角很容易看出来，但球面距离 γ 应使用所考虑天空元的角坐标借助于下面的关系式计算：

$$\cos\gamma = \cos Z_0\cos\xi + \sin Z_0\sin\xi\cos\alpha$$

在大城市或工业区污染的大气中，可用下面函数来定义更接近实际的指标：

$$f'(\gamma) = 0.856 + 16\exp(-3\gamma) + 0.3\cos^2\gamma$$

$$f'(Z_0) = 0.856 + 16\exp(-3Z_0) + 0.3\cos^2 Z_0$$

实测表明，晴天空亮度分布是随大气透明度、太阳和计算点在天空中的相对位置而变化的：最亮处在太阳附近；离太阳越远，亮度越低，在太阳子午圈（由太阳经天顶的瞬时位置而定）上、与太阳呈 90° 处达到最低。由于太阳在天空中的位置是随时间而改变的，因此天空亮度分布也是变化不定的。图 6-4（a）给出当太阳高度角为 40° 时的无云天空亮度分布，图中所列值是以天顶亮度为 1 的相对值。这时，建筑物的朝向对采光影响很大。朝阳房间（如朝南）面对太阳所处的半边天空，亮度较高，房间内照度也高；而背阳房间（如朝北）面对的是低亮度天空，故这些房间就比朝阳房间的照度低得多。在朝阳房间中，如太阳光射入室内，则在太阳照射处具有很高的照度，而其他地方的照度就低得多，这就产生很大的明暗对比。这种明暗面的位置和比值又不断改变，使室内采光状况很不稳定。

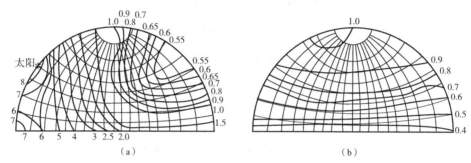

图 6-4　天空亮度分布
（a）无云天；（b）全云天；*—太阳位置

②阴天

阴天是指天空云很多或全云（云量为 8～10 级）的情况。全阴天时天空全部为云所遮盖，看不见太阳，因此室外天然光全部为漫射光，物体后面没有阴影。这时地面照度取决于：

a. 太阳高度角。全阴天中午仍然比早晚的照度高。

b. 云状。不同的云由于它们的组成成分不同，对光线的影响也不同。低云云层厚，位置靠近地面，它主要由水蒸气组成，故遮挡和吸收大量光线，如下雨时的云，这时天空亮度降低，地面照度也很小。高云是由冰晶组成，反光能力强，此时天空亮度达到最大，地面照度也高。

c. 地面反射能力。由于光在云层和地面间多次反射，使天空亮度增加，地面上的漫射光照度也显著提高，特别是当地面积雪时，漫射光照度比无雪时提高可达 1 倍以上。

d. 大气透明度。如工业区烟尘对大气的污染，使大气杂质增加，大气透明度降低，于是室外照度大大降低。

以上四个因素都影响室外照度，而它们本身在一天中也是变化的，必然会使室外照度随之变化，只是其幅度没有晴天那样剧烈。

至于 CIE 标准全阴天的天空亮度，则是相对稳定的，它不受太阳位置的影响，近似地按下式变化，

$$L_\theta = \frac{1 + 2\sin\theta}{3} L_z \qquad\qquad （6-2）[1]$$

---

① 此式由蒙－斯本塞（Moon-Spencer）提出。

式中　L_θ——仰角为 θ 方向的天空亮度，cd/cm^2；

　　　L_Z——天顶亮度，cd/m^2；

　　　θ——计算天空亮度处的高度角（仰角）。

由式（6-2）可知，CIE 标准全阴天天顶亮度为地平线附近天空亮度的三倍。一般全云天的天空亮度分布见图 6-4（b）。由于阴天的亮度低，亮度分布相对稳定，因而使室内照度较低，但朝向影响小，室内照度分布稳定。

这时地面照度 $E_地$（lx）在数量上等于高度角为 42° 处的天空亮度 L_{42}（asb），即

$$E_地 = L_{42} \tag{6-3}$$

由式（6-2）和立体角投影定律可以导出天顶亮度 L_Z（cd/m^2）与地面照度 $E_地$（lx）的数量关系为：

$$E_地 = \frac{7}{9}\pi L_Z$$

除了晴天和阴天这两种极端状况外，还有多云天。在多云天时，云的数量和在天空中的位置瞬时变化，太阳时隐时现，因此照度值和天空亮度分布都极不稳定。这说明光气候是错综复杂的，需要从长期的观测中找出其规律。目前较多采用 CIE 标准全阴天空作为设计的依据，这显然不适合于晴天多的地区，所以有人提出按所在地区占优势的天空状况或按"CIE 标准一般天空[①]"来进行采光设计和计算。

（2）我国光气候概况

从上述可知，影响室外地面照度的因素主要有：太阳高度、云状、云量、日照率（太阳出现时数和可能出现时数之比）。我国地域辽阔，同一时刻南北方的太阳高度相差很大。从日照率来看，由北、西北往东南方向逐渐减少，而以四川盆地一带为最低。从云量来看，大致是自北向南逐渐增多，新疆南部最少，华北、东北少，长江中下游较多，华南最多，四川盆地特多。从云状来看，南方以低云为主，向北逐渐以高、中云为主。这些特点说明，天然光照度中，南方以天空漫射光照度较大，北方和西北以太阳直射光为主。

为了获得较长期完整的光气候资料，中国气象科学研究院和中国建筑科学研究院于 1983 年到 1984 年期间组织了北京、重庆等气象台站对室外地面照度进行了两年的连续观测。在观测中还对日辐射强度和照度进行了对比观测，并收集了观测时的各种气象因素。通过这些资料，回归分析出日辐射值与照度的比值——辐射光当量与各种气象因素间的关系。利用这种关系就可算出各地区的辐射光当量值。通过各地区的辐射光当量值与当地多年日辐射观测值换算出该地区的照度资料，《建筑采光设计标准》GB 5033—2013 中全国年平均总照度分布图就是利用这种方法从全国 273 个站点近 30 年的照度数据中绘制成的年平均总照度分布图。

---

① 国际标准化组织（ISO）和国际照明委员会提出了 15 种不同的一般天空（ISO 15469：2004/CIE S 011：2003：Spatical Distribution of Daylight-CIE Standard General Sky）。CIE 一般标准参考天空类型分为晴天空、阴天空和中间天空 3 大类，其中每个大类天空各包含 5 小类不同的天空类型，它们涵盖了大多数实际天空。

从全国年平均总照度分布图中看出我国各地光气候的分布趋势：全年平均总照度最低值在四川盆地，这是因为这一地区全年日照率低、云量多，并多属低云所致。天然光照度资料还可以用图6-5的方式来表示一天中不同时间的月平均值。

从图6-5中可以看出：重庆市由于多云，且多为低云，故总照度中漫射光照度所占比重很大（表6-1）。它表明室外天然光产生的阴影很淡，不利于形成三维物体的立体感。在设计三维物体和建筑造型时，应考虑这一特点，才能获得好的外观效果。

我们还可以利用图6-5得出当地某月某时的室外照度值（如6月份上午8点半时的总照度约43 000 lx，漫射光照度为28 000 lx）。也可获得全年（或某月）的天然光在某一照度水平的延续总时数（如6月份一天中漫射光照度高于5 000 lx的时间约为上午6点半到下午5点半，即11个小时。而12月份是从上午9点半到下午2点半，仅5个小时）。这些数据对采光、照明设计和经济分析都具有重要价值。

2）光气候分区

我国地域辽阔，各地光气候有很大区别，从全国年平均总照度分布图中可看出：西北广阔高原地区室外年平均总照度值高（从日出后半小时到日落前半小时全年日平均值）高达31.46 klx；而四川盆地及东北北部地区则低，若采用同一标准值是不合理的，故标准根据室外天然光年平均总照度值大小将全国划分为Ⅰ～Ⅴ类光气候区。再根据光气候特点，按年平均总照度值确定分区系数，即光气候系数K，见表6-2。

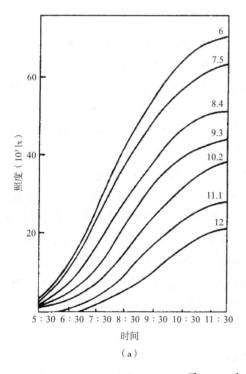

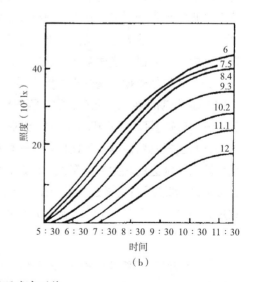

图6-5　重庆室外地面照度实测值
（a）总照度；（b）天空漫射光照度

地域性光气候区特征：根据不同地区的年总照度值，《建筑采光设计标准》GB 50033—2013 将全国分为 I～V 类光气候地区，不同光气候区的日照时数、年均总照度值存在较大差异，见表 6-3、表 6-4。

重庆室外扩散光照度与总照度之比 表 6-1

月份	时间							
	5：30 18：30	6：30 17：30	7：30 16：30	8：30 15：30	9：30 14：30	10：30 13：30	11：30 13：30	12：30
12	—	—	1.00	1.00	0.94	0.92	0.89	0.86
1、11	—	—	1.00	0.93	0.91	0.88	0.87	0.86
2、10	1.00	0.95	0.88	0.81	0.77	0.76	0.75	0.78
3、9	1.00	0.96	0.93	0.82	0.77	0.80	0.77	0.77
4、8	1.00	0.97	0.89	0.84	0.81	0.78	0.77	0.79
5、7	0.96	0.86	0.77	0.74	0.68	0.63	0.62	0.62
6	0.98	0.84	0.73	0.66	0.64	0.60	0.61	0.59

光气候系数 K 表 6-2

光气候区	I	II	III	IV	V
K 值	0.85	0.90	1.00	1.10	1.20
室外天然光临界照度值（lx）	60 000	5 500	5 000	4 500	4 000

城市全年光气候数据平均值 表 6-3

光气候区	典型城市	年总日照时数 /h	年总辐射量 /MJ*m⁻²	年总照度值 /lx*10⁹
I 类光气候区	拉萨	2 986.8	7 138	13.4
II 类光气候区	呼和浩特	2 689.6	5 510	9.93
III 类光气候区	北京	2 485.7	4 996	9.16
IV 类光气候区	上海	1 756.3	4 578	8.63
V 类光气候区	重庆	942.7	3 050	6.01

注：光气候数据根据 1988～2018 年《建筑用标准气象数据手册》数据整理。

城市冬季光气候数据平均值 表 6-4

光气候区	典型城市	冬季光气候数据		
		总日照时数 /h	太阳辐射总量 /MJ*m⁻²	天然光总照度 /lx*10⁹
I 类光气候区	拉萨	1 063.24	1 228.61	1.99
II 类光气候区	呼和浩特	592.15	930.61	1.12
III 类光气候区	北京	567.25	770.65	1.33
IV 类光气候区	上海	223.54	597.14	1.24
V 类光气候区	重庆	95.54	356.54	0.66

注：光气候数据根据 1988～2018 年《建筑用标准气象数据手册》数据整理。

各光气候区代表城市如下：

Ⅰ类：拉萨、格尔木等；Ⅱ类：西宁、呼和浩特等；Ⅲ类：北京、天津等；Ⅳ类：上海、长沙等；Ⅴ类：重庆、成都等；

3）采光系数

室外照度是经常变化的，这必然使室内照度随之而变，不可能是一固定值，因此对采光数量的要求，我国和其他许多国家都用相对值。这一相对值称为采光系数（C），它是在全阴天空漫射光照射下，室内给定平面上的某一点由天空漫射光所产生的照度（E_n）与室内某一点照度同一时间、同一地点，在室外无遮挡水平面上由天空漫射光所产生的照度（E_w）的比值（图6-6），即：

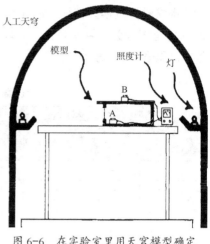

图6-6　在实验室里用天穹模型确定采光系数示意图

$$C = \frac{E_n}{E_w} \times 100\%$$ 　　　　　　　　（6-4）

利用采光系数这一概念，就可根据室内要求的照度换算出需要的室外照度，或由室外照度值求出当时的室内照度，而不受照度变化的影响，以适应天然光多变的特点。

6.1.2　窗洞口

为了获得天然光，人们在房屋的外围护结构（墙、屋顶）上开了各种形式的洞口，装上各种透光材料，如玻璃、乳白玻璃或磨砂玻璃等，以免遭受自然界的侵袭（如风、雨、雪等），这些装有透光材料的孔洞统称为窗洞口（以前称为采光口）。按照窗洞口所处位置，可分为侧窗（安装在墙上，称为侧面采光）和天窗（安装在屋顶上，称为顶部采光）两种。有的建筑同时兼有侧窗和天窗，称为混合采光。下面介绍几种常用窗洞口的采光特性，以及影响采光效果的各种因素。

1）侧窗

它是在房间的一侧或两侧墙上开的窗洞口，是最常见的一种采光形式，如图6-7所示。侧窗由于构造简单、布置方便、造价低廉，光线具有明确的方向性，有利于形成阴影，

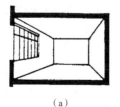

（a）

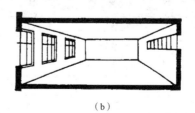

（b）

图6-7　侧窗的几种形式

对观看立体物件特别适宜，并可通过它看到外界景
物，扩大视野，故使用很普遍。它一般放置在 1 m
左右高度。有时为了争取更多的可用墙面，或提高
房间深处的照度，以及其他原因，将窗台提高到 2 m
以上，称为高侧窗，见图 6-7（b）右侧。高侧窗常
用于展览建筑，以争取更多的展出墙面；用于厂房
以提高房间深处照度；用于仓库以增加贮存空间。

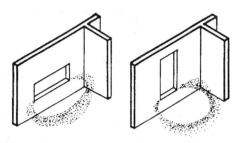

图 6-8　不同形状侧窗的光线分布

　　侧窗通常做成长方形。实验表明，就采光量（由
窗洞口进入室内的光通量的时间积分量）来说，在窗洞口面积相等，并且窗台标高一致时，
正方形窗口采光量最高，竖长方形次之，横长方形最少。但从照度均匀性来看，竖长方形
在房间进深方向均匀性好，横长方形在房间宽度方向较均匀（图 6-8），而方形窗居中。所
以窗口形状应结合房间形状来选择，如窄而深房间宜用竖长方形窗，宽而浅房间宜用横长方
形窗。

　　对于沿房间进深方向的采光均匀性而言，最主要的是窗位置的高低，图 6-11 给出侧窗
位置对室内照度分布的影响。图 6-9 下面的图是通过窗中心的剖面图。图中的曲线（同一条
曲线上的照度值相同）表示工作面上不同点的采光系数（该系数值越大照度值就越大）。上
面三个图是平面采光系数分布图，同一条曲线的采光系数相同。图 6-9（a）、（b）表明当窗
面积相同，仅位置高低不同时，室内采光系数分布的差异。由图中可看出，低窗时（图 6-9a），
近窗处照度很高，往里则迅速下降，在内墙处照度已很低。当窗的位置提高后（图 6-9b），
虽然靠近窗口处照度下降（低窗时这里最高），但离窗口远的地方照度却提高不少，均匀性
得到很大改善。

　　影响房间横向采光均匀性的主要因素是窗间墙，窗间墙越宽，横向均匀性越差，特别
是靠近外墙区域。图 6-9（c）是有窗间墙的侧窗，它的面积和图 6-9 的（a）、（b）相同，由
于窗间墙的存在，靠窗区域照度很不均匀，如在这里布置工作台（一般都有），光线就很不
均匀。如采用通长窗，见图 6-9（a）、（b）两种情况，靠墙区域的采光系数虽然不一定很高，
但很均匀。因此沿窗边布置连续的工作台时，应尽可能将窗间墙缩小，以减少不均匀性，或
将工作台离窗布置，避开不均匀区域。

　　下面我们分析侧窗的尺寸、位置对室内采光的影响：

　　窗面积的减少，肯定会减少室内的采光量，但不同的减少方式，却对室内采光状况带
来不同的影响。图 6-10（a）表示窗上沿高度不变，用提高窗台来减少窗面积。从图中不同
曲线可看出，随着窗台的提高，室内深处的照度变化不大，但近窗处的照度明显下降，而且
出现拐点（圆圈，它表示这里出现照度变化趋势的改变）往内移。图 6-10（b）表明窗台高
度不变，窗上沿高度变化给室内采光分布的影响。这时近窗处照度变小，不似图 6-9 变化大，
而且未出现拐点，但离窗远处照度的下降逐渐明显。

　　图 6-11 表明窗高不变，改变窗的宽度使窗面积减小。这时的变化情况可从平面图上看
出：随着窗宽的减小，墙角处的暗角面积增大。从窗中轴剖面来看，窗无限长和窗宽为窗高

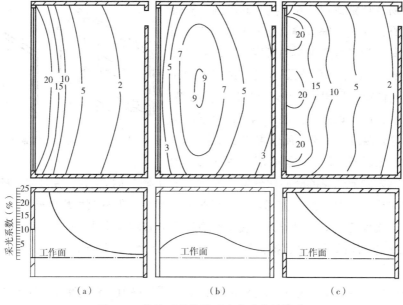

图 6-9　窗的不同位置对室内采光的影响

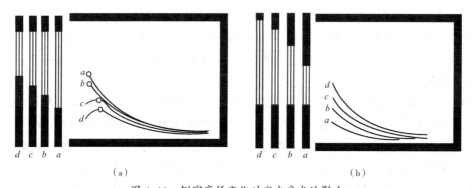

图 6-10　侧窗高低变化对室内采光的影响
（a）窗上沿不变，窗台的高低变化对室内采光的影响；（b）窗台不变，窗上沿的高低变化对室内采光的影响

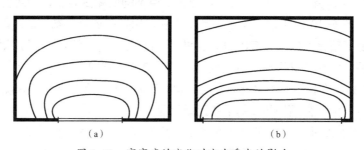

图 6-11　窗宽度的变化对室内采光的影响

4倍时差别不大，特别是近窗处。但当窗宽小于4倍窗高时，照度变化加剧，特别是近窗处，拐点往外移。

以上是阴天时的情况，这时窗口朝向对室内采光状况无影响。但在晴天，不仅窗洞尺寸、位置对室内采光状况有影响，而且不同朝向的室内采光状况大不相同。图6-12给出同一房间在阴天（曲线b）和晴天窗口朝阳（曲线a）、窗口背阳（曲线c）时的室内照度分布。可以看出晴、阴天时室内采光状况大不一样，晴天窗口朝阳时高得多；但在晴天窗口背阳时，室内照度反比阴天低。这是由于远离太阳的晴天空亮度低的缘故。

双侧窗在阴天时，可视为两个单侧窗，照度变化按中间对称分布（图6-13曲线b）。但在晴天时，由于两侧窗口对着亮度不同的天空，因此室内照度不是对称变化（图6-13曲线a），朝阳侧的照度高得多。

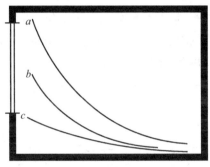

a—晴天窗朝阳；b—阴天；c—晴天窗背阳

图6-12　天空状况对室内采光的影响

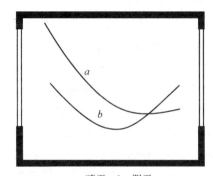

a—晴天；b—阴天

图6-13　不同天空时双侧窗的室内照度分布

高侧窗常用在美术展览馆中，以增加展出墙面，这时，内墙（常在墙面上布置展品）的墙面照度对展出的效果很有影响。随着内墙面与窗口距离的增加，内墙墙面的照度降低，并且照度分布也有改变。离窗口越远，照度越低，照度最高点（圆圈）也往下移，而且照度变化趋于平缓（图6-14）。我们还可以调整窗洞高低位置，使照度最高值处于画面中心（图6-15）。

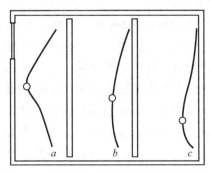

图6-14　距侧窗不同距离内墙墙面照度变化

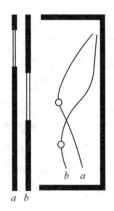

图6-15　侧窗位置对内墙墙面照度分布的影响

以上情况仅考虑了晴天空对室内采光的影响，由此已可看出窗口相对于太阳的朝向影响很大。如太阳进入室内，则不论照度绝对值的变化，还是它的梯度变化都将大大加剧。所以晴天多的地区，对于窗口朝向应慎重考虑，仔细设计。

在北方地区，外墙一般都较厚，挡光较大，为了减少遮挡，最好将靠窗的墙做

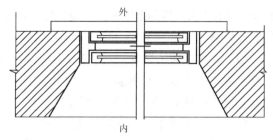

图 6-16　改善窗间墙亮度的措施

成喇叭口（图 6-16）。这样做，不仅减少遮挡，而且斜面上的亮度较外墙内表面亮度增加，可作为窗和室内墙面的过渡平面，减小暗的窗间墙和明亮窗口间的亮度对比（常常形成眩光），改善室内的亮度分布，提高采光质量。

由上述可知，侧窗的采光特点是照度沿房间进深下降很快，分布很不均匀，虽可用提高窗位置的办法来解决一些，但这种办法又受到层高的限制，故这种窗只能保证有限进深的采光要求，一般不超过窗高的两倍；更深的地方宜采用电光源照明补充。

为了克服侧窗采光照度变化剧烈，在房间深处照度不足的缺点，除了提高窗位置外，还可采用乳白玻璃、玻璃砖等扩散透光材料，或采用将光线折射至顶棚的折射玻璃。这些材料在一定程度上能提高房间深处的照度，有利于加大房屋进深，降低造价。图 6-17 表明侧窗上分别装普通玻璃（曲线 1）、扩散玻璃（曲线 2）和定向折光玻璃（曲线 3），在室内获得的不同采光效果，以及达到某一采光系数的进深范围。

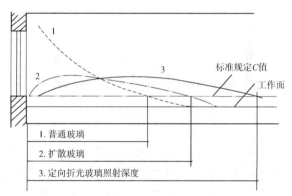

图 6-17　不同玻璃的采光效果

为了提高房屋的经济性，目前有加大房屋进深的趋势，但这却给侧窗采光带来困难。为了提高房间深处的照度，除了采用经常性补充照明外，在国外还采用倾斜顶棚，以接受更多的天然光，提高顶棚亮度，使之成为照射房间深处的第二光源。图 6-18 是一大进深办公大楼采用倾斜顶棚的实例。这里，除将顶棚做成倾斜外，如果建筑所处地区晴天多，为了尽可能多地利用太阳光，除了沿外墙上设置室内水平反光板外，还在朝南外墙上设置室外水平反光板（图 6-18 右侧）。反光板表面均涂有高反射比的涂层，使更多的光线反射到顶棚上，这对提高顶棚亮度有明显效果，同时水平反光板还可防止太阳在近窗处产生高温、高亮度的眩光；在反光板上下采用不同的玻璃，上面用透明玻璃，使更多的光进入室内，提高室内深处照度；下面用特种玻璃，以降低近窗处照度，使整个办公室照度更均匀。采取这些措施后，与常用剖面的侧窗采光房屋相比，使室内深处的照度提高 50 % 以上。

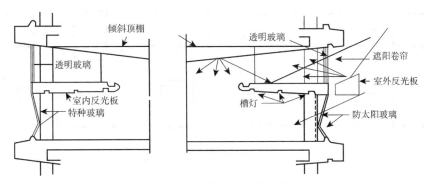

图 6-18 某办公室采光方案

由于侧窗的位置一般较低，人眼很易见到明亮的天空，形成眩光，故在医院、教室等场合应给以充分注意；为了减少侧窗的眩光，可采用水平挡板、窗帘、百叶、绿化等办法。图 6-19 是医院病房设计，为了减少靠近侧窗卧床的病人直接看到明亮的天顶，就将窗的上部缩进室内，这样既减少卧床病人看到天顶的可能性，又不致过分地减少室内深处的照度，这是一个较成功的采光设计方案。

上述办法可能受到建筑立面造型的限制。近来，国内一些建筑开始采用一种铝合金或表面镀铝的塑料薄片做成的微型百叶（Venetian Blind）。百叶宽度仅 80 mm，可放在双层窗扇间的空隙内。百叶片的倾斜角度可根据需要随意调整，以避免太阳光直接射入室内。在不需要时，还可将整个百叶收叠在一起，让窗洞完全敞开。在冬季夜间不采光时，将百叶片放成垂直状态，使窗洞完全被它遮住，以减少光线和热量的外泄，降低电能和热能的损耗。同时，它还通过光线的反射，增加射向顶棚的光通量，有利于提高顶棚的亮度和室内深处的照度。图 6-20 为微型百叶窗简图。

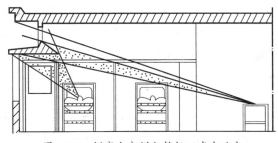

图 6-19 侧窗上部增加挡板以减少眩光

小区布置对室内采光也有影响。平行布置房屋，需要留足够的间距，否则挡光严重（图 6-21a）。如仅从挡光影响的角度看，将一些建筑转 180° 布置，这样可减轻挡光影响（图 6-21b）。

侧窗采光时，由于窗口位置低，一些外部因素对它的采光影响很大。故在一

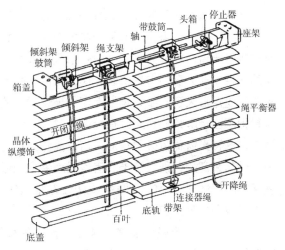

图 6-20 微型百叶窗

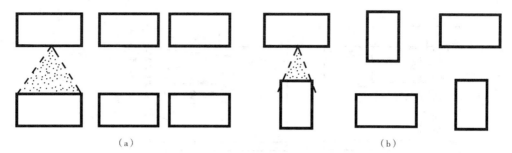

图 6-21　房屋布置对室内采光影响

些多层建筑中，将上面几层往里收，增加一些屋面，这些屋面可成为反射面，当屋面刷白时，对上一层室内采光量增大的效果很明显（图 6-22）。

　　在晴天多的地区，朝北房间采光不足，若增加窗面积，则热量损失过大，这时如能将对面建筑（南向）立面处理成浅色，由于太阳在南向垂直面形成很高照度，使墙面成为一个亮度相当高的反射光源，就可使北向房间的采光量增加很多。

　　另外，由于侧窗的位置较低，易受周围物体的遮挡（如对面房屋、树木等），有时这种挡光很严重，甚至使窗失去作用，故在设计时应保持适当距离。

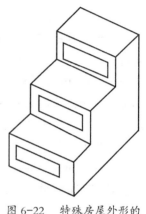

图 6-22　特殊房屋外形的
采光处理方法

　2）天窗

　　随着生产的发展，车间面积增大，用单一的侧窗已不能满足生产需要，故在单层房屋中出现顶部采光形式，通称天窗。由于使用要求不同，产生各种不同的天窗形式，下面分别介绍它们的采光特性。

　（1）矩形天窗

　　矩形天窗是一种常见的天窗形式（图 6-23）。实质上，矩形天窗相当于提高位置（安装在屋顶上）的高侧窗，它的采光特性与高侧窗相似。矩形天窗有很多种，名称也不相同，如纵向矩形天窗、梯形天窗、横向矩形天窗和井式天窗等。其中纵向矩形天窗是使用得非常普遍的一种矩形天窗，它是由装在屋架上的一列天窗架构成的，窗的方向垂直于屋架方向，故称为纵向矩形天窗。如将矩形天窗的玻璃倾斜放置，则称为梯形天窗。另一种矩形天窗的做法是把屋面板隔跨分别架设在屋架上弦和下弦的位置，利用上、下屋面板之间的空隙作为窗洞口，这种天窗称为横向矩形天窗，简称为横向天窗，有人又把它称为下沉式天窗。井式天窗与横向天窗的区别仅在于后者是沿屋架全长形成巷道，而井式天窗为了通风上需要，只在屋架的局部做成窗洞口，使井口较小，起抽风作用。下面对不同形式的矩形天窗作一些介绍。

　　①纵向矩形天窗

　　纵向矩形天窗是由装在屋架上的天窗架和天窗架上的窗扇组成。通常又把纵向矩形天窗简称为矩形天窗。它的窗扇一般可以开启，也可起通风作用。

图 6-23 采光天窗

矩形天窗的光分布见图 6-24。由图可见，采光系数最高值一般在跨中，最低值在柱子处。由于天窗布置在屋顶上，位置较高，如设计适当，可避免照度变化大的缺点，达到照度均匀。而且由于窗口位置高，一般处于视野范围外，不易形成眩光。

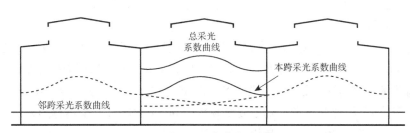

图 6-24 矩形天窗采光系数曲线

根据试验，纵向矩形天窗的某些尺寸对室内采光影响较大，在设计时应注意选择。图 6-25 为矩形天窗图例。

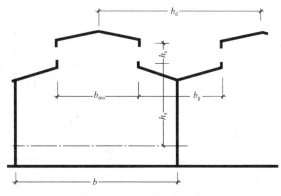

图 6-25 矩形天窗尺度

天窗宽度（b_{mo}）对于室内照度平均值和均匀度都有影响。加大天窗宽度，平均照度值增加，均匀性改善。图 6-26 表示单跨车间不同天窗宽度时的照度分布情况。但在多跨时，增加天窗宽度就可能造成相邻两跨天窗的互相遮挡，同时，如天窗宽度太大，天窗本身就需做内排水而使构造趋于复杂。故一般取建筑跨度（b）的一半左右为宜。

天窗位置高度（h_x）指天窗下沿至工作面的高度，它主要由车间生产工艺对净空高度的要求来确定。这一尺度影响采光，天窗位置高，均匀性较好，但照度平均值下降。如将高度降低，则起相反作用。这种影响在单跨厂房中特别明显。从采光角度来看，单跨或双跨车间的天窗位置高度最好在建筑跨度的 0.35～0.7 之间。

天窗间距（b_d）指天窗轴线间距离。从照度均匀性来看，它越小越好，但这样天窗数量增加，构造复杂，故不可能太密。相邻两天窗中线间的距离不宜大于工作面至天窗下沿高度的 2 倍。

相邻天窗玻璃间距（b_g）若太近，则互相挡光，影响室内照度，故一般取相邻天窗高度和的 1.5 倍。天窗高度是指天窗上沿至天窗下沿的高度。

以上四种尺度是互相影响的，在设计时应综合考虑。由于这些限制，矩形天窗的玻璃面积增加到一定程度，室内照度就不再增加，从图 6-27 中可看出，当窗面积和地板面积的比值（称为窗地比）增加到 35％时，再增加玻璃面积，室内照度也不再增加。极限值仅为 5％（指室内各点的采光系数平均值）。因此，这种天窗常用于精密工作，以及车间内有一定通风要求时采用。

为了避免直射阳光透过矩形天窗进入车间，天窗的玻璃面最好朝向南北，这样太阳光射入车间的时间最少，而且易于遮挡。如朝向别的方向时，应采取相应的遮阳措施。

有时为了增加室内采光量，将矩形天窗的玻璃做成倾斜的，则称为梯形天窗。图 6-28 表示矩形天窗（b）和梯形天窗（a）（玻璃倾角为 60°）的比较，采用梯形天窗时，室内采光量明显提高（提高约 60％），但是均匀度却明显变差。

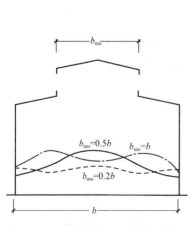

图 6-26　天窗宽度变化对采光的影响

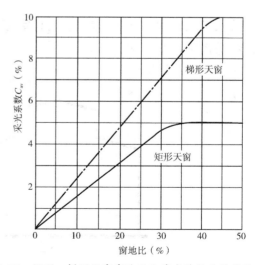

图 6-27　矩形、梯形天窗窗地比和采光系数平均值的关系

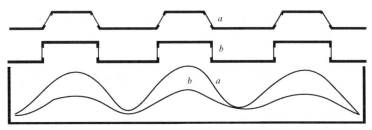

图 6-28　矩形天窗和梯形天窗采光比较

虽然梯形天窗在采光量上明显优于矩形天窗，但由于玻璃处于倾斜面，容易积尘，污染严重，加上构造复杂，阳光易射入室内，故选用时应慎重。

②横向天窗

横向天窗的透视图如图 6-29 所示。与矩形天窗相比，横向天窗省去了天窗架，降低了建筑高度，简化结构，节约材料，只是在安装下弦屋面板时施工稍麻烦。根据有关资料介绍，横向天窗的造价仅为矩形天窗的 62 %，而采光效果则和矩形天窗差不多。

图 6-29　横向天窗透视图

由于屋架上弦是倾斜的，故横向天窗窗扇的设置不同于矩形天窗。一般有三种做法：一是将窗扇做成横长方形（图 6-30a），这样窗扇规格统一，加工、安装都较方便，但不能充分利用开口面积；二是将窗扇做成阶梯形（图 6-30b），它可以较多地利用开口面积，但窗口规格多，不利于加工和安装；三是将窗扇上沿和屋架上弦平行，做成倾斜的（图 6-30c），可充分利用开口面积，但加工较难，安装稍有不准，构件受力不均，易引起变形。

横向天窗的窗扇是紧靠屋架的，故屋架杆件断面的尺寸对采光影响很大，最好使用断面较小的钢屋架。此外，为了有足够的开窗面积，上弦坡度大的三角形屋架不适宜作为横向天窗，梯形屋架的边柱宜争取做得高些，以利开窗。因此，横向天窗不宜用于跨度较小的车间。

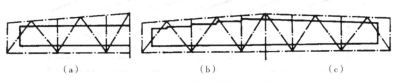

（a）　　　　　　　　（b）　　　　　　　　（c）

图 6-30　横向天窗窗扇形式

为了减少直射阳光射入车间，应使车间的长轴朝向南北，这样，玻璃面也就朝向南北，有利于防止阳光的直射。

③井式天窗

井式天窗是利用屋架上下弦之间的空间，将几块屋面板放在下弦杆上形成井口，见图 6-31。

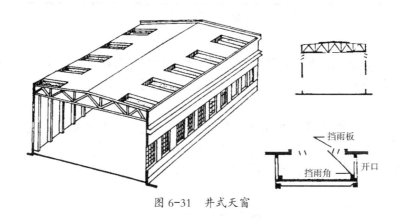

图 6-31　井式天窗

井式天窗主要用于高温车间。为了通风顺畅，开口处常不设玻璃窗扇。为了防止飘雨，除屋面作挑檐外，开口高度大时还在中间加几排挡雨板。这些挡雨板挡光很厉害，光线很少能直接射入车间，而都是经过井底板反射进入，因此采光系数一般在 1 % 以下。虽然这样，在采光上仍然比旧式矩形避风天窗好，并且通风效果更好。如车间还有采光要求时，可将挡雨板做成垂直玻璃挡雨板，这样对室内采光条件改善很多。但由于它处于烟尘出口处，较易积尘，如不经常清扫，仍会影响室内采光效果。也可在屋面板上另设平天窗来解决采光需要。

（2）锯齿形天窗

锯齿形天窗属单面顶部采光。这种天窗由于倾斜顶棚的反光，采光效率比纵向矩形天窗高，当采光系数相同时，锯齿形天窗的玻璃面积比纵向矩形天窗少 15 % ~ 20 %。它的玻璃也可做成倾斜面，但很少用。锯齿形天窗的窗口朝向北面天空时，可避免直射阳光射入车间，因而不致影响车间的温湿度调节，故常用于一些需要调节温湿度的车间,如纺织厂的纺纱、织布、印染等车间，图 6-32 为锯齿形天窗的室内天然光分布，可以看出它的采光均匀性较好。由于它是单面采光形式，故朝向对室内天然光分布的影响大，图中曲线 a 为晴天窗口朝向太阳时，曲线 c 为背向太阳时的室内天然光分布，曲线 b 表示阴天时情况。

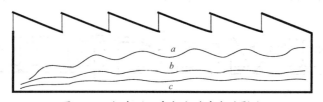

图 6-32　锯齿形天窗朝向对采光的影响

这种天窗具有单侧高窗的效果，加上有倾斜顶棚作为反射面增加反射光，故较高侧窗光线更均匀。同时，它还具有方向性强的特点，在布置机器时应予考虑。如果是双面垂直工作面的机器，如纺纱机，最好将它垂直天窗布置，这样两面都有较好的照度。若机器轴线平行天窗布置，则会产生朝天窗的一面光线强，另一面光线弱的缺点。

为了使车间内照度均匀，天窗轴线间距应小于窗下沿至工作面高度的2倍。当厂房高度不大，而跨度相当大时，为了提高照度的均匀性，可在一个跨度内设置几个天窗（图6-33）。

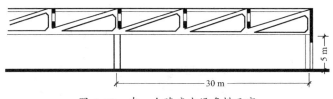

图 6-33　在一个跨度内设多排天窗

锯齿形天窗可保证7%的平均采光系数，能满足特别精密工作车间的采光要求。

纵向矩形天窗、锯齿形天窗都需增加天窗架，构造复杂，建筑造价高，而且不能保证高的采光系数。为了满足生产提出的不同要求，产生了其他类型的天窗，如平天窗等。

（3）平天窗

这种天窗是在屋面直接开洞，铺上透光材料（如钢化玻璃、夹丝平板玻璃、玻璃钢、塑料等）。由于不需特殊的天窗架，降低了建筑高度，简化结构，施工方便，据有关资料介绍，它的造价仅为矩形天窗的21%～37%。由于平天窗的玻璃面接近水平，故它在水平面的投影面积（S_b）较同样面积的垂直窗的投影面积（S_a）大，见图6-34。根据立体角投影定律，如天空亮度相同，则平天窗在水平面形成的照度比矩形天窗大，它的采光效率比矩形天窗高2～3倍。

平天窗不但采光效率高，而且布置灵活，易于达到均匀的照度。图6-35表示平天窗在屋面的不同位置对室内采光的影响，图中三条曲线代表三种窗口布置方案时的采光系数曲线，这说明：①平天窗在屋面的位置影响均匀度和采光系数平均值。当它布置在屋面中部偏屋脊处（布置方式b），均匀性和采光系数平均值均较好。②它的间距（d_c）对采光均匀性影响较大，最好保持在窗位置高度（h_x）的2.5倍范围内，以保证必要均匀性。

平天窗可用于坡屋面，如槽瓦屋面见图6-36（c）；也可用于坡度较小的屋面上，大型屋面板见图6-36（a）、（b）。可做成采光罩（图6-36b）、采光板（图6-36a）、采光带（图6-36c）。构造上比

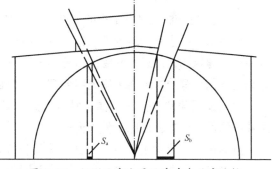

图 6-34　矩形天窗和平天窗采光效率比较

较灵活，可以适应不同材料和屋面构造。

由于防水和安装采光罩的需要，在平天窗开口周围都需设置一定高度的肋，称为井壁。井壁高度和井口面积的比例影响窗洞口的采光效率。井口面积相对于井壁高度越大，则进光越多。

图 6-37 表示平天窗窗洞口长 l、宽 b_c（或圆形窗洞口直径 D）、高 h 和井壁表面光反射比对窗洞口井壁挡光折减的影响。图中横坐标为光井指数 WI，它按下式计算：

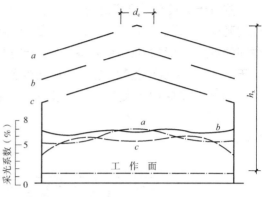

图 6-35　平天窗在屋面不同位置对室内采光的影响

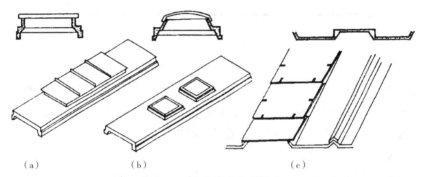

（a）　　　　　（b）　　　　　（c）

图 6-36　平天窗的不同做法

$$WI = \frac{0.5h(b_c+l)}{b_c l} \text{（矩形窗井口）} \tag{6-5}$$

$$WI = \frac{h}{D} \text{（圆形井口）} \tag{6-6}$$

为了增加采光量，可采取将井壁做成倾斜的办法，如图 6-38 是将井壁做成不同倾斜（a，b，c）与井壁为垂直（d）时的比较。可以看出，倾斜的井壁，不仅能增加采光量，还能改善采光均匀度。

平天窗的面积受制约的条件较少，故室内的采光系数可达到很高的值，以满足各种视觉工作要求。由于它的玻璃面近似水平，故一般做成固定的。在需要通风的车间，应另设通风屋脊或通风孔，通风孔和窗洞口能离开远一点较好，以减少由通风口排出气流中的灰尘在玻璃上堆积。有的做成通风采光组合窗，如图 6-39 所示，仅适用于较清洁车间。

平天窗污染较垂直窗严重，特别是西北多沙尘地区更为突出。但在多雨地区，雨水起到冲刷作用，积尘反而比其他天窗少。

直射阳光很容易通过平天窗进入车间，在车间内形成很不均匀的照度分布。图 6-40 为平天窗采光时的室内天然光分布：a 曲线为阴天时，它的最高点在窗下；b 曲线为晴天状况，

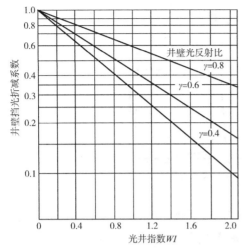

图 6-37　平天窗开口尺度与透光系数的关系

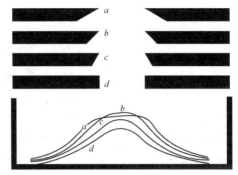

图 6-38　井壁倾斜对采光的影响

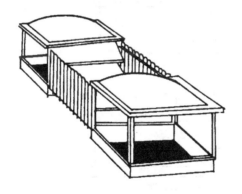

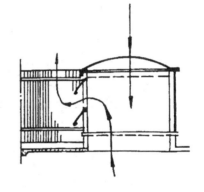

图 6-39　通风采光组合窗

可见这里有两个高值点，1 点是直射阳光经井壁反射所致，2 点是直射阳光直接照射区，它的照度很高，极易形成眩光，而且形成过热。故在晴天多的地区，应考虑采取一定措施，将阳光扩散。

另外，在北方寒冷地区，冬季在玻璃内表面可能出现凝结水，特别是在室内湿度较大的车间，有时还相当严重。这时应将玻璃倾斜成一定角度，使水滴沿着玻璃面流到边沿，滴到特制的水沟中，使水滴不致直接落入室内。也可采用双层玻璃中夹空气间层的做法，以提高玻璃内表面温度，既可避免冷凝水，又可减少热损耗。这种双层玻璃的结构应特别注意嵌缝严密，否则灰尘一旦进入空气间层，就很难清除，严重影响采光。

图 6-41 列出几种常用天窗在平、剖面相同且天然采光系数最低值均为 5 % 时所需的窗地比和采光系数分布。从图中可看出：分散布置的平天窗所需的窗面积最小。其次为梯形天窗和锯齿形天窗，最大为矩形天窗。但从均匀度来看，集中在一处的平天窗最差；但如将平天窗分散布置（图 6-41b），则均匀度得到改善。

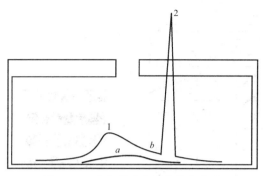

图 6-40 平天窗时室内天然光分布

在实际设计中，由于不同的建筑功能对窗洞口有各种特殊要求，并不是直接采用以上介绍的某一种窗洞口形式就能满足的，而往往需要将现有窗口形式加以改造。

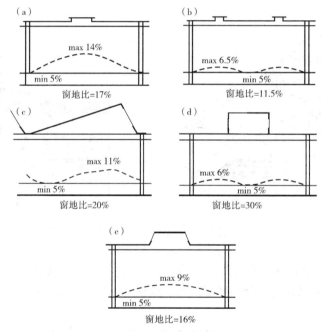

图 6-41 几种天窗的采光效率比较

6.1.3 采光设计

采光设计的任务在于根据视觉工作特点所提出的各项要求，正确地选择窗洞口形式，确定必需的窗洞口面积，以及它们的位置，使室内获得良好的光环境，保证视觉工作顺利进行。

窗洞口不仅起采光作用，有时还需起泄爆、通风等作用。这些作用与采光要求有时是一致的，有时可能是矛盾的。这就需要我们在考虑采光的同时，综合地考虑其他问题，妥善地加以解决。

为了在建筑采光设计中，充分利用天然光，创造良好的光环境和节约能源，就必须使采光设计符合建筑采光设计标准要求。

1）采光标准

我国于 2013 年 5 月 1 日起施行的《建筑采光设计标准》GB/T 50033—2013 是采光设计的依据。下面介绍该标准的主要内容：

（1）采光系数标准值

第 3 章已谈到，不同情况的视看对象要求不同的照度，而照度在一定范围内是越高越好，照度越高，工作效率越高。但高照度意味着投资大，故它的确定必须既考虑到视觉工作的需要，又照顾到经济上的可能性和技术上的合理性。采光标准综合考虑了视觉试验结果，对已建成建筑的采光现状进行的现场调查，窗洞口的经济分析，我国光气候特征，以及我国国民经济发展等因素，将视觉工作分为 Ⅰ ～ Ⅴ 级，提出了各级视觉工作要求的室外天然设计标准值（表 6-5）。我们把室内全部利用天然光进行照明时的室外最低照度称为室外天然光"设计照度"，也就是开始需要采用电光源照明时的室外天然光照度值。该值的确定影响开窗大小、电光源照明使用时间等，有一定的经济意义。经过不同室外天然光设计照度值比较，考虑到开窗的可能性，采光标准规定我国Ⅲ类光气候区的室外天然设计标准值为 5 000 lx。确定这一值后就可将室内天然光照度换算成采光系数。

由于不同的采光类型在室内形成不同的光分布，故采光标准按采光类型，分别提出不同的要求。顶部采光时，室内照度分布均匀，采用采光系数平均值。侧面采光时，室内光线变化大，故用采光系数最低值。采光系数标准值见表 6-5。

各采光等级参考平面上的采光标准值　　　　　　　　　　表 6-5

采光等级	侧面采光		顶部采光	
	采光系数标准值（%）	室内天然光照度标准值（lx）	采光系数标准值（%）	室内天然光照度标准值（lx）
Ⅰ	5	750	5	750
Ⅱ	4	600	3	450
Ⅲ	3	450	2	300
Ⅳ	2	300	1	150
Ⅴ	1	150	0.5	75

注：1. 工业建筑参考平面取距地面 1 m，民用建筑取距地面 0.75 m，公用场所取地面。
　　2. 表中所列采光系数标准值适用于我国Ⅲ类光气候区，采光系数标准值是按室外设计照度值 15 000 lx 制定的。
　　3. 采光标准的上限值不宜高于上一采光等级的级差，采光系数值不宜高于 7%。

表 6-5 中所列采光系数值适用于Ⅲ类光气候区。其他地区应按光气候分区，选择相应的光气候系数，各区具体标准为表 6-5 中所列值乘上表 6-2 中该区的光气候系数。

（2）采光质量

①采光均匀度

视野内照度分布不均匀，易使人眼疲乏，视觉功效下降，影响工作效率。因此，要求房间内照度分布应有一定的均匀度（工业建筑取距地面 1 m，民用建筑取距地面 0.8 m 的假定水平面上，即在假定工作面上的采光系数的最低值与平均值之比；也可认为是室内照度最低值与室内照度平均值之比），故标准提出顶部采光时，Ⅰ～Ⅳ级采光等级的采光均匀度不宜小于 0.7。侧面采光时，室内照度不可能做到均匀；以及顶部采光时，Ⅴ级视觉工作需要的开窗面积小，较难照顾均匀度，故对均匀度均未作规定。

②窗眩光

侧窗位置较低，对于工作视线处于水平的场所极易形成不舒适眩光，故应采取措施减小窗眩光：作业区应减少或避免直射阳光照射，不宜以明亮的窗口作为视看背景，可采用室内外遮挡设施降低窗亮度或减小对天空的视看立体角，宜将窗结构的内表面或窗周围的内墙面做成浅色饰面。

③光反射比

为了使室内各表面的亮度比较均匀，必须使室内各表面具有适当的光反射比。例如，对于办公、图书馆、学校等建筑的房间，其室内各表面的光反射比宜符合表 6-6 的规定。

室内各表面的光反射比 表 6-6

表面名称	反射比
顶棚	0.6 ~ 0.9
墙面	0.3 ~ 0.8
地面	0.1 ~ 0.5
作业面	0.2 ~ 0.6

在进行采光设计时，为了提高采光质量，还要注意光的方向性，并避免对工作产生遮挡和不利的阴影；如果在白天时天然光不足，应采用接近天然光色温的高色温光源作为补充照明光源。

2）采光设计步骤

（1）搜集资料

①了解设计对象对采光的要求

a. 房间的工作特点及精密度。同一个房间的工作不一定是完全一样的，可能有粗有细。了解时应考虑最精密和最具有典型性（即代表大多数）的工作；了解工作中需要识别部分的大小（如织布车间的纱线，而不是整幅布；机加工车间加工零件的加工尺寸，而不是整个零件等），根据这些尺寸大小；可从表 6-5 中确定视觉作业分类，与它所要求的采光系数的标准值。

在建筑采光设计标准中，为了方便设计，提供了各类建筑的采光系数：工业建筑的采光系数标准值、学校建筑的采光系数标准值和博物馆和美术馆的采光系数标准值等。

b. 工作面位置。工作面有垂直、水平或倾斜的，它与选择窗的形式和位置有关。例如侧窗在垂直工作面上形成的照度高，这时窗至工作面的距离对采光的影响较小，但正对光线的垂直面光线好，背面就差得多。对水平工作面而言，它与侧窗距离的远近对采光影响就很大，不如平天窗效果好。值得注意的是，我国采光设计标准推荐的采光计算方法仅适用于水平工作面。

c. 工作对象的表面状况。工作表面是平面或是立体，是光滑的（规则反射）或粗糙的，对于确定窗的位置有一定影响。例如，对平面对象（如看书）而言，光的方向性无多大关系；但对于立体零件，一定角度的光线，能形成阴影，可加大亮度对比，提高可见度。而光滑的零件表面，由于规则反射，若窗的位置安设不当，可能使明亮的窗口形象恰好反射到工作者的眼中，严重影响可见度，需采取相应措施来防止。

d. 工作中是否容许直射阳光进入房间。直射阳光进入房间，可能会引起眩光和过热，应在窗口的选型、朝向、材料等方面加以考虑。

e. 工作区域。了解各工作区域对采光的要求。照度要求高的布置在窗口附近，要求不高的区域（如仓库、通道等）可远离窗口。

②了解设计对象其他要求

a. 供暖。在北方供暖地区，窗的大小影响到冬季热量的损耗，因此在采光设计中应严格控制窗面积大小，特别是北窗影响很大，更应特别注意。

b. 通风。了解在生产中发出大量余热的地点和热量大小，以便就近设置通风孔洞。若有大量灰尘伴随余热排出，则应将通风孔和采光天窗分开处理并留适当距离，以免排出的烟尘污染窗洞口。

c. 泄爆。某些车间有爆炸危险，如粉尘很多的铝、银粉加工车间，贮存易燃、易爆物的仓库等，为了降低爆炸压力，保存承重结构，可设置大面积泄爆窗，从窗的面积和构造处理上解决减压问题。在面积上，泄爆要求往往超过采光要求，从而会引起眩光和过热，要注意处理。

还有一些其他要求。在设计中，应首先考虑解决主要矛盾，然后按其他要求进行复核和修改，使之尽量满足各种不同的要求。

③房间及其周围环境概况

了解房间平、剖面尺寸和布置；影响开窗的构件，如吊车梁的位置、大小；房间的朝向；周围建筑物、构筑物和影响采光的物体（如树木、山丘等）的高度，以及他们和房间的间距等。这些都与选择窗洞口形式，确定影响采光的一些系数值有关。

（2）选择窗洞口形式

根据房间的朝向、尺度、生产状况、周围环境，结合上一节介绍的各种窗洞口的采光特性来选择适合的窗洞口形式。在一幢建筑物内可能采取几种不同的窗洞口形式，以满足不同的要求。例如在进深大的车间，往往边跨用侧窗，中间几跨用天窗来解决中间跨采光不足。又如车间长轴为南北向时，则宜采用横向天窗或锯齿形天窗，以避免阳光射入车间。

（3）确定窗洞口位置及可能开设窗口的面积

①侧窗。常设在朝向南北的侧墙上，由于它建造方便，造价低廉，维护使用方便，故应尽可能多开侧窗，采光不足部分再用天窗补充。

②天窗。侧窗采光不足之处可设天窗。根据车间的剖面形式，它与相邻车间的关系，确定天窗的位置及大致尺寸（天窗宽度、玻璃面积、天窗间距等）。

（4）估算窗洞口尺寸

根据车间视觉工作分级和拟采用的窗洞口形式及位置，即可从表6-7查出所需的窗地面积比。值得注意的是，由窗地比和室内地面面积相乘获得的开窗面积仅是估算值，它可能与实际值差别较大。因此，不能把估算值当作为最终确定的开窗面积。

当同一车间内既有天窗，又有侧窗时，可先按侧窗查出它的窗地比，再从地面面积求出所需的侧窗面积，然后根据墙面实际开窗的可能来布置侧窗，不足之数再用天窗来补充。

窗地面积比 A_c/A_d　　　　　　　　　　　　　　　　表6-7

采光等级	侧面采光	顶部采光
I	1/3	1/6
II	1/4	1/8
III	1/5	1/10
IV	1/6	1/13
V	1/10	1/23

注：1. 窗地面积比计算条件：窗的总透射比 τ 取0.6；室内各表面材料反射比的加权平均值：I～III级取值 $\rho_j=0.5$；IV级 $\rho_j=0.4$；V级 $\rho_j=0.3$；

　　2. 顶部采光是指平天窗采光，锯齿形天窗和矩形天窗可分别按平天窗的1.5倍和2倍窗地面积比进行估算。

　　3. 非III类光气候区的窗地面积比应乘以表6-2的光气候系数 K。

例如，某车间跨度为30 m（单跨），屋架下弦高度为6 m，采光要求为I级。查表6-7可知侧窗要求的窗地比为1/3。现按一个6 m柱距来计算，要求在两面侧墙上开72 m^2 的侧窗，而工作面至屋架下弦可开侧窗面积约为49.0 m^2（窗高×窗宽×两侧=4.8 m×5.1 m×2≈49.0 m^2），不足的地面面积约57.8 m^2 考虑采用天窗来解决。现采用矩形天窗，查表6-7得窗地比为1/3，现选用1.5 m高的钢窗，可补充18 m^2 天窗面积（1.5 m×6 m×2=18 m^2）。在选择窗的尺寸时，应注意尽可能采用标准构件尺寸。

（5）布置窗洞口

估算出需要的窗洞口面积，确定了窗的高、宽尺寸后，就可进一步确定窗的位置。这里不仅考虑采光需要，而且还应考虑通风、日照、美观等要求，拟出几个方案进行比较，选出最佳方案。

经过以上五个步骤，确定了窗洞口形式、面积和位置，基本上达到初步设计的要求。由于它的面积是估算的，位置也不一定确定不变，故在进行技术设计之后，还应进行采光验算，以便最后确定它是否满足采光标准的各项要求。

6.1.4　采光计算

采光计算的目的在于验证所做的设计是否符合采光标准中规定的各项指标。采光计算可利用公式或采用图表计算,也可利用计算机进行计算。下面介绍我国《建筑采光设计标准》GB/T 50033—2013 推荐的方法，它是综合分析了国内外各种计算方法的优缺点之后，在模型实验的基础上，提出的一种简易计算方法。它是利用图表，按房间的有关数据直接查出采光系数值。它既有一定的精度，又计算简便，可满足采光设计的需要。

1）**确定采光计算中所需数据**

①车间尺寸。这主要是指与采光有关的一些数据，如车间的平、剖面尺寸，周围环境对它的遮挡等；

②窗洞口材料及厚度；

③承重结构形式及材料；

④表面污染程度；

⑤室内表面反光程度。

2）**计算步骤及方法**

这种计算方法是按侧窗和天窗，分别利用两个不同的图表，根据有关数据查出相应的采光系数值。在进行采光计算时，首先要确定无限长带形窗洞口的采光系数；然后按实际情况考虑各种影响因素，加以修正而得到采光系数最低值（侧面采光）或平均值（顶部采光）。下面具体介绍计算方法。

（1）侧面采光计算

按采光标准规定，侧窗的采光系数最低值：

$$C_{\min}=C_d' \cdot K_c \cdot K_r' \cdot K_\tau' \cdot K_w \cdot K_f \tag{6-7}$$

式中　$C_{\min}$——采光系数最低值（计算值）；

C_d'——带形侧窗窗洞口的采光系数；

K_c——考虑窗间墙挡光影响的窗宽修正系数；

K_r'——侧窗采光的室内反射光增量系数；

K_τ'——侧窗的总透射比；

K_w——侧窗采光的室外建筑物挡光折减系数；

K_f——晴天方向系数（仅Ⅰ、Ⅱ、Ⅲ光气候区采用，但不含北回归线以南地区；Ⅳ、Ⅴ光气候区取 $K_f=1$）。

下面分别介绍各系数的求法：

① C_d'——带形侧窗窗洞口的采光系数值。图 6-42 是在全阴天时，无限长带形侧窗窗洞口的采光系数。单侧采光计算点应选在离内墙 1.0 m 处；多跨建筑的边跨为侧窗采光时，计算点应定在边跨与邻近中间跨的交界处。l 是房间长度，b 是建筑宽度（跨度或进深）。B 是计算点至窗的距离，h_c 是窗高。这里考虑 $B/h_c<5$ 是一般常见比值。

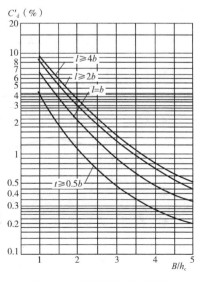

图 6-42　侧窗采光计算图表

当 $B/h_c>5$ 时，侧窗对它的采光效果已很微小，可忽略不计。图中四条曲线分别代表不同的 l 和 b 的比值。

图 6-43 为计算图例，图中 P 点为采光系数 C'_d 的计算点，它是由不同的剖面形式所决定的。图中给出常见的几种情况时的计算点位置。图 6-45（d）的计算点 P 可按主要采光面确定，再以此计算另一面侧窗的洞口尺寸。当与设计基本相符时，可取 P 点作为计算点。当从表 6-5 中查得单侧窗窗地比 A_c/A_d，就可由主要采光面的窗洞口面积 A_{c1} 按下列式子算出另一面侧窗窗洞口面积 A_{c2}：

$$B_1=A_{c1}/\left(l\cdot A_c/A_d\right),\ B_2=b-B_1,$$
$$A_{c2}=B_2\cdot l\cdot\left(A_c/A_d\right)$$

由于图 6-42 所给的 C'_d 值是按窗下沿和工作面处于同一水平面时的情况作出的，如窗下沿高于工作面 1 m 时，如图 6-43（c）中的高侧窗所示，则应按 B/h_c 查出 C'_{d1} 值，然后按 B/h_x 查出 C'_{d2}，由于反光增量系数不同，故 C'_{d1}、C'_{d2} 各有自己相应的反光增量系数；为此，高侧窗产生的：

$$C'_d\cdot K'_r=C'_{d1}K'_{r1}-C'_{d2}\cdot K'_{r2}$$

如果窗洞口上部有宽度超过 1 m 以上的外挑结构遮挡时，其采光系数应乘以 0.7 的挡光折减系数。当侧窗窗台高度大于或等于 0.8 m 时，可视为有效采光面积。

② K_c——窗宽修正系数。由于 C'_d 为带形窗洞时的采光系数，为了考虑实际中常有的窗间墙的挡光影响，应用窗宽修正系数来考虑这一因素。实验得知它是该墙面上的总窗宽 Σb_c 和建筑长度 l 的比值，即：

$$K_c=\Sigma b_c/l \tag{6-8}$$

③ K'_r——侧窗采光的室内反射光增量系数。C'_d 值是指室内表面反光为零时的采光状况，

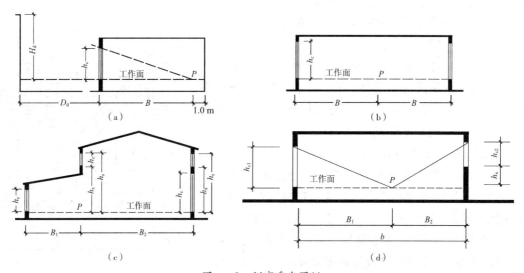

图 6-43　侧窗采光图例

（a）单侧采光；（b）对称双侧采光；（c）非对称双侧采光；（d）非对称双侧采光

而实际的房间中都有反射光存在，故用 K'_r 来考虑因反射光存在的增量。由于室内各表面的光反射比不同，一般用光反射比加权平均值 $\bar{r}$ 来代表整个房间的反光程度。$\bar{r}$ 值求法如下：

$$\bar{r} = \frac{r_p A_p + r_q A_q + r_d A_d + r_c A_c}{A_p + A_q + A_d + A_c} \tag{6-9}$$

式中　　r_p、r_q、r_d、r_c——顶棚、墙面、地面及普通玻璃窗的光反射比，其中 r_c 可取 0.15 计算。

　　　　A_p、A_q、A_d、A_c——顶棚、墙面、地面、窗洞口的表面积。

　　实验表明，K'_r 值与 $\bar{r}$、B/h_c、单侧采光或双侧采光等因素有关，具体值见表 6-8。

　　从表 6-8 可以看出，单侧窗和双侧窗的 K'_r 值有很大区别。在单侧窗时，由于内墙的反光，对 P 点照度影响很大，故 K'_r 值较大。在工业建筑中，从整体来看，一般都可能是双侧窗，应按双侧窗选取 K'_r 值。但如在局部有内隔墙存在，则这部分应视为单侧窗，按单侧窗选取 K'_r 值。

侧窗采光的室内反射光增量系数 K'_r　　　　　　　表 6-8

$\bar{r}$ K'_r B/h_c	单侧采光				双侧采光			
	深色	中等		浅色	深色	中等		浅色
	0.2	0.3	0.4	0.5	0.2	0.3	0.4	0.5
1	1.10	1.25	1.45	1.70	1.00	1.00	1.00	1.05
2	1.30	1.65	2.05	2.65	1.10	1.20	1.40	1.65
3	1.40	1.90	2.45	3.40	1.15	1.40	1.70	2.10
4	1.45	2.00	2.75	3.80	1.20	1.45	1.90	2.40
5	1.45	2.00	2.80	3.90	1.20	1.45	1.95	2.45

　　④ K'_τ——侧面采光的总透射比。不同材料做成的窗框，断面大小不同，窗玻璃的层数、品种和环境的污染也不一样，这些都影响窗的透光能力，故综合起来用 K'_τ 来考虑这些因素，它的值：

$$K'_\tau = \tau \cdot \tau_c \cdot \tau_w \tag{6-10}$$

式中　　τ——采光材料的透射比，查表 3-3 可得；

　　　　τ_c——窗结构的挡光折减系数，它考虑窗材料和窗扇层数等对采光的影响，其值可由表 6-9 查出；

　　　　τ_w——窗玻璃污染折减系数，它考虑室内外环境对窗玻璃的污染影响，现按每年打扫两次来考虑，其具体数值见表 6-10。

　　⑤ K_w——侧面采光的室外建筑物挡光折减系数。侧窗由于所处位置较低，易受房屋、树木等遮挡，影响室内采光，故用来考虑这种因素。根据试验，遮挡程度与对面遮挡物的平均高度 H_d（从计算工作面算起），遮挡物至窗口的距离 D_d，窗高 h_c 以及计算点至窗口的距离 B 等尺寸有关，具体值见表 6-11。

窗结构挡光折减系数 τ_c 值　　　　　　　　　　表 6-9

窗结构		τ_c 值
单层窗	木窗、塑料窗	0.70
	铝窗	0.75
	钢窗	0.80
双层窗	木窗、塑料窗	0.55
	铝窗	0.60
	钢窗	0.65

注：表中塑料窗含塑钢窗、塑木窗和塑铝窗。

窗玻璃污染折减系数 τ_w 值　　　　　　　　　　表 6-10

房间污染程度	玻璃安装角度		
	水平	倾斜	垂直
清洁	0.60	0.75	0.90
一般	0.45	0.60	0.75
污染严重	0.30	0.45	0.60

注：1. τ_w 值是按 6 个月擦洗一次确定的；
　　2. 南方多雨地区，水平天窗的污染折减系数可按倾斜窗的 τ_w 值选取。

侧面采光的室外建筑物挡光折减系数 K_W 值　　　　　　　　　　表 6-11

B/h_c ＼ D_d/H_d	1	1.5	2	3	5	＞ 5
2	0.45	0.50	0.61	0.85	0.97	1
3	0.44	0.49	0.58	0.80	0.95	1
4	0.42	0.47	0.54	0.70	0.93	1
5	0.40	0.45	0.51	0.65	0.90	1

　　⑥ K_f——晴天方向系数。我国西北、华北地区年平均日照率在 60 ％ 以上，有丰富的太阳光资源，而 C'_d 只是考虑全阴天时的情况，就产生窗洞口大小与当地光气候特征不相适应，故用 K_f 来考虑阴天和晴天在同一表面上的照度差别，具体值见表 6-12。

晴天方向系数 K_f　　　　　　　　　　表 6-12

窗类型及朝向			纬度（N）		
			30°	40°	50°
垂直窗朝向	东（西）		1.25	1.20	1.15
	南		1.45	1.55	1.64
	北		1.00	1.00	1.00
水平窗			1.65	1.35	1.25

（2）顶部采光计算

按采光标准规定，顶部采光的采光系数平均值：

$$C_{\mathrm{av}}=C_{\mathrm{d}} \cdot K_{\mathrm{g}} \cdot K_{\mathrm{r}} \cdot K_{\mathrm{\tau}} \cdot K_{\mathrm{d}} \cdot K_{\mathrm{f}} \cdot K_{\mathrm{j}} \qquad (6\text{-}11)$$

式中 K_{g}——高跨比修正系数；

$\quad\quad K_{\mathrm{d}}$——矩形天窗的挡风板挡光折减系数；

$\quad\quad K_{\mathrm{j}}$——平天窗的采光罩井壁的挡光折减系数，其他各符号的意义和式（6-7）相同，只是数值的求法不完全一样。下面介绍各系数的求法：

① C_{d}——天窗窗洞口采光系数。具体值可从图6-44查得。它是在实验基础上得出的结果，表明带形窗洞时，窗地比（$A_{\mathrm{C}}/A_{\mathrm{d}}$）、天窗形式和窗洞采光系数平均值（$C_{\mathrm{d}}$）间的关系。

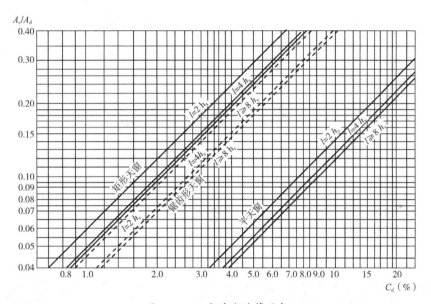

图6-44 顶部采光计算图表

天窗计算图例见图6-45。如果需要确定顶部采光计算点位置时，则对于多跨连续矩形天窗，其天窗采光分区计算点可定在两跨交界的轴线上；平天窗采光的分区计算点见图6-45（b）；多跨连续锯齿形天窗，其采光的分区计算点可定在两相邻天窗相交的界线上。

② K_{g}——高跨比修正系数。由于图6-44所列数值系按 $h_{\mathrm{x}}/b=0.5$ 的三跨车间的模型中得出。由实验得知，在窗地比相同时，不同的高跨比会得出不同的采光系数值；为此，当高跨比不是0.5时，就应引入高跨比修正系数，其值列于表6-13。

③ K_{r}——顶部采光的室内反光增量系数。根据室内表面平均光反射比 $\bar{r}$ 和天窗形式从表6-14中查出。

④ $K_{\mathrm{\tau}}$——天窗的总透光系数。与侧窗相比，天窗多一个屋架承重结构的挡光影响，故在天窗透光系数中增添一屋架承重结构的挡光折减系数 τ_{j}，其值见表6-15。这样，天窗的总透光系数 $K_{\mathrm{\tau}}$：

$$K_\tau = \tau \cdot \tau_c \cdot \tau_w \cdot \tau_j \tag{6-12}$$

式中　τ、τ_c、τ_w 和侧窗一样，由表 3-3、表 6-9、表 6-10 查出；屋架承重结构的挡光折减系数 τ_j 可由表 6-15 查出。

⑤ K_d——矩形天窗的挡风板挡光折减系数，如设置了挡风板，宜取 $K_d=0.60$；否则，K_d 为 1。

⑥ K_f——晴天方向系数，具体值见表 6-12。

⑦ K_j——采光罩井壁的挡光折减系数，具体值由式（6-5）或式（6-6）算得光井指数 WI，再从图 6-39 中查得；如果不是采用平天窗采光时，取 K_j 为 1。

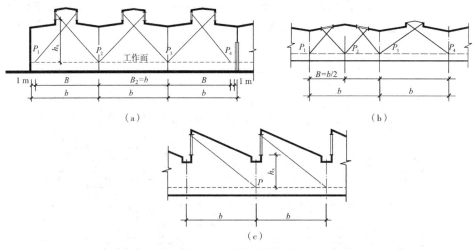

图 6-45　天窗计算图例
（a）矩形天窗；（b）平天窗；（c）锯齿形天窗

高跨比修正系数 K_g 值　　　　　　　　　　　　　表 6-13

天窗类型	跨数	h_x/b									
		0.3	0.4	0.5	0.6	0.7	0.8	0.9	1.0	1.2	1.4
矩形天窗	1	1.04	0.88	0.77	0.69	0.61	0.53	0.48	0.44	—	—
	2	1.07	0.95	0.87	0.80	0.74	0.67	0.63	0.57	—	—
	3 及 3 以上	1.14	1.06	1.00	0.95	0.90	0.85	0.81	0.78	—	—
平天窗	1	1.24	0.94	0.84	0.75	0.70	0.65	0.61	0.57	—	—
	2	1.26	1.02	0.93	0.83	0.80	0.77	0.74	0.71	—	—
	3 及 3 以上	1.27	1.08	1.00	0.93	0.89	0.86	0.85	0.84	—	—
锯齿形天窗	3 及 3 以上	—	1.04	1.00	0.98	0.95	0.92	0.89	0.86	0.82	0.78

【例 6-1】北京某一般的机电产品加工车间，长为 102 m，三个跨度均为 18.0 m，屋架下弦高 8.2 m，尺寸见图 6-46。室内浅色粉刷，一般污染，钢屋架，窗的朝向为东（西）向，窗外无遮挡物，试设计需要的天窗和侧窗。

顶部采光的室内反光增量系数 K_r 值 表 6-14

室内表面颜色	$\bar{r}$	K_r 值		
		平天窗	矩形天窗	锯齿形天窗
浅色	0.5	1.30	1.70	1.90
中等	0.4	1.25	1.55	1.65
	0.3	1.15	1.40	1.40
深色	0.2	1.10	1.30	1.30

屋架承重结构的挡光折减系数 τ_j 表 6-15

结构名称	结构所用材料	
	钢筋混凝土	钢
屋架	0.80	0.90
实体梁	0.75	0.75
吊车梁	0.85	0.85
网架	—	0.65

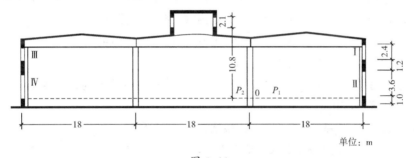

图 6-46

【解】查建筑采光设计标准中的工业建筑的采光系数标准值得出，一般的机电加工车间属Ⅲ级采光等级；采光系数最低值 C_{min} 为 2%（侧面采光），C_{av} 为 3%（顶部采光）。北京地处Ⅲ类光气候区，查表 6-2 得，光气候系数为 1.0，故上述标准值不变。

1）采光设计

（1）侧面采光。由Ⅲ级采光等级查表 6-7 得双侧窗的窗地比为 1/4。边跨每开间能开侧窗的最大面积为（6-0.45×2）×7.2=36.72 m²。而边跨每开间的侧窗面积约需 6×18/4=27 m²，窗高为 27÷5.1≈5.3 m。现设窗高分别为 2.4 m 和 3.6 m，侧窗布置如图 6-46。按工艺要求，计算点选在距跨端 3.5 m 处 P_1 点（图 6-46）。

（2）顶部采光。中间一跨采用矩形天窗采光，由Ⅲ级采光等级查表 6-7 得矩形天窗的窗地比为 1/4.5。中间一跨需天窗面积为 6×18÷4.5=24 m²，天窗的窗高为 24÷6÷2=2 m，现取天窗的窗高为 2.1 m，天窗布置见图 6-46。

2）采光计算

（1）侧面采光：B=18-3.5=14.5 m，l=102 m，b=18 m，$l > 4b$

Ⅰ窗：

①分别求窗上、下沿对应的 C'_d

上沿：h_s=7.2 m，B/h_s=14.5/7.2≈2.01，查图 6-44 得 C'_d = 3.40%

下沿：h_s=4.8 m，B/h_s=14.5/4.8≈3.02，查图 6-44 得 C'_d = 1.45%

②求 K_c：由式（6-8）得 K_c=5.1/6.0=0.85

③分别求 K'_r

a. 设各表面的光反射比：顶棚 r_p=0.7，墙面 r_q=0.5，地面 r_d=0.2，窗口（单层玻璃）r_c=0.15。

b. 室内平均光反射比：

$\bar{r}$ = { 102×18×3×0.7+[（102+18×3）×7.2×2-（5.1/6）×102×6×2]×0.5+102×18×3×0.2+（5.1/6）×102×6×2×0.15 }/[（102+18×3）×7.2×2+102×18×3×2]=5 716.26/13 262.4≈0.43

c. 由 B/h_c 为 2.01 和 3.02 分别查表 6-8 双侧采光对应值，再由内插法算得：

$$K'_{r1}≈1.48，K'_{r2}≈1.82$$

④求 K'_τ：单层普通玻璃，查表 3-3，取 τ=0.80；采用单层钢窗，查表 6-9 得 τ_c=0.80；垂直窗，一般污染，查表 6-10 得 τ_w=0.75。则由式（6-10）算得：

$$K'_\tau=\tau \cdot \tau_c \cdot \tau_w=0.80×0.80×0.75=0.48$$

⑤定 K_w：因室外无遮挡，故取 K_w=1。

⑥查 K_f：北京地处Ⅲ类光气候区，北纬约 40°，垂直窗朝向为东（西）向，查表 6-12 得晴天方向系数 K_f=1.20。

⑦求高侧窗 I 在 P_1 点产生的 $C_{\min I}$：根据式（6-7）算得：

$$C_{\min I} = （C_{d1}' \cdot K_{r1}'-C_{d2}' \cdot K_{r2}'）\cdot K_c \cdot K_\tau' \cdot K_w \cdot K_f$$
$$= （3.40×1.48-1.45×1.82）×0.85×0.48×1×1.20$$
$$≈1.17（\%）$$

Ⅱ窗：h_c=3.6 m，B/h_c=14.5/3.6≈4.03，查图 6-44 得 C'_d = 0.82 %

同 I 窗的相同方法得：K_c=0.85，K_r'=2.05，K_τ'=0.48，K_w=1，K_f=1.20。

Ⅱ窗在 P_1 点产生的 $C_{\min Ⅱ}$：

$$C_{\min Ⅱ} =C_d' \cdot K_c \cdot K_r' \cdot K_\tau' \cdot K_w \cdot K_f$$
$$=0.82×0.85×2.05×0.48×1×1.20≈0.82（\%）$$

侧面采光在 P_1 点上产生的采光系数：

$$C_{\min}=C_{\min I} + C_{\min Ⅱ}=1.17 + 0.82=1.99（\%）≈2.0（\%）$$

由采光计算结果表明：当计算点 P_1 和跨端距离 OP_1 小于 3.5 m 时，采光系数小于 2 %，仅为 1.5 % 左右，所以该区域是侧窗采光不满足Ⅲ级采光等级的区域，宜作为一般工作区域使用；当计算点和跨端距离大于 3.5 m 时，侧面采光符合Ⅲ级采光等级要求。

（2）顶部采光

①求 C_d：A_c/A_d=（6×2.1×2）/（6×18）≈0.233；l=102 m，h_x=10.8 m，l>8 h_x。查图 6-46 得 C_d=4.90 %。

②求 K_g：本例天窗为单跨，$b=18$ m，$h_x/b=0.6$，查表 6-13 得 $K_g=0.69$。

③求 K_r：侧面采光计算中已算得 $\bar{r}=0.43$，查表 6-14 后算得：

$$K_r = 1.55 + \frac{1.70 - 1.55}{0.5 - 0.4} \times (0.43 - 0.40) = 1.595$$

④求 K_τ：由侧面采光计算得 $\tau=0.80$，$\tau_c=0.80$，$\tau_w=0.75$，采用钢屋架承重结构，查表 6-15 得 $\tau_j=0.90$。由式（6-12）算得：

$$K_\tau = \tau \cdot \tau_c \cdot \tau_w \cdot \tau_j = 0.80 \times 0.80 \times 0.75 \times 0.90 = 0.432$$

⑤求 K_d：该矩形天窗没有设置挡风板，故 $K_d=1$。

⑥定 K_f：同侧面采光，即 $K_f=1.2$。

⑦定 K_j：采用矩形天窗采光，故 $K_j=1$

⑧矩形天窗采光系数由式（6-11）得：

$$\begin{aligned}
C_{av} &= C_d \cdot K_g \cdot K_r \cdot K_\tau \cdot K_d \cdot K_f \cdot K_j \\
&= 4.90 \times 0.69 \times 1.595 \times 0.432 \times 1 \times 1.20 \times 1 \\
&\approx 2.8(\%)
\end{aligned}$$

天窗采光系数的计算值基本满足要求。

6.2　建筑照明

人们对天然光的利用，受到时间和地点的限制。建筑物内不仅在夜间必须采用电光源照明，在某些场合，白天也要用人工照明。建筑设计人员应掌握一定的照明知识，以便能在设计中考虑照明问题，并能进行简单的照明设计。在一些大型公共或工业建筑设计中，可能协助电气专业人员按总的设计意图完成照明设计，使建筑功能得到充分发挥，并使室内环境显得更加美观。

6.2.1　电光源

人类由利用篝火进行照明开始发展到人工电光源的出现，随着社会和科学技术的进步，人工光源也不断更新换代，特别是随着 LED 照明技术的发展，LED 照明已广泛应用于各类场所，但了解基本的传统光源仍然是需要的。由于各类电光源的发光机理不同，其光电特性也存在较大差异，对一些传统光电特性及适用场合有基本的认识了解也是重要的。

1）热辐射光源

任何物体的温度高于绝对温度零度，就向四周空间发射辐射能。当金属加热到 500℃ 时，就发出暗红色的可见光。温度越高，可见光在总辐射中所占比例越大。人们利用这一原理制造的照明光源称为热辐射光源。

（1）白炽灯

白炽灯是用通电的方法加热玻壳内的灯丝，导致灯丝产生热辐射而发光的光源。由于钨是一种熔点很高的金属（熔点 3 417 ℃），故白炽灯灯丝可加热到 2 300 K 以上。为了避免热量的散失和减少钨丝蒸发，将灯丝密封在一玻璃壳内；为了提高灯丝温度，以便发出更多的可见光，提高其发光效率（即光源发出的光通量除以光源功率所得之商，lm/W），一般将灯泡内抽成真空（小功率灯泡采用此法），或充以惰性气体，并将灯丝做成双螺旋形（大功率灯泡采用此法）。即使这样，普通白炽灯的发光效率仍比较低，约 7 ~ 20 lm/W 左右。也就是说，只有 2 % ~ 3 % 的电能转变为光，其余电能都以热辐射的形式损失掉了。表 6-16 列出白炽灯的光参数和寿命。

白炽灯光参数和寿命 表 6-16

灯泡型号	额定值				灯泡型号	额定值			
	电压（V）	功率（W）	光通量 *（lm）	寿命（h）		电压（V）	功率（W）	光通量 *（lm）	寿命（h）
PZ220-15	220	15	104	1 000	PZ220-100	220	100	1 179	1 000
PZ220-25		25	201		PZ220-150		150	1 971	
PZ220-40		40	330		PZ220-200		200	2 819	
PZ220-60		60	574						

注：* 正常光通量白炽灯的参数（220 V）。

由于材料、工艺等的限制，白炽灯的灯丝温度不能太高，故它发出的可见光以长波辐射为主，与天然光相比，白炽灯光色偏红，白炽灯的光谱特性如图 6-47 所示。

为了适应不同场合的需要，白炽灯有不同的品种和形状。

①反射型灯

这类灯泡的泡壳是由反射和透光两部分组合而成，按其构造不同又可分为：

a. 投光灯泡。英文缩写为 PAR 和 EAR 型灯，这种灯是用硬料玻璃分别做成内表面镀铝的上半部和透明的下半部，然后将它们密封在一起，这样可使反光部分保持准确形状，并且可保证灯丝在反光镜中保持精确位置，从而形成一个光学系统，有效地控制光线。利用反光镜的不同形状就可获得不同的光线分布。

b. 反光灯泡。英文缩写为 R 型灯，它与投光灯泡的区别在于采用吹制泡壳，因而不可能精确地控制光束。

c. 镀银碗形灯。这种灯在灯泡玻壳内表面下半部镀银或铝，使光通量向上半部反射并透出。这样不但使光线柔和，而且将高亮度的灯丝遮住，很适合于台灯用。

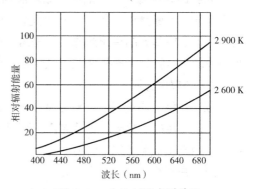

图 6-47 白炽灯的光谱特性

②异形装饰灯

将灯泡泡壳做成各种形状并具有乳白色或其他颜色。它们可单独使用，或组成各种艺术灯具，省去灯罩，美观大方（图6-48）。

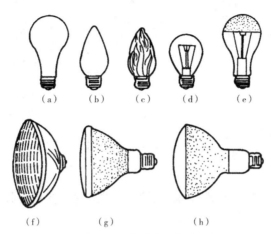

图 6-48　各种白炽灯泡
（a）乳白色；（b）、（c）火焰形；（d）透明的；（e）镀银碗形；
（f）、（g）PAR 灯；（h）R 灯

白炽灯虽然具有体积小，易于控光，可在很宽的环境温度下工作，结构简单，使用方便等优点；但是存在着红光较多，灯丝亮度高（达 500 sb 以上），散热量大，寿命短（1 000 h），玻壳温度高（可达 250 ℃以上），受电压变化（图6-49）和机械振动影响大等缺点，特别是发光效率很低，浪费能源，故在一般情况下，室内外照明不应采用普通照明白炽灯；在特殊情况下需采用时，其额定功率不应超过 100 W。

（2）卤钨灯

卤钨灯是填充气体内含有部分卤族元素或卤化物的充气白炽灯，它也是热辐射光源。

卤族元素的作用是在高温条件下，将钨丝蒸发出来的钨元素带回到钨丝附近的空间，甚至送返钨丝上（这种现象称为卤素循环）。这就减慢了钨丝在高温下的挥发速度，为提高灯丝温度创造了条件，而且减轻了钨蒸发对泡壳的污染，提高了光的透过率，故其发光效率和光色都较白炽灯有所改善。卤钨灯的发光效率约 20 lm/W 以下，寿命约为 2 000 h。常用卤钨灯的光参数和寿命见表 6-17。

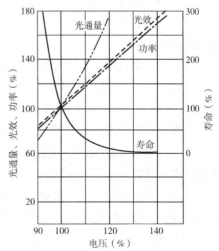

图 6-49　电压变化对白炽灯光电特性的影响

常用卤钨灯光参数和寿命   表 6-17

类别	额定功率（W）	额定电压（V）	额定光通量（lm）	额定寿命（h）
双玻壳单端卤钨灯	60 75 100 150 250 300 500 1 000	110～130 或 220～240	720 900 1 300 2 200 3 800 4 800 9 000 20 000	2 000
双插脚普通照明卤钨灯	5 10 20 35 75 100	6、12、24	60 120 300 600 1 350 1 800	

卤钨灯与白炽灯相比，具有体积小、寿命长、光效高、光色好和光输出稳定等优点。

2）气体放电光源

气体放电光源是由气体、金属蒸气或几种气体与金属蒸气的混合放电而发光的光源。

（1）荧光灯

这是一种在发光原理和外形上都有别于白炽灯的气体放电光源（外形见图6-50），它的内壁涂有荧光物质，管内充有稀薄的氩气、氖等惰性气体和少量的汞蒸气。灯管两端各有两个电极，通电后加热灯丝，达到一定温度就发射电子（即热阴极发射电子），电子在电场作用下逐渐达到高速，轰击汞原子，使其电离而产生紫外线。紫外线射到管壁上的荧光物质，激发出可见光。荧光灯主要由放电产生的紫外辐射激发荧光粉层而发光的放电灯。根据荧光物质的不同配合比，发出的光谱成分也不同。

为了使光线更集中往下投射，可采用反射型荧光灯，即在玻璃管内壁上半部先涂上一层反光层，然后再涂荧光物质。它本身就是一直接型灯具，光通利用率高，灯管上部积尘对光通的影响小。

由于发光原理不同，荧光灯与白炽灯有很大区别，其特点如下：

①发光效率较高。可达 90 lm/W，比白炽灯高 3 倍左右。

②发光表面亮度低。荧光灯发光面积比白炽灯大，故表面亮度低，光线柔和，不用灯罩，也可避免强烈眩光出现。

③光色好且品种多。根据不同的荧光物质成分，产生不同的光色，故可制成接近天然光光色的荧光灯，俗称"日光灯"，见图6-51。

图 6-50　各类直管荧光灯外形图

④寿命相对白炽灯更长。国内灯管可达 10 000 h，国外有的产品已达到 20 000 h 以上。

⑤灯管表面温度低。

荧光灯虽然较热辐射光源有更多优势，但也存在对温度、湿度较敏感，尺寸较大，不利于对光的控制以及普通荧光灯的射频干扰和频闪效应[①]等缺点，这些缺点已随着技术的发展逐步得到解决。至于初始投资可从光效较高、寿命较长的受益中得到补偿。所以荧光灯在用灯时间较长的场所得到广泛运用。

普通照明用管形荧光灯的光参数如表 6-18 所示。

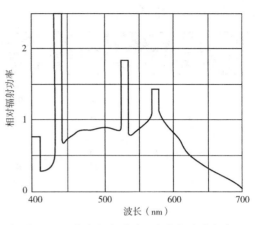

图 6-51 荧光灯光谱（日光色）能量分布

荧光灯的光参数和寿命 表 6-18

工作类型	标称功率（W）	初始光通量额定值（lm）			额定寿命（h）
		RR、RZ	RL、RB	RN、RD	
交流电源频率带启动器预热阴极荧光灯	4	110	130	130	5 000
	6	210	240	260	
	8	310	350	380	
	13	650	740	800	
	15	560	610	630	7 000
	18	960	1 100	1 150	
	19	960	1 100	1 150	
	20	960	1 100	1 150	
	30	1 720	2 025	2 100	8 000
	33	2 000	2 100	2 150	
	36	2 400	2 650	2 760	
	38	2 400	2 650	2 760	
	40	2 400	2 650	2 760	
	58	4 080	4 780	5 000	
	65	4 080	4 780	5 000	
	80	4 620	5 440	5 650	
	85	5 110	6 300	6 525	7 000
	100	6 010	7 185	7 380	
	125	7 515	8 700	8 860	
快速启动荧光灯	20	760	885	920	3 000
	40	2 000	2 120	2 200	
瞬时启动荧光灯	20	760	885	920	
	40	2 000	2 120	2 200	

① 体放电灯随着电压周期性变化，光通量也周期性地产生强弱变化，当物体转动周期与其一致时，使人眼观察转动物体时产生不转动的错觉，这就是在以一定频率变化的光照射下，观察到物体运动显现出不同于其实际运动的现象，称为频闪效应。

续表

工作类型	标称功率（W）	初始光通量额定值（lm）			额定寿命（h）
		RR、RZ	RL、RB	RN、RD	
高频预热阴极荧光灯	14	1 045	1 140	1 140	8 000
	16	1 050	1 200	1 200	
	21	1 660	1 850	1 850	
	24	1 590	1 635	1 635	
	28	2 350	2 470	2 470	10 000
	32	2 500	2 700	2 700	
	35	2 890	3 135	3 135	
	39	2 760	2 925	2 925	
	54	3 930	4 200	4 200	
	80	5 500	5 850	5 850	

注：RR 表示日光色（6 500 K）荧光灯，RZ 表示中性白色（5 000 K）荧光灯，RL 表示冷白色（4 000 K）荧光灯，RB 表示白色（3 500 K）荧光灯，RN 表示暖白色（3 000 K）荧光灯，RD 表示白炽灯色（2 700 K）荧光灯。

（2）紧凑型荧光灯

紧凑型荧光灯就是将放电管弯曲或拼结成一定形状，以缩小放电管线形长度的荧光灯。它实现了灯与镇流器一体化，也被称为自镇流节能荧光灯（CFL）。发光原理与普通荧光灯相同，但体积小，使用方便，光效高，寿命长，启动快。紧凑型荧光灯的灯管直径小，所以单位面积的荧光粉层受到的紫外辐射强度大，若仍沿用卤磷酸盐荧光粉，则使灯的光衰很大，即灯的寿命缩短；而三基色荧光粉（稀土荧光粉）能够抗高强度的紫外辐射，改善了荧光灯的维持特性，使荧光灯紧凑化成为可能。

对人眼的视觉理论研究表明，在三个特定的窄谱带（450 nm、540 nm、610 nm 附近的窄谱带）内的色光组成的光辐射也具有很高的显色性，所以用三基色荧光粉制造的紧凑型荧光灯不但显色性较好，一般显色指数 R_a 为 80，而且发光效率较高，可达 80 lm/W 左右，因此它是一种节能荧光灯；紧凑型荧光灯结构紧凑，灯管、镇流器、启辉器组成一体化，可采用如炽灯的 E、G 型等通用灯头，使用起来很方便；紧凑型荧光灯的单灯光通量小于 2 000 lm，完全满足小空间照明对光通量的要求；紧凑型荧光灯额定平均寿命可达6 000 h，总之，紧凑型荧光灯可直接替代白炽灯。

紧凑型荧光灯的品种很多，如 H 形、2H 形、2D 形、U 形、2U 形、3U 形、π 形、2π 形、环形、球形、方形、柱形等。部分型号的紧凑型荧光灯光参数见表 6-19，外形如图 6-52 所示。

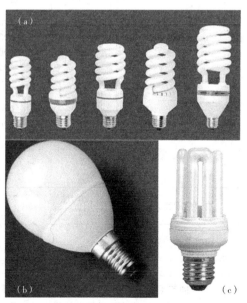

图 6-52　紧凑型荧光灯
（a）2U 形；（b）球形；（c）H 形

紧凑型荧光灯光参数和寿命　　　　　　　　　　　　　　　　　表 6-19

规格	电压（V）	功率（W）	光通量（lm）	色温（K）	显色指数（R_a）	寿命（h）
YPZ220/3-4G		3	150	2 700		
YPZ220/5-4G		5	235	~		
YPZ220/7-4G		7	350	6 500		
YPZ220/7-6G	220	7	350		80	6 000
YPZ220/9-6G		9	460	2 700		
YPZ220/11-6G		11	580	~		
YPZ220/13-6G		13	700	6 500		
YPZ220/15-6G		15	840			

（3）金属卤化物灯

金属卤化物灯是由金属蒸气与金属卤化物分解物的混合物放电而发光的放电灯，它是在荧光高压汞灯的基础上发展起来的一种高效光源，它也是一种高强度气体放电灯，它的构造和发光原理均与荧光高压汞灯相似，但区别是在荧光高压汞灯泡内添加了某些金属卤化物，从而起到了提高光效、改善光色的作用（图 6-53）。为了提高金属卤化物灯的光效，一般采用钠铊铟（Na-Tl-In）系和钪钠（Sc-Na）系金属卤化物；为了获得最佳光色，常采用锡系卤化物；为了同时获得较高光效和很好的显色性，通常采用镧（La）系卤化物。金属卤化物灯一般按添加物质分类，并可分为钠铊铟系列、钪钠系列、锡系列、镝铊系列等。

图 6-53　金卤灯

金属卤化物灯的光谱能量分布如图 6-54 所示：

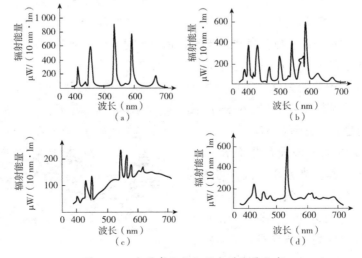

图 6-54　金属卤化物灯的光谱能量分布

（a）NaI·TlI·InI；（b）ScI$_3$·NaI；（c）SnI$_2$·SnBr$_2$；（d）DyI$_3$·TlI·InI。

部分金属卤化物灯的基本参数见表 6-20。

部分金属卤化物灯的光参数和寿命　　　　　　　　表 6-20

工作类型	额定电压（V）	功率（W）	光通量（lm）	色温（K）	显色指数（R_a）	寿命（h）
普通照明用金属卤化物灯	220	70	5 600	4 000	65	10 000
		100	9 000			
		150	10 500			
		175	14 000			
		250	20 500			
		400	36 000			20 000
		1 000	110 000			12 000
双端小功率卤化物灯		70	6 000	3 000	75	6 000
		70	6 000	3 500	70	
		70	6 000	4 200	72	
		150	13 000	3 000	75	
		150	12 000	3 500	70	
		150	12 000	4 200	72	
		250	20 000	3 000	80	
		250	20 000	4 000	80	

陶瓷金属卤化物灯是在金属卤化物灯的发光原理和高压钠灯放电管的材料与工艺基础上，开发成功的一种新型高强气体放电灯。陶瓷金属卤化物灯的放电管采用多晶氧化铝陶瓷管制成，它的化学性能稳定，更耐腐蚀，制作精度高，灯与灯之间的光色一致性更好；它的发光效率比普通金属卤化物灯提高 20%，光色更好，一般显色指数（R_a）可达 90 以上，这是一种较为理想的照明光源（图 6-55）。

（4）钠灯

钠灯是由钠蒸气放电而发光的放电灯，它也是一种高强度气体放电灯。根据钠灯泡中钠蒸气放电时压力的高低，把钠灯分为高压钠灯和低压钠灯两类。

高压钠灯是利用在高压钠蒸气中放电时，辐射出可见光的特性制成的。其辐射光的波长主要集中在人眼最灵敏的黄绿色光范围内。光效高、寿命长，透雾能力强，所以户外照明和道路照明宜采用高压钠灯（图 6-56）。高压钠灯的光谱能量分布见图 6-57。

普通高压钠灯的一般显色指数 R_a 小于 60，显色性较差，其发光效率较高，可达到 120 lm/W 左右。但当钠蒸气压增加到一定值（约 95 kPa）时，R_a 可达 85。用这种方法制成了中显色型和高显色型高压钠灯，这些灯的显色性比普通高压钠灯好，并可以用于一般

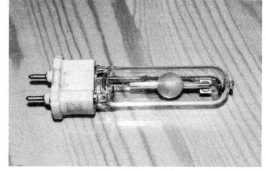

图 6-55　陶瓷金卤灯

图 6-56 高压钠灯

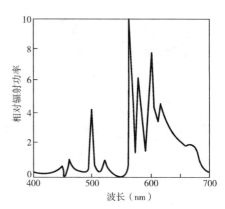

图 6-57 高压钠灯光谱能量分布

性室内照明。从高压钠灯的基本参数（表 6-21）中看出,随着高压钠灯的显色性改善的同时,它的发光效率却有所下降。

低压钠灯是利用在低压钠蒸气中放电,钠原子被激发而产生（主要是）589 nm 的黄色光。低压钠灯是气体放电光源中光效最高的一类光源，光效最高可达 180 lm/W 左右，透雾能力极强，低压钠灯虽然透露能力强，但显色性极差，在室内极少使用。

高压钠灯光参数和寿命 表 6-21

类型	型 号	额定电压（V）	功率（W）	光通量（lm）	显色指数（R_i）	寿命（h）
普通型	NG50		50	3 400	< 60	18 000
	NG70		70	5 400		
	NG100		100	8 300		
	NG150		150	14 000		
	NG250	220	250	25 000		24 000
	NG400		400	44 000		
	NG1000		1 000	120 000		18 000
中显色型	NGZ150		150	10 500	60 ~ 80	9 000
	NGZ250		250	20 000		12 000
	NGZ400		400	30 000		
高显色型	NGG150		150	6 600	≥ 80	8 000
	NGG250		250	13 000		
	NGG400		400	22 000		

（5）氙灯

氙灯是由氙气放电而发光的放电灯，它也是一种高强度气体放电灯（图 6-58）。它是利用在氙气中高电压放电时，发出强烈的连续光谱这一特性制成的。光谱和太阳光极相似。由于它功率大，光通量大，又放出紫外线，故安装高度不宜低于 20 m，常用在广场大面积照明场所。部分氙灯的光谱特性见图 6-59，光参数和寿命见表 6-22。

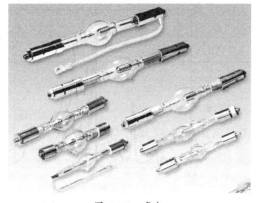

图 6-58　氙灯

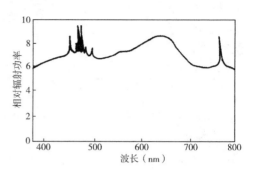

图 6-59　氙灯光谱能量分布

高压短弧氙灯光参数和寿命　　　　　　　　　表 6-22

型号	功率（W）	光通量（lm）	寿命（h）
XHA75	75	950	400
XHA150	150	2 900	1 200
XHA450	450	13 000	2 000
XHA750	750	24 000	1 000
XHA1000	1 000	35 000	
XHA2000	2 000	80 000	1 500
XHA3000	3 000	130 000	
XHA4000	4 000	155 000	800
XHA5000	5 000	225 000	

6.2.2　LED 光源及发光源理

LED 的发光机理与传统热辐射光源和气体放电光源不同，LED 的发光是由电子与空穴的复合产生，LED 多用Ⅲ ~ Ⅴ族和Ⅱ ~ Ⅵ族化合物半导体为材料，可使半导体材料的发光范围包括了近红外到紫外区域。目前红光 LED 主要材料有磷化铝镓铟（AIGaInP），蓝绿光及紫外 LED 主要材料是氮化铟镓（InGaN），显然Ⅱ ~ Ⅵ族材料也可得到红光和绿光，但这几类族材料极不稳定，所以目前大量还是使用Ⅲ ~ Ⅴ族材料。

1）LED 的结构

传统 LED 的基本结构是芯片被固定在导电导热的带两根导线的金属支架上，有反射的引线为阴极，另外一根引线为阳极。芯片用环氧树脂材料封装，既可保护芯片，又起聚光作用。LED 芯片是 LED 器件的核心。芯片两端是金属电极，底部为衬底材料，中间是由 P 型半导体和 n 型层和发光层是利用特殊的外延生长工艺在衬底材料上制得的。在芯片工作时，P 型层和 n 型层分别提供发光所需的空穴和电子，它们被注入发光层发生复合而产生光。当 LED 做成大型器件和封装后，LED 的光输出提高很大，可以作为照明使用，在 LED 采用大尺寸的半导元件后，对 LED 的结构也进行了改变，如改变吸光衬底为透光衬底，提高透光率，使尽量多的光线从器件中透出来，使其发光效率更高，为提高 LED 的出光效率，还可选择高折射率的介质来进行封装，提高出光率，还可以根据实际需要选择不同的封装形状来实现不同的光线分布。大功率的 LED 可以采用漫反射材料导光，增加出光率。光线在粗糙表面反射时会形成漫反射，当表面粗糙度较大时，反射可以近似为朗伯型反射，即反射强度与反射角的余弦成正比。

2）白光 LED 的实现

如果没有白光 LED 要实现功能性照明几乎是不可能的，白光 LED 的出现为半导体照明做出了巨大贡献，特别在光效提高后，白光 LED 正在取代传统光源的位置。目前获得白光 LED 的主要有三种方法，红 + 绿 + 蓝 LED，UVLED+RGB 荧光粉，双色补偿。

（1）二基色荧光粉转换白光 LED

二基色是利用蓝光 LED 芯片和荧光粉制成，优点是结构简单，成本低、制作工艺相对简单，缺点是蓝光 LED 效率不高，使白光 LED 效率低，荧光粉自身存在能量损耗和封装材料随时间老化，导致色温漂移和寿命缩短等。

（2）三基色荧光粉转换 LED

三基色荧光粉 LED 能在较高发光效率的前提下有效提升 LED 的显色性。得到三基色白光 LED 的最常用办法是利用紫外光 LED 激发一组可被紫外辐射有效激发的三基色荧光粉。更易于获得颜色一致的白光，这是因为 LED 的光色仅仅由荧光粉的配比决定。这种类型的白光 LED 具有高显色性，光色和色温可调，使用高转换效率的荧光粉可以提高 LED 的光效。不过，还存在一定的缺陷，荧光粉在转换紫外辐射时效率较低、粉体混合较为困难、封装材料在紫外光照射下容易老化、寿命较短等。

（3）多芯片白光 LED

将红、绿、蓝三色 LED 芯片（或更多种颜色的 LED 芯片）封装在一起，将它们发出的光混合在一起，也可以得到白光。这种类型的白光 LED，称为多芯片白光 LED。这种类型 LED 的好处是避免了荧光粉在光转化过程中的能量损耗，可以得到较高的光效；而且可以分开控制不同光色 LED 光强，达到全彩变色的效果，并可通过 LED 波长和强度的选择得到较好的显色性。弊端在于，不同光色 LED 芯片的半导体材质相关很大，量子效率不同，光色随驱动电流和温度化不一致，为了保持颜色的稳定性，需要对 3 种颜色的 LED 分别加反馈电路进行补偿和调节，这就使得电路过于复杂。另外，散热也是困扰多芯片白光 LED 的主要问题。

3）功率 LED 芯片

随着材料技术的进展，商品化照级 LED 的设计和制造技术有了长足的发展。LED 的制造主要包括了芯片、荧光粉、光学、封装和静电防护，针对 CaN 的半导体材料生产与传统方法有较大改进，例如，用激光提升方法来去除衬底等。目前，更大功率和尺寸的芯片也开始出现，一般高功率的芯片通常是将 4 ~ 6 个芯片封装在一起。芯片的理想驱动功率为 3 V 左右，相当于每平方厘米上的热功耗为几百瓦。因此，LED 中的散热管理非常重要，这关系到 LED 的工作寿命和内量子效率。尽管会采取相应的散热措施，LED 工作温度还会在 100 ℃左右。将没有封装的 LED 芯片直接在额定电流下工作，几分钟就会烧熔。因此，在整个设计制造过程中必须以散热管理为导向。

4）LED 的性能

（1）光学特性

① LED 的光输出：与目前的照明光源相比，LED 的光输出仍然相对比较低，因此还得采用多个 LED 的阵列或其他结构来进行照明应用。但单个 LED 的功率和效率都有大幅度的提升，目前商用常用单个白光 LED 的光输出已经超过 1 000 lm，采用 COB 封装的光源可以达到几万流明，与传统 HID 光源接近。LED 的光效最近也已经取得了长足进步，实验室光效可达 250 lm 以上，商用产品光效已超过 150 lm，与传统光源相比，节能优势十分明显。

② LED 的光束角：早期 LED 的光束角比较窄，给照明应用带来很大困难。目前经过对 LED 的结构改进，可以得到余弦的光型分布。现在可以在 LED 内加上控光器件来达到适合不同用途的光型分布。另外，在设计照明系统时，还可能通过外部灯具来进一步调整光型分布，以取得更好的应用效果。

③ LED 的高亮度和光输出的关系：以前，所有的 LED 制造商都是用发光亮度来标定 LED 性能的，因为那里的 LED 主要是用作指标，所以不考虑光通量输出的情况。在 LED 不同方向的发光亮度有很大的差别，而且不同的光型分布也会对发光亮度的大小有影响，因此用发光亮度数据来衡量光通量是不合理的。在考虑 LED 光通量输出的大小时，不仅要考虑其发光亮度的最大值，还要考虑其光束角的大小。在两个 LED 的光通量输出相同的情况下，光束角的不同会使它们的发光亮度差别十分大。目前 LED 的光束角的范围大概是 6° ~ 100°，因此，使用亮度来表示照明 LED 的性能不确切，应该采用光通量输出来标定。

值得注意的是，当采用光束角很小的 LED 阵列设计时，由于安装位置的小变化或者瞄准角度的偏差，都会给实际的使用效果带来很大影响。

④ LED 的寿命：到目前为止，在照明领域还没有对 LED 的寿命制定明确的标准。如果和传统光源一样，认为光源的光通量下降到 50 % 的时间就是光源的使用寿命，这跟 LED 的实际使用情况不相符合，因为 LED 的光通量是缓慢的衰减，下降到 50 % 以后可能还可以继续工作 10 000 h，而且很多时候即使它不发光了，但电路不会中断并继续消耗电能。

目前在市场上指标 LED 产品，在实验室条件下按照额定的电流工作，大概在 1 000 ~ 2 000 h 之内光通量下降到原来的 80 %。这么快的光衰主要是因外部封装的环氧材料由透明变黄引起的，由于内部的半导体器件温度导致外部环氧变黄。目前的高功率 LED 在这方面进行改进，因此提高了光通量的维持水平，相应的使用寿命也可以大幅度提高，最乐观的预计是将来寿命可以达到 25 000 h。这还需要对 LED 内部的热量平衡与散热系统进行很好的设计和改进。

⑤ 不同种类 LED 的光通量维持水平：不同种类的 LED 的光通量维持水平不一样的，一般来讲 LED 的光通量维持水平主要由 LED 的封装结构、工作条件（包括环境温度和工作电流等）以及 LED 的颜色来决定。LED 的颜色决定了半导体材料的使用，不同的半导体材料的衰减情况是不一样的；在实际应用中发现，如果 LED 出射的波长越短；则对外面封装环氧材料的劣化越厉害，导致光衰加快。另外，我们在采用 LED 阵列进行照明应用时，单个 LED 的性能不能代表整个系统的性能，因为在阵列之间的 LED 的工作环境温度会比阵列边缘的 LED 高很多，所以光衰也就越快。

不同颜色的 LED 的光通量维持情况是不相同的,目前照明级的 LED 虽然光衰降低很多,但发光颜色影响光衰的情况没有改变。不同的工作电流对 LED 的光衰影响也很大,电流上升导致 PHN 结的温度上长升从而最终加快光衰。

⑥ LED 的变色问题:通常来说 LED 的发光颜色在刚开始的时候相互之间没有很明显的色差,但在长时间工作以后颜色会有一定的偏移。这对采用多种颜色 LED 混光产生白光的系统带来了难题,很多时候如果没有设计好关于不同颜色 LED 的不同的光衰补偿电路,往往刚开始可以得到一致的白光,但过一段时间光致发光的颜色就偏离白光,而且各部分的颜色会不同。对于采用涂荧光粉来得到白光的 LED,首先涂层的均匀性会影响它的整体发光情况,并在工作时间由于荧光粉的劣化和发光物质的改变会进一步导致颜色的偏离。

目前生产商为了解决这个问题,提供组合成模块的 LED,这些大批量生产的模块具有十分一致的外观和光衰性能。但是选择性能一致的模块 LED 做照明系统会导致成本的增加。

⑦ LED 色差的容许范围:目前还没有制定色差容许范围的标准。研究表明,不同的应用场合可以不同的指导原则,部分应用场合对色差的要求高,但另外部分则可能正好相反。例如,在一个琳琅满目、色彩斑斓的货架上,照明的色差容许范围就可以很大;但如果是照明一面没什么装饰但颜色很淡的墙时,色差的容许范围会十分小。

⑧ LED 照明的显色性:目前涂荧光粉产生白光的 LED 系统的显色指数(CRI)和传统的气体放电灯(荧光灯和 HID 放电灯)的差不多,可以在很多照明场合使用。对于采用多种颜色 LED 混合成白光的系统,系统的显色指数跟 LED 的波长有很大关系,而且差异特别大。但试验发现,有时使用这种混合方法时,显色指数为 20 多的系统比显色指数为 90 多的系统能够得到更好的显色性能,因此 LED 照明应该采用更贴近的显色性能评价体系。

(2)LED 的电学特性

① LED 的伏安特性:LED 的伏安特性与普通的半导体二极管的伏安特性大致相同。可以近似认为电流 I 与电压 V 的 n 次方成正比。电压 V 较小时电流 I 主要为漏电流,数值很小。随着外加正向电压增加并达到 P-n 结内部的电位差时,正向电流急剧加大。LED 的驱动电路必须考虑到这一特点,在电路中需要串联适当数值的电阻限制电流,以防止 P-n 结被烧毁。在驱动电源电压下,串联电阻的大小决定了 LED 工作电流的大小。

② LED 的工作电路特点:LED 可以采用直流驱动,也可以采用交流驱动;其亮度和寿命由通过 LED 芯片的电流大小决定。作为驱动电路的负载,LED 经常要大量组合在一起成发光的组件。连接的方式决定了 LED 的可靠性及寿命。

常见的 LED 连接方式主要有串联连接、并联连接、串并联混合连接。串联连接是将多个 LED 的正负极一次连接成串。这种连接方式的优点是通过每个 LED 的工作电流相同,可以保持发光组件的均匀。不过,一旦某一个 LED 出现短路,整个环路上的电流值会增加,从而对同回路上的其他 LED 产生不利影响;若某一个 LED 因故障断路,则整个回路上的 LED 都会熄灭。由于器件之间的特性参数存在一定差别,通过不同 LED 的电流可能不同,而散热不好的 LED 容易出现电流过大的现象,从而导致其损坏。因此,LED 一般不采用直

接并联的方式。如果采用 LED 直接并联的方式，应充分考虑各方面因素对 LED 产生的影响，采用合适的驱动电源以及限流方式。混合连接是将 LED 先串联后并联或先并联后串联，以此来构成发光组件。对于单组串联 LED 来讲，即使由于种种原因，某一 LED 出现断路或短路情况，其不利影响也在很大程度上被限制在该串联回路上，整个系统受到的影响很少。因此，这种连接方式的可靠性最高，而且对 LED 的要求也较宽松，整个发光组件的亮度也相对均匀。目前大量照明实例中大多采用这种连接方式。

③ LED 调光：在很大的工作范围内，LED 的光输出和工作电流成正比，因此我们可以减小电流的方法来调光，而且，对 LED 进行频繁开关不会对其产生太大的不利影响。LED 的调光还可以采用脉冲宽度调节的方法，通过调节电压的占空比和工作频率，能够有效调节 LED 的发光强度。不过，有一点需要注意的是，调光时要确保工作频率足够高（几百千赫兹），这样可以使人眼看起来 LED 一直在燃点着；否则会看到快速的闪烁。

调光可能会对 LED 输出光的光色造成影响。这是因为改变 LED 的电流会使 LED 的 P-n 结的温度有所改变，从而造成发射光谱的功率分布有所改变、即颜色发生改变。通常，红色和黄色 AlGaInP 系列的 LED 的颜色改变比 InGaN 系列的蓝色和绿色 LED 大很多，但 LED 光色的改变没有白炽灯调光时的改变那么明显。调光在采用多种颜色 LED 混光成白色的阵列中会带来困难。这是因为在调光时，各种颜色的 LED 芯片的输出光的改变量可能会不一致，从而无法混合成白光。

在传统光源中，如荧光灯的调光会使光源的可靠性和寿命降低，但 LED 中不会出现这种情况。这是因为 LED 的寿命和光衰在很大程度上由 P-n 结的温度决定，温度升高会使 LED 的寿命下降。由于 LED 的调光，不管是调节电流还是调节脉冲幅度，都会导致 LED 的 P-n 结温度降低，因此调光对 LED 寿命没有影响，甚至有可能会增加 LED 的寿命。

（3）LED 的热学特性

① LED 器件发热的原因：与传统光源一样，LED 在工作时也会产生热量。LED 在外加电场的作用下，n 型半导体中的电子获得能量，克服 P-n 结处的势垒与 P 型半导体中的空穴大量复合。复合以后，电子回到低势能状态，同时释放出能量。能量释放的形式有可能以辐射的形式，也有可能以非辐射的形式。若能量以非辐射的形式释放，则造成半导体晶格的振动，即会转化为热量。另外，电子在半导体中迁移时会遇到电阻，这也是热量的另外一个来源。

②温度对 LED 光输出的影响：根据实验发现，在环境温度较低时，LED 的光输出会增加；而高温会导致其光输出的下降。在环境温度过高或工作电流过大的情况下，LED 芯片的温度会升高。从而影响到 LED 的光输出。

当 LED 的 P-n 结温度升高时，材料的禁带宽度将减小。这表明辐射复合的输出将向长波方向偏移。同时，P-n 结温度升高还会导致 LED 的正向电压降减小。这意味着一旦回路中的 LED 出现过度温升，那么 P-n 结对此的响应会使 LED 的温度进一步升高。一旦 LED 芯片的温度超过一定值，整个 LED 就会损坏。这一温度的值被称为最高结温或者临界温度。不同材料 LED 的临界温度不同，即使是同种材料，封装结构等因素也会影响临界温度。

6.2.3　灯具

灯具是能透光、分配和改变光源光分布的器具，包括除光源外[1]所有用于固定和保护光源所需的全部零部件，以及与电源连接所必需的线路附件，因此可以认为灯具是光源所需的灯罩及其附件的总称。灯具可分为装饰灯具和功能灯具两大类。装饰灯具一般采用装饰部件围绕光源组合而成，它造型美观，并以美化光环境为主，同时也适当照顾效率等要求。功能灯具是指满足高效率、低眩光的要求而采用一系列控光设计的灯罩，这时灯罩的作用是重新分配光源的光通量，把光投射到需要的地方，以提高光的利用率；避免眩光以保护视力；保护光源。在特殊的环境里（潮湿、腐蚀、易爆、易燃）的特殊灯具，其灯罩还起隔离保护作用。当然，功能灯具也应有一定的装饰效果。

1）传统光源的灯具光特性

（1）配光曲线

任何光源和灯具一旦处于工作状态，就会向四周空间投射光通量。我们把灯具各方向的发光强度在三维空间里用矢量表示出来，把矢量的终端连接起来，则构成一封闭的光强体。当光强体被通过 Z 轴线的平面截割时，在平面上获得一封闭的交线。此交线以极坐标的形式绘制在平面图上，这就是灯具的配光曲线。光强分布就是用曲线或表格表示光源或灯具在空间各方向的发光强度值，通常把某一平面上的光强分布曲线称为配光曲线（图 6-60）。

配光曲线上的每一点，表示灯具在该方向上的发光强度。因此，知道灯具对计算点的投光角 α，就可查到相应的发光强度 I_α，利用式（3-7）就可求出点光源在计算点上形成的照度。

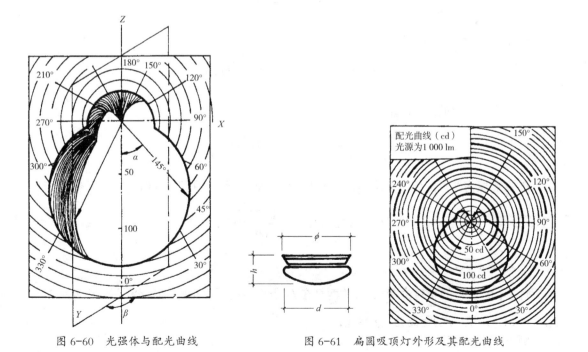

图 6-60　光强体与配光曲线　　　　图 6-61　扁圆吸顶灯外形及其配光曲线

---

[1]　美国关于灯具的定义包括光源；其实在介绍灯具的配光曲线时，就应该包括光源。

为了使用方便，配光曲线通常按光源发出的光通量为 1 000 lm 来绘制。故实际光源发出的光通量不是 1 000 lm 时，对查出的发光强度，应乘以修正系数，即实际光源发出的光通量与 1 000 lm 之比值。图 6-61 是扁圆吸顶灯的配光曲线。

对于非对称配光的灯具，则用一组曲线来表示不同剖面的配光情况。荧光灯灯具常用两根曲线分别给出平行于灯管（"//" 符号）和垂直于灯管（"⊥" 符号）剖面光强分布。

【例 6-2】有两个扁圆吸顶灯，距工作面 4.0 m，两灯相距 5.0 m。工作台布置在灯下和两灯之间（图 6-62）。如光源为 100 W 白炽灯，求 P_1、P_2 点的照度（不计反射光影响）。

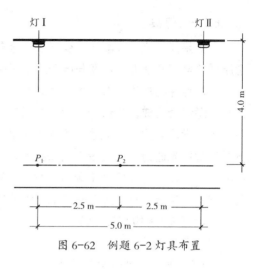

图 6-62 例题 6-2 灯具布置

【解】① P_1 点照度

灯 I 在 P_1 点形成的照度：

点光源形成的照度计算式见式（3-7），当 $i=\alpha=0$ 时，从图 6-61 查出 $I_0=130$ cd，灯至工作面距离为 4.0 m。则：

$$E_{\mathrm{I}} = \frac{130}{4^2}\cos 0° = 8.125 \text{ lx}$$

灯 II 在 P_1 点形成的照度：

$$\tan\alpha = \frac{5}{4}, i=\alpha \approx 51°, \ I_{51} = 90 \text{ cd}$$

灯 II 至 P_1 点的距离为 $\sqrt{41}$ m，

$$E_{\mathrm{II}} = \frac{9}{41}\cos 51° \approx 1.381 \text{ lx}$$

P_1 点照度为两灯形成的照度和，并考虑灯泡光通量修正 1 179/1 000，则：

$$E_1 = (8.125 + 1.38) \times \frac{1\ 179}{1\ 000} \approx 11.2 \text{ lx}$$

② P_2 点照度

灯 I、II 与 P_2 的相对位置相同，故两灯在 P_2 点形成的照度相同。$\tan\alpha = \frac{2.5}{4}$，$i=\alpha \approx 32°$，$I_{32}=110$ cd，灯至 P_2 的距离为 $\sqrt{22.25}$ m，

则 P_2 点的照度：

$$E_2 = \frac{110}{22.25}\cos 32° \times 2 \times \frac{1\ 179}{1\ 000} \approx 9.9 \text{ lx}$$

（2）遮光角

光源亮度超过 16 sb 时，人眼就不能忍受，而 100 W 的白炽灯灯丝亮度高达数百熙提，人眼更不能忍受。为了降低或消除这种高亮度表面对眼睛造成的眩光，给光源罩上一个不透光材料做的开口灯罩（图 6-63），可以收到十分显著的效果。

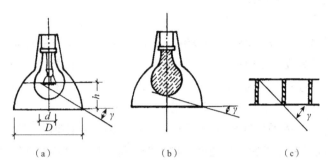

图 6-63　灯具的遮光角
（a）普通灯泡；（b）乳白灯泡；（c）挡光格片

为了说明某一灯具的防止眩光范围，就用遮光角 γ 来衡量。灯具遮光角是指光源最边缘一点和灯具出光口的连线与水平线之间的夹角，见图 6-63。图 6-63（a）的灯具遮光角用下式表示：

$$\tan\gamma = \frac{2h}{D+d} \qquad (6-13)$$

遮光角的余角是截光角，它是在灯具垂直轴与刚好看不见高亮度的发光体的视线之间的夹角。

当人眼平视时，如果灯具与眼睛的连线和水平线的夹角小于遮光角，则看不见高亮度的光源。当灯具位置提高，与视线形成的夹角大于遮光角，虽可看见高亮度的光源，但夹角较大，眩光程度已大大减弱。

当灯罩用半透明材料做成，即使有一定遮光角，但由于它本身具有一定亮度，仍可能成为眩光光源，故应限制其表面亮度值。

（3）灯具效率

任何材料制成的灯罩，对于投射在其表面的光通量都要被它吸收一部分，光源本身也要吸收少量的反射光（灯罩内表面的反射光），余下的才是灯具向周围空间投射的光通量。在相同的使用条件下，灯具发出的总光通量 Φ 与灯具内所有光源发出的总光通量 Φ_Q 之比，称为灯具效率 η，也称为灯具光输出比，即：

$$\eta = \frac{\Phi}{\Phi_Q}$$

显然 η 是小于 1 的。它取决于灯罩开口的大小和灯罩材料的光反射比、光透射比。灯具效率值一般用实验方法测出，列于灯具说明书中。

2）灯具分类

灯具在不同场合有不同的分类方法，国际照明委员会按光通量在上、下半球的分布将灯具划分为五类：直接型、半直接型、漫射型[①]、半间接型和间接型。它们的光通量分布见表 6-23，实际效果见图 6-64。

各类灯具在照明方面的特点如下：

（1）直接型灯具

直接型灯具是能向灯具下部发射 90% ～ 100% 直接光通量的灯具。灯罩常用反光性能良好的不透光材料做成（如搪瓷、铝、镜面等）。灯具外形及配光曲线见图 6-65。按其光通量分配的宽窄，又可分为广阔（I_{max} 在 50° ～ 90° 范围内）、均匀（$I_0 = I_\alpha$）、余弦（$I_\alpha = I_0 \cos\alpha$）和窄（$I_{max}$ 在 0° ～ 40° 范围内）配光，见图 6-66。

用镜面反射材料做成抛物线形的反射罩，能将光线集中在轴线附近的狭小立体角范围内，因而在轴线方向具有很高的发光强度。典型例子是工厂中常用的深罩型灯具（图 6-65c、f），它适用于层高较高的工业厂房中。

灯具分类　　　　　　　　　　　　　　　　　　表 6-23

类别	光通量的近似分布（%）	
	上半球	下半球
直接型	0 ～ 10	90 ～ 100
半直接型	10 ～ 40	60 ～ 90
漫射型	40 ～ 60	40 ～ 60
半间接型	60 ～ 90	10 ～ 40
间接型	90 ～ 100	0 ～ 10

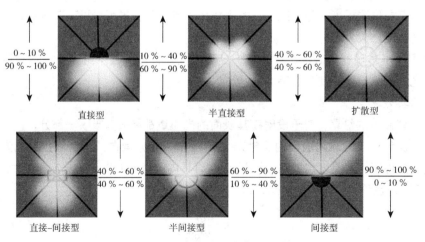

图 6-64　各类灯具的实际效果

[①]　漫射型灯具亦可称为均匀扩散型灯具或称为直接—间接型灯具。

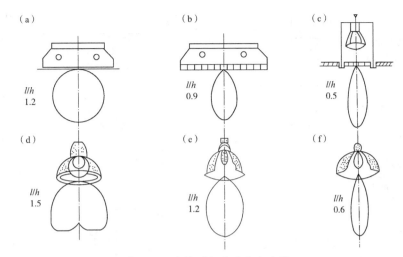

图 6-65 直接型灯具及配光曲线

（a）、（b）荧光灯灯具；（c）反射型灯灯具；（d）、（e）、（f）白炽灯或高强气体放电灯具

注：l—灯的间距；h—灯具与工作面的距离。

用扩散反光材料或均匀扩散材料都可制成余弦配光的灯具（图 6-65a）。

广阔配光的直接型灯具，适用于广场和道路照明。

公共建筑中常用的暗灯，也属于直接型灯具（图 6-65c），这种灯具装置在顶棚内，使室内空间简洁。其配光特性受灯具开口尺寸、开口处附加的棱镜玻璃、磨砂玻璃等散光材料或格片尺寸的影响。

直接型灯具虽然效率较高，但也存在两个主要缺点：①由于灯具的上半部几乎没有光线，顶棚很暗，它和明亮的灯具开口形成严重的亮度对比；②光线方向性强，阴影浓重。当工作物受几个光源同时照射时，如处理不当就会造成阴影重叠，影响视看效果。

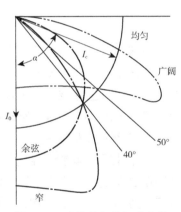

图 6-66 直接型灯具配光分类

（2）半直接型灯具

为了改善室内的空间亮度分布，使部分光通量射向上半球，减小灯具与顶棚亮度间的强烈的亮度对比，常用半透明材料作灯罩或在不透明灯罩上部开透光缝，这就形成半直接型灯具（图 6-67），半直接型灯具就是能向灯具下部发射 60 % ～ 90 % 直接光通量的灯具。这一类灯具下面的开口能把较多的光线集中照射到工作面，具有直接型灯具的优点；又有部分光通量射向顶棚，使空间环境得到适当照明，改善了房间的亮度对比。

（3）漫射型灯具

漫射型灯具就是能向灯具下部发射 40 % ～ 60 % 直接光通量的灯具（图 6-68）。最典型的漫射型灯具是乳白球形灯（图 6-68d）。此类灯具的灯罩，多用扩散透光材料制成，上、下半球分配的光通量相差不大，因而室内得到优良的亮度分布。

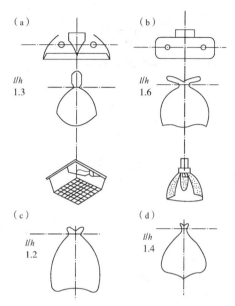

图 6-67　半直接型灯具外形及配光曲线

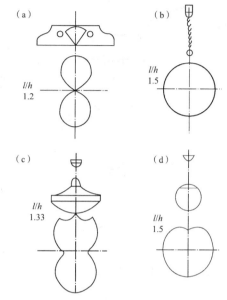

图 6-68　漫射型灯具外形及配光曲线
（a）荧光灯灯具；（b）乳白玻璃（塑料）管状荧光灯灯具；
（c）、（d）乳白玻璃白炽灯灯具

漫射型灯具是直接和间接型灯具的组合，在一个透光率很低或不透光的上下都有开口的灯罩里，上、下各安装一个灯泡。上面的灯泡照亮顶棚，使室内获得一定的反射光；下面的灯泡则用来直接照亮工作面，使之获得高的照度，既满足工作面上的高照度要求，整个房间亮度又比较均匀，避免形成眩光。

（4）半间接型灯具

半间接型灯具就是能向灯具下部发射 10 % ~ 40 % 直接光通量的灯具。这种灯具的上半部是透明的（或敞开），下半部是扩散透光材料。上半部的光通量占总光通量的 60 % 以上，由于增加了反射光的比例，房间的光线更均匀、柔和（图 6-69）。这种灯具在使用过程中，透明部分很容易积尘，使灯具的效率降低。另外下半部表面亮度也相当高。因此，在很多场合（教室、实验室）已逐渐用另一种"环形格片式"的灯代替（图 6-69d）。

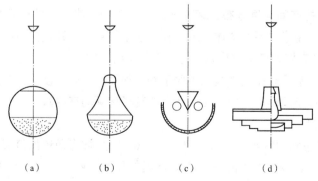

图 6-69　半间接型灯具的外形

（5）间接型灯具

间接型灯具就是能向灯具下部发射 10% 以下的直接光通量的灯具。如图 6-70 所示，它是由不透光材料做成，几乎全部光线（90%~100%）都射向上半球。由于光线是经顶棚反射到工作面，因此扩散性很好，光线柔和而均匀，并且完全避免了灯具的眩光作用。但因有用的光线全部来自反射光，故利用率很低，在要求高照度时，使用这种灯具很不经济。故一般用于照度要求不高，希望全室均匀照明、光线柔和宜人的情况，如医院和一些公共建筑较为适宜。

现将上述几种类型灯具的特性综合列于表 6-24，以便于比较。

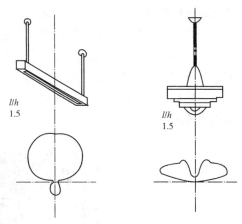

图 6-70　间接型灯具外形及配光曲线

不同类型灯具的光照特性　　　　　　　　　　　　　　　表 6-24

分类	直接型	半直接型	漫射型	半间接型	间接型
灯具光分布					
上半球光通	0~10%	10%~40%	40%~60%	60%~90%	90%~100%
下半球光通	100%~90%	90%~60%	60%~40%	40%~10%	10%~0
光照特性	灯具效率高；室内表面的光反射比对照度影响小；设备投资少；维护使用费少	灯具效率中等；室内表面光发射比影响照度中等；设备投资中等；维护使用费中等			光线柔和；灯具效率低；室内表面光发射比影响照度大；设备投资少；维护使用费少

3）LED 灯具

作为 LED 照明器具，已很难按照传统光源灯具进行区分，但从生产制造端看，将芯片进行封装（可称为光源）然后由生产厂家按不同类型、要求进行器具的配装，其中既有单次或多次配光，又有器具外壳、驱动电源及配装等与之形成一个完整的 LED 灯，严格意义上已不能区分为光源和灯具，但从生产制造链或习惯方式，暂时仍可按照光源和灯具分别表述。

目前半导体照明应用产品散热是重要问题之一。照明灯具虽然有配光、驱动等技术问题，但与其他光源不同的是散热问题仍是技术关键。一般而言，LED 功率器件或模组在做成半导体照明灯具时，应尽可能利用支架、外壳等作为发光器件散热的热沉，尽可能采用金属结构，可降低 LED 结温，以提高发光效率和光学性能的稳定性，并保证 LED 的使用寿命。其原则是材料的导热系数及截面积越大越好，界面越少越好，界面尽可能采用金属焊接。应该说，半导体照明产品采用热管技术进行散热会得到较理想的效果。

LED 具有新的设计特点，它往往是传统光源所不具备的。LED 的高效节能、光色可变、光照强度可调、长寿命等的特点推动了应用产品的发展。就目前而言，单颗白光 LED 实现功能照明是比较困难的，只有当多颗 LED 组合成灯具后才具有了可能，而 LED 灯具是需要多种配件的组合才能实现，如图 6-71 所示。

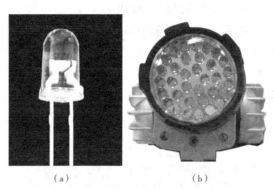

（a）　　　　　　　　　　（b）

图 6-71　LED 灯珠及灯具外形图
（a）LED 灯珠；（b）LED 灯具

4）LED 灯特点

从目前的 LED 灯具来看，和传统光源灯具相比较，主要具有如下特点：

（1）高光效：LED 光效近年来发展快速，已经成为光效最高的光源。商用白光 LED 光效已可达 150 lm/W，节能效果明显。

（2）颜色丰富：有白色或彩色光，彩色光如红色、黄色、蓝色、绿色、黄绿色、橙红色等，并或根据需要制造出多色组合循环变化的艳丽光色。LED 光源可利用红、绿、蓝三基色原理，在计算机技术控制下使 3 种颜色具有 256 级灰度并任意混合，产生各种颜色，形成不同光色的组合。

（3）形状多样：LED 光源由许多单个 LED 发光管组合而成，LED 光源是芯片光源，因而比其他光源可做成更多的形状，更容易针对用户的情况设计灯具的外形和尺寸。

（4）寿命长：LED 利用固态半导体芯片将电能转化为光能，外用环氧树脂封装，可承受高强度机械冲击，LED 单珠寿命可达 100 000 h，光源寿命在 50 000 h 或以上。

（5）光变化可调：LED 灯与控制技术结合，可任意调节光色和照度大小，可根据需要实现丰富多彩的动态变化与各种图案，这是传统光源灯具难以做到的。

6.2.4　室内工作照明

照明设计总的目的是在室内造成一个人为的光环境，满足人们生活、学习、工作等要求。一种是以满足视觉工作要求为主的室内工作照明，它多从功能方面来考虑，如工厂、学校等场所的照明。另一种是以艺术环境观感为主，为人们提供舒适的休息和娱乐场所的照明，如大型公共建筑门厅、休息厅等，它除满足视觉功能外，还应强调它们的艺术效果。

工作照明设计，可分下列几个步骤进行：

1）选择照明方式

照明方式一般分为：一般照明、分区一般照明、局部照明、混合照明。其特点如下：

（1）一般照明。它是在工作场所内不考虑特殊的局部需要，为照亮整个场所而设置的均匀照明（图6-72a），灯具均匀分布在被照场所上空，在工作面上形成均匀的照度。这种照明方式，适合于对光的投射方向没有特殊要求，在工作面上没有特别需要提高可见度的工作点，以及工作点很密或不固定的场所。当房间高度大，照度要求又高时，单独采用一般照明，就会造成灯具过多，功率很大，导致投资和使用费都高，这是很不经济的。

（2）分区一般照明。对某一特定区域，如进行工作的地点，设计成不同的照度来照亮该区域的一般照明。例如在开敞式办公室中有办公区、休息区等，它们要求不同的一般照明的照度，就常采用这种照明方式（图6-72b）。

（3）局部照明。它是在工作点附近，专门为照亮工作点而设置的照明装置（图6-72c），即为特定视觉工作用的、为照亮某个局部（通常限定在很小范围，如工作台面）的特殊需要而设置的照明。局部照明常设置在要求照度高或对光线方向性有特殊要求处。但在一个工作场所内不应只采用局部照明，因为这样会造成工作点与周围环境间极大的亮度对比，不利于视觉工作。

（4）混合照明。混合照明就是由一般照明与局部照明组成的照明。它是在同一工作场所，既设有一般照明，解决整个工作面的均匀照明；又有局部照明，以满足工作点的高照度和光方向的要求（图6-72d）。在高照度时，这种照明方式是较经济的，也是目前工业建筑和照度要求较高的民用建筑（如图书馆）中大量采用的照明方式。

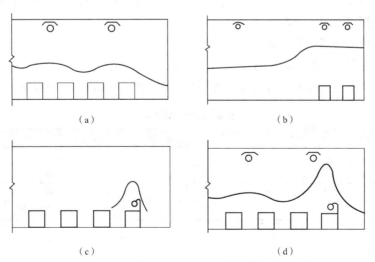

图6-72　不同照明方式及照度分布
（a）一般照明；（b）分区一般照明；（c）局部照明；（d）混合照明

2）照明标准

根据工作对象的视觉特征、工作面在房间的分布密度等条件，确定照明方式之后，即应根据识别对象最小尺寸、识别对象与背景亮度对比等特征来考虑房间照明的数量和质量问题，其依据就是国家制定的照明标准，它是从照明数量和质量两方面来考虑的。

（1）照明数量

从第 3 章可见度一节中看出，可见度与识别物件尺寸、识别物件与其背景的亮度对比、识别物件本身的亮度等有关。照明标准就是根据识别物件的大小、物件与背景的亮度对比、国民经济的发展情况等因素来规定必需的物件亮度。由于亮度的现场测量和计算都较复杂，故标准规定的是作业面[①]或参考平面[②]的照度值（国际上也是如此），具体值见《建筑照明设计标准》GB 50034—2013。

在照明标准中照度值遵循了 0.5、1、3、5、10、15、20、30、50、75、100、150、200、300、500、750、1 000、1 500、2 000、3 000、5 000 lx 分级，且它们均为作业面或参考平面上的维持平均照度。

凡符合下列条件之一及以上时，作业面或参考平面的照度，可按照度标准值分级提高一级：

①视觉要求高的精细作业场所，眼睛至识别对象的距离大于 500 mm 时；

②连续长时间紧张的视觉作业，对视觉器官有不良影响时；

③识别移动对象，要求识别时间短促而辨认困难时；

④视觉作业对操作安全有重要影响时；

⑤识别对象亮度对比小于 0.3 时；

⑥作业精度要求较高，且产生差错会造成很大损失时；

⑦视觉能力低于正常能力时；

⑧建筑等级和功能要求高时。

凡符合下列条件之一及以上时，作业面或参考平面的照度，可按照度标准值分级降低一级：

①进行很短时间的作业时；

②作业精度或速度无关紧要时；

③建筑等级和功能要求较低时。

作业面邻近周围的照度可低于作业面照度，但不宜低于表 6-25 的数值。

作业面邻近周围照度　　　　　　　　　　　　　　　表 6-25

作业面照度（lx）	作业面邻近周围照度（lx）
≥ 750	500
500	300
300	200
≤ 200	与作业面照度相同

注：邻近周围指作业面外 0.5 m 范围之内。

---

① 作业面——在其表面上进行工作的平面。

② 参考平面——测试或规定照度的平面。

在一般情况下，设计照度值与照度标准值相比较，可有 -10 % ~ +10 % 的偏差。

（2）照明质量

它是指光环境（从生理和心理效果来评价的照明环境）内的亮度分布等。它包括一切有利于视功能、舒适感、易于观看、安全与美观的亮度分布。如眩光、颜色、均匀度、亮度分布等都明显地影响可见度,影响容易、正确、迅速地观看的能力。现将影响照明质量的因素分述如下：

①眩光

为了提高室内照明质量，不但要限制直接眩光，而且还要限制工作面上的反射眩光和光幕反射。

A. 直接眩光。为了降低或消除直接型灯具对人眼造成的直接眩光，应使灯具的遮光角不应小于表 6-26 的数值。

直接型灯具的遮光角 表 6-26

光源平均亮度（kcd/m²）	遮光角（°）	光源平均亮度（kcd/m²）	遮光角（°）
1 ~ 20	10	50 ~ 500	20
20 ~ 50	15	≥ 500	30

不舒适眩光就是产生不舒适感觉，但并不一定降低视觉对象可见度的眩光。在公共建筑和工业建筑常用房间或场所中的不舒适眩光应采用统一眩光值（UGR）评价，并使最大允许值（UGR 计算值）符合建筑照明设计标准中的相应值规定。

照明场所的统一眩光值应按下式计算：

$$UGR = 8 \lg \frac{0.25}{L_b} \sum \frac{L_{ti}^2 \cdot \Omega_i}{P_i^2}$$ （6-14）

式中　L_b——背景亮度，cd/m²；

　　　L_{ti}——观察者方向第 i 个灯具的亮度，cd/m²；

　　　Ω_i——第 i 个灯具发光部分对观察者眼睛所形成的立体角，sr；

　　　P_i——第 i 个灯具的古斯位置指数，且由附录 7 确定。

统一眩光值是度量处于视觉环境（视野中除观察目标以外的周围部分）中的照明装置发出的光对人眼引起不舒适感主观反应的心理参量。统一眩光值应用于下列情况：

a. UGR 适用于简单的立方体形房间的一般照明装置设计，不适用于采用间接照明和发光顶棚的房间；

b. 适用于灯具发光部分对眼睛所形成的立体角为 0.1 sr > Ω > 0.000 3 sr 的情况；

c. 同一类灯具为均匀等间距布置；

d. 灯具为双对称配光；

e. 坐姿观测者眼睛的高度通常取 1.2 m，站姿观测者眼睛的高度通常取 1.5 m；

f. 观测位置一般在纵向和横向两面墙的中点，视线水平朝前观测（在利用灯具亮度限制曲线方法中，规定眩光计算位置取室内端墙中心点距墙 1.0 m 处)；

　　g.房间表面为大约高出地面 0.75 m 的工作面、灯具安装表面以及此两个表面之间的墙面。

　　B. 反射眩光。反射眩光既引起不舒适感，又分散注意力。如它处于被看物件的旁边时，还会引起该物件的可见度下降。

　　C. 光幕反射。光幕反射是由于视觉对象的规则反射，使视觉对象的对比降低，以致部分地或全部地难以看清细部。它就是在视觉作业上规则反射与漫反射重叠出现的现象。当反射影像出现在观察对象上，物件的亮度对比下降，可见度变坏，好似给物件罩上一层"光幕"一样。光幕反射降低了作业与背景之间的亮度对比，致使部分地或全部地看不清它的细节。例如在有光纸上的黑色印刷符号。如光源、纸、观察人三者之间位置不当，就会产生光幕反射，使可见度下降，如图 6-73 所示。图 6-73 (a) 是当投光灯放在照相机 (眼睛位置) 后面，这位置使有光纸上的光幕反射效应最小；图 6-73 (b) 是当暗槽灯处于上前方干扰区内，这时在同一纸上的印刷符号的亮度对比减弱，但不明显；图 6-73 (c) 中，显示的是同一有光纸，但聚光灯位于干扰区内，这时光幕反射最厉害，可见度下降。

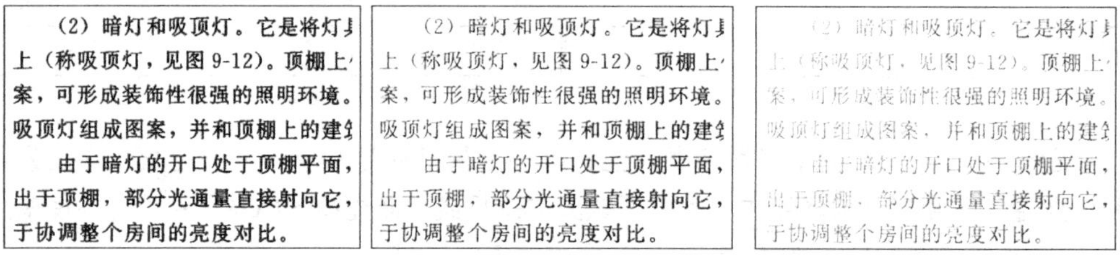

(2) 暗灯和吸顶灯。它是将灯具上（称吸顶灯，见图 9-12）。顶棚上案，可形成装饰性很强的照明环境。吸顶灯组成图案，并和顶棚上的建筑　　由于暗灯的开口处于顶棚平面，出于顶棚，部分光通量直接射向它，于协调整个房间的亮度对比。	(2) 暗灯和吸顶灯。它是将灯具上（称吸顶灯，见图 9-12）。顶棚上案，可形成装饰性很强的照明环境。吸顶灯组成图案，并和顶棚上的建筑　　由于暗灯的开口处于顶棚平面，出于顶棚，部分光通量直接射向它，于协调整个房间的亮度对比。	(2) 暗灯和吸顶灯。它是将灯具上（称吸顶灯，见图 9-12）。顶棚上案，可形成装饰性很强的照明环境。吸顶灯组成图案，并和顶棚上的建筑　　由于暗灯的开口处于顶棚平面，出于顶棚，部分光通量直接射向它，于协调整个房间的亮度对比。
（a）	（b）	（c）

图 6-73　光幕反射对可见度的影响

减弱光幕反射的措施有：

　　a.尽可能使用无光纸和不闪光墨水，使视觉作业和作业房间内的表面为无光泽的表面；

　　b.提高照度以弥补亮度对比的损失，不过这种做法在经济上可能是不合算的；

　　c.减少来自干扰区的光，增加干扰区外的光，以减少光幕反射，增加有效照度；

　　d.尽量使光线从侧面来，以减少光幕反射；

　　e.采用合理的灯具配光。如图 6-74 (a) 是直接型灯具，向下的光很强，易形成严重的光幕反射；图 6-74 (b) 为余弦配光直接型灯具，向下光相应减少，故光幕反射减轻；图 6-74 (c) 为蝙蝠翼形配光灯具，它向下发射的光很少，故光幕反射最小。

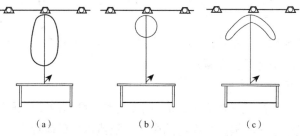

（a）　　　　　　　　（b）　　　　　　　　（c）

图 6-74　灯具配光对光幕反射的影响

光幕反射可用对比显现因数（*CRF*）来衡量，它是评价照明系统所产生的光幕反射对作业可见度影响的一个因数。该系数是一项作业在给定的照明系统下的可见度与该作业在参考照明条件下的可见度之比。对比显现因数通常可用亮度对比代替可见度求得：

$$CRF = \frac{C}{C_r}$$ （6-15）

式中　*CRF*——对比显现因数；

　　　C——实际照明条件下的亮度对比；

　　　C_r——参考照明条件下的亮度对比。

参考照明是一种理想的漫射照明，如内表面亮度均匀的球面照明，将作业置于球心就形成这种参考照明条件，在该条件下测得的亮度对比即为 C_r。

②光源颜色

光源的相关色温不同，产生的冷暖感也不同。当光源的相关色温大于 5 300 K 时，人们会产生冷的感觉；当光源的相关色温小于 3 300 K 时，人们会产生暖和的感觉。光源的相关色温和主观感觉效果如表 6-27 所示。冷色一般用于高照度水平、热加工车间等，暖色一般用于车间局部照明、工厂辅助生活设施等，中间色适用于其余各类车间。

光源色表分组　　　　　　　　　　　　　　　　　　　　　表 6-27

色表分组	色表特征	相关色温（K）	适用场所举例
Ⅰ	暖	< 3 300	客房、卧室、病房、酒吧、餐厅
Ⅱ	中间	3 300 ~ 5 300	办公室、教室、阅览室、诊室、检验室、机加工车间、仪表装配
Ⅲ	冷	> 5 300	热加工车间、高照度场所

光源的颜色主观感觉效果还与照明水平有关。在低照度下，采用低色温光源为佳；随着照明水平的提高，光源的相关色温也应相应提高。表 6-28 说明观察者在不同照度下，光源的相关色温与感觉的关系。

不同照度下光源的相关色温与感觉的关系　　　　　　　　　表 6-28

照度 （lx）	光源色的感觉		
	低色温	中等色温	高色温
≤ 500	舒适	中等	冷
500 ~ 1 000	~	~	~
1 000 ~ 2 000	刺激	舒适	中等
2 000 ~ 3 000	~	~	~
≥ 3 000	不自然	刺激	舒适

长期工作或停留的房间或场所，照明光源的一般显色指数 R_a 不宜小于 80。在灯具安装高度大于 6 m 的工业建筑的场所 R_a 可低于 80，但必须能够辨别安全色。常用房间或场所的一般显色指数最小允许值应符合建筑照明设计标准中的相应值规定。

③照明的均匀度

实践证明，作业区域的视野内亮度应达到足够均匀，特别是在教室、办公室一类长时间使用视力工作的场所中，工作面的照明应该非常均匀。公共建筑的工作房间和工业建筑作业区域内的一般照明照度均匀度，即规定表面上的最小照度与平均照度之比不应小于 0.7，而作业面邻近周围的照度均匀度不应小于 0.5。房间或场所内的通道和其他非作业区域的一般照明的照度值不宜低于作业区域一般照明照度值的 1/3。

④反射比

当视场内各表面的亮度比较均匀，人眼视看才会达到最舒服和最有效率，故希望室内各表面亮度保持一定比例。

为了获得建议的亮度比，必须使室内各表面具有适当的光反射比。表 6-4 推荐的工作房间表面的光反射比对于长时间连续作业的房间是适宜的。

3）光源和灯具的选择

（1）光源的选择

不同光源在光谱特性、发光效率、使用条件和价格上都有各自的特点，所以在选择光源时应在满足显色性、启动时间等要求条件下，根据光源、灯具及镇流器等的效率、寿命和价格在进行综合技术经济分析比较后确定。在进行照明设计时可按下列条件选择光源：

①高度较低房间，如办公室、教室、会议室及仪表、电子等生产车间宜采用细管径直管形荧光灯；

②商店营业厅宜采用细管径直管形荧光灯、紧凑型荧光灯或小功率的金属卤化物灯；

③高度较高的工业厂房，应按照生产使用要求，采用金属卤化物灯或高压钠灯，亦可采用大功率细管径荧光灯；

④一般照明场所不宜采用荧光高压汞灯，不应采用自镇流荧光高压汞灯；

⑤一般情况下，室内外照明不应采用普通照明白炽灯；在特殊情况下需采用时，其额定功率不应超过 100 W。

（2）灯具的选择

不同灯具的光通量空间分布不同，在工作面上形成的照度值也不同，而且形成不同的亮度分布，产生完全不同的主观感觉。图 6-75 给出三种不同类型灯具：直接型灯具（暗灯），均匀扩散型灯具（乳白玻璃球灯）和格片发光顶棚（直接均匀配光）在不同房间大小，不同地面反射，当地面照度为 100 英尺烛光（约 1 076 lx）时，室内各表面的亮度比。从图中可看出：①房间大小影响室内亮度分布，特别是在直接型窄配光灯具时；②地面光反射比在直接型灯具时，对顶棚亮度起很大作用，而对其他两种则作用很小；③室内墙面亮度绝对值，以（a）时最暗，（b）时最亮，这对评价室内空间光的丰满度起很大作用；④从室内亮度均匀度来看也是以（b）时为最佳。

再从室内工作面上直射光和反射光比来看，不同灯具会得出不同结果。表 6-29 给出不同灯具在不同条件下的直射光与反射光的比例。从表中可看出，他们之间有很大区别。这对于亮度分布、阴影浓淡、眩光的评价都有很大关系。这里室内表面光反射比的大小起很大作

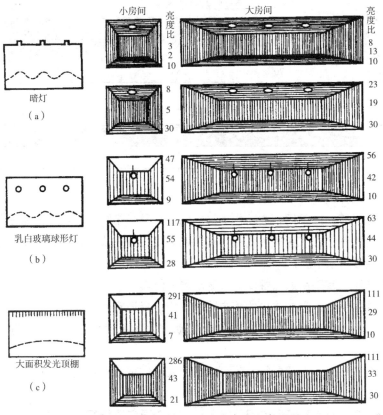

图 6-75　不同类型灯具对室内亮度分布的影响
光反射比：墙 0.50，顶棚 0.80，地面 0.30 和 0.10；室内地面照度均为 1 076 lx

用，特别是在房间内采用直接型灯具照明时。

在选择灯具时为了达到照明节能目的，在达到眩光限制和满足配光要求条件下，应选用效率高的灯具。荧光灯灯具的效率不应低于表 6-30 中数值，高强度气体放电灯灯具的效率不应低于表 6-31 中的数值。

不同灯具类型在工作面上获得的直射光、反射光比例　　　　　　表 6-29

灯具类型	直射光：反射光（来自顶棚、墙面）			
	小的房间		大的房间	
	浅色	深色	浅色	深色
直接	2.0∶1	15∶1	20∶1	150∶1
半直接	1.5∶1	5∶1	4∶1	12∶1
均匀扩散	0.5∶1	2∶1	1∶1	4∶1
半间接	0.2∶1	0.35∶1	0.45∶1	0.65∶1
间接	无直射光	无直射光	无直射光	无直射光

荧光灯灯具的效率 表 6-30

灯具出光口形式	开敞式	保护罩（玻璃或塑料）		格栅
		透明	磨砂、棱镜	
灯具效率	70%	65%	55%	60%

高强度气体放电灯灯具的效率 表 6-31

灯具出光口形式	开敞式	格栅或透光罩
灯具效率	75%	60%

照明灯具的选择还要考虑照明场所的环境条件：

①在潮湿的场所，应采用相应防护等级的防水灯具或带防水灯头的开敞式灯具；

②在有腐蚀性气体或水蒸气的场所，宜采用防腐蚀密闭式灯具。若采用开敞式灯具，各部分应有防腐蚀或防水措施；

③在高温场所，宜采用散热性能好、耐高温的灯具；

④在有尘埃的场所，应按防尘的相应防护等级选择适宜的灯具；

⑤在装有锻锤、大型桥式吊车等振动、摆动较大场所使用的灯具，应有防振和防脱落措施；

⑥在易受机械损伤、光源自行脱落可能造成人员伤害或财物损失的场所使用的灯具，应有防护措施；

⑦在有爆炸或火灾危险场所使用的灯具，应符合国家现行相关标准和规范的有关规定；

⑧在有洁净要求的场所，应采用不易积尘、易于擦拭的洁净灯具；

⑨在需防止紫外线照射的场所，应采用隔紫灯具或无紫外线光源；

⑩直接安装在可燃材料表面的灯具，应采用标有标志 Ⓕ 的灯具。

气体放电灯的镇流器选择应符合下列规定：

①紧凑型荧光灯应配用电子镇流器；

②直管型荧光灯应配用电子镇流器或节能型电感镇流器；

③高压钠灯、金属卤化物灯应配用节能型电感镇流器；在电压偏差较大的场所，宜配用恒功率镇流器；功率较小者，可配用电子镇流器；

④采用的镇流器应符合该产品的国家能效标准。

4）灯具的布置

这里是指一般照明的灯具布置。它要求均匀照亮整个工作场地，故希望工作面上照度均匀。这主要从灯具的计算高度（h_{rc}）和间距（l）的适当比例来获得，即通常所谓距高比 l/h_{rc}。它是随灯具的配光不同而异，具体值见有关灯具手册（图 6-65、图 6-67、图 6-68、图 6-70中已给出一些常用灯具的距高比）。

为了使房间四边的照度不致太低，应将靠墙的灯具至墙的距离减少到 $0.2 \sim 0.3l$。当采用半间接型和间接型灯具时，要求反射面照度均匀，因而控制距高比中的高，即是灯具至反光表面（如顶棚）的距离 h_{cc}（注意：这里的高与前述的计算高不同）。

在具体布灯时，还应考虑照明场所的建筑结构形式、工艺设备、动力管道以及安全维修等技术要求。

5）照明计算

明确了设计对象的视看特点，选择了合适的照明方式，确定了需要的照度和各种质量指标，以及相应的光源和灯具之后，就可以进行照明计算，求出需要的光源功率，或按预定功率核算照度是否达到要求。照明计算方法很多，这里仅介绍常用的利用系数法。

这种方法是从平均照度的概念出发，利用系数 C_u 就等于光源实际投射到工作面上的有效光通量（Φ_u）和全部灯的额定光通量（$N\Phi$）之比，这里 N 为灯的个数。

利用系数法的基本原理如图 6-76 所示。图中表示光源光通量分布情况。从某一个光源发出的光通量中，在灯罩内损失了一部分，当射入室内空间时，一部分直达工作面（Φ_d），形成直射光照度；另一部分射到室内其他表面上，经过一次或多次反射才射到工作面上（Φ_r），形成反射光照度。光源实际投射到工作面上的有效光通量（Φ_u）：

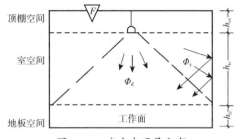

图 6-76 室内光通量分布

$$\Phi_u = \Phi_d + \Phi_r$$

很明显，Φ_u 越大，表示光源发出的光通量被利用的越多，利用系数 C_u 值越大，即：

$$C_u = \frac{\Phi_u}{N\Phi} \tag{6-16}$$

根据上面分析可见，C_u 值的大小与下列因素有关：

①灯具类型和照明方式。射到工作面上的光通量中，Φ_d 是无损耗的到达，故 Φ_d 越大，C_u 值越高。单纯从光的利用率讲，直接型灯具较其他型灯具有利。

②灯具效率 η。光源发出的光通量，只有一部分射出灯具，灯具效率越高，工作面上获得的光通量越多。

③房间尺寸。工作面与房间其他表面相比的比值越大，接受直接光通量的机会就越多，利用系数就大，这里用室空间比（RCR）来表征这一特性：

$$RCR = \frac{5h_{rc}(l+b)}{lb} \tag{6-17}$$

式中　h_{rc}——灯具至工作面高度，m；

　　　l、b——房间的长和宽，m。

从图 6-77 可看出：同一灯具，放在不同尺度的房间内，Φ_d 就不同。在宽而矮的房间中，Φ_d 就大。

④室内顶棚、墙、地板、设备的光反射比。光反射比越高，反射光照度增加得越多。

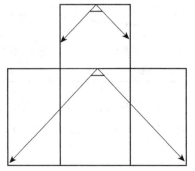

图 6-77 房间尺度与 Φ_d 的关系

只要知道灯具的利用系数和光源发出的光通量，我们就可以通过下式算出房间内工作面上的平均照度：

$$E = \frac{\varPhi_u}{lb} = \frac{NC_u\varPhi}{lb} = \frac{NC_u\varPhi}{A}$$

换言之，如需要知道达到某一照度要求安装多大功率的灯泡（即发出光通量）时，则可将上式改写成：

$$\varPhi = \frac{AE}{NC_u}$$

照明设施在使用过程中要遭受污染，光源要衰减等，因此照度下降，故在照明设计时，应将初始照度提高，即将照度标准值除以表 6-32 所列维护系数 K。

因此利用系数法的照明计算式：

$$\varPhi = \frac{AE}{NC_uK} \qquad (6\text{-}18)$$

式中　$\varPhi$——一个灯具内灯的总额定光通量，lm；

　　　E——照明标准规定的平均照度值，lx；

　　　A——工作面面积，m²；

　　　N——灯具个数；

　　　C_u——利用系数；

　　　K——维护系数（表 6-32）。

灯具的利用系数值参见附录 8，利用系数表中的 r_w 系指室空间内的墙表面平均光反射比。计算方法与采光计算中求平均光反射比的加权平均法相同，只是这里不考虑顶棚和地面。

维护系数　　　　　　　　　表 6-32

环境污染特征		房间或场所举例	灯具最少擦拭次数（次/年）	维护系数值
室内	清洁	卧室、办公室、餐厅、阅览室、教室、病房、客房、仪器仪表装配间、电子元器件装配间、检验室等	2	0.80
	一般	商店营业厅、候车室、影剧院、机械加工车间、机械装配车间、体育馆等	2	0.70
	污染严重	厨房、锻工车间、铸工车间、水泥车间等	3	0.60
室外		雨篷、站台	2	0.65

r_{cc} 系指灯具开口以上空间（即顶棚空间）的总反射能力，它与顶棚空间的几何尺寸（用顶棚空间比 CCR 来表示）以及顶棚空间中的墙、顶棚光反射比有关，CCR 可按下式计算：

$$CCR = \frac{5h_{cc}(l+b)}{lb} \qquad (6\text{-}19)$$

式中　h_{cc}——灯具开口至顶棚的高度，m。

　　根据算出的 CCR 值和顶棚空间内顶棚和墙面光反射比（分别为 r_c，r_w），可从图 6-78 中查出顶棚的有效光反射比（r_{cc}）。如果采用吸顶灯，由于灯具的发光面几乎与顶棚表面平齐，故有效顶棚光反射比值就等于顶棚的光反射比值或顶棚的平均光反射比值（当顶棚由几种材料组成时）。

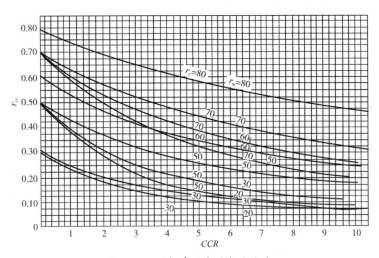

图 6-78　顶棚有效光反射比曲线

　　【例 6-3】设一教室尺寸为 9.6 m × 6.6 m × 3.6 m（净空），一侧墙开有三扇尺寸为 3.0 m × 2.4 m 的窗，窗台高 0.8 m，试求出照明所需的照明功率密度值，并绘出灯具布置图。

　　【解】（1）确定照度。从建筑照明设计标准中的公共建筑照明标准值中查出教室课桌面上的照度平均值为 300 lx。

　　（2）确定光源。宜用荧光灯，现选用 40 W 冷白色（RL）光色荧光灯。

　　（3）确定灯具。选用效率高，具有一定遮光角，光幕反射较少的蝙蝠翼形配光的直接型灯具 BYGG4-1（见附录 6），额定光通量为 2 650 lm。吊在离顶棚 0.5 m 处，由附录 8 查出其距高比应小于 1.6（垂直灯管）或小于 1.2（顺灯管）。

　　（4）确定室内表面光反射比。由表 6-6 取：顶棚——0.7，墙——0.5，地面——0.2。

　　（5）求 RCR 值。已知灯具开口离顶棚 0.5 m，桌面离地 0.8 m。按式（6-17）计算得：

$$RCR = \frac{5 \times 2.3 \times (9.6 + 6.6)}{9.6 \times 6.6} \approx 2.94 \approx 3$$

　　（6）求室空间和有效顶棚空间的平均光反射比。

　　①室空间的光反射比：设窗口的光反射比为 0.15，根据式（6-9）计算：

$$\bar{r} = \frac{[2 \times (9.6 + 6.6) \times 2.3 - (3 \times 3.0 \times 2.3)] \times 0.5 + (3 \times 3.0 \times 2.3) \times 0.15}{2 \times (9.6 + 6.6) \times 2.3} \approx 0.40$$

②有效顶棚光反射比：已知顶棚和墙的光反射比分别为 0.7 和 0.5：

$$CCR = \frac{5 \times 0.5 \times (9.6 + 6.6)}{9.6 \times 6.6} \approx 0.64$$

从图 6-78 查出 r_{cc}=0.62。

（7）查 C_u。根据 RCR，$\bar{r}_w = r_- = 0.40$，$r_{cc} = 0.62$，从附录 8 用插入法得出 $C_u = 0.604$。

（8）确定 K 值。由表 6-32 查出 $K = 0.8$。

（9）求需要的灯具数。从式（6-18）可得：

$$N = \frac{300 \times 9.6 \times 6.6}{2\,650 \times 0.604 \times 0.8} \approx 14.8 \approx 15 （盏）$$

（10）布置灯。根据附录 6 中查出 BYGG4-1 型灯具的距高比得出允许的最大灯距为 1.6×2.3=3.68 m（垂直灯管）；1.2×2.3=2.76 m（顺灯管中——中），参考上述灯距，布置如图 6-79 所示。

按图 6-79 布置的距高比基本符合要求，由于靠黑板处没有课桌，不需照明；而黑板需加强黑板照明，故用三盏灯放在黑板前，并向黑板倾斜，以便使黑板上照度均匀，如有可能，最好能采用专门的黑板照明灯具，则效果更佳。

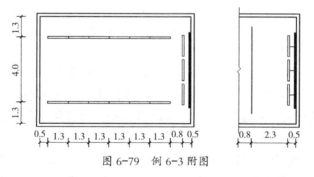

图 6-79　例 6-3 附图

当荧光灯配套的电子镇流器功耗为 4 W 时，该教室的照明功率密度（单位面积上光源、镇流器或变压器的照明安装功率）：

$$LPD = \frac{(40 + 4) \times 15}{9.6 \times 6.6} = 10.4 < 11 （W/m^2）$$

LPD 小于《建筑照明设计标准》GB 50034—2013 学校建筑中教室照明功率密度现行值 11 W/m^2 的规定，因此该教室照明设计是可行的。

照明计算也可以利用计算机进行。

6.2.5　环境照明设计

上一节讲到照明设计如何满足生产、生活要求，主要是介绍功能方面的问题。但是，在建筑物内外，灯具不仅是一种技术装备，它还起一定的装饰作用。这种作用不仅通过灯具本身的造型和装饰表现出来，而且在一些艺术要求高的建筑物内、外，还与建筑物的装修和构造处理有机地结合起来，利用不同的光分布和构图，形成特有的艺术气氛，以满足建筑物的艺术要求。这种与建筑本身有密切联系并突出艺术效果的照明设计，称为"环境照明设计"。这一节主要讲述室内环境照明设计，对于室外照明仅做简要介绍。

1）室内环境照明设计

处理室内环境照明时，必须充分估计到光的表现能力。要结合建筑物的使用要求、建筑空间尺度及结构形式等实际条件，对光的分布、光的明暗构图、装修的颜色和质量作出统一的规划，使之达到预期的艺术效果，并形成舒适宜人的光环境。

图 6-80（a）、（b）是两个教堂在不同照明方式下的效果。图 6-80（a）是各个灯具发出的光"自由"地分布到各处，将柱子分成明、暗不同的几段，使人感觉不到是一根完整的柱子。教堂顶棚，在明亮的灯具对比下，显得很暗，显不出它的装饰效果。图 6-80（b）是各个灯具照亮顶棚，不但充分展现了美丽的顶棚装饰物，而且使整个大厅获得柔和的反射光，美丽的柱子也得到充分而完整的表现，气氛完全改变。这说明照明对室内建筑艺术表现具有很大的影响。

（a）　　　　　　　　　　　　　　（b）

图 6-80　照明对室内建筑艺术表现的影响

照明还可创造出各种气氛，图 6-81 所示是两种照明方法，使人们产生完全不同的感觉：图 6-81（a）是利用顶棚灯定向照明，它在水平面形成高照度，但顶棚和墙的亮度却很低，产生夜间神秘的气氛；图 6-81（b）则将墙面照得很亮，利用它的反射光照亮房间，产生开敞、安宁的气氛。而迪斯科舞厅闪动的灯光，形成热烈、活跃的气氛，这是另一类突出的例子。

（a）　　　　　　　　　　　　（b）

图 6-81　照明形成不同气氛

（1）室内环境照明处理方法

为了便于理解和应用，下面分三种类型来介绍：

①以灯具的艺术装饰为主的处理方法：

A. 吊灯。将灯具进行艺术处理，使之具有各种形式，满足人们对美的要求。这种灯具样式和布置方式很多，最常见的是吊灯，图 6-82 所示就是几种吊灯的形式。多数吊灯是由几个单灯组合而成，又在灯架上加以艺术处理，故其尺度较大，适用于层高较高的厅堂。若放在较矮的房间里，则显得太大，不适合。故在层高低的房间里，常采用其他灯具，如暗灯。

图 6-82　各种形式的吊灯

图 6-83　人民大会堂宴会厅照明

B. 暗灯和吸顶灯。它是将灯具放在顶棚里（称为暗灯，见图 6-65c）或紧贴在顶棚上（称吸顶灯，见图 6-61）。顶棚上做一些线脚和装饰处理，与灯具相互合作，构成各种图案，可形成装饰性很强的照明环境。图 6-83 为北京人民大会堂宴会厅的照明形式。这里将吸顶灯组成图案，并和顶棚上的建筑装修结合在一起，形成一个非常美观的整体。

由于暗灯的开口处于顶棚平面，直射光无法射到顶棚，故顶棚较暗。而吸顶灯由于突出于顶棚，部分光通量直接射向它，增加了顶棚亮度，减弱了灯和顶棚间的亮度差，有利于协调整个房间的亮度对比。

C. 壁灯。它是安装在墙上的灯（图 6-84），用来提高部分墙面亮度，主要以本身的亮度和灯具附近表面的亮度，在墙上形成亮斑，以打破一大片墙的单调气氛，对室内照度的增加不起什么作用，故常用在一大片平坦的墙面上。也用于镜子的两侧或上面，既照亮人又防止反射眩光。

图 6-84　壁灯照明实例　　　　　图 6-85　某大厅照明实例

②用多个简单而风格统一的灯具排列成有规律的图案，通过灯具和建筑的有机配合取得装饰效果。

图 6-85 为某大厅照明实例。这里在具有民族风格的浅藻井中均匀地布置一般常用的圆形乳白玻璃吸顶灯，灯具本身装饰较为简洁，但由于采用几何图案的布置方式，强调了藻井的韵律，获得整体的装饰效果。这种照明方式安装方便，光线直接射出，损失很小，其技术合理性和经济性是很明显的，现已成为公共建筑中常用的一种艺术处理方式，特别是在一些面积大、高度小的空间里，效果很好。

③"建筑化"大面积照明艺术处理

这是将光源隐蔽在建筑构件之中，并和建筑构件（顶棚、墙、梁、柱等）或家具合成一体的一种照明形式。它可分为两大类：一类是透光的发光顶棚、光梁、光带等；另一类是反光的光檐、光龛、反光假梁等。它们的共同特点是：

其一，发光体不再是分散的点光源，而扩大为发光带或发光面，因此能在保持发光表面亮度较低的条件下，在室内获得较高的照度；

其二，光线扩散性极好，整个空间照度十分均匀，光线柔和，阴影浅淡，甚至完全没有阴影；

其三，消除了直接眩光，大大减弱了反射眩光。

下面分别进行介绍：

A. 发光顶棚。它是由天窗发展而来。为了保持稳定的照明条件，模仿天然采光的效果，在玻璃吊顶至天窗间的夹层里装灯，便构成发光顶棚。图 6-86 为常见的一种与采光窗合用的发光顶棚。

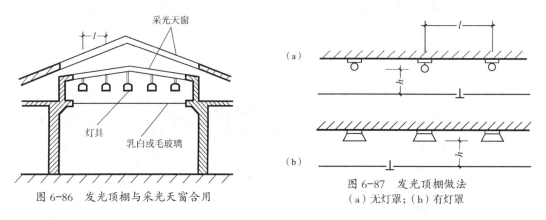

图 6-86　发光顶棚与采光天窗合用

图 6-87　发光顶棚做法
（a）无灯罩；（b）有灯罩

发光顶棚的构造方法有两种：一种是把灯直接安装在平整的楼板下表面，然后用钢框架做成吊顶棚的骨架，再铺上某种扩散透光材料，如图 6-87（a）所示；另一种，为了提高光效率，也可以使用反光罩，使光线更集中地投到发光顶棚的透光面上，如图 6-87（b）所示，也可把顶棚上面分为若干小空间，它本身既是反光罩，又兼作空调设备的送风或回风口。这样做，有利于有效地利用反射光。无论上述何种方案，都应满足三个基本要求，即效率要高，发光表面亮度要均匀且维修、清扫方便。

发光顶棚效率的高低，取决于透光材料的光透射比和灯具结构。可采取下列措施来提高效率：加反光罩，使光通量全部投射到透光面上；设备层内表面（包括设备表面）保持高的光反射比，同时还要避免设备管道挡光；降低设备层层高，使灯靠近透光面。发光顶棚的效率，一般为 0.5，高的可达 0.8（图 6-88）。

（a）

（b）

图 6-88　发光顶棚实例

发光表面的亮度应均匀,亮度不均匀的发光表面严重影响美观。标准人眼能觉察出不均匀的亮度比大于 1：1.4。为了不超过此界限,应使灯的间距 l 和它至顶棚表面的距离 h 之比(l/h)保持在一定范围内。适宜的 l/h 比值见表 6-33。

各种情况下适宜的 l/h 比　　　　　　　　　　　　　　　表 6-33

灯具类型	$\dfrac{L_{max}}{L_{min}}=1.4$	$\dfrac{L_{max}}{L_{min}}=1.0$
窄配光的镜面灯	0.9	0.7
点光源余弦配光灯具	1.5	1.0
点光源均匀配光和线光源余弦配光灯具	1.8	1.2
线光源均匀配光灯具(荧光灯管)	2.4	1.4

从表 6-33 中可看出,为了使发光表面亮度均匀,就需要把灯装得很密或者离透光面远些。当室内对照度要求不高时,需要的光源数量减少,灯的间距必然加大,为了照顾透光面亮度均匀,采取抬高灯的位置,或选用小功率灯泡等措施,都会降低效率,在经济上是不合理的。因此这种照明方式,只适用于照度较高的情况。如每平方米只装一支 40 W 白炽灯,室内照度就可达到 120 lx 以上。由此可见在低照度时,使用它是不合理的,这时可采用光梁或光带。

光带、光梁的光效率　　　　　　　　　　　　　　　表 6-34

序号(见图 6-89)	光效率(%)
(a)	54
(b)	63
(c)	50
(d)	62

B. 光梁和光带。将发光顶棚的宽度缩小为带状发光面,就成为光梁和光带。光带的发光表面与顶棚表面平齐(图 6-89a、b),光梁则凸出于顶棚表面(图 6-89c、d)。它们的光学特性与发光顶棚相似。发光效率见表 6-34。

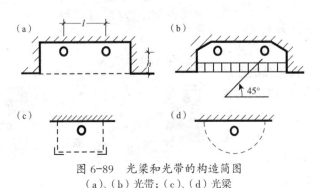

图 6-89　光梁和光带的构造简图
(a)、(b)光带;(c)、(d)光梁

　　光带的轴线最好与外墙平行布置，并且使第一排光带尽量靠近窗子，这样人工光和天然光线方向一致，减少出现不利的阴影和不舒适眩光的机会。光带之间的间距应不超过发光表面到工作面距离的 1.3 倍为宜，以保持照度均匀。至于发光面的亮度均匀度，同发光顶棚一样，是由灯的间距（l）和灯至玻璃表面的高度（h）之比值来确定的。白炽灯泡的 l/h 值约为 2.5，荧光灯管为 2.0。由于空间小，一般不加灯罩。

　　光带的缺点：由于发光面和顶棚处于同一平面，无直射光射到顶棚上，使两者的亮度相差较大。为了改善这种状况，把发光面降低，使之突出于顶棚，这就形成光梁。光梁有部分直射光射到顶棚上，降低了顶棚和灯具间的亮度对比。

　　发光带由于面积小、灯密，因此表面亮度容易达到均匀。从提高效率的观点来看，采取缩小光带断面高度，并将断面做成平滑曲线，反射面保持高的光反射比，以及透光面有高的光透射比等措施是有利的。

　　图 6-90 为一办公大厅，这里采用发光带作为大厅均匀照明，柱子与顶棚交接处采用暗灯间接照明，也烘托了大厅的气氛，使之活跃起来。浅色地面的反射光使光带与顶棚间的亮度差较小，有利于整个环境的舒适感。

　　C. 格片式发光顶棚。前面介绍的发光顶棚、光带、光梁，都存在表面亮度较大的问题。随着室内照度值的提高，就要求按比例地增加发光面的亮度。虽然在同等照度时与点光源比较，以上几种做法的发光面亮度相对来说还是比较低的（图 6-91）；但是如要达到几百勒克斯以上的照度，发光面仍有相当高的亮度，易引起眩光。

　　为了解决这一矛盾，采用了许多办法，其中最常用的便是格片式发光顶棚。这种发光顶棚的构造见图 6-92，格片是用金属薄板或塑料板组成的网状结构。它的遮光角 γ，由格片的高（h'）和宽（b）形成，这不仅影响格片式发光顶棚的透光效率（γ 越小，透光越多），而且影响它的配光。随着遮光角的增大，配光也由宽变窄，格片的遮光角常做成 30° ~ 45°。格片上方的光源，把一部分光直射到工作面上，另一部分则经过格片反射（不透光材料）或反射兼透射（扩散透光材料）后进入室内。因此格片顶棚除了反射光外，还有一定数量的直射光，所以，即使格片表面涂黑（表面亮度接近于零），室内仍有一定照度。它的光效率取决于遮光角 γ 和格片所用材料的光学性能。

　　格片顶棚除了亮度较低，并可根据不同材料和剖面形式来控制表面亮度的优点外，它还具有另外一些优点，如很容易通过调节格片与水平面的倾角，得到指向性的照度分布；直立格片比平放的发光顶棚积尘机会少；外观比透光材料做成的发光顶棚生动；亮度对比小。由于有以上的优点，格片顶棚照明形式，在现代建筑中极为流行。

图 6-90　办公大厅照明实例

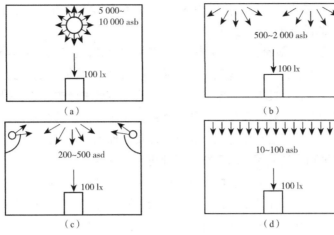

图 6-91　几种照明形式的光源表面亮度对比
（a）乳白玻璃球形灯具；（b）扩散透光顶棚；
（c）反光光檐；（d）格片式发光顶棚

　　格片多采用工厂预制，现场拼装的办法，所以使用方便。格片多以塑料、铝板为原材料，制成不同高、宽，不同孔形的组件，形成不同的遮光角和不同的表面亮度及不同的艺术效果，还可以用不同的表面加工处理，获得不同的颜色效果。图 6-93 表示几种不同孔洞的方案，其中方案（b）由于采用抛物面，使光线向下反射，因此与垂直轴成 45° 以上的方向亮度很低，故形成直接眩光的可能性很少。

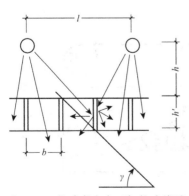

图 6-92　格片式发光顶棚构造简图

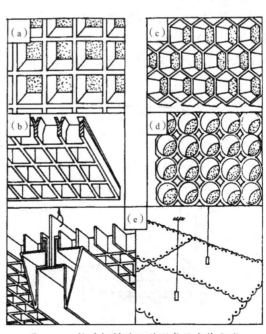

图 6-93　格片板材的几种形式及安装方法
（a）风格状；（b）抛物面剖面；（c）蜂窝状；
（d）圆柱状；（e）安装方式

　　格片顶棚表面亮度的均匀性，也是由它上表面照度的均匀性来决定的，它随灯泡的间距（l）和它离格片的高度（h）而变。

　　D. 多功能综合顶棚。随着生产的发展、生活水平的提高，对室内照度的要求也日益提高，照明系统发出更多的热量，这给房间的空调、防火等带来了新的问题。此外对声学方面的要求，也应予以充分注意，因此要求建筑师对这些问题作综合的考虑。这就提出将顶棚做成一个具有多种功能的构件，把建筑装修、照明、通风、声学、防火等功能都综合在统一的顶棚结构中。这样的体系不仅满足环境舒适、美观的需要，而且节省空间，减少构件数量，缩短建造时间，降低造价和运转费用，故已被广泛地应用于实际。

　　图 6-94 是多功能发光综合顶棚的处理实例，这里主要是将回风管与灯具联系起来，回风经灯具进入回风管，带走光源发出的热量，大大有利于室温控制，还可以利用回收的照明热量作其他用途。顶棚内还贴有吸声材料作吸声减噪用，并设置防火的探测系统和喷水器。

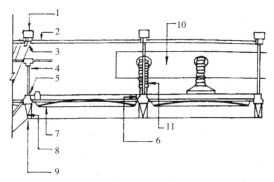

　　E. 反光照明设施。这是将光源隐藏在灯槽内，利用顶棚或别的表面（如墙面）做成反光表面的一种照明方式。它具有间接型灯具的特点，又是大面积光源。所以光的扩散性极好，可以使室内完全消除阴影和眩光。由于光源的面积大，只要布置方法正确，就可以取得预期的效果。光效率比单个间接型灯具高一些。反光顶棚的构造及位置处理原则见图 6-95。图 6-96 为几种反光顶棚的实例。

图 6-94　综合顶棚处理实例

1—各种线路综合管道；2—荧光灯管；3—灯座；4—喷水水管；5—支承管槽；6—铰链；7—刚性弧形扩散器；8—装有吸声材料的隔板；9—喷水头；10—供热通风管道；11—软管

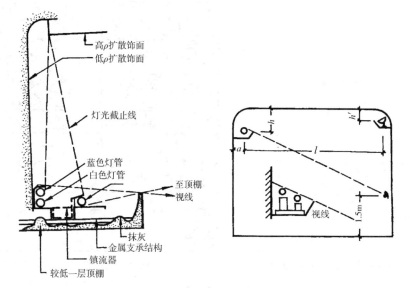

图 6-95　反光顶棚的构造及位置

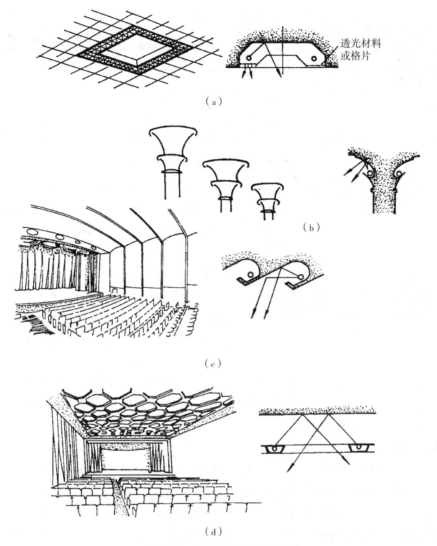

图 6-96　几种反光顶棚实例

　　设计反光照明设施时，必须注意灯槽的位置及其断面的选择，反光面应具有很高的光反射比。以上因素不仅影响反光顶棚的光效率，而且还影响它的外观。影响外观的一个主要因素是反光面的亮度均匀性，因为同一个物体表面亮度不同，给人们的感觉也就不同。而亮度均匀性是由照度均匀性决定的，后者又与光源的配光情况和光源与反光面的距离有关，它是由灯槽和反光面的相对位置所决定。因此灯槽至反光面的高度（h）不能太小，应与反光面的宽（l）成一定比例。合适的比例见表 6-35。此外，还应注意光源在灯槽内的位置，应保证站在房间另一端的人看不见光源（图 6-95）。还有光源到墙面的距离 a 不能太小，如荧光灯管，应不小于 10 ~ 15 cm，荧光灯管最好首尾相接。

　　从上述得知，为了保持反光面亮度均匀，在房间面积较大时，就要求灯槽距顶棚较远，这就增加了房间层高。对于层高较低的房间，就很难保证必要的遮光角和均匀的亮度，一般

反光顶棚的 *l*/*h* 值　　　　表 6-35

光檐形式	灯具类型		
	无反光罩	扩散反光罩	投光灯
单边光檐	1.7 ~ 2.5	2.5 ~ 4.0	4.0 ~ 6.0
双边光檐	4.0 ~ 6.0	6.0 ~ 9.0	9.0 ~ 15.0
四边光檐	6.0 ~ 9.0	9.0 ~ 12.0	15.0 ~ 20.0

图 6-97　反光照明实例

是中间部分照度不足。为了弥补这个缺点，可以在中间加吊灯，也可以将顶棚划分为若干小格，这样 *l* 变小，因而 *h* 就可小一些，达到降低层高的目的，如图 6-96（d）所示。

　　图 6-97 为一个典型的反光照明实例。这里利用结构上需要的圆穹形房顶做成反光照明设施中的反光面，形成一个大的发光面，在空间中获得柔和的光环境。另外利用四周的墙安装灯，以照亮周围流动区域，并缓和了单一反光顶棚带来的单调气氛。反光顶棚的维修、清扫问题在设计时应引起特别注意，因灯具口朝上，非常容易积尘。如果不经常清扫，它的光效率可能降低到原来的 40 % 以下。这种装置由于光线充分扩散，阴影很少，一些立体形象在这里就显得平淡，故在那些需要辨别物体外形的场合不宜单独使用它。

　　（2）室内环境照明设计

　　一个人对空间体形的视感，不仅出自物体本身的外形，而且也出自被光线"修饰"过的外形，突出的例子是人们利用光线使人或物出现或消失在舞台上。在建筑中，设计者可通过照明设施的布置，使某些表面被照明，突出它的存在；而将另一些处于暗处，使之后退，处于次要位置，用以达到预期的空间艺术效果。下面举一些例子来说明如何处理空间各部分的照明。

　　①空间亮度的合理分布

　　一般将室内空间划分为若干区，按其使用要求给予不同的亮度处理。

　　A. 视觉注视中心。人们习惯于将目光转向较亮的表面，我们也就利用这种习性，将房间中需要突出的物体与其他表面在亮度上区别开来。根据其重要程度，可将其亮度超过相邻表面亮度的 5 ~ 10 倍。图 6-98 中的毛泽东主席雕像，除利用顶棚的葵花灯照亮外，还特别用三组小型聚光灯从不同方向投射在雕像上。这样不但在亮度上突出，而且突出雕像的轮廓起伏。

　　B. 活动区。这是人们工作、学习的区域。它的照度应符合照明标准的规定值，亮度不应变化太大，以免引起视觉疲劳。图 6-99 为一会议室实例，这里整个房间由吊灯及暗装筒灯照亮的墙和窗帘提供一定的反射光和适当的亮度，使房间显得柔和安静。为了满足会议桌

图 6-98 视觉注视中心处理 图 6-99 会议室照明实例

上工作的需要，在会议桌上面的顶棚设置吊灯及圆形暗装发光槽，集中照明会议桌，提供较高的照度。也由于有墙面和窗帘的反射光，冲淡了由于头顶上的直射灯光所引起的与会者脸上的浓影，获得更好的外观。

　　C. 顶棚区。这部分在室内起次要和从属作用，故其亮度不宜过大，形式力求简洁，要与房间整个气氛统一。图 6-100 为一银行办公大厅。这里采用间接型灯具，大部分光线经过顶棚反射到工作面，在工作面上形成柔和的扩散光，既满足工作对照明提出的要求，又以本身简洁的造型和规律的布置形式，与整齐的办公设施和简单地分划成块的墙、地面相互呼应，获得非常协调一致的效果。

图 6-100 银行办公大厅照明实例 图 6-101 餐厅照明实例

　　D. 周围区域。一般不希望它的亮度超过顶棚区，不做过多的装饰，以免影响重点突出。图 6-101 为餐厅照明实例，它利用扩散透光材料形成的光带照明，降低了顶棚亮度，而富有变化的光带打破了顶棚平坦单调的气氛。墙和顶棚式样的协调一致给人以深刻印象。

　　当室内周围表面亮度低于 34 cd/m^2，而在亮度上又无变化，就会使人产生昏暗感。人们长期活动在这种条件下是不舒服的，故宜提高整个环境或局部的亮度。

②强调照明技术

在室内某些局部需要加以强调,突出它的造型、轮廓、艺术性等,就需要有局部强调照明。可采用如下的方法:

A. 扩散照明。采用大面积光源照射物体和它的周围环境,能产生大面积柔和的均匀照明。特别适用于起伏不大,但颜色丰富的场合,如壁画。它一般是利用宽光束灯具,并且灯具离被照面较远时就可获得这种效果。但这种做法不能突出物体的起伏,而且易产生平淡的感觉,使人感到单调乏味,故不宜滥用。

B. 直射光照明。它是由窄光束的投光灯或反射型灯泡将光束投到被照物体上,能确切地显示被照表面的质感和颜色细部。如只用单一光源照射,容易形成浓暗的阴影,使起伏显得很生硬。为了获得最佳效果,宜将被照物体和其邻近表面的亮度控制在(2 ∶ 1) ~ (6 ∶ 1)之间。如果相差太大,可能出现光幕反射;太小就会使之平淡。

C. 背景照明。将光源放在物体背后或上面,照亮物体背后的表面,使它成为物体的明亮背景。物体本身处于暗处,在明亮的背景衬托下,可将物体的轮廓清楚地表现出来。但由于物体处于暗处,它的颜色、细部、表面特征都隐藏在黑暗中,无法显示出来。故这种照明方式宜用来显示轮廓丰富、颜色单调、表面平淡的物品。如古陶、铜雕或植物等。背景常用普通灯泡或反射型灯泡放在物体的后面,既可以照亮背景,而且不会形成直接眩光。背景照明效果见图6-102。

D. 墙泛光。用光线将墙面照亮,形成一个明亮的表面,使人感到空间扩大,强调出质感,使人们把注意力集中于墙上的美术品。由于照射的方法不同,可以获得不同的效果。

a. 柔和均匀的墙泛光。将灯具放在离墙较远的顶棚上,一般离墙约 1 ~ 1.2 m (宽光束灯具取大值,其他灯具取小值)。为了获得均匀的照度,灯与灯间的距离约为灯至墙距离的0.5 ~ 1.0 倍。这样在墙上形成柔和均匀的明亮表面,扩大了房间的空间感。应注意,这时墙面不应做成镜面,而应是高光反射比的扩散表面。另外还要注意避免用这种方法照射门窗或其上的表面,以免对门窗外面的人形成眩光。

b. 显示墙的质感的墙泛光。对一些粗糙的墙面 (砖石砌体),为了突出它粗糙的特点,常使光线以大入射角 (掠射) 投到墙面上,这样夸大了阴影,以突出墙面的不平。这种照射方法应将灯具靠墙布置。但不能离墙太近,因这样形成的阴影过长,使墙面失去坚固的感觉。离墙太远,阴影又过短,不能突出墙的质感。灯具一般布置在顶棚上,离墙约 0.3 m。灯间距一般不超过灯具与墙的距离。灯具光束的宽窄,视墙的高低而定。高墙用窄光束灯具,低墙用宽光束的灯具。可用 R 或 PAR 灯 (为了美观,可使用挡板将灯遮挡,同时,它还可以防止讨厌的眩光),也可以使用导轨灯和暗灯。需要注意的是,如果在平墙上使用这种方法,会使墙面上稍微不平就显得

图 6-102 背景照明效果

很突出。同时，为了避免在顶棚上出现不希望的阴影，灯具不能放置在地上。

c. 扇贝形光斑。为了在平墙上添加一些变化和趣味，用灯在墙上形成一些明亮的扇贝形光斑可取得很好的效果，使一个平坦乏味的墙面呈现出新的面貌。使高顶棚显得低些，吸引人们的注意。明亮的扇贝形光斑，一般是用放在顶棚上的暗灯形成。光斑外貌取决于灯具光束角的宽窄、灯具与墙的距离、灯具间的距离。为了获得明显的扇贝形光斑，常将灯具离墙 0.3 m 布置，灯间距依所希望的效果而定。

d. 投光照明。在室内的墙上常放置一些尺寸较小的美术品，如绘画、小壁毯等。主人经常希望别人看到自己心爱的物件，就必需用灯光将它突出出来。这时常采用投光灯照明，也可和墙面泛光合用。前者画面与墙面之间的对比大，后者的对比小。为了突出绘画，应使画面的亮度比它邻近墙面的亮度高 3 ~ 5 倍。在考虑投光灯的位置时，应考虑下列问题：光线投到画面上的角度和方位，以避免在画面上出现直接和反射眩光；光线到画面的入射角（与画面法线所成角）不宜过大或过小，一般在 61° 左右；灯光应将被照射物完全照亮，这与灯具配光的宽窄、灯与墙面的距离、光线的入射角等有关；注意光线的角度，不会因镜框产生长而黑的阴影，当镜框粗大时需要特别注意。这时，可将灯具离墙面远一些。

在选择投光灯灯具时需要考虑以下几个问题：

ⓐ投射光斑的大小。投光灯形成的光斑应完全将被照射物照亮，这就与灯具配光的宽窄、灯具与被照物的相对位置有关。投光灯具配光的宽窄用光束角描述，它是在给定平面上，以极坐标表示的发光强度曲线的两矢径之间所夹的角度。该矢径的发光强度值通常等于 10 % 或 50 % 的最大发光强度值，图 6-103 中的 β 是以 $\frac{1}{2}I_{max}$ 为准获得的。知道 β 之后即可以算出不同距离处的光斑大小。

ⓑ光斑的亮度。它与投光灯在这方向的发光强度、投光灯与被照物间的距离、光线的入射角等因素有关。为了便于预先知道投光效果，可使用可见光束图（即光斑的明亮程度）。从这图中可方便地知道不同距离时光斑中心的照度（它可转换成亮度）和光斑的直径。图 6-104 为可见光束图。它是当光线与被照面法线重合，投光灯与被照面不同距离 h 时，光斑中心照度和光斑直径 d。如光线不垂直入射，经过换算可得改变后的照度和光斑大小。

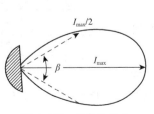

图 6-103　β 角的定义

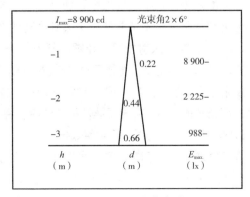

图 6-104　可见光束图

ⓒ光斑的强调程度。对不同光斑亮度的感觉除了与它本身的亮度有关外，还与它周围环境的亮度有关。二者间的差别大小，决定了人们对光斑明亮感觉的强弱。常用强调系数 K（或重点照明系数）来描述（表 6-36）。强调系数 K 可用下式得出：

$$K = 光斑照度 / 房间中一般照明形成的照度$$

不同强调系数的效果 表 6-36

强调系数	效果
2 : 1	可见的
5 : 1	低戏剧性的
10 : 1	戏剧性的
30 : 1	引人注目的
50 : 1	非常引人注目的

为了便于得出不同条件下可能得到的强调系数，可从灯具强调系数图中查出（图 6-105）。由图中可看出：在同一强调系数时，周围环境照度越高，要求投光照明的照度越高。故在要求高的强调系数时，周围环境不宜太亮。需要注意的是，这种图是根据灯具做出的，故应根据不同灯具选择相应的图。

E. 光点效果。利用小尺寸光源本身的亮度衬在黑暗的背景上，常产生良好的装饰效果。这种方法常用在一些娱乐场所或在家庭中营造节日气氛。在使用时要注意控制灯的亮度，一般常用低压灯泡。也可采用闪光方式，以增加其吸引力。

③突出照明艺术

当人们看一个物体，为了完整地、充分地表现其形象，还应考虑以下因素：

A. 光线的扩散和集中。在大多数工作区内为了防止讨厌的阴影，一般都愿意采用扩散光。但对于立体形象，单纯的扩散光冲淡了立体感。

如图 6-106 中三个相同立体雕塑，采用不同的入射角度，获得不同的效果。图 6-106（a）为单一的集中直射光源从 10°的入射角度照亮雕塑，入射光在雕塑正面处形成很亮的光斑，而其余部分光线很弱，看不清起伏，失去其原有的艺术效果。图 6-106（b）是从 24° 入射角照亮雕塑，与 10° 入射角相比照射面积扩大，形成一些阴影，增强了立体感，但起伏仍不明显，故立体造型未能充分表现出来。图 6-106（c）是从 38° 入射角照亮雕塑，灯光光斑减小，突出了雕塑的立体感，并细致地表现其各种起伏和细部，获得很好的观赏效果。

从人们习惯的自然环境来看，太阳（直射光源）和天空（扩散光源）都在上面。故直射光的角度不宜太低，以处于前上方为宜。

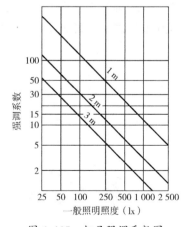

图 6-105　灯具强调系数图

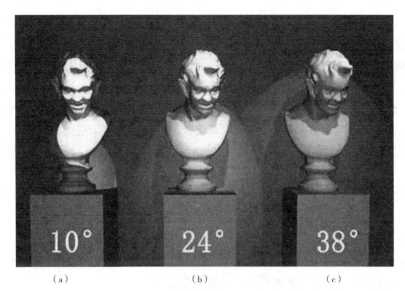

图 6-106 不同光线产生不同观赏效果

根据有关试验得出，人的头部最佳效果的照度分布见表 6-37。

最佳立体效果的照度分布 表 6-37

	对 *a* 面的照度比				
	测量面				
	a	*b*	*c*	*d*	*e*
最小比	1	1.8	0.3	0.8	0.3
最大比		2.5	0.6	1.6	1.1

B. 闪烁处理。当人们处于亮度均匀又无变化的场合，往往易引起单调孤独的感觉。如在它上面适当地加上一些较亮的光斑，就能在亮度上打破这种无变化的状况，而使空间产生活跃的气氛。

在灯具处理上也常采用这一手法。在灯具上用一些镀金零件或晶体玻璃，利用其规则反射特性将光源的高亮度的微小亮点反射出来，像点点星光，使灯具显得富丽堂皇，光耀夺目，取得很好效果。

C. 颜色。在很多照明设计中，必须处理好照明光源的光色与物体色的关系，还应特别注意在天然光和人工光同时使用的房间中，应使电光源的光色与天然光相接近，并且晚上单独使用时也能为人们所接受。当然灯的选择还受到房间内部功能和类型的影响，并且在一定程度上与房间的使用时间（即在白天使用或晚上使用，或白天晚上都使用）有关。

④满足心理需要

虽然照明的主要目的是使物件能清晰可见，但它们的影响范围远远超过这一点。不同照明的空间给人以不同的感觉。它可使一个空间显得宽敞或狭小；可以使人感到轻松愉快，也可以使人感到压抑；甚至可以影响人们的情绪和行为。在进行照明设计时，应充分考虑这方面的作用。

A. 开敞感。当室内照明由适当的邻近区照明，加上更为明亮的周边照明（墙）所组成，空间就显得开敞。周边照明应是明亮的、有序的，而且是浅色的。一般暖色调表面显得往前，冷色调表面显得后退。在室内墙面上使用镜面，由于能将对面空间形象反射出来，所以在视觉上扩大了空间范围，特别是一整个墙面都装上镜面时，可将整个空间反射出来，效果更佳。为了尽可能扩大这种效果，应将镜子对面的墙面尽可能照亮。此外，镜面平整程度对效果很有影响，必须高度重视。

在隔墙上开洞，可以使人们的目光透过墙洞看到远处的目标，也会使人们忽略房间的局限。当然，这种效果的取得必须是远处的目标物具有相当高的亮度，才能吸引人们的目光，而忘记所处房间的限制。

尽端墙面的照明也起一定作用。一个明亮的尽端，可使人们感到房间拉长了，但这种感觉往往会被尺度不当（对于房间而言）的家具所破坏。

B. 透明感。一个均匀的高亮度表面给人以透明的感觉。如顶棚上一块高亮度的表面，会使人感到它是透明的。当顶棚的其他部分是暗的时候，这种透明感特别明显。一个浅色的高反光比油漆表面处于有花纹的墙面上，也会产生类似效果。但在这表面上如没有使人感兴趣的观看物，在空间中不能形成刺激，可能会使人感到乏味。在人多的场合，还可能感到喧闹。

C. 轻松感。轻松的环境使疲倦的人获得休息，这就要求避免一切眩光，特别是顶棚不能出现眩光。这时，整个环境要求比较低的亮度，邻近区照明是由某一墙泛光的余光形成，这样可提供一个很好的休息环境。在这里，使用台灯或低亮度的墙泛光比用一盏明亮的吊灯好得多。一般而论，隐藏的光源、低的亮度、浅的颜色、低的墙亮度，加上由中心逐渐向外转暗的顶棚可获得最大的轻松感。

D. 私密感。中间部分较暗，而周围具有较高亮度所形成的不均匀照明环境，可产生一种亲切私密的感觉。通常人们喜欢在一个轻松、较暗的环境中和朋友交谈，但为了私密和安全，又希望周围亮一些。这一点在设计餐厅和酒吧时特别有效。在这种场合，人们喜欢聚会于较暗的角落，但又愿意看到较明亮的周围。经验表明：进餐区的光色偏重暖色（白炽灯）。而其他地方采用较冷的色调，如荧光灯或其他气体放电灯效果较好。

E. 活力感。在一些办公室中，人们长时间坐在这里进行视力工作，就需要有这种气氛和感觉。实践证明，在这种场所，一个不均匀的照明环境是必要的，特别突出周边照明（重点在墙）。根据现场调查，发现大多数人喜欢不均匀照明，要求周围明亮，特别喜欢投光灯在墙上形成的扇贝形光斑。这样，均匀的工作照明引起的疲乏，可由不均匀的周边照明所冲淡而得到缓解。同时，可用重点照明照亮一些装饰品，也可照亮局部的不平墙面，形成几个高潮，使眼睛在运动中得到休息。

F. 恐怖、不安全感。当一个高亮度区域位于大房间的中间，而周围是低得多的黑暗环境，就会产生恐怖、不安全感。例如，工作区采用局部照明灯或台灯形成高照度，而又没有其他光源照亮附近和周围环境时，这种恐怖、不安全感将达到最大程度。当周围区域只靠工作区照明的泄漏光形成非常低的照度时，就会使家具和其他空间中的物体变形，产生异样的感觉，从而加重恐怖、不安全感。

G. 黑洞感。晚上，当室内照度比室外高很多，这时在窗玻璃上就会出现明亮的灯具和室内环境的反影，使人们认为外面是一个黑洞，形成了视干扰，也可能形成二次反射源。特别当使用光反射比高的涂层玻璃，并且窗口又相对设置，反射形象经多次反射，将使这种视干扰可能达到很严重的程度。这时，如采用低亮度灯具或在窗上挂上窗帘，就可减轻或消除这种现象。如果室外是一片景园，可用一些室外照明，这样，就可看到窗外美丽的景园，从而消除或减弱黑洞感。

光环境对视觉与心理的作用在很大程度上还涉及各人的感受、爱好和性格，没有一定的模式可以解决所有问题，因而需要在实践中不断地摸索总结经验，才能使光环境的设计更趋于完善。

2）室外照明设计

室外照明包含城市功能照明和夜间景观照明。而夜景照明泛指除体育场场地、建筑工地、道路照明和室外安全照明以外，所有室外活动空间或景物的夜间景观的照明，即是在夜间利用灯光重塑城市人文和自然景观的照明。在夜晚，对建筑物、广场及街道等的照明，使城市构成与白天完全不同的景象。夜景照明在美化城市，丰富和促进城市生活中，占有很重要的地位，因此，在城市规划和一些重要的建筑物单体设计中，建筑师应能配合电气专业人员处理好夜景照明设计。

（1）建筑物夜景照明

夜间的光环境条件与白天完全不同。在白天，明亮的天空是一个扩散光源，将建筑物均匀照亮，整个建筑立面具有相同亮度。太阳是另一天然光源，太阳光具有强烈的方向性，使整个建筑物立面具有相当高的亮度和明显的阴影，而且随着太阳在天空中位置的移动，阴影的方向和强度也随之而变。在夜间，天空是漆黑一片，是一暗背景，建筑物立面只要稍微亮一些，就和漆黑的夜空形成明显对比，使之显现出来，因而夜间的建筑物立面就不需要形成白天那样的高亮度。建筑物的阴影，也不一定做到与白天一样，因为那样需要将灯具放置在很高位置上，这在实际中往往很难办到。我们应根据夜间条件，结合建筑物本身特点，在物质条件许可下，给建筑物一个新的面貌。

建筑物立面照明可采取三种照明方式：轮廓照明、泛光照明、透光照明。在一幢建筑物上可同时采用其中一两种，甚至三种方式同时采用。

①轮廓照明。轮廓照明是以黑暗夜空为背景，利用灯光直接勾画建筑物或构筑物轮廓的照明方式。这种照明方式应用到我国古建筑上，由于它那丰富的轮廓线，在夜空中勾出非常美丽动人的图形，获得很好的效果。图6-107是北京天安门的轮廓照明。

轮廓照明一般都是利用冷阴极荧光灯、霓虹灯、LED或9～13W紧凑型荧光灯沿建筑物轮廓线安装，为了达到连续光带效果，紧凑型荧光灯灯距一般为30～50cm，光源外面加防止雨水等外界侵袭的灯罩。

②泛光照明。它通常用投光灯来照亮一个面积较大的景物或场地，使其被照面照度比

其周围环境照度明显高的照明方式。对于一些体形较大，轮廓不突出的建筑物可用灯光将整个建筑物或构筑物某些突出部分均匀照亮，以它的不同亮度层次、各种阴影或不同光色变化，在黑暗中获得非常动人的效果。

泛光照明设计的基本问题是选择合适的光线投射角和在表面上形成的适当亮度。前者影响表面质感，图 6-108 为上海市政府建筑立面泛光照明，灯具放在建筑裙房的屋面上，以较大入射角斜射到外墙上，突出了建筑的立面特征，获得很好效果，泛光照明灯具可放在下列位置：

A. 建筑物本身内，如阳台、雨篷、立面挑出部分。这时注意墙面的亮度应有一定的变化，避免大面积相同亮度所引起的呆板感觉。图 6-109 为上海外滩利用立面挑出部分放置泛光照明灯具的实例（a 是 b 的局部放大图）。

图 6-107　北京天安门的轮廓照明　　　　图 6-108　上海市政府建筑立面泛光照明

（a）　　　　　　　　　　　　　　（b）

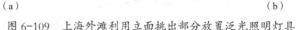
图 6-109　上海外滩利用立面挑出部分放置泛光照明灯具

B. 灯具放在建筑物附近的地面上。这时由于灯具位于观众附近，特别要防止灯具直接暴露在观众视野范围内，更不能看到灯具的发光面，形成眩光。一般可采用绿化或其他物件加以遮挡（图 6-110）。这时应注意不宜将灯具离墙太近，以免在墙面上形成贝壳状的亮斑。

C. 放在路边的灯杆上。这特别适用于街道狭窄、建筑物不高的条件，如旧城区中的古建筑。它可以在路灯灯杆上安设专门的投光灯照射建筑立面，亦可用漫射型灯具，既照亮了

图 6-110 泛光照明灯具放在建筑附近的地面上

图 6-111 利用路灯灯杆放置泛光照明灯具

旧城的狭窄街道，也照亮了低矮的古建筑立面（图 6-111）。

　　D. 放在邻近或对面建筑物上，见图 6-112。

　　建筑物泛光照明所需的照度取决于城市规模、建筑物所处环境（明或暗的程度）和建筑物表面的反光特性。具体可参考表 6-38 中所列值。

　　表中所列明亮环境是指城市热闹区，暗环境是指郊区或绿化稠密的公园环境。

　　现在常利用发光效率高的高强气体放电灯作室外泛光照明光源。它不但耗费较少的电能，就能在墙面形成高照度，而且利用它产生的不同光色，在建筑物立面上形成不同的颜色，更加丰富城市夜间面貌，效果很好。

　　③内透光照明。它是利用室内光线向外透射的照明方式。在夜晚光透过窗口，在漆黑的夜空上形成排列整齐的亮点，也别

图 6-112 利用邻近建筑物放置泛光照明灯具

大中小和城市不同环境区域建筑物夜景照明和亮度标准值　　　表 6-38

建筑物饰面材料	光反射比（ρ）	城市规模	维持平均亮度（cd/m²）			维持平均照度（lx）		
			E2 区	E3 区	E4 区	E2 区	E3 区	E4 区
白色外墙涂料，乳白色外墙面砖，浅冷、暖色外墙涂料，白色大理石等	0.6 ~ 0.8	大	5	10	25	30	50	150
		中等	4	8	20	20	30	100
		小	3	6	15	15	20	75
银色或灰绿色铝塑板、浅色大理石、白色石材、浅色瓷砖、灰色或土黄色釉面砖、中等浅色涂料、中等色铝塑板等	0.3 ~ 0.6	大	5	10	25	50	75	200
		中等	4	8	20	30	50	150
		小	3	6	15	20	30	100

　　注：1. 本标准摘自《城市夜景照明设计规范》JGJ/T 163—2008。
　　　　2. E1 区为天然暗环境区，如国家公园和自然保护区等，它不受照明的光污染，建筑立面不设夜景照明，故在表中未列出；E2 区为低亮度环境区，如乡村的工业区或居住区等；E3 区为中等亮度环境区，如城郊工业或居住区等；E4 区为高亮度环境区，如城市中心和商业区等。
　　　　3. 大城市为市区和近郊区非农业人口在 100 万以上的城市；中等城市为市区和近郊区非农业人口在 50 万 ~ 100 万的城市；小城市为市区和近郊区非农业人口在 50 万以下的城市。
　　　　4. 对于光反射比为 0.2 ~ 0.3 时，建筑立面不宜设夜景照明。

有风趣。这时，应在窗口设置浅色窗帘，夜间只开启临窗的灯具，就能获得必要的亮度。在北方，还可利用这部分开启的灯所发出的热量维持夜间室温（图 6-113）。

　　在建筑立面照明实践中，常常在一幢建筑物上，利用上述方法的两种或多种方式。图 6-114 就是一例。这里不高的建筑立面被放置在路灯杆上的灯具照亮。建筑的入口是利用门上的玻璃将高亮度的室内环境透射出来，从而突出了入口的位置，入口上方柱廊的轮廓则用照亮的墙壁衬托出来。

（a）

（b）

图 6-113　透光照明的效果
（a）白天；（b）夜间

图 6-114　建筑立面综合照明效果

（2）室外照明的光污染

光污染是干扰光或过量的光辐射对人体健康和人类生存环境造成的负面影响的总称。室外照明的光污染主要是因建筑物立面照明、道路照明、广场照明、广告照明、标志照明、体育场和停车场等城市景观照明和功能照明产生的，这些干扰光或过量的光对人、环境、天文观测、交通运输等造成的负面影响就称为室外照明的光污染。

①射向天空的光。由于室外照明设计不合理，室外照明的光有不少射向目标物以外的地方，其中相当一部分射向天空或由被照物表面（建筑物表面和路面）反射到天空，增大了天空亮度，影响了夜间天文观测。

②射向附近区域的光。这些从照明装置散射出来，照射到照明范围以外的光，即溢散光射到附近的建筑物里，将会干扰居住在里面人们的工作与生活；射向驾驶员，将会产生眩光，影响交通安全。

室外照明的光污染不但干扰人们的工作和生活，而且也会造成电能的巨大浪费，不利于环境保护。为了限制室外照明的光污染，应对室外照明进行合理规划，并采用先进的设计理念和方法，合理选择灯具和光源，妥善布置灯具等方法，把从灯具射出的光方向和范围加以有效控制。

6.2.6　绿色照明工程

绿色照明是 20 世纪 90 年代初国际上对照明节能、保护环境的照明系统的形象称呼。1992 年美国环境保护局（EPA）提出的"绿色照明工程"（Green Lighting Engineering）计划的具体内容是：采用高效少污染光源，提高照明质量，提高劳动生产率和能源有效利用水平，达到节约能量、减少照明费用、减少火电工程建设、减少有害物质的排放，进而达到保护人类生存环境的目的。

中国绿色照明工程是国家经贸委等部门在组织实施的大型节能重点工程，旨在我国发展和推广高效节能产品，逐步代替以往的低效照明光源，进而达到节约能源，保护环境的目的。我国由国家经贸委牵头，由国家计委、国家科委、电力工业部、电子工业部、建设部、轻工总会等有关单位组成领导班子，并由中国节能协会、中国照明电器学会、中国照明学会、清华大学等单位组成专家组，负责中国绿色照明工程的筹划工作。1996 年 10 月国家经贸委、国家计委等部门联合主办了全国节能宣传周，宣布了"中国绿色照明工程"全面启动。

实施绿色照明工程计划，一方面能够改善照明质量，另一方面能够节约照明用电量，其结果无论是经济效益，社会效益还是环境效益都是相当可观的。可节省火电工程建设资金、减少二氧化碳排放量、二氧化硫排放量、减少大量灰渣和污水的排放量。实施绿色照明工程无论对节约能源还是保护环境都具有重大的现实和深远意义。

绿色照明工程旨在节约资源和保护环境。实施绿色照明工程，就必须树立全民的环境文明意识，节约资源，保护环境，使环境与经济协调发展；同时还要加强领导和管理，在科学预测和评价的基础上，制定出一整套有效的措施、标准、政策和法规，加大实施绿色照明工程的力度。由此可见，绿色照明工程是一项复杂的社会系统工程；同时，绿色照明工程又是一项复杂的技术系统工程，它包含光源等照明器材的清洁生产、绿色照明、光源等照明器材废弃物的污染防治这三个复杂的子系统。总之，绿色照明工程是一项复杂的系统工程。

实施绿色照明工程必须采用绿色照明技术。绿色照明技术就是把绿色技术用于照明工程中的一种技术，而绿色技术则是根据环境价值并利用现代科学技术的全部潜力的技术。绿色技术的内涵广泛，它不但包含高新技术，而且还包含行之有效的传统的"低技术"。因而在绿色照明技术中不但包含了已有的照明节能的成功经验和方法，而且还强调了采用一切科学技术的潜力来节约资源和保护环境。

在制造光源等照明器材时应采用绿色照明技术，生产出高效节能的、不污染环境的光源等照明器材；而当光源等照明器材废弃后，要便于回收和综合利用，尽量使废弃物变成二次资源，此外还要采用固体废物污染防治新技术，使其对环境无害。在照明过程中也要做到节约资源和保护环境，即要达到绿色照明的要求。绿色照明是节约能源、保护环境，有益于提高人们生产、工作、学习效率和生活质量，保护身心健康的照明。它的目的是使照明达到高效、节能、安全、舒适和有益于环境。绿色照明包含的具体内容是：照明节能、采光节能、管理节能、污染防止和安全舒适照明。为了达到节能目的，就必须采用照明功率密度值进行评价。

1）照明功率密度值

照明功率密度值（LPD）是照明节能的评价指标。在进行建筑照明设计时应使照明功率密度值不大于规定值，具体值见《建筑照明设计标准》GB 50034—2013。

当工业、居住和公共建筑室内的房间或场所的照度值高于或低于建筑照明设计标准中的对应照度值时，其照明功率密度值应按比例提高或折减。

2）照明设计节能

照明节能的重点是照明设计节能，即在保证不降低作业的视觉要求的条件下，最有效地利用照明用电。其具体措施有：

①采用高光效长寿命光源；

②选用高效灯具，对于气体放电灯还要选用配套的高质量电子镇流器或节能电感镇流器；

③选用配光合理的灯具；

④根据视觉作业要求，确定合理的照明标准值，并选用合适的照明方式；

⑤室内顶棚、墙面、地面宜采用浅色装饰；

⑥工业企业的车间，宿舍和住宅等场所的照明用电均应单独计量；

⑦大面积使用普通镇流器的气体放电灯的场所，宜在灯具附近单独装设补偿电容器，使功率因数提高至 0.85 以上；并减少非线性电路元件——气体放电灯产生的高次谐波对电网的污染，改善电网波形；

⑧室内照明线路宜分细、多设开关，位置适当，便于分区开关灯；

⑨室外照明宜采用自动控制方式或智能照明控制方式等节电措施；

⑩近窗的灯具应单设开关，并采用自动控制方式或智能照明控制方式，充分利用天然光。

在白昼时，应大力提倡室内充分利用安全的清洁光源——天然光，这是一项十分重要的节能措施。为此，在进行采光设计时应充分考虑当地的光气候情况，充分利用天然光；还应利用采光新技术，在充分利用天空漫射光的同时，尽可能进行日光采光，以改善室内光环境，进一步提高采光节能效果。

在进行照明设计时，宜采用建筑光学软件模拟室内天然采光和电光源照明场景，并不断优化照明设计方案，特别在使用 LED 照明与控制技术结合，更能实现照明设计的节能目的。

3）管理节能

在照明管理方面同样需要采用绿色照明技术，应研制智能化照明管理系统，创造出安全舒适的光环境，提高工作效率，节约电能；同时还要制订有效的管理措施和相应的法规、政策，达到管理节能的目的。

为此，应建立具体的照明运行维护和管理制度如下：

①应有专业人员负责照明维修和安全检查并做好维护记录，专职或兼职人员负责照明运行；

②应建立清洁光源、灯具的制度，根据标准规定的次数定期进行擦拭；

③宜按照光源的寿命或点亮时间、维持平均照度，定期更换光源；

④更换光源时，应采用与原设计或实际安装相同的光源，不得任意更换光源的主要性能参数；

⑤重要大型建筑的主要场所的照明设施，应进行定期巡视和照度的检查测试。

总之在采光、照明过程中，还要解决好防止电网污染、防止过热、防止眩光、防止紫外线和防止光污染这五个污染防止的主要问题，提高光环境质量，节约资源。

目前，在大力开展绿色照明工程的同时，还应该强调发展生产和经济，兼顾经济效益、环境效益和社会效益，实现经济可持续发展。

习　题

6-1　从图 6-6 中查出重庆 7 月份上午 8：30 时天空漫射光照度和总照度。

6-2　根据图 6-6 找出重庆 7 月份室外天空漫射光照度高于 4 000 lx 的延续时间。

6-3　按例题 3-4（图 3-21）所给房间剖面，在 CIE 标准阴天时，求水平窗洞在桌面上形成的采光系数；若窗洞上装有 τ=0.8 的透明玻璃时的采光系数；若窗上装有 τ=0.5 的乳白玻璃时的采光系数。

6-4　重庆地区某会议室平面尺寸为 5 m×7 m，净空高 3.6 m，估算需要的侧窗面积并绘出其平、剖面图。

6-5　一单跨机械加工车间，跨度为 30 m，长 72 m，屋架下弦高 10 m，室内表面浅色粉刷，室外无遮挡，估算需要的单层钢侧窗面积，并验算其采光系数。

6-6　扁圆形吸顶灯与工作点的布置见图 6-64，设灯至工作面的距离为 2.0 m，灯具内光源为 60 W 的白炽灯，求 P_1、P_2 点照度。

6-7　条件同上，但工作面为倾斜面，即以每个计算点为准，均向左倾斜，且与水平面成 30° 倾角，求 P_1、P_2 点照度。

6-8　什么是绿色照明工程？如何加大实施绿色照明工程的力度？

第7章 建筑声学

7.1 室内音质设计

室内音质设计是建筑声学设计的一项重要组成部分。在以听闻功能为主或有声学要求的建筑中，如音乐厅、剧场、电影院、会议厅、报告厅、多功能厅、审判厅、大教室体育馆以及录音室、演播室等建筑空间，其音质设计的好坏往往是评价建筑设计优劣的决定性因素之一。室内最终是否具有良好的音质，不仅取决于声源本身和电声系统的性能，而且取决于室内良好的建筑声学环境。

为了使具有听闻要求的房间具有良好的建筑声学环境，就需要认真做好室内音质设计。本章主要结合观演性建筑（剧场、会堂等）的音质设计，介绍有关室内音质设计的要求和方法。对于其他声学上有某些特殊要求的建筑，将在最后一节做简要介绍。

房间的室内音质设计最终体现在室内的容积（或每座容积）、体型、尺寸、材料选择及其构造设计上，并与建筑的各种功能要求和建筑艺术处理有密切关系。因此，室内音质设计应在建筑方案设计初期就同时进行，而且要贯穿在整个建筑施工图设计、室内装修设计和施工的全过程中，直至工程竣工前经过必要的测试鉴定和主观评价，进行适当的调整、修改，才能达到预期的效果。

7.1.1 室内音质评价标准及设计内容

室内音质评价的标准包括主观、客观两方面。客观评价标准是进行音质设计的依据，也是前人经验的总结。但判别室内音质是否良好的标准，最终是要看能否满足使用者（听众和演员）的主观听闻要求，能否让使用者得到满意的主观感受。

1）主观评价标准

人们对不同声信号（语音或音乐）的主观要求有所差异，这些要求则统称为音质（或主观）评价标准。对于一个兼作语言和音乐使用的厅堂，其主观评价标准一般可归纳为以下四个方面。

（1）无声缺陷

声缺陷是指一些干扰正常听闻使原声音失真的现象，如回声（颤动回声）、声聚焦、声影、过大的噪声等，厅堂常见的声缺陷如图7-1所示。

其中，回声会使听闻清晰度下降、加速听众听觉疲劳；尤其是短促的语言声比音乐声更容易被发现回声现象；声聚焦则会导致聚焦区域声音过响、室内声场分布不均匀；而声影由于缺乏反射声会出现响度不够、声音干涩等现象；过大的噪声对室内音质具有很大的破坏

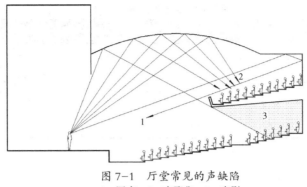

图 7-1 厅堂常见的声缺陷
1—回声；2—声聚焦；3—声影

作用，特别是低频噪声对语言和音乐的听闻有很大的掩蔽作用，间断性噪声则会破坏室内宁静气氛和录音效果。

在音质设计中，声缺陷是需要尽量避免和加以解决的，特别是音乐建筑中是不允许出现声缺陷，这是音质设计最基本的要求。

（2）合适的响度

响度是人感受到的声音的大小。音质的好坏首先要有足够的响度，让听众能听得见。对于自然声演奏的观演建筑来说，足够的响度是最基本的要求。

但响度也不是越大越好，过高的响度也会降低音质效果。因此，合适的响度应使人们听起来既不费力，又不感到吵闹，它是室内具有良好音质的基本条件。对于语言声，听众要求其响度级为 60 ~ 70 phon；对于音乐声，响度要求的变化范围一般在响度级 50 ~ 85 phon，有时还会更大。

（3）较高的清晰度和明晰度

语言声要求具有一定的清晰度，而音乐声则需达到期望的明晰度。

语言的清晰度常用"音节清晰度"来表示。它是通过人发出若干单音节（汉语中一字一音），这些音节之间毫无语意上的联系，由室内的听者聆听并记录，然后统计听者正确听到的音节占所发音音节的百分数，这一百分数则为该室的音节清晰度，即

$$音节清晰度 = \frac{听众正确听到的音节数}{测定所发的全部音节数} \times 100\% \tag{7-1}$$

实验结果表明：汉语的音节清晰度与听音感觉之关系如表 7-1 所示。

人们在听讲话时，由于每一句话有连贯的意思，往往不必听清每个字也能听懂句子。一般用"言语可懂度"表示对言语被注释比例的评价。据实验，汉语的音节清晰度与言语可懂度之间有如图 7-2 所示的关系。因此，只要测得一个厅堂的室内音节清晰度则可知其相应的言语可懂度。

音乐的明晰度具有两方面的含义：一是能够清楚地辨别出每一种声源的音色；二是能够听清每个音符，对于节奏较快的音乐也能感到其旋律分明。

音节清晰度与听音感觉关系 表7-1

音节清晰度（%）	听音感觉
<65	不满意
65～75	勉强可以
75～85	良好
>85	优良

（4）优美的音质

对于音乐声来说，除了听得见、听得清这些基本要求外，室内音质设计还需要给听众提供听得舒服的环境。因此，为了让室内声音具有优美的音质，还需要注意以下两方面：

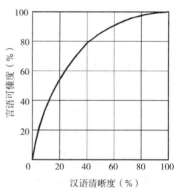

图7-2 汉语清晰度与可懂度关系

①足够的丰满度。这一要求主要是对音乐声，对于语言则为次要的。丰满度的含意有：声音饱满、圆润，音色浑厚、温暖，余音悠扬、有弹性。总之，它可以定义为声源在室内发声与在露天发声相比较，在音质上的提高程度。

②良好的空间感。是指室内声场给听者提供的一种声音在室内的空间传播感觉。其中包括听者对声源方向的判断（方向感），距声源远近的判断（距离感又可称为亲切感）和对属于室内声场的空间感觉（环绕感、围绕感）。

2）客观评价标准

上述各项主观评价标准是人们在主观听音感觉上的要求，是音质设计要达到的最终目标。为了实现这些目标，还必须找出与它们相对应的客观评价标准。在实际声学工程中，应以客观评价指标为依据进行设计与调整。

长期以来，国内外声学工作者对音质评价的主、客观评价进行了大量的研究，并提出了许多评价指标，但目前得到较为一致的看法主要包括以下几点：

（1）声压级及声场不均匀度

声压级是表达声音大小直接的客观指标。各个频率的声压级与该频率声音的响度相对应，一般语言和音乐都有较宽的频带范围，声音的响度级大体上与经过A特性计权的dB（A）声级相对应。

无论是在自然声或电声演出的厅堂中，除了具有足够的声压级外，还应具有良好的声场均匀度，即在厅堂内各处声压级的差别应在允许的范围内，避免出现"死角"或"声聚焦"。在声场均匀的无楼座厅堂中，其声场不均匀度≤ ±3 dB。

（2）混响时间及其频率特性

混响时间是用来评价室内音质中发现最早、应用最广、较为稳定的一项客观指标。混响时间的长短、频率特性是否平直，是衡量厅堂音质最基本、重要的参数，也是设计阶段准确控制的指标之一。混响时间与声音的清晰度和丰满度有对应关系。当混响时间较短时，语音的清晰度较高；当混响时间较长时，音乐的清晰度较低而丰满度较高，有余音悠扬之感。同时，混响时间的频率特性（各个不同频率的混响时间构成）也与主观评价中的因素密切相关。为了保证声源的音质不失真，各个频率的混响时间应当尽量接近。为了提高声音的浑厚（温暖）感，则需适当加长低频混响时间；而适当加长高频混响时间可以有助于语音的明亮度，并加强辅音的能量。

但后来人们从实践发现，混响时间这一指标并不能充分表达室内音质效果。因为在不同的厅堂或同一厅堂中的不同位置上，虽然具有相同或相近的混响时间，但往往主观反映的音质效果不同。经研究发现，反射声在空间与时间上的分布也是不可忽视的客观评价指标之一。

（3）声脉冲响应分析（反射声的时间分布）

室内声源发出的声音（包括语言和音乐），实际上都是一个一个的脉冲声，听众所接收的亦是由直达的脉冲声和一系列反射脉冲声组成。直达声按与声源距离的反平方定律衰减，至某一接收点衰减到一定程度；反射声经室内各界面反射，按所走的路程不同，先后到达该点，它们在时间轴上排列，大致是从开始时比较稀疏到后来逐渐密集，其强度则随着路程的增长和反射次数的加多而逐渐减弱，这就形成了"混响过程"。因此，对于声源发出的每一种脉冲声（一个音节），均可用一个脉冲响应图来表示某一接收点上声音的形成过程（图 7-3）。

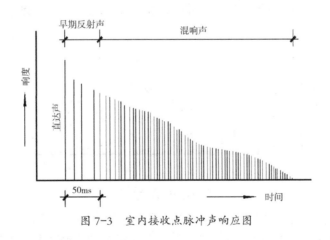

图 7-3 室内接收点脉冲声响应图

实验研究结果表明：在直达声之后 35 ~ 50 ms 以内到达的早期（一次、二次）反射声能起到加强直达声、提高响度、增加清晰度和丰满度的作用，而听闻者对声源方向的判断仍取决于直达声的方向。音乐声的理想早期反射声时间范围可扩大至 80 ms，在此范围内的早期反射声不仅可以提高响度，增加音乐的力度感，而且能使直达声与混响声相连续，不致中间脱节，从而创造良好的丰满度。

根据直达声、早期反射声与混响声对清晰度的不同影响，提出了主要用于语言评价的清晰度 D 值，其计算公式为：

$$D = \frac{\int_0^{50\,\text{ms}} |p(t)|^2 \, \text{d}t}{\int_0^{\infty} |p(t)|^2 \, \text{d}t} \times 100\ \%$$　（7-2）

D 值的物理定义是：混响过程中 50 ms 以内的反射声能占全部声能的百分数。D 值越大，清晰度越高，反之亦然。

对于音乐的清晰度评价，则采用了与 D 值相近似的明晰度 C 值表示。C 值的物理定义是：混响过程中 80 ms 以内的反射声能与 80 ms 以后的声能之比的以 10 为底的对数再乘 10，单位为分贝。其计算公式为：

$$C = 10\ \text{lg} \frac{\int_0^{80\,\text{ms}} |p(t)|^2 \, \text{d}t}{\int_{80}^{\infty} |p(t)|^2 \, \text{d}t}\ (\text{dB})$$　（7-3）

研究表明：为了保证有满意的明晰度，应当保证有 $C=0 \sim 3$ dB。

不同时间分布的反射声对音质有不同效果，如提高 30 ms 内早期反射声的数量，可增加声音的丰满度和温暖感；20 ~ 35 ms 之内的早期反射声有助于加强亲切感，在小型厅堂（高度在 10 m 以内，宽度在 20 m 以内）中，20 ~ 35 ms 正是直达声与最早的一次反射声的时间间隔。

从反射声的时间分布分析中还可以预测出现回声的可能性。回声是延时大于 50 ms 的强反射声，见图 7-4。

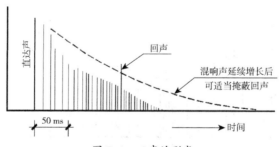

图 7-4　回声的形成

回声对音质的干扰程度取决于回声相对于直达声的时间差和强度差，此外，还与室内的混响时间有关。图 7-5 为根据实验得到的在不同混响时间，如要求受到回声干扰的听众数不到总数的 20 %，回声应低于直达声的声级（dB）数值。从图中可以看出，混响时间越短或回声延时时间越长，回声的声压级应当越小，这样才能降低回声的干扰。

（4）方向性扩散（反射声的空间分布）

在前面的室内反射与几何声学中已经谈到，反射声具有方向特性，室内表面不同的几何形状与比例使早期反射声沿各自一定的方向传播，而 50 ms 后的混响声则是反射声的集合体，可以近似地认为是向听众作无规入射（各个入射方向的概率相同），也就是近似地认为在实际声场中，声音能够得到充分的扩散。

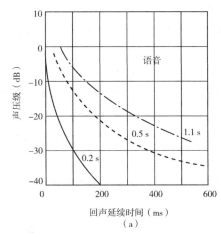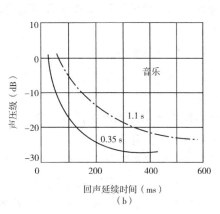

图 7-5 混响时间对回声的影响
（a）语言声；（b）音乐声

来自不同方向的早期反射声对主观听闻具有很大的影响。对于来自侧墙面的早期反射声有创造环绕感的作用，特别是在音乐厅设计中，应尽可能增大侧向的早期反射声在整个反射声能中的比率，以此来增加环绕感。在大型厅堂（高度在 10 m 以上，宽度大于 20 m）中，这样的侧向反射声要靠专门设计的反射面来获得。

（5）允许噪声级

噪声对语言和音乐的听闻有很大的掩蔽作用，因此，必须将噪声控制在允许的范围内。不同功能的声学房间，噪声标准也有所不同，标准要求高的是音乐厅、歌剧院和录音棚，其次是以音乐演奏为主的多功能厅堂，排练厅、音乐教室的标准较低。

如自然混响音乐录音棚的背景噪声应 ≤ NR 25 噪声评价曲线；《剧场建筑设计规范》JGJ 57—2016 规定，具有自然声演出功能的甲等剧场观众厅背景噪声宜 ≤ NR 25 噪声评价曲线；《电影院建筑设计规范》JGJ 58—2008 规定，甲级电影院观众厅背景噪声应 ≤ NR 30 噪声评价曲线。

综上所述，在厅堂音质设计中，应根据房间的具体使用功能要求（如主要用于语言、音乐或综合使用），做到充分利用直达声，合理地分布早期反射声，正确地控制混响时间及其频率特性，注意避免和消除声缺陷与噪声影响，就有可能达到较好的主观听音要求。音质设计最终归结为厅堂容积的确定、体型设计、混响设计（吸声材料与构造的选择及设计）和电声系统配置等问题。

3）音质设计内容

音质设计是整个建筑设计的一部分，涉及建筑设计的各个方面。音质设计不是靠声学工程师或建筑师单独所能完成的。通常，声学工程师除了掌握足够的声学技术外，更重要的是必须同建筑业主及整个建筑设计小组的成员密切合作、相互协调，使声学设计能在工程上得到实施。一个音质良好的大厅一定是整个团队合作的结晶。音质设计的内容绝不是等建筑主体结构建成后进行的室内声学装修，而是在建筑设计一开始就应该有音质方面的考虑。音质设计的内容包括以下几个方面：

①选址、建筑总图设计和各种房间的合理配置，目的是防止外界噪声和附属房间对主要听音房间的噪声干扰；

②在满足使用要求的前提下，确定经济合理的房间容积和每座容积；

③通过体型设计，充分利用有效声能，使反射声在时间和空间上合理分布，并防止出现声学缺陷；

④根据使用要求，确定合适的混响时间及其频率特性，计算大厅吸声量，选择吸声材料与结构，确定其构造做法；

⑤根据房间情况及声源声功率大小计算室内声压级大小，并决定是否采用电声系统（对于音乐厅，演出交响乐时尽量采用自然声）；

⑥确定室内允许噪声标准，计算室内背景声压级，确定采用哪些噪声控制措施；

⑦在大厅主体结构完工之后，室内装修进行之前，进行声学测试，如有问题进行设计调整；

⑧在施工中期进行声学测量及调整，工程完工后并进行音质测量和评价；

⑨对于重要的厅堂，必要时需采用计算机仿真及缩尺模型技术配合进行音质设计。

音质设计一般都是针对自然声进行的，但是大型的观演建筑大厅往往都配有扩声系统，因此，有时还必须配合电声工程师进行扩声设计。对自然声有利的建声条件对于扩声系统也同样有利。

7.1.2 厅堂容积的确定

室内音质设计中，在建筑方案设计初期首先应根据建筑功能和所容纳的人数来确定厅堂的容积值。厅堂容积的大小不仅影响到音质效果，而且也直接影响到建筑的艺术造型、结构体系、空调设备和经济造价等方面。因此，厅堂容积的确定必须加以综合考虑。

从声学角度来确定厅堂容积，一般需要考虑以下两个方面的因素：

1）足够的响度

我们知道，人所发出的自然声声功率是有限的。如果房间容积较大，则室内的声能密度势必较小。更何况随着与声源距离的增加，直达声声压级衰减很快，而早期反射声的增强作用又毕竟有限。因此，对于不用扩音设备的讲演厅一类建筑，为了保证有足够的响度，一般要求其容积 $\leqslant 2\,000 \sim 3\,000\ \mathrm{m}^3$（约容纳 700 人）。

对于唱歌及乐器演奏的厅堂，由于其自然声声功率较人讲演时的声功率大，因此，可允许其厅堂有较大的容积。例如，一个经过音质设计，使直达声和早期反射声得到充分利用的厅堂，可允许容积达到 $20\,000\ \mathrm{m}^3$。对于一些音质设计良好，在完全利用自然声条件下仍能保证使用要求的厅堂最大容许容积，可参考表 7-2。

值得注意的是，若有电声扩声设备介入厅堂的声环境中，厅堂容积的确定则可依据电声系统的性能与布置方式来定。也就是说，此时的厅堂容积可以不受自然声条件下的厅堂容积的限制，并依据实际情况选配相应的电声设备。

自然声源下最大允许厅堂容积　　　　　　　　　　　　　　　　　表7-2

声源种类	最大允许容积（m³）
讲演	2 000 ~ 3 000
有训练的讲话或戏剧对白	6 000
乐器独奏、独唱	10 000
大型交响乐队	20 000

这里需指出，在一般情况下，电声系统在声音的还原上或多或少存在一定失真，对于音质要求较高的厅堂应尽可能使用自然声，如必须采用电声系统，则需要对电声设备及系统提出较高的要求。

2）合适的混响时间

从混响时间计算公式中可以看出，为达到合适的混响时间，厅堂总容积 V 与室内总吸声量 A 之间要有适当的比值。在总吸声量中，观众（或沙发座椅）的吸声量较大，如在剧院观众厅中观众的吸声量可占总吸声量的 1/2 ~ 2/3。因此在方案设计中，控制了厅堂容积 V 和观众人数 n 之间的比例，也就在一定程度上控制了混响时间。

在实际工程与设计规范中，常用每座容积 V/n 这一指标，单位为 m³/座。如果每座容积选择适当，就可以在不用或少用吸声处理的情况下得到适当的混响时间。通过对已判定为音质良好厅堂的大量统计分析结果，对于不同功能的厅堂，为了取得合适的混响时间，其每座容积可采用表7-3之建议值，也可以查找相关建筑设计规范中的建议值。

各类厅堂每座容积建议值　　　　　　　　　　　　　　　　　表7-3

厅堂性质	每座容积（m³/座）
歌剧、舞剧	4.5 ~ 7.5
话剧、戏曲	4.0 ~ 6.0
语言用	3.5 ~ 4.5
电影院	6.0 ~ 8.0
多功能	3.5 ~ 5.0

由于厅堂容积是指室内相互连续的内表面所围合成的空间体积值，所以它的确定与设计方法是灵活多变的。如在同一结构空间内，利用整体吊顶或间断式的"浮云"吊顶，或用一些机械设备控制某些可活动的隔墙、舞台反射板等，调控容积的大小，从而达到调节室内混响时间的目的。

由此可见，可以在方案设计中先按每座容积建议值确定厅堂空间，在建筑施工图设计和室内装修设计过程中再按具体混响时间与吸声量大小来调控其最终值，以达到较为理想的声学效果。

7.1.3　厅堂的体型设计

厅堂的体型设计直接关系到直达声的分布、反射声的空间和时间构成以及是否有声缺陷，是音质设计中较为重要的环节。厅堂的体型设计包括合理选择大厅平、剖面的形式、尺寸和比例以及各部分表面（如顶棚、墙面）的具体尺寸、倾角和形式等一系列内容。

同时，体型设计又与厅堂的室内艺术构成，厅堂的各种功能如电声系统的布置、照明、通风、观众的疏散和各种开口的位置密切相关。在设计中应当把声学设计与其他设计融为一体。实践证明，成功的体型设计主要在于了解一些在体型上影响音质的基本规律，掌握具体处理的主要原则和方法。厅堂的体型设计方法和基本原则包括以下几个方面：

1）充分利用直达声

（1）减少直达声的传播距离并考虑声源方向性的影响

在声音传播过程中，直达声不受室内反射界面的影响，其声压级随着与声源距离的增加而衰减。因此，为了充分利用直达声，在平面设计中应使观众席尽量靠近声源。在剧场设计中，对于戏剧和室内乐的观众厅其长度应 ≤ 30 m，对于大容量的观众厅，可以采用楼座挑台的方式缩短后部观众与声源的距离。此外，在面积相同的情况下，短而宽的厅堂平面较长而窄的平面更为有利。如图 7-6 中两个面积相同的平面，其中 a 较为有利。

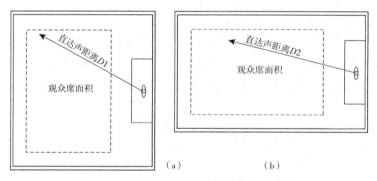

图 7-6　房间平面比例对直达声分布的影响

但应注意到，由于声源在高频时有明显的指向性，从图 7-7 我们可以得知，人说话时在水平面上具有一定的指向性，在相同距离条件下，500 Hz、1 kHz 和 2 kHz 三个频带的平均声压级，正对声源方向比偏离辐射主轴 50° 方向的声压级高出 6 dB。

因此，为了避免产生过多的偏座，应尽可能将大部分观众席布置在声源正前方 140° 夹角范围内。如果采用伸出式舞台，观众席环绕舞台布置时，上述问题将更为突出。国外的情况是，除了演员凭经验，在发声的方向上进行自我调节外，主要靠设置在靠近声源的反射面，向观众提供短延时

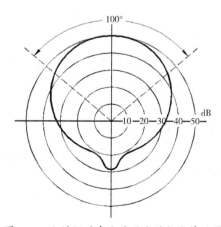

图 7-7　人讲话时在水平面上的指向特性图
[由 500 Hz、1 kHz 和 2 kHz 三个频带的平均值得出等声压级曲线，由此得知水平辐射角（-6 dB）约为 100°]

反射声来解决。

（2）避免直达声被遮挡和被观众掠射吸收

当厅堂地面沿纵向无升起或升起坡度较小时，声源发出的直达声很容易被观众遮挡，或在掠射过观众头部时被大量吸收。实验发现，在地面无升起的情况下，对于离声源 30 m 远处，由于观众的掠射吸收，可比无观众时多衰减 10 dB，因此造成后部观众的听音响度不足。

一般情况下，要防止前面的观众对后面观众有遮挡，在小型厅堂中采用设置讲台以抬高声源的办法。在大型厅堂中经常将地面从前往后逐渐升高，同时也设置舞台将声源抬高（图 7-8）。另外，地面升起的目的不仅是为了充分利用直达声，也是为了满足观众视线的要求。因此，在实际工程中，地面的升起坡度一般以满足视线要求为标准，通过视线设计确定的地面升起坡度也基本满足避免直达声遮挡和吸收的要求。

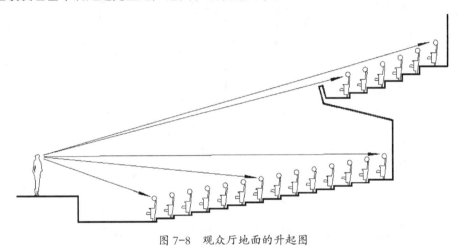

图 7-8 观众厅地面的升起图

2）争取和控制早期反射声

如前所述，早期反射声主要是指直达声后 50 ms（对于音乐演出，可放至 80 ms）内到达的反射声，如以声音传播的距离计，约相当于 17 m（对于音乐演出为 27 m）内的行程（以声速为 340 m/s 计）。

不同延时的早期反射声对音质有不同的作用。图 7-9 给出了计算一次反射声延时 Δt 的图示，故有：

$$\Delta t = \frac{\gamma_1 + \gamma_2 - d}{0.34} \ (\text{ms}) \qquad (7-4)$$

式中 d、γ_1、γ_2——分别是直达声和一次反射声入射前后所经过的距离，m。

这些反射声主要是由靠近声源的界面形成，并且被反射的次数较小。经计算可以知道：在小型厅堂中，对于规模不大的厅堂，例如高度在 10 m 左

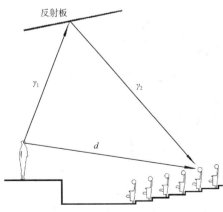

图 7-9 反射声延时计算示意图

右，宽度在 20 m 左右的厅堂，即使体型不做特殊设计，在绝大多数听众席上都能接收到较为理想的早期反射声；而对于高度大于 13 m，宽度大于 26 m 的大型厅堂中，为了争取延时在 50 ms 以内的早期反射声，其体型设计就应做特殊设计。

下面以大型厅堂的平剖面设计为例来分析并控制早期反射声的分布。

（1）厅堂的平面形状

最近声学研究表明，大厅的早期侧向反射声，有利于加强空间感。因此，在音质设计中应注意使观众席获得尽可能多的早期侧向反射声，选择良好的厅堂平面形状。图 7-10 给出常用的几种观众厅平面形式，并分析其对室内音质可能产生的影响。

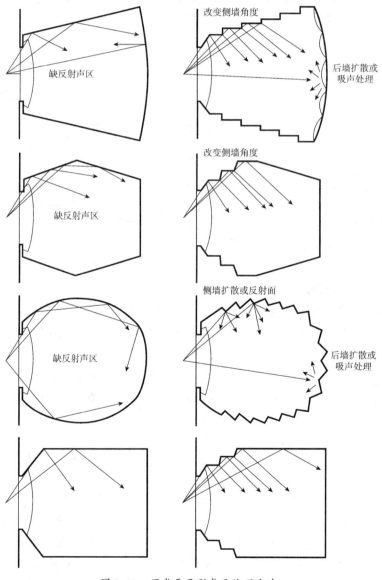

图 7-10　厅堂平面形式及处理方法

①扇形平面。具有这种平面的厅堂前区相当大部分座席缺乏来自侧墙的一次反射声，而来自后墙的反射声则很多。但弧形后墙往往会形成声聚焦，对音质不利。但这种平面可容纳更多的席位数，故常被用作为剧场、会场的平面形式。因此，对扇形平面，应利用顶棚给大多数观众席提供一次反射声，侧墙则做成折线形，以调整侧向反射声方向并改善声扩散；后墙应作扩散或吸声处理。

②六边形平面。此类平面中，反射声易沿墙反射产生回声，改进的措施同扇形平面，两侧墙面可做成折线形，以便反射声分布均匀。

③椭圆形（圆形）平面。此类平面厅堂的中前部缺乏一次侧向反射声，弧形墙面还容易形成声聚焦。改进措施有把侧墙做成锯齿状，使反射声到达中前部，后墙做扩散或吸声处理等。

④窄长形平面。这种平面当厅堂规模不大时，由于平面较窄，侧墙一次反射声可以较均匀地分布于大部分观众席。如能将台口附近的侧墙面利用好，则可使整个大厅观众席都有一次侧向反射声。当厅堂规模较大时，大厅会变得过长或过宽，导致其他不利影响。

从上述分析可知，一个简单几何形平面，当不做特殊处理时往往出现视线条件最好的中前区，缺乏一次侧向反射声。因此，在进行厅堂平面形状设计中，需要考虑早期反射声及声场均匀度的影响，对于特殊形状应做相应的处理。如扇形平面的墙面与中轴夹角不应大于8°～10°，如图7-11所示。

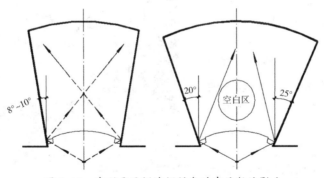

图7-11　扇形平面侧墙倾斜角对声反射的影响

（2）厅堂的剖面设计

剖面设计主要对象是顶棚，其次是侧墙、楼座、挑台等。

①顶棚

图7-12所示是几种可以使一次反射声均匀分布于观众席上的顶棚形式。从顶棚来的一次反射声可以无遮挡地到达观众席，在传播的过程中不受观众席的掠射吸声，效果最优，对增加声音强度与提高清晰度十分有益。因此，必须充分利用，尤其是舞台前部的顶棚，对声源所张的立体角大，反射声分布广，对增加反射声作用最佳。对有乐池的剧场和环绕式音乐厅，需利用这部分顶棚把乐队的声音反射到观众席。因此，该部分顶棚通常是设计成强反射面。当顶棚过高时，可以设计悬吊的反射板阵列，如图7-13所示。

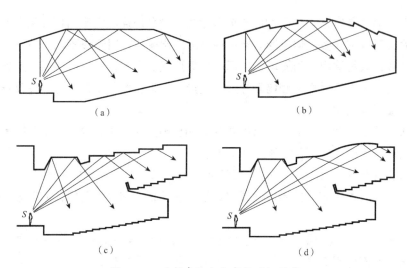

图 7-12　反射声均匀分布的顶棚形式

对于中后部顶棚，可以设计成定向反射面，使整个顶棚的反射声均匀覆盖全部观众席，也可设计成扩散反射面。因此，中后部顶棚可以根据建筑艺术要求设计成多种形式。

②侧墙

对于厅堂的侧墙，一般情况下都是垂直的。如果不做处理，它能提供一次反射声较少，如果能使侧墙内表面略向内倾斜，则可大幅度提高侧墙提供一次反射声的能力，如图 7-14 所示垂直侧墙与倾斜侧墙一次反射效果比较。为此把侧墙设计成倾斜状或在侧墙安装斜向反射板，可使更多的一次反射声到达观众席（图 7-15）。

③楼座

对于宽度较大的厅堂，为了使厅中央区域座席上的听众获得侧向一次反射声，在靠侧墙的两边可以采用落地式楼座，利用这些被抬高的座位下面的侧向矮墙向厅堂中央区域提供一次反射声，也可利用包厢提供侧向反

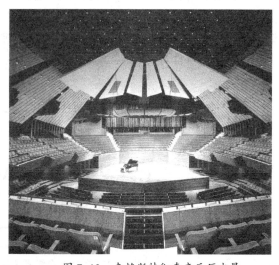

图 7-13　克赖斯特彻奇音乐厅内景

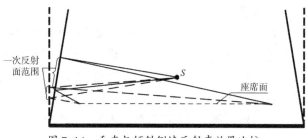

图 7-14　垂直与倾斜侧墙反射声效果比较

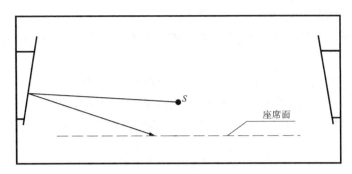

图 7-15 侧墙斜向反射板获取反射声

射声。反射面应采用刚度大、反射系数大的材料和结构，如钢板网抹灰等。

④挑台

在设有挑台的大厅内，挑台下部的听闻条件往往欠佳。若处理不当，挑台下面还会出现较大的声影区或局部混响时间短的现象，为了避免这些现象，挑台的下部空间进深不能太大，一般剧场和多功能厅进深不应大于挑台下空间开口高度的 2 倍。对于音乐厅，进深不应大于挑台下空间开口的高度（图 7-16）。同时，挑台下部的顶棚应尽可能做成向后倾斜的，使其反射声落到挑台下的观众席上。挑台前沿的栏板也有可能将声音反射回厅堂的前部形成回声。因此，应将其外侧立面的形状做成扩散体或使其反射方向朝向附近的观众席，有时也可设计成吸声面。

3）适当的声扩散处理

厅堂的声场要求具有一定的扩散性。若厅堂内表面的材料光洁而坚实，吸声系数较小，构件的尺寸起伏变化在声波波长的范围内，则对声波起扩散反射的作用。这种作用能使声场分布均匀，使声能比较均匀地增长和衰减，并可使观众听到的声音来自各个方向，增加听音的立体感，从而改善室内音质效果。

在欧洲一些著名的早期剧院或音乐厅中，往往有设计精美的壁柱、雕刻、多层包厢、凹凸变化的藻井顶以及大型的花式吊灯等建筑和装修构件，这些都对声音有良好的扩散作用。

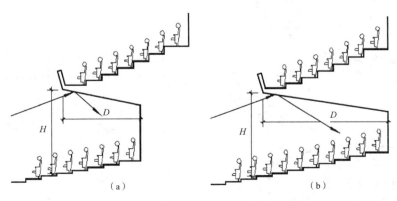

图 7-16 推荐挑台进深与开口高度的关系
（a）音乐厅 $D \leqslant H$；（b）剧院 $D \leqslant 2H$

在近现代的剧场和音乐厅设计中，在顶棚和墙面上经常安装一些专门设计制作的几何扩散构件，以提高音质效果。图 7-17 中的贝多芬音乐厅（德国）的扩散处理就是实际工程中的成功范例。

扩散体可以采用砖砌筑、预制水泥或石膏几何体，如角锥、棱柱、半圆柱等多种形式。扩散体的几何尺寸应与其扩散反射声波的波长相接近。因此声音的频率越低，声波的波长越大，扩散体的尺寸越大。根据经验，它们的关系可参照图 7-18，按式（7-5）估算：

$$\frac{2\pi f}{c} \cdot a \geq 4$$

或

$$\frac{2\pi}{\lambda} \cdot a \geq 4 \qquad\qquad （7-5）$$

$$b/a \geq 0.15 \qquad\qquad （7-6）$$

式中　a——扩散体宽度，m；

　　　b——扩散体凸出高度，m；

　　　c——声速，m/s；

　　　f——声音的频率，Hz；

　　　λ——声音的波长，m。

例如，对于频率 $f=100$ Hz 的声音，$c=340$ m/s，根据式（7-5）、式（7-6），可得到有效扩散体尺寸为 $a \geq 2.2$ m，$b \geq 0.33$ m。为了使尺寸不致过大，对演出建筑如剧场，扩散声频率的下限可定为 200 Hz。

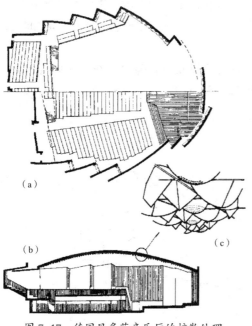

图 7-17　德国贝多芬音乐厅的扩散处理

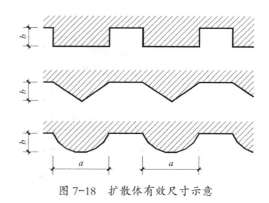

图 7-18　扩散体有效尺寸示意

4）防止和消除声缺陷

在厅堂体型设计中，还要注意防止产生回声、颤动回声、声聚焦、声影等音质缺陷。

（1）回声与多重回声

当反射声延迟时间过长，一般是直达声过后 50 ms，强度又很大，这时就可能形成回声。利用几何声线作图法检查厅堂未经处理的内表面反射声与直达声的声程差是否大于 17 m，即延时是否大于 50 ms，来确定有无产生回声的可能。声源的位置和接收点的位置都应据实逐一考虑。如有电声系统，还应检查扬声器作为声源的情况。接收点除观众席外，还包括舞台上、乐池里。

观众厅中最容易产生回声的部位是后墙（包括挑台上后墙）、与后墙相接的顶棚，以及挑台栏板等（图 7-19）。如果这些部位有凹曲面，则更容易由于反射声的聚焦而加剧回声的强度。

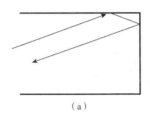 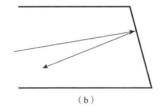 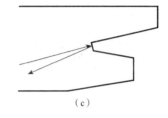

（a）　　　　　　　　　　（b）　　　　　　　　　　（c）

图 7-19　回声产生示意

消除回声的具体措施有：①采用吸声材料布置于易产生回声的部位，减弱其反射能力；②采用扩散处理的方法，但必须与大厅的混响设计同时考虑，在吸声量已满足要求后采用扩散反射体；③适当改变反射性墙面或与后墙相接顶棚的倾斜角度，使反射声落入附近的观众席（图 7-20）。

多重（颤动）回声是由于声波在厅堂内特定界面之间发生多次反复反射产生的。在一般厅堂中，由于声源处于吸声性的舞台内，厅堂内地面又布满观众席，不易发生这种现象。但在体育馆、演播室等厅堂中，地面与顶棚之间则易产生多重回声。即使在较小的厅堂中，由于形状设计或吸声处理不当，也有可能产生多重回声（图 7-21）。在设计中必须避免出现此类现象，一旦出现需采用消除回声的措施加以消除。

（2）声聚焦

在采用弧形（凹曲面）顶棚或平面时，会产生声聚焦现象，使反射声分布很不均匀，应当避免采用。对已有或必须采用的凹面顶棚和墙面需要采取相应措施，避免声聚焦的方法有：①在凹面上做全频带强吸声，通过减弱反射声强度来避免声聚焦引起的声场分布不均；②选择具有比较大曲率半径的弧形表面，使声反射不会在观众席区域形成过分集中；③凹面上设置悬挂扩散反射板或扩散吸声板，改变反射声的方向（图 7-22）。

对于圆弧形墙面，虽然采用强吸声可改善由声聚焦造成的声场分布不均现象，但效果不是最好，且会因吸声量过大导致厅堂混响时间偏短。

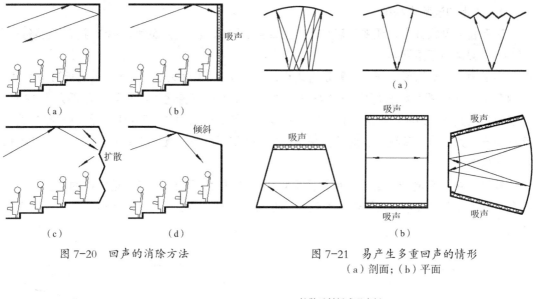

图 7-20　回声的消除方法

图 7-21　易产生多重回声的情形
（a）剖面；（b）平面

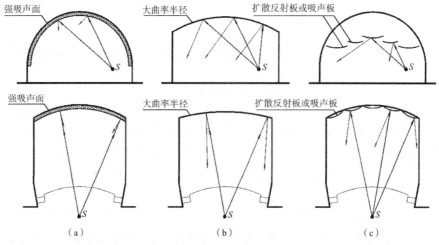

图 7-22　避免弧面声聚焦的改善措施
（a）强吸声；（b）大曲率半径；（c）扩散反射板或吸声板

（3）声影

观众席较多的大厅，一般要设挑台，以改善大厅后部观众席的视觉条件。如果挑台下空间过深，则易遮挡来自顶棚的反射声，在该区域形成声影区。为避免声影区的产生，对于多功能厅，挑台下空间的进深不应大于其开口高度的 2 倍，张角 θ 应大于 25°；对于音乐厅，进深不应大于开口高度，张角 θ 应大于 45°。同时，挑台下顶棚应尽可能向后倾斜，使反射声落到挑台下座席上（图 7-23）。

（4）合理利用舞台反射板

虽然舞台反射板的设计与利用比较专业化，但做厅堂音质设计的人员应该懂得将舞台上部、两侧和后部用反射板封闭，包围成一个开口指向观众厅的小空间，使更多的声能反射

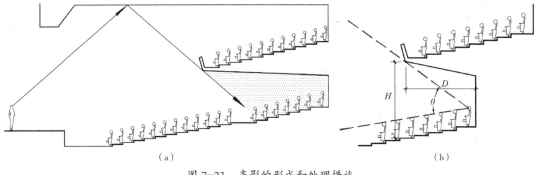

图 7-23　声影的形成和处理措施
（a）声影的形成；（b）声影的处理措施

到观众厅内，以显著提高观众席上的声强。不仅如此，舞台反射板还有助于提高演职人员自我和彼此之间的听闻效果。

　　舞台反射板应在全频带上具有反射性，不能对低频声产生共振吸声。材料通常选用厚度在 1 cm 以上的木板或矿物板，并涂上阻尼材料。反射板的背后结构一般用型钢骨架，便于装拆。舞台反射板所围合的空间大小由乐队的布置及演出的规模决定。

　　舞台反射板的类型有多种，如图 7-24 所示。图 7-24 中（a）为端室式（反射罩），它使舞台端形成五面封闭的小室，切除了部分舞台空间，汇聚了声能；（b）为分离式，在舞台口的附近设置若干个分离的反射板，在反射中、高频声音的同时可使低频声绕射至板后部空间经过混响后到达听众区；（c）是舞台前移式，常见于举行音乐会时，用防火幕墙将舞台间完全切离，厅堂成为一个独立空间，这种情形下前排座位区常变为演奏区，所以与可伸缩或可升降舞台配合使用为好；（d）是组合式，将端室式反射罩扩大，使端室成为厅堂的延续，但为了避免罩内响度过大，再设分离式反射板。

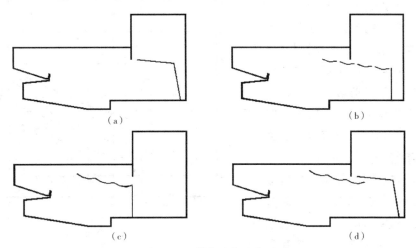

图 7-24　舞台反射的类型
（a）端室式（反射罩）；（b）分离式；（c）舞台前移式；（d）组合式

7.1.4 厅堂的混响时间设计

如前所述，混响时间设计是体型设计外厅堂声学设计的另一项重要内容，厅堂混响时间的长短及其频率特性与室内音质的主观评价标准密切相关。因此，根据不同的功能要求，通过设计手段来确保合适的混响时间是室内音质设计的重要环节。混响时间设计一般是在大厅的形状基本确定，容积和内表面可以计算时进行，具体内容包括：

①确定最佳混响时间及其频率特性；

②计算体积、吸声量及混响时间；

③选择适当的室内声学材料与构造并确定其面积和布置。

1）最佳混响时间和频率特性曲线的确定

（1）最佳混响时间的确定

最佳混响时间是前人在研究、测定了大量已建成的主观评价较好的厅堂后，经过统计归纳而确定的，是不同使用要求的厅堂在满场情形下较理想的混响时间。

不同用途的房间应具有不同的最佳混响时间值，用于欣赏音乐、丰满度要求较高的厅堂（如音乐厅），应具有较长的混响时间；用于语音、清晰度要求较高的房间（如讲演厅），其混响时间应短一些；录音、放音用房间（如电影院）则有更短的混响时间。同时，根据人们的听音习惯，最佳混响时间根据房间容积大小可适当调整，房间容积大，混响时间可适当延长，房间容积小，混响时间可适当缩短。对多功能厅，可以做可调混响，如图 7-25 中所示。通常以中频（500 Hz 及 1 kHz）为标准来推荐不同厅堂的最佳混响时间。图中纵坐标为最佳混响时间建议值，横坐标为厅堂的容积，a、b、c、d 各代表不同用途的厅堂。

（2）混响时间频率特性曲线的确定

在确定中频最佳混响时间值之后，还要根据房间使用性质，确定各倍频程中心频率的混响时间，即混响时间频率特性。

对于音乐演出的厅堂，低频混响时间可比中频略长，在 125 Hz 附近可以达到中频的 1.2 ~ 1.3 倍，而高频的混响时间应与中频的相等，但在实际工程中，由于观众与空气对高频声有较强的吸收，特别是人数多、厅堂容积大时，高频混响时间通常会比中频短，故可以允许高频混响时间稍短些，如图 7-26 所示。

对于语言听闻的厅堂，应有较平直的混响时间频率特性，尤其是播音室、录音棚房间，为了提高语音清晰度，低频混响时间不应高于中频混响时间。

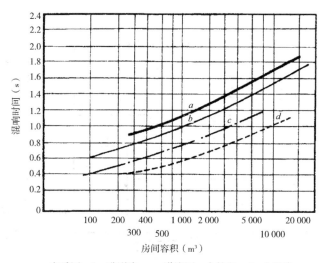

a—音乐厅；b—歌剧院；c—讲演厅、大教室；d—电影院

图 7-25 各类用途厅堂的推荐最佳混响时间

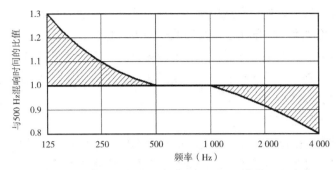

图 7-26 音乐演出类厅堂的混响时间频率特性曲线

2）混响时间计算

混响时间计算的步骤如下：

①根据厅堂设计的施工图纸或竣工图纸，计算厅堂的体积 V 和总内表面积 S；

②根据厅堂的功能及容积要求，确定最佳混响时间及其频率特性的设计值；

③根据混响时间计算公式，求出厅堂在各个频率上应达到的平均吸声系数 $\bar{\alpha}$。宜采用依林公式计算。

④计算厅堂内各频率上的总吸声量 $A=S\bar{\alpha}$，平均吸声系数 $\bar{\alpha}$ 乘以总内表面积 S，即为房间所需总吸声量 A。

⑤计算厅堂内必须固定的吸声量，包括室内家具、观众、舞台口、耳面光口等吸声量 $\sum A_j$。由于房间总吸声量 $A=\sum A_j + \sum S_i \alpha_i$，故厅堂内所需吸声量之和为 $\sum S_i \alpha_i = A - \sum A_j$；

⑥查阅材料与构造的吸声系数（参见附录 5），从中选择适当的材料和构造，确定各自的面积，使厅堂内的总吸声量约等于上式所求得的值。一般情况需要经过多次反复、调整之后才能达到要求。

混响时间设计也可在确定房间混响时间设计值及体积后，先根据声学设计的经验及建筑装修效果确定一个初步方案，然后验算其混响时间。通过反复修改、调整设计方案，直至混响时间满足设计要求为止，通常是各频带混响时间计算值应在设计值的 ±10 % 范围内。

3）室内声学材料的选择和布置

室内装修材料和构造的选择，应注意低频、中频、高频各种吸声材料和结构的合理搭配，保证音色的平衡，同时兼顾室内装饰艺术处理的整体要求加以确定。所用的吸声系数值，应注意它的测定条件与大厅的实际安装条件是否相符。即使是同样的吸声材料，安装条件有变化时，如背后空气层的有无、薄厚、大小等，吸声系数都会有一定的差异。

一般而言，舞台周围的墙面、顶棚、侧墙下部应当布置反射性能好的材料，以便向观众席提供早期反射声。厅堂的后墙宜布置吸声材料或结构，以消除回声干扰。如所需吸声量较多时，可在大厅中后部顶棚、侧墙上部布置吸声材料和结构。

对于具有高大舞台空间的演出厅堂来说，观众厅和舞台空间通过舞台开口成为"耦合空间"。当舞台空间吸声较少时，它就会将较多的混响声返回给观众厅，使厅堂清晰度下降。

因此，舞台内应有适当的吸声，吸声材料的用量应使舞台空间的混响时间与观众厅基本相同为宜。至于耳光、面光室，内部也应适当布置一些吸声材料。

室内音质设计中，并不是吸声材料布置的越多越好。有时为了获得较长的混响时间，必须控制吸声总量，特别对音乐厅和歌舞剧场更是如此。这时除建筑装修中应减少吸声外，还需对座椅的吸声量加以控制。

4）旧厅堂改造的混响时间设计

改变已有厅堂的使用功能或通过装修来提高室内音质是经常遇到的问题。一般的音质不理想多是混响时间过长、响度不合适、某些声缺陷、噪声干扰等引起的。从理论上讲，改善已建成厅堂的音质有多种方法，但通常受到环境和预算经费的制约，不大可能过多地改造原有的结构、体形和设备系统，故采用吸声处理最为切实可行。一方面可以控制混响时间，另一方面可以消除声缺陷，降低噪声的干扰，更为新增电声系统提供较为理想的建声环境，充分发挥电声系统的良好性能。

采用吸声处理来改善音质时，首先应考虑对后墙进行处理，然后对侧墙中后部进行处理，最后考虑顶棚周边和后部的处理。究竟选用什么吸声材料，选用多少，则必须先计算出已有厅堂的混响时间及频率特性，通过与同类厅堂最佳混响时间及频率特性的比较，再进行相应的混响设计与计算，求出所需增加的各频率吸声量，从而选用适当的材料与构造。具体计算见例 7-1。

【例 7-1】 某 200 人的大教室，房间尺寸为 $20\text{ m} \times 10\text{ m} \times 5\text{ m}$，走道及门窗尺寸见图 7-27。室内各种材料的吸声系数见表 7-4。当空气温度为 20 ℃、相对湿度为 60 % 时，求 125 Hz、500 Hz、2 000 Hz 的混响时间，并评价其是否达到良好的音质效果。

某教室混响时间计算表（$V=1\,000\text{ m}^3$）　　　　　　表 7-4

序号	项目	面积（m²）	材料	吸声系数和吸声单位（m²）					
				125 Hz		500 Hz		2 000 Hz	
				α	$S \cdot \alpha$	α	$S \cdot \alpha$	α	$S \cdot \alpha$
1	顶　棚	200	光面混凝土	0.024	4.80	0.03	6.00	0.036	7.20
2	墙面	270	砖墙抹灰	0.024	6.48	0.03	8.10	0.036	9.72
3	黑板	9	玻璃嵌墙上	0.01	0.09	0.01	0.09	0.02	0.18
4	玻璃窗	15	玻璃装木框上	0.35	5.25	0.18	2.70	0.07	1.05
5	木　门	6	门装木框上	0.35	2.10	0.18	1.08	0.07	0.42
6	地　面	64	水磨石	0.01	0.64	0.02	1.28	0.02	1.28
7	学生 200 人	占地 136	坐在木椅上	0.27（每座的吸声量 /m²）×200=54.0		0.37（每座的吸声量 /m²）×200=74.0		0.54（每座的吸声量 /m²）×200=108.0	
8		总面积 $\sum S=700$		$\sum S \cdot \alpha=73.36$ $\alpha=0.105$		$\sum S \cdot \alpha=93.25$ $\alpha=0.133$		$\sum S \cdot \alpha=126.65$ $\alpha=0.181$	
9	$-\ln(1-\bar{\alpha})$			0.111		0.143		0.20	
10	$4mV$							0.008 5×1 000=8.5	
11	混响时间 T_{60}			2.1 s		1.6 s		1.1 s	

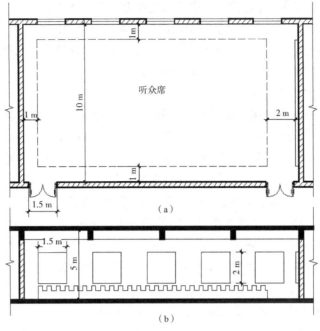

图 7-27　200 人教室平、剖面图
（a）平面图；（b）剖面图

【解】利用伊林混响时间计算公式和表 7-4 中的数据，得知：

$$T_{60}(125\ \text{Hz}) = \frac{0.161 \times 1\ 000}{700 \times 0.111} = 2.1\ \text{s}$$

$$T_{60}(500\ \text{Hz}) = \frac{0.161 \times 1\ 000}{700 \times 0.143} = 1.6\ \text{s}$$

对于 2 000 Hz，需考虑空气吸收。按表 4-7 查到在 20 ℃、60 % 相对湿度时的 4 m= 0.085，故 4 mV=0.008 5 × 1 000 = 8.5。

$$T_{60}(2\ 000\ \text{Hz}) = \frac{0.161 \times 1\ 000}{700 \times 0.2 + 9} = 1.1\ \text{s}$$

参考图 7-25 中的 c 曲线可知该教室的最佳混响时间 T_{60}（500 Hz）约为 0.8 s，又由于该房间用于语言，为了保证语言的清晰度，低频混响时间不应高于中频。一般认为频率特性曲线以平直为理想。因此可知，该教室的低频混响时间过长，中、高频混响时间也远高于最佳值。有必要对其进行吸声改造。

7.1.5　厅堂的电声系统设计

随着电子工业日新月异的发展，电声系统逐渐成为建筑中满足听闻功能要求的重要设备，在大型厅堂中的应用越来越广泛。电声系统改变了在自然声状态下室内音质完全依赖于建筑声学处理的状况，出现了由设备系统与建声环境共同协调作用来创造理想的音质效果。因此，电声系统已经成为建筑声学设计中的一个重要内容，建筑设计人员有必要对其有一定的了解，以便更好地与相关专业技术人员协作设计。

1）电声系统的作用与组成

室内电声系统的主要作用是通过扩大自然声，以提高室内声音的响度。其次是用设备模拟实现厅堂不同的听音效果。如环绕立体声效果，用设备模拟由良好的早期反射声所提供的空间感；人工混响效果，用人工混响器延时扩放声音，创造理想的混响效果；超重低音效果，将易被厅堂吸收的低频声加倍扩放来烘托音质。此外，还可以借助调音器在扩放过程中美化声源的音质或弥补室内音质中的欠缺，最终使得室内的听闻更加舒适。

最基本的电声系统主要包括传声器、带前置放大和电压的功率放大器（功放）和扬声器三个部分（图 7-28）。传声器把自然声的声压转变为交流电的电压，然后输送至功放将电压增大，再由扬声器将已增大的电压转换成声压，使原来的声音响度提高。扬声器是按播放声音的频率范围制作的，所以有高、中、低音不同形式、不同大小的扬声器。如高音号筒式，中音纸盆式等。数种扬声器的多只组合，形成了组合音箱。

值得注意的是，经过电声系统的能量转换，很难避免自然声的音色不被改变，因此对于音质要求很高的演出，常常要求自然声效果，尽量不使用电声系统。

2）电声系统的设计要求

（1）在选用电声系统时，对设备系统本身有以下两个要求：

①有足够的功率输出：一般应保证室内的平均语言声压级达到 70 ~ 80 dB；

②有较宽而平直的频率响应范围：语言用电声系统要求 300 ~ 8 000 Hz 的声音都能均匀地放大；音乐用电声系统要求的频率响应范围更宽，约为 40 ~ 10 000 Hz。

（2）在布置电声系统时，主要有以下两方面要求：

①保证室内声场均匀：室内各点的声压级差不宜大于 6 ~ 8 dB。这主要取决于扬声器的布置；

②控制和避免反馈现象：反馈现象是指传声器接收的声音被功放放大后由扬声器发出，而这一声音又被传声器接收，再经功放放大后由扬声器发出……如此反复形成循环，声音不断被放大，直至扬声器发出刺耳的啸叫声，使系统不能正常工作。反馈现象主要是由于传声器和扬声器的相对位置不恰当以及它们指向性不强所造成的。

3）扬声器的布置形式

对于建筑设计人员来说，掌握电声系统布置方面的知识比对电声设备本身性能更为重要。尤其是扬声器的布置，它是电声系统设计的重要内容，并与室内建声环境的设计和处理有着密切的关系。合理的扬声器布置能使声压分布均匀，即室内各点的声压级差不大于 6 ~ 8 dB；能使多数

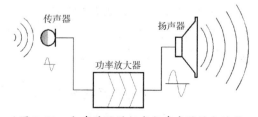

图 7-28　电声系统的组成与声音的放大过程

观众席具有良好的声源方向感，即听众听到扬声器的声音方位与讲演者或影像在方向上保持一致；能控制声反馈，避免声干扰，弥补建声设计中的不足。

扬声器的布置形式根据使用性质、室内空间的大小和形式。形式，一般分为集中式、分散式和混合式三种。

（1）集中式布置

如图7-29所示，在观众席的前方或前上方靠近自然声源的地方（一般是在台口上部或两侧）布置有适当指向性的扬声器组合，将组合扬声器的主轴指向观众席的中后部。其优点是声源的方向感好，观众的听觉与视觉一致；射向顶棚、墙面的声能少，直达声强，清晰度高，是剧场、礼堂、体育馆等常采用的布置方式，适合于容积不大、体型比较简单的厅堂。

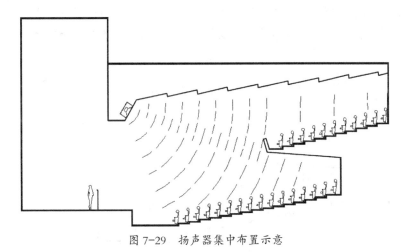

图7-29 扬声器集中布置示意

（2）分散式布置

当厅堂面积较大、平面较长、顶棚较低时，采用集中式布置就不能满足声场分布均匀的要求。因此，就需要将扬声器分散布置，如图7-30所示，将多个单体扬声器分散布置在顶棚上，每个扬声器负责向一个小的区域辐射声能。由于扬声器距观众近，直达声相对于混响较强，从而能得到较高清晰度。虽然这种方式使室内声压均匀分布，但听众首先听到的是距自己最近的扬声器发出的声音，所以方向感欠佳。如果使用延时器，方向感虽有明显改善，但声音的清晰度会有所降低。因此，这种方式适用于面积较大、顶棚较低、对听闻方向感要求不高的厅堂。

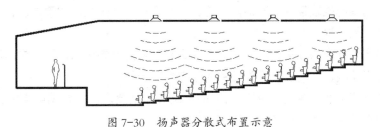

图7-30 扬声器分散式布置示意

（3）混合式布置

当厅堂的规模较大或有较大进深挑台、听闻方向感要求较高时，只单独采用集中式或分散式布置很难同时满足声场均匀度和声像一致的要求。因此，常需要采用混合式布置方式来满足音质要求。

如图 7-31 所示为采用混合布置方式的某多功能厅堂扬声器布置图。其中，分散布置扬声器的主要作用是弥补观众席后部及挑台下部声影区内声压的不足；而集中布置在台口附近的扬声器作为主要声源方向，结合分散布置扬声器的延时处理，改善观众席的听闻方向感。特别是当采用了人工混响延时器后，分散布置的辅助扬声器与集中布置的主扬声器共同作用，能模拟出环绕感、混响感等建声效果。

图 7-31 中 S_p 是集中方式的主扬声器（组合），布置在舞台口上部；S_c 是分布在顶棚和挑台下部顶棚上的扬声器，与对称分布在侧墙面的扬声器 S_w 共同创造音响效果；此外，还有舞台前沿起拉声像作用的台唇扬声器，以及舞台上演奏人员的返听扬声器等。

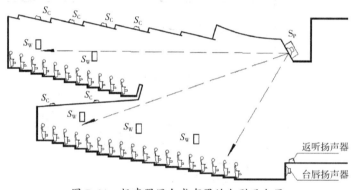

图 7-31　扬声器混合式布置的大型观众厅

4）厅堂的建筑处理

有电声系统参与的"厅堂音质"应该是电声设备的扩声效果与厅堂固有音质共同作用的结果，它有别于自然声场中的厅堂音质。当有电声系统介入时，厅堂音质的设计也应随之而有所改变。因此，在这种厅堂声学设计中需要注意以下几点：

（1）混响时间宜取低值。多数情况下分散布置扬声器通过适当的延时处理，可以代替反射板的作用。混响时间取较低值，可以给加入人工混响留有余地，便于电声系统调整。而若厅堂本身混响时间偏长，电声系统调整的余地则比较受限制。

（2）宜采用指向性较强的扬声器。一方面有利于提高局部区域的清晰度；另一方面有利于防止出现电声反馈现象。

（3）适当增加厅堂的吸声处理。一方面保证有较短的混响时间；另一方面则是防止回声和电声反馈等声缺陷，从而使电声设备的效果得到充分体现。

除此之外，还需要了解扬声器在室内的安装与布置要求，并根据电声专业人员的具体要求，为他们设计声控室、调音台等所需的空间。

5）声控室的设计

声控室是扩声系统的中枢，主要用于对电声系统进行控制和监听。控制室除了有监听扬声器、调音台、各种功放、录音机及各种附属设备外，还应能通过观察窗直接观察到舞台活动区以及大部分观众席。声控室的设计中需要注意以下几个方面：

（1）声控室的位置

剧场、会堂等观众厅的控制室可设在舞台一侧挑台上或观众厅后部。控制室设在台侧的优点是与舞台联系方便，缺点是不能看到观众席，也不能根据直接聆听观众厅内的声音进行调整；控制室设在观众厅后部的优点是能看到整个舞台和观众席，缺点是离舞台较远，联系不便。也有把控制室设在耳光室位置的。此外，国外许多剧场会把调音部分设在观众席中，其优点是视线好，监听直观可靠。但这种方式要尽可能减少调音台对场内观众的影响。

（2）声控室的大小

一个中等规模的厅堂，其声控室最小净面积不应小于 $12 \sim 15 \ m^2$，高度的最小尺寸应大于 2.5 m。观察窗需足够大，使控制人员能看到主席台和三分之二以上的表演区。靠近观众厅的控制室，观察窗应能开启，以便能直接听到厅内声音（图7-32）。

（3）声控室的装修处理

声控室的装修也需要进行相应的声学设计，从而达到良好的监听效果。其顶棚、墙面应根据设计进行吸声处理。为了使地板不易受潮，并具有良好的绝缘性能，地面最好铺木地板，并留有布线沟。

此外，考虑到各种机器的散热，室内还应配备空调，保证室内恒温恒湿的要求。

7.1.6 各类厅堂的音质设计

通过以上几节的阐述，我们对室内音质设计的基本原理与方法已有所掌握。但不同功

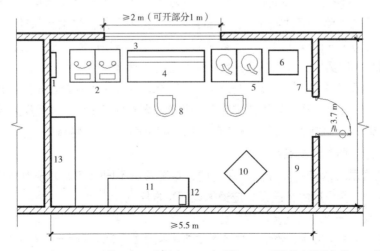

1—输入配电盘；2—录音机；3—对讲机；4—控制桌；5—电唱机；6—无线传声器接收机；7—输出配电盘；
8—工作转椅；9—壁柜；10—活动小车；11—工作台；12—电话机；13—机架

图7-32 声控室及设备布置例

能的厅堂对室内音质的要求不同，关键是结合实际，灵活处理、不断创新。本节通过简单介绍几类具有代表性厅堂的音质设计要点，来进一步加深对厅堂音质设计的理解。

1）音乐厅

音乐厅是供交响乐（包括民族音乐）、室内乐、声乐等音乐演出的专用厅堂。虽然音乐厅在建造数量上并不多，但它是音质要求最高的观演建筑。音乐厅与普通剧场的主要区别在于它不需设置独立的舞台、侧台和乐池，而只需设乐台（乐台后部常有管风琴），并将演奏席与观众席同处一个空间之内。音乐厅演出时大多数靠自然声，电声至多起辅助作用，但为了现场实况转播或录音的需要，也需要提供电声设备并设声控室。音乐厅的规模有大有小，演奏交响乐的厅堂规模较大。

（1）音乐厅的分类

音乐厅可按演奏的内容、演奏台的配置方式、用途和形式进行分类。

①按演奏（唱）的内容可分为：交响乐大厅、合唱厅（或演唱厅）、室内乐厅、多重奏或独奏厅四类。其中，重奏或独奏等音乐通常都在室内乐厅内演出，很少单独设置。

②按演奏台的配置方式可分为："尽端式"和"环绕式"（或中心式）两种音乐厅。"尽端式"是将演奏台设置在观众厅的尽端部位，这是一种传统的布置方式。其优点是便于设置各种声扩散构件；其缺点是在大容量厅堂内，后排观众难以获得良好的音质。而"环绕式"则使在大容量厅堂内后排观众尽可能接近演奏台，从而获得良好的听闻效果。

③按音乐厅的用途可分为：专业（单一用途）音乐厅和多用途音乐厅两类。传统的（古典的）音乐厅大多数为单一用途的音乐厅。而多用途音乐厅是近些年来为了满足商业经营的需要而产生的。

④按音乐厅的形式可分为：传统（鞋盒式）音乐厅和现代（非鞋盒式）音乐厅。

传统音乐厅的平面多是矩形平面，宽度较窄，加上较高的顶棚，人们习惯称这种体形为"鞋盒式"。厅的两侧及后部有浅的挑台。内墙和顶棚多用木板或抹灰为主材料，内墙表面多有精美华丽的浮雕、壁柱等饰品，顶部有多个大型花吊灯。这类音乐厅的音质大都受到很好的评价，有的至今仍被视为音乐厅音质的典范。图7-33所示的是规模为1 680座，中频混响时间为2.05 s的奥地利维也纳音乐厅（又称金色大厅）。

近现代的音乐厅在体形上体现出多样化。共同的特点是较古典音乐厅平面变宽，顶棚高度变低。近几十年来，国内外的音乐厅设计做了许多新的尝试，如采用反射板、扩散体等。图7-34是规模为2 000座，中频混响时间为1.62 s的德国斯图加特音乐厅。

（2）音乐厅音质设计要点

音乐厅的音质要求是各类厅堂中最高的，甚至演奏不同风格的音乐对音质的期望也不相同。根据经验，音乐厅的音质设计应遵循以下基本原则：

①合理选取最佳混响时间及频率特性

最佳混响时间与音乐作品的题材与风格有关，不同音乐最佳混响时间有所差异，但混响时间不宜低于1.5 s，否则音质偏于干涩。主观音质评价好的音乐厅混响时间都较长，混响时间较长可以保证厅内声场有足够的丰满度。因此，厅堂容积均比较大，国外新建音乐厅的每座容积

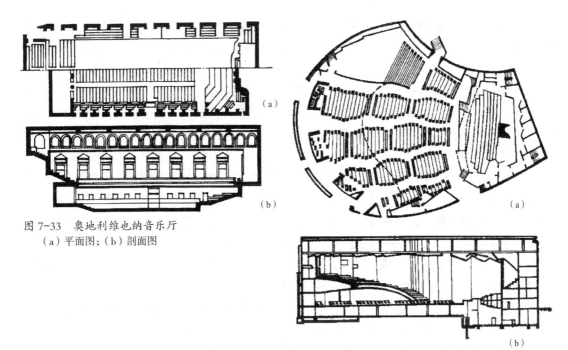

图 7-33 奥地利维也纳音乐厅
(a) 平面图;(b) 剖面图

图 7-34 德国斯图加特音乐厅
(a) 平面图;(b) 剖面图

多控制在 $7 \sim 11\ \mathrm{m^3}$/座之间;同时尽量少用或不用吸声材料。在混响时间的频率特性上,应当使低频的混响时间适当高于中频的混响时间,以取得温暖感。这些都是音质较好的古典音乐厅所共有的特点。

②充分利用早期反射声

使早期反射声均匀分布于观众席,保证绝大多数座位区有足够的响度和亲切感。特别是来自侧墙的早期反射声,有助于提供良好的环绕感。古典的"鞋盒式"音乐厅正是由于矩形平面提供了充足的一次侧向反射声,所以具有良好的空间感。当观众厅的侧墙向两侧展开,其形状处理时必须向观众厅的中部提供反射声,观众厅顶部的处理除向观众席反射外,还需向演奏席提供反射声,以利于演唱者、演奏者的相互听闻。

③具有良好的扩散

良好的扩散可改善音质的环绕感,古典式大厅内丰富的装饰构件,可以使声音得到充分的扩散。而在新式大厅中,专门设计布置扩散体及扩散声音的构件则是必不可少的。

④尽可能低的噪声干扰

音乐厅的允许噪声标准要高于其他厅堂,特别是新一代的音乐厅对隔声和背景噪声提出更高的要求。在欧洲,20 世纪 60 年代以来音乐厅的背景噪声已达到 $NR\ 10 \sim NR\ 15$ 的水平。因此,我国今后新建的音乐厅至少也应满足 $NR\ 20$ 的标准。故音乐厅的选址应注意远离交通干道等噪声较高的区域;室内通风系统有足够的消声、减振处理;提高厅堂围护结构的隔声量,尤其当观众厅与排练厅或练功房相毗邻时,其隔墙的隔声量应达到 80 dB 以上。

此外，音乐厅的演出一般不采用电声设备，当有现场转播和录音的需要时，则需设置声控室。

2）剧场

剧场与音乐厅一样有悠久的历史和令现代人叹服的经典之作。剧场的类型较多，包括歌剧院、地方戏剧场和话剧院等。其中除话剧是用语言声演出外，其余歌剧和戏曲演出均兼有歌唱和音乐伴奏，有的还有对白，因此在音质设计时必须兼顾语言和唱词的清晰度以及音乐的丰满度的要求。

剧场由于搬运道具、演员上下场以及设置多重布景和舞台机械等需要，通常设有独立于观众厅的舞台空间，多以镜框式台口与观众厅相连。也有的剧场具有开敞式舞台，如伸出式舞台、中心式舞台等。这种剧场以演出话剧、戏曲及其他小型表演居多。除了有些地方戏剧场乐队是在镜框式台口之内的侧台上伴奏，可不设乐池外，一般镜框式舞台前部都设有乐池。

西方古典歌剧院多是马蹄形平面，侧面与后面有多层包箱。图 7-35 是规模为 2 289 座，中频混响时间为 1.2 s 的意大利米兰斯卡拉剧院。

新式的剧场平面多为扇形、六角形等，大型的机械化程度较高的舞台最为常见。剧场设计中功能复杂，音质要求仅次于音乐厅，且具有较为完善的电声系统。所以在设计之前必须深入研究有关剧场设计的专著文献，并与各专业设计人员密切配合。

对于不同类型的剧场，其音质设计的要点有所差异。

（1）歌剧院

歌剧院是以满足歌唱与音乐演奏为主，混响时间应当较长，但略小于音乐厅，混响时间频率特性宜平直，或低频有 20 % 的提升。

在室内声学设计中，需要对其可能产生回声的后墙部位做少量吸声或扩散处理，避免对舞台上演员形成回声干扰，并注意适当的声扩散处理。

乐池的设计中，要选择合适的宽深比和乐池上方反射面的角度，以保证演奏者各声部的平衡，并使伴奏声均匀地反射给观众。

演出时一般不用电声系统，但由于剧情的需要，有时需播放一些效果声，因此歌剧院中仍需设置较完善的电声系统。

（2）地方戏剧场

我国的地方戏剧场（如京剧）演出时，除了演唱和乐队伴奏外，还有对白。因此，在音质设计中，既要考虑演唱和音乐的丰满度要求，又要保证唱词和对白的清

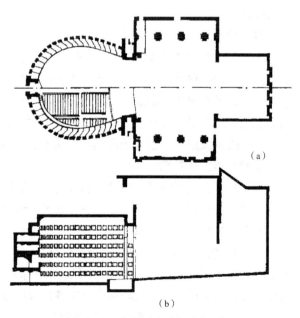

（a）

（b）

图 7-35　意大利米兰斯卡拉剧院
（a）平面图；（b）剖面图

晰度，其混响时间应短于歌剧院的，混响时间频率特性宜平直，或低频有 20 % 的提升。

过去地方戏演出均采用自然声，但近来也有采用电声演出。因此，在音质设计中，仍应按自然声考虑，同时配备电声系统。

此外，地方戏剧场伴奏多设在侧台，常不设乐池。

（3）话剧院

话剧院是以自然声演出为主的厅堂，一般规模较小，配有镜框式或伸出式舞台，为保证有较高的言语清晰度，大厅混响时间应比较短。

话剧院的音质设计中，应注意避免后墙产生回声和平行墙面之间产生颤动回声，适当进行吸声和扩散处理。

此外，在噪声控制方面，所有类型的剧场都有严格的要求，剧场观众厅的允许噪声级根据不同等级应达到 NR 25 ～ NR 35 的标准。

3）电影院

与音乐厅、剧场等厅堂不同，电影院提供的是一个可以真实还原声信号的环境。电影中的不同场面，所需要的声学效果有较大的差异，为了增强观众身临其境的感受，电影院希望观众听到的是电影胶片上已录制的某一特定场面声音效果（如可以包括表现一个大教堂内长混响的特殊声学效果或露天雪地的声音沉寂的空间），而不希望受到观众厅室内声学环境的影响。

（1）电影院的分类

①按放映技术可分为：普通电影、宽银幕立体声电影院、全景电影院、70 mm 宽胶片和环幕电影院等几类。

②声音还原时的独立声道数可分为：单声道、杜比（Dolby）4 声道、6 声道立体声及其他多声道电影院。

我国目前新建或改造的电影院大多具备放映杜比 35 mm 四声道立体声电影的条件，即为通常所说的宽银幕立体声电影院。这种立体声电影院有 4 个独立的声道，即左、中、右加一个环绕声声道，并从中分离出超低音另作一路。其中左、中、右声道主扬声器布置在银幕后面；多个环绕声道扬声器布置在中后部侧墙及后墙上；超低音扬声器由于其对声像定位影响不大，位置要求不严。

（2）电影院声学设计要点

由于电影院追求的是能把录制在胶片或磁带上的声信号尽可能真实地还原，因此，电影院观众厅应具有较短的混响时间和平直的混响时间频率特性，其最佳混响时间建议值见图 7-25。但混响时间也不宜过短，一方面会使观众厅声音过于"沉寂"；另一方面会使观众厅声场不均匀。为了达到理想的音质效果，在电影院声学设计中，一般应注意以下几点：

①合理选择观众厅的最佳混响时间。

②控制观众厅的每座容积，宜为 6.0 ～ 8.0 m³/ 座，并尽可能取下限值。

③地面沿纵向应有合理的起坡，以保证整个观众席有充分的直达声和清晰的视线。

④避免观众厅过长（不宜大于 30 m），一方面是保证观众厅具有较好的声场均匀度；另一方面可避免观众厅后部座席产生声像不同步的现象。

⑤室内的吸声处理。为具有良好的声像定位，主扬声器后面的端墙、顶棚应做强吸声处理；为防止后墙产生回声，后墙应加以分隔或采取强吸声处理；对于有可能产生回声、声聚焦的界面，也应做相应的吸声处理。

⑥在噪声控制方面，相邻观众厅之间、观众厅的出入口门应做好隔声处理，设有声闸的出入口应做吸声减噪处理。

值得注意的是，电影放映间的噪声往往会对紧靠放映间的后排座席产生干扰。为避免其干扰，放映间与观众厅之间的隔墙、放映孔和观察窗均应有良好的隔声性能；同时，在放映间的内表面进行相应的吸声处理，也可降低噪声干扰。图7-36为电影院的实例。

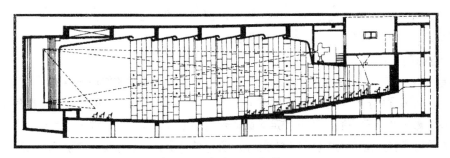

图7-36　德国UFA电影院

此外，对于宽银幕电影院的声学设计，除应满足上述要求外，有时要在银幕后安装三通道扬声器和分散在墙面上的效果扬声器，以形成立体声效果。为了保持较好的立体方位感，观众厅的混响时间应比普通电影院较短，一般不应大于1.1 s。在宽银幕后如有后空的舞台，则更需将其与观众厅分开并做吸声处理。否则幕后的大空间将使扬声器发出的声音互相干扰，破坏了三通道立体声效果。

4）多功能大厅

为了提高厅堂的利用率，不少观众厅设计成既可以演出又可以开会或放电影的多功能厅堂，常被称作"影剧院"或"礼堂"。多功能厅既要能够上演戏剧、歌舞、音乐，又要可供举办会议甚至放映电影等，而这些活动对混响时间等音质指标的要求又是差别不小。这对做好多功能厅的音质设计确实带来很多困难。为了尽量满足不同使用功能的声学要求，通常可采取如下几种措施：

（1）确定厅堂的主要用途，合理选择混响时间。

针对厅堂的主要用途，即最经常举办的观演活动，确定其混响时间及其他音质指标参数，同时兼顾其他观演活动的音质要求，适当采取折中值。例如，对以演出交响音乐为主的多功能厅，其混响时间可定为1.8 s左右；对于演出歌舞及综艺节目为主的多功能厅，混响时间可定为1.5 s左右；对于举办会议和放映电影为主的多功能厅，混响时间取1.2 s左右等。在国外，多功能厅大体上可分为演出交响乐为主的多功能厅和演出戏剧、芭蕾或举办会议等为主的多功能厅两大类。

对于主要用途不很明确的多功能厅，混响时间可取折中值，如 1.5 s 左右，以兼顾音乐和语言演出的要求。

（2）采用建筑上可变措施，创造可变混响时间的建声环境

在建筑设计上，创造可变混响时间的厅堂，通常采取的措施包括：①改变界面的吸声性能，即在顶棚或墙面上设置可调吸声构造；②采用可灵活改变厅堂容积和座位数的设计方案；③设置与观众厅连通的附属混响室。

这些措施可以改变厅堂的混响时间等音质参量，从而适应多种观演活动的不同音质要求。每种措施又有多种形式，如改变厅堂容积和座位数可利用升降或推拉的隔断使楼座与池座分开，或利用升降乐池或舞台改变观众人数。可调吸声构造也有多种方式，如图 7-37 为部分可变混响装置构造示意。

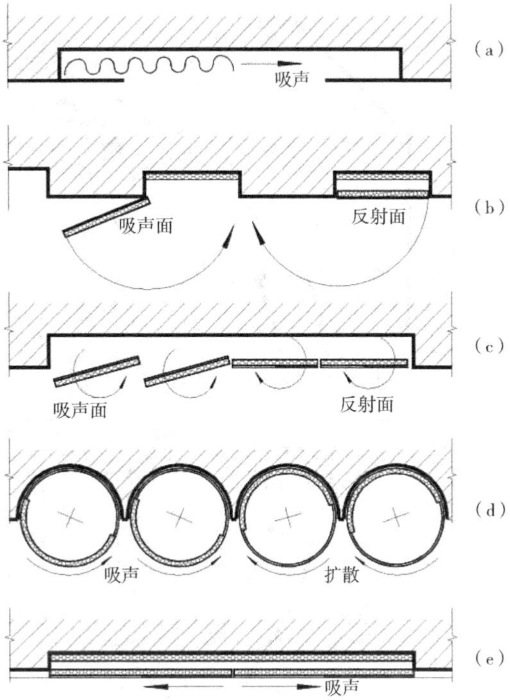

图 7-37 可变吸声构造示意图
（a）帷幔式；（b）铰链式；（c）、（d）旋转式；（e）平移式

图 7-38 为广东佛山市文化中心"金马"剧院观众厅的平面图，该剧院可容纳观众 765 座，有效容积 7 500 m³。为了满足电影、会议及演出的多功能使用要求，其厅堂的内墙上采用了直径为 1 m 的可变旋转体构造，使中频混响时间在满场情况下可以达到 0.8 ~ 1.2 s 的可变要求。

（3）采用电声措施，满足不同使用功能的声学要求

随着电声技术的发展，可以采用电声措施改善厅堂的声学环境。如在以音乐演出为主的多功能厅堂设计时，可先考虑满足音乐演出的需要，即混响时间取较长值，同时配备声柱等指向性强的扬声器系统，当举办会议等以语言声为主的活动时用电声系统来提信噪比，从而可以在较长混响时间的环境中取得较好的言语清晰度效果。

而对于语言声为主的多功能厅堂，可以在电声系统中采用人工混响器来加长混响时间的方法，在采用人工混响器时，多功能观众厅可按语言要求设计具有短的混响时间，当需要作音乐演出时，用人工混响器按照要求使混响时间适当加长，如采取可变室内电声系统 VRAS 来人工调节厅堂的混响时间。

（4）利用音乐罩和反射板，满足交响音乐会演出的需要

在带有镜框台口箱形舞台空间的剧场型多功能厅中，设置舞台音乐罩以便满足交响音乐会演出的需要。对于具有伸出式舞台、中心式乐台等环绕式多功能厅中，设置浮云式反射板等声学反射面提供早期反射声。

值得注意是，采取可调混响时，各倍频带混响时间的可改变量应不小于 0.3 s，否则效

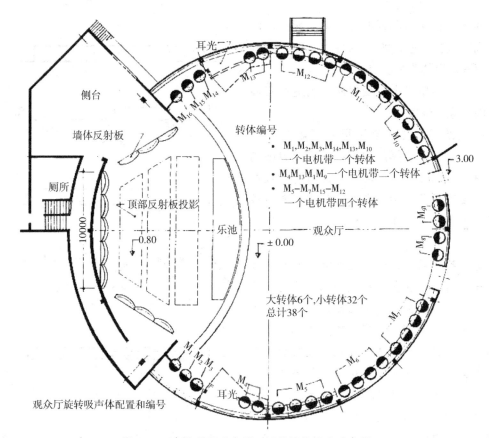

耳光二

M₁₅

M₁₂

M₁₁

侧台

M₁₆ M₁₅ M₁₄

转体编号

M₁₀

3.00

墙体反射板

厕所

10000

顶部反射板投影

-0.80

乐池

• M₁,M₂,M₃,M₁₄,M₁₃,M₁₀
　一个电机带一个转体
• M₄M₁₃M₁M₉一个电机带二个转体
• M₅-M₇M₁₅-M₁₂
　一个电机带四个转体

观众厅

±0.00

M₉

M₈

大转体6个,小转体32个
总计38个

M₁ M₂ M₃

M₄

耳光

M₅

观众厅旋转吸声体配置和编号

M₆

M₇

图 7-38　金马剧院观众厅可调旋转体的平面布局

果不明显。这些措施可以使多功能厅适应多种演出功能但需要增加一定的投资。另外，多功能厅的允许噪声级，同样应根据厅堂的主要功能和建筑物的等级来确定，一般可采用 $NR\ 20$ 的标准，至多不超过 $NR\ 25$，等级高的多功能厅其背景噪声标准则更高一些。同时，对于以自然声演出为主的厅堂，允许背景噪声级则要比主要采用电声系统的厅堂更低些。

5）体育馆

随着体育、文化事业的发展，全国各地已经或将要建造大量的体育馆。在这些体育馆中，绝大多数是综合性多用途体育馆，在使用功能上除了体育比赛外，还经常兼作大型会场、文艺演出等场地。

就综合性体育馆而言，它最大的特点是：①观众多，其观众人数少则数千人，多则上万人；②容积大，多数情况下每座容积≥8 m³，有的甚至高达10 m³；③场地大且空旷；④顶棚高，其室内空间很高，且常常采用凹曲面屋顶结构。

体育馆音质设计的主要目标是：观众能够听清语言广播内容；运动员能及时、准确地判断来自裁判的声音；运动员与观众都能够听到伴奏音乐。当兼作文艺演出使用时，还应具有一定的音质要求。因此，体育馆声学设计的要点为以下几个方面：

（1）良好的体型设计，避免声学缺陷

体育馆的体型设计一般主要由结构设计要求所决定。从声学角度，由于使用了电声系统，因此并不需要从体型设计上帮助声音反射。但由于顶棚高、场地空旷，常采用凹曲面屋顶结构，顶棚与场地之间易出现声聚焦和多重回声等声缺陷。因此，设计时应采取加大凹面的曲率半径，并在顶棚上布置强吸声材料或悬挂空间吸声体、扩散体的方法，以避免产生声聚焦和多重回声，图7-39所示为采用悬挂吸声体或扩散体的方法解决声聚焦。

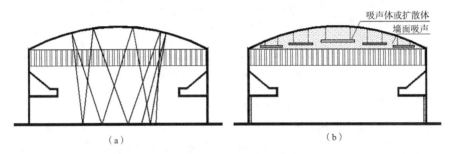

图7-39　体育馆内凹曲面屋顶形成的声聚焦及处理方法
（a）形成原因；（b）处理方法

（2）控制混响时间，提高言语清晰度

为了保证体育馆内有较高的清晰度，室内混响时间应取值较小。但由于体育馆容积大，其混响时间易较长，如当每座容积大于 9 m³ 时，混响时间若想控制在 2 s 左右则较困难。因此，除了确定适当的每座容积，还必须保证有足够的总吸声量。体育馆的墙面由于地面升起面积不多，必须充分利用可吸声的墙面做全频带强吸声处理；而顶棚面积较大，是主要布置吸声材料的地方，常采用吸声吊顶或悬挂空间吸声体的方式，这种空间吸声体的水平投影面积只占顶棚面积的 40 % ~ 50 %，既可节约造价，又可露出顶部结构，符合审美要求。如图7-40和图7-41所示，在体育馆顶棚悬挂空间吸声体，取得较好的效果。

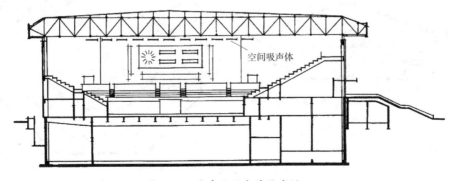

图7-40　北京亚运会某体育馆

图 7-41　体育馆吊顶上的空间吸声体

（3）重视电声系统设计，满足听闻要求

由于容积大，体育馆采用自然声的可能性很小，必须使用电声系统。体育馆声学设计中主要考虑用电声系统来保证厅内具有足够的声压级。体育馆内既有比赛声，又有观众发出的呼喊声，还有空调设备的噪声。其噪声较高，加之体育馆的混响时间较一般厅堂的长。因此，为了提高听音的清晰度，应采用强指向性的扬声器。

体育馆中常用扬声器声柱和扬声器组合。扬声器的布置方式依据体育馆的规模而定。在中小型体育馆（如 6 000 ~ 8 000 座之间）中多采用集中式布置，观众有良好的听闻方位感，观众席上没有来自较远处扬声器的长延时声干扰。在大型体育馆中常采用集中与分散并用的混合方式，在场地中央或演出区上部布置集中式扬声器组，在观众席上分散布置扬声器。这样既使得观众席上有足够的响度，又有良好的方位感。

图 7-42 所示是一体育馆的声学处理和电声布置实例。由于规模较大，采用混合式布置，二层挑台下方设置辅助扬声器，并加延时处理。

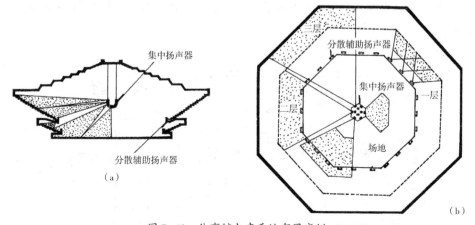

图 7-42　体育馆电声系统布置实例
（a）剖面图；（b）平面图

6）报告厅与审判厅

用于行政会议、公众交流和司法审判的厅堂，对室内音质有共同的要求，即较高的言语可懂度。由于语言声源有可能来自厅堂的不同部位，声源本身还要求有良好的听闻条件，所以要求厅堂内不仅混响时间短且应无回声干扰。所有发言内容都需留有录音资料，高质量的扩声、录音设备必不可少。

这类厅堂的建筑平面有扇形、半圆形、马蹄形和多边形等。顶棚的高度因为需要创造庄严气氛而较高，与按音质要求所推荐的每座容积 2.3 ～ 4.3 m³ 有较大的矛盾。观众席就座人数变化较大，观众的吸声量不稳定。因此，在音质设计时应严格控制体形，以防止后墙的反射声或弧线形墙体引起的声聚焦，尽可能压缩室内的容积，顶棚做反射和扩散处理，后墙与侧墙布置吸声材料，抬高声源，地面起坡，选择吸声量较大的沙发式座椅，座位以外的区域铺设地毯，安装一套完善的电声设备。

7.2 噪声控制

现代工业文明在给人类带来极大方便的同时，也带来了前所未有的噪声干扰。当今世界，地上的汽车、空中的飞机、工厂中的机械设备、工地上的施工机械、大街上拥挤的人群、住宅楼喧闹的邻居……无不发出令人厌烦的噪声。噪声已经和水污染、空气污染、垃圾污染并列为现代世界的四大公害。而对噪声干扰投诉一直占环境污染投诉的近 1/2。

噪声的危害是多方面的，主要有影响听闻、干扰人们的生活和工作等。当噪声强度较大时，还会损害听力及引起其他疾病，噪声所造成的危害我们已经在第 4 章建筑声学基础篇中详细介绍。

任何一个噪声污染事件都是由三个要素构成的，即噪声源、传声途径和接收者，接收者是指在某种生活和工作活动状态下的人和场所。建筑设计中的噪声控制问题，首先要考虑接收者的问题，根据建筑功能要求，确定噪声允许水平；然后调查了解可能产生干扰的噪声源的空间与时间分布的噪声特性；进而分析噪声通过什么传声途径传到接收者处，在接收者处造成多大的影响。如果在接收者处产生噪声干扰，则应考虑采取管理上的和技术上的噪声控制措施来降低接收点处的噪声，以达到允许水平的要求。

7.2.1 噪声评价指标

噪声评价是对各种环境条件下噪声作出对其接受者影响的评价，并用可测量和计算的评价指标来表示影响程度。噪声评价涉及因素很多，它与噪声的强度、频谱、持续时间、随时间的起伏变化以及出现时间等特性有关；也与人们的生活和工作性质内容和环境条件有关；同时与人的听觉特性和人对噪声的生理及心理反应有关；此外还与测量条件和方法，标准化和通用性考虑等因素有关。早在 20 世纪 30 年代，人们就开始了噪声评价研究。自那时以来，先后有上百种评价方法被提出，被国际上广泛采用的就有二十几种。下面介绍最常用的几种噪声评价方法及其评价指标。

1）A 声级 L_A

这是目前全世界使用最广泛的评价方法，几乎所有的环境噪声标准均用 A 声级作为基本评价量。它是由声级计上的 A 计权网络测得的声压级，用 L_A 表示，单位是 dB（A）。A 声级反映了人耳对不同频率声音响度的计权，其计权特性见建筑声学基础 4.2 节声音的计量。

长期实践和广泛调查证明，不论噪声强度高低，A 声级皆能较好地反映人的主观感觉，即 A 声级越高，感觉越吵。此外 A 声级同噪声对人耳听力的损害程度也能对应得很好。

用下列公式可以将一个噪声的倍频带或 1/3 倍频带谱转换成 A 声级：

$$L_A = 10 \lg \sum_{i=1}^{n} 10^{(L_i + A_i)/10} \; [\text{dB（A）}] \qquad (7\text{-}7)$$

式中　L_i——倍频带或 1/3 倍频带声压级（dB）；

　　　A_i——各频带声压级的修正值（dB）。其值可由表 7-5 查出。

对于稳态噪声，可以直接测量 L_A 来评价。

倍频带中心频率对应的 A 响应特性（修正值）　　　　　　　　表 7-5

倍频带中心频率（Hz）	A 响应（对应于 1 000 Hz）	倍频带中心频率（Hz）	A 响应（对应于 1 000 Hz）
31.5	-39.4	1 000	0
63	-26.2	2 000	+1.2
125	-16.1	4 000	+1.0
250	-8.6	8 000	-1.1
500	-3.2		

2）等效连续 A 声级（简称等效声级）L_{eq}

对于声级随时间变化的起伏噪声，其 L_A 是变化的，不能直接用一个 L_A 值来表示。因此，人们提出了等效声级的评价方法，也就是在一段时间内能量平均的方法。指在规定测量时间 T 内 A 声级的能量平均值，用 $L_{Aeq, T}$ 表示（简写 L_{eq}），单位 dB（A），根据定义，等效声级表示为：

$$L_{eq} = 10 \lg \left[\frac{1}{t_2 - t_1} \int_{t_1}^{t_2} 10^{L_A/10} dt \right] \; [\text{dB（A）}] \qquad (7\text{-}8)$$

式中 $L_A(t)$ 是随时间变化的 A 声级。等效声级的概念相当于用一个稳定的连续噪声，其 A 声级值为 L_{eq} 来等效起伏噪声，两者在观察时间内具有相同的能量。

一般实际测量时，多半是间隔读数，即离散采样，因此，上式可改写为：

$$L_{eq} = 10 \lg \left[\sum_{i=1}^{N} T_i \cdot 10^{L_{Ai}/10} \right] \Big/ \left[\sum_{i=1}^{N} T_i \right] \text{dB（A）} \qquad (7\text{-}9)$$

式中　L_{Ai}——第 i 个 A 声级测量值；

　　　T_i——相应的时间间隔；

　　　N——样本数。

当读数时间间隔相等时，即 T_i 相同时，则上式变为：

$$L_{eq}=10\ \lg\Big[\frac{1}{N}\sum_{i=1}^{N}10^{L_{Ai}/10}\Big]\ [dB（A）]\qquad（7-10）$$

建立在能量平均概念上的等效连续 A 声级被广泛应用于各种噪声环境的评价。但它对偶发的短时的高声级噪声的出现不敏感。例如在寂静的夜晚有为数不多的高速卡车驰过，尽管在卡车驰过时短时间内声级很高，并对路旁住宅居民的睡眠造成了很大干扰，但对整个夜间噪声能量平均得出的 L_{eq} 值却影响不大。

3）昼夜等效声级 L_{dn}

一般噪声在晚上比白天更容易引起人们的烦恼。根据研究结果表明，夜间噪声对人的干扰约比白天大 10 dB。因此计算一天 24 h 的等效声级时，夜间的噪声要加上 10 dB 的计权，这样得到的等效声级称为昼夜等效声级。其数学表达式为：

$$L_{dn}=10\ \lg\Big[\frac{1}{24}(16\times10^{L_d/10}+8\times10^{(L_n+10)/10})\Big]\ [dB（A）]\qquad（7-11）$$

式中　L_d——昼间时间段（06：00 ~ 22：00）测得的等效 A 声级；

　　　　L_n——夜间时间段（22：00 ~ 06：00）测得的等效 A 声级。

4）累计分布声级 L_N

实际的环境噪声并不都是稳态的，比如城市交通噪声是一种随时间起伏的随机噪声，对这种噪声的评价，除了用 L_{eq} 外，常常用统计方法。累计百分声压级是用于评价测量时间段内噪声强度时间统计分布特征的指标，指占测量时间段一定比例的累计时间内 A 声级的最小值，用 L_N 表示，单位为 dB（A）。声级出现的累计概率来表示这类噪声的大小。累计百分声级 L_N 是表示测量时间的百分之 N 的噪声所超过的声级。例如 L_{10}=70 dB，是表示测量时间内有 10 % 的时间超过 70 dB，而其余的 90 % 的时间的噪声级低于 70 dB。换句话说，就是高于 70 dB 的噪声级占 10 %，低于 70 dB 的声级占 90 %。通常噪声评价中多用 L_{10}、L_{50}、L_{90}。L_{10} 表示起伏噪声的峰值，L_{50} 表示中值，L_{90} 表示背景噪声。英、美等国以 L_{10} 作为交通噪声的评价指标，而日本用 L_{50}，我国目前采用 L_{eq}。

当随机噪声的声级满足正态分布条件，等效声级 L_{eq} 和累计分布声级 L_{10}、L_{50}、L_{90} 有以下关系：

$$L_{eq}=L_{50}+(L_{10}-L_{90})^2/60\ [dB（A）]\qquad（7-12）$$

5）噪声冲击指数 NII

考虑到一个区域或一个城市由于噪声分布不同，受影响的人口密度不同，用噪声冲击指数 NII 来评价城市环境噪声影响的范围是比较合适的，其表示式为：

$$NII=\sum W_iP_i/\sum P_i\qquad（7-13）$$

式中　$\sum W_i P_i$——总计权人口数；

　　　　W_i——某干扰声级的计权因子；

　　　　P_i——某干扰声级环境中的人口数；

　　　　$\sum P_i$——区域环境总人口数。

W_i与昼夜等效声级 L_{dn} 有关，对应关系见表 7-6。

理想的噪声环境 $NII<0.1$。

L_{dn} 与 W_i 的关系　　　　　　　表 7-6

$L_{dn}[dB（A）]$	W_i	$L_{dn}[dB（A）]$	W_i
30 ~ 40	0.01	66 ~ 70	0.54
41 ~ 45	0.02	71 ~ 75	0.83
46 ~ 50	0.05	76 ~ 80	1.20
51 ~ 55	0.07	81 ~ 85	1.70
56 ~ 60	0.18	86 ~ 90	2.31
61 ~ 65	0.32	>90	2.80

6）噪声评价曲线 NR 和噪声评价指数 N

噪声评价曲线（NR 曲线）是国际标准化组织 ISO 规定的一组评价曲线，见图 7-43。图中每一条曲线有一个 N（或 NR）值表示，确定了 31.5 Hz ~ 8 kHz 共 9 个倍频带声压级值 L_p。

也可以通过式（7-14）近似计算出对应于 N 值的各个频带的 L_p：

$$L_p = a + bN \quad (dB) \tag{7-14}$$

式中　a、b——常数，其数值见表 7-7。

a、b 数值表　　　　　　　表 7-7

倍频带中心频率（Hz）	a（dB）	b（dB）
63	35.5	0.790
125	22	0.870
250	12	0.930
500	4.8	0.974
1 000	0	1.000
2 000	−3.5	1.015
4 000	−6.1	1.025
8 000	−8.0	1.030

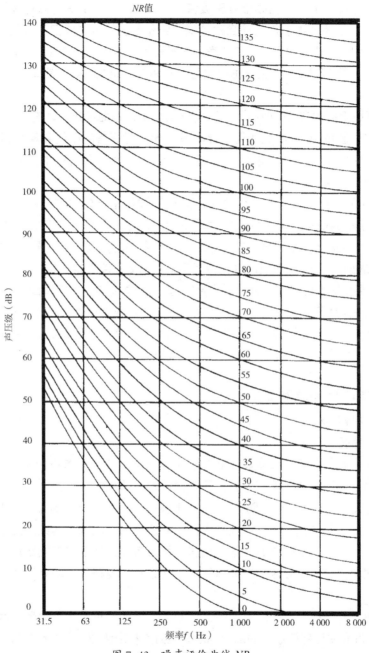

图 7-43　噪声评价曲线 NR

　　用 NR 曲线作为噪声允许标准的评价指标，确定了某条 NR 曲线作为限值曲线，就要求现场实测的噪声的各个倍频带声压级值不得超过由该曲线所规定的声压级值。例如剧场的噪声限值定为 NR25，则在空场条件下测量背景噪声，其 63、125、250、500、1 k、2 k、4 k 和 8 kHz 8 个倍频带声压级分别不得超过 55、43、35、29、25、21、19 和 18 dB。

实测了一个噪声的各个倍频带声压级值，用式（7-14）反算各自对应的 N 值，则取最大的一个 N 值（取为整数）作为该噪声的噪声评价数 N。也可以把实测的噪声倍频带谱曲线画到 NR 曲线图（图 7-43）上，取和噪声频谱曲线最接近的，N 值最大的一条曲线的 N 值作为该噪声的 N 数。（图 7-43 上只画出尾数为 0 和 5 的曲线，处于其间的 NR 曲线可用插入法得到）。

和 NR 曲线相似的有 NC 曲线，其评价方法相同，但曲线走向略有不同。NC 曲线以及后来对其作了修正的 PNC 曲线适用于评价室内噪声对语言的干扰和噪声引起的烦恼。NR 曲线是在 NC 曲线基础上综合考虑听力损失、语言干扰和烦恼三个方面的噪声影响而提出的。

除了上面介绍的较为普遍使用的评价方法和评价指标外，常用的还有交通噪声指数 TNI，用于评价交通噪声，考虑本底噪声的基础上，加大噪声涨落权重；噪声污染级 LNP，用于评价噪声引起人的烦恼程度，既考虑了噪声的平均值，也考虑了噪声的起伏；语言干扰级 SIL，是白瑞纳克于 1947 年提出的评价噪声对言语清晰度影响的参量，是言语清晰度的计算简化。用于评价职业性噪声暴露的噪声暴露指数 D，是指在一个工作日（8 小时）、工作周（48 小时）或其他一定时间内，一切有关的噪声的部分噪声暴露指数之和。它代表人耳在上述时间内接受的噪声剂量。飞机噪声和航空噪声评价是建立在感觉噪声级 L_{PN} 基础上的一套较为复杂的体系，通常用计权等效连续感觉噪声级表示。

7.2.2　噪声允许标准和法规

1）国内法规和标准

（1）内陆地区

我国先后发布了多部法律从宏观上控制噪声污染。1989 年施行的《中华人民共和国环境噪声污染防治条例》是我国第一部关于噪声的行政法规文件，具体规定了环境噪声标准和环境噪声监测、各类噪声污染防治。1997 年施行、2018 年修订的《中华人民共和国环境噪声污染防治法》要求，国务院和地方人民政府应当将环境噪声污染防治工作纳入国家经济和社会发展计划，采取必要的对策和措施；地方各级人民政府在制定城市、村镇建设规划时应当合理地划分功能分区和布局建筑物、构筑物、道路等，防止噪声污染，保障生活环境的安静。

总的来说，我国在噪声防治方面建立了较为完善的法规、标准体系。我国的噪声允许标准由国家标准和主管部门颁发的部门标准和地方性标准组成，与国际标准基本接轨。我国现行的部分环境噪声标准，如表 7-8 所示。

我国现行的部分环境噪声标准　　　　　　　　　　　　　　表 7-8

标准编号	标准名称
GB 3096—2008	声环境质量标准
GB 9660—1988	机场周围飞机噪声环境标准

续表

标准编号	标准名称
GB 12348—2008	工业企业厂界环境噪声排放标准
GB 12523—2011	建筑施工场界环境噪声排放标准
GB 12525—1990	铁路边界噪声限值及其测量方法
GB 22357—2008	社会生活环境噪声排放标准
HJ 640—2012	环境噪声监测技术规范 城市声环境常规监测
HJ 918—2017	环境振动监测技术规范
HJ 2.4—2009	环境影响评价技术导则 声环境
GB/T 15190—2014	声环境功能区划分技术规范
HJ 2055—2018	城市轨道交通环境振动与噪声控制工程技术规范

在《声环境质量标准》GB 3096—2008 中规定了五类声环境功能区的环境噪声限值及测量方法，适用于声环境质量评价与管理，如表 7-9 所示。

声环境功能区，单位 dB（A）　　　　　　　　表 7-9

类别		时段	
		昼间	夜间
0 类		50	40
1 类		55	45
2 类		60	50
3 类		65	55
4 类	4a	70	55
	4b	70	60

按区域的使用功能特点和环境质量要求，声环境功能区分为以下五种类型：

0 类声环境功能区：指康复疗养区等特别需要安静的区域。

1 类声环境功能区：指以居民住宅、医疗卫生、文化教育、科研设计、行政办公为主要功能，需要保持安静的区域。

2 类声环境功能区：指以商业金融、集市贸易为主要功能，或者居住、商业、工业混杂，需要维护住宅安静的区域。

3 类声环境功能区：指以工业生产、仓储物流为主要功能，需要防止工业噪声对周围环境产生严重影响的区域。

　　4 类声环境功能区：指交通干线两侧一定距离之内，需要防止交通噪声对周围环境产生严重影响的区域，包括 4a 类和 4b 类两种类型。4a 类为高速公路、一级公路、二级公路、城市快速路、城市主干路、城市次干路、城市轨道交通（地面段）、内河航道两侧区域；4b 类为铁路干线两侧区域。

　　《社会生活环境噪声排放标准》中规定了营业性文化娱乐场所和商业经营活动中，可能产生环境噪声污染的设备、设施边界噪声排放限值和测量方法，社会生活噪声排放源边界噪声不得超过表 7-10 规定的排放限值。当社会生活噪声排放源位于噪声敏感建筑物内情况下，噪声通过建筑物结构传播至噪声敏感建筑物室内时，噪声通过建筑物结构传播至噪声敏感建筑物室内时，噪声敏感建筑物室内等效声级不得超过表 7-11 所规定的限值。A 类房间指以睡眠为主要目的，需要保证夜间安静的房间，B 类房间指主要在昼间使用，需要保证思考与精神集中、正常讲话不被干扰的房间。

社会生活噪声排放源边界噪声排放限值，单位 dB（A）　　表 7-10

边界外声环境功能区类别	时段	
	昼间	夜间
0	50	40
1	55	45
2	60	50
3	65	55
4	70	60

噪声敏感建筑物室内的允许噪声级，单位 dB（A）　　表 7-11

房间类型	A 类房间		B 类房间	
时段	昼夜	夜间	昼夜	夜间
噪声敏感建筑物声环境所处功能区类别				
0	40	30	40	30
1	40	30	45	35
2、3、4	45	35	50	40

　　（2）港澳台地区

　　中国香港特别行政区曾是全球噪声最高城市之一，1986 年香港环境保护署成立，以管制噪声为主要目标，限制建筑工程、工商业楼宇及生活噪声排放。1989 年实施的《噪声管制条例》及相关的技术备忘录，制定了不同居住环境的可接受噪声级法例，如表 7-12 所示。澳门特别行政区于 1991 年发布了《澳门环境保护纲要法》。澳门噪声管制法令订立的原则，是保护居民健康，降低噪声对居民生理与心理健康的不利影响。2020 年颁布了新的《声学规定》，规定了噪声排放的限值与测量要求。

中国香港各区域的噪声敏感级别　　　　　　　　　　　　表 7-12

噪声敏感点所在区域	噪声敏感点被噪声影响的程度		
	不受影响	间接受影响	直接受影响
郊区，包括郊野公园或乡村式的发展	A	B	B
由低层楼层或零星高楼大厦组成，密度低的住宅区	A	B	C
市区	B	C	C
其他区域	B	B	C

我国台湾地区的噪声污染防治法律制度是以 1983 年颁布、1992 年修订的《噪声管制法》为核心，其他单行法规为辅助。针对管制区划分出台了《环境声量标准》，如表 7-13 所示。第一类管制区指环境急需安静的地区；第二类管制区以住宅区为主；第三类管制区指工业、商业及住宅使用且需要维护其安静的地区；第四类管制区工业使用为主且噪声污染造成严重影响的地区。一般性的噪声如工厂、娱乐营业场所、建筑工程等噪声源，则需符合《噪声管制标准》，该标准也涵盖了对于 20 ~ 200 Hz 范围的低频声量管制。

中国台湾地区发布的声环境质量标准，单位 dB（A）　　　　表 7-13

管制区	早（5：00 ~ 7：00） 晚（20：00 ~ 22：00 乡村， 20：00 ~ 23：00 城市）	昼间（7：00 ~ 20：00）	夜间（22：00 ~ 5：00 乡村， 23：00 ~ 5：00 城市）
第一类管制区内	45	50	40
第二类管制区内	55	60	50
第三类管制区内	60	65	55
第四类管制区内	70	75	65

2）国外法规和标准

（1）WHO

世界卫生组织（WHO）对社区噪声问题极为重视，已发布许多噪声管理等关键条例，包括噪声降低的意见、预测模型、噪声控制实施的评估、建立现有的和计划中的噪声排放标准、噪声暴露评估、噪声暴露与噪声排放标准的依从关系等。1992 年，WHO 欧洲地区办公室制订了基于健康的社区噪声方针，表7-14给出几种环境中的噪声推荐值。

WHO 声环境质量的推荐值　　　　　　　　　　表 7-14

具体环境	健康影响	L_{Aeq}/dB（A）	时间 /h	$L_{Amax,\,f}/dB$（A）
户外生活区	严重烦恼，昼晚 中度烦恼，昼晚	55 50	16 16	—
起居室	语言干扰和中度烦恼，昼晚	35	16	—
卧室	睡眠干扰，夜间	30	8	45
卧室外	睡眠干扰，开窗（户外值）	45	8	60
学校及幼儿园室内	言语可懂度，交谈干扰	35	上课期间	—
幼儿园卧室	睡眠干扰	30	睡觉期间	45
学校户外活动场所	外部声源干扰	55	活动期间	
医院监护室	睡眠干扰，夜间	30	8	40
病房	睡眠干扰，昼晚	30	16	

（2）欧盟（EU）

EU 绿皮书（EU 1996）目的在于唤起公众对噪声政策的进一步探讨。提出了各项行动框架，包括评价噪声暴露的方法，制定采用技术和财政手段降低道路交通噪声的计划。在欧盟噪声指令框架下，铁路噪声与航空噪声也同样受到关注，相关的噪声法规得以制定并执行（图7-44）。首先，该框架统一协调各成员国的噪声指标与评估方法。其次，统筹规划噪声防治行动计划，采集城市噪声数据，绘制噪声地图。最后，公布各城市噪声地图，鼓励公众参与制定详细的噪声防治措施，从而形成各地的具体行动计划，并成为欧盟发展战略的一部分。

（3）英国

英国在欧盟噪声指令引导下，2006 年颁布环境噪声法，其中包括噪声地图、安静区域等。2010 年英国环境、食品及乡村事务部发布了《噪声政策声明》，英国同时也通过"技

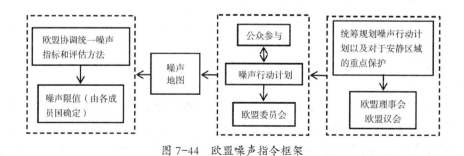

图 7-44　欧盟噪声指令框架

术规范"的形式发布噪声环境标准和规范。《英国规划政策指导说明 PPG24》，指导地方政府在规划中防治噪声，并且引入噪声暴露等级（*NEC*），根据噪声源类型区分等级（表7-15），规划部门根据实际噪声情况确定，制定噪声控制措施，从而推进规划布局在噪声防治的应用。

英国对噪声暴露等级的要求　　　　　　　　　　　　　　　　　　表 7-15

NEC 等级	每级对噪声的要求
A	在规划许可中，噪声不是最重要的参考因素
B	噪声是规划许可需要考虑的因素，并采取充分的噪声防护措施 在规划许可中，噪声需要得到一定重视，并且保证噪声得到控制
C	在这个等级，一般情况下，规划许可得不到批准；在没有其他更安静区域的情况下，保证噪声得到控制
D	规划许可一般不会通过

（4）美国与澳大利亚

美国的噪声污染控制是以 1972 年《噪声控制法》为中心，对主要噪声源进行源头控制是其核心思想，而制订噪声源（运输车辆、设备、产品）排放标准则是基本控制手段。1969年采纳的《美国国家环境政策法令》，被认为是环境噪声政策的重大突破。随后，美国环境保护局（EPA）发布了等级文件（US EPA 1974），发布的条例包括噪声描述量、噪声暴露引起的人的反应和噪声暴露标准。多个主要联邦机构，包括美国环境保护局、交通部、联邦航空管理局、住房和城市发展部、国家航天和空间管理局、国防部、联邦铁路管理局、联邦噪声协调委员会，都发布关于环境噪声和对人群影响的重要文件。

澳大利亚环境噪声的管理是以州为主导的，比如，西澳大利亚州的环境噪声管理主要依据该州的《环境保护法》和《环境噪声法》。标准限值设定在噪声接受点的最大声压级，如表 7-16 所示。该标准限值是以 A 计权统计声级（而并非常用的等效声级）为基础，同时给出了三个户外统计声级（L_{A10}，L_{Amin} 和 L_{Amax}）的最高限值。该噪声标准以保护生活居住环境为主，涵盖噪声敏感建筑物及其 15 m 内的所有范围。对距离任何噪声敏感建筑物超过 15 m 的所有区域，则实行较宽松的噪声限值。

西澳大利亚不同类型区域的噪声限值　　　　　　　　　　　　　　表 7-16

噪声接收位置	时段	噪声限值 dB（A）		
距噪声敏感建筑物 15 m 以内范围	昼间	45+ 环境修正值	55+ 环境修正值	65+ 环境修正值
	傍晚	40+ 环境修正值	50+ 环境修正值	65+ 环境修正值
	晚上	35+ 环境修正值	45+ 环境修正值	55+ 环境修正值
距噪声敏感建筑物 15 m 以外范围	全部时段	60	75	80

噪声接收位置	时段	噪声限值 dB（A）		
商业用地	全部时段	60	75	80
工业用地	全部时段	65	80	90

7.2.3　城市噪声控制

1）噪声控制原则

在基础部分已经介绍了城市噪声的来源及危害，城市噪声问题涉及面十分广泛，如果这些噪声问题都能全部或部分解决，城市噪声水平会相应降低。

当噪声源发出声音后，经过一定的传播路径到达接收者或使用房间。因此，噪声控制最有效的方法是尽可能控制噪声源，即采用低噪声设备降低功率。其次在传播路径上采取隔声或消声措施，来控制噪声的影响，这是建筑中噪声控制的主要内容。

不同类型的噪声，控制的方法也有所不同。外部环境噪声及建筑中其他房间的噪声，可采取远离噪声源及提高房间围护结构隔声量的方法来解决；固体声传声，主要是通过设备、管道的减振及提高楼板撞击声隔声性能来解决；房间内部首先应采用低噪声设备，其次是通过使用隔声屏、隔声罩来隔声；而对空调、通风系统噪声主要是通过管道消声来降低。

解决噪声污染问题的一般程序为：首先测量现场的噪声级和噪声频谱，然后根据有关的环境标准确定现场容许的噪声级，并根据现场实测的数值和容许的噪声级之差确定降噪量，最后制定技术上可行、经济上合理的控制方案。

2）城市噪声管理——噪声控制法规

噪声控制法规是为保证已制定的环境噪声标准的实施，从法律的条款上保证人民群众在适宜的声环境中工作与生活，消除人为噪声对环境的污染。

我国城市噪声立法工作，近年来在部分城市已开始试行。基本内容有如下几方面：

（1）交通噪声管理

城市中使用的车辆，必须符合国家颁布的《汽车加速行驶车外噪声限值及测量方法》GB 1495—2002 中规定的机动车辆允许噪声标准。此外，还应进一步健全和完善城市交通网功能，贯通过境道路，严格控制载重货车进入市区的时间及路线，减小重型车比例，对行驶车辆合理分流等措施，减轻市区交通拥挤状况，降低市区交通噪声污染；应从发动机、排气管质量上着手，尽量装备和普及带有隔声罩的发动机和阻抗复合式高效排气消声器来降低汽车行驶噪声，减少道路运行中的交通噪声。

应修筑多空隙沥青降噪路面来控制交通噪声；并致力于在道路两侧修建斜坡，加宽沿街住宅的缓冲绿化带，并利用有限地带开发立体绿化来降低交通噪声。

对火车进入市区应禁止使用汽笛，合理使用风笛，并应满足《铁路边界噪声限值及其测量方法》GB 12525—90 修改方案规定的控制值。新建铁路不得有穿过市区。对市区内的火车、高架、轻轨等交通设施应建设隔声屏障等防护措施。

限制飞机在市区上空飞行。

（2）工业噪声管理

工厂设备噪声，不得超过设备噪声标准。车间内噪声不得超过《工业企业噪声控制设计规范》GB/T 50087—2010 的要求，并应满足《工业企业厂界环境噪声排放标准》GB 12348—2008 的要求。

（3）建筑施工噪声的管理

建筑施工过程中所产生的噪声需进行合理地控制，其建筑施工场界环境噪声不得超过《建筑施工场界环境噪声排放标准》GB 12523—2011 中环境噪声排放限值的要求，必要时还要采取有效的防噪措施。

在居民区施工时，夜间禁止使用噪声大的施工机械设备。施工噪声不得超过所在地区的环境噪声标准。

（4）生活噪声

除特殊规定的扩声系统外，户外禁止使用扬声器。

家庭使用的电器和机械设备，其噪声影响不得超过所在地区的环境噪声标准，即应满足《声环境质量标准》GB 3096—2008 的规定值。针对营业性文化娱乐场所和商业经营活动中可能产生环境噪声污染的设备、设施，其产生的噪声应满足《社会生活环境噪声排放标准》GB 22337—2008 中噪声排放源边界噪声排放限值的要求。

3）噪声控制规划

合理的噪声控制规划，对未来的城市噪声控制具有战略意义。为了控制噪声，城市规划中应考虑以下三个方面的问题：

（1）城市人口的控制

城市噪声随人口的增加而增加。现今世界各国的噪声之所以日益严重，是由于人口的过度集中。根据美国环保局发表的资料表明，城市噪声与人口密度之间有如下关系：

$$L_{dn} = 10\ \lg\rho + 22\ (dB) \tag{7-15}$$

式中　ρ——人口密度，人 $/km^2$。

因此，严格控制人口很重要，为了解决人口过度集中，许多国家正在采取卫星城或带形城市规划的方法。

（2）功能分区

在规划中应尽量避免居民区与工业、商业区混合。例如日本东京，将主要工厂都集中在飞机场附近而远离居民区，由于工业区域内本身噪声较高，因此对来自飞机的噪声干扰就不明显。

图 7-45 为一城市规划合理分区示意图。从图中可以看出重工业区、工业区、商业区与居民区的关系，以及公路、铁路与整个城市的关系。城市规划不合理，将造成严重的噪声污染，带来难以挽救的后果。因此通过城市规划的合理分区，对控制噪声污染是十分重要的。

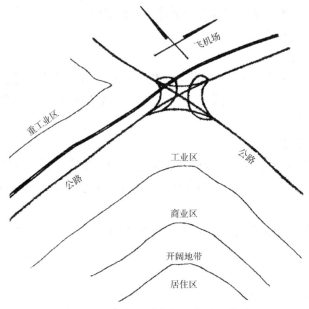

图 7-45　城市规划中合理布局示意图

（3）建筑选址及总体布局

建筑噪声控制设计应贯彻于建筑设计整个过程。要求特别安静的建筑如录播室、音乐厅、教室、医院等不宜靠近高强噪声源（如铁路、交通干道等）建造。在建筑总体设计中，应把要求安静的房间布置在背向噪声源的一侧，把辅助用房、走道等布置在靠近噪声源一侧。在建筑内部，噪声较大的房间不宜紧靠要求安静的房间，两者之间应有辅助房间、走道等隔离，如泵房、风机房等不应直接与客房、卧室等相邻。某些用途的房间不仅自身有很高的声级，同时又要求有低的背景噪声，如电影院、剧场、歌舞厅等。当把这些房间组合到一幢建筑中时，相互之间的隔声问题必须十分注意，应尽可能把它们用辅助房间隔开，或设计专门的走道把它们隔开。当在平面上必须相邻布置时，宜用双层墙隔声。由于舞池不宜用铺设地毯等弹性面层的方法来降低撞击声，而制作浮筑楼将大大增加工程造价。因此舞厅不宜设在主要房间之上，以避免跳舞时产生的撞击声干扰。

各种机房、锅炉房、排风口、厨房排烟口、歌舞厅、卡拉 OK 厅、冷却塔等常常会对相邻建筑和周围环境产生噪声干扰，因此不宜靠近其他建筑布置。而产生高强噪声的房间（如迪斯科舞厅、纺织车间等）的外墙和屋顶应有较大的隔声量，且外墙不宜开窗。

4）噪声控制实例——居住区规划中的噪声控制

（1）居住区道路网规划设计中，对经过或穿越居住区的城市道路，应区分其功能、性质和等级采取相应的噪声控制措施。

交通性道路包括快速路和交通性主干路，主要承担城市对外交通和货运交通。它们应避免从城市中心和居住区域穿过，可规划成环形路等形式从城市边缘或城市中心区边缘绕过。在拟定道路系统，选择线路时，应兼顾防噪因素，尽量利用地形设置成路堑式或利用土堤等来隔离噪声。当交通性干道必须从城市中心和居住区域经过或穿过时，可考虑采取下述措施：

①将干道转入地下，其上布置绿地或步行区；

②将干道设置为半地下式，例如结合地形将干道下沉布置，以形成路堑式道路，或利用悬臂构筑物作为防噪构筑物（图7-46）。后者可结合边坡加固的需要一并考虑。

③当干道铺设在水平面上时，可结合地形，利用既有绿化土堤作为与居住区的防噪障壁，绿化土堤背向干道的边坡可兼作居民休息地（图7-47）。当有城市建设中大量弃土可资利时，也可设置人造土堤或德文式堤来隔离干道噪声（图7-48）。必要时，还可考虑沿干道两侧设置种植墙或专用声障。声障还可结合绿化一道布置，在声障朝干道一侧布置灌木丛、矮生树，既可绿化街景，又可减弱不利声反射。在声障后面布置具有浓密树冠的高大树种，以降低声障高度（图7-49）。

④在交通性干道两侧也可设置一定宽度的防噪绿带（一般至少需要至道路中心100 m左右），作为和居住用地的隔离地带。这种防噪绿带宜选用常绿的或落叶短的树种，高低配置组成林带，方能起降噪效果。这种林带每米宽降噪量约为0.15 ~ 0.3 dB。还可将林带多列布置以进一步提高降噪效果。

（2）生活性道路包含生活性主干路、次干路、支路等，只允许通行公共交通车辆、轻型车辆和少量为生活服务的货运车辆。必要时可对货运车辆的通行时间进行限制。

在生活性道路两侧可布置公共建筑或居住建筑，但必须仔细考虑防噪布局。当道路为东西向时，两侧建筑群布局宜采用平行式布局。路南侧可布置防噪居住建筑，将次要的、较不怕吵的房间，如厨房、厕所、储藏室等朝街面北布置，或朝街一面设带玻璃隔声窗的通廊走道。路北侧可将商店等公共建筑或一些无污染、较安静的小工厂集中成条状布置在临街处，

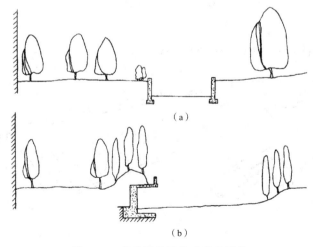

图7-46　交通性干道防噪断面设计
（a）路堑式道路；（b）利用悬臂构筑物防噪

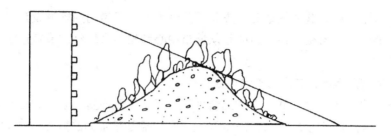

图 7-47　利用绿化土堤防噪

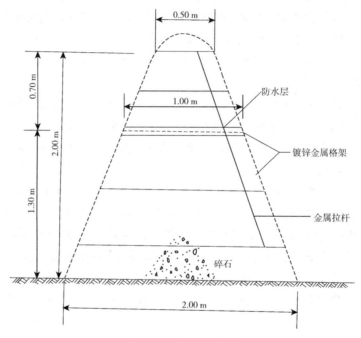

图 7-48　德文式堤构造

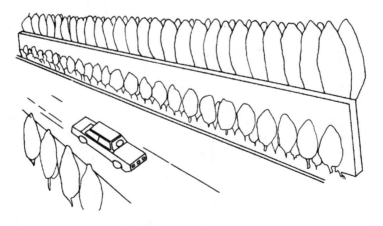

图 7-49　声障与绿化相结合的防噪设施

以构成基本连续的防噪障壁，并方便居民购物。南侧也可布置公共建筑住宅综合楼，将公建放在朝街背阴处，住宅占据阳面。当道路为南北向时，两侧建筑群布局可采用混合式。路西临街布置低层非居住性障壁建筑，如商店等公共建筑、多层住宅垂直于道路布置。这时低层公共建筑与住宅应分开布置，方能使公共建筑起到声屏障的作用（图7-50），路东临街可布置防噪居住建筑。

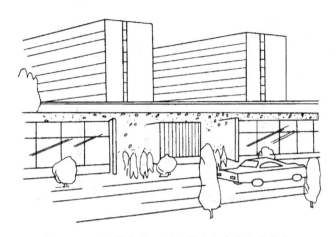

图7-50 混合式布局：利用低层公建作防噪障壁

建筑的高度应随着离开道路距离的增加而渐次提高，可利用前面的建筑作为后面建筑的防噪障壁，使暴露于高噪声级中的立面面积尽量减小。防噪障壁建筑所需的高度应通过作剖面几何声线分析图来确定。这时，声源所在的位置可定在最外边一条车道中心处，声源高度对轻型车辆取离地面0.5 m处，对重型车辆取1 m（图7-51）。

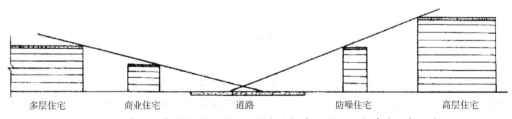

| 多层住宅 | 商业住宅 | 道路 | 防噪住宅 | 高层住宅 |

图7-51 建筑物高度随离开道路距离渐次提高及剖面几何声线分析示意

一些经过特别设计和消声减噪处理的住宅和办公建筑，如设双层隔声窗加空调的建筑台阶性住宅，或设有减噪门廊的住宅（图7-52）等可布置在临街建筑红线处。

当防噪障壁建筑数量不足以形成基本连续障壁时，可将部分住宅临街布置，并按所需防护距离后退，留出空间可辟为绿地（图7-53）。

（3）居住区内道路布局与设计应有助于保持低的车流量和车速，例如采用尽端式并带

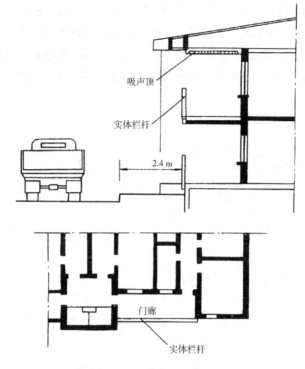

图 7-52　设有减噪门廊的住宅

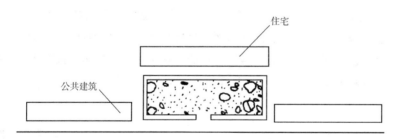

图 7-53　部分住宅后退，空地辟为绿地

有终端回路的道路网，并限制这些道路所服务的住宅数，从而减少车流量。终端回路的设置可避免车辆由于停车、倒车和发动所产生的较高噪声级。对车道的宽度应进行合理的设计，只需保持必要的最小宽度。如有可能，道路交叉口宜设计成 T 形道口，还可将居住区道路网有意识地设计成曲折形。这些措施可迫使驾驶人员用低速并小心地行驶，从而保持较低的噪声级。居住区内道路宜设计成快、慢车与行人道分行系统（图 7-54）。

　　将居住小区划分为若干住宅组团，每个组团组成相对封闭的组群院落，使机动车辆在小区或组团院落外部通过。一些公共建筑或防噪住宅可布置在临近居住区级或小区级道路处，并作为小区或组团的入口，必要时可加建围墙或绿化带来隔离噪声（图 7-55）。

　　（4）对锅炉房、变压器站等应采取消声减噪措施，或者将它们连同商店卸货场布置在

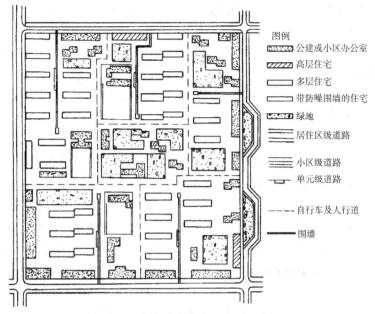

图 7-54 考虑防噪的居住小区规划示例

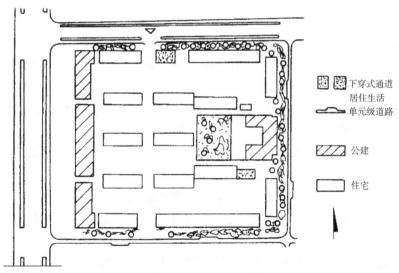

图 7-55 考虑防噪的组团院落布局示例

小区边缘角落处,使之与住宅有适当的防护距离。中小学的运动、游戏场应当相对集中布置,不宜设置在住宅院落内,最好与住宅隔开一定距离,或者周围加设绿化带或围墙来隔离噪声。

(5)有噪声干扰的工业区须用防护地带与居住区分开,布置时还要考虑主导风向。现有居住区内的高噪声级工厂应迁出居住区,或者改变生产性质,采用低噪声工艺或经过消声减噪处理来保证邻近住户的安静。L_{eq} 声级低于 60 dB（A）及无其他污染的工厂，允许布置在居住区内靠近道路处。

（6）对于居住区或居住区附近产生高噪声或振动施工机械，必须限制作业时间，以减少对居民休息、睡眠的干扰。

7.2.4　建筑中的噪声控制

1）噪声控制原理

建筑中噪声控制的任务就是通过一定的降噪减振措施，使房间内部噪声达到允许噪声标准。建筑中常用的噪声控制手段有吸声降噪及隔声。

（1）吸声降噪原理

一般工厂车间或大型开敞式办公室的内表面，多为抹灰墙面以及地砖等坚硬材料。在这样的房间里，人听到的不只是由声源发出的直达声，还会听到大量经各个界面多次反射形成的混响声。在直达声与混响声的共同作用下，当离开声源的距离大于混响半径时，接收点的声压级比室外同一距离处高出 10 ~ 15 dB。

如在室内顶棚或墙面上布置吸声材料或吸声结构，可使得混响声减弱，这时，人们主要听到的是直达声，那种被噪声"包围"的感觉将明显减弱，这种利用吸声原理降低噪声的方法称为"吸声降噪"。

（2）隔声原理

隔声是噪声控制的重要手段之一，它是将噪声局限在部分空间范围内，或不让外界噪声侵入，或者是把强烈的噪声源封闭在特定的范围，从而为人们提供适宜的声环境。

但目前很多场所对隔声设计不够重视。例如很多建筑的分户墙采用轻型墙组成，其隔声量只有 30 dB，这与人们对环境的要求相差甚远。

声音在房屋建筑中有许多不同的传播途径，如通过墙壁、门窗、楼板、基础及各种设备管道等。

按照传播规律分析，声波在围护结构中的传播基本可分为下列三种途径：

①经由空气直接传播，即通过围护结构的缝隙及孔洞传播。例如：敞开的门窗、通风管道、电缆管道以及门窗的缝隙等。

②透过围护结构传播。经由空气传播的声音遇到密实的墙壁时，在声波的作用下，墙壁将受到激发而产生振动，使声音透过墙壁而传到邻室去。

③由于建筑物中机械的撞击或振动的直接作用，使围护结构产生振动而发声。

因此声的传播途径大致可归纳为两大类：通过空气的传声和通过建筑结构的固体传声。在建筑声学中，把凡是通过空气传播而来的声音称为空气声，例如汽车声、飞机声等；把凡是通过建筑结构传播的由机械振动和物体撞击等引起的声音，称为固体声，如脚步声、撞击声等。建筑构件如隔绝的若是空气声，则称为空气声隔绝；如隔绝的是固体声，则称为固体声隔绝。空气声和固体声在建筑物中的传播途径见图 7-56。

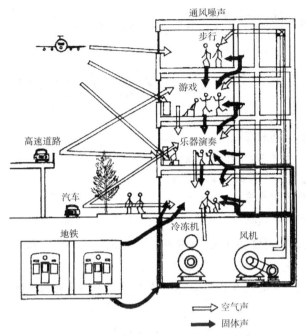

图 7-56 空气声和固体声在建筑中的传播途径

2）室内吸声降噪

（1）吸声降噪量的计算

根据稳态声压级计算公式得知，距离声源 r 米处之声压级与直达声和混响声的关系式如下：

$$L_p = L_w + 10 \lg\left(\frac{Q}{4\pi r^2} + \frac{4}{R}\right) \ (\text{dB}) \tag{7-16}$$

式中　　L_p——室内声压级，dB；

L_w——声源声功率级，dB；

R——房间 0 常数，$R = \dfrac{S\overline{\alpha}}{1-\overline{\alpha}}$；

Q——房间指向性系数；

S——室内总表面积，m^2；

$\overline{\alpha}$——室内平均吸声系数。

如进行吸收处理，则处理前后该点的声压级差（或降噪量）为：

$$\Delta L_p = L_{p1} - L_{p2} = 10 \lg\left[\left(\frac{Q}{4\pi r^2} + \frac{4}{R^1}\right)\Big/\left(\frac{Q}{4\pi r^2} + \frac{4}{R_2}\right)\right] \ (\text{dB}) \tag{7-17}$$

当以直达声为主时，即 $Q/4\pi r^2 \gg 4/R$，则 $\Delta L_p \approx 0$。当以混响声为主时，即 $Q/4\pi r^2 \ll 4/R$ 时，

则 $\Delta L_p \approx 10 \lg \dfrac{R_2}{R_1} = 10 \lg \left[\dfrac{\overline{\alpha}_2 (1-\overline{\alpha}_1)}{\overline{\alpha}_1 (1-\overline{\alpha}_2)} \right]$（dB），上式即可简化为：

$$\Delta L_p = 10 \lg \dfrac{\overline{\alpha}_2}{\overline{\alpha}_1} = 10 \lg \dfrac{A_2}{A_1} = 10 \lg \dfrac{T_1}{T_2} \text{（dB）} \tag{7-18}$$

式中 $\overline{\alpha}_1$——处理前房间的平均吸声系数；

　　　A_1——处理前房间的总吸声量，m^2；

　　　T_1——处理前房间的混响时间，s；

　　　$\overline{\alpha}_2$——处理后房间的平均吸声系数；

　　　A_2——处理前房间的总吸声量，m^2；

　　　T_2——处理后房间的混响时间，s。

从式(7-18)知,吸声量增加一倍,声压级降低 3 dB。室内平均吸声系数已经很大的房间,吸声降噪效果要差一些。

吸声降噪主要用于车间噪声控制。通过在车间顶部做全频域强吸声结构,可有效降低室内混响声级。

在公共空间、办公室等做吸声处理,不仅可起降噪作用,还可创造良好的环境气氛。

【例 7-2】某车间尺寸为 10 m×20 m×4 m,顶棚为钢筋混凝土上表面抹灰,墙面为清水砖墙勾缝,地面为水泥地面。车间管道用珍珠岩包裹,表面积共 24 m^2,机器表面积为 20 m^2,车间有四个操作工。试计算顶棚采用吸声系数 0.8（1 000 Hz）的材料后,车间内该频率的噪声降低量。

【解】车间吸声处理前后吸声量大变化如表 7-17 所示。

吸声处理前后吸声量的变化 表 7-17

吸声部位	处理前			处理后		
	S（m^2）	α_1	A_1（m^2）	S（m^2）	α_2	A_2（m^2）
顶棚	200	0.2	40	200	0.8	160
地面	200	0.02	4	200	0.02	4
墙面	240	0.02	4.8	240	0.02	4.8
管道	24	0.5	12	24	0.5	12
机器	20	0.02	0.4	20	0.02	0.4
人	4 人	0.42（每人的吸声量 /m^2）	1.68	4 人	0.42（每人的吸声量 /m^2）	1.68

因此, $\sum A_1 = 62.9\ m^2$；$\sum A_2 = 182.9\ m^2$, 代入公式：

$$\Delta L_p = 10 \lg \dfrac{A_2}{A_1} = 4.6 \text{（dB）}$$

（2）吸声降噪的设计步骤

目前，国内外采用"吸声降噪"方法进行噪声控制已非常普遍，一般降噪效果约为 6~10 dB。其设计步骤归纳如下：

①了解噪声源的声学特性。如声源总声功率级 L_w，或测定距声源一定距离处的各个频带声压级与总声级 L_p，以及已经确定声源指向性因素 Q。

②了解房间的声学特性。除几何尺寸外，还应参照有关材料吸声系数表，估算各个壁面各个频带的吸声系数 α_1，以及相应的房间常数 R_1（或房间每一频带的总吸声量 A_1）；如必要时，可通过现场实测混响时间来推算总吸声量 A_1。最后，根据噪声允许标准所规定的噪声级，求出需要的降噪量。

③根据所需的降噪量，求出相应房间常数 R_2（或总吸声量 A_2）以及平均吸声系数 $\overline{\alpha}_2$。当所要求的 $\overline{\alpha}_2 > 0.5$ 时，则在经济上已经不合理，甚至很难做到，这就说明，只用吸声处理来降低噪声将难以奏效，必须采取其他补充措施。

④确定了材料的吸收系数以后，合理选择吸声材料、吸声结构和安装方法，应注意材料的机械强度，施工难易程度、经济性、装饰效果、防火和防潮性能等。

值得注意的是吸声降噪只能降低混响声声压级，无法降低直达声声压级。因此只靠吸声降噪来达到降低噪声级 10 dB 以上，几乎是不可能的。

3）空气声隔绝

（1）透射系数及隔声量

如前所述，声音在传播过程中，遇到构件时，声能的一部分将被反射，另一部分被吸收，最后一部分透过构件传到另一空间中去。如果入射声波的总声能为 E_0，透过构件到另一空间的声能为 E_τ，则从第 4 章公式（4-6）可知，构件的透射系数 $\tau = \dfrac{E_\tau}{E_0}$。如果某一隔墙透过的声能是入射总声能的千分之一时，则其透射系数 $\tau = 0.001$。但在工程上，常用隔声量 R 来表示构件对空气声的隔绝能力，它与构件透射系数 τ 有如下关系：

$$R = 10 \lg \frac{1}{\tau} \qquad\qquad (7-19)$$

根据式（7-19）或图 7-57，可以得出上述具有透射系数为 0.001 的构件隔声量 R 为：

$$R = 10 \lg \frac{1}{0.001} = 30 \ (\text{dB})$$

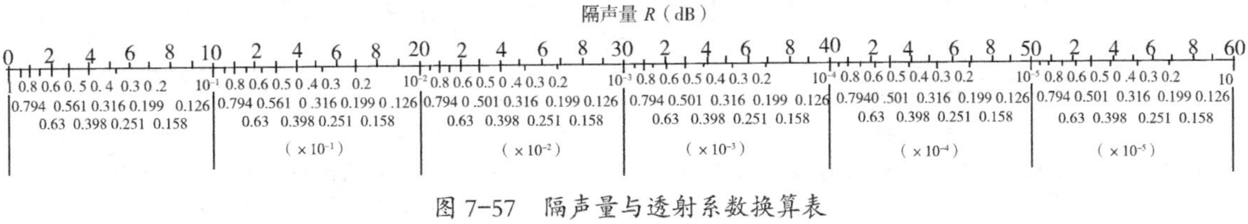

图 7-57　隔声量与透射系数换算表

可以看出，与透射系数相反，隔声量越大，构件隔声性能越好。由于同一结构对不同频率的隔声性能不同，在工程实际中常以中心频率为 125、250、500、1 000、2 000、4 000 Hz 的 6 个倍频带或 100 ~ 4 000 Hz 的 17 个 1/3 倍频带的隔声量来表示某一构件的隔声性能。有时为了简化，常用单一数值表示某一构件的隔声性能。

隔声量 R 一般是在标准隔声实验室内测试得出的，根据 R 值可利用下式推算出 τ 值（亦可用图 7-57 查出）：

$$\tau = 10^{-\frac{R}{10}} \tag{7-20}$$

例如，根据测定已知厚 3 mm 单层玻璃窗的隔声量 $R=26$ dB，则根据式（7-20）推算：

$$\tau = 10^{-\frac{26}{10}} = 2.5 \times 10^{-3}$$

隔声构件按照不同的结构形式，有不同的隔声特性。

（2）空气声隔声评价与标准

通常，各种用途的房间皆有其允许的噪声标准，但由于噪声源是各式各样的，声级也经常变化的，很难在隔声设计中确定一些参数以达到规定的允许噪声级。因此，许多国家都以规定隔墙的隔声能力，来间接表示一个房间的允许噪声标准。

通常住宅隔墙如以一砖墙的隔声性能作为隔声标准，即可达到满意效果。因此，一些国家规定，凡是其隔声效果接近或超过一砖墙的隔墙，都可以认为符合要求。图 7-58 是在不同实验室测定的一砖墙的隔声特性曲线范围。图 7-59 是在不同隔声量情况下人们的

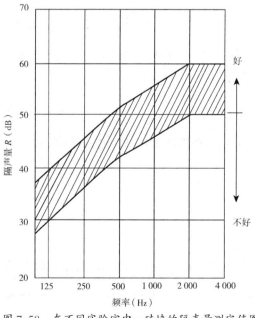

图 7-58　在不同实验室中一砖墙的隔声量测定值图

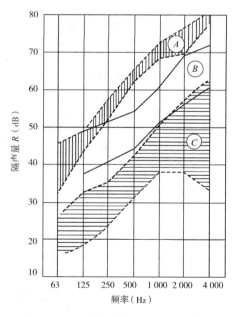

图 7-59　不同隔声量时人的主观反映
Ⓐ—良好；Ⓑ——一般；Ⓒ—恶劣

主观反映。

①单值评价量与频谱修正量

同一结构对不同频率的声波有不同的隔声量。在工程上，常用中心频率为 125 ～ 4 000 Hz 的 6 个倍频带或 100 ～ 3 150 Hz 的 16 个 1/3 倍频带的隔声量来表示某一构件的隔声性能。这种隔声频率特性能反映结构隔声性能随频率变化的全貌，对分析研究建筑部件的隔声性能有很大的意义。

但在实际工程中，为了简化及方便相互比较，常采用单值指标表示构件的隔声性能。此前，往往采用平均隔声量，即各频带隔声量的算术平均值来表示构件的隔声性能，有时也会用 500 Hz 的隔声量代表平均隔声量。目前，我国《建筑隔声评价标准》GB/T 50121—2005 则采用计权隔声量 R_w 这一单值指标来表示建筑构件的空气声隔声性能；而采用计权标准化声压级差 $D_{nT,w}$ 这一单值指标来表示建筑物的空气声隔声性能。其中"计权"的意思是将一组测量量用一组基准数值进行整合后获得单值的方法，以角标 w 标注。其中，计权隔声量 R_w 所对应的测量量为隔声量 R，计权标准化声压级差 $D_{nT,w}$ 所对应的测量量为 D_{nT}。

在确定单值评价量时，所用的空气声隔声基准值是要根据 1/3 倍频程或倍频程的空气声隔声测量量进行选择。其空气声隔声基准值如表 7-18 所示，相应的基准曲线如图 7-60（a）和图 7-60（b）所示。

空气声隔声基准值

表 7-18

频率（Hz）	1/3 倍频程基准值 K_i（dB）	倍频程基准值 K_j（dB）	频率（Hz）	1/3 倍频程基准值 K_i（dB）	倍频程基准值 K_j（dB）
100	-19		800	2	
125	-16	-16	1 000	3	3
160	-13		1 250	4	
200	-10		1 600	4	
250	-7	-7	2 000	4	4
315	-4		2 500	4	
400	-1				
500	0	0	3 150	4	—
630	1				

此外，考虑到噪声源对建筑物和建筑构件实际隔声效果的影响，还需要对以上的单值评价量进行修正。对于以生活噪声为代表的中高频成分较多的噪声源，采用粉红噪声频谱修正量 C 进行修正。对于以交通噪声为代表的中低频成分较多的噪声源，采用交通噪声频谱修正量 C_{tr} 进行修正。

用于计算频谱修正量的 1/3 倍频程或倍频程声压级频谱必须符合表 7-19，其相应的声压级频谱曲线如图 7-61（a）和图 7-61（b）所示。

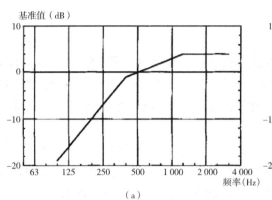

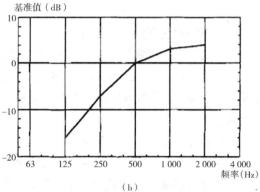

（a）　　　　　　　　　　　　　　　　　（b）

图 7-60　空气声隔声基准曲线
（a）1/3 倍频程；（b）倍频程

计算频谱修正量的声压级频谱　　　　　　表 7-19

频率（Hz）	声压级 L_{ij}（dB）			
	用于计算 C 的频谱 1		用于计算 C_{tr} 的频谱 2	
	1/3 倍频程	倍频程	1/3 倍频程	倍频程
100	−29		−20	
125	−26	−21	−20	−14
160	−23		−18	
200	−21		−16	
250	−19	−14	−15	−10
315	−17		−14	
400	−15		−13	
500	−13	−8	−12	−7
630	−12		−11	
800	−11		−9	
1 000	−10	−5	−8	−4
1 250	−9		−9	
1 600	−9		−10	
2 000	−9	−4	−11	−6
2 500	−9		−13	
3 150	−9	—	−15	—

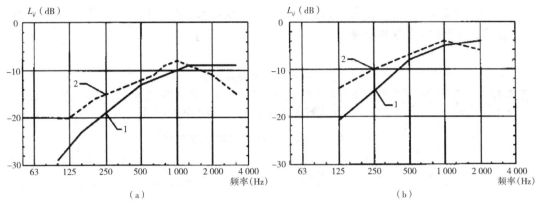

图 7-61 计算频谱修正量的声压级频谱
1—用来计算 C 的频谱；2—用来计算 C_{tr} 的频谱
（a）1/3 倍频程；（b）倍频程

②单值评价量与频谱修正量的确定方法

《建筑隔声评价标准》GB/T 50121—2005 中采用了两种方法来确定空气声隔声单值评价量，即数值计算法和曲线比较法。这两种方法是完全等效的，对于同一组测量量，得出的单值评价量应该是完全相同的。

采用曲线比较法时，对于测量量采用 1/3 倍频程测量的情况，通常采用以下步骤：

A. 将一组精确到 0.1 dB 的 1/3 倍频程空气声隔声测量量在坐标纸上绘制成一条测量量的频谱曲线；

B. 将具有相同坐标比例并绘有 1/3 倍频程空气声隔声基准曲线的透明纸覆盖在绘有上述曲线的坐标纸上，使横坐标相互重叠，并使纵坐标中基准曲线 0 dB 与频谱曲线的一个整数坐标对齐；

C. 将基准曲线向测量量的频谱曲线移动，每步 1 dB，直至不利偏差之和尽量大，但不超过 32.0 dB 为止（也即低于基准曲线的任一 1/3 倍频程中心频率的隔声量，与基准曲线的差的总和不超过 32.0 dB）；

D. 此时基准曲线上 0 dB 线所对应的绘有测量量频谱曲线的坐标纸上纵坐标的整分贝数，就是该组测量量所对应的单值评价量。

对于倍频程测量的情况，除了其基准曲线和不利偏差之和的取值有所不同外，其步骤基本相同。

数值计算法是将曲线比较法转换成数学语言，用数学语言表述了确定单值评价量的方法，为使用者编制计算程序提供了方便。具体的计算公式及其步骤可详见《建筑隔声评价标准》GB/T 5021—2005。

③空气声隔声标准

为了保证居住者有一个必要的安静环境，隔声标准对不同部位上围护结构的隔声性能作出了具体的规定，以便设计时直接采用。我国现已颁布了《民用建筑隔声设计规范》

GB 50118—2020，其中包括住宅建筑（表 7-20）、学校建筑（表 7-21）、医院建筑、旅馆建筑、办公建筑及商业建筑的隔声标准。

住宅分户构件空气声隔声标准　　　　　　　　　　　　　　表 7-20

构件名称	空气声隔声单值评价量 + 频谱修正值（dB）	
卧室分户墙、分户楼板	计权隔声量 + 粉红噪声频谱修正量 $R_w + C$	> 50
其他分户墙、分户楼板		> 48
分隔住宅和非居住用途空间的楼板	计权隔声量 + 交通噪声频谱修正量 $R_w + C_{tr}$	>51

教学用房隔墙、楼板的空气声隔声标准　　　　　　　　　表 7-21

构件名称	空气声隔声单值评价量 + 频谱修正量	高要求标准（dB）	低限标准（dB）
语言教室、阅览室的隔墙与楼板	计权隔声量 + 粉红噪声频谱修正量 $R_w + C$	—	> 50
普通教室与产生噪声房间之间的隔墙、楼板		—	> 50
普通教室之间的隔墙与楼板		> 50	> 45
音乐教室、琴房之间的隔墙与楼板		> 50	> 45

注：粉红噪声为 C，交通噪声为 C_{tr}。

（3）单层均质密实墙的空气声隔绝

单层匀质密实墙的隔声性能和入射声波的频率有关，还取决于墙本身的面密度、劲度、材料的内阻尼，以及墙的边界条件等因素。典型的单层匀质密实墙的隔声频率特性曲线如图 7-62 所示。

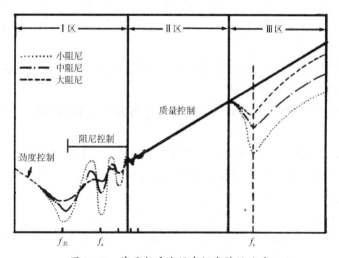

图 7-62　单层匀质墙隔声频率特性曲线

从低频开始，墙的隔声受到劲度的控制，隔声量随频率的增加有所降低；随着频率增加，质量效应加强，在某些频率，劲度和质量效应相抵消而产生共振现象，这时墙的振幅很大，隔声量出现了极小值。这一频段的隔声量主要受控于构件的阻尼，称为阻尼控制；当频率进一步提高，则质量起到了主要的控制作用，隔声量随频率的增加而增加；当频率到达吻合临界频率 f_c 时，隔声量有一个较大的降低。一般情况下，墙板的共振频率常低于日常的声频范围，因此，质量控制常常是决定隔声性能最重要的因素。这时，劲度和阻尼的影响较小，可以忽略，从而墙可以看成是无劲度、无阻尼的柔顺质量。

①质量定律

如果把墙看成是无劲度、无阻尼的柔顺质量且忽略墙的边界条件，则在声波垂直入射时，可从理论上得到墙的隔声量 R_0 的计算式：

$$R_0 = 10 \ \lg\left[1 + \left(\frac{\pi M_0 f}{\rho_0 c}\right)^2\right] \ (\text{dB}) \tag{7-21}$$

式中　R_0——墙体垂直入射声的隔声量，dB；

　　　M_0——墙单位面积的质量，或称面密度，kg/m²；

　　　ρ_0——空气密度，kg/m³；

　　　c——空气中的声速；

　　　f——入射声波的频率，Hz。

一般情况下，$\pi M_0 f \gg \rho_0 c$，即 $\dfrac{\pi M_0 f}{\rho_0 c} \gg 1$ 上式便可简化为：

$$R_0 = 20 \ \lg\frac{\pi M_0 f}{\rho_0 c} = 20 \ \lg M_0 + 20 \ \lg f - 42.2 \ (\text{dB}) \tag{7-22}$$

如果声波并非垂直入射，而是无规入射时，则墙的隔声量为：

$$R = R_0 - 5 = 20 \ \lg M_0 + 20 \ \lg f - 47.2 \tag{7-23}$$

上面两个式子表明，墙的单位面积质量越大，则隔声效果就越好。单位面积质量每增加一倍，隔声量可增加 6 dB。这一规律称为"质量定律"。从上式还可以看出，入射声波的频率每增加一倍，隔声量也可增加 6 dB。图 7-63 表示了质量定律直线。

应该指出，上述公式的推导是在一定的假设条件下得出的。计算结果与实测情况常有误差。尤其是吻合效应的影响，会使在某些频率范围内，隔声效果比质量定律计算结果要低得多。有学者提出过一些经验公式，但这些公式都有一定的适用范围。因此，通常都以标准试验室的测定数据作为设计依据。

②吻合效应

入射声波的波长与墙体固有弯曲波的波长相吻合而产生的共振现象，称为吻合效应。单层匀质密实墙，实际上是有一定劲度的弹性板。在被声波激发后，会产生受迫弯曲振动。当

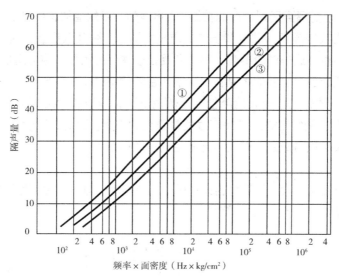

图 7-63 由质量控制的柔性板的隔声量
①—正入射；②—现场入射；③—无规入射

声波以 θ 角斜入射到墙板上时，墙板在声波的作用下产生了沿板面传播的弯曲波，其传播速度为：

$$c_{\mathrm{f}} = \frac{c}{\sin\theta} \tag{7-24}$$

式中　c——空气中的声速，m/s。

而板本身固有的自由弯曲波传播速度 c_{b} 为：

$$c_{\mathrm{b}} = \sqrt{2\pi f} \left(\frac{D}{\rho} \right)^{\frac{1}{4}} \tag{7-25}$$

式中　D——板的弯曲劲度，$D = \dfrac{Eh^3}{12(1-\sigma^2)}$；

其中　E——板的动态弹性模量，N/m²；

　　　h——板的厚度，m；

　　　σ——板材料的泊松比，约为 0.3；

　　　ρ——板材料的密度，kg/m³；

　　　f——自由弯曲波的频率，Hz。

如果板受迫弯曲波的传播速度 c_{f} 与板的固有自由弯曲波的传播速度 c_{b} 相等时，就出现了"吻合"。这时，板就会在入射声波的策动下作弯曲振动，使入射声能大量透射到另一侧。其原理见图 7-64。

当声波垂直入射到板面，即 $\theta = \dfrac{\pi}{2}$ 时，可以得到吻合效应发生的最低频率，称为"吻合

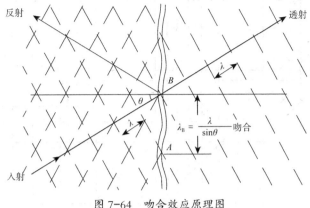

图 7-64　吻合效应原理图

"临界频率"，记作f_c，由下式表示：

$$f_c = \frac{c^2}{2\pi}\sqrt{\frac{\rho}{D}} = \frac{c^2}{2\pi h}\sqrt{\frac{12\rho\,(1-\sigma^2)}{E}} \tag{7-26}$$

当入射声波频率$f > f_c$时，它总会和某一个入射角$\theta\left(0 < \theta \leqslant \dfrac{\pi}{2}\right)$的固有频率相对应，产生吻合效应。

入射声波如果是无规入射，在$f = f_c$时，板的隔声量下降很多，隔声频率曲线在f_c附近就会形成低谷，称为吻合谷，见图 7-65。从式（7-26）可以看出，薄、轻、柔的墙，f_c高；而厚、重、刚的墙，则f_c低。几种常用材料的吻合临界频率的分布范围见图 7-66。如果吻合谷落在主要声频范围内（100 ~ 2 500 Hz）墙的隔声性能将大大降低，故应尽量避免。图 7-67 给出了常用构件的平均隔声量。

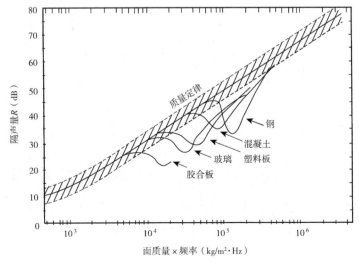

图 7-65　几种材料的隔声量及其吻合效应

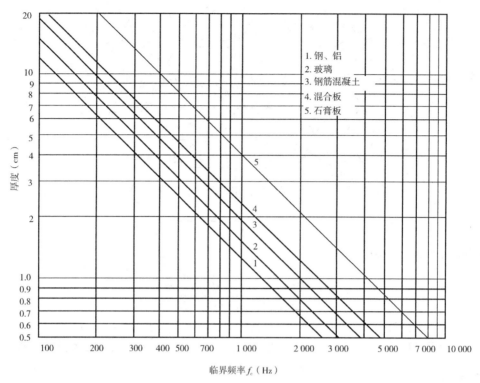

图 7-66　几种材料吻合临界频率

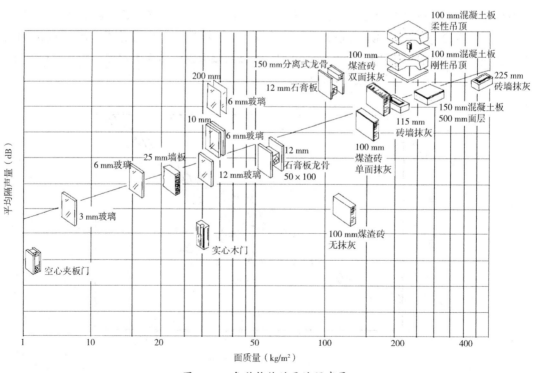

图 7-67　各种构件的平均隔声量

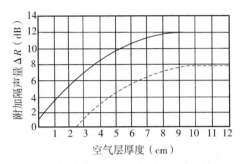

图 7-68　空气间层的附加隔声量

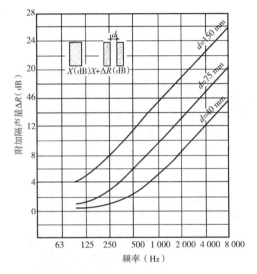

图 7-69　轻墙空气间层在不同频率时的
附加隔声量

（4）双层匀质密实墙的空气声隔绝

双层墙由两层墙板和中间的空气层组成。从质量定律可知，单层墙的面密度增加一倍，即厚度增加一倍，隔声量只增加 6 dB，例如 240 mm 砖墙 M_0=480 kg/m²，R=52.6 dB，而 490 mm 砖墙 M_0=960 kg/m²，R=58 dB。显然，单靠增加墙的厚度来提高隔声量是不经济的；而且增加结构的自重也是不合理的。但如果把单层墙一分为二，做成留有空气层的双层墙，则在总重量不变的情况下，隔声量会有显著提高。

双层墙提高隔声能力的主要原因是：空气层可以看成是与两层墙板相连的"弹簧"，声波入射到第一层墙时，使墙板发生振动，该振动通过空气层传到第二层墙时，由于空气层有减振作用，振动已大为减弱，从而提高了墙体总隔声量。

①双层墙的隔声量

双层墙的隔声量可以用与两层墙面密度之和相等的单层墙的隔声量，再加上一个空气层附加隔声量来表示。其中空气层的附加隔声量与该空气层的厚度有关，如图 7-68 所示。图中实线适用于双层墙的两侧完全分开的情况，而虚线则适用于双层墙中间少量刚性连接的情况。这些刚性连接通常被称为"声桥"，会使附加隔声量降低。如果声桥过多，甚到会使空气间层完全失去作用。在刚性连接不多的情况下，其附加隔声量如图中虚线所示。图 7-69 是在实验室条件下，三种不同厚度的空气间层的附加隔声量。

②共振频率 f_0

因为板间空气层的弹性，双层墙及其之间的空气层形成了一个共振系统，其固有频率 f_0 为：

$$f_0 = \frac{600}{\sqrt{I}} \sqrt{\frac{1}{M_1} + \frac{1}{M_2}} \tag{7-27}$$

式中　M_1，M_2——两层墙的面密度，kg/m²；

　　　I——空气层的厚度，cm。

当入射声波频率与 f_0 相同时，会产生共振，使隔声能力大大下降。

③双层墙隔声频率特性曲线

图 7-70 是双层墙的隔声量与频率的关系曲线。图中的虚线表示重量与双层墙总重量相等的单层墙的隔声量，它遵循质量定律。f_0 是双层墙的共振频率。在该频率，隔声量很小。当 $f<f_0$ 时，双层墙如同一个整体一样振动，故与单层墙隔声量相差不多。当 $f>\sqrt{2}f_0$ 时，双层墙的隔声量要高于单层墙，并且在 f_0 的一些频谱上发生谐波共振，形成一系列凹谷。

双层墙的吻合效应及临界频率取决于两层墙各自的临界频率。当两层墙相同时，两个吻合谷的位置重合，将会使低谷的凹陷加深；如果两层墙的材料或厚度不同，则两者的吻合谷错开，使隔声曲线上出现两个低谷，则相应低谷的凹陷深度不大。

此外，若在双层墙的空气间层中填充多孔材料，如玻璃棉毡之类，可以提高全频带上的隔声量，并且减少因共振而导致隔声量的下降。

三层及三层以上的多层墙隔声能力比双层墙有所提高，但每增加一层空气层，其附加隔声量将较双层墙空气层的附加隔声量有所减少。一般来说，双层结构已能够满足较高的隔声要求。只有在有特殊需要的工程中才考虑采用三层及三层以上的多层墙结构。

（5）轻质墙的空气隔绝

当前，建筑工业化程度越来越高，提倡采用轻质墙来代替厚重的隔墙，以减轻建筑的自重。目前，国内主要采用纸面石膏板、加气混凝土板等。这些板材的面密度较小，按照质量定律，它们的隔声性能很差，很难满足隔声的要求（图 7-71）。因此，为了解决轻型隔墙声性能差的缺陷，必须采取相应措施来提高轻质墙的隔声效果。这些措施主要有：

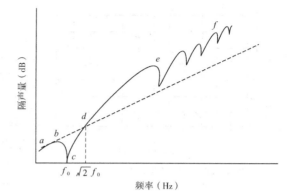

图 7-70　双层墙的隔声与频率关系

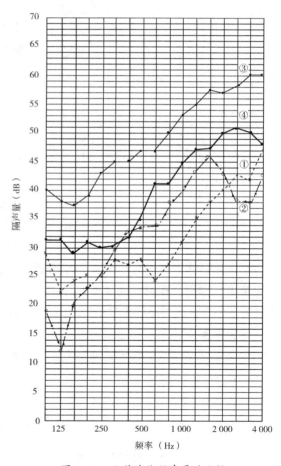

图 7-71　几种墙体隔声量的比较
①—60 mm 有孔石膏板，$R_w=32$；
②—12+75+12 纸面石膏板，$R_w=36$；
③—240 mm 砖墙勾缝，$R_w=51$；
④—150 mm 加气混凝土板，$R_w=41$

①将多层密实材料用多孔材料隔开，做成复合墙板，使其隔声量比同重量的单层墙显著提高；

②采用双层或多层薄板的叠合构造，与同重量的单层厚板相比，可避免板材的吻合临界频率落在主要声频范围内（100～2 500 Hz）。例如，25 mm 厚的纸面石膏板的临界频率 f_c 约为 1 250 Hz，若分成两层 12 mm 厚的板叠合起来，f_c 约为 2 600 Hz。另外，多层板错缝叠置可以避免缝隙处理不好而引起的漏声，还可因为叠合层之间的摩擦使隔声能力有所提高；

③为避免吻合效应引起的隔声量下降，应使各层材料的重量不等。最好是使各层材料的面密度不同，而其厚度相同；

④当空气层的厚度增加到 7.5 cm 以上时，对于大多数频带，隔声量可以增加 8～10 dB。

⑤用松软的材料填充轻质墙板之间的空气层，可以使隔声量增加 2～8 dB，见表 7-22；

不同构造的纸面石膏板（厚 1.2 cm）轻质隔声墙的比较　　　　　表 7-22

墙板间的填充材料	板的层数	计权隔声量（dB）	
		铜龙骨	木龙骨
空气层	1 层 + 龙骨 + 1 层	36	37
	1 层 + 龙骨 + 2 层	42	40
	2 层 + 龙骨 + 2 层	48	43
玻璃棉	1 层 + 龙骨 + 1 层	44	39
	1 层 + 龙骨 + 2 层	50	43
	2 层 + 龙骨 + 1 层	53	46
矿棉板	1 层 + 龙骨 + 1 层	44	42
	1 层 + 龙骨 + 2 层	48	45
	2 层 + 龙骨 + 2 层	52	47

⑥轻型板材常常固定在龙骨上，如果板材和龙骨间垫有弹性垫层，如弹性金属片等，则其隔声量比板材直接钉在龙骨上大。

总之，提高轻质墙隔声能力的措施，主要有多层复合、双墙分立、薄板叠合、弹性连接及加填吸声材料等。通过采取适当的构造措施，可以使一些轻质墙的隔声量达到 240 mm 砖墙的水平。附录 8 中列举了常用墙板空气声隔声量。图 7-72 为纸面石膏板板缝密实程度对隔声量的影响。

（6）门窗的隔声

门窗是隔声的薄弱环节。一般门窗的结构轻薄，而且存在着较多的缝隙，因此，门窗的隔声能力往往比墙体低得多。

①门的隔声

门是墙体中隔声较差的部位。它的重量比墙体轻，且普通门周边的缝隙也是传声的途径。一般来说，普通可开启的门，其隔声量大致为 20 dB；质量较差的木门，隔声量甚至可能低于 15 dB。如果希望门的隔声量提高到 40 dB，就需要做专业的设计。

要提高门的隔声能力，一方面要做好周边的密封处理，另一方面应避免采用轻、薄、单的门扇。门扇的做法有两种：一种是采用厚而重的门扇，如钢筋混凝土门；另一种是采用多层复合结构，即用性质相差较大的材料叠合而成。门扇边缘的密封，可采用橡胶、泡沫塑料条及毛毡等，以及手动或自动调节的门碰头及垫圈，图 7-73 为隔声门隔声量及构造大样。

对于需要经常开启的门，门扇重量不宜过大，门缝也常常难以封闭。这时，可设置双层门来提高其隔声效果，双层门之间的空气层可带来较大的附加隔声量。如果加大两道门之间的空间，则构成门斗，而在门斗内表面布置强吸声材料，可进一步提高隔声效果。这种门斗又称为"声闸"，如图 7-74 所示。

对于工厂或特殊建筑的隔声门，如需经常开启而门缝难于处理时，则可采用狭缝消声的隔声门，其构造示意如图 7-75 所示，隔声效果见表 7-23。

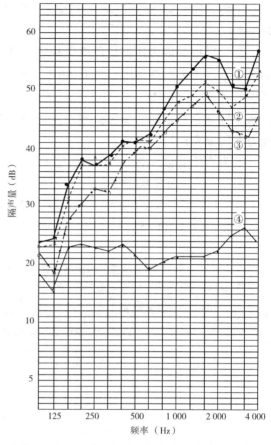

图 7-72 纸面石膏板轻墙的隔声量与板缝处理的关系
①—四层纸面石膏板，内外层错缝、勾缝；
②—四层纸面石膏板，只外层勾缝；
③—两层纸面石膏板，勾缝；
④—两层纸面石膏板，未勾缝

狭缝消声隔声门在不同缝隙宽度时的隔声量（dB）
（l=350 mm，超细玻璃棉厚 50 mm）　　　　　　　表 7-23

a（mm）＼f（Hz）	125	250	500	1 000	2 000	4 000
1	16	26	30	41	52	55
10	15	25	27	38	50	53
50	9	13	14	22	33	43

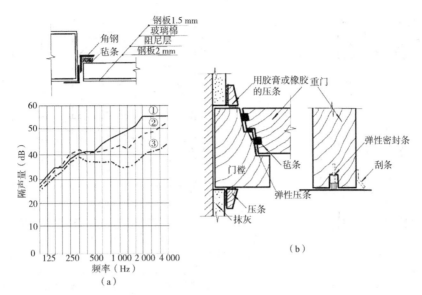

图 7-73 门的隔声量及构造处理
(a) 门的隔声量与缝隙处理的关系;(b) 隔声门构造大样
①—油灰密封;②—工业毡;③—乳胶条

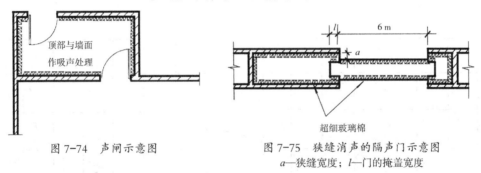

图 7-74 声闸示意图

图 7-75 狭缝消声的隔声门示意图
a—狭缝宽度;l—门的掩盖宽度

②窗的隔声

窗是外墙和围护结构隔声最薄弱的环节。可开启的窗往往很难有较高的隔声量。欲使窗有良好的隔声性能,应注意以下几点:

A. 采用较厚的玻璃,或用双层或三层玻璃。后者比用一层特别厚的玻璃隔声性能更好。为了避免吻合效应,各层玻璃的厚度不宜相同,图 7-76 是一般隔声窗的示意图。

B. 双层玻璃之间宜留有较大的间距。若有可能,两层玻璃不要平行放置,以免引起共振和吻合效应,影响隔声效果。

C. 在两层玻璃之间沿周边填放吸声材料,把玻璃安放在弹性材料上,如软木、呢绒、海绵、橡胶条等,可进一步提高隔声量。

D. 保证玻璃与窗框、窗框与墙壁之间的密封,还需考虑便于保持玻璃的清洁。

图 7-77 是各种隔声窗的隔声性能。为了避免隔声窗的吻合效应,双层玻璃的厚度应不相同,否则,在吻合效应的临界频率 f_c 处,隔声值将出现低谷,图 7-78、图 7-79 是处理较好的例子,图 7-80 是演播室隔声窗大样。

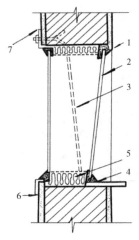

图 7-76　隔声窗构造示意
1—油灰；2—6 mm 玻璃；
3—附加玻璃；4—角钢；
5—吸声材料；6—合页；
7—燕尾螺栓

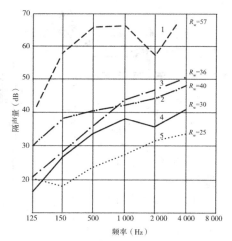

图 7-77　各种窗的隔声特性（实验室测定值）
1—8 mm 玻璃、533 mm 空气间层、10 mm 玻璃，边框加衬垫；
2—19 mm 玻璃、70 mm 空气间层、60 mm 玻璃，边框加衬垫；
3—3 mm 玻璃、32 mm 空气间层、3 mm 玻璃，用胶粘剂密封；
4—同 3，但未密封；5—2 mm 单层玻璃

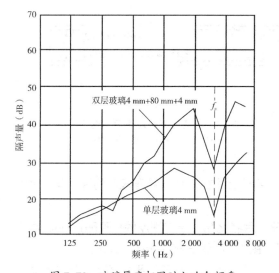

图 7-78　玻璃厚度相同时之吻合频率

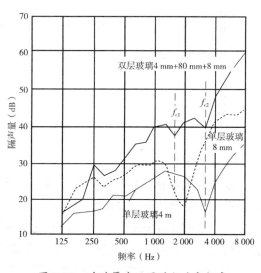

图 7-79　玻璃厚度不同时之吻合频率

（7）组合墙的隔声量

组合墙即带有门或窗的隔墙。假定组合墙上有门、窗及孔洞等几种不同部件，各种部件的面积分别为 S_1、S_2、S_3……S_n，其相应的透射系数分别为 τ_1、τ_2、τ_3……τ_n，隔声量分别为 R_1、R_2、R_3……R_n，则组合墙的实际隔声量应由各部件的透射系数的平均值 τ 所确定。

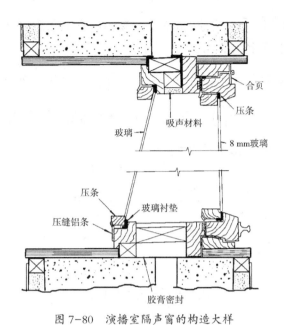

图 7-80 演播室隔声窗的构造大样

$$\overline{\tau} = \frac{S_1\tau_1 + S_2\tau_2 + \cdots\cdots + S_n\tau_n}{S_1 + S_2 + \cdots\cdots + S_n} = \frac{\sum \tau_i S_i}{\sum S_i}$$ （7-28）

或

$$\overline{\tau} = \frac{S_1 \times 10^{-\frac{R_1}{10}} + S_2 \times 10^{-\frac{R_2}{10}} + \cdots\cdots + S_n \times 10^{-\frac{R_n}{10}}}{S_1 + S_2 + \cdots\cdots + S_n} = \frac{\sum S_i \times 10^{-\frac{R_i}{10}}}{\sum S_i}$$ （7-29）

于是，组合墙的实际隔声量为：

$$R = 10 \lg \frac{1}{\overline{\tau}}$$ （7-30）

通常，由于普通门窗的隔声效果比一般墙体差，故组合墙的隔声量常要低于墙体。所以，孤立地提高墙体的隔声能力是没有意义的，应该按照"等传声量设计"的原则，即 $\tau_w \cdot S_w = \tau_d \cdot S_d$，因此

$$\tau_w = \frac{S_d}{S_w} \times \tau_d$$ （7-31）

即

$$R_w = 10 \lg \frac{S_w}{S_d} \times \frac{1}{\tau_d} = R_d + 10 \lg \frac{S_w}{S_d} \ (\text{dB})$$ （7-32）

从式（7-32）中可以看出，墙的隔声量等于门的隔声量加上墙面积和门面积比值的对数乘以 10，因此墙的隔声量略高于门或窗即可，通常，墙的隔声量只需比门或窗高出 10 dB

左右。要提高组合墙的隔声量，有效的办法是提高隔声较差的部件的隔声量。为了方便可利用图 7-81 或图 7-82 进行计算。

【例 7-3】某墙的隔声量 $R_w = 40$（dB）（即 $\tau_w = \dfrac{1}{10^4}$），面积为 20 m²。在墙上有一门，其隔声量 $R_d = 20$（dB）（即 $\tau_d = \dfrac{1}{10^2}$），面积为 2 m²。求组合墙的平均隔声量。

【解】此时组合墙的平均透射系数为：

$$\tau_c = \frac{20 \times 10^{-4} + 2 \times 10^{-2}}{20 + 2} = 10^{-3}$$

即组合墙的平均隔声量

$$R_c = 10 \lg \frac{1}{10^{-3}} = 30 \, (\text{dB})$$

比单独墙体要降低 10 dB。

（8）房间的噪声降低值

噪声通过墙体传至邻室后，其声压级为 L_2，而发声室声压级为 L_1，两室之间声压级差值 $D = L_1 - L_2$。D 值是判断房间噪声降低到实际效果的最终指标。D 值大小首先决定于隔墙隔声量 R，同时还与接收室的总吸声量 A，以及隔墙的面积 S 有关。它们之间关系为：

$$D = R + 10 \lg A - 10 \lg S = R + 10 \lg \frac{A}{S} \, (\text{dB}) \tag{7-33}$$

从式中可以看出，同一隔墙当房间的吸声量与隔墙的面积不同时，房间噪声降低值是不同的。因此，除了提高隔墙的隔声量之外，增加房间的吸声量与缩小隔墙面积也是降低房间噪声的有效措施。

式（7-33）在实际隔声设计中是非常有用的。首先，它可以检查在使用已知隔声量 R 的隔墙时，房间的总效果是否能满足"允许噪声"标准的要求。例如已知发声室的噪声级为 L_1，而接收室的允许噪声级为 L_2 时，则要求的噪声降低值为 $L_1 - L_2$。如已知墙的隔声量 R 与房间吸声量以及墙面积 S 时，则利用式（7-33）则可求出声压级差 D，如 $D \geq L_1 - L_2$，则说明隔墙的设计满足了隔声要求。否则需要采用隔声量更大的隔墙，或者增加房间的吸声量。

利用式（7-33）还可以选择隔墙的隔声量 R，如已知 L_1 与 L_2、接收室的吸声量 A 与墙面积 S，则可令 $L_1 - L_2 = D$，代入式（7-33），即可求出隔墙应有的 R 值，即：

$$R = D - 10 \lg \frac{A}{S} \, (\text{dB}) \tag{7-34}$$

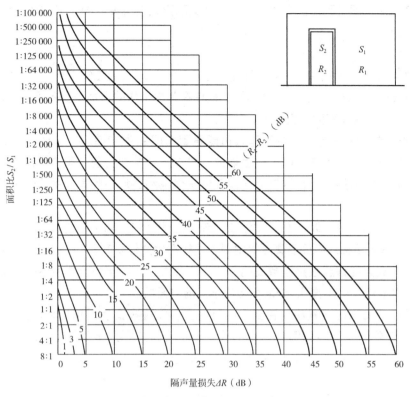

图 7-81 组合墙隔声量计算图（平均隔声量 $R_c = R_1 - \Delta R$）

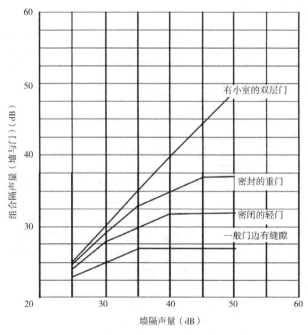

图 7-82 具有不同类型门的组合墙的隔声量

求出 R 值后，即可利用已有资料选出恰当的隔声构造方案。图 7-83 是隔墙隔声设计的程序框图。

（9）隔声间

在噪声强烈的车间内建造具有良好隔声性能的小室，以供工作人员在其中操作或观察、控制车间各部分工作之用。良好的隔声间，能使在其中工作的人员免受到听力损害，获得舒适的工作条件，进而提高劳动生产率。

隔声间位置应使在隔声间中工作人员能看到车间的生产情况。为此，可将车间的隔声间放在车间的角落、紧靠车间、一面墙或安排在车间中部，但必须方便隔声间内人员出入，并不影响车间内加工材料的流通，以及便于供电和通风。隔声间的具体形状与尺寸见图 7-84。

隔声间的空间尺寸，以符合工作需要的最小空间为宜。隔声间的墙体可采用砖墙、混凝土预制板、薄金属板或纸面石膏板等材料。顶棚亦用类似材料。

隔声间内表面应铺放吸声系数高的材料，或悬吊空间吸声体。常用的吸声材料是超细玻璃棉或矿棉（5～7 cm 厚），外表面敷盖恰当的罩面层。

隔声间门的面积应尽量小，密封应尽量好些。如观察窗使用单层玻璃隔声量不够时，可使用双层甚至三层玻璃。例如，用单层 3 mm 玻璃其隔声量为 25 dB；间距 10 cm 的双层 3 mm 玻璃隔声量为 36 dB。单层 6 mm 玻璃隔声量为 27 dB；间距为 10 cm 的双层

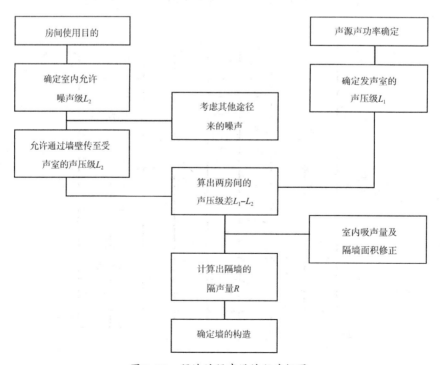

图 7-83　隔墙的隔声设计程序框图

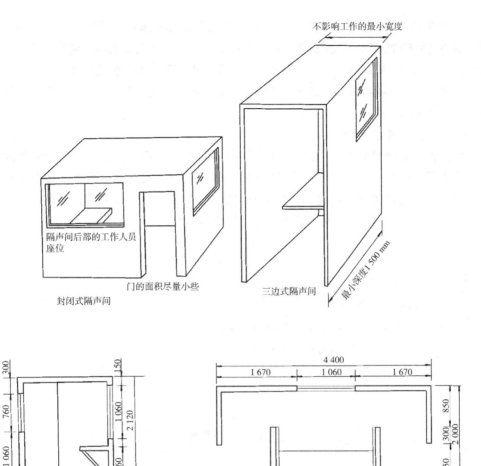

图 7-84 各种类型的隔声间（图中尺寸单位：mm）

玻璃隔声量为 38 dB；当间距为 20 cm 时，其隔声量可达 44 dB。

隔声间的形式应根据需要而定，常用有封闭式、三边式和迷宫式。迷宫式隔声间的特点是入口曲折，能吸收更大的噪声，由于它可以不设门扇，工作人员出入比较方便。

4）固体声隔绝

（1）固体声的产生与传播

建筑中的固体声是由振动物体直接撞击楼板、墙等结构，使之产生振动，并沿着结构传播开去而产生的噪声。它包括：①由物体的撞击而产生的噪声，如物体落地、敲打、拖动桌椅、撞击门窗，以及走路跑跳等；②由机械设备振动而产生的噪声；③由卫生设备及管道使用时产生的噪声。

固体声的传播可经历以下两个途径：一是由于物体的撞击，使结构产生振动，直接向另一侧的房间辐射声能；二是由于受撞击而振动的结构与其他建筑构件连接，使振动沿着建筑构件传到相邻或更远的空间。一般来说，由于撞击而产生的声音能量较大，且声音在固体结构中的传播时衰减量很小，故固体声能够沿着连续的结构物传播得很远，造成严重的噪声干扰，且干扰面较广。

（2）撞击声隔绝评价与标准

对撞击声隔绝性能的表示方法与空气声完全不同。它不是测量建筑构件两侧的声压级差，而是采用一个由国际标准化组织规定的标准打击器，在被测楼板面上撞击发声，同时在楼下房间测量经由楼板传递下来的撞击声压级 L_i，并根据接收房间测量的吸声量 A，按式（7-35）对 L_i 进行修正，即可得到规范化撞击声压级 L_n：

$$L_N = L_i + 10 \lg \frac{A}{A_0} \qquad (7-35)$$

式中　A——接收室中的吸声量，m^2；

　　　A_0——标准条件下的吸声量，取值 $10 m^2$；

　　　L_i——楼下房间测得的撞击声声压级，dB。

或根据接收房间测量的混响时间 T，按式（7-36）对 L_i 进行修正，即可得到标准化撞击声压级 L'_{nT}：

$$L'_{nT} = L_i - 10 \lg \frac{T}{T_0} \qquad (7-36)$$

式中　T——接收室的混响时间，s；

　　　T_0——基准混响时间，对住宅取值 0.5 s。

其中，规范化撞击声压级 L_n 一般用于实验室测量，而标准化撞击声压级 L'_{nT} 一般用于现场测量。

撞击声压级越高，则说明楼板的隔声性能越差；反之，撞击声压级越低，则隔声性能越好。这与空气隔声量刚好相反。

①单值评价量

与空气声隔声评价类似，在实际工程中，对撞击声隔声性能也采用单值指标来衡量。常用的参数有两个，即：计权规范化撞击声压级 $L_{n,w}$ 和计权标准化撞击声压级 $L'_{nT,w}$。这两个参数分别是由实验室测得的规范化撞击声压级 L_n 和现场测得的标准化撞击声压级 L'_{nT} 计权后得到的。

在确定单值评价量时，所用的撞击声隔声基准值也是要根据 1/3 倍频程或倍频程的测量结果进行选择。其撞击声隔声基准值如表 7-24 所示，相应的基准曲线如图 7-85（a）和图 7-85（b）所示。

撞击声隔声基准值 表 7-24

频率 （Hz）	1/3 倍频程基准值 K_i （dB）	倍频程基准值 K_j （dB）	频率 （Hz）	1/3 倍频程基准值 K_i （dB）	倍频程基准值 K_j （dB）
100	2		800	-2	
125	2	2	1 000	-3	-3
160	2		1 250	-6	
200	2		1 600	-9	
250	2	2	2 000	-12	-16
315	2		2 500	-15	
400	1				
500	0	0	3 150	-18	—
630	-1				

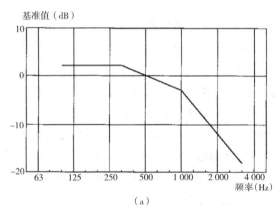
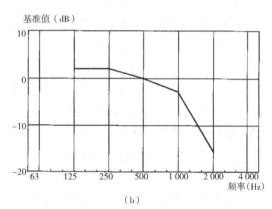

图 7-85 撞击声隔声基准曲线
（a）1/3 倍频程；（b）倍频程

《建筑隔声评价标准》GB 50121—2005 中同样采用了数值计算法和曲线比较法两种方法来确定撞击声隔声单值评价量，其方法与空气声隔声单值评价量的计算类似。

②撞击声隔声标准

我国《民用建筑隔声设计规范》GB 50118—2020 中，分别对住宅建筑（表 7-25）、学校建筑（表 7-26）、医院建筑、旅馆建筑的撞击声隔声标准做了规定，附录 10 还列举了各类型楼板的规范化撞击声压级。

住宅建筑分户楼板撞击声隔声标准 表 7-25

构件名称	撞击声隔声单值评价量（dB）	
卧室、起居室（厅） 的分户楼板	计权规范化撞击声压级 $L_{n,w}$（实验室测量）	<70
	计权标准化撞击声压级 $L'_{n,w}$（现场测量）	≤ 70

学校建筑教学用房楼板的撞击声隔声标准　　　　　　表 7-26

构件名称	撞击声隔声单值评价量（dB）	
	计权规范化撞击声压级 $L_{n,w}$ （实验室测量）	计权标准化撞击声压级 $L'_{nT,w}$ （现场测量）
语言教室、阅览室 与上层房间之间的楼板	< 65	≤ 65
普通教室、实验室、多媒体教室与上层产生噪声 房间之间的楼板	< 60	≤ 60
普通教室、实验室、多媒体教室之间楼板	< 75	≤ 75
琴房、音乐教室之间的楼板	< 65	≤ 65
琴房、音乐教室与上层普通教室、实验室、多媒 体教室之间的楼板	< 75	≤ 75

（3）楼板撞击声的隔绝

楼板要承受各种荷载，按照结构强度的要求，它自身必须要有一定的厚度与重量。根据隔声的质量定律，楼板必然具有一定的隔绝空气声的能力。但是由于楼板与四周墙体的刚性连接，将使振动能量沿着建筑结构传播。因此，隔绝撞击声的需求更为突出。

撞击声的隔绝主要有三个途径：一是使振动源撞击楼板引起的振动减弱；这可以通过振动源治理或采取减振措施来达到，也可在楼板表面铺设弹性面层来改善；二是阻减振动在楼层结构中的传播，通常可在楼板面层和承重结构之间设置弹性垫层，称"浮筑楼板"；三是隔阻振动结构向接收空间辐射的空气声。这可通过在楼板下做隔声吊顶来解决。

以上三种措施都有一定效果，但由于不同措施隔绝撞击声的机理不同，且受到材料、施工和造价等因素的影响。下面分别针对这三种改善措施加以讨论。

①弹性面层处理

通过在楼板表面铺设弹性面层（如地毯、塑料橡胶布、橡胶板、软木地面等）以减弱撞击声的措施，对降低中高频撞击声效果较为显著，但对降低低频声的效果不明显。但是，如果材料厚度大，且柔顺性好，对减弱低频撞击声也会有较好的效果，如铺设厚地毯，见图 7-86。

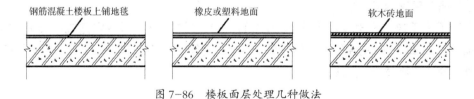

钢筋混凝土楼板上铺地毯　　　　橡皮或塑料地面　　　　软木砖地面

图 7-86　楼板面层处理几种做法

②弹性垫层处理

在楼板面层和承重结构层之间设置的弹性垫层，可以是片状、条状或块状的。通常将其放在面层或复合楼板的龙骨下面。常用的材料有矿棉毡（板）、玻璃棉毡、橡胶板等。此外，还应注意在楼板面层和墙体的交接处采取相应的弹性隔离措施，以防止引起墙体的振动，见图 7-87。

③楼板吊顶处理

在楼板下做隔声吊顶以减弱楼板向接收空间辐射空气声，也可以取得一定的隔声效果，如图 7-88 所示。但在设计与施工时应注意下列事项：

A. 吊顶的重量不应小于 25 kg/m²。如需在顶棚的空气层内铺放吸声材料，如矿棉、玻璃棉等，则其重量可适当减轻。

B. 宜采用实心的不透气材料，以免噪声透过顶棚辐射。吊顶也不宜采用很硬的材料。

C. 吊顶和周围墙体之间的缝隙应当妥善密封。

D. 从结构楼板悬吊顶棚的悬吊点数目应尽量减少，并宜采用弹性连接，如用弹性吊钩等。

E. 吊顶内若铺上多孔吸声材料，会使隔声量有所提高。

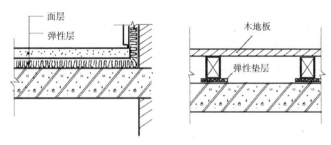

图 7-87 两种浮筑式楼板的构造方案

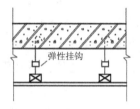

图 7-88 隔声吊顶的构造方案

5）建筑中的噪声控制实例

（1）提高围护结构隔声量

提高围护结构的隔声能力，可以减少外部噪声的传入，并可减少自身对周围环境的噪声干扰。一般室外环境噪声不是很大时，通常的墙体（如砖墙、空心小砌块）的隔声量已满足要求，但窗的隔声量存在问题，尤其是当还需要开窗通风时。对于要求特别安静的房间，如录音室、演播室、音乐厅、剧场及多功能厅等，其外墙不宜开窗，并应采用混凝土或实心砖墙，必要时房间还需增设外廊或附属房间来增加隔声量。同时，建筑内部房间之间的隔墙也应满足隔声要求。对于框架结构的建筑，隔墙应高出吊顶，且至梁或楼板底，同时，墙上不能开贯通的洞口。一些轻质隔墙的墙体较薄，若相邻两室的电源插座布置在同一位置时，就造成贯通的洞口，削弱墙体的隔声能力，故应错开布置（图 7-89）。

管线穿墙时，应采用内外应密封的套管（图 7-90）。空调送回风管穿墙时，要求风管有较好的隔声能力，并增大两室开口之间的距离。在隔声要求很高的场合，如录播室中，穿墙风管在墙两侧应加消声器，以防止噪声通过风管从一个房间传至另一个房间。有时为获得高隔声量，可采用"房中房"结构（图 7-91）。同时，为提高门隔声量，除采用高隔声量门扇外，还应做声闸。

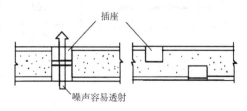

图 7-89 隔墙插座安装示意

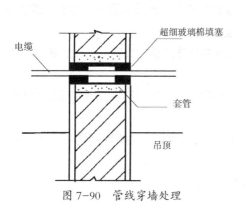

图 7-90　管线穿墙处理

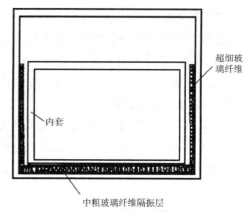

图 7-91　房中房隔声、减振结构

对于大多数处于高噪声环境中且需要自然通风换气的房间，如交通干线两侧的住宅，可采用组合隔声窗来解决窗隔声问题，即窗平常关闭，通过带换气扇的通风道消声换气（图 7-92）。如单层窗隔声量不够，可用双层窗。根据在北京地区的对比试验，采用组合窗时，夏天室内热工性能并不比开窗差。

（2）隔声屏障与隔声罩

通过把工作空间或噪声源用隔声屏障隔离来控制噪声，可用于房间内部噪声源的噪声控制。屏障的隔声效果与其构造做法、宽度及高度有关。隔声量随屏障宽度和高度增大而增大。屏障表面做吸声有利于提高隔声量，如配以强吸声吊顶，尚可降低吊顶反射传声，隔声效果更好。

对于某些高噪声设备，可用隔声罩或隔声小间进行隔离。隔声小间或隔声罩结构本身应有足够的隔声量，在小间或罩内应作强吸声处理。对于大量热量产生的设备，还应解决好散热问题。图 7-93 为风机隔离罩构造做法。隔声间也可用于工作空间，如在噪声源很多的车间内，可把控制室做成隔声小间，以保护操作人员不受噪声侵害。

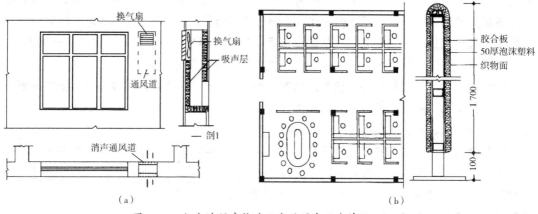

（a）　　　　　　　　　　　　　　　　　　（b）

图 7-92　组合墙隔声构造示意（图中尺寸单位：mm）

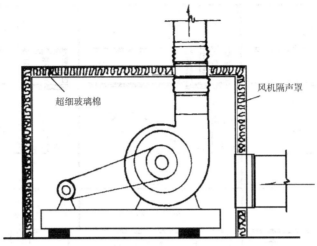

图 7-93　风机隔声罩构造做法

（3）管道消声

空调、通风系统中，风机的噪声会沿着风管传至室内。此外，气流在管道中因流动形成湍流，还会使管道振动而产生附加噪声。气流噪声的控制，一般通过在管道上加接消声器来实现。消声器类型很多，根据消声原理可归纳为阻性、抗性和阻抗复合式三种类型（图 7-94）。阻性消声器是一种吸收性消声器，其方法是在管道内布置吸声材料将声能吸收。抗性消声器是利用声波的反射、干涉、共振等原理达到消声目的。通常，阻性消声器对中高频噪声有显著的消声效果，对低频则较差；抗性消声器常用于消除中低频噪声。如噪声频带较宽则需采用阻性与抗性组合的复合式消声器。各种类型的消声器见图 7-94。

阻性消声器具有结构简单、对中高频有良好的消声等特点，因为被广泛采用。如图 7-95 所示的直管内壁粘上多孔吸声材料，就成了一种最简单的直管式消声器。

直管式消声器消声量为：

$$\Delta L = \varphi(\alpha) \frac{p \cdot l}{S} \ (\text{dB}) \tag{7-37}$$

式中　ΔL——消声量，dB；

$\varphi(\alpha)$——消声系数，它与阻性材料的吸声系数有关，可根据表 7-27 查得；

p——通道有效断面的周长，（$p=2a+2b$ 或 $p=\pi$），m；

l——消声器的有效长度，m；

S——气流通道的横端面积，m^2。

消声系数 $\varphi(\alpha)$ 与吸声系数 α_0 的关系　　　　　　　　　　　　表 7-27

α_0	0.10	0.20	0.30	0.40	0.50	0.6 ~ 1.0
$\varphi(\alpha)$	0.11	0.24	0.39	0.55	0.75	1.0 ~ 1.5

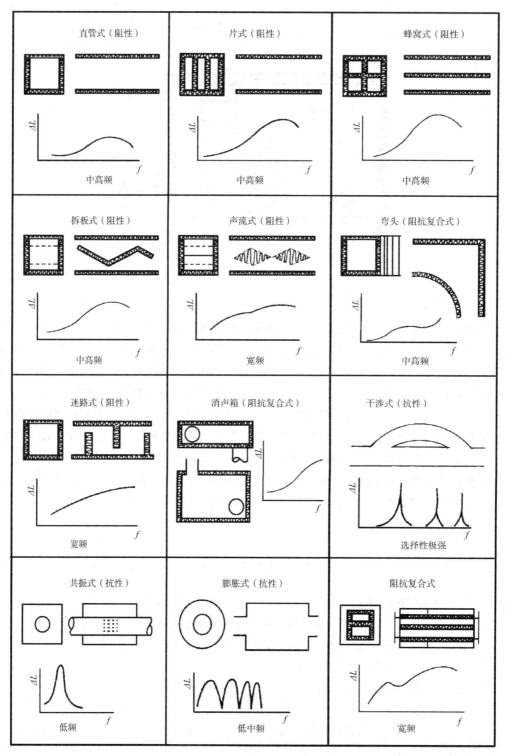

图 7-94　各种类型消声器及其消声特性
（消声特性图中横坐标为频率，纵坐标为消声量）

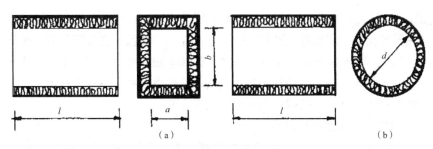

图 7-95　直管式消声器
（a）方直管阻性消声器；（b）圆直管阻性消声器

实际上，消声系数不仅与材料的吸声系数有关，还与材料声阻抗率、声波频率及通道断面面积等因素有关。当吸声系数较大、频率较高、通道断面较大时，理论计算值一般要高于实测值。若通道断面太大，高频声波以窄束形式沿通道传播，致使消声量急剧下降。如将消声系数明显下降时的频率定义为上限失效频率 f_c，则有：

$$f_c = 1.8 \frac{c}{D} \ (\text{Hz}) \tag{7-38}$$

式中　f_c——消声器上限失效频率，Hz；

　　　　c——空气中声速，m/s；

　　　　D——通道断面边长平均值，m；如断面为矩形，则 D 为 $(a+b)/2$；如断面为圆形，D 即为直径。

对于截面面积较大的消声器，为增加其消声量，一般把整个通道分成若干小通道，做成蜂窝式或片式阻性消声器（图 7-94）。

消声器外壳应有较高的隔声量，一般用钢板制作。

（4）生产车间噪声控制

从建筑声学的角度来看，噪声控制的方法通常是对声源采用隔声的方法进行隔绝，不让噪声辐射出来，或者在噪声辐射过程中加吸声材料，吸收部分噪声，使噪声传到人耳朵能量减低到允许的程度。假如这两者都不可能，也可将声源与人体隔绝。例如在喧闹的厂房中，设置控制室，使噪声降低到应有的程度，也还可以采用上述几种措施共同降低噪声。

以上所述的各种噪声控制方法都很简单，假如在建筑设计中综合地进行考虑，往往能收到事半功倍的结果。否则待工程完毕后，发现问题，再来补救，不仅费用大，效果差，有时还不能达到要求。

我国各工业企业的噪声现状是很严重的。对国内各类工业企业的车间噪声调查结果如下：钢铁工业 80~110 dB，石油工业为 80~100 dB（A）、机械工业为 80~110 dB（A）、建筑工业为 80~115 dB（A）、纺织工业为 80~105 dB（A）、铁路交通为 80~115 dB（A）、电子工业为 70~95 dB（A）、印刷工业为 70~95 dB（A）等。而这些工业企业中噪声大于

115 dB 的设备有鼓风机、空压机、铆接、风铲和电锯等。90 ~ 115 dB（A）之间的有鼓风机站、抽风机和轮转印刷机等。因此在设计厂房时，应考虑把生活区、办公区和工厂区分开；把高噪声的车间和低噪声的车间分开；生活区、办公区和车间应有一定的距离，可使噪声随距离的增加而产生一定的自然衰减，同时应有绿化以降低噪声传播，还应该利用一些对噪声没有要求的仓库等建筑作为屏障，使得噪声能有大幅度降低。

①不同生产车间的合理布局对噪声的影响

工业建筑的总平面布置应该在满足生产的要求下，尽量把噪声大的车间和设备集中在一起，并与安静的车间和设备分开，以免干扰。

A. 如锅炉房（图 7-96）、柴油发电机站、水泵房（图 7-97）、空压站等噪声很大的房站，应自成一区；并与主要生产车间分开，同时也应有一定距离要求。

生产车间中各工段内的机器设备的噪声特点也各不相同，如振动去毛刺、冲压工段应单独设置在一个隔声间中，也可与仓库、变压器间等对噪声要求不高的建筑相邻。

B. 分析各种机器和设备产生噪声的部位或构件，进行适当处理，以降低厂房内噪声级。

如压铸车间的融合炉，它的主要声源是附属在此设备上的油压箱，把它们集中在一起，放在隔声间中，这样就可以使该车间的噪声显著降低。

空压站中的空气压缩机的噪声有 3 个来源，即机器本身的运转噪声，储气罐和吸气口的噪声，并以吸气口噪声最高，储气罐的噪声次之。图 7-98 是某厂空压站，把 4 台空压机储气罐放在隔声间中，它们的吸气都连接在一起而通向附近的吸声小室中，该室又作为空气过滤室。另外，由于空压机本身和管子阀门的振动很大，加了 50 mm 厚的以玻璃布包裹的超细玻璃棉来隔声，所有的管子通过结构处也进行了减振处理。经处理后，机房室内噪声级低于 85 dB（A），满足我国工业企业噪声设计规范中噪声限值的要求。而值班室在采用普通门窗分隔后，其室内噪声级为 65 dB（A），满足规范中 70 dB（A）噪声值的要求。

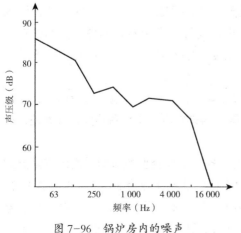

图 7-96　锅炉房内的噪声

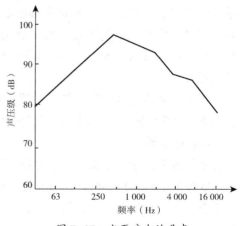

图 7-97　水泵房内的噪声

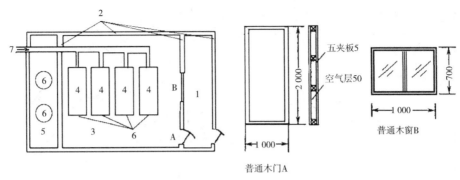

图 7-98　空压站平面图

1—值班室；2—240 mm 厚砖墙；3—空压机房；4—4×4L-20/8 型空压机；
5—储气罐室；6—2×250 m³ 贮气罐；7—吸气口通向吸气小室

C. 六角形机床噪声很大，主要是由于进料口导管和料的撞击所产生的噪声，可以在导管内加异形长弹簧，使料不能撞击导管，而使噪声降低。

②先进技术对噪声的影响

先进技术的采用对降低噪声也是有很大的作用，例如在表面处理车间中，由于采用了自动生产线，使得整个生产过程在封闭的管道中进行，即使还有手工辅助的工序，也是在有机玻璃罩中进行工作的，这样与原来开放式的操作相比，不仅可以消除有害气体，而且还减低了车间的噪声。此外，还可使用无噪声或噪声低的工艺设备代替噪声高的工艺设备，如图 7-99 所示。

③设备精度对噪声的影响

车间中生产噪声与机床的精度有关，如某车间中的 Z8016 型 16 mm 卧式深孔钻床的噪声很大，经过维修后，提高了精度，噪声减低 9 dB，效果明显，如图 7-100 所示。

④合理的建筑设计对噪声的影响

建筑设计中应采用"隔声为主，吸声为辅"的原则，因为采用隔声的措施是经济有效的方法，如能辅以吸声处理，则能得到更好的效果。

A. 隔声处理

如振动去毛刺的噪声很大，操作时只要把料放入容器中，开动机器后不需要有人管理。图 7-101 为振动去毛刺室的平面布置图，图 A 的设计是不合理的，因为门是隔声的一个薄弱环节，它不仅减弱了墙的隔声量，而且使室内的噪声通过门传到其他地方；另外，管理人员因在仓库中休息，往往对振动去毛刺室内的关闭情况不是很关心，因此，门经常被打开，噪声也就会由门传递出去。图 B 所示的平面设计就能避免该缺点，不仅发挥了墙的隔声作用，而且振动去毛刺室内噪声只能通过门和仓库才能传递到走廊，这样噪声就有较大的衰减。同时管理人员也会很关心门的关闭情况。所以这样简单的改变一下设计，就能获得较好的效果。

B. 吸声处理

吸声降噪只能减少室内的反射声（即混响声），并不能降低由声源直接传到接受者的直

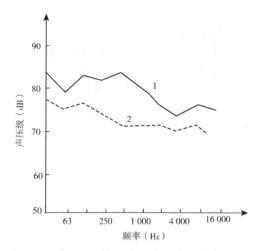

图7-99　表面处理车间采用自动线生产前、后的
噪声情况
1—开放式生产；2—自动线生产

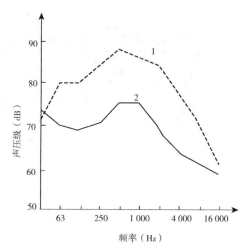

图7-100　Z8016型16 mm卧式深孔钻床维修前
后的噪声情况
1—维修前（90 dB）；2—维修后（980 dB）

达声，因此在原有室内声吸收较少、反射声较强、混响时间较长的情况下，进行吸声处理的效果为4～8 dB（A）左右，效果好的可达10 dB（A），但一般不会超过12 dB(A)。但当室内噪声减低5 dB(A)时，主观上就能获得满意的效果。

　　C. 声屏障

　　某车间大四辊主电室的机械噪声特别严重，特别是300 kW直流发电机组的噪声危害更为明显。由于工艺的要求工人必须常到电气控制屏前工作，其位置距离发电机组仅1.5 m左右，经测定该处的最高声压级达到107 dB（A），在这种噪声环境下几乎无法用语言交流，只能依靠手势联系，这给工作

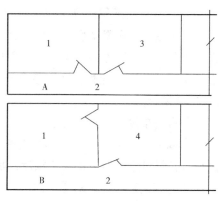

图7-101　振动去毛刺室平面设计例子
1—振动去毛刺室；2—走廊；3—仓库；
4—仓库兼休息室起声闸作用

带来了不便，同时噪声对健康的危害也较大，操作工人普遍反映长期听到噪声感到心慌，并患有失眠等神经衰弱症状（图7-102）。

　　考虑到发电机组，要求便于散热、便于工人辨别故障和日常维修保养等因素和工艺特点，设计采用声屏障来降低噪声。根据声源的特性、噪声控制范围要求及标准以及控制室观察窗对发电机组的观察要求，结合声屏障特点，将平面设计成L形。声屏障的断面形式采用遮檐式以提高衍射系数，为了更好地控制噪声，在设置声屏障的基础上，还需要在室内部分位置设置吸声材料，包括悬挂在室内上空的浮云式空间吸声板，垂直悬挂的双面吸声板及背后有空腔的吸收体等（图7-103）。

　　声屏障及吸声设备安装完成后，经测定，声屏障后的声压级由107 dB（A）下降到85 dB（A），这说明声屏障的降噪效果是明显的。

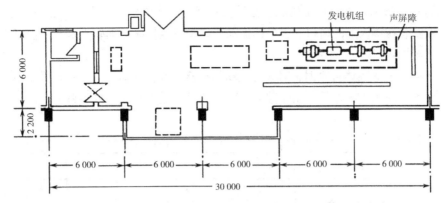

图 7-102 主电室平面及测点位置示意图（图中尺寸单位：mm）

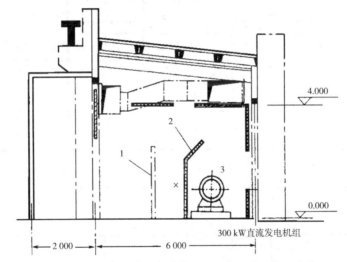

图 7-103 车间内部吸声材料及声屏障位置示意图（图中尺寸单位：mm）
1—电气开关屏；2—声屏障；3—300 kW 直流发电机组

7.2.5 设备减振

1）振动的影响

在建筑设计中，常常遇到许多振动问题。例如在精密加工的厂房中，有时会因振动使机器设备不能正常工作，如仪表不能读数，刻划的直线弯曲、互相挤压，拍摄的照片模糊不清，使产品有缺陷或废品率增加等情况。因此，不论在厂址选择，还是在总图设计、车间设计和设备安装时，振动都是需要认真解决的问题。此外，振动对人也有影响。譬如，当人体直立时受到振动，如振动频率为 10 Hz，振幅在 40 ~ 110 μm 时，就会感到烦躁不安；在 110 ~ 350 μm 时感到不舒适；350 μm 以上时，就会感到疼痛。人体对振动的敏感性还与人体姿势有关，直立时对垂直振动较敏感，躺卧时对水平振动较敏感。例如，在设计病房和旅馆时，对振动的控制要求就与教室、试验室及车间的要求不同。

　　振动除直接影响人体各种生理反应与设备的运行和操作外，还会产生噪声，恶化环境。例如，直接安装在楼板上的风机和设备的振动，将激发楼板振动而辐射噪声，使楼下房间不得安宁，甚至损坏楼板。

　　图 7-104 是一般人体直立时，对垂直振动的敏感特性，从图中可以看到振动频率与振幅对人体的作用。图 7-105 是可能引起建筑物损坏的振动频率与振幅的关系。

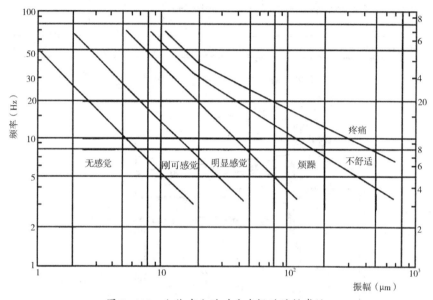

图 7-104　人体直立时对垂直振动的敏感性

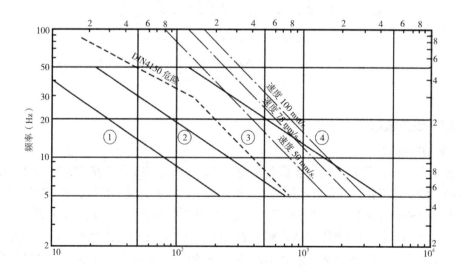

①—无损坏区；②—粉刷出现裂缝区；③—承重结构可能损坏区
（DIN4150- 德国标准）；④—承重结构损坏区
图 7-105　使建筑物可能损坏的振动（根据振动速度分）

综上所述,控制振动是建筑设计中一项重要因素。但由于振动问题比较复杂,牵涉面广,在深入分析与处理问题时,需要掌握较多的数学、力学与物理知识。因此本书不对此深入讨论,如有需要,可参阅相关文献资料,本书仅给出减振系统的概念及部分减振运用举例。

2)减振系统

建筑中产生振动的设备种类很多,如图7-106为安装在楼板上的风机。当风机转动时,由于叶轮不平衡而产生干扰力 F,它直接作用在楼板上,引起楼板振动。为了减小作用在楼板上的干扰力,往往在风机与楼板之间设置某种弹性器件,如弹簧、橡胶块等,称为减振装置或减振器。风机与减振装置所形成的系统,称为减振系统。

3)设备减振运用举例

建筑中的各种设备(如水泵、风机)如直接安装在楼、地面上,则当其运行时,除了向空中辐射噪声外,还会把振动传给建筑结构。这种振动可激发固体声,在建筑结构中传播很远,并通过其他结构的振动向房间辐射噪声。结构振动本身也会影响建筑物的使用。因此,在工程上要对建筑设备进行减振。通常把设备包括电机安装在混凝土基座上,基座与楼、地面之间加弹性支承(图7-107)。这种弹性支承可以是钢弹簧、橡胶、软木和中粗玻璃纤维板等,也可以是专门制造的各种减振器。这样,设备(包括基座)传给建筑主体结构的振动能量会大为减少。

减振设计一定要防止设备驱动频率与系统固有频率之间发生共振,一般要求设备驱动频率与振动系统固有频率之比大于2。

风管与风机、水管与水泵之间应有柔性连接。风管、水管固定时应加弹性垫层(图7-106)。

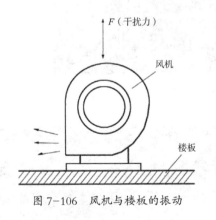

图 7-106 风机与楼板的振动

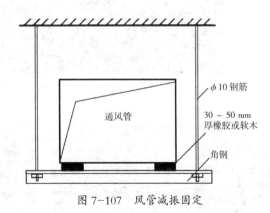

图 7-107 风管减振固定

7.3 应用实例

7.3.1 剧院声学设计实例

1)维也纳金色大厅

180年前音乐仅在欧美国家的教堂及皇宫中演奏,或在室外广场演出。19世纪50年代起在欧洲的英国、德国、奥地利等国开始建设一些300~500座的小型室内音乐厅,直到19

世纪后期才先后在欧美设计建成了数个大型音乐厅，这些大厅中最著名的就有 1867 年建成的维也纳音乐协会音乐厅，即金色大厅（图 7-108）。

这座音乐厅内部宽 20 m、高 17.5 m、长 35 m，容积 15 000 m^3，座位 1 680 座，站位 500，每席容积 8.9 m^3，是典型的"鞋盒形"空间。这种经典的音乐厅形式最大的优势在于，两边侧墙能够提供大量的早期反射声，是营造厅堂音质亲切感和丰满度的关键因素；同时，鞋盒形空间的匀质性，保证了厅堂内所有位置都能得到较好的声音效果，即使是侧面和二层的座位也能得到理想的混响。其高、宽组成近似于正方形的横截面，宽、长近似 1 比 2，有利于大量侧向反射声到达观众席，产生良好的空间感；侧边女神像等装饰形成了凸凹丰富的表面，以及砖墙上涂石膏灰泥，都有利于漫反射形成更加均匀的声场；不算大的空间搭配较

图 7-108　金色大厅实景照片

（a）　　　　　　　　　　　　　　　　　　（b）

图 7-109　迪士尼音乐厅外部（左）与音乐厅（右）
（a）外部实景照片；（b）音乐厅实景照片

长的混响（满场中频混响时间为 2.1 s）能够保证足够的声能密度，这些都与现代声学理论相吻合。在金色大厅的屋顶，九个三角形大钢结构架吊起云杉木料的天花，形成了一个略有弹性的巨大共鸣箱，保证了低频的吸收。

2）洛杉矶迪士尼音乐厅

迪斯尼音乐厅外表选用金属板材料（图 7-109）；而室内则大量采用木质声学装饰材料，不仅能创造温暖、亲切的演出环境，同时能提供更加温暖和丰满的声学效果。音乐厅的容量为 2 265 席，满场混响时间为 2.0 s，非常适宜交响乐演出。内部采用类似金色大厅的鞋盒形平面布局，同时借用了葡萄田式音乐厅中的声学处理方法，打破了鞋盒形音乐厅的规模限制，在保证音质良好和座位舒适的基础上实现了容纳更多观众的目的。为了给厅堂选择最为理想的形态，设计前期制作了 30 个 1∶96 的厅堂模型，再利用软件进行声学分析和评价。平面轮廓近似于鞋盒形，保证了厅堂音质的均好性；两片连续且外突的曲线隔墙能为观众提供足够的早期反射声，解决了平面加宽后中间观众的音质问题，弧形隔墙还在后排中部较大的一片观众区域中有分布，起到反射声音，提供丰满声音效果的作用。此外，高度较低的吊顶能更多地反射声音，弥补了宽度过宽所带来的声音反射与扩散不足。

内部声学装修选用花旗松薄板覆盖在硬质石膏板的表面，作为墙体和吊顶的主要材料，在某些需要吸声的部位则采用织物和小木片进行组合作为墙体材料。为了在白天音乐表演中展现室内空间与自然的联系，音乐厅设计了自然采光。自然采光的定位于对室内声场影响不显著的屋顶四角。为了保证隔声效果，这些窗口均采用双层玻璃构造，外层玻璃厚度为 7.6 cm，内层玻璃厚度为 5.1 cm，两层玻璃之间是 17.8 cm 的空气层，保证了 $R_w \geq 30$ dB 的隔声效果。

3）国家大剧院

国家大剧院由歌剧院、音乐厅、戏剧场、小剧场及相应的配套设施组成，由于 3.6 万 m² "蛋壳"屋盖非常巨大，为了降低雨点撞击金属屋面对室内所产生的干扰，创造性地采用在屋盖底层采用纤维素喷涂防止雨噪声的方案。实验结果显示，屋盖空气声隔声由最高 R_w=37 dB（喷涂前）提高到 R_w=47 dB（喷涂后），而雨击隔声量可达到 $L_{pn,w}$ = 40 dB。同时，纤维素喷涂材料也具有良好的吸声性能，能够使大厅内混响明显降低，言语清晰度明显提高。音乐厅内部的顶棚和墙面采用了平均厚度 4 cm 的 GRC（增强纤维水泥成型板）。顶棚上的 GRC 装饰有凌乱的沟槽，侧墙 GRC 为起伏的表面，目的在于扩散反射声（图 7-110a）。另外，厚重的 GRC 能够有效地防止低频吸收，增强厅内的低频混响时间，使低音效果（如管风琴、大管、大提琴等）更加具有震撼力和感染力。舞台侧墙上采用了栅状间隔的 MLS 扩散体（图 7-110，b），能扩散反射来自演奏台的声音，保障演出者之间具有良好的自我听闻和相互听闻，有利于乐队更好地发挥表演水平。观众席每个座椅下均有一个送风口，采用"下送上回"的置换送风方式，但由于风口距离人体很近，为了消除风口噪声对听闻的影响，加入了一个"小雨伞"形的阻风装置，在常规 50 m³/h 的风量下，垂直流场风速低于 0.2 m/s，噪声声功率小于 5 dB（A）。

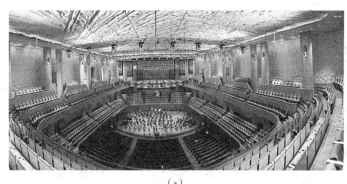

（a） （b）

图 7-110　国家大剧院音乐厅（a）及 MLS 扩散墙面（b）

4）广州大剧院

　　广州大剧院共 1 804 席，三层观众席呈"双手环抱"形，顶棚设置为"满天星"的效果，呈不对称布局。厅堂内墙表面、挑台栏板和顶棚等表面由一系列复杂而飘逸流动的曲面组成，这些曲面均用 GRG 制作（图 7-111）。由于演出功能以歌剧、交响乐为主，因此提出的音质目标为混响时间为 1.4 ~ 1.65 s，明晰度 C_{80}>+2 dB、背景噪声 <NR 15。为确保建成后歌剧厅的音质达到预期效果，在观众厅平剖面体型、墙面和顶棚的反射声、座椅声学要求等方面进行了专项研究。在建筑平面体形深化设计中，通过声线分析进行了优化调整，在台口前侧墙结合耳光灯口设计的圆弧曲线形墙，丰富了早期反射声效果；顶棚的形式及走向都能使早期反射声均匀覆盖全场，在顶棚与墙面的整体装修中达到声学效果的要求。设计前期制作了采用 GRG 材料的 1∶20 声学缩尺模型，测试发现其中有 6 个测点的脉冲响应存在能量较集中的长延时反射声。模拟分析后，在舞台台口两侧墙面、顶棚部位增加了扩散构件。通过不断修改缩尺模型，直至各测点的声脉冲响应达到理想状态。最终实测结果显示，厅内响度足够，声场扩散良好，各指标均满足音质设计目标，同时具有丰富的前次反射声和侧向反射声。

图 7-111　广州大剧院歌剧厅实景

5）哈尔滨大剧院

哈尔滨大剧院以大型歌舞剧、综艺晚会的演出为主，并兼顾交响乐、室内乐、合唱等演出和会议的需要。要求上演大型歌剧、舞剧、大型综艺晚会时，混响时间 RT 为 1.5 ± 0.1 s；上演交响乐、室内乐、合唱时，混响时间为 1.8 ± 0.1 s。设计时模拟分析和计算结果，确定了观众厅各界面的声学装修材料、配置及构造。观众厅内地坪用料采用木地板，龙骨间隙填实，以避免地板共振吸收低频。观众厅墙面选用 GRG 板，面密度为 $40 \sim 50$ kg/m^2，大部分墙面表面贴木皮（图 7-112）。侧包厢墙面为 GRG 板上实贴皮革。为了保证早期反射效果，天花采用面密度较高（50 kg/m^2）的 GRG 板以避免过多的低频声能被吸收。由于舞台空间巨大，为避免舞台与观众厅之间因耦合空间而产生的不利影响，对舞台天桥以下的墙面进行了吸声处理，确保舞台空间内的混响时间基本接近观众厅的混响时间。为了实现可变混响，在舞台上设置了可拆卸的反声罩。

主观感觉	客观参量	测量结果	优选范围	评价
混 响	RT_{mid}（满场）/s	1.7（满场）	1.8~2.1（满场）	略低于要求
	EDT_{mid}/s	1.62	2.2~2.6	低于要求
明晰度	$C_{(80,3)}$/dB	0.64	-3~0	略高于要求
响 度	G_{mid}/dB	2.35	1.5~5.5	符合要求
温暖感或低音力度	G_{125}/dB	2.1	3.0~6.0	略低于要求
空间感	LF_{E4}	0.18	0.17~0.23	符合要求
	$1-IACC_{E3}$	0.62	0.65~0.71	基本符合要求
亲切感	$ITDG$/ms	30	<25	略低于要求
舞台支持度	$ST1$/dB	-13.6	>-14	符合要求

图 7-112　哈尔滨大剧院实景照片及各声学指标测量结果评价

测试结果可以看出，哈尔滨大剧院演出交响乐的整体效果不错，响度、空间感和舞台支持度以及各种乐器演奏的清晰度和层次感相对较好，且由于墙面多凸弧形扩散造型，音色比较柔和、圆润。但 RT、EDT、C_{80} 指标超出优选范围，低音力度低于要求，主要是因为音乐反声罩采用纸蜂窝板表面贴木皮，吸收低频声能过多。而较低的混响时间会导致演出交响乐时清晰度高，而音乐的明晰度、丰满度略差。

7.3.2　噪声控制工程实例

1）国家大剧院空调系统噪声振动控制工程

国家大剧院占地面积 120 000 m^2，总建筑面积 220 000 m^2。作为国家标志性演艺核心场馆和建筑新形象的代表，国家大剧院对总体噪声控制提出了严格的要求，主要空调设计参数与允许噪声标准，如表 7-28 所示。

空调系统噪声控制主要包括消声与隔振两方面：消声设计是针对风机的噪声控制，隔振设计则包括对空调、制冷设备的振动控制。

（1）空调系统消声设计

暖通空调系统噪声控制涉及建筑防噪布局规划、消声器选型、主机及水系统等配套设施隔振设计、防噪声串扰以及对设备噪声源强的控制等内容。对于声学条件有如此高要求的项目，通常应尽可能使空调机房远离要求安静的房间；消声器的布局位置则尽量设置在气流平稳段；对噪声标准不同的房间或噪声特性不同的空调、通风系统，则应各自独立设计，而非共用一套系统。但在本项目中有部分关键系统无法满足上述要求。例如，某区某层有着 NR 25 指标要求的大、中、小排练厅，与机房仅一墙之隔，噪声控制设计时采取了特殊的措施。首先是强化机房内吸声、隔声和设备基础隔振，尽量扩大机房内的消声空间，修改原送风、回风主干管路的布局（分段后移），将排练厅所需的大部分送风、回风消声器直接安置在排练厅内；为防止噪声通过前级消声器外壳的泄漏，又对这部分靠近上游的消声器和风管额外的增加了隔声围护结构。

国家大剧院噪声控制设计指标　　　　　　　　　表 7-28

房间名称	噪声标准	房间名称	噪声标准
歌剧院观众厅	NR20	排练厅	NR25
歌剧院乐池	NR20	录音室	NR15
歌剧院舞台	NR25	演播室	NR15
歌剧院台仓	NR25	多功能厅	25 dB（A）
戏剧院观众厅	NR20	声响控制室	NR20
戏剧院舞台	NR25	耳光、追光室	NR20
音乐厅观众席	NR20	各剧院休息厅	40 dB（A）
音乐厅台仓	25 dB（A）	办公室	35 dB（A）

（2）末端风口噪声控制

剧场观众厅对背景噪声的要求非常严格，因此也要求空调末端的气流噪声应该非常低。为此，国家大剧院的歌剧院、戏剧院、音乐厅均采用座椅下送风、顶部回风的置换型空调布局，大部分座椅下都设有一个送风口（因结构限制缺失的部分，则在阶梯侧面开设散流器孔），在上部灯光密集处回风及排风；观众座椅下的阶梯空间设计为消声静压箱，其内部各表面均敷设 50 mm 厚吸声层。不仅起到保温隔热的作用，同时由于静压箱体积很大，有效改善低频消声性能，同时将气流流速控制得很低，从而达到控制气流噪声的目的。

经过实测，座椅送风口产生的气流噪声极低，在 50 m³/h 的设计送风量下风产生的噪声不超过 14 dB（A），满足 NR 20 的设计要求。

2）酒店客房空调降噪工程

某五星级酒店某套房的客厅与主卧空调噪声较高，严重影响客房居住舒适环境。客房原设计采用三台暗藏式分体空调，分别供客厅、主卧、次卧使用，客房空调布置，如图 7-113 所示。

空调风口的风噪声非常突出，且在回风口可听到倾斜的风机涡轮转动声。此外，主卧室内关闭门窗时，人可听到清晰的室外压缩机组的噪声，客房空调改造前客厅和主卧室的噪声测试值分别为 47.4 dB（A）和 45.8 dB（A），主要原因有：①室外机的噪声值较大；②室内机的出风口未接风管直接与装饰百叶口相接，气流缺少可缓冲的风管，导致风噪声较大；③回风口设置于风机正下方，使涡轮噪声未经衰减直接传至客房内；④室外机的设备井临近主卧室，且在朝主卧室方向一侧的墙上安装通风散热的百叶，设备噪声可从此处扩散。

参考目前国际五星级酒店常用噪声控制标准，空调中风速运行下，客厅及主卧的背景噪声值应满足 NC 30 噪声评价曲线标准。

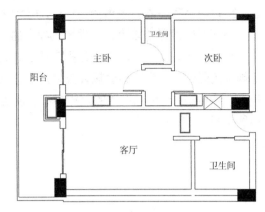

图 7-113　客房空调位置平面图

设计方案在不更换设备的前提下，对空调机组进行如下改造：

（1）客厅：室内机位置不变，回风口设置于入户门附近吊顶内，封闭原风机下方的回风百叶口，改为修检口。室内机吊顶孔增设橡胶垫圈。

（2）主卧室：室内机位置重新调整，封闭阳台设备井朝主卧室方向的百叶风口。

空调经改造后，中风速运行时噪声值可满足 NC 30 噪声评价曲线要求，达到了设计目标。详细数据如图 7-114 所示。

3）地铁站通风系统噪声控制工程实例

某地铁车站位于居民街道中，车站两端设有 4 组共 8 个风亭，设在各地铁出入口附近空地上。地铁通风系统的主要噪声源分别为风机噪声、冷却塔噪声和列车噪声。地铁通风设备噪声的传播途径为：设备→风道→风亭风口→控噪点。不同类型风机设备，其噪声倍频带声功率级是不同的，即使相同类型的风机，由于通风量和风机压头的不同，其倍频带声功率级也不尽相同。地铁隧道通风机风量为 60 m³/s，全压在 1 000 Pa 时，噪声声功率级

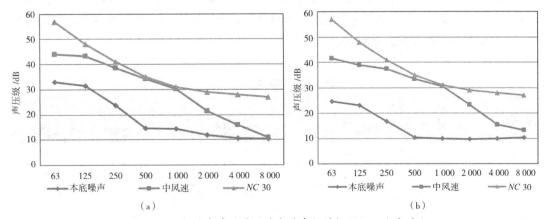

图 7-114　酒店套房改造后关窗噪声频谱与 NC 30 曲线对比
（a）客厅；（b）主卧室

在 120 dB（A）左右，风量为 50 m³/s，全压在 350 Pa 时的噪声声功率级也有 100 dB（A）。

由于其噪声影响较大，治理风机噪声的主要手段是采用消声器。对于各类风机噪声，可在风机进/出口设置消声器（包括弯头式、百叶式、管道式等）。根据现场安装可操作空间等因素的影响，可设置为金属外壳消声器，也可设置为结构片式消声器。如果噪声控制要求较高，风机进/出口处设置的消声器不能满足要求时，也可在混凝土风道内设置结构片式消声器（图 7-115）。

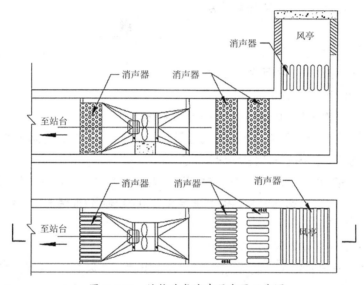

图 7-115　结构片式消声器布置示意图

消声器的设计应根据防火、防腐、噪声源特性、允许压力损失、工程造价等多种因素影响进行综合考虑。如何设计既能满足消声要求又能使压力损失降至最低，占用空间尽量小，还要造价尽可能低的消声器至关重要。为了减少背景噪声的影响，选择在夜间（23：30 ~ 04：30）对各点进行现场测试。消声器实测降噪效果，如表 7-29 所示，实测结果与设计预测相比性能略好，达到了设计要求。

消声器实测降噪效果　　　　　　　　　　　　　表 7-29

声压　　　　风	倍频带中心频率（Hz）								dB（A）
	63	125	250	500	1 k	2 k	4 k	8 k	
隧道风亭 1	62	51	50	43	42	37	27	18	47
隧道风亭 2	61	53	52	47	42	40	36	26	49
隧道风亭 3	67	58	53	47	41	36	37	31	50
隧道风亭 4	68	58	54	44	40	39	35	28	49

4）飞机发动机试车台消声降噪工程

某飞机发动机试车台是目前亚洲地区技术最先进的试车台,应满足厂界噪声 ≤ 70 dB(A)的噪声控制标准。而飞机发动机噪声是一种极为强烈的噪声源,其在最大工况下声功率和声功率级分别达到 10 kW 与 160 dB,距离排气端 50 m 处的声压级大于 140 dB。

为有效控制噪声,同时保证试车台正常运行,本工程采取的主要技术措施为进、排风塔的消声改造,必要的隔声结构,如图 7-116 所示,技术措施细节为:

①所有消声构件均采用耐高温矿棉或玻璃棉、玻璃纤维布、不锈钢穿孔板制作而成,以满足高温工作环境;②设置大面积的进气面、排气面,以满足大风量要求;③试车台进、排气方向与发动机进、排气方向相互垂直,增加噪声衰减,高频衰减尤为显著。进、排气设置较高且开口向上,使外排噪声的强分布区域远离地面建筑、构筑物;④试车台围护结构为不小于 0.6 m 厚的钢筋混凝土墙体,以满足隔声大于 60 dB 的要求;⑤排气塔气流方向与传声方向相同,设计排气塔比进气塔高 6 m,增加消声量。

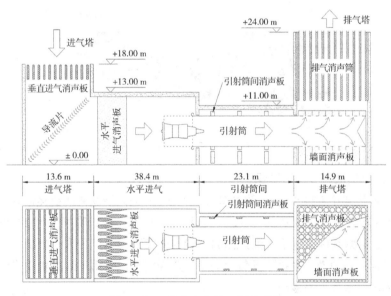

图 7-116 试车台平面、剖面示意

各部分消声构件的组成及设置方式如下:

（1）垂直进气消声板:安装于进气塔顶,共 12 件。单件消声板尺寸为 12 200 mm(长) × 2 660 mm (高) × 350 mm (厚),消声板间通道宽 644 mm,垂直进气通道面积为 2 m²。消声板由内部框架、吸声填料和护面穿孔板组成。内部框架和护面穿孔板均为 3 mm 厚 304 不锈钢板。框架和穿孔板焊接组合为格构式受力构件,承受构件本身的自重荷载。内填玻璃纤维容重 48 kg/m³,由玻璃布包裹填于框架空腔内。穿孔板孔径 6 mm、穿孔率 22.7 %,呈等边三角形排列,孔距 12 mm。

（2）水平进气消声板:分为前部消音板、后部消音板。前部、后部消声板的菱状头锥组成迂回进气通道隔断直达声外溢。水平进气迂回通道的设置并没有额外减少进气面积,水平进气通道面积为 77 m²。前部水平进气消音板 10 件，单件尺寸为 12 000 mm（高）×2 725 mm（长）×606 mm（厚），前部水平进气消音板 11 件，单件尺寸为 12 000 mm（高）×3 910 mm（长）×606 mm（厚）。水平进气消音板由内部框架、吸声填料和护面穿孔板组成。内部框架和护面穿孔板均为 3 mm 厚 304 不锈钢板。内填玻璃纤维容重 48 kg/m³，由玻璃布包裹填于框架空腔内。穿孔板孔径 5 mm、穿孔率 22.7 %，呈等边三角形排列，孔距 10 mm。

（3）排气塔消声筒：排气塔上部设置消声筒，共 110 件。试车台通过消声筒排气，消声筒尺寸为 φ 824 mm×12 500 mm（高），排气面积 58 m²；消声筒底部设下架用于支撑消声筒，上部设上支架。上、下支架除设与圆筒等径的圆孔与消声筒匹配，其余均为不锈钢板密封。消声筒外壁之间用容重 110 kg/m³ 的耐高温矿棉充填，筒壁与耐高温矿棉之间依次为不锈钢丝网和玻璃布。消声筒用 3 mm 厚 304 不锈钢板穿孔而成，孔径 6 mm、穿孔率 22.7 %，呈等边三角形排列，孔距 12 mm。

图 7-117 为该项工程的 3D 剖面图。经实测，达到了降噪目标。

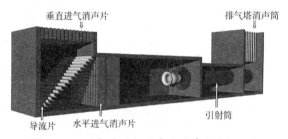

图 7-117　飞机发动机试车台消声结构 3D 图

5）发电厂自然通风冷却塔降噪工程

某发电厂共设 4 个直径 124 m、进风口高度约 12 m 的大型双曲线自然通风冷却塔，1 号、2 号冷却塔距住宅区（噪声控制点）较近，最近点约 17 m，预计噪声超标 24 dB。为确保噪声控制点达标，并最大限度地降低通风阻力，设计方案采用消声导流片半围 2 个冷却塔，中间设立声屏障连接，消声片根据不同位置的不同降噪需求，采用不同结构逐步过渡，确保达到降噪效果的同时通风阻力最小。

对于冷却塔的降噪，常用的方法可归为 3 类，即声屏障、落水消能器、消声导流片。由于本项目降噪量要求为 24 dB，声屏障和落水消能器都不可能达到目标。因此，消声导流片成为唯一可选的方案。鉴于只要求厂界外敏感点达标，朝厂内的方向无降噪要求，经精确计算，1 号、2 号塔采取过渡式消声导流片半围方案，并在两塔之间设立声屏障。在设计阶段，冷却塔并未运行，本工程以其他电厂同类冷却塔在近乎相同工况下的噪声量级和频率特性做参考，设计并制造了按 1∶1 的尺寸取小断面的消声导流片样机进行试验，测试其倍频带插入损失和阻力系数。根据试验结果，按电厂提供的模型，模拟预测降噪措施实施后的声场。根据现场的具体情况和超标量的不同，采用消声量渐变的设计，既能满足厂界和敏感点的噪声监测达标，又可使通风和散热的损失代价最少。根据消声器模型的降噪量，预测方案实施后的声场分布情况，见图 7-118。

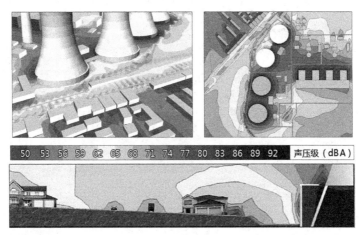

图 7-118 预测某电厂降噪方案实施后的声场分布情况

习 题

7-1 室内音质的主观评价有哪些？在音质设计中用哪些方面来保证音质良好？

7-2 确定房间容积需考虑的因素有哪些？

7-3 观众厅由于体形处理不当会产生哪些音质缺陷？如何消除？

7-4 有一座厅堂的长、宽、高为 35 m×24 m×5 m，观众席座位数为 1 050 座，座席所占面积为 624 m²。在 500 Hz 频率上每位观众的吸声量为 0.4 m²，每个空座椅的吸声量为 0.3 m²，若大厅内装修后各表面的平均吸声系数为 0.25。用伊林混响时间公式计算该大厅在空场和满场时的混响时间，并判断能否满足放电影的需要。

7-5 试论述噪声评价的主要指标。

7-6 在城市噪声控制中存在哪些问题？今后应如何解决？

7-7 试论述在居住区规划中，控制噪声的主要措施及方法。

7-8 在一间大教室，平面尺寸 15 m×6 m，高 4.5 m，室内总吸声量为 10 m²，墙面可铺吸声材料的面积约为 100 m²。试问：（a）如顶棚上全铺以吸声系数为 0.5 材料，室内总噪声级能降低多少分贝？（b）如墙面 100 m² 也全铺上同样材料，又可降低多少分贝？

7-9 在建筑中声音是通过什么途径传递的？空气声与固体声有何区别？室外的火车声进入室内是属于何种类型的传播？

7-10 何谓质量定律与吻合效应？在隔声构件中如何避免吻合效应？

7-11 试例举例一、二种典型方案，说明如何提高轻型墙的隔声能力。

7-12 设计隔声门窗时应注意什么问题？

7-13 墙上有一孔洞，孔洞面积为墙面面积 1/150 的，若墙本身的隔声量为 53 dB，试求此墙的平均隔声量。

7-14 有一双层玻璃窗，玻璃厚均为 6 mm，空气层厚 20 cm，试求此双层窗的共振频率（玻璃密度为 1 500 kg/m³）。

第 **3** 篇 发展篇

    随着科学技术的进步，建筑热工学、建筑光学、建筑声学的理论及应用技术也不断发展，取得了许多成果。为使学习者能在学习过程中了解到建筑物理的最近发展成果以及发展趋势，本书增加了发展篇，力求在掌握基本知识的基础上，将知识应用于实际的同时，对本学科的新成果新技术有所了解，本篇介绍建筑热工学、建筑光学、建筑声学近年来的发展状况。

第8章　建筑热工学相关发展

8.1　建筑节能新材料及其应用

近年来，我国经济的迅速发展对能源的需求越来越大，造成的环境问题也越来越严重，引起了全社会对节能环保的高度重视。能源、环境问题促进了各行业的科技进步，催生了节能新材料、新技术的大力开发和应用，将为建筑节能提供高性能的节能环保新技术产品，也会为节能建筑的创新设计带来新思想、新方法。下面主要介绍相变储能技术、气凝胶隔热技术、电致变色智能窗、调湿材料以及辐射制冷材料的研究和应用情况。

8.1.1　相变材料储能技术

节能建筑设计不仅需要提高围护结构保温隔热性能以增强抵抗不利气候影响的能力，还要充分利用自然气候产生的冷热量资源，例如冬季利用太阳能供暖，夏季利用夜间低温空气通风降温等。由于太阳能等自然能源具有能量大、间歇性强等特点，发展储能技术和开发储能材料成为自然能源合理利用的关键。储能技术可以有效改变自然能源在时间、空间上的分配，从而达到节能的目的。

此外，针对高层建筑围护结构的轻质化现象，需要解决轻质外墙由于热惰性小、保温隔热性差，导致建筑能耗增加、室内舒适度降低等问题。因此，开发利用高效蓄热材料已成为近年来国内外建筑节能新技术研究的热点。

1）相变材料的特点和性能

建筑储能主要依靠围护结构的蓄热性能，实现热量的吸收、储存和释放，蓄热方式分为显热蓄热和潜热蓄热。

显热蓄热是因材料受热发生温度变化，从而将热量储存起来。因此显热蓄热主要通过提高材料的温度来达到蓄热的目的，蓄热能力取决于材料的比热容、密度及温度差值。常用的显热蓄热材料有水、砖、石、混凝土等，都具有较大的热容量。

潜热蓄热就是相变蓄热，通过材料物理状态的改变（即相变过程）来实现能量的储存和释放。相变材料（Phase Change Material，PCM）在发生物理状态变化的过程中，材料本身的温度基本保持在一定的范围内，但吸收和释放的热量要比显热蓄热大得多，具有较高的能量密度。

如图 8-1 所示为显热蓄热材料与相变蓄热材料随温度变化的蓄热量比较。常用显热材料的蓄热量随温度增加而增加，蓄热量与温度呈直线关系，而相变材料的蓄热量曲线在相变温度范围内发生陡变，极大地提高了材料的蓄热能力。所以相变材料是一种高效

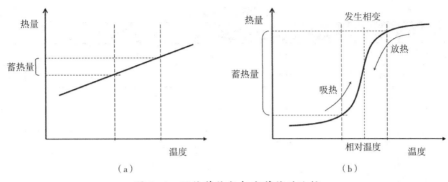

图 8-1　显热蓄热与相变蓄热的比较
（a）常用蓄热材料；（b）相变蓄热材料

的储能物质，具有储能密度大、效率高、相变完成前温度基本不变等优点，其单位体积蓄热量是显热蓄热材料如水、岩石等的 5 ~ 14 倍。因此相变蓄热方式在建筑节能中具有较大的价值。

影响相变材料选择与应用的主要因素包括相变温度、相变潜热、热导率、比热容、密度和价格等。相变潜热、比热容越大，材料储存潜热、显热的能力越强，储热密度越大。导热系数越大，储、放热速度越快，效率越高。当两种材料的相变潜热和比热容均相当时，密度较大者，其单位体积储热量较高。

2）相变材料的类型

在建筑中，对应用于主、被动建筑储能系统时，相变材料的相变温度区间划分为：21 ℃以下，用于建筑蓄冷；22 ~ 28 ℃，用于建筑蓄热，以调节建筑热舒适性；29 ~ 60 ℃，用于主动式储热系统中热水供应等。

相变材料按物质分类可分为有机相变材料、无机相变材料、复合相变材料。有机相变材料包括石蜡、多元醇、脂肪酸及高分子类有机物等，具有相变温度适中、相变潜热较大、腐蚀性较小、性能比较稳定、密度小、成本低等优点，但也具有易燃、热导率低等缺点。无机盐相变材料包括结晶水合盐、熔融盐、金属及其合金等，具有蓄热密度大、相变温度接近室温、不可燃、热导率高、价格低等优点，但是在相变过程中存在过冷、相分离等问题，在若干次熔解—固化循环后蓄热密度衰减率高，并且无机相变材料与建筑材料基体的相容性较差，如硫酸盐对混凝土具有较强的侵蚀性等缺点。复合相变材料就是通过复合工艺将两种或多种相变材料复合起来制备，可以避免直接应用相变材料带来的问题。如表 8-1 所示，列出了在建筑中常用的几种有机和无机相变材料参数。

复合相变材料的复合形式可以分为两种：相变材料混合和定形相变材料。混合而成的复合相变材料制造简单，可以根据混合比例的不同改变其相变温度。定形复合相变材料在相变过程中形状保持不变，相变材料在液态也不会发生泄漏，大大降低了相变储能的成本。定形复合相变材料的制备可以通过无机多孔材料的吸附作用，高分子材料熔融共混合微胶囊技术实现。

常用相变材料参数　　　　　　　　　　　　　　　　　　表 8-1

类别		相变材料	相变温度（℃）	相变潜热（kJ/kg）
有机	石蜡	RT18	15 ~ 19	134
	石蜡	RT20	22	172
	石蜡	RT27	28	179
	多元醇	PEG	21 ~ 25	148
	脂肪酸	CA-PA	26.2	177
	脂肪酸	CA-LA	23	150.3
无机	水合盐	TH29	29	175

　　微胶囊相变材料是将相变材料封装在一个由高分子聚合材料制成的且直径较小的微胶囊中，这种封装方式能较好地解决相变材料的泄漏问题。微胶囊相变材料具有使用简单、传热性能好等优点。通常相变微胶囊的外壁为高分子聚合材料，相变材料的质量分数为85 % ~ 90 %。如图 8-2 所示为一种微胶囊相变材料及其制备的相变墙板。对于被动式系统，可将微胶囊相变材料直接与混凝土掺杂，或将相变材料封装在内墙板、地板、天花板等普通建材内。

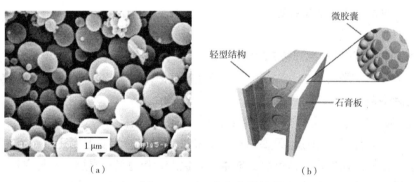

图 8-2　微胶囊相变材料
（a）石蜡相变胶囊；（b）用于石膏板的微胶囊

　　定形相变材料的封装方式是将相变材料（芯材）和高分子支撑与封装材料（囊材）复合形成定形相变材料。如图 8-3 所示为定形相变材料的外观及扫描电镜照片。支撑材料一般为高分子材料如高密度聚乙烯及热塑弹性体，在微观尺度内将定形相变材料包裹交联起来。支撑材料熔点较高，在复合材料中形成空间网状结构，对作为芯材的相变材料起微封装和支撑作用。只要工作温度低于高分子囊材的熔点，作为芯材的相变材料发生固—液相变时就不会流出，整个复合相变材料能保持原来的形状不变并具有一定的强度，降低了泄漏的可能性。近年来国内外不少研究机构在定形相变材料的制备、性能优化、应用等方面做了很多研究。

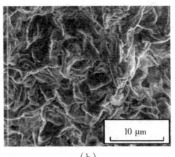

（a） （b）

图 8-3 定形相变材料外观及扫描电镜照片
（a）定形相变材料；（b）电镜照片

3）相变围护结构

在建筑中使用相变围护结构有以下作用：增大建筑外围护构件的储能容量，节能降耗，实现空调和供暖负荷的削峰、移峰，减小空调负荷与供暖能耗；提高室内舒适度，降低夏季、冬季室内峰值温度，减小室内温度的波动范围，满足人体舒适度要求；在达到同等保温节能效果时，可大大减小围护结构厚度、降低围护结构自重和增大建筑使用面积。

相变材料应用于建筑中需要满足性能、环保、经济等方面的要求，即：相变温度接近人体舒适温度；具有足够大的相变潜热；相变的可逆性好，使用寿命长；相变时膨胀或收缩性小；无毒、无腐蚀性、不燃、不污染环境；制作原料价廉易得；易与建筑材料相容，不影响建筑材料的机械性和强度。但是，几乎没有哪种相变材料能够完全满足这些要求。因此在实际应用中，选择相变材料主要是看相变温度和相变潜热是否合适，然后采用相应的技术手段克服其不足之处。

我国地域辽阔，各地气候差异大，因此选择相变材料应根据当地气候和建筑的使用要求。适用于围护结构的相变温度选择原则：工程所在地区昼夜温差宜覆盖相变温度范围，且高于夏季城市最低温度 2 ℃左右。若结合夏季夜间通风降温时，相变材料作为蓄冷介质，其相变温度不能低于夜间室外空气的最低温度。有研究表明，外界环境温度与相变材料的相变温度差值在 3 ~ 5 ℃为宜。对于不同地区和不同应用条件，所要求的相变温度不同。因此，相变材料的选择应根据地区和应用条件进行调整。为扩大相变围护结构的温度调节范围，可以设计冬夏适用的相变建筑构件，可以采用分级相变方案，将不同相变温度的两种或多种相变材料复合到同一建筑构件中。

相变围护结构主要包括相变墙体、相变玻璃窗、相变地板、相变吊顶等，目前已从相变围护结构的制备、性能等方面开展了相关研究。

（1）相变墙体

将相变材料与传统材料复合制成的相变储能墙板，夏季当室内温度高于相变温度时，相变墙板中的相变材料熔化吸收室内多余的热量，相变墙体可以减小建筑物内部的温度波动，提高室内环境的舒适度，还使得建筑物的空调冷负荷比传统建筑物低，夜间利用自然凉风将这部分热量释放到室外，大大减小了空调系统的规模，降低了空调系统的初投资和运行维护费用。

相变材料与建筑围护结构材料的结合方式可分为：直接浸泡法，将相变材料渗入多孔的建材基材中；掺混法；定形相变材料法；将相变材料密封在合适的容器中置于建筑结构内；将相变材料吸入分割好的特殊硅中，形成柔软、可以自由流动的干粉末，再与建筑材料混合。

相变材料层与墙体的组合方式有外贴相变材料层和夹层相变材料层、内贴相变材料层。相变墙板的具体应用形式有低温热水辐射供暖相变墙板、空调系统加电热膜供暖系统、被动太阳能供暖房等。

在轻质房间中使用相变墙体，能够显著增强围护结构的热惰性，提高室内的舒适性。实验结果表明：采用夜间通风技术可以有效地将白天积蓄的热量散发到室外，使用相变墙体的房间比普通墙体房间的室内温度最高降低 11 ℃左右，节能效果显著。如图 8-4 所示为使用相变围护结构的轻质房对室内温度的改善。

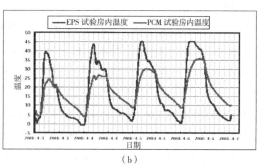

（a）   （b）

图 8-4　相变围护结构对室内温度的改善
（a）有、无相变材料的轻质试验房；（b）室内温度比较

（2）相变玻璃窗

在双层玻璃之间填充相变材料制成相变玻璃窗，可以增加窗户的热惰性。如图 8-5 所示，利用相变材料具有的储能密度大、吸放热近似恒温的特点，可以减缓室内温度随室外温度变化的波动，提高室内环境的热舒适度。

玻璃厚度和相变材料厚度则根据不同实验目的和相变材料进行优化。在商业化的玻璃窗中加入透明相变材料，能保证在液体状态时窗体处于透明状态，但相态发生变化后就会影响窗体的透明程度。

（3）相变地板

相变地板用于地板辐射供暖系统中，可以提供更舒适的供暖方式。在地板辐射供暖系统中添加相变材料的地板结构，如图 8-6 所示，从下往上依次为保温隔热层、电热膜或热水管等加热设施、相变材料、空气层和地板面层，其中还有龙骨用作支撑。

在热舒适性、节能性和经济性评价方面，有研究表明，相变地板供暖复合相变墙系统，整体节约能源 18.8 %，节约电力成本 28.7 %。

（4）相变吊顶

相变吊顶就是将相变材料安装在房间的吊顶空间内，与夜间通风结合组成蓄冷降温系统。相变吊顶系统的工作原理，如图 8-7 所示，夜间，通过风机将室外冷空气引进吊顶，并

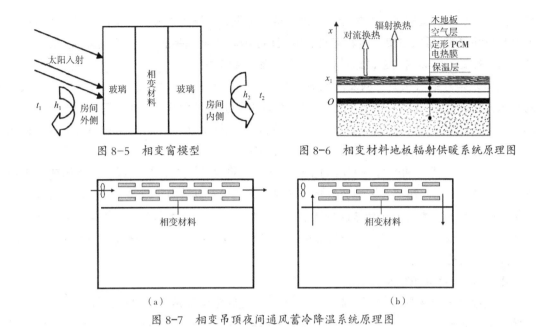

图 8-5 相变窗模型

图 8-6 相变材料地板辐射供暖系统原理图

图 8-7 相变吊顶夜间通风蓄冷降温系统原理图
(a)夜间；(b)白天

与相变材料充分接触，蓄存冷量；白天，将室内热空气引进吊顶，相变材料释放冷量，并随空气进入室内，降低室内温度。

相变材料研究较多，但还不足以指导大规模工程应用，距离工程推广应用，还有许多技术难题需要攻克。目前相变材料成本偏高，限制了其在建筑工程中的大规模应用，适用于建筑围护结构的低价有机相变材料及其封装材料和封装工艺尚待进一步开发利用。低价的导热增强材料及高效的导热增强技术有待进一步研发。

关于相变材料在其服役生命周期内可承受的最大热循环次数，不同种类相变材料耐热循环检测方法、用于相变墙体时需满足的性能要求（包括长期使用过程中其物理化学性能、力学性能、防火性能、热工性能及其稳定性等）、极限耐热循环次数等指标，尚待通过系统实验建立相应规范或标准。

8.1.2 气凝胶绝热材料

使用保温隔热材料是建筑节能并提高室内热环境的重要措施，然而现在常使用的有机保温材料（如 XPS 板，EPS 板等）还无法做到节能与防火兼备，存在很大的安全隐患。外保温工程所使用的有机保温材料的性能不能满足现有产品标准的阻燃性指标要求，易燃性外墙保温材料已成为引发建筑火灾的一个重要诱因。因此，研究并推广隔热性能良好的新型保温材料成为当务之急，新型气凝胶高效绝热复合材料的开发对于解决这一难题具有十分重要的意义。

1）研究进展

气凝胶早在 70 年前就已经被发现，1931 年美国加州太平洋大学的 Kistler S 采用了超临界干燥的方法从水凝胶中去除水分，得到了第一份没有收缩的气凝胶材料，但早期的气凝胶非常易碎和昂贵，所以主要在实验室里使用。直到10年前美国宇航局开始对这种物质感兴趣，并让其发挥更为实际的用途，这种材料终于走出了实验室。

近年来国外绝热保温材料发展明显加快，由于整体纳米技术的发展，又激发起了人们对纳米孔超级绝热材料的重视，美国和欧洲各国的研究异常活跃，日本及韩国也进行了较多的开发。美国阿斯彭（ASPEN）公司对气凝胶隔热的研究较早，对气凝胶隔热机理认识比较深刻，主要针对柔性气凝胶隔热产品的开发和应用。

目前，如何优化和改善气凝胶的生产工艺，降低生产成本，是气凝胶大面积成功应用于建筑材料的关键。基于上述研究目标，国内科研机构一直致力于高效节能、防火安全的建筑保温体系开发，通过国际合作进行技术创新，利用水玻璃作为原料，选用常温常压干燥的技术制备气凝胶，极大地降低了气凝胶的制造成本，使得纳米气凝胶在建筑材料领域的大面积应用成为可能。

2）气凝胶特征和性能

气凝胶是一种由胶体粒子或高聚物分子相互交联聚合而成的，具有开放空间网络结构的轻质纳米多孔性非晶体固体材料，它作为一种特殊的凝胶，在保证凝胶网络结构或体积不变的前提下，将凝胶中的液体替换为气体，使之具有超轻结构，被称为"固态烟"。

二氧化硅（SiO_2）气凝胶是气凝胶材料的一种，它具有纳米级结构，孔洞 1 ~ 100 nm，骨架颗粒为 1 ~ 20 nm；表面积大，最高可达 800 ~ 1 000 m^2/g；孔洞率可高达 80 % ~ 99.8 %。这些结构特征使得它具有低密度，超低的导热系数，高透明度，防水阻燃、绿色环保、防酸碱、耐腐蚀、不易老化等传统保温材料无法比拟的优势。

（1）优越的隔热性能

由于气凝胶材料拥有高空隙结构，使得其热传导、对流传热和辐射传热都得到了有效的限制。

热传导：气凝胶密度非常小，具有极高的孔隙率，气凝胶的这些结构特点大大延长了热量在材料内部传播的路径，有效降低了热量传播的效率，使固态热传导率仅为均质材料热导率的 0.2 % 左右。

对流传热：气凝胶的胶体颗粒尺寸为 3 ~ 20 nm，而空气分子平均自由程在 70 nm 左右，空气分子在气凝胶材料内部没有足够的自由活动空间，因而，在气凝胶孔内没有空气对流，对流热传导率很低。

辐射传热：气凝胶的热辐射属于 3 ~ 5 μm 区域内的红外热辐射，红外线波长范围为 0.7 ~ 14 μm。因此，气凝胶材料对红外光辐射有较好的对冲作用，又因气凝胶的多孔网络结构对热辐射形成层层障碍，显示出了对热辐射的高遮挡效率，故气凝胶具有较低的辐射热导率。

由于以上原因，气凝胶具有非常低的导热系数，其在常温常压下为 0.01 ~ 0.03 W/（m·K），为目前世界上高温隔热领域导热系数最低的材料之一。气凝胶隔热材料与常见保温隔热材料的性能对比表，如表 8-2 所示。

气凝胶与常见隔热材料性能对比 表 8-2

保温材料	导热系数（W/m·K）	使用温度范围（℃）	燃烧等级
硬质酚醛	0.019 ~ 0.024	10 ~ 120	B_1
聚异氰酸酯	0.019 ~ 0.022	−185 ~ 140	B_1
聚氨酯	0.020 ~ 0.030	0 ~ 100	B_2
发泡聚苯乙烯	0.026 ~ 0.033	20 ~ 90	B_2
无机矿物棉	0.040 ~ 0.070	0 ~ 600	A
陶粒保温砂浆	≤ 0.1	≤ 800	A
气凝胶	0.013 ~ 0.038	−200 ~ 1 400	A

（2）独特的耐火性能

气凝胶自身不可燃，具有独特的耐火焰烧穿性能，可长时间承受火焰直接灼烧。如图 8-8 所示为气凝胶的耐火性能，这是由气凝胶的热导率和折射率非常低的特性所决定，其绝缘能力比最好的玻璃纤维还要好数十倍。在高温或火场中不释放有害物质，同时能有效阻隔火势的蔓延，为火场逃生提供更多宝贵时间。此外，气凝胶的热稳定温度高达 600 ℃，在 300 ℃以下使用具有超级疏水性。

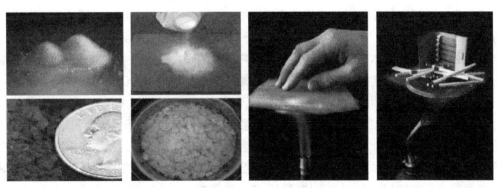

图 8-8　SiO_2 气凝胶外观及耐火性能示意图

（3）较好的透光性

由于气凝胶具有纳米级的骨架结构，可见光在气凝胶内的平均自由程很长，几乎没有反射损失，所以气凝胶还具有透光性，可以有效地透过可见光，同时可以高效地阻隔红外辐射，因此用于建筑物可以很好地兼顾采光和节能。

（4）很好的化学稳定性和环保性

气凝胶的主要成分为合成二氧化硅，环保无毒，可长期耐受除氢氟酸外的大部分酸碱环境，不分解、不变质，在常规使用环境下具有极长的寿命，是一种防潮、防霉、防菌、抗紫外线、整体疏水不会引起变形，具有优良的绝热性能，可被开发成为良好的完全可循环的生态建筑材料。

3）气凝胶应用及产品

气凝胶最早被广泛应用在航天航空以及军事领域，因为气凝胶的一些特性，使其成为航天探测中不可替代的材料，俄罗斯"和平"号空间站和美国"火星探路者"探测器都是用它来进行绝缘的。目前除了航天领域外，气凝胶还可广泛应用于军工、石化、电力、冶金、建筑、服装等众多领域，如建筑节能、能源、环保、航空航天、输油管道、太阳能集热、炉窑保温等，尤其是作为传统保温材料的重要替代产品。

（1）气凝胶粉体或颗粒

气凝胶粉体的制备方法非常成熟，也是最早工业化、商业化的气凝胶产品之一，气凝胶粉体制备方法主要有两种：①通过超临界方法制备大块状的气凝胶，然后通过不同的破碎方法，制备不同粒径的气凝胶粉体材料；②通过常压干燥成型的方法制备气凝胶粉体材料；二氧化硅气凝胶粉体几乎各大气凝胶生产商都有出售，粒径为 0.5 ～ 5 mm，比表面积 600 ～ 1 000 m^2/g，使用温度在 −50 ～ 650 ℃。

由于气凝胶粉体材料不易成型，一般不单独作为保温隔热材料使用。但是它可以作为功能结构材料的夹层，填充层使用，或者与其他材料复合和粘结作为保温隔热材料使用。气凝胶粉末可以添加到建筑涂料中，复合成为具有保温效果的保温隔热涂料，可在建筑外墙中直接使用。

（2）气凝胶毡

气凝胶毡是将气凝胶在湿溶胶阶段与纤维增强材料复合，然后经过凝胶和干燥制备得到气凝胶毡。它既保留了气凝胶良好的保温绝热的特点，又通过与纤维材料的复合有效地解决了气凝胶机械强度低、易碎、易裂等问题。气凝胶毡类产品具有导热系数低、密度小、柔韧性高、绿色环保、防水等优越性能，同时兼具优越的隔声减振性能，是一种理想的保温隔热材料，可取代聚氨酯泡沫、石棉保温毡、硅酸盐纤维等传统柔性保温材料。

（3）气凝胶新型板材、真空绝热板

气凝胶板是将纯气凝胶和纤维、颗粒、砂浆、金属、有机高分子等复合制成刚性的板材。由于气凝胶板是通过气凝胶材料与其他材料复合后经二次浇筑成型，所以可以制备气凝胶异型元器件，满足不同工作场合的需要。目前，已有生产厂家结合真空绝热板的生产技术制备出导热系数小于 0.004 W/（m·K）的气凝胶真空绝热板。

（4）气凝胶复合玻璃棉保温板

利用气凝胶改进传统保温材料玻璃棉、岩棉，可将玻璃棉、岩棉导热系数降低 60 %，在达到相同保温效果情况下，玻璃棉、岩棉板厚度可减少 50 %。

（5）采光隔热板

采光隔热板系列产品是以半透明的气凝胶颗粒、薄膜或板材为主体夹层材料，与优质玻璃钢材料复合制成，具有透光、隔热、绿色环保、防水不燃等优越性能，不含任何对人体有害的物质，应用领域广、施工方便，能够为大型剧院、展览中心、会议中心、特殊试验中心、高级宾馆、别墅、太阳能集热器等提供透明隔热的高级绝热保温产品。

（6）屋面太阳能集热器

在民用领域，太阳能热水器及其他集热装置高效保温，成为提高太阳能装置的能源利用率和进一步提高其实用性的关键因素。随着纳米孔超级绝热材料生产技术的不断成熟和生产成本的不断降低，气凝胶首先应用在家庭及单位的太阳能热水器上。将气凝胶应用于热水器的储水箱、管道和集热器上，将使现有太阳能热水器的集热效率提高 1 倍以上，热损失下降到现有水平的 30 % 以下。

（7）气凝胶节能玻璃

气凝胶与其他保温隔热材料相比，除了低导热系数，阻燃等特征外，还具有透明性。纯的二氧化硅气凝胶具有类似玻璃的高透光性，可见光波段的透光率达到 90 % 以上。但是，气凝胶极限拉伸强度很小，质脆、易碎，要避免直接的机械撞击。由于结构本身的缺陷，目前气凝胶产品很难作为玻璃直接应用，需要和普通玻璃结合使用。

气凝胶镀膜玻璃是在普通玻璃表面增加一层气凝胶薄膜来提高隔热性能，但是提高能力有限，并且涂层与玻璃的附着性也是一大问题。所以目前的研究热点是在中空玻璃的夹层填充气凝胶材料。

真空夹层气凝胶玻璃按照夹层内气凝胶的形状又分为两大类：夹层填充物为气凝胶颗粒；夹层填充物为整块气凝胶。整块填充的气凝胶玻璃透明度要优于颗粒填充的气凝胶玻璃，10 mm 厚的整块填充的气凝胶玻璃窗户的透过率能够达到 90 %，然而颗粒填充的气凝胶玻璃窗户透过率最大也只能够达到 50 %，且两者在不同波段的透过能力也有一定的差别。如图 8-9 所示为颗粒状气凝胶和整块气凝胶制备的玻璃比较。

图 8-9 气凝胶玻璃
（a）颗粒状气凝胶制备；（b）整块气凝胶制备

瑞典的 Airglass AB 公司成功的将气凝胶玻璃由实验室研发阶段转换到工业试制阶段，该公司生产的气凝胶玻璃窗户，厚度大约 15 mm，每块气凝胶玻璃的尺寸大约 58 cm×58 cm，热导率为 0.002 W/（m·K），可见光透过率为 75 %。由于气凝胶内部孔洞结构，以及骨架的刚性结构，决定气凝胶材料质地脆弱易碎，工业化生产整块大面积的气凝胶仍然是一个巨大的挑战，目前气凝胶玻璃最大尺寸 60 cm×60 cm，并且产品的优良率不是很高，整块大面积的气凝胶玻璃现阶段只是应用在科学研究领域，工业化进程道路依然漫长。

气凝胶颗粒填充的气凝胶玻璃虽然只有 20 % ～ 50 % 的透过率，但是它能够避免气凝胶易碎的问题，可以应用在大型剧院、商场、游泳馆等无需良好视觉效果的位置。美国底特律艺术学院和纽约州立大学石溪分校诺贝尔大厅使用气凝胶玻璃（图 8-10）。

图 8-10　大厅窗户上的气凝胶玻璃

气凝胶作为绝热材料的主要困难是其强度低、脆性大。为了克服这一缺点，研究者将气凝胶与其他材料复合，制造出了既具有优良绝热性能又具有一定强度的复合型纳米孔超级绝热材料，例如，用纤维作为增强相，制备增强型气凝胶隔热复合材料。随着生产厂家对制备和使用技术的攻关，降低气凝胶的生产成本，不断扩大产品生产规模，将使气凝胶在建筑隔热工程领域得到广泛应用。

作为纳米材料家族中的一员，对气凝胶的开发具有重要的意义。尽管我国纳米材料的研究已取得许多成果，但气凝胶的应用才刚刚起步，随着气凝胶研究的不断深入，应用领域的不断扩宽，气凝胶材料也必将引起更多的关注，开辟出更加广阔的应用前景。与此同时，随着我国建筑节能要求的不断提高，学术界对气凝胶的认识也在不断深入，开发以气凝胶为基础原料的高效隔热保温材料将成为今后建筑节能的一个重要研究方向。

8.1.3　电致变色玻璃智能窗

当代建筑物中，玻璃在整个外墙中所占比例越来越高，产生的能源损失随之增大。冬夏两季，玻璃窗热传递消耗的能量分别占建筑物能耗的 48 ％和 71 ％。如果不控制新建建筑的能耗，预计到 2030 年我国建筑物能耗比例约占社会总能耗的 40 ％，其中有 30 ％ ~ 50 ％的能耗是通过窗户流失的。因此，建筑玻璃门窗的节能意义重大，开发节能、舒适的智能玻璃成为研究的热点。

电致变色玻璃是由玻璃等透明基材和调光材料层所组成的，在低电压（2 ~ 5 V）作用下，可对光的透过率和反射率产生可逆调节的功能玻璃。其基本功能就是根据季节、气候变化，动态地调节不同波段热辐射的透过率，从而降低室内的温控能耗。这种智能玻璃克服了传统阳光控制涂层玻璃和低辐射玻璃不能根据需要动态调节光透光率的缺点，是更有发展前景、集智能和节能于一身的窗户材料。

1）研究进展

电致变色的概念最早出现在 20 世纪 30 年代，直到 1961 年，国外学者 Plant 在研究有机染料时发现了电致变色现象。1969 年，S.K.Deb 首次使用无定形 WO_3 薄膜制备了电致变色器件，并提出了"氧空位色心"的变色机理，此后开始出现了大量的电致变色相关研究的报道。20 世纪 80 年代末，新型有机电致变色材料合成和电致变色器件的制备成为一个日益活跃的研究领域。在此期间，美国科学家 C.M.Lampert 和瑞典科学家 C.G.Granqvist 等人提出了以电致变色膜为基础的一种新型节能窗，即智能调光窗（Smart Window），可以通过感应输入信号（室外温度、室内温度、室外太阳辐射等）调节玻璃的颜色，从而改变玻璃透射比、遮阳系数，达到动态遮阳、调光的效果。

到目前为止，电致变色玻璃在国外已经能够批量化生产并广泛应用于在诸多领域。1986年，日本第一次推出汽车用的电致变色窗户，使调光玻璃成为电致变色材料最早实现商品化的产品。1999年，Stadt Sparkasse 储蓄银行成为拥有欧洲第一面用电致变色玻璃制成的可控光强度外墙的新型建筑物。2002年，德国成功研制出应用在汽车上的电致变色玻璃，并首先在奔驰上使用。2004年，英国伦敦的瑞士再保险大厦使用了电致变色玻璃幕墙，成为当时世界上最节能的建筑之一。2008年，波音787客机客舱窗玻璃淘汰了机械式舷窗遮阳板，采用了电致变色玻璃，乘客可依据太阳辐射强弱实现多级亮度调节。如图8-11所示为航班上的电致变色玻璃窗的调光状态。美国劳伦斯伯克利国家实验室最近研究表明，电致变色玻璃窗能使商业大厦内部电力需求峰值降低16％，还可减少约50％的制冷电力消耗和照明消耗。

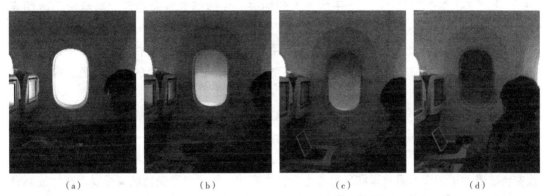

图8-11　航班上的电致变色玻璃窗调光状态
（a）原态；（b）一级调光；（c）二级调光；（d）三级调光

电致变色玻璃主要有以下优点：①节能：通过调节可见光和近红外光穿过玻璃的透过率，从而减少夏季空调和冬季取暖所需能耗；②主动可控性：通过低电压的直流电作为驱动，实现自主动态控制；此外，还可以用太阳能电池供电，进一步提高能源节省率；③省电：因为电致变色玻璃有着长时间记忆的特点，因此仅需在调解透光性时消耗能量，耗电量少；④连续可调、美观舒适：电致变色玻璃不仅能连续调控透光率，而且外表美观舒适，可给使用者创造良好的工作环境；⑤隐私性：电致变色玻璃的透光率最低可在2％~7％之间。

2）系统结构及工作原理

电致变色玻璃由基础平板玻璃和电致变色系统组成。电致变色系统结构复杂，通常由五层功能膜构成：透明导电层（*TC*）、电致变色层（*EC*）、离子储存层（*IS*）、离子导电层（*IC*）、透明导电层（*TC*），如图8-12所示。

透明导电层（*TC*）通常是镀在玻璃上的薄膜，它的主要作用是为电致变色玻璃变色过程提供电子导体。要求在可见光范围具备较高的光学透过性，可见光透光率要超过85％。

电致变色层（*EC*）是颜色发生变化的核心层，它的主要作用是实现电致变色玻璃的光学性能连续可控调制。要求具备变色灵敏度高、化学稳定性高、力学性能良好、循环稳定性好和光学调节程度大等性能。

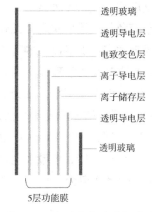

图 8-12　电致变色玻璃组成图

离子导电层（*IC*）是为离子传输提供通道和介质，是电子变色层和离子储存层之间的桥梁。要求具有较高的离子电导率、较高的机械强度，良好的化学稳定性、成膜性和黏着性，高的透光率，不易脱落等性能。

离子储存层（*IS*）是由电子和离子组成的混合导体，它的主要作用是储存和供给变色反应需要的离子，维持整个电致变色过程的平衡，保持电解质层的电中性。要求具有可逆的氧化还原能力、高的透明性、较高的存储和提供离子等能力。

电致变色玻璃的工作原理：电致变色玻璃通过电子、离子的注入和抽去，使玻璃变色和褪色。当给两个透明导电层通电后，离子和电子会共同注入电致变色层中，导致其发生颜色变化，而此时的离子存储层主要用来储存变色层反应时相应的反离子，从而维持体系中电荷的平衡。当施加反向电压时，离子和电子可以从着色的电致变色层内抽出而使其褪色。

当作用在电致变色玻璃上的光强、光谱组成、温度、热量、电场或电流产生变化时，其光学性能将发生相应的变化，从而在部分或全部太阳能光谱范围内从一个高透态变为部分反射态或吸收态。随着电场强度或电流大小的不同，电致变色层的着色和消色程度也不同，电致变色玻璃的透过率、吸收率和反射率也会发生变化，因此电致变色玻璃可以动态地控制穿透窗户的能量，具有调光调温调热的功能。

3）节能性能要求

在自然条件下，建筑物室内的能量主要来源于太阳在地球表面上的热辐射和地面物体的热辐射。太阳辐射 95% 的能量集中在波长为 0.3～2.5 μm 之间，其中约有 40% 的能量为可见光（0.3～0.7 μm），55% 的能量为红外辐射（0.7～2.5 μm），而地面物体所发出的热辐射主要集中在波长远大于 2.5 μm 的远红外波段。因此，电致变色智能窗的作用原理就是根据需要，动态地调节不同波段热辐射的透过率，达到室内、外热辐射透射率连续可调的目的，如图 8-13 所示。

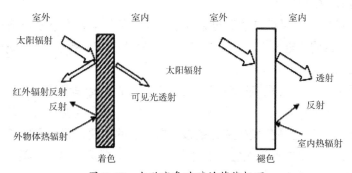

图 8-13　电致变色玻璃的节能机理

　　夏季，室外温度高，室内热量主要来自太阳辐射和室外路面、建筑物等发出的长波红外辐射。此时智能窗处于着色态，它允许可见光（0.3 ~ 0.7 μm）充分透射，进入室内，保证室内的昼光照明，而太阳红外辐射（0.7 ~ 2.5 μm）和室外物体的热辐射（大于 2.5 μm）均被反射到室外。因此，着色态智能窗有效阻挡了太阳红外辐射和室外物体所发出的热辐射，从而使室内变得凉爽，降低了室内的制冷负荷。

　　冬季，室内温度比较高，智能窗则处于褪色态。保证可见光和红外辐射可以充分透射，进入室内，同时阻止室内暖气等物体发出的长波热辐射穿透玻璃到达室外。这样既增加了太阳辐射得热，又减少了室内热损失，使室内变得温暖，降低了室内的取暖负荷。因此，电致变色智能窗节约了因为夏季制冷和冬季取暖而消耗的大量能量，同时又充分利用了太阳能，将其应用于建筑物和汽车，节能意义巨大，其基本性能参数见表 8-3。

电致变色智能窗性能参数　　　　　　　　　　表 8-3

状态	可见光透过率（%）	室外红外辐射透过（入）率（%）	室内红外辐射透过（出）率（%）
着色	70 ~ 80	< 10	< 10
褪色	80 ~ 90	> 90	< 10

　　对于高层建筑，在外遮阳使用限制较大、内遮阳隔热效果不明显的条件下，电致变色玻璃集成了传统的玻璃窗和遮阳设施的功能，具有较大的应用潜力。

　　为了追求美观和舒适，现代建筑的玻璃门窗与玻璃幕墙的使用面积越来越大，其能耗控制越来越重要。电致变色玻璃作为一种重要的节能手段，必将受到世界各国的普遍重视，成为继浮法工艺以后最大的玻璃产业。

　　电致变色玻璃智能窗的发展趋势：进一步开发电致变色功能薄膜材料，提高其控温过程的智能化水平，还可以将太阳能电池与智能窗联合。可以设想，未来的电致变色智能窗将由三部分组成：①光电转换系统，吸收太阳光能，然后转化为电能；②电致变色系统，调节室内的光和热；③智能控制系统，随室内温度变化自动调节智能窗的热辐射透过性能。

8.1.4　调湿材料

　　相对湿度是一个重要的室内环境指标。许多研究表明，室内相对湿度控制在 40% ~ 60% 左右的范围内对建筑能耗、室内空气品质、围护结构耐久以及人体舒适与健康最为合适，而过高和过低的相对湿度都会产生许多不利的影响。然而，实际的室内相对湿度不仅受外界气候条件的影响，也取决于室内空间使用状况和人员的活动，很难自然稳定在上述范围。为了维持适宜的室内相对湿度，可以使用暖通空调系统或加湿除湿设备等进行主动调节。主动调节虽然方便高效，但不可避免的会消耗能源，并可能导致一系列其他的问题。近年来，使用调湿材料对室内相对湿度进行被动调节获得了越来越多的关注。这种方法可以在一定程度上减弱室内相对湿度的波动，降低加湿或除湿的负荷，从而减少对主动设备的依赖。

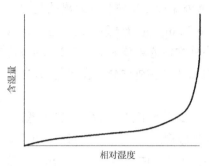

图8-14　平衡状态下的空气湿度与
材料含湿量

（图中纵轴：含湿量；横轴：相对湿度）

1）多孔材料调湿基本原理

干燥的多孔材料可以从空气中吸收水分直至达到平衡。空气的相对湿度越高，材料的平衡含湿量也越高。材料的平衡含湿量与空气相对湿度的关系可以用一条曲线表示，这条曲线称为材料的等温吸放湿曲线（Sorption Isotherm），也称为材料的水蒸气吸附曲线。如图8-14所示，绝大多数多孔建筑材料的等温吸放湿曲线都呈S形。等温吸放湿曲线的斜率称为材料的湿容（Moisture Capacity），表征了在单位相对湿度变化的情况下，材料能从空气中吸收或向空气释放的水分的量。

假定多孔材料与湿空气在一个密闭空间内处于平衡状态，然后向空气中增加一定量的水分。显然，空气的相对湿度会升高，而材料也会从空气中吸收水分，直至达到新的平衡。由于部分水分被多孔材料吸收，因此空气的最终相对湿度会比没有多孔材料时的相对湿度低。将上述过程逆转，从空气中移除一定量的水分，则空气的相对湿度会降低，而材料也会向空气释放水分，直至达到新的平衡。此时，空气的最终相对湿度会比没有多孔材料时的相对湿度高。从上述分析可知，多孔材料可以在空气湿度增大时降低相对湿度的最大值，也可以在空气湿度减小时增大相对湿度的最低值。若空气的相对湿度不断升高和降低，则多孔材料可以削峰填谷，使相对湿度的波动趋于平缓。多孔材料对空气湿度的这种调节称为湿缓冲作用（Moisture Buffering），也称为调湿作用。

2）材料调湿性能评价

室内常用的石膏、木材乃至许多家具等都是多孔材料，它们都具有一定的调湿能力，可以减缓室内相对湿度的波动。在一定的相对湿度区间内，材料的湿容越大，其调湿的极限能力也越强。然而，材料的湿容只反映其吸放湿的量，却并不能表征材料对环境湿度变化的响应速度。显然，只有对环境湿度响应快且湿容大的材料，才有较好的调湿性能。为了准确地量化多孔材料的调湿能力，不同学者提出了不同的性能测试方法和评价指标。

在材料层级上，较为常用的方法是通过实验手段测得材料的等温吸放湿曲线和水蒸气渗透系数，再加以综合评价。然而，材料的等温吸放湿曲线和水蒸气渗透系数一般都是通过稳态实验测得的，但实际的环境条件却几乎都是动态的。有大量研究表明，用稳态条件下测得的材料性质来预测其动态环境下的实际调湿能力，可能会产生一定偏差。

为了更准确地描述材料在动态情况下的调湿能力，欧洲NordTest项目提出了湿缓冲值（Moisture Buffering Value，MBV）。湿缓冲值描述了材料暴露在周期性的相对湿度变化条件下对湿分的吸收或释放能力，单位为 kg/（$m^2 \cdot$ %RH）。测试时，先把材料制成薄板状且将其五个面都密封，只留一个面与环境空气相接触，并在50%的相对湿度下处理达到平衡。随后，将材料在75%的相对湿度下放置16h，再在33%的相对湿度下放置8h，如此循环，以模拟办公建筑一天当中的室内相对湿度变化。根据材料的尺寸及其在高湿度和低湿度下的重量变化，即可得到其湿缓冲值。若有需要，也可以改变测试的相对湿度值，如高湿 93 % ~ 75 %、中湿 75 % ~ 54 % 或低湿 54 % ~ 33 % 等。ISO 24353 标准更详细地规定了湿缓冲值的测试方法。除直接测试外，湿缓冲值还可以根据材料的等温吸放湿曲线和水蒸气渗透系数估算得到，是目前最常用的多孔材料调湿性能指标之一。然而，其测试结果受材料厚度、环境温湿度、表面风速等各种因素影响，而预设的 16 h 吸湿—8 h 放湿的时间设置也与许多实际使用工况不符，因此仍有一定缺陷。

在房间层级上，调湿材料的性能表现还与室外环境、换气次数、室内产湿、调湿材料的用量乃至房间整体的湿惰性密切相关。为此，有许多学者直接对房间的整体调湿能力进行了测试（图 8-15）。然而，这些测试的工况不一，也没有统一的评价指标，因此还有待进一步的改善。

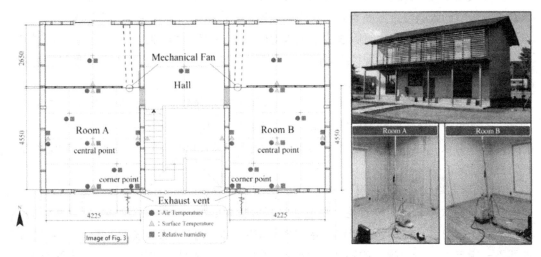

图 8-15　房间层级的调湿能力测试

除对材料的调湿性能进行实验测试外，还有学者提出了用于预测使用调湿材料后室内相对湿度变化的计算方法，如有效湿容模型、有效湿渗透模型和热湿耦合模型等。其中有效湿容模型采用集总参数法，形式上最为简单，但只考虑了材料的湿容，未能考虑材料对环境变化的响应速度，因此预测精度较差。有效湿渗透模型弥补了有效湿容模型不能考虑响应速度的缺点，且可以分材料分区域进行计算，预测精度有所提高，但只能处理单一均质且有一定厚度的材料。热湿耦合模型直接采用复杂的偏微分方程组描述材料与环境的热量和水分耦合传递过程，并使用有限差分、有限体积或有限元等方法求取数值解，计算精度高但耗时长，且需要大量的材料物性参数作为输入条件。

随着人们生活水平的不断提高以及对健康环境和节能减排的日益重视，调湿材料的研究与应用也逐渐得到了越来越多的关注。未来，研发新型高效的调湿材料，寻找更准确、更快捷的材料调湿性能评价和实际使用效果预测方法，甚至将调湿材料与相变材料相结合，都是大有可为的发展方向。

8.1.5　辐射制冷材料

夏季炎热高温时，为维持室内环境在一个适宜的温度，常使用空调系统进行降温。显然，这种主动的降温方式会消耗大量的能源。为了节能减排，应降低制冷负荷并提高设备的工作效率。辐射制冷是通过热辐射的方式，让建筑向外界（主要是外太空）散热，从而降低制冷负荷。由于这种被动制冷方式在使用时不需要任何额外的能源，因此得到了人们的青睐，成为近年来热门的研究方向。

1）辐射制冷原理

众所周知，高温物体可以通过热辐射的形式将能量传递给低温物体。外太空的背景温度接近绝对零度，是一个理想的热汇，因此地表物体可以通过辐射的形式向外太空散热。地表物体一般处于低温，散发的热辐射主要集中在长波段。在向外太空辐射散热时，大气会吸收一部分长波辐射，并以逆辐射的形式返还到地面，从而削弱地表物体辐射散热的能力。大气对长波辐射的吸收与许多因素有关，如地理位置、海拔高度、云量、空气湿度等。一般情况下，天空越晴朗干燥，大气吸收的长波辐射就越少，对辐射散热的影响也越弱。经过晴朗干燥的夜晚后，清晨可以发现植物表面结霜，而此时空气温度仍可高于 0 ℃，便是辐射制冷的典型例子。

通过提高物体的长波辐射发射率，可以增强其向外界散发长波辐射的能力。需要注意的是，大气对各种波长的辐射的吸收能力并不是均匀的。在 8 ~ 13 μm 波长范围内，大气对辐射几乎没有吸收能力，这一波长范围称为大气窗口（Atmospheric Window），对辐射制冷有特别的意义。

2）辐射制冷材料研发进展

夜间没有太阳辐射，较容易让物体通过长波辐射的方式向外太空净散热，以达到制冷的目的。但在白天，物体还会吸收一定的太阳辐射，此时其净能量收支平衡不一定是负值，亦即不一定产生制冷效果。如图 8-16 所示，在白天时，物体会吸收一定量的太阳辐射 q_{sun} 和大气辐射 q_{sky}。此外，若物体的温度低于空气或其他与之相接触的物体的温度，则还会通过对流和导热的方式吸收一定的热量 q_{loss}。只有当长波辐射的散热量 q_{rad} 超过上述三项得热量的总和时，物体才能有效的制冷。

一般情况下，物体的长波辐射制冷功率净值不超过 100 W/m^2，而天气晴朗时的太阳辐射强度可以接近甚至超过 1 000 W/m^2。因此，即使太阳辐射只有 10 % ~ 20 % 被吸收，其热量也足以抵消掉长波散热量，使物体彻底失去制冷效果。由此可见，要实现白天的辐射制冷，需要尽量提高物体对太阳辐射的反射率。

如图 8-17 展示了 A、B 两种材料的辐射特性。假定材料 A 仅在大气窗口处有很高的发射率，材料 B 在整个长波范围内都有很高的发射率。同时为进行对比，假定 A、B 两种材料对太阳辐射的吸收率分别为 0 和 5 %。经过一定的假设和计算，如图 8-18 所示给出了最终的

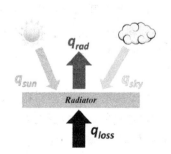

图 8-16　白天时物体的能量收支

辐射制冷效果。可以看出，太阳辐射的吸收对辐射制冷有非常明显的削弱作用。此外，材料 A 比材料 B 能实现更低的制冷温度，而材料 B 的最大制冷功率则高于材料 A。由此可见，在努力减少材料吸收太阳辐射的同时，若最终目的是获得低于空气温度的材料温度，则应提高材料在大气窗口的发射率而降低其他长波范围的发射率；若最终目的是用接近甚至高于空气温度的材料向外辐射散发尽可能多的热量，则应提高材料在整个长波范围内的发射率。

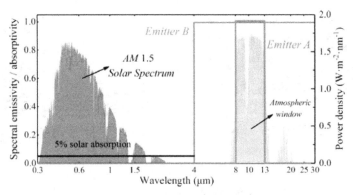

图 8-17　两种制冷材料的辐射特性

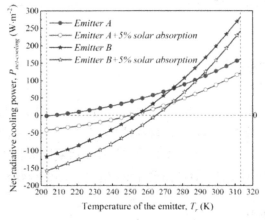

图 8-18　不同材料的辐射制冷效果

在过去，由于技术水平的限制，无法做到让物体在长波辐射段有高发射率的同时还有很高的太阳辐射反射率。近年来，随着材料科学和加工工艺的进步，已经可以制造出同时具有高长波辐射发射率和高太阳辐射反射率的材料，如高分子材料、纳米材料或金属复合物等。这些材料可以是薄膜、涂料或者其他形态，如图 8-19 所示。

辐射制冷材料不仅可以用于建筑外表皮，也可以与太阳能光伏板或其他对温度敏感的设备联合使用以提高设备性能，甚至应用于服装或其他方面。然而，虽然目前的技术水平已经可以生产出同时具有高长波辐射发射率和高太阳辐射反射率的制冷材料，实验室和现场测

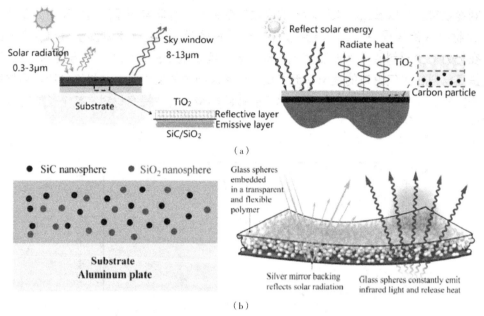

图 8-19　部分辐射制冷材料示意图
（a）两种纳米颗粒制冷涂料；（b）两种纳米颗粒制冷薄膜

试也证明了这些材料的性能，但受限于造价、寿命、耐候、抗污染等因素，距离其大规模实际应用还有一定距离。

8.2　城市气候设计

城市热环境的影响因素分为气象因素、城市因素与人为排热因素，涵盖面广，涉及多学科包括自然地理学、气象与气候学、环境物理学、生命科学、生态学、城乡规划学、建筑学和风景园林等学科，每个学科都从自身角度出发提出缓解城市热岛效应、改善城市气候环境的措施。下面从城市气候规划设计的角度介绍城市气候地图和城市通风廊道。

8.2.1　城市气候地图

城市气候地图（Urban Climatic Map）是一个针对城市气候环境的信息平台和评价工具，利用二维空间展现气候现象和现存问题。它通过整理气象、规划、土地用途、地形及植被的资料，分析和评估有关因素对风、热环境和舒适度等气候要素在空间分布和数量上的影响，从城市可持续发展和生态城市需求的角度出发，阐述气象、环境与城市规划的相互关系，提出新的气候规划理念和规划策略。

20 世纪 70 年代德国气象学家与城市规划部门密切交流和合作，首次正式开展城市气候地图的研究，将气候知识应用到土地利用规划和环境规划设计中，先后在斯图加特市、卡塞尔市、弗赖堡市等地开展应用。目前，世界上已有 20 个国家超过 60 个城市开展了城市环境气候图的研究与应用，利用城市气候相关信息辅助当地城市规划、可持续发展以及生态城市建设。

城市气候地图是建立在统一的空间地理信息系统（GIS）基础上，由一系列基础数据输入图层，构成城市环境气候图。其中基本输入图层包括气候和气象数据的分析图、地理地形图、绿色植被覆盖图以及规划数据。城市气候地图分由两张图组成，分别是城市气候分析图和城市气候规划建议图。城市气候分析图是将气候评估与分析结果可视化，并结合两维空间信息，利用不同的城市气候空间单位归纳总结出城市气候状况的分析。城市气候规划建议图，包括城市气候规划实施策略与之相应的规划保护或改善的指导建议，如图 8-20 所示。

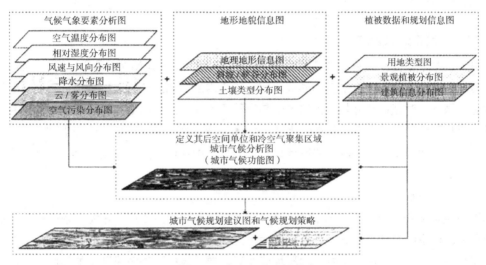

图 8-20　城市气候地图构成

城市气候分析图包括三个方面的内容：一是针对热环境的分析，主要分析城市热岛效应以及不同城市生物气候的分析状况，特别是受冷压或热压影响的不舒适地区；二是针对风环境的分析，主要描述和表达当地空气交换循环风流动的模式及阻挡风流通的建筑物或工厂等；三是确定空气污染区域，特别需要描述出人为污染源和受污染影响不同程度的区域。通过对以上三个方面的分析，利用建立在空间地理信息系统上的基础数据信息，可以对城市的热环境、空气流通以及空气污染分布状况得到精细了解，对解析现存城市气候状况至关重要。

城市气候规划建议图就是利用城市气候分析图的气候信息和评估结果，结合其他相关数据，通过智能化的分析，指出明确的气候问题和敏感区域，并提出在后期土地开发、城市发展、人口布局等方面相应的规划策略。城市气候规划建议图要明确城市建设应该遵从其所处的自然气候这一基本原则，充分考虑城市化进程中的外部气候，以及城市发展如何影响其内外气候，避免规划实施后造成意想不到的后果，避免其应对措施只集中解决眼前的问题，而不去评估规划进程为什么会产生这样的后果。

城市气候地图可在不同空间尺度为城市规划者或城市决策者提供基础信息以指导城市

建设。在城市规划层面，它主要用于指导空气路径的合理布置，并引导城市空间与土地开发强度的安排。如气候地图中风环境信息为街道走向与宽度，为街道建筑高度提供参考，从而达到改善城市空气质量的目的；在城市热岛效应比较严重的区域，可以采取适当降低开发强度、增加开放空间、增加绿化植栽、增加水面等措施，实现缓解热岛效应的作用。在土地利用总体规划层面可基于城市气候信息，在合理的范围内开辟休憩用地，在适宜的区域增加植被以调节城市微气候；在城市易受空气污染区域，合理增设绿色走廊，起到净化城市空气的作用。在建筑层面，气候地图主要用于对建筑热辐射的合理控制，气候地图中关于热环境的信息可以通过指导建筑形态的设计，实现良好的建筑通风，通过指导建筑材料的合理运用，实现减少建筑的能耗。

8.2.2 城市通风廊道

城市通风廊道是为城区引入新鲜空气而构建的通道，它引入城市通风，引导气流走向，防止因热岛环流引起的城市尘盖的形成，帮助城市内淤积的废热、废气排出，打破城市环境中的恶性循环，对城市环境与气候的改善具有积极作用。通风廊道在城市规划中的应用和实施是一个将开敞空间、绿地、林地、水系、山体和城市建设综合考虑的生态规划与设计的过程，可以通过如控制用地功能、限制建设开发强度、确定街道走向和建筑布局，连接开敞空间和绿地形成网络。

（1）通风廊道研究框架

进行通风廊道设计时，首先需进行全面的风环境评估以宏观了解城市潜在可利用的风资源和风循环系统。其次根据城市规划应用不同尺度下的需要，就所开展的城市规划或建筑设计项目进行风环境评估，了解其地形地貌及城市或建筑的形态对风环境的影响，指出需要改善的作用空间的位置和问题，探测潜在通风廊道的位置和阻风区域等。最后结合中观尺度及局地尺度的风环境资源和风环流系统，因地制宜地结合绿地、水体、山林等自然资源进行气候规划应用设计及城市通风廊道实施策略。

（2）风环境评估

城市风环境评估内容和方法与城市气候尺度、高度和城市规划尺度密切相关。如图 8-21 所示，城市气候尺度可分为中观尺度、局地尺度和微观尺度，按高度可分为高空风场、混合层、城市边界层、城市尾羽层、城市近地层和城市冠层，城市规划应按其不同范围分为区域、城市、街区和建筑。城市区域尺度的风环境属于中观城市气候尺度，在高度范围涉及高空风场、混合层、城市边界层、城市尾羽层。风环境评估的内容是分析区域风环境信息和可利用的风资源分布，明确存在问题，了解城市氧源绿地和气候敏感区域的分布。城市尺度属于局地城市气候尺度，城市近地层，主要分析主城区整体风环境与局地环流，探测潜在通风廊道主要位置和阻风区域。街区和建筑属于城市气候微观层面，街区的评估内容是分析小区层面风环境状况及局地风流通，探测潜在的街区次级通风廊道和阻风区域。建筑单体尺度评价大型建筑项目的风环境状况，重点街区的街谷效应，探测在建筑项目地块内连通街区次级通风廊道主要位置。风环境评估技术要点如下：

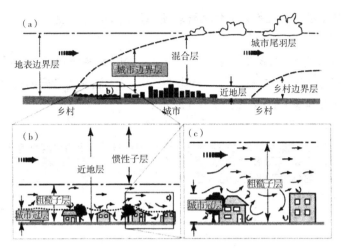

图 8-21　城市气候尺度与高度
（a）中观尺度；（b）局地尺度；（c）微观尺度

①评估数据采集

基础数据收集主要包括：规划数据、气象数据及空气污染数据三方面的信息，用以计算与分析地表覆盖、城市形态，土地利用，城市热岛分布、建筑物分布、污染分布情况、建筑物体积，城市规划基础信息等调查结果。

②通风廊道识别

风洞实验、流体力学数值模型及基于 GIS 的数据计算常用于识别潜在的通风廊道。相较前两种方法，基于城市形态的分析模型所提供的参数化数据更易被规划师与建筑师在规划设计过程中取得并应用。基于GIS城市通风潜力评估主要的评估因素包含：城市与建筑形态、地表覆盖物等，换算成量化指标主要有：天空开阔度、地表粗糙度、建筑首层占地面积比率、建筑迎风面密度。该方法是结合地理信息（GIS）数据平台和对城市盛行风风向的分析，计算城市表面粗糙度以及建筑迎风面积密度，从而在城市尺度下建立一个城市空间风渗透性参数数据库以对城市空间风渗透性进行描述及可视化。通风潜力等级划分，见表 8-4。

通风潜力等级划分表　　　　表 8-4

通风潜力类型	一级	二级	三级	四级	五级
粗糙度	> 0.5	0.1 ~ 0.5	≤ 0.1	0.1 ~ 0.5	≤ 0.1
天空开阔度	—	0.75 ~ 0.90	0.75 ~ 0.90	≥ 0.90	≥ 0.90
含意	无	一般	较高	高	很高

③大型建筑对周边风环境的影响

评估大型建筑对周边风环境影响，特别是对行人层面风环境的影响可利用风速比这一指标来量化和辅助改善设计。风速比为地上 2 m 行人层面风速与边界层顶部风速的比值，表示受四周建筑物的影响下行人层面风环境状况。一般而言，风速比越高，该发展项目的设计对通风程度的影响便越小，因而对总体风环境所造成的影响也会越小。

④舒适风环境

风环境评估主要考虑风向和风速的时空分布，同时又要兼顾人体舒适度的要求。日本研究者森山泰成和村上周三教授在评估风环境状况时将气温作为考虑因素之一，通过综合考虑，提出了评估基准风速的设定，如表 8-5 所示。

舒适与非舒适的风环境（采用地上 1.5 m 附近日最大平均风速为指标）　　表 8-5

弱风状况下的非舒适风	舒适风环境	强风状况下的非舒适风
1.0 m/s 以下 特别是在夏季	1.0 ~ 4.0 m/s	4.0 m/s 以上 日最大瞬间风速的风速指标

（3）通风廊道构成及分级

城市通风廊道作为一个风的流动系统，德国学者 Kress 根据局地环流运行规律提出的下垫面气候功能评价标准被作为城市通风廊道规划的思想基础，他将城市通风系统分为作用空间、补偿空间与空气引导通道三个组成部分。作用空间指需要改善风环境或降低污染的区域。补偿空间则指产生新鲜空气或局地风系统的来源地区，作用空间中的热污染与空气污染能够基于两者的位置关系与空气交换过程得以缓解，比如林地、绿地、河流与湖泊等。空气引导通道是指将空气由补偿空间引导至作用空间的连接通道。

作用空间应选择热容较小的表面材料以缓解热污染，避免污染物排放、控制污染源以缓解空气污染问题，扩大补偿气团在作用空间中的影响范围、提高静风天气下冷空气的穿透性，以促进补偿气团发挥气候调节功能。

补偿空间大致可分为冷空气生成区域、近郊林地、内城绿地三个种类。静风天气频发的城市，冷空气生成区域是最重要的补偿空间，利用夜晚冷空气气流促进城市通风至关重要，其冷却程度主要取决于地表类型与土壤性质，地表热导与热容较小的未开发区域是理想的冷空气生成区域：草地与耕地最理想，其次是山坡林地。因此，城市规划必须保护内城及城郊的草地与农业用地，尽量利用地形条件组织城市通风。近郊林地的热补偿功能与空气卫生调节功能使其成为重要的补偿空间。在市区建设大型绿地与构建完善的绿化网络都是构建城市通风系统的重要措施。

空气引导通道需具备的特征是空气动力学粗糙度较低、比较开阔，且当中没有高大建筑物或树木，空气阻力小，即使在静风天气中也不会阻碍补偿气团由城郊补偿空间向市区的流动。一般呈直线型，或有较小的弧度。方向主要顺应或与盛行风向或局地环流风向呈较小夹角。它的作用在于促进空气输送和扩散。特别针对弱风状况下，对于加强城市与周边、城市内部的空气流动，以及改善作用空间的气候问题均起到重要作用。

城市通风廊道系统的有效性取决于所处城市冠层下部空气交换与流动的状况，还与周边的地形地貌、面积、长度、朝向、非透水地面比例、植被覆盖类型及是否有高大建筑物的遮挡相关。依据不同的空间尺度及特性，主要分为三级：区域—城市，城市—街区，街区—

建筑。每个层级都涵盖两个空间尺度，确保不同空间尺度的规划之间的衔接以及不同层级通风廊道的通达性。城市通风廊道在进行规划时应看作一个系统，即应综合考虑和管控各组成部分的空间要素，包括：空气引导通道的朝向和长度；周边建筑群的入口是否可以衔接或通过；绿地的宽度和植被的高度；土地用地类型及其相关粗糙度；内部是否存在挡风建筑或高大树木。

通风廊道规划可分为四个层面：区域规划层面，城市总体规划层面，街区规划层面，建筑规划层面。区域规划注重区域内的自然地形地貌以及地区盛行季风条件以全面分析区域内的自然通风潜力，从而合理规划产业功能及区域人口密度。在区域规划的基础上，全面评估城市可利用的风环流系统。在已建成的城市区域，探索现有的城市内由建筑自身形成的潜在风道，以比较小的代价，将区域自然通风潜力引入城市纵深。对新建的区域则应在最初的阶段将风道规划纳入到城市整体规划中。严格控制建筑物的形态以改善地区性微气候环境，促进局地风的循环。在设计方案中避免大型建设项目对周围地区环境的不利影响，产生屏风楼等挡风建筑。设计城市通风道应遵循生态优先原则，因地制宜原则和流动贯通原则。

城市气候不仅直接关系到城市人居环境质量和居民健康状况，同时还对城市能源和水资源消耗、生态系统过程演变、生物物候以及城市经济可持续发展有着深远的影响，科学合理地指导城市气候的规划和设计，对实现城市的可持续发展具有重要意义。

习　题

8-1　若将相变材料和调湿材料相结合而用于室内装饰，可能取得什么样的节能效果？

8-2　电致变色玻璃和化学变色玻璃相比，各有何优缺点？

8-3　要减少辐射制冷材料通过对流和导热方式吸收的热量，可以采用哪些措施？

8-4　怎样利用城市气候地图分析城市热环境的状态？

8-5　简述构建城市通风廊道的方法和途径。

第9章　建筑光学相关发展

9.1　天然采光

9.1.1　天空亮度模型

建立能代表各类天空状况的参考天空亮度分布模型是天然采光模拟的基础。为此，CIE（国际照明委员会）根据部分国家对天空亮度的观测数据，基于 CIE 晴天空及阴天空天空亮度分布模型，提出了 15 类典型参考天空亮度分布模型（表 9-1），并称之为"CIE 一般天空标准"，该标准被世界各国广泛采用。CIE 一般天空标准覆盖了从全晴天到全阴天的各类典型天空亮度分布类型，可方便用于各类天空条件下的天然采光静态及动态模拟。

CIE 一般天空标准　表 9-1

类型	色调组	特征曲线组	亮度分布描述
1	I	1	CIE 标准阴天天空，亮度色调急剧变化，接近天顶，方位角一致
2	I	2	阴天，亮度色调急剧变化，并稍微发亮，接近太阳
3	II	1	阴天，适度渐次变化，方位角一致
4	II	2	阴天，适度渐次变化，稍微发亮，接近太阳
5	III	1	均匀亮度天空
6	III	2	局部多云天空，无色调接近天顶，稍微发亮，接近太阳
7	III	3	局部多云天空，无色调接近天顶，太阳周围区域更亮
8	III	4	局部多云天空，无色调接近天顶，清晰日晕
9	IV	2	局部多云天空，黯淡无光的太阳
10	IV	3	局部多云天空，更亮的太阳周围区域
11	IV	4	白蓝天空，清晰日晕
12	V	4	CIE 标准晴天天空，低亮度混浊
13	V	5	CIE 标准晴天天空，大气混浊
14	VI	5	无云混浊天空，完全日晕
15	VI	6	白蓝混浊天空，完全日晕

基于气候的采光模型是利用来自标准化年度气象数据集的太阳和天空条件预测各种辐射量或光度量的方法，并能获得绝对数值的预测（如辐照度、照度、辐射和亮度）。除了考虑建筑空间几何特征和材料特性外，这些预测结果还取决于所处地域（即利用特定地理气候

数据）和开窗的方向（考虑太阳位置和不均匀的天空条件）。而采光模拟的精度还取决于设备类型（灯具和百叶窗）和其控制策略（自动控制、人工控制或组合控制）。

图 9-1 显示了基于气候采光模型与 CIE 全阴天空模型和晴天空模型的对比与关系。在全阴天空下，利用天空亮度分布模型结合气候数据中的辐射数据可获得室内采光照度绝对值预测；在晴天空条件下，则可结合太阳条件、时间和方向获取室内采光照度绝对值预测。而基于气候的采光模型则可利用气候文件中的全年辐射及气象数据获取每一瞬时值的天空状况，并获取相对应的天空亮度分布类型，进而获取一整年时间序列的室内采光照度绝对值预测。

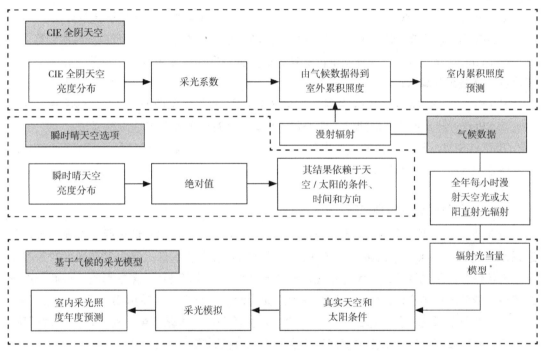

图 9-1　基于气候的采光模型与采光系数和瞬时晴天空选项对比
（辐射光当量模型用于只有辐射数据时辐射和照度之间的转换）

9.1.2　天然采光模拟

在计算机技术普及之前，多将建筑实体模型放在人工天穹下来分析天然采光情况，这是一种简便、快捷而经济的方法。用这种方法，可以模拟不同的天空状况，对采光效果进行定性分析，常使用建筑学的语言（如光的艺术、心理效果等）来描述采光效果。但是这一方法却很难进行精确的数量化研究。随着人们对室内环境质量要求的提高以及计算机技术的发展，基于计算机技术的天然采光模拟技术应运而生，可以提供比实体模型更加精确、细致的数据分析。

计算机天然采光模拟技术近十年来总的发展趋势是从静态、单一的模拟向动态、全天候气候化发展；从开发单一的光模拟软件向集三维建模和各种能耗模拟为一体的大型综合软件发展。更精确的光气候模型和室内采光计算法、复杂的采光口系统数据库的建立以及使用者行为模型的代入，使今天的光模拟软件在模拟精度上和应用范围上都大大地提高；各种新的天然采光设计与评估参数和标准出现，可以使设计人员更好地设计和利用天然光，减少能耗使用。目前国外数字化的天然采光模拟软件的研究成果颇多，这里简要介绍几种：

① RADIANCE 或 Desktop Radiance，开发单位美国加州劳伦斯伯克利国家实验室，计算法蒙地卡罗反向光线跟踪算法；

② Lightscape，开发单位美国加州 Lightscape 技术公司（现已被 Discreet 收购），计算法辐射度算法；

③ Relux，开发单位瑞士照明咨询股份公司，计算法逐点算法及光量子追踪算法；

④ Adeline，开发单位德国弗劳恩霍夫建筑物理研究所，计算法蒙地卡罗反向光线跟踪算法；

⑤ Light-switch Wizard，开发单位加拿大研究委员会和加拿大自然资源部，计算法蒙地卡罗反向光线跟踪算法；

⑥ ESP-r，开发单位斯特拉斯克莱德大学研究中心，计算法蒙地卡罗反向光线跟踪算法；

⑦ SPOT，开发单位美国建筑节能公司，计算法蒙地卡罗反向光线跟踪算法；

⑧ DAYSIM，开发单位加拿大国家实验室和德国弗劳恩霍夫研究所太阳能研究中心，计算法蒙地卡罗反向光线跟踪算法。

9.1.3　天然采光度量标准

近年来，人们对天然采光的认识与评价出现了巨大的变化。20 世纪后期以来，人们普遍采用采光系数（Daylight Factor）作为采光设计的客观评价指标。但由于采光系数是基于全阴天条件下的采光评价，未考虑日光、朝向及地域气候等多方面因素的影响，因此，如继续使用并依赖长达半个世纪的采光系数作为采光评价的主要方法，将使得采光研究停滞不前。同时，建筑天然采光不仅应考虑天空光对室内产生的照度和太阳直射光对室内产生的照度，还应考虑有太阳或天空光对室内使用者产生的眩光潜在影响。

有效照度 UDI（Useful Daylighting Illuminance）是满足室内水平工作面上照度要求的一个范围值，是用来评价室内动态采光质量的评价指标。UDI 用以表示一年中工作面上的天然采光在一定范围内有效照度所占时间的比值。UDI 度量方法减少了大量的时间序列数据，但是仍保留了大量的照明时间序列的重要信息。UDI 度量方法表达了天然光可能对与居住者视觉影响的上下限值。UDI 不仅可反映全年天然光采光情况下测试点天然采光的模拟测试结果，还可以反映出天然采光的利用率。

2008 年，一组来自建筑、光学、工程和医学领域的科学家以光生物学研究的经验数据为主体，尝试建构一个以天然采光的"非视觉效应"为主体的框架模型，该框架模型将一些天然采光设计要素如朝向、开窗大小等，与影响"生理节律潜能"（Circadian Potential）或称之为"生理节律效率"（Circadian Efficacy）因素相联系。目前最新的研究是将地理与气候因素带入到框架模型中，利用先进的计算机模拟技术，尝试模拟不同的天然采光设计因素对人体的生理节律影响。天然采光对人体生理节律和光生物影响的研究还处于起步阶段，模拟结果还较为粗略，有待进一步深入研究和完善。

9.1.4　天然采光测量新方法

目前，定量的室内采光环境通常采用工作平面照度的点测量和亮度的窄视场点测量（例如1度角）来表示。但在一座建筑中，由于照度测试点布置会影响建筑使用，且测试成本过高等问题，使得工作面上的照度值很少被长期记录；此外，人眼具有几乎180°的前向视野，而仅1度视角的"点"亮度测量值，只能记录视野中极少部分的亮度信息。

近年来，高动态范围（HDR）成像技术的应用大大扩展了人们测量和描述视觉环境亮度的能力。除了少部分专业的HDR相机外，普通数码相机也可通过拍摄多张不同曝光照片来生成HDR图像。HDR图像中每个像素点均能获取视觉环境中相应位置的亮度数据，因此HDR图像就能获取整个图像场景中的所有亮度数据。此外，由于生成的HDR图像精度通常高达1000万像素以上，且普通数码相机还可通过配备鱼眼镜头来获取更加宽广甚至超越人眼的视野范围，这使得研究工作者可获取海量的亮度数据用于眩光评估、照明偏好研究及视觉光环境评价（图9-2为一张数码照片和相应的HDR图像，视点为靠近窗户且可以直接观察天空的办公桌）。

图9-2　利用高动态范围图像测量使用者视线范围亮度值

9.1.5　天然采光实时监控调节

天然光的不稳定性一直都是天然光利用中的一大难点所在，通过日光跟踪系统的使用，可最大限度地捕捉太阳光，在一定的时间内保持室内较高的照度值。目前，一些新的阳光跟踪采光技术扩大了天然采光的范围。这些技术主要包括光导纤维、棱镜导光装置、管状天窗（Tubular Skylight）、人造日光（Arthelio）和导光管（Solar Light Pipes），它们都可以将光线导入建筑特定的空间中去。在这些新的采光技术中，较为引人注目的是导光管的应用。导光管是近几年新兴的一种天然光传输方案，它的传输距离远，能够将光线传输至距光源十几米甚至几十米的地方；光线照射面积大，能将光线较均匀地分配于较大面积的区域，还能够通过调节出光口的位置来实现对某些特定位置的明暗水平；易于安装和维护、使用寿命长，是一种比较理想的天然光照明方式。用于采光的导光管主要由三部分组成：用于收集日光的集光器；用于传输光的管体部分；以及用于控制光线在室内分布的出光部分。集光器有主动式和被动式两种：主动式集光器通过传感器的控制来跟踪太阳，以便最大限度地采集日光；被动式集光器则是固定不动的。有时会将管体和出光部分合二为一，一边传输，一边向外分配光线。垂直方向的导光管可穿过结构复杂的屋面及楼板，把天然光引入每一层直至地下层。由于天然光的不稳定性，往往给导光管装有人工光源作为后备光源，以便在日光不足的时候作为补充。导光管采光适合于天然光丰富、阴天少的地区使用。

另外，在采光材料上也出现了革新，采光材料能够自己感知光与热的变化从而调节采光量。现已研制出多种类型的调光玻璃，这些调光玻璃和吸热玻璃、热反射玻璃不同，它们能够随着外界光、热条件的变化而变，从而实现对阳光射入量的控制，为建筑提供理想的光、热环境。先进的玻璃系统或材料（AGSM）分为两大类：主动和被动。主动系统会根据一些控制参数（例如，工作平面照度）自动地改变某些属性（例如可见透光率）。被动系统是一种固定不变的系统，不需要自动或手动的外部控制。通常 AGSM 系统与传统玻璃一样需要考虑提供足够的视野和避免眩光等视觉质量问题。

被动 AGSMs：大多数被动系统的目标是以某种方式重新引导天然光，而透射光的大小和分布的变化都是源自入射光数量和方向的变化。被动 AGSM 通常是在窗户玻璃表面上附加一层材料的形式，或者它们本身是玻璃元件，例如双层玻璃系统的一部分，而其中另一部分可能是普通玻璃。入射光方向的改变与控制可通过材料的镜面反射或漫透射特性来实现。此类玻璃系统包括棱镜光反射板、激光切割板、漫射材料和镜面百叶窗等。目前市面上一些镜面重定向材料（如 Serraglaze）为观察者提供了比较清晰的视野（图 9-3、图 9-4），并通过反射太阳光到顶棚的方式来有效阻挡较大太阳高度角时的直接传输。半透明材料如 Kalwall 具有非常低的导热性，可用于代替墙壁和玻璃窗（图 9-5）。一种新的用于减弱窗户采光的方法，就像薄膜一样，叫作 Solaveil 的处理方法，利用在窗户上增加一层能整体减少玻璃穿透率的薄膜来减少通过窗户获取太阳能及天然光的量（图 9-6）。

主动 AGSMs：这个类别中最成熟的技术是自动遮光系统，根据某些传感器信号（如测量采光水平）的输入，控制电动百叶帘。阿布扎比的 Al Bahar 的塔智能遮阳系统的不仅丰

图 9-3　Serraglaze 玻璃（左）与普通
玻璃对比效果（右）

图 9-4　Serraglaze 玻璃与普通玻璃对比效果，左上角为
Serraglaze 玻璃

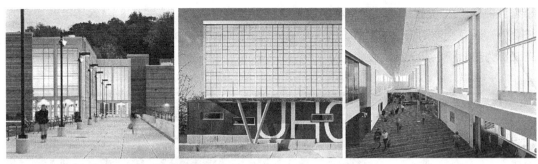

图 9-5　kalwall 扩散板立面效果及采光效果

图 9-6　带窗帘的传统玻璃窗（左）用新型 Solaveil 窗（右）代替

富了建筑立面，而且通过与智能控制系统配合使用，根据周围自然环境的变化，通过系统线路，自动调整遮阳板或改变遮阳面积或变化角度，既阻断热辐射、减少阳光直射、避免产生眩光，又充分利用天然光，节约能源（图 9-7）。与使用手动或自动控制的标准遮阳材料相比，具有在透光和黑暗两种情况下连续变化透光率的玻璃能对亮度环境提供更大程度的控制，基

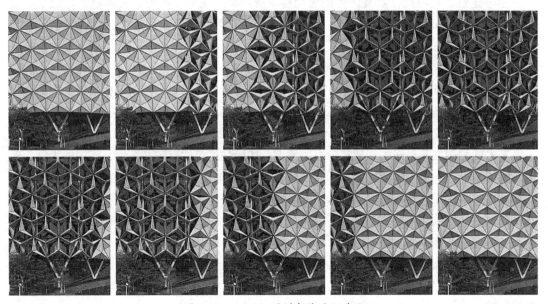

图 9-7　Al Bahar 的塔智能遮阳系统

于电致变色（EC）就是通过一个小的应用电压调制玻璃透光率（图9-8）。除了电致变色方法之外，还有光调制玻璃的配方，其中可见光透射率随材料的温度或入射光强度相应变化的方法称为热致变色和光致变色。

图9-8　展示了电致变色玻璃透明状态（左）和变暗状态（右）

9.2　人工照明

9.2.1　建筑照明

这里讲的建筑照明主要是建筑室内照明，由于建筑类型不同其功能有所不同，相关标准规范已对其照明的指标有了规定，但随着LED照明的发展并进入建筑室内以及新时代带来的一些功能需求变化，建筑室内照明有了新的要求，本章内容主要介绍功能性与艺术性照明、健康照明与光生物效应的发展。

1）功能性与艺术性照明

由于建筑功能不同，对其内部的照明要求有不同，工业、农业、民用建筑内部功能性照明都有相应的国际国内标准规范。工厂照明主要是满足各种工业生产性相关的照明要求。如炼钢、装配、纺织、电子等车间不同的照明规定。农业工厂（设施农业）对不同农业产品有不同的照明要求。民用建筑是类别较多也最为复杂，如办公、商业、旅馆、教育、医疗、居住、博物馆、演观、体育场馆等，国家照明标准规范均有功能性照明的标准值。但原有功能照明标准值是基于传统光源，当LED照明进入室内照明后，其原标准是否精准有待深入研究，如功率密度值，白光LED蓝光，LED照明与控制等（图9-9）。

艺术性照明主要是在民用建筑中有所考虑，如居住建筑的就餐和客厅、旅馆的大堂、商业建筑的中庭和一些如旅游休闲娱乐等建筑，其照明的艺术性显得较为重要（图9-10）。在既要满足功能性要求外，从审美艺术性方面进行一些装饰性照明是需要的。这可以增加氛围与情趣，更好地表达环境的艺术性，更好地满足不同人群的审美需求，特别是当LED照明与控制系统完美结合后，几乎任何光的场景均可实现，如改变色彩，改变环境明暗，实现动态变化和特殊的表演性灯光效果，这在传统光源时代是很难达到的。随着时代的发展，人们审美观念的变化，在满足功能照明的前提下，艺术性照明在照明科技的支撑下，将会有进一步的发展。

图 9-9　LED 照明在教室场所中的应用　　　　　　图 9-10　LED 照明在酒店中的应用

2）健康照明

随着照明技术不断发展，以视觉功效、节能等为重点的人工照明正向"健康照明"的方向发展，高质量的照明标准不再单一以视觉功效和节能为评价标准。在人工光环境中会有的更多指标，如使用者的视力保护、生物节律、情绪健康等。非视觉性方面也正成为研究的热点。建筑设计人员应掌握照明前沿的相关信息，了解国内外对人工照明的新的研究成果，在进行建筑光环境设计时，面对不同的使用需求，以人为本，充分发挥建筑的功能作用，使照明既满足功能性要求又满足人的健康要求。

（1）光生物效应

2002 年，随着美国布朗大学学者等发现了哺乳动物视网膜上的第三类感光细胞——神经结细胞，被美国《科学》杂志称为世界上十大最重要的科学突破之一（图 9-11）。这类感光细胞通过进入人眼的可见光辐射参与调节和控制人的生命体征变化、激素分泌和兴奋程度等。这种非视觉的生物性反应及作用，称为光生物效应。

在光与人的生物性方面的研究发现，光信号传播时有两条通路：一条是传统的视觉细胞形成视觉；另一条是由神经结细胞传送非视觉信息，控制激素分泌。受光生物效应影响的主要有两种激素，即褪黑素和皮质醇。白天皮质醇分泌增加而褪黑素分泌减少，夜晚褪黑素分泌增加而皮质醇分泌减少。

神经结细胞和人体非视觉通道的发现，以及其对人体生理节律及生物效应的影响，使得人们重新审视和思考人工照明质量的定义，即不仅要满足视看功能的要求，还应满足人体健

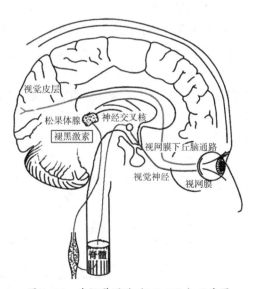

图 9-11　非视觉通路（ipRGCs）示意图

康需求。尽管"光生物效应"说法有待科学界统一认定，但其非视觉生理节律性内容应该是没有争议的，正是由于光照对生理节律的影响，健康照明正在成为一个研究热点。

（2）非视觉效应

2011年第27届国际照明委员会大会中，光与生物节律成为关注的热点话题，但有关人工照明非视觉效应方面的研究还刚刚起步。来自建筑、光学、照明工程和医学等领域的科学家以光生物学研究的经验数据为主体，尝试建构一个以"非视觉效应"为主体的框架模型，该框架模型与影响"生理节律潜能"因素相联系。目前最新的研究是将地理与气候因素带入到框架模型中，利用先进的计算机模拟技术，尝试模拟不同的人工照明环境对人体的生理节律影响。建立该框架模型的目的不仅仅应满足视看效果，也应满足与人体健康密切相关的"非视觉效应"。人工照明对于人体生理节律和光生物影响的研究还处在起步阶段，有待于进一步深入研究和完善。在生物节律方面，目前主要集中在光照强度、光照时间与光谱能量分布对人的生理节律、心理行为等方面的影响研究。特别是对于三班倒的工人、环球旅行中需要倒时差的旅客等，目前研究发现利用人工辅助照明的影响，能够改变原来的不适应状态，使身体更快地调节和适应过来。神经结细胞在人体大脑中有自己的神经传输网络，与视觉神经传输网络有很大的不同，接受光后，神经结细胞产生生物电信号，传送到下丘脑，之后进入视交叉上核和脑外神经核，最后达到松果体。

松果体是大脑生物钟的中枢，它会分泌褪黑素。褪黑素合成后，储存在松果体内，交感神经兴奋度支配松果体细胞释放褪黑素到流动的血液中，并诱导自然睡眠，因此其是调节生理节律的一种最重要的激素。褪黑素的分泌具有明显的昼夜节律，白天分泌受抑制，晚上分泌活跃。但交感神经的兴奋度与达到松果体的光的能量和颜色密切相关，光色和光照强度会影响褪黑素分泌和释放程度。

除了调节生物钟的同时，对人体心率、血压、警觉性、活力等都产生一定影响（图9-12）。

（3）健康照明

健康照明已成为近几年较为热门的话题，其来源应该从绿色健康可持续建筑、生态建筑、健康建筑找到其基础理论。早在2000年重庆大学陈仲林教授就提出了健康照明的理论并由陈仲林、杨春宇、刘伟发表了有关论文，但由于当时人们认识局限和照明的技术等原因，没有引起社会的重视。近些年随着非视觉效应对人影响的认识逐步提高，研究的广泛度进一步加强，照明与人健康的关系为大众所接受。所谓健康照明，就是通过照明，改善并提高人们工作学习生活条件和质量有利于人的生理和心理健康的照明。在满足基本视看功能条件下，

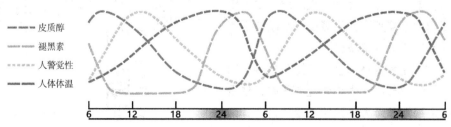

图9-12　人体体温、褪黑激素、激素皮质醇及人体活跃性的 24 h 周期节律

照明对人的生理上是健康有益的，在心理上是舒适优美的。健康照明概念提出的时间并不长，目前国内及国际上关于健康照明相关的标准不多。

　　日光与人的健康密切相关，光照缺乏会使人体产生一系列问题，其中季节性抑郁是较为典型的一种，是由罗森塔尔在 1984 年首先提出的。以秋冬季抑郁症状反复发作，春夏季症状完全缓解为特征，又称为"冬季忧郁症"。大多数的季节性抑郁患者在一年的大部分时间都有良好的健康状态，但冬季会明显有忧郁的症状，特别是在北纬 30° 以北或者南纬 30° 以南地区，季节性抑郁病人显著存在。光照能缓解季节性抑郁症状，尤其在阳光充足的日子里，会减轻或者消除。在缺乏日照的地区或季节光疗的方法也可用于缓解季节性抑郁患者病症，即用比普通室内光照亮数倍的人工照明来延长白昼时间，可使患者在数日内显著改善季节性抑郁的病症。此外，光疗技术在治疗睡眠紊乱、"老年痴呆"（阿尔茨海默症）等领域已有初步的研究成果。对于光疗方面的研究，新的研究显示不同的人工照明甚至对于提高学习工作效率和睡眠都有益处，因此利用"光疗"技术将是一个值得研究的领域。同时，在建筑室内光环境应用领域，有学者通过对不同光气候分析，在日照缺乏季节进行人工补光光照缓解人的情绪，提高学习工作效率，有利于人的健康（图 9-13）。

图 9-13　一天中日光色温变化

　　学校健康照明近来受到社会广泛关注，是因目前中国学生近视状况严重，已引起中央乃至各级管理部门高度重视，据统计目前中国小学生近视率 48.5 %，初中生近视率 74.4 %，高中生近视率 83.3 %，大学生近视率 87 %，这已严重影响到我国未来发展。近来不少照明、光学、眼科医生、教育单位等相互合作，在进行学生近视防止的研究工作，也出台了一些标准规范，但仍有许多科学问题没得到解决，需要深入的加强研究。

　　（4）LED 蓝光

　　蓝光是指光源 400 ~ 500 nm 的蓝光波段，如果蓝光含量过高，人眼长时间直视光源后可能引起视网膜的光化学损伤。蓝光直接与视觉感光细胞中的视觉色素反应或者是视网膜色素上皮细胞中的脂褐素反应，这些光化学反应都会产生大量具有细胞毒性的自由基，破坏细胞的正常生长。光源的蓝光危害可以用蓝光加权辐亮度、蓝光加权辐照度和曝辐时间来表示。表 9-2 列出了不同蓝光危害等级对应的蓝光加权辐亮度 L_B、辐照度 E_B、曝辐时间 t 和有效对边角 α_{eff} 的阈值。

不同蓝光危害等级的参数阈值　　　　　　　　　　表 9-2

危害等级	描述	L_B（W·m⁻²Sr⁻¹）	E_B（W·m⁻²）	t（s）	α_{eff}
0 类	无危险	≤ 100	≤ 1	$\geq 10^4$	100
1 类	低危险	$\leq 10^4$	≤ 1	≥ 100	1.1
2 类	中度危险	$\leq 4 \times 10^6$	≤ 400	≥ 0.25	11
3 类	高危险	$> 4 \times 10^6$	>400	<0.25	1.7

但标准规定的方法是在距人眼 200 mm 条件下直视光源测得的照度和亮度数据，在实际应用中，人眼接收到光不仅仅来源于一个光源，往往是多个灯具的综合作用；此外，还可能受到天然光的影响。《灯和灯系统的光生物安全标准》GB/T 20145—2006 只能适用于特定光源的评价，并不能反映实际照明空间中的蓝光危害评价。有研究表明，6 500 K 光源在正常室内空间使用中其蓝光含量不会对人眼造成伤害。国际照明委员会（CIE）也在 2019 作出了无伤害的声明。在教室照明环境中，人眼一般注视在黑板、桌面或墙面等位置，采用标准中规定的光源发射光谱的蓝光加权辐亮度（或辐照度）进行评价会导致夸大的危害评估，科学的方法应根据实际情况进行蓝光危害评价，究竟是手机、电脑显示屏等还是在室内公共空间中的照明产生的蓝光，但蓝光并不只有危害，白光中的蓝光对人的生理节律具有重要作用，如对褪黑激素的抑制，提高人的警觉度以及视看功效等方面，有关蓝光对人的生物性影响，科学界还在进一步研究。

9.2.2　城市照明

1）道路照明

道路照明是城市功能照明中的重要内容，良好的道路照明可以保证行人、车辆的安全使道路交通能力提高，提高驾驶员的执行能力、舒适性和警觉性以及行人对障碍物的识别和美化城市环境，也对降低犯罪起到一定作用。道路照明质量的评价内容包含舒适度与视看清晰度，舒适度可使驾驶员心情放松，有利于减轻驾驶疲劳度，清晰度涉及安全与辨识功能。道路照明的舒适度评价主要包括平均亮度、亮度总均匀度、纵向均匀度、失能眩光及不舒适眩光等。道路照明的视看清晰度主要包括对物体的识别反应时间、方向导向、天气影响、可见度小目标物探测等。包含了显示能力、环境比、诱导性、透雾性、对比度、生物节律对驾驶员的影响等。道路照明方式主要有常规道路照明、高杆照明、悬索照明、护栏照明、低位照明等。道路照明的理论研究涉及明暗视觉、中间视觉、照度、亮度、色温、显色性、生物节律等多方面。随着道路 LED 照明的应用，与传统照明产品相比，LED 的高可靠性与智能控制结合更有利于道路照明质量的提高，在智慧城市的未来发展中，路灯、灯杆是一个实现智慧城市的物质载体，目前已有一些采用智慧路灯灯杆的城市道路，这些灯杆具有公共安全、气象数据采集，无线通信信号传输、显示屏、充电等多种功能（图9-14）。

　　LED的特点决定了LED道路照明产品的未来发展走向。与传统的照明技术相比，LED的特点在于其高可靠性和与智能控制良好结合、光线可控。高可靠性和智能化集成及更便利与有效的配光是未来LED道路照明产品的几大主线，其路灯灯杆是智慧城市大数据的重要物质载体。

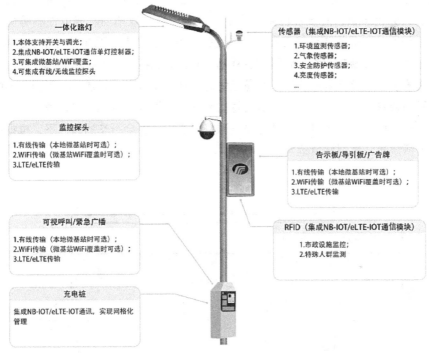

图9-14　LED智慧路灯灯杆示意图

2）隧道照明

　　公路隧道照明的根本目的在于为驾驶员提供安全行车的视觉条件，提供可获得足够视觉信息的亮度水平，确保车辆无论是在白天还是在夜间，都能够以给定的设计速度安全行驶。隧道照明应综合考虑设计运营车速、交通量、隧道线型等因素，并注意司乘人员的安全性和舒适性，特别要注意隧道入口与相邻区段的视觉适应过程。

　　隧道的构造比较特殊，会产生隧道特有的人眼明适应和暗适应，尤其是白昼的视觉问题。在白昼，刚接近长隧道时，驾驶员看到是一个黑洞，这是"黑洞"现象；如果隧道较短，则会产生"黑框"现象；由于洞外亮度大，进入隧道后，人眼需要适应时间，即产生"适应的滞后现象"；在隧道出口，会产生一个很亮的洞口，形成强烈的眩光，降低驾驶员的可见度，这就是"亮洞"现象。上述这些现象均会对驾驶员的视觉生理产生影响，从而对安全产生隐患。所以隧道照明设计必须解决好隧道照明特有的视觉问题，创造出良好的视觉环境，有利于隧道照明安全和节能。

公路隧道照明能耗严重，通过科学的节能方法与措施，可产生显著的经济、生态和社会效益。节能措施应贯穿公路隧道照明的各个环节。首先应采用技术性节能措施，包括洞外亮度的准确测试，照明设计参数的优化，节能光源的选择使用，智慧照明控制的应用，照明灯具合理布置，采用高效照明方式，照明节电设备的使用等措施；还可以采用太阳能光伏发电技术和太阳能和风能互补发电技术等结构性节能措施，同时还应该通过加强维护管理实现运营照明节能。

隧道照明光源的发展方向是高效节能。LED 应用于隧道照明中与传统照明光源相比，具有寿命长、光色丰富、亮度和色温范围易于控制、灯具效率高、显色性高等优点。利用 LED 灯具快速响应、易于调节亮度和色温的优势，可实现隧道照明向智慧照明的发展目标。

从隧道照明的发展趋势看，照明控制系统必须具备更强的对隧道的各种环境信息（气候、交通、照明等）感测及反应的功能，并通过先进的技术手段形成开放的、不断完善的智慧照明模式。采用智慧照明技术手段，隧道内将按需形成多模式的照明水平，根据车流量、洞外亮度，天然光色等因素的实时变化进行动态调整。在保证安全行车的条件下，根据各参数的动态变化进行调光，达到隧道运营安全和节能降耗的目的（图 9-15）。

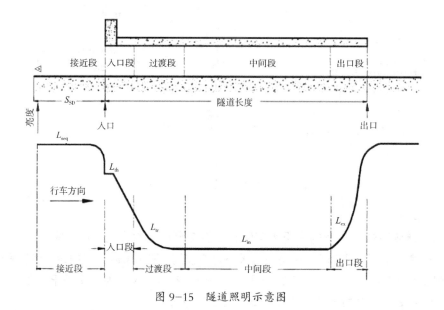

图 9-15　隧道照明示意图

3）夜景照明

（1）夜景照明规划

夜景照明建设已成为我国各城市普遍开展的一项工作。城市夜景照明改变了城市夜间形象，吸引了城市夜间休闲娱乐消费，延长了城市夜生活，推动了城市旅游业发展，促进了城市经济繁荣被称为"夜景经济"（图 9-16）。但也存在着夜景照明亮度不当，光色太艳、动态过多产生光污染和不根据城市自身经济发展水平过度"亮化"等问题。城市夜景照明需要正确的控制与指导，夜景照明规划是重要的一项内容。国家有关管理部门也规定要进行城市夜景照明建设，应该先进行夜景照明规划工作。目前城市夜景照明规划还没有统一的相关标准规范，通常一般分为两个阶段，一个阶段是宏观指导性规划（有的称为总体规划），是针对一个城市制定的夜景照明规划；另一个阶段是针对城市中一个区域区段进行的指导夜景照明设计建设的规划（有的称为详细规划）。这两个阶段的夜景照明规划都有其自身的目标、内

图 9-16　城市夜景照

容、技术要求等。有的为了与城市规划衔接，作为城市规划的下位规划，又称为夜景照明专项规划。无论称谓是什么，夜景照明规划是非常重要的，可以控制城市夜景亮度、光色、动静、重点非重点、过渡段、允许或禁止等夜景照明的建设数量规模和质量，使城市夜景照明建设健康发展。

城市夜景照明规划应该怎么做，目前没有统一的标准规范，但夜景照明规划一些基本原则和内容还是应该具有，夜景照明规划是城市规划的下位规划，就应服从城市规划的规定和要求。夜景照明是需要物质载体的，城市（建构）筑物、道路桥梁、园林植物水体小品等是城市主要构成元素，也是夜景照明的物质载体。夜景照明的重要原则是将白天城市这些物质载体用灯光在夜间展现出来，这些城市元素的建设是经过了城市规划、城市设计、建筑设计、风景园林设计等各个专业设计建设而成，其中最突出的是地形地貌特征，人文历史特征和城市功能特征等，才构成了一个城市独有的城市风貌与特质。如山地城市、平原城市、沿江、沿湖、沿海城市等其形态和特征是有差异的。夜景照明规划应充分体现这些特征而不是采用统一方式或完全改变这些特征随夜景设计者个人意愿进行夜景规划，从这个意义上讲，夜景照明规划基本应包括如下一些内容即：了解该城市规划的内容，分析城市地形地貌、了解城市风貌、风景园林等城市特征，掌握该城市历史文化、风土民情、社会习俗等。对城市特征如何用灯光展现，要理解城市夜景重点不仅是灯光个性的表演（少数特殊性除外），要确定夜景照明的定量技术参数和使用先进照明技术方式，确定夜景照明的管理方式等。

（2）夜景照明设计与建设

一个城市的构成元素是多样的，除人和社会等外，其建（构）筑物，道路广场桥梁，绿化植物、水体雕塑小品等载体是城市构成的重要物质元素，这些物质载体是夜景照明的主要对象（图 9-17）。由于 LED 照明技术的发展，当前城市夜景照明几乎全部使用 LED 照明，传统光源除少部分还有使用外，已基本退出了历史舞台。LED 照明器具相比传统光源灯具寿命长，响应快，色彩多样，可调光变换，动态图案方便，特别是通过控制，基本上可以达到任何想要的效果。因此，几乎全国的夜景照明都将 LED 照明与控制系统结合用在被照对象上。特别是城市建筑外立面，有的整个建筑群，有的一排沿江沿湖沿海数公里长建筑物上

图 9-17　LED 照明在建筑物中的应用

动态图案联动；有的山体光色变换，构成强烈的视觉冲击力，也吸引了庞大的观看人群；有的在建（构）筑物或地面采用全息投影，可做到人景互动，增加了观赏乐趣，一些在水体中设计喷泉喷雾，水幕电影或激光表演，使城市夜间形象发生了巨大改变，舞台灯光室外化倾向也日趋明显。中国从南到北，从东到西，几乎找不到没有夜景照明的城市，中国是世界上通过人工塑造夜景最大的国家。

城市夜景照明的设计是在夜景照明规划指导下进行的，是单体或群体夜景实施的具体技术过程步骤之一，是使夜景规划的意图落实在城市建构元素中的具体设计行为。夜景照明设计应按规划要求，根据对象的性质，通过技术语言（图纸、影像等）表达出来让施工者实施。这就要根据如建筑类型、风格、形态、体量、表面材料、环境位置等进行设计。如确定亮暗、光色、动静等方案，根据照明要求和建筑构造确定灯具类型、安装方式、光电技术参数等。夜景照明设计主要分为两个阶段（这和一般的建筑设计有初设阶段还是不同），一是方案设计阶段，二是施工图设计阶段。方案设计是表达设计出对象的效果怎样，技术语言主要是图纸（包括彩色效果图，有的有影像图）和设计说明，主要是使业主能直观了解产生的效果和基本实施方案。施工图主要是用于施工中的技术语言（也包含作为招标投标的技术文件），这就需要含有节点大样图及各种技术参数（包括灯具，控制等）。总之，城市夜景照明设计和夜景照明规划是两个不同的技术阶段。是建成建好夜景照明的重要步骤和内容。我国已有夜景照明的设计规范，有的城市也有相关的地方技术标准。但随着照明科技的发展，有的标准规范已不适应需要。夜景照明的建设问题比较复杂，除招标投标程度外，还有业主、设计、监理、施工单位、质检部门等多方管理，这里不一一叙述。

城市夜景照明与控制系统结合，创造了中国夜景照明的新形态，特别是建筑立面 LED 照明构成的媒体形态，乃至于景区一些山体夜景动态图案构成，已成为我国夜景照明一种常态，也为文化旅游吸引夜间消费，形成夜间经济，提供了物质条件。推动文旅及夜间经济的发展是否具有可持续性，特别当全国各城市都开展夜景照明建设，同质化严重，能吸引多少人旅游观赏消费，是值得思考的。但是，靠城市夜景照明特别对过度的夜景照明，互相攀比产生的光污染褒贬不一，如何科学发展，仍是面临一个问题。

（3）植物夜景照明

光是植物生长和发育最重要的环境因子之一。从光谱能量分布、光照强度及光照周期三方面调控植物的光合作用、形态建成、基因的表达乃至植物的生物节律（图9-18）。目前从农业作物照明和园林植物照明为植物照明的重要研究方向。传统农业作物照明的光源一般是荧光灯、金属卤化物灯、高压钠灯和白炽灯，这些光源的突出缺点是能耗大、运行费用高。随着光电技术的发展推动了农业作物照明的进程，相对于传统光源，LED 能够节约能耗，且光源使用寿命长、体积小、结构简单、放热少、启动快，光谱分布能够控制在极窄范围，可极大程度地满足农业作物光合作用及光形态建成所需要的光谱能量，适合近距离补光、逐点照射补光，更可根据农业作物微观结构吸收光谱的特性有针对性地进行补光，提高作物的光合效率。

近些年来，我国县级以上城市普遍开展夜景照明建设，园林植物夜景照明随处可见。目前已发展到风景旅游区及一些自然山体，特别是进行一些大型活动的城市夜景照明，进一步引发了各城市夜景建设热潮，植物也被大面积照亮。根据植物的生物节律，夜间植物休息不进行光合作用。园林植物夜景照明一般对植物进行人工光照 3 小时左右（有的更长），增加光照会使植物夜间进行光合作用，影响植物的生物节律和生长健康。人工光照的滥用干扰了园林植物的生长，也威胁到自然环境中珍稀植物物种的生存。夜景照明对植物的影响也是植物照明研究的重点之一。

①光谱能量分布对植物作用

人工光源光谱能量分布与日光光谱不同。光源光谱能量分布是植物生长发育的诱导信号，同时也影响着植物的光合效率（图9-19）。光照通过调节光受体而对植物生长发育进行调控，只有特定波长的光谱能提供植物进行光合作用，其他波长和过量特定波长的光谱对植物的生长、生物节律没有明显影响。绿色植物光合有效辐射的波长范围为 400 ~ 700 nm。紫外光（100 ~ 400 nm）和蓝光（400 ~ 480 nm）促进色素合成及相关酶的活性，可导致植物茎节变短，同时提高吲哚乙酸氧化酶的活性，降低生长素（IAA）的水平，抑制

图 9-18 不同园林植物夜间照明现状

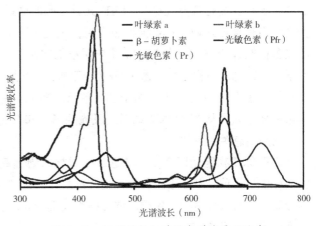

图 9-19 不同植物细胞的光谱能量吸收率

植物的生长，是植物色素改变的决定性因素；绿光（480 ～ 580 nm）波长会影响植物胡萝卜素的形成；红光（640 ～ 750 nm）能够抑制植物光合产物的输出，增加叶片淀粉含量，从而增加叶片的厚度。

②光照强度对植物作用

光照强度是植物预测季节变化的信号，能够促使植物体内活性酶含量发生变化。20 世纪 50 年代，学者从植物的避荫方面研究光照强度与植物生理生化的关系。光照强度对植物生长的作用分为间接作用和直接作用，间接作用指光照作为能源参与植物的光合作用。间接作用需要较强光照及较长期的照射时间，才能够合成提供植物生长所需要的能量；直接作用是指光照作为信号对植物形态建成的影响，如促进黄花苗转绿、叶芽分化、开花时间等。光照强度过高时，过剩的光能引发植物光抑制反应，植物被迫进行一系列生理生化作用，降低自身光合效率，这一过程严重影响了植物的生长发育。光照强度过低时，植物叶片内活性氧产生速率、膜脂过氧化程度及抗氧化酶的活性均降低，从而使植物呼吸速率和光补偿点降低，以保存自身能量。

③光照时间对植物的作用

植物在长期的进化过程中，适应了昼夜交替的光照变化，形成了固定的光照周期。光照周期对植物种子的萌发、幼苗生长、茎的伸长、开花等都具有调控作用。1868 年俄罗斯科学家 Andrei Famintsyn 首次提出了利用人工光照时间调节植物生长，并指出根据植物的类型、生长阶段利用人工光照对植物生长进行调控。植物在长期的进化过程中，适应了昼夜交替的光照变化，形成了固定的光照时间。光照时间对植物种子的萌发、茎的伸长、开花等生理生化过程具有调控作用。长时间的光照刺激光敏色素传导信号，诱导相关基因的表达，影响植物的形态。

④植物照明的发展

目前，植物照明的研究主要分布在建筑学、环境设计、林学及农学领域，并从园林植物照明及农业作物照明方向进行研究。在园林夜景照明中，植物照明的光照度量与植物光合度量不同。在研究过程中多从人眼视觉出发，对园林植物照明实验，并运用生物学研究手段，从植物光化学角度出发，采用植物生化检测技术，研究人工光照与不同属性植物生理生化参数的关系。在农业植物照明中，LED 光源是照明体系的焦点，红光 LED、蓝光 LED 对植物光合作用有直接影响，农业植物照明中一般直接选取单色 LED 光源。农业作物照明所采用的光源仍然以传统光源为主，LED 应用植物照明正处于尝试阶段。近年来，LED 已经成功用于人工补光、植物组培、遗传育种、植物工厂以及太空农业等领域，并正在向农业与生物产业的众多领域拓展。LED 由个别光色已向多光谱跨越，解决了植物对多光谱的需求。科学家和技术人员从 LED 的驱动系统及光源形式和布置方面做了不少工作，先后出现了一些和植物照明有关的系统。

在园林植物照明研究中，缺乏基于园林植物健康的园林夜景照明的标准。被夜景照明的园林植物品种繁多，不同种类植物有不同的需光特点，夜景照明对这些种类植物影响也不尽相同，针对园林植物夜景照明增加植物人工光照，影响植物生理生化和生物节律这一领域尚缺乏系统的研究。

9.3 智能照明控制系统

9.3.1 照明控制概述

随着 LED 照明产品的广泛应用，照明控制得以迅速发展并已趋于智能化，通过照明控制系统，灯光的光照强度、色彩、时间等均可根据需要进调节控制。不但对人工光可以进行控制，也可根据天然变化调节控制室内光环境，这有利于人工光照与生理节律调整，利于生理心理健康，也有利于个性化艺术氛围表现。照明控制系统的技术发展，有利于节能、维护方便、操作简单、灵活多样，为照明的管理智能化提供了条件。灯光的控制是为了使用者根据不断变化的需求，灵活控制和使用人工照明，从而营造舒适、健康的照明环境。智能照明控制系统是指利用计算机技术、网络通信技术、自动控制技术、传感技术等现代科学技术，通过对环境信息和用户需求进行分析和处理，实现对照明设备的控制和管理。

随着科技的发展，智能照明控制系统已经成为建筑自动化控制及智慧城市体系中的重要科技手段，同时也是未来绿色健康照明发展的方向。智能技术与照明的结合使照明更进一步地满足不同个体、不同层次群体的照明需求，是使照明从满足一般人的需求到满足个体、个性需求的必不可少的技术手段。因此，个性化发展也应该是智能照明的一个发展趋势。目前的智能照明控制系统主要有开关控制、亮度调节控制、颜色调节控制和色温调节控制四种方式。按照通信方式，照明控制系统可以分为有线传输、无线传输和电力线路载波传输方式。有线传输的通信协议包括有：C-bus 协议、i-bus 协议、Dynet 协议、DALI 协议、HBS 协议、DMX512 协议。无线传输的通信协议包括有：ZigBee 协议、GPRS/3G/4G/5G 协议以及蓝牙、WiFi 等，电力线路载波照明控制系统主要的通信协议为 X-10 协议。

目前智能照明控制系统由于采集信息和算法不够准确，对于个性化、随心化的精确控制还不够。随着计算机技术等智能技术的快速发展，未来可以帮助 LED、OLED 等固体光源发挥潜能，实现照明控制的智能化、便捷化、精准化，在计算机技术、通信技术、大数据技术的融合下，照明的智能控制更加完善。数字化的通信技术是未来发展的大趋势，运用数字化通信已经成为世界普遍的通信手段。特别是无线网通信的发展最具有前景，如今多家运营商和芯片商已经成功攻克 5G 信号难题，5G 通信技术已经实现商用，可以实现复杂信号迅速准确的传递，为物联网下的智能照明控制系统提供更加迅速、灵活、准确和全面的技术支撑。

在互联网"+"背景下，随着物联网技术与照明技术的结合，将构筑崭新的照明技术平台，其应用领域从智能家居照明到智能化的城市照明，有无限广阔的应用前景。

9.3.2 照明控制系统设计举例

1）办公照明控制系统

办公楼照明控制系统如图 9-20 所示。传感器（探头）、现场控制器（控制面板、触摸屏）、照明控制器（开关控制器、调光控制器），通过 DALI 网络或 KNX，BACnet，POE 等网络接入到以太网网关，再通过基于 IP 的通信网络接入照明管理系统。系统可以通过中央管理

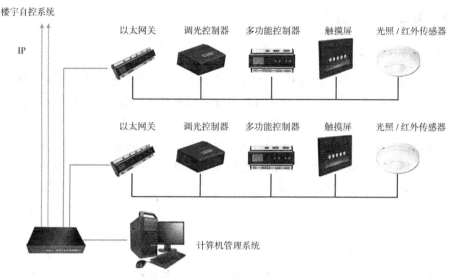

图 9-20　办公楼照明控制系统

系统对照明进行场景控制、时钟控制、色彩控制等，也可以通过现场控制器，例如面板、触摸屏等对照明进行现场控制；还可以通过传感器探测是否有人、天气等情况，日光/移动感应、占空感应等进行自动照明控制。

2）景观照明控制系统

景观照明是利用灯光照明来塑造被照建筑物的夜间形象，从而对建筑物起到美化、烘托气氛、传递文化的作用。

景观照明智能控制系统一般采用 DMX512 或总线系统，包括控制系统和带控制器的智能灯具，通过转换器、分控器、交换机等网关设备连接起来（图 9-21）。通过应用各种照明控制策略，实现照明设计师的设计意图。

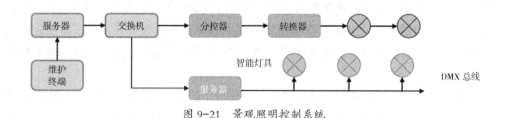

图 9-21　景观照明控制系统

科学技术的不断发展，多学科跨界融合已成为一种发展趋势。特别是 LED 照明技术与智能控制相结合，塑造任何需要的人工光环境将逐步成为可能。特别是随着健康照明、城市夜景照明、道路隧道照明、园林植物照明等的不断发展，建筑光学含意延伸到人居光环境是本学科发展的必然。对人居光环境的天然采光及人工照明进行研究，拓展建筑光学的研究内容，已成为时代发展的需要。

习　题

9-1　近年来，基于气候采光模型改变了传统采光评价方式，并为建筑天然光的应用与模拟带来了新的思路。请描述基于气候采光模型的常用的采光度量标准及方法。

9-2　由于建筑中天然光进入空间时的高可变性和方向性，使得其难以控制及利用。结合目前采光技术发展趋势，描述传统及先进的玻璃系统或材料（AGSM）在建筑采光中的应用。

9-3　进行健康照明有何意义？健康照明包含哪些内容？

9-4　城市照明包含哪些内容？不同的内容各有什么特点和要求？

9-5　智能照明控制主要内容及作用是什么？

第10章 建筑声学相关发展

10.1 室内声学

10.1.1 餐饮空间

餐饮空间作为日常提供用餐的场所，不仅是重要的社交和公众聚集的场所，也是城市公共空间的重要组成部分。声环境是餐饮空间的重要环境元素，但目前我国餐饮空间噪声普遍高达 65 ~ 80 dB（A），多数就餐者对目前餐饮空间的声环境并不满意。

研究者通过对餐饮空间内言语清晰度（STI）的模拟研究，将不同座位数、上座率、表面吸声系数、吊顶高度等情况下的言语清晰度进行比较。分析得出餐厅地面面积、就餐人数、吸声量、空间净高与混响时间、言语清晰度、声压级之间的对应关系（图 10-1）。

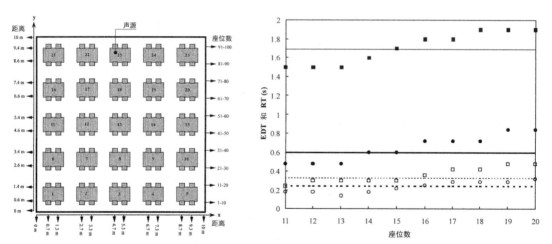

图 10-1 矩形空间座位常规布置（左），座位数量与早期衰减时间（*EDT*）、混响时间（*RT*）关系（右）
吸声系数设置：（1）情形 1：就餐区 0.2，墙壁和天花板 0.05；（2）情形 2：用餐区 0.7，墙壁和天花板 0.05；（3）情形 3：用餐区 0.2，墙壁和天花板 0.5；（4）情形 4：用餐区 0.7，墙壁和天花板 0.5；
EDT：■情形 1；●情形 2；□情形 3；○情形 4；·RT：---情形 1；—情形 2；**—**情形 3；····情形 4

10.1.2 教室

教室声环境不仅直接影响学校的教学质量，同时对师生的身心健康发展也起到重要影响。不良的教室声环境会干扰师生间的语言交流，降低学生对语音信号的辨别能力和理解能力，使以语言为载体的知识传递受到阻碍，并会导致听觉能力之外的其他能力的下降，严重影响教学质量，甚至会影响少儿（尤其是 15 岁以下）的早期智力开发。除此之外，较高的背景噪声级会增加教师授课负担，引起声带疲劳。

近年来，教室声学已成为建筑声学中的热点，世界卫生组织（WHO）以及许多国家都建立或着手建立教室声学标准或相关规范，并出版了相关专著。1998 年美国声学学会出版了《教室声学》系列专著，对教室声学进行了系统而全面的论述。美国国家标准协会（ASNI）2002 年发布了教室声学规范《Acoustical Performance Criteria, Design Requirements, and Guidelines for Schools》。2003 年英国颁布了教室声学设计规范《Building Bulletin 93》。我国也在相关的建筑隔声设计规范中规定了学校教学用房的相关声学指标，同时也将颁布学校声学的专项设计标准。

教室声学的研究热点主要集中在以下方面：

1）教室声环境对师生身心健康的研究，包括对学生的读写能力、认知能力等的影响。

2）基于计算机模拟技术的虚拟声环境的应用。利用可听化技术，可在不同混响时间和信噪比的条件下，对学生的理解能力进行测试。

3）教室声学领域研究对象的细分。越来越多的研究倾向将研究对象进行细致划分，比如按照不同年龄段、是否听力受损等方面对学生进行分类，探讨不同群体对声环境的要求，以便更有针对性地指导学校设计。

4）教学形式对教室声环境研究的挑战。培养学生适应时代要求的创新能力和信息能力已成为学校教学的主要目标之一。教学理念在不断更新，教学形式也在不断改变，随着多媒体教学方式的普及，以教室建筑声学环境为基础的电声设计问题成为新的挑战。

为了深入详实地了解我国中小学教室的声环境现状，并最终改善和提高学校教学环境，国内多家高校共同完成了《中国中小学教室室内声环境现状调查》，在中国的内蒙古、上海、福建、广东、四川、贵州六个省市、自治区进行了大规模调查（图 10-2）。已调查的 40 所学校的 82 间教室中，混响时间符合《民用建筑隔声设计规范》GB 50118—2010 规定的教室有 8 间，合格率仅为 14 %；背景噪声符合国标的教室有 16 间，合格率为 23 %。此外，还

图 10-2　国内中小学教室的实地调研

对西南地区中小学的 1 417 名在校生、342 名老师进行了主观问卷调查。其中 31 % 的老师与 26 % 的学生认为目前最需改善的教室环境是声环境。有 68 % 的学生反馈噪声引起了注意力下降，60 % 的学生认为噪声会影响听课效率。

10.1.3　医院

医院是为公众提供医疗护理服务的重要机构。但医院内部许多区域长期处于嘈杂状态，全球范围内的医院内部噪声水平比 WHO 推荐值 [35 dB（A）] 平均超出 10 ~ 15 dB（A）以上（图 10-3）。我国医院的噪声污染问题同样严重，病房内部噪声水平普遍在 60 dB（A）以上，人流密度较大的候诊区及交通空间甚至超过 75 dB（A），远高于相关规范的要求。

1）病房声环境

重症监护病房（ICU）的噪声水平通常在 50 ~ 75 dB（A）之间，夜间最高噪声水平甚至达到 103 dB（A），严重影响了病人睡眠。夜间 ICU 病房测量到的声压级超过世卫组织建议值均超过 20 dB（A），且随时间变化显著（图 10-4）。病房类型、空间形态、典型声源都影响着病房声环境，采用社会力模型（图 10-5）模拟分析病房噪声敏感区，发现多人病房的噪声水平高于单人病房。ICU 声环境的改善有利于住院病人的休息、睡眠及住院情绪，同时能提升医护人员的工作效率。

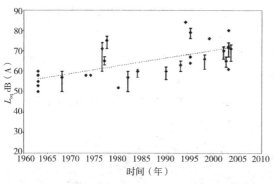

图 10-3　世界范围内医院昼间噪声增长趋势

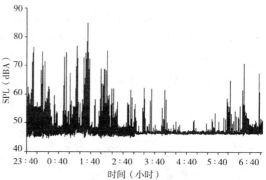

图 10-4　ICU 病房夜间声压级变化图

普通病房的 24 h 等效连续声压级在 57 ~ 63 dB（A）之间，各病房昼间（6：00 ~ 22：00）噪声等级差别不大，而夜间（22：00 ~ 6：00）噪声等级相差较大 [36 ~ 57 dB（A）]。普通科室中近一半的病人（43.6 %）在夜间睡眠时被噪声吵醒过，这些噪声源主要是说话声、洗手间的冲水声以及关门声。普通病房在夜间约有 30 % 的声压级高于 45 dB（A），而高于 70 dB（A）的瞬时噪声事件平均每晚为 33 次。过高的背景噪声和频发的高噪声事件应是引起病人失眠和被噪声惊醒的主要原因。

目前，改善病房声环境主要从建筑平面设计、科室管理、建声电声处理等角度切入，以四川某三甲综合医院为例：将病房吊顶更换为降噪系数为 0.75 的抗菌矿棉板吊顶；病房门更换为钢制隔声病房门；普通单层窗更换为双层隔声窗。改造后的静音病房室内混响时间相比改造前的普通病房降低27 % ~ 47 %，静音病房的夜间噪声级相比普通病房有了显著降低10.7 dB（A）（图10-6）。走廊和护士站也做了相应的吸声处理，昼夜等效连续声压级降低了5 dB（A）。病人生理实验的结果显示，夜间 L_{eq} 每降低1 dB（A），病人的心率会下降0.7 bpm，心率变异性会升高1.1 ms/h。静音病房病人的心率相比普通病房病人更低，心率变异性指标相比普通病房病人更高，心脏耗氧量更低，交感神经与迷走神经的兴奋程度更加平衡，可以减少不必要的能量消耗。此外，静音病房的病人睡眠时间比普通病房的病人平均每晚多出14min。

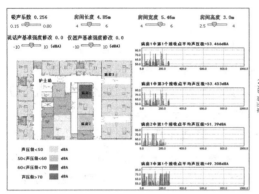

图10-5 基于社会力模型的医院声环境设计工具

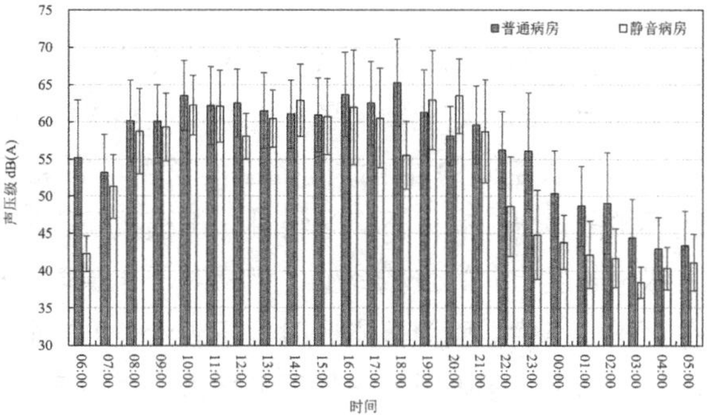

图10-6 普通病房与静音病房24 h 声压级

2）候诊区

医院内部交通空间是人流分散的重要过渡空间，这些区域的人流密度较大，往往是医院内部噪声级最高的区域，然而可供声学处理的面积非常有限。研究发现，候诊区背景噪声能量主要集中在250 ~ 4 kHz范围之间，250 ~ 4 kHz也是人们语言声能量分布主要频率范围，表明医院候诊区背景噪声主要组成成分是人的语言声，候诊区的平面形状也会对声压级的变化产生一定影响。例如，U形候诊区的背景噪声等效A声级低于L形候诊区，二者声压级的均值相差约4.7 dB（A）。

3）手术室

手术室作为医院抢救生命的核心场所，手术室的工作人员长时间暴露在噪声中，会降低工作效率，产生言语沟通障碍，同时也会增加患者术中焦虑（图10-7）。研究结果显示，外科、骨科、妇产科手术时的背景噪声水平没有明显差别，手术室的平均声压级为62.3 dB（A），峰值可达94.6 dB（A）（图10-8）。手术室内的各类噪声源30种以上，发生频次最高的3种声源是言语交谈声、开关门声和手术器械碰撞声。医护人员在医院任职时间越长，越认同手术室声环境的重要性；在每天手术室工作的时间越长，越觉得手术室环境嘈杂，并且更容易会引起心情烦躁。

10.1.4 长空间和超大体积空间

1）长空间

公共空间根据长、宽、高的相对比例可以大致分为三种类型：点空间、扁平空间和长

图 10-7　手术室声环境测试

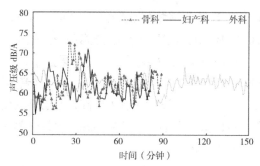

图 10-8　不同科室手术的声压级随时间变化情况

空间。长空间是指长度大致为宽和高（宽和高尺度相差不应过大）6 倍以上的空间。地下轨道交通地铁站、商业街和各种地下空间相连接的地下步行道等大多属于长空间的范畴。

　　地下长空间的混响时间随空间长度与布局而改变，不适用声学经典理论。长空间一般为不扩散声场，有以下声学特性：①横截面积增加时，相对于长空间内某一给定参考点，声压级沿长度方向的衰减减少，但相对于声源声功率来讲，衰减却增大；②对于一个给定的横截面积，当横截面为正方形时声压级沿长度方向的衰减最小；③沿着长度方向，随着与声源距离的增加，混响时间先是显著增加，达到某一最大值后，又缓慢减少，衰变曲线呈明显非线性，特别是在近场；④声压级随着与声源距离的增大而呈非线性持续衰减。

　　由于地下空间"封闭"的环境特征，在防火疏散方面存在安全隐患。选取重庆市某地下防空洞作为模拟火灾烟雾环境的实验场地，通过模拟火灾疏散实验，探讨声信号对疏散效率的影响，从而为地下空间的疏散设计提供新思路。实验场地平均高度约 4 m，平均宽度约 6 m，总长度为 116 m，尽端封闭。疏散实验出发点与疏散出口如图 10-9 所示，实验中将声信号装置安装在疏散出口处。62 位受试者被随机分为三组，分别在无声信号、有警报声和

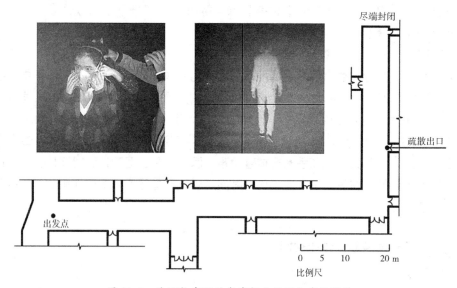

图 10-9　地下长空间疏散实验平面图与实验照片

语音声的环境下进行疏散实验。实验结果显示，声信号的引导能显著提高地下长空间的疏散效率，有警报声组和语音声组分别比无声信号疏散成功率提高了 25.5 % 和 35.0 %。

2）超大体积空间

超大体积空间的首要特征是容积超过 $1 \times 10^5 \mathrm{m}^3$，如交通枢纽建筑集散空间、规模较大的会展建筑和体育馆建筑等。我国新建的特大型高铁车站候车厅是最具有代表性的超大体积空间类型，其空间体量通常达到百万立方米级别。如上海虹桥站候车厅面积达 66 000 m^2，空间高度 16 ~ 23 m，容积约为 $1.44 \times 10^6 \mathrm{m}^3$。候车厅内地面为石材，墙面为石材和玻璃窗，顶棚为金属顶棚和天窗，座椅为钢制。候车厅的中频混响时间达到 9.21 s，严重影响候车厅的言语清晰度。在低频段，由于空间结构吊顶后的空腔及侧墙和顶棚玻璃窗属薄板结构，吸收较多的低频声能，空气吸收较多高频声能。因此早期衰变时间、混响时间呈现中频较高、低频和高频较低的频率特性。

超大体积空间的相关研究表明，A 声级与声源和接收点距离的对数值高度相关，混响时间与声源和接收点的距离无关，EDT、D_{50}、STI 与声源和接收点距离高度相关。因此，在设计候车厅时，候车空间的分布式扬声器系统与旅客的距离需仔细设计，以满足言语清晰度的要求。

10.1.5　新型建筑声学材料与构造

1）多功能建筑声学材料

用于房间声学用途的吸声板大多是由多孔合成材料制成的，例如石棉、玻璃棉、聚氨酯等材料。这些材料生产成本较高，且多是石油化学产品。近年来，人们逐渐意识到这些人工合成的材料会对环境造成污染，且对人群健康不利，因此更加关注可持续声学材料。可持续声学材料不仅声性能优良，还具有良好的保温隔热性能。其中天然材料包括芦苇秆、甘蔗渣、椰壳纤维、稻草、洋麻、陶粒等诸多天然植物纤维，循环再利用的材料则包括再生泡沫玻璃和纤维、再生塑料、再生纺织纤维、工业固体废弃物等。

气凝胶是一种固体发泡物质形态材料，开口孔隙率较高，孔径范围为 2 ~ 50 nm，如图 10-10 所示，常通过超临界温度下干燥一种含硅的凝胶来获得。硅系气凝胶的孔隙率通常在 85.0 % ~ 99.8 % 之间。气凝胶通常被认为具有较好的隔热性能，但研究者发现厚度为 7 cm 的多层硅系气凝胶试样的隔声量为 60 dB，这种材料仍具有较大的声学性能优势。

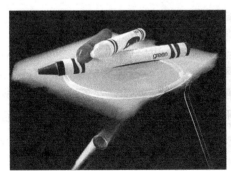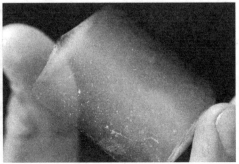

图 10-10　气凝胶及气凝胶板材

图 10-11　用于洁净室吸声防菌板

随着健康建筑的快速发展，人们对建筑环境的洁净度要求越来越高，对声学材料提出了新的要求，即除了声学性能，材料还需要具有较好的抗菌性能和易清洁性能。新型洁净室吸声防菌板作为一种多功能建筑声学材料（图 10-11），材质为湿式合成矿物纤维覆强化表面处理透声膜，表面涂料为丙烯酸乳胶漆。因其降噪系数高（0.70），洁净度高、具抗菌性的特点，可在洁净厂房、医院急诊室或诊疗室、实验室、食品加工室等场所使用。

2）通风隔声窗

室内的自然通风有助于保持卫生，但位于城市主干道附近的建筑受城市交通和社会生活噪声影响严重，开窗通风与保持室内安静环境往往无法同时兼顾。针对这一问题，通风隔声窗的越来越受到重视，可提高建筑整体的健康、舒适及可持续性。通风隔声窗根据是否需要供电，分为无源被动式和有源主动式两种类型。

被动式绿色外窗系统（天然采光通风降噪窗，如图 10-12 所示），采用的是双层窗户的形式来实现消声通道。让气流通过窗户夹层中设计的消声通道进入室内，从而使室外噪声在通过消声通道时有所衰减。将微穿孔吸声应用于窗户系统，在保证通风时，还可隔绝 15 dB 以上的外界噪声，为室内创造安静舒适的通风环境。天然采光通风隔声窗需要室内外存在足够的气压差才会有通风效果，适用于自然通风条件较好的建筑。

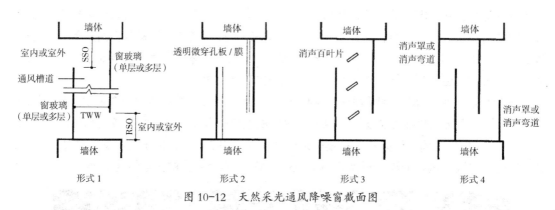

图 10-12　天然采光通风降噪窗截面图

主动式通风换气隔声窗（图 10-13），采取机械排风，负压进风设计。较早的主动式通风换气隔声窗设计思路是在窗体型材上设计通风风道，但导致窗框型材巨大、窗户不美观。目前的动力通风隔声窗常采用隔声窗结合窗式通风器的方式。可实现在不开窗时，形成室内外空气流动交换，隔声量可达 20 dB 以上。也可采用智能控制，安装空气检测传感器后，对室内有害气体实施全天候监测和智能净化。

3）种植屋面 / 墙体

种植屋面和墙体在城市环境改善方面，具有生态、社会、经济和视觉的多重效益。它们不仅可以减少洪水发生的风险，缓解城市热岛效应，还可通过叶片上的"气孔"吸收微小粒径的空气污染物，从而提高空气质量。种植屋面、墙体还具有降低城市噪声的潜力，其吸声性能会受气候、屋顶结构、材质、土壤含水量等因素的影响。

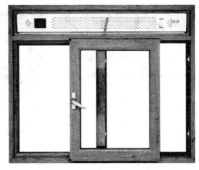

图 10-13　主动式通风换气隔声窗

图 10-14 对比了荷兰 3 种不同土壤含水量的种植屋面、西班牙某种植墙体与传统吸声材料的吸声性能。种植屋面的吸声性能类似多孔吸声材料，在中高频段较好。由于种植屋面 B 的土壤含水量最低，其吸声系数最高，在 500 Hz 和 630 Hz 可以达到 0.8。种植屋面 C 是新建屋面，土壤含水量高，具有较高的流阻率和较低的孔隙率，因而其吸声系数低于 0.3。

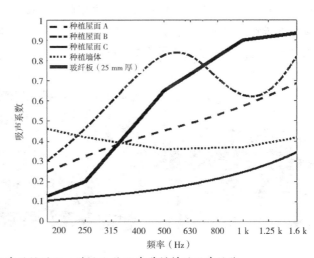

图 10-14　绿色吸声种植屋面、墙体和传统声学材料的吸声性能

墙体垂直绿化因其占地少、能够扩大绿化面积、增加绿化形式，在世界范围内广受欢迎，很多国家都非常重视墙体垂直绿化。虽然种植墙体的吸声性能不及玻璃纤维板这类传统吸声材料，但在 250 Hz 以下的低频吸声性能优于玻纤板，且高频的吸声性能较好，能够同时兼顾屋面保温、给排水、景观等多方面的设计需求，具有广泛的应用前景。

4）声学超材料

传统声学材料由于受自身厚度或质量等影响，不能有效地吸收或阻隔低频噪声。近年来，人们发现了超越传统材料，对低频声隔声效果较好的声学超材料。声学超材料指由人工设计的，呈现出天然材料所不具备的超常物理性质（比如负等效质量密度，负等效体积模量等）的复合结构或材料。声学超材料基于局域共振原理，对结构没有周期性的要求，因而其结构尺寸与波长的比例很小（亚波长），可以有效地实现对低频声的控制。

声学超材料主要分为板型声学超材料、薄膜型声学超材料、卷曲空间型声学超材料、亥姆霍兹共振腔型声学超材料等（图 10-15）。对于局域共振型超材料板的设计，其局域谐

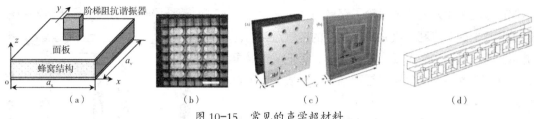

图 10-15　常见的声学超材料
（a）板型；（b）薄膜型；（c）卷曲空间型；（d）亥姆霍兹共振腔型

振子是设计的关键。薄膜型声学超材料是近年提出的一种新型的低频隔声材料，该结构对 50 ~ 1 000 Hz 的宽频带内的声波具有很好的衰减作用。卷曲空间型声学超材料通过人为对空间进行卷曲设计将空间压缩到亚波长尺度，进而达到吸声结构的声学特性。当入射声波频率达到声学共振器的共振频率时，亥姆霍兹共振腔小孔洞处的声波运动和入射声波反向，利用其颈部中的流体在压缩和膨胀过程中的震动产生共振，引起负体积模量。声学超材料研究具有重要的理论意义和广阔的应用前景，如可在声聚焦和声成像、声隐身、声学整流技术、高性能声学功能器件等领域应用（图 10-16）。

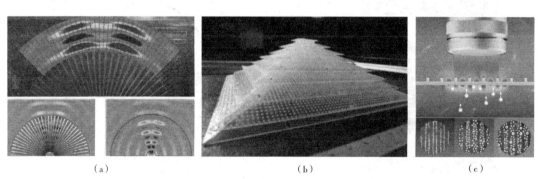

图 10-16　声学超材料的应用
（a）声学透镜；（b）三维声学斗篷；（c）声筛

10.2　城市噪声控制

10.2.1　城市轻轨噪声

轻轨快速交通（Light Rapid Transit）近年来已成为我国现代城市公共交通系统的重要组成部分，轻轨成为城市环境中的一种新型噪声源。如果城市轻轨以低于 24 km/h 的速度运行，对邻近区域的影响非常小。但是我国多数已建成的轻轨系统，都已达到 60 km/h 的运行速度。在高密度城市建筑区域，轻轨线通常与建筑物距离较近。从昼夜等效声级来看，轨道交通对城市居民的影响高于公路交通噪声。

研究山地城市轻轨噪声影响的首要环节，是对复杂的山地城市轻轨沿线的空间环境进行分类。山地城市（重庆）轻轨线路和周围环境的 8 种典型空间关系中（图 10-17），"穿越建筑型"和"复合型"对居民影响更为直接。轻轨沿线居住区室外、室内声环境均超过相关

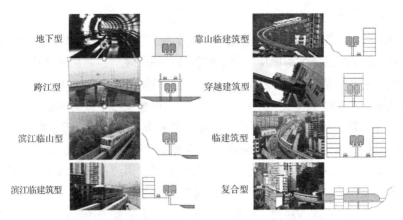

图 10-17 山地城市 8 种轻轨空间形态

国家标准 15 dB（A）以上，以 40 ~ 100 Hz 的低频噪声占主导。轻轨噪声值在"轨道以下"区域比"轨道以上"区域高，在"被轨道穿过"区域比"面向轨道"区域高。

10.2.2 飞机噪声

据预测，未来 20 年国际航空运输需求将每年增长 4.5 % ~ 5 %，而在过去 5 年里，中国乘客和飞机数量的年增长率已经超过 10 %。中国民航运输业的快速发展促进了机场周边城市区域的便利与繁荣，但也产生了一系列环境问题，尤其是噪声污染。飞机噪声污染与其他类型的噪声污染有一些共同特征，如敏感度、区域性和暂时性。飞机噪声是多次的、间断的冲击噪声，在几十平方公里的范围内会产生更高的声压级和更广泛的声波影响。飞机噪声对生理和心理的负面影响一直是公众关注的问题，平均每年中国因飞机噪声暴露患听力损伤的人数增加 3 %（图 10-18）。暴露在更多噪声干扰下的飞机工作人员更容易烦躁，如图 10-19 所示，噪声干扰率为 20 % 时，人的噪声烦恼度最低；噪声干扰率为 63.8 % 时，人的噪声烦恼度达到最高。换言之，人的烦恼程度与飞机噪声干扰程度密切相关。此外，研究者对比中国、韩国、美国与欧洲的"高烦恼度与噪声暴露"曲线发现，中国居民更容易因飞机噪声而产生高烦恼度。

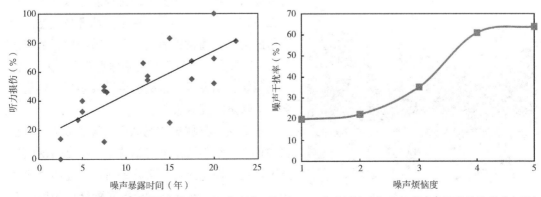

图 10-18 听力损伤和飞机噪声暴露之间的关系 图 10-19 主观烦恼度与飞机噪声干扰率的关系（中国）

10.2.3　工业噪声

工业生产过程中产生的低频噪声是城市主要的噪声污染源，其特点有声波长、频率低、能量衰减慢等，能够越过墙体等障碍物并继续传播。按照噪声控制原理的不同，通常将噪声控制技术分为无源噪声控制技术（PNC）和有源噪声控制技术（ANC）。前者比较适合于中、高频噪声的治理，后者对于以低频为主的工业设备噪声控制效果较为明显。

近年来出现了基于压电材料的主动消声器。其具有声阻抗可调节的特点，通过对结构的主动控制来达到吸声降噪的目的，所以也被称为主动吸声结构（图10-20）。它的控制目标是使吸声材料或结构表面的声阻抗与前面媒质相匹配，声波在其中传播时如同没有分界面一样，从而减少入射声波的反射，对低、中、高频噪声都具有良好的控制作用。随着信号分析技术、声强测量技术的深入应用，以及新型降噪材料和装置的不断出现，工业噪声控制在未来可望进入更高的水平。

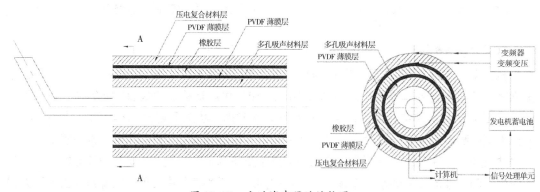

图 10-20　主动消声器的结构图

10.2.4　社会生活噪声

社会生活噪声的主要特点是声源种类繁多、噪声分布面广，并呈立体分布，夜间影响严重。许多娱乐或商业场所位于交通干线旁边，噪声监测困难，难以获取准确的监测数据，导致监管困难。广场舞是居民自发地以健身为目的在城市广场、公园、居住区空地等公共空间上进行的舞蹈，通常伴有高分贝、节奏感强的音乐伴奏，对周围居民的日常生活作息会有较大干扰。广场舞扰民引发了一系列社会冲突事件，也是社会生活噪声的投诉热点。

以重庆市某城市广场的广场舞实测为例（图10-21），广场舞活动声压级在 63 ~ 125 Hz 频率范围明显，而有无广场舞活动时的声压级差值达 10 dB 以上。广场舞音响设备和配套设施所辐射

图 10-21　城市广场舞

的噪声多以低频噪声为主。但是对于广场舞参与者而言，高强度的伴奏音乐反而会使他们感到放松和愉悦。问卷调查显示，普通游客和广场舞参与者中，选择广场舞音乐为讨厌声源的比例分别为 34.8 % 和 4.8 %；在广场总体声环境的满意度方面，普通游客远低于广场舞参与者；有意思的是，近 70 % 的受访者认为广场舞音乐丰富了广场的声环境。

10.2.5 噪声地图

噪声地图是一种将噪声预测与地理信息系统紧密结合的技术。它将一定区域范围内的环境噪声分布状况图像化、可视化和地图化，可对城市噪声的管理、控制和规划决策等起指导作用。噪声地图的概念最早出现在欧洲 20 世纪 60 ~ 70 年代。随着计算机技术的发展，各类噪声源机理及其控制方法研究的深入，城市噪声地图的绘制技术已日趋成熟。目前，欧美等发达国家已有上千个城市绘制了城市噪声地图，并按五年的周期更新。

1）噪声地图的绘制步骤

噪声地图的绘制实质就是将噪声预测结果以地图形式展示。绘制区域的噪声地图一般可按，如图 10-22 所示的步骤进行。

（1）获取绘制区域内的地理信息数据，主要包括地形、水文、植被、建筑物、入口分布、道路、铁路、飞机航线等基础信息。

（2）调查绘制区域内的各类声源信息，主要包括声源的类型及其地理位置，各类声源的噪声特性参数等。以道路交通噪声源为例，应调查区域内各主要交通线路不同车型的车流量、平均车速、路面状况等。

（3）综合分析绘制区域内各类声源的特性，根据当地采用的噪声评价量，选择或建立适当的模型，设定参数进行计算。目前，市面上已有多款噪声地图绘制软件，这些噪声地图绘制软件一般包含多个国家或地区的噪声预测模型，应根据实际情况合理选用。

（4）对计算结果进行验证。可在绘制区域内设置若干监测点，将计算结果与实际监测结果进行对比，验证误差是否在绘制要求的允许范围内；若误差超出了允许范围，则应调整参数，甚至修改模型，重新进行计算，直到结果的精度满足绘制要求。

2）噪声地图的应用

（1）欧洲噪声地图应用情况

欧盟早在 1996 年就发表了环境噪声政策规划绿皮书，并逐年推进有关环境噪声规划的相关工作。2002 年 7 月欧盟正式出版官方文件——欧盟环境噪声指令（Environmental Noise Directive 2002/49/EC，END），要求各成员国

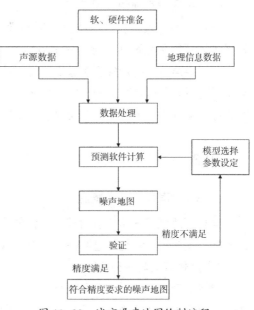

图 10-22 城市噪声地图绘制流程

按总指导方针开展城市噪声地图的绘制工作。

英国环境、食品和农村事业部（Department for Environment，Food and Rural Affairs，Defra）于 2000 年、2004 年先后完成了伯明翰市（Birmingham）及伦敦市（London）的城市噪声地图绘制工作（图 10-23）。近年来，又有多个英国城市完成了噪声地图绘制。

法国为欧盟国家中执行 END 指令较完整的国家之一。法国环保部依据欧盟指令规范，已于 2006 年 7 月以前，完成了城市噪声地图模拟的相关法规草案，以利于噪声地图的绘制工作。法国各项环保实时监测数据（如噪声等）及管理标准情况已发布于网络上实时展示，以供公众获取信息。巴黎市政府于 2006 年进行了共计 250 点次的噪声监测工作和城市噪声地图绘制工作（图 10-24）。

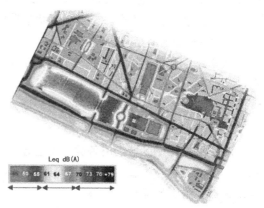

图 10-23 英国伦敦噪声示意图   图 10-24 法国巴黎噪声地图

（2）中国噪声地图应用情况

当前，我国城市正在积极推进噪声地图绘制工作，北京、上海、深圳等多个城市率先开展了局部城区噪声地图绘制的试点绘制工作。深圳市政府 2012 年修订颁布的《深圳经济特区环境噪声污染防治条例》首次将绘制噪声地图写入法律条款。深圳已成为国内首个完成全市所有行政区域噪声地图绘制的城市，其工作成果可为相关管理部门的环境噪声污染防治和管理决策提供技术支持，对推进我国城市噪声地图绘制和应用具有重要意义。

10.3 声景

10.3.1 声景的基本概念

当声压级低于一定值的时候，人们的声舒适评价就不再仅仅取决于声级，噪声类型、个人的特征及其他因素起到重要作用，这就涉及声景（Soundscape）研究的范畴。

1）声景定义与研究范畴

声景研究人、听觉、声环境与社会之间的相互关系。声景是一项听觉生态学的研究，也是营造健康人居环境的重要因素之一。不同于一般的噪声控制措施，声景研究从整体上考虑人们对于声音的感受，研究声环境如何使人放松、愉悦，并通过针对性的规划与设计，使人们心理感受更为舒适，并在城市中感受优质的声音生态环境。国际标准化组织（ISO）对声景的定义是：个体、群体或社区所感知的在给定场景下的声环境。

声景在 20 世纪 60 年代后期开始成为一个研究领域，但过去 20 年里的主要关注点是在城市噪声和环境声学领域。2006 年之后，更多学术期刊开设了声景专刊，增加了科学文献中的出版物数量。鉴于声景研究的多学科特征，国际上已建立了一系列跨学科、跨行业的研究联盟，如 2006 年成立的英国噪声未来联盟（UK Noise Future Network）、2009 年成立的欧洲声景联盟（Soundscape of European Cities and Landscapes）、2012 年成立的全球可持续发展声景联盟（Global Sustainable Soundscape Network）等。国际标准化组织亦于 2008 年成立了声景标准委员会 ISO/TC43/SC1/WG54，旨在专题制定评价声景质量的标准方法。

声景研究的一个关键课题是了解声环境如何在给定场景下影响其使用者，因此需要针对社会和人口特征的影响进行大量研究。就空间与功能而言，研究范围包括城市街道、城市公共空间、学校、公车站、自行车道、户外音乐场、赛车场、考古遗址以及各种室内空间如地下购物街；就声源而言，研究范围包括噪声（如工业、飞机、铁路、道路、风力发电机等）、积极的声音（如自然声）、中性的声音（如婴儿啼哭声）等；就使用者而言，考虑各种人群，包括特定群体如儿童、聋人、听力受损的人和盲人。

2）声景的标准化

（1）声景指标

以声景的评价和设计为目的，已发展了一系列声景指标及方法，包括识别城市声景的要素、模糊噪声限制方法、计算宁静度的公式、基于言语清晰度的声景图、基于地理空间建模的城市声景语义模型、与声环境有关的环境相似性指数、声景中的噪声指标和等级分类等。然而，以上指标还不能全面地评价声景，仍有必要基于各种物理、心理、社会和生理参数进行多学科分析，进一步获取、检查、协调声景指标。这些指标可以通过统计方法和使用人工神经网络的认知模型进行整合。声景指标的工作尤其以环境健康影响评价、安静区域的保护和"恢复性环境"的设计为重。针对声景的不同方面，声景指标可以采取单一指标或多指标的形式。

（2）声景标准

虽然有人认为标准化会限制声景的创意设计，但从规划、设计的角度来看，声景标准的制定是非常必要的。这些标准至少可为描述和整合各种关键因素提供一个标准化的方法。声景的标准化对于声景的可比性和再现性，以及可行的测量过程都有重要的意义。目前国际标准化组织声景标准委员会正在制定统一的声景调查研究方法，包括问卷调查、声漫步、深度访谈等，以促进今后不同研究结果的相互比较。

10.3.2 声景评价

传统的声景评价基于社会学和心理学的方法，近期研究也有采用生理学方法进行声景评价。相关词汇和叙述的语义学研究，亦是声景评价的一个重要方面，特别是在情感层面针对声音和场景感知多样性的分类。声景的评价较为复杂，涉及不同声源之间的相互作用，也涉及声与其他物理因素之间的相互作用，特别是视听交互作用。

1）声景数据收集

在声景研究中，"测量"感知是必要的，可收集关于对声环境的反应的个人数据。用于收集声景数据的最典型的方法和相应的操作工具，如图10-25所示。最典型的方法包括声漫步、实验室实验、行为观察和叙事访谈。

声景需要从感性角度来定义其"质量"，识别并确定在问卷、语义量表、观察和访谈中包含的相关声景描述词，以收集相应的声景主观感受。虽然声谱图本身不能释义"声景"，但当需要深入了解某处声源的组成时，声谱图可以作为一种分析声景的方法，如图10-26表示燕雀鸣声的时频图。

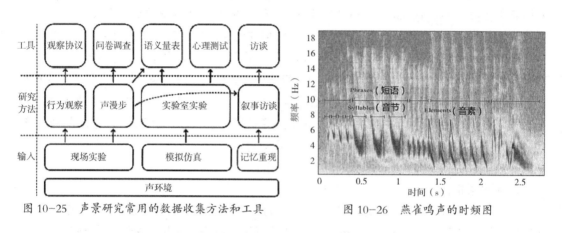

图10-25　声景研究常用的数据收集方法和工具　　　图10-26　燕雀鸣声的时频图

2）标识声、背景声与前景声

标识声（Sound Mark）可以从声音角度反映特定场所的独特风格；背景声（Background Sound）又称基调声（Keynote Sound），可以足够连续或频繁听到的声音，形成感知其他声音的背景；前景声（Foreground Sound）又称信号声（Signal Sound），听众特别注意的声音，并且可以与特定声源关联的声音。一般来讲，音乐作为具有戏剧效果的标识声，总是会被人首先觉察到。普通公众虽然不是声景专业研究者，但他们也能区分研究者所定义的标识声、背景声和前景声。

3）声舒适评价

（1）声压级的主观感知与个体差异

声压级和声舒适评价之间通常存在很强的相关性。人们对声压级的主观评价和声舒适评价之间存在显著差别。研究发现，长期所在的声环境影响、文化和生活方式的差异是造成声压级评价差别的重要原因。吵闹家庭环境中的人更容易接受吵闹的城市公共广场。人们对声压级的评价改变反映了实际测量得到的声压级改变，而声舒适评价却更为复杂，由多种因素决定，而不是仅由声压级决定。

影响声舒适的另一个因素是个体偏好。由于声景评价是美学感知的一部分，而美学问题一般都涉及偏好，这与人从环境获得的愉悦度有关。因个体偏好不同，人们对相同的环境会有不同的评价与反应。例如，青少年和带儿童的父母更多靠近喷泉，而老年人则喜欢在喷泉和街道之间。图 10-27 比较了在英国谢菲尔德市和平公园和 Barkers Pool 测量得到的 L_{eq} 和声压级评价、L_{eq} 和声舒适评价之间的关系，可以看出，在两个案例区域中，声压级评价与声舒适评价曲线并不相同。

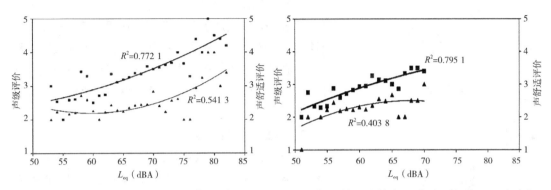

图 10-27　英国谢菲尔德和平公园（左图）和 Barkers Pool（右图），测得的 L_{ep} 与主观评价、L_{ep} 与声舒适评价的关系，■为声级主观评价，▲为声舒适评价

（2）特定声音与其他物理因素的影响

对于相同声压级的不同声音，人们会有不同的感觉。声舒适评价受声源类型的影响极大。当愉悦的声音（如音乐或流水声）为城市公共广场的主要声景时，能够有效减弱交通噪声对人舒适度的不利影响，即引入愉悦声音作为掩蔽声，能明显改善声舒适。

城市公共广场的声舒适评价还与各种物理因素有关，包括温度、阳光、亮度、风、视觉、湿度等。温度、阳光、亮度与风是舒适度的主要影响因素；声环境与视觉环境是影响城市公众广场总体舒适度的次要因素。除此之外，其他因素如社会文化因素等也会影响评价，这表明了评价城市公共广场舒适条件的复杂性。其中，视觉与听觉相互影响，它们作为美学评价因素一起发挥作用，这在设计时应予以考虑。

4）声期待

声期待是"环境"与"人"在声景中相互作用的方式之一。声期待是指人对其所在环境包含的声音产生的特殊期待。这种期待是与景观条件相协调的，譬如上海豫园的"听涛阁"这类景名让人期待水声等。环境声与期待声越接近，人对声景的主观评价值越高。适宜的声景应当符合声期待的要求。从环境要素出发可理解为，视觉环境条件的特殊性激发了人的声期待；从人的要素理解，人文和个体因素形成的景观固有印象导致了声期待。

5）语义分析

语义分析法（Semantic Differential Method）在声景研究中变得越来越重要，其目的为以语言角度来辨识声景的情绪意义。在声景国际标准 ISO/TS 12913-2：2018 中，推荐使用"Pleasant"（愉悦）、"Chaotic"（混乱）、"Vibrant"（充满活力）、"Uneventful"（无事件感）、"Calm"（平静）、"Annoying"（恼人）、"Eventful"（有事件感）和"Monotonous"（单调）八个语义维度来评价声景质量。

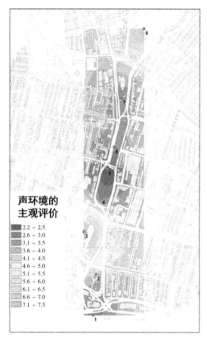

图 10-28　英国布莱顿的声景地图

声环境的
主观评价

■ 2.2 ~ 2.5
■ 2.6 ~ 3.0
■ 3.1 ~ 3.5
■ 3.6 ~ 4.0
■ 4.1 ~ 4.5
■ 4.6 ~ 5.0
■ 5.1 ~ 5.5
■ 5.6 ~ 6.0
■ 6.1 ~ 6.5
■ 6.6 ~ 7.0
■ 7.1 ~ 7.5

6）声景的健康效益

采用生理学方法进行声景评价，例如使用核磁共振成像技术探讨对人们安静度的感知，利用脑电、心电、肌电等指标比较声景元素对愉悦度的影响等。声景素材涉及城市公园、公共广场、居住区等。这些研究表明，自然声景对人体生理水平具有积极作用，有助于压力与精神疲劳的恢复，对焦虑、抑郁等精神类疾病具有缓解情绪、放松心情的作用，进而有助于缩短康复周期；而暴露在噪声环境中会增加人体紧张感，产生压力相关生理反应。

7）声景模拟与预测

声景的计算机模拟包括物理声景模型到感知模型等各种类型。在声环境模拟方面，基于多种因素的影响（如大气状况和城市要素），已发展出一系列模型。而声景感知模型已能够探索个体对于声景的感觉、认知和情感反应机制，并对声景进行再现和解释。声源识别与声景模型亦密切相关，有的模型探索用人类记忆模式来预测声音被录制的位置，并确定声音事件的组成。

为了描述现有的声景，可将二维地图作为附加的景观信息层进行开发。例如，在指定位置通过声漫步收集数据，绘制声景地图（图 10-28）。开发此类地图的构想是基于某一区域特定位置的声景信息，然后利用 GIS 平台中的空间插值分析法来预测整个区域的声景。预测模型制作的第一步是收集声景数据，第二步是描述声景特征，最后建立感知和物理属性之间的关系模型。

人工神经元网络（ANN）可计算声景的物理特性和人们的主观评价指标。采用已知设计条件如广场的物理特征、声环境变量和个体的统计特性，可开发一种预测主观评价的工具，以帮助规划师和设计师做出决定。ANN 的基本过程是：①运用尽可能多的输入变量，设计初始模型；②利用现有的数据训练模型；③按照训练结果的分析，重新构造模型的结构；④采用训练好的模型做预测。

10.3.3　城市声景设计实例

1）广场声景

德国柏林瑙恩广场（Nauener Platz in Berlin）的改造设计中，将声音作为一种资源，运用声景营造良好的环境，提升活力广场的活力。设计者运用声漫步、现场监测、访谈等多种手段了解当地的声环境特征和居民的真实需求，并制作出广场的噪声地图，重新规划广场的安静区与娱乐区。娱乐区新设置了可以播放鸟声等自然声的景观装置小品（图 10-29），增添了趣味性，也吸引了当地的居民们，使活力十足。安静区则利用毛石挡墙作为声屏障。例

图 10-29 柏林瑙恩广场的声景装置与声景改造前后对比

如在广场中最安静的区域玫瑰花园，设计者们用 1 m 多高的装满石头的钢筋笼布置在场地周边作为隔声墙，有效降低了交通噪声，使得鸟声、风声清晰可闻。

2）交通车站声景

英国"钢都"谢菲尔德火车站广场位于市中心，其两侧还有电影院、19 世纪初的霍华德酒店等重要建筑。经过几十年的使用，广场已显得老旧而破败，火车站大量的旅客与广场外的交通道路带来了大量噪声，显得嘈杂无序。因此，研究者对广场进行了改造工作，于2006 年完工。

新广场拥有坐凳、树池、景观照明、景观跌水水池、大型钢雕塑，成为该城市的新地标。设计者用一道不锈钢墙将噪声区和火车站隔离，并在广场上建造了一处喷泉（图 10-30）。由于不锈钢技术是在谢菲尔德市发明的，不锈钢墙不仅是充满视觉冲击力的艺术作品，也体现了城市的文化遗产，同时作为声屏障有效地阻挡了广场上的噪声，使得进出火车站的旅客不受噪声的干扰。多样化的水景被引入广场以提升城市活力，喷泉与跌水设计提供了不同的频率范围，从而有效地掩蔽了交通噪声，也成为一道美丽的风景。

3）传统小镇声景

意大利小镇阿尔泰纳（Artena）位于罗马黎比尼山（Lepini Mountains）萨科河（Sacco River）河谷上游。由于交通不便，至今小镇居民还在使用骡子作为交通工具，运送生活必需品和生活垃圾（图 10-31）。

小镇声景设计的灵感正是来源于骡铃声，该声音主要功能是传递信息，音色清脆、流动，由远及近，然后又渐行渐远，伴着骡子的蹄踏声在石头小巷中回荡，不失为一首美妙的山村交响曲，同时也唤起人们乡村生活的回忆。设计师把阿尔泰纳小镇历史上所使用的铃铛挂在

图 10-30 谢菲尔德车站广场　　　　　　　图 10-31 阿尔泰纳的骡队

骡子身上，并规划了骡子行走的路线。这种标识性的声景有别于其他地方，容易在人们脑海里形成深刻的印象并产生较强的"场所感"。如果铃声能够在小镇里持续下去，它将有可能成为当地的标识性声景和当地文化的重要组成部分。

4）亲水空间声景

随着天津市海河景观改造的推进，创造良好的亲水声环境也成为营造海河整体环境不可或缺的一部分。通过对津湾广场进行声学物理测量和社会调查，将人们心中期望的声要素加入到津湾广场声景设计中。图10-32是对整个区域内引入新声源后的一个影响的预估分析图，深色粗线条是代表机动、机械噪声辐射，而浅色细线条代表自然声源辐射从而示意了对津湾内广场改造后的主要声源辐射，与左图的空间节点相对应。设计的出发点是通过创造更多类似于钟声和水声等趣味声音，来减弱道路交通噪声和建筑施工噪声对人们的影响。

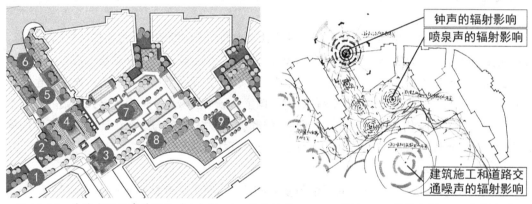

图10-32　津湾广场的声景设计（左）（1，2—绿色植物；3，4—水墙；5—风铃走廊；6—水域走廊；7—中央喷泉；8—植物；9—喷泉）；广场声景设计预估影响分析示意图（右）

5）室内声景

与传统的吸声隔声降噪手段不同，声掩蔽系统是一套扬声设备，原理是通过播放使用者喜欢的声音来掩蔽讨厌的噪声。现有的声掩蔽信号根据掩蔽效应可分为两种，能量掩蔽和信息掩蔽。能量掩蔽通常指采用一些噪声信号，如白噪声、粉红噪声、模拟空调噪声、水声等对目标声源信号进行掩蔽，但能量掩蔽所需的掩蔽信号的声压级要远高于目标声源的声压级，因而需要根据应不同的目标声源选择相应的掩蔽声信号。而信息掩蔽发生在心理层次并受到认知过程的调节，因此信息掩蔽往往具有比能量掩蔽更高的掩蔽效率。利用掩蔽信号与目标声源信号的相似性可获取更高效的掩蔽效率。近年来，随着人们对声环境要求的日益提高，声掩蔽系统也开始出现于医院建筑、呼叫中心、餐厅、超市、公共办公场所、工厂以及车站等多种场合。

办公空间内粉红噪声和流水声的掩蔽性能最好。掩蔽声的性能受语言声与掩蔽声之间声压级的比值（T/M）影响。一般情况下，随着T/M的增加，主观清晰度增大，整个环境的"吵闹度"降低，掩蔽声的"可接受度"增大。掩蔽声的性能与空间内声音的早期衰减时间长短有较大关系。早期衰减时间较小时，选择频带较宽的粉红噪声和节奏较为湍急的流水声掩蔽性能较好；较大时，选择频带较窄的粉红噪声和节奏较为舒缓的流水声，具有较好的掩蔽性。加入合适的掩蔽声，并结合建筑空间的营造，才能有效地提高开放式办公室的言语私密度（图10-33）。

图10-33　声掩蔽系统在办公场所的应用示意

在欧美发达国家，声掩蔽系统在医院病房的应用已逐渐成熟，并得到广大病患与医护人员的认可。声掩蔽系统具有体积小巧、易安装等优点，可安装于吊顶、墙壁，甚至集成到病床内部。声掩蔽系统既能有效地掩蔽说话声，同时也能播放自然声或音乐，对病人的情绪起到适当的调节作用，在保护病人隐私的同时，也能改善病人的睡眠质量。声掩蔽系统对环境噪声的控制应该在一个合理的范围以内，过高的掩蔽声音量会导致声环境的噪声的进一步恶化，还会影响医护人员对医疗警报的判断。

习　题

10-1　改善病房声环境的策略有哪些？

10-2　地下长空间的声学特性有哪些？

10-3　请简述常见声学超材料的类型、声学特性与应用领域。

10-4　请简述城市声景地图的作用与绘制步骤。

10-5　请简述声景评价的主要方法与工具。

附　录

附录 1　标准大气压时不同温度下的饱和水蒸气分压力 P_s 值（Pa）

a. 温度自 0 ~ -20 ℃（与冰面接触）

t（℃）	0.0	0.1	0.2	0.3	0.4	0.5	0.6	0.7	0.8	0.9
0	610.6	605.3	601.3	595.9	590.6	586.6	581.3	576.0	572.0	566.6
−1	562.6	557.3	553.3	548.0	544.0	540.0	534.6	530.6	526.6	521.3
−2	517.3	513.3	509.3	504.0	500.0	496.0	492.0	488.0	484.0	480.0
−3	476.0	472.0	468.0	464.0	460.0	456.0	452.0	448.0	445.3	441.3
−4	437.3	433.3	429.3	426.6	422.6	418.6	416.0	412.0	408.0	405.3
−5	401.3	398.6	394.6	392.0	388.0	385.3	381.3	378.6	374.6	372.0
−6	368.0	365.3	362.6	258.6	356.0	353.3	349.3	346.6	344.0	341.3
−7	337.3	334.6	332.0	329.3	326.6	324.0	321.3	318.6	314.7	312.0
−8	309.3	306.6	304.0	301.3	298.6	296.0	293.3	292.0	289.3	286.6
−9	284.0	281.3	278.6	276.0	273.3	272.0	269.3	266.6	264.0	262.6
−10	260.0	257.3	254.6	253.3	250.6	248.0	246.6	244.0	241.3	240.0
−11	237.3	236.0	233.3	232.0	229.3	226.6	225.3	222.6	221.3	218.6
−12	217.3	216.0	213.3	212.0	209.3	208.0	205.3	204.0	202.6	200.0
−13	198.6	197.3	194.7	193.3	192.0	189.3	188.0	186.7	184.0	182.7
−14	181.3	180.0	177.3	176.0	174.7	173.3	172.0	169.3	168.0	166.7
−15	165.3	164.0	162.7	161.3	160.0	157.3	156.0	154.7	153.3	152.0
−16	150.7	149.3	148.0	146.7	145.3	144.0	142.7	141.3	140.0	138.7
−17	137.3	136.0	134.7	133.3	132.0	130.7	129.3	128.0	126.7	126.0
−18	125.3	124.0	122.7	121.3	120.0	118.7	117.3	116.6	116.0	114.7
−19	113.3	112.0	111.3	110.7	109.3	108.0	106.7	106.0	105.3	104.0
−20	102.7	102.0	101.3	100.0	99.3	98.7	97.3	96.0	95.3	94.7

b. 温度自 0 ~ 25 ℃（与水面接触）

t（℃）	0.0	0.1	0.2	0.3	0.4	0.5	0.6	0.7	0.8	0.9
0	610.6	615.9	619.9	623.9	629.3	633.3	638.6	642.6	647.9	651.9
1	657.3	661.3	666.6	670.6	675.9	681.3	685.3	690.6	695.9	699.9
2	705.3	710.6	715.9	721.3	726.6	730.6	735.9	741.3	746.6	751.9
3	757.3	762.6	767.9	773.3	779.9	785.3	790.6	791.9	801.3	807.9

t (℃)	0.0	0.1	0.2	0.3	0.4	0.5	0.6	0.7	0.8	0.9
4	813.3	818.6	823.9	830.6	835.9	842.6	847.9	853.3	859.9	866.6
5	871.9	878.6	883.9	890.6	897.3	902.6	909.3	915.9	921.3	927.9
6	934.6	941.3	947.9	954.6	961.3	967.9	974.6	981.2	987.9	994.6
7	1 001.2	1 007.9	1 014.6	1 022.6	1 029.2	1 035.9	1 043.9	1 050.6	1 057.2	1 065.2
8	1 071.9	1 079.9	1 086.6	1 094.6	1 101.2	1 109.2	1 117.2	1 123.9	1 131.9	1 139.9
9	1 147.9	1 155.9	1 162.6	1 170.6	1 178.6	1 186.6	1 194.6	1 202.6	1 210.6	1 218.6
10	1 227.9	1 235.9	1 243.9	1 251.9	1 259.9	1 269.2	1 277.2	1 286.6	1 294.6	1 303.9
11	1 311.9	1 321.2	1 329.2	1 338.6	1 347.9	1 355.9	1 365.2	1 374.5	1 383.9	1 393.2
12	1 401.2	1 410.5	1 419.9	1 429.2	1 438.5	1 449.2	1 458.5	1 467.9	1 477.2	1 486.5
13	1 497.2	1 506.5	1 517.2	1 526.5	1 537.2	1 546.5	1 557.2	1 566.5	1 577.2	1 587.9
14	1 597.2	1 607.9	1 618.5	1 629.2	1 639.9	1 650.5	1 661.2	1 671.9	1 682.5	1 693.2
15	1 703.9	1 715.9	1 726.5	1 737.2	1 749.2	1 759.9	1 771.8	1 782.5	1 794.5	1 805.2
16	1 817.2	1 829.2	1 841.2	1 851.8	1 863.8	1 875.8	1 887.8	1 899.8	1 911.8	1 925.2
17	1 937.2	1 949.2	1 961.2	1 974.5	1 986.5	1 998.5	2 011.8	2 023.8	2 037.2	2 050.5
18	2 062.5	2 075.8	2 089.2	2 102.5	2 115.8	2 129.2	2 142.5	2 155.8	2 169.1	2 182.5
19	2 195.8	2 210.5	2 223.8	2 238.5	2 251.8	2 266.5	2 279.8	2 294.5	2 309.1	2 322.5
20	2 337.1	2 351.8	2 366.5	2 381.1	2 395.8	2 410.5	2 425.1	2 441.1	2 455.8	2 470.5
21	2 486.5	2 501.1	2 517.1	2 531.8	2 547.8	2 563.8	2 579.8	2 594.4	2 610.4	2 626.4
22	2 642.4	2 659.8	2 675.8	2 691.8	2 707.8	2 725.1	2 741.1	2 758.4	2 774.4	2 791.8
23	2 809.1	2 825.1	2 842.4	2 859.8	2 877.1	2 894.4	2 911.8	2 930.4	2 947.7	2 965.1
24	2 983.7	3 001.1	3 019.7	3 037.1	3 055.7	3 074.4	3 091.7	3 110.4	3 129.1	3 147.7
25	3 167.7	3 186.4	3 205.1	3 223.7	3 243.7	3 262.4	3 282.4	3 301.1	3 321.1	3 341.0

附录 2　常用建筑材料的热工指标

材料名称	干密度 ρ （ kg/m³ ）	导热系数 λ [W/（m·K）]	蓄热系数 S_{24} [W/(m²·K)]	比热 c [kJ/（kg·K）]	蒸汽渗透系数 $\mu \times 10^{-4}$ [g/（m·h·Pa）]
一、混凝土					
钢筋混凝土	2 500	1.740	17.20	0.92	0.158
碎石、卵石混凝土	2 300	1.510	15.36	0.92	0.173
	2 100	1.280	13.50	0.92	0.173
膨胀矿渣珠混凝土	2 000	0.770	10.54	0.96	—
	1 800	0.630	9.050	0.96	0.975
	1 600	0.530	7.870	0.96	1.050
自然煤矸石、炉渣混凝土	1 700	1.000	11.68	1.05	0.548
	1 500	0.760	9.540	1.05	0.900
	1 300	0.560	7.630	1.05	1.050
粉煤灰陶粒混凝土	1 700	0.950	11.40	1.05	0.188
	1 500	0.700	9.160	1.05	0.975
	1 300	0.570	7.780	1.05	1.050
	1 100	0.440	6.300	1.05	1.350
黏土陶粒混凝土	1 600	0.840	10.36	1.05	0.315
	1 400	0.700	8.970	1.05	0.390
	1 200	0.530	7.250	1.05	0.405
页岩陶粒混凝土	1 500	0.770	9.700	1.05	0.315
	1 300	0.630	8.160	1.05	0.390
	1 100	0.500	6.700	1.05	0.435
浮石混凝土	1 500	0.670	9.090	1.05	—
	1 300	0.530	7.540	1.05	0.188
	1 100	0.420	6.130	1.05	0.353
加气、泡沫混凝土	700	0.220	3.560	1.05	1.540
	500	0.190	2.760	1.05	1.990
二、砂浆和砌体					
砂浆：					
水泥砂浆	1 800	0.930	11.26	1.05	0.900
石灰、水泥复合砂浆	1 700	0.870	10.79	1.05	0.975
石灰砂浆	1 600	0.810	10.12	1.05	1.200
石灰、石膏砂浆	1 500	0.760	9.440	1.05	—
保温砂浆	800	0.290	4.440	1.05	—
砌体：					
重砂浆砌筑黏土砖砌体	1 800	0.810	10.53	1.05	1.050
重砂浆砌筑 26，33 及 36 孔黏土空心砖砌体	1 400	0.580	7.520	1.05	1.580
轻砂浆砌筑黏土砖砌体	1 700	0.760	9.860	1.05	1.200

续表

材料名称	干密度 ρ (kg/m³)	导热系数 λ [W/（m·K）]	蓄热系数 S_{24} [W/(m²·K)]	比热 c [kJ/（kg·K）]	蒸汽渗透系数 $\mu \times 10^{-4}$ [g/（m·h·Pa）]
灰砂砖砌体	1 900	1.100	12.72	1.05	1.050
三、热绝缘材料					
纤维材料：					
矿棉、岩棉、玻璃棉板	< 80	0.050	0.59	1.22	
	80 ~ 200	0.045	0.75	1.22	4.880
矿棉、岩棉、玻璃棉毡	< 70	0.050	0.58	1.34	
	70 ~ 200	0.045	0.77	1.34	4.880
矿棉、岩棉、玻璃棉松散	< 70	0.050	0.46	0.84	
	70 ~ 120	0.045	0.51	0.84	4.880
膨胀珍珠岩、蛭石制品：					
水泥膨胀珍珠岩	800	0.260	4.37	1.17	0.420
	600	0.210	3.44	1.17	0.900
	400	0.160	2.49	1.17	1.910
沥青、乳化沥青膨胀珍珠岩	400	0.120	2.28	1.55	0.293
	300	0.093	1.77	1.55	0.675
水泥膨胀蛭石	350	0.140	1.99	1.05	
泡沫材料及多孔聚合物：					
聚乙烯泡沫塑料	100	0.047	0.69	1.38	
	30	0.042	0.35	1.38	0.144
聚氨酯硬泡沫塑料	50	0.037	0.43	1.38	0.148
	40	0.033	0.36	1.38	0.112
聚氯乙烯硬泡沫塑料	130	0.048	0.79	1.38	
钙塑	120	0.049	0.83	1.59	
泡沫玻璃	140	0.058	0.70	0.84	0.225
泡沫石灰	300	0.116	1.70	1.05	
炭化泡沫石灰	400	0.140	2.33	1.05	
泡沫石膏	500	0.190	2.78	1.05	0.375
四、建筑板材					
胶合板	600	0.170	4.36	2.51	0.225
软木板	300	0.093	1.95	1.89	0.255
	150	0.058	1.09	1.80	0.285
纤维板	1 000	0.340	8.13	2.51	1.200
	600	0.230	5.04	2.51	1.130
石棉水泥板	1 800	0.520	8.57	1.05	0.135
石棉水泥隔热板	500	0.160	2.48	1.05	3.900
石膏板	1 050	0.330	5.08	1.05	0.790
水泥刨花板	1 000	0.340	7.00	2.01	0.240
	700	0.190	4.35	2.01	1.050
稻草板	300	0.105	1.95	1.68	3.000
木屑板	200	0.065	1.54	2.10	2.630

续表

材料名称	干密度 ρ [kg/m^3]	导热系数 λ [W/(m·K)]	蓄热系数 S_{24} [W/(m^2·K)]	比热 c [kJ/(kg·K)]	蒸汽渗透系数 $\mu \times 10^{-4}$ [g/(m·h·Pa)]
五、松散材料					
无机材料：					
高炉炉渣	900	0.260	3.92	0.92	2.030
浮石	600	0.230	3.05	0.92	2.630
锅炉渣	1 000	0.290	4.40	0.92	1.930
粉煤灰	1 000	0.230	3.93	0.92	
膨胀珍珠岩	120	0.070	0.84	1.17	1.500
	80	0.058	0.63	1.17	1.500
膨胀蛭石	300	0.140	1.79	1.05	
	200	0.100	1.24	1.05	
硅藻土	200	0.076	1.00	0.92	
有机材料：					
木屑	250	0.093	1.84	2.01	2.630
稻壳	120	0.060	1.02	2.01	
干草	100	0.047	0.83	2.01	
六、其他材料					
土壤：					
夯实黏土	2 000	1.160	12.95	1.01	
	1 800	0.930	11.03	1.01	
加草黏土	1 600	0.760	9.37	1.01	
	1 400	0.580	7.69	1.01	
轻质黏土	1 200	0.470	6.36	1.01	
建筑用砂	1 600	0.580	8.26	1.01	
石材：					
花岗石、玄武石	2 800	3.490	25.49	0.92	0.113
大理石	2 800	2.910	23.27	0.92	0.113
石灰岩	2 400	2.040	18.03	0.92	0.375
石灰石	2 000	1.160	12.56	0.92	0.600
卷材、沥青材料：					
沥青油毡、油毡纸	600	0.170	3.33	1.47	
沥青混凝土	2 100	1.050	16.31	1.68	0.075
石油沥青	1 400	0.270	6.73	1.68	
	1 050	0.170	4.71	1.68	0.075
玻璃：					
平板玻璃	2 500	0.760	10.69	0.84	0.000
玻璃钢	1 800	0.520	9.25	1.26	
金属：					
青铜	8 000	64.000	118	0.38	0.000
建筑钢材	7 850	58.200	126	0.48	
铝	2 700	203.000	191	0.92	
铸铁	7 250	49.900	112	0.48	

附录 3　CIE1931 标准色度观察者光谱三刺激值

波长（nm）	$\bar{x}(\lambda)$	$\bar{y}(\lambda)$	$\bar{z}(\lambda)$	波长（nm）	$\bar{x}(\lambda)$	$\bar{y}(\lambda)$	$\bar{z}(\lambda)$
380	0.001 4	0.000 0	0.006 5	580	0.916 3	0.870 0	0.001 7
385	0.002 2	0.000 1	0.010 5	585	0.978 6	0.816 3	0.001 4
390	0.004 2	0.000 1	0.020 1	590	1.026 3	0.757 0	0.001 1
395	0.007 6	0.000 2	0.036 2	595	1.056 7	0.694 9	0.001 0
400	0.014 3	0.000 4	0.067 9	600	1.062 2	0.631 0	0.000 8
405	0.023 2	0.000 6	0.110 2	605	1.045 6	0.566 8	0.000 6
410	0.043 5	0.001 2	0.207 4	610	1.002 6	0.503 0	0.000 3
415	0.077 6	0.002 2	0.371 3	615	0.938 4	0.441 2	0.000 2
420	0.134 4	0.004 0	0.845 6	620	0.854 4	0.381 0	0.000 2
425	0.214 8	0.007 3	1.039 1	625	0.751 4	0.321 0	0.000 1
430	0.283 9	0.011 6	1.385 6	630	0.642 4	0.265 0	0.000 0
435	0.328 5	0.016 8	1.623 0	635	0.541 9	0.217 0	0.000 0
440	0.348 3	0.023 0	1.747 1	640	0.447 9	0.175 0	0.000 0
445	0.348 1	0.029 8	1.782 6	645	0.360 8	0.138 2	0.000 0
450	0.336 2	0.038 0	1.772 1	650	0.283 5	0.107 0	0.000 0
455	0.318 7	0.048 0	1.744 1	655	0.218 7	0.081 6	0.000 0
460	0.290 8	0.060 0	1.669 2	660	0.164 9	0.061 0	0.000 0
465	0.251 1	0.073 9	1.528 1	665	0.121 2	0.044 6	0.000 0
470	0.195 4	0.091 0	1.287 6	670	0.087 1	0.032 0	0.000 0
475	0.142 1	0.112 6	1.041 9	675	0.063 6	0.023 2	0.000 0
480	0.095 6	0.139 0	0.813 0	680	0.046 8	0.017 0	0.000 0
485	0.058 0	0.169 3	0.616 2	685	0.032 9	0.011 9	0.000 0
490	0.032 0	0.208 0	0.465 2	690	0.022 7	0.008 2	0.000 0
495	0.014 7	0.258 6	0.353 3	695	0.015 8	0.005 7	0.000 0
500	0.004 9	0.323 0	0.272 0	700	0.011 4	0.004 1	0.000 0
505	0.002 4	0.407 3	0.212 3	705	0.008 1	0.002 9	0.000 0
510	0.009 3	0.503 0	0.158 2	710	0.005 8	0.002 1	0.000 0
515	0.029 1	0.608 2	0.111 7	715	0.004 1	0.001 5	0.000 0
520	0.063 3	0.710 0	0.078 2	720	0.002 9	0.001 0	0.000 0
525	0.109 6	0.793 2	0.057 3	725	0.002 0	0.000 7	0.000 0
530	0.165 5	0.862 0	0.042 2	730	0.001 4	0.000 5	0.000 0
535	0.225 7	0.914 9	0.029 8	735	0.001 0	0.000 4	0.000 0
540	0.290 4	0.954 0	0.020 3	740	0.000 7	0.000 2	0.000 0
545	0.359 7	0.980 3	0.013 4	745	0.000 5	0.000 2	0.000 0
550	0.433 4	0.995 0	0.008 7	750	0.000 3	0.000 1	0.000 0
555	0.512 1	1.000 0	0.005 7	755	0.000 2	0.000 1	0.000 0
560	0.594 5	0.995 0	0.003 9	760	0.000 2	0.000 1	0.000 0
565	0.678 4	0.978 6	0.002 7	765	0.000 1	0.000 0	0.000 0
570	0.762 1	0.952 0	0.002 1	770	0.000 1	0.000 0	0.000 0
575	0.842 5	0.915 4	0.001 8	775	0.000 1	0.000 0	0.000 0
580	0.916 3	0.870 0	0.001 7	780	0.000 0	0.000 0	0.000 0
				总和	21.371 4	21.371 1	21.371 5

附录 4　常用材料和结构的吸声系数

序号	吸声材料及其安装情况	下述频率（Hz）的吸声系数 α					
		125	250	500	1 000	2 000	4 000
1	50 mm 厚超细玻璃棉，表观密度 20 kg/m³，实贴	0.20	0.65	0.80	0.92	0.80	0.85
2	50 mm 厚超细玻璃棉，表观密度 20 kg/m³，离墙 50 mm	0.28	0.80	0.85	0.95	0.82	0.84
3	20 mm 厚超细玻璃棉，表观密度 20 kg/m³，实贴	0.05	0.10	0.30	0.65	0.65	0.65
4	20 mm 厚超细玻璃棉，表观密度 30 kg/m³，实贴	0.03	0.04	0.29	0.80	0.79	0.79
5	20 mm 厚玻璃棉板，表观密度 80 kg/m³，实贴	0.11	0.13	0.22	0.55	0.82	0.94
6	15 mm 厚玻璃棉板，表观密度 80 kg/m³，实贴	0.10	0.14	0.17	0.43	0.75	0.96
7	50 mm 厚矿渣棉，表观密度 250 kg/m³，实贴	0.15	0.46	0.55	0.61	0.80	0.85
8	50 mm 厚矿渣棉，表观密度 250 kg/m³，离墙 50 mm	0.21	0.70	0.79	0.98	0.77	0.89
9	12 mm 厚矿棉吸声板，毛毛虫图案，实贴	0.09	0.25	0.59	0.53	0.50	0.64
10	12 mm 厚矿棉吸声板，毛毛虫图案，离墙 50 mm	0.38	0.56	0.43	0.43	0.50	0.55
11	材料同上，离墙 100 mm	0.54	0.51	0.38	0.41	0.51	0.60
12	25 mm 厚聚氨酯吸声泡沫塑料，表观密度 18 kg/m³，实贴	0.12	0.21	0.48	0.70	0.77	0.76
13	50 mm 聚氨酯吸声泡沫塑料，表观密度 18 kg/m³，实贴	0.16	0.28	0.78	0.69	0.81	0.84
14	35 mm 厚珍珠岩吸声板，表观密度 300 kg/m³，实贴	0.23	0.42	0.83	0.93	0.74	0.83
15	板厚 50 mm，其他同上	0.29	0.46	0.92	0.98	0.84	0.63
16	板厚 100 mm，其他同上	0.47	0.59	0.59	0.66	—	—
17	三夹板，龙骨间距 50 cm × 50 cm，空腔厚 50 mm	0.21	0.74	0.21	0.10	0.08	0.12
18	同上，空腔填矿棉	0.27	0.57	0.28	0.12	0.09	0.12
19	三夹板，龙骨间距 50 cm × 45 cm，空腔厚 100 mm	0.60	0.38	0.18	0.05	0.04	0.08
20	五夹板，龙骨间距 50 cm × 45 cm，空腔厚 50 mm	0.09	0.52	0.17	0.06	0.10	0.12
21	空腔厚 100 mm，其他同上	0.41	0.30	0.14	0.05	0.10	0.16
22	空腔厚 150 mm，其他同上	0.38	0.33	0.16	0.06	0.10	0.17
23	七夹板，龙骨间距 50 cm × 45 cm，空腔厚 160 mm	0.58	0.14	0.09	0.04	0.04	0.07
24	空腔厚 250 mm，其他同上	0.37	0.13	0.10	0.05	0.05	0.10
25	空腔厚 50 mm，内填玻璃棉毡，其他同上	0.48	0.25	0.15	0.07	0.10	0.11
26	9 mm 厚纸面石膏纸，空腔厚 45 mm	0.26	0.13	0.08	0.06	0.06	0.06
27	4 mm 厚 FC 板，空腔厚 100 mm	0.22	0.15	0.08	0.05	0.05	0.05
28	吊顶：预制水泥板厚 16 mm	0.12	0.10	0.08	0.05	0.05	0.05
29	穿孔三夹板，孔径 5 mm，孔距 40 mm，空腔厚 100 mm	0.04	0.54	0.29	0.09	0.11	0.19
30	板后贴布，其他同上	0.28	0.69	0.51	0.21	0.16	0.23

续表

序号	吸声材料及其安装情况	下述频率（Hz）的吸声系数 α					
		125	250	500	1 000	2 000	4 000
31	穿孔三夹板，孔径 5 mm，孔距 40 mm，空腔厚 100 mm，内填矿棉	0.69	0.73	0.51	0.28	0.19	0.17
32	穿孔五夹板，孔径 8 mm，孔距 50 mm，空腔厚 100 mm，内填矿棉	0.09	0.19	0.34	0.28	0.17	0.15
33	空腔厚 100 mm，其他同上	0.11	0.35	0.30	0.23	0.23	0.19
34	空腔厚 150 mm，其他同上	0.18	0.55	0.32	0.20	0.23	0.10
35	空腔厚 100 mm，内填 0.5 kg/m³ 玻璃丝布包玻璃棉，其他同上	0.33	0.55	0.55	0.42	0.26	0.27
36	9.5 mm 厚穿孔石膏板，穿孔率 8 %，空腔 50 mm，板后贴桑皮纸	0.17	0.48	0.92	0.75	0.31	0.13
37	空腔 360 mm，其他同上	0.58	0.91	0.75	0.64	0.52	0.46
38	12 mm 厚穿孔石膏板，穿孔率 8 %，空腔 50 mm，板后贴无纺布	0.14	0.39	0.79	0.60	0.40	0.25
39	空腔 360 mm，其他同上	0.56	0.85	0.58	0.56	0.43	0.33
40	4 mm 厚穿孔 FC 板，穿孔率 8 %，后空 50 mm		0.05	0.16	0.29	0.24	0.10
41	4 mm 厚穿孔 FC 板，穿孔率 8 %，空腔 100 mm，板后衬布	0.21	0.41	0.68	0.60	0.41	0.34
42	4 mm 厚穿孔 FC 板，穿孔率 8 %，空腔 100 mm，板后衬布，空腔填 50 mm 厚玻璃棉	0.53	0.77	0.90	0.73	0.70	0.66
43	4 mm 厚穿孔 FC 板，穿孔率 4.5 %，空腔 100 mm，板后衬布	0.42	0.33	0.30	0.21	0.11	0.06
44	空腔填 50 mm 厚玻璃棉，其他同上	0.50	0.37	0.34	0.25	0.14	0.07
45	4 mm 厚穿孔 FC 板，穿孔率 20 %，空腔 100 mm，内填 50 mm 厚超细玻璃棉	0.36	0.78	0.90	0.83	0.79	0.64
46	1.2 mm 厚穿孔钢板，孔径 2.5 mm，穿孔率 15 %，空腔 30 mm，填 30 mm 厚超细玻璃棉	0.18	0.57	0.76	0.88	0.87	0.71
47	0.8 mm 厚微穿孔板，孔径 0.8 mm，穿孔率 1 %，空腔 50 mm	0.05	0.29	0.87	0.78	0.12	
48	空腔厚 100 mm，其他同上	0.24	0.71	0.96	0.40	0.29	
49	空腔厚 200 mm，其他同上	0.56	0.98	0.61	0.86	0.27	
50	微孔玻璃布（成品），空腔厚 100 mm	0.06	0.21	0.69	0.95	0.61	0.76
51	微孔玻璃布，空腔 360 mm	0.26	0.53	0.61	0.64	0.74	0.63
52	微孔玻璃布，空腔 720 mm	0.38	0.42	0.58	0.65	0.65	0.73
53	双层微孔玻璃布，前空腔 180 mm，后空腔 180 mm	0.31	0.57	0.93	0.83	0.75	0.73
54	微孔玻璃布悬挂大厅中心	0.12	0.18	0.41	0.61	0.54	0.43
55	清水砖墙勾缝	0.02	0.03	0.04	0.04	0.05	0.05
56	砖墙抹灰	0.01	0.01	0.02	0.02	0.02	0.03
57	水磨石或大理石面	0.01	0.01	0.01	0.02	0.02	0.02
58	板条抹灰	0.15	0.10	0.05	0.05	0.05	0.05
59	混凝土地面	0.01	0.01	0.02	0.02	0.02	0.02

续表

序号	吸声材料及其安装情况	下述频率（Hz）的吸声系数 α					
		125	250	500	1 000	2 000	4 000
60	木格栅地板	0.15	0.10	0.10	0.07	0.06	0.07
61	实铺木地板	0.05	0.05	0.05	0.05	0.05	0.05
62	化纤地毯 5 mm 厚	0.12	0.18	0.30	0.41	0.52	0.48
63	短纤维羊毛地毯 8 mm 厚	0.13	0.22	0.33	0.46	0.59	0.53
64	塑料壁纸贴在墙面上	0.02	0.02	0.03	0.03	0.03	0.04
65	玻璃窗（窗格 12.5 cm×35 cm），玻璃厚 3 mm	0.35	0.25	0.18	0.12	0.07	0.04
66	木门	0.16	0.15	0.10	0.10	0.10	0.10
67	水面	0.01	0.01	0.01	0.02	0.02	0.02
68	舞台反射板（九夹板）	0.18	0.12	0.10	0.09	0.08	0.07
69	帷幕 0.25～0.30 kg/m²，打双褶，后空 50～100 mm	0.10	0.25	0.55	0.65	0.70	0.70
70	舞台口（与舞台吸声量有关）	0.30	0.35	0.40	0.45	0.50	0.55
71	耳光、面光口（内部无吸声）	0.10	0.15	0.20	0.22	0.25	0.30
72	耳光、面光口（内部有吸声）	0.25	0.40	0.50	0.55	0.60	0.60
73	通风口（送回风口）	0.80	0.80	0.80	0.80	0.80	0.80
74	听众席包括座椅和 0.5 m 宽走道（按面积计算吸声系数）	0.54	0.66	0.75	0.85	0.83	0.75

注：表中吸声系数均为无规入射吸声系数。

附录 5 位置指数

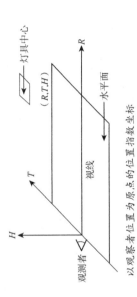

以观测者位置为原点的位置指数坐标

T/R＼H/R	0.00	0.10	0.20	0.30	0.40	0.50	0.60	0.70	0.80	0.90	1.00	1.10	1.20	1.30	1.40	1.50	1.60	1.70	1.80	1.90
0.00	1.00	1.26	1.53	1.90	2.35	2.86	3.50	4.20	5.00	6.00	7.00	8.10	9.25	10.35	11.70	13.15	14.70	16.20	—	—
0.10	1.05	1.22	1.45	1.80	2.20	2.75	3.40	4.10	4.80	5.80	6.80	8.00	9.10	10.30	11.60	13.00	14.60	16.10	—	—
0.20	1.12	1.30	1.50	1.80	2.20	2.66	3.18	3.88	4.60	5.50	6.50	7.60	8.75	9.85	11.20	12.70	14.00	15.70	—	—
0.30	1.22	1.38	1.60	1.87	2.25	2.70	3.25	3.90	4.60	5.45	6.45	7.40	8.40	9.50	10.85	12.10	13.70	15.00	—	—
0.40	1.32	1.47	1.70	1.96	2.35	2.80	3.30	3.90	4.60	5.40	6.40	7.30	8.30	9.40	10.60	11.90	13.20	14.60	16.00	—
0.50	1.43	1.60	1.82	2.10	2.48	2.91	3.40	3.98	4.70	5.50	6.40	7.30	8.30	9.40	10.50	11.75	13.00	14.40	15.70	—
0.60	1.55	1.72	1.98	2.30	2.65	3.10	3.60	4.10	4.80	5.50	6.40	7.35	8.40	9.40	10.50	11.70	13.00	14.10	15.40	—
0.70	1.70	1.88	2.12	2.48	2.87	3.30	3.78	4.30	4.88	5.60	6.50	7.40	8.50	9.50	10.50	11.70	12.85	14.00	15.20	—
0.80	1.82	2.00	2.32	2.70	3.08	3.50	3.92	4.50	5.10	5.75	6.60	7.50	8.60	9.50	10.60	11.75	12.80	14.00	15.10	—
0.90	1.95	2.20	2.54	2.90	3.30	3.70	4.20	4.75	5.30	6.00	6.75	7.70	8.70	9.65	10.75	11.80	12.90	14.00	15.00	16.00
1.00	2.11	2.40	2.75	3.10	3.50	3.91	4.40	5.00	5.60	6.20	7.00	7.90	8.80	9.75	10.80	11.90	12.95	14.00	15.00	16.00
1.10	2.30	2.55	2.92	3.30	3.72	4.20	4.70	5.25	5.80	6.55	7.20	8.15	9.00	9.90	10.95	12.00	13.00	14.00	15.00	16.00
1.20	2.40	2.75	3.12	3.50	3.90	4.35	4.85	5.50	6.05	6.70	7.50	8.30	9.20	10.00	11.02	12.10	13.10	14.00	15.00	16.00
1.30	2.55	2.90	3.30	3.70	4.20	4.65	5.20	5.70	6.30	7.00	7.70	8.55	9.35	10.20	11.20	12.25	13.20	14.00	15.00	16.00
1.40	2.70	3.10	3.50	3.90	4.35	4.85	5.35	5.85	6.50	7.25	8.00	8.70	9.50	10.40	11.40	12.40	13.25	14.05	15.00	16.00
1.50	2.85	3.15	3.65	4.10	4.55	5.00	5.50	6.20	6.80	7.50	8.20	8.85	9.70	10.55	11.50	12.50	13.30	14.05	15.02	16.00

图中标注：灯具中心 (R,T,H)；H；T；R；视线；水平面；观测者

续表

T/R \ H/R	0.00	0.10	0.20	0.30	0.40	0.50	0.60	0.70	0.80	0.90	1.00	1.10	1.20	1.30	1.40	1.50	1.60	1.70	1.80	1.90
1.60	2.95	3.40	3.80	4.25	4.75	5.20	5.57	6.30	7.00	7.65	8.40	9.00	9.80	10.80	11.75	12.60	13.40	14.20	15.10	16.00
1.70	3.10	3.55	4.00	4.50	4.90	5.40	5.95	6.50	7.20	7.80	8.50	9.20	10.00	10.85	11.85	12.75	13.45	14.20	15.10	16.00
1.80	3.25	3.70	4.20	4.65	5.10	5.60	6.10	6.75	7.40	8.00	8.65	9.35	10.10	11.00	11.90	12.80	13.50	14.20	15.10	16.00
1.90	3.43	3.86	4.30	4.75	5.20	5.70	6.30	6.90	7.50	8.17	8.80	9.50	10.20	11.00	12.00	12.82	13.55	14.20	15.10	16.00
2.00	3.50	4.00	4.50	4.90	5.35	5.80	6.40	7.10	7.70	8.30	8.90	9.60	10.40	11.10	12.00	12.85	13.60	14.30	15.10	16.00
2.10	3.60	4.17	4.65	5.05	5.50	6.00	6.60	7.20	7.82	8.45	9.00	9.75	10.50	11.20	12.10	12.90	13.70	14.35	15.10	16.00
2.20	3.75	4.25	4.72	5.20	5.60	6.10	6.70	7.35	8.00	8.55	9.15	9.85	10.60	11.30	12.10	12.90	13.70	14.40	15.15	16.00
2.30	3.85	4.35	4.80	5.25	5.70	6.22	6.80	7.40	8.10	8.65	9.30	9.90	10.70	11.40	12.20	12.95	13.70	14.40	15.20	16.00
2.40	3.95	4.40	4.90	5.35	5.80	6.30	6.90	7.50	8.20	8.80	9.40	10.00	10.80	11.50	12.25	13.00	13.75	14.45	15.20	16.00
2.50	4.00	4.50	4.95	5.40	5.85	6.40	6.95	7.55	8.25	8.85	9.50	10.05	10.85	11.55	12.30	13.00	13.80	14.50	15.25	16.00
2.60	4.07	4.55	5.05	5.47	5.95	6.45	7.00	7.65	8.35	8.95	9.55	10.10	10.90	11.60	12.32	13.00	13.80	14.50	15.25	16.00
2.70	4.10	4.60	5.10	5.53	6.00	6.50	7.05	7.70	8.40	9.00	9.60	10.16	10.92	11.63	12.35	13.00	13.80	14.50	15.25	16.00
2.80	4.15	4.62	5.15	5.56	6.05	6.55	7.08	7.73	8.45	9.05	9.65	10.20	10.95	11.65	12.35	13.00	13.80	14.50	15.25	16.00
2.90	4.20	4.65	5.17	5.60	6.07	6.57	7.12	7.75	8.50	9.10	9.70	10.23	10.95	11.65	12.35	13.00	13.80	14.50	15.25	16.00
3.00	4.22	4.67	5.20	5.65	6.12	6.60	7.15	7.80	8.55	9.12	9.70	10.23	10.95	11.65	12.35	13.00	13.80	14.50	15.25	16.00

附录 6　灯具光度数据示例

灯具	型号		BYGG4-1	
	名称		玻璃钢教室照明灯	
灯具尺寸 （mm）	l：1 320 B：170 H：160	CIE 分类	直　接	
		上射光通比	0	
光源	RL-40	下射光通比	75.8 %	
灯头型号		灯具效率	75.8 %	
灯具重量	2.7 kg	最大允许距 高比（l/h_{rc}）	A—A	1.2
遮光角	A—A：20		B—B	1.6
	B—B：22			

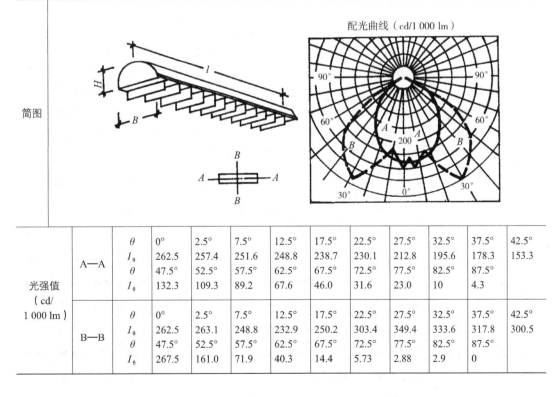

配光曲线（cd/1 000 lm）

简图

光强值 （cd/ 1 000 lm）	A—A	θ	0°	2.5°	7.5°	12.5°	17.5°	22.5°	27.5°	32.5°	37.5°	42.5°
		I_θ	262.5	257.4	251.6	248.8	238.7	230.1	212.8	195.6	178.3	153.3
		θ	47.5°	52.5°	57.5°	62.5°	67.5°	72.5°	77.5°	82.5°	87.5°	
		I_θ	132.3	109.3	89.2	67.6	46.0	31.6	23.0	10	4.3	
	B—B	θ	0°	2.5°	7.5°	12.5°	17.5°	22.5°	27.5°	32.5°	37.5°	42.5°
		I_θ	262.5	263.1	248.8	232.9	250.2	303.4	349.4	333.6	317.8	300.5
		θ	47.5°	52.5°	57.5°	62.5°	67.5°	72.5°	77.5°	82.5°	87.5°	
		I_θ	267.5	161.0	71.9	40.3	14.4	5.73	2.88	2.9	0	

续表

简图	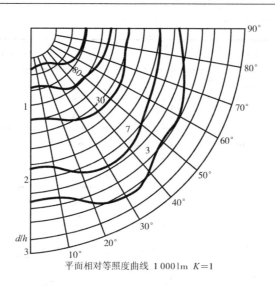 平面相对等照度曲线 1000lm K=1

利用系数 K = 1

r 值	顶棚	0.7			0.5			0.3			0.1			0
	墙	0.5	0.3	0.1	0.5	0.3	0.1	0.5	0.3	0.1	0.5	0.3	0.1	0
	地面	0.2			0.2			0.2			0.2			0
室空间比		利用系数												
1		0.79	0.77	0.75	0.76	0.74	0.72	0.73	0.71	0.70	0.70	0.69	0.68	0.66
2		0.71	0.67	0.63	0.68	0.65	0.62	0.66	0.63	0.61	0.64	0.61	0.60	0.58
3		0.63	0.59	0.55	0.62	0.57	0.54	0.59	0.56	0.53	0.58	0.54	0.53	0.50
4		0.57	0.51	0.47	0.55	0.50	0.46	0.52	0.49	0.46	0.52	0.48	0.45	0.44
5		0.51	0.45	0.40	0.49	0.44	0.40	0.48	0.43	0.40	0.46	0.42	0.39	0.38
6		0.45	0.39	0.34	0.44	0.39	0.35	0.43	0.38	0.34	0.42	0.37	0.34	0.33
7		0.41	0.34	0.31	0.40	0.34	0.30	0.38	0.34	0.30	0.38	0.33	0.30	0.28
8		0.36	0.30	0.26	0.35	0.30	0.26	0.34	0.29	0.26	0.33	0.30	0.26	0.24
9		0.32	0.26	0.22	0.32	0.26	0.22	0.31	0.26	0.22	0.30	0.25	0.22	0.21
10		0.29	0.24	0.20	0.29	0.23	0.19	0.28	0.23	0.19	0.27	0.22	0.19	0.18

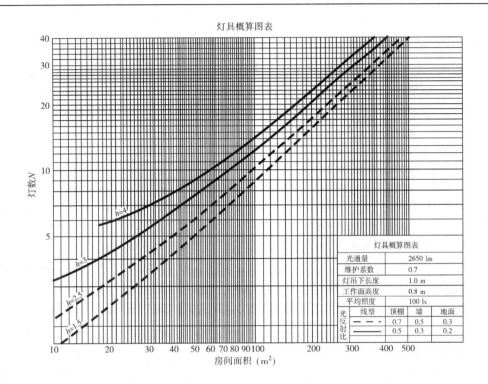

灯具概算图表

灯具概算图表			
光通量	2650 lm		
维护系数	0.7		
灯吊下长度	1.0 m		
工作面高度	0.8 m		
平均照度	100 lx		
光反射比	线型	顶棚	墙	地面
	-----	0.7	0.5	0.3
	———	0.5	0.3	0.2

灯具亮度值（cd/m²）

γ 值	不同平面	
	0° ～ 180°	90° ～ 270°
85°	1 166	153
75°	1 493	148
65°	1 905	578
55°	2 446	1 810
45°	2 873	3 580

附录 7　常用墙板空气声隔声量

参考图号	序号	构造说明	面密度（kg/m²）	下述频率（Hz）的隔声量（dB）						计权隔声量 R_w
				125	250	500	1 000	2 000	4 000	
①	1	1 mm 厚铝板	2.6	13	12	17	23	29	33	22
	2	1 mm 厚钢板	7.8	19	20	26	31	37	39	31
	3	2 mm 厚钢板	15.6		26	29	34	42	45	35
②	4	1 mm 厚铝板，2～3 mm 厚石棉漆	9.6	21	22	27	32	39	45	32
	5	1 mm 厚钢板，沥青一层（3.9 kg/m²）	11.7	29	27	30	31	38	45	34
	6	2 mm 厚钢板，4 mm 厚沥青	19.9	31	33	34	38	45	47	40
③	7	1.5 mm 厚钢板，80 mm 厚超细棉	15.5	29	35	45	54	61	61	47
	8	3 mm 厚钢板，80 mm 厚超细棉	27.1	29	40	44	54	60	57	48
④	9	60 mm 厚石膏圆孔板		26	31	30	29	36	40	32
	10	60 mm 厚珍珠岩圆孔板	38	25	25	26	31	40	44	31
	11	80 mm 厚菱苦土圆孔板墙	50	30	28	27	33	41	45	33
	12	120 mm 厚菱苦土圆孔板墙，双面抹 15 mm 厚水泥砂浆	90	30	31	32	33	43	48	36
⑤	13	75 mm 厚加气混凝土墙（抹灰）	70	30	30	30	40	50	56	38
	14	150 mm 厚加气混凝土墙（抹灰）	140	29	36	39	46	54	55	46
	15	120 mm 厚粉煤灰加气块墙（抹灰）		29	33	36	40	47	52	40
⑥	16	140 mm 厚硅酸盐条板墙（喷浆）	220	34	37	38	45	46	56	44
	17	240 mm 厚硅酸盐砌块墙（粉刷）	450	35	41	49	51	58	60	52
⑦	18	100 mm 矿渣三孔空心砖墙（抹灰 40 mm）	120	30	35	36	43	53	51	43
	19	210 mm 厚矿渣三孔空心砖墙（抹灰 20 mm）	210	33	38	41	46	53	52	46
⑧	20	60 mm 厚砖墙（煤屑粉刷）	160	26	30	30	34	41	40	35
	21	120 mm 厚砖墙，抹灰	240	37	34	41	48	55	53	47
	22	240 mm 厚砖墙，抹灰	480	42	43	49	57	64	62	55
	23	370 mm 厚砖墙，抹灰	700	40	48	52	60	63	60	57
	24	490 mm 厚砖墙，抹灰	833	45	58	61	65	66	68	62
	25	240 mm 厚空斗砖墙，粉刷	298	21	22	31	33	42	46	33
⑨	26	木龙骨，两侧 12 mm 厚纸面石膏板各一层，空腔 80 mm	21	16	32	39	44	45	36	37
	27	其他同上，空腔 140 mm	25	25	38	43	54	48	44	46
	28	木龙骨，两侧均为 12 mm 和 9 mm 厚纸面石膏板各一层，空腔 80 mm	40	34	34	41	48	56	54	45
⑩	29	轻钢龙骨，两侧 12 mm 厚纸面石膏板各一层，空腔 75 mm	21	16	32	39	44	45	36	37
	30	轻钢龙骨，一侧 12 mm 厚，另一侧 2 mm×12 mm 厚纸面石膏板，空腔 75 mm	31	21	36	44	49	55	42	43
	31	轻钢龙骨，两侧均为 2 mm×12 mm 厚纸面石膏板，空腔 75 mm	42	28	42	47	52	60	47	49

续表

参考图号	序号	构造说明	面密度（kg/m²）	下述频率（Hz）的隔声量（dB）						计权隔声量 R_w
				125	250	500	1 000	2 000	4 000	
⑪	32	轻钢龙骨，龙骨与板间有减振钢条，两侧12 mm 厚纸面石膏板各一层，空腔 95 mm	21	21	31	42	50	49	37	40
	33	其他同上，一侧改为2 mm×12 mm 厚板	31	28	36	44	51	54	42	45
	34	其他同上，两侧改为2 mm×12 mm 厚板	42	31	40	47	54	57	46	49
⑫	35	双排轻钢龙骨，一侧 12 mm 厚，另一侧2 mm×12 mm 厚纸面石膏板，空腔 95 mm	33	29	39	46	50	54	39	44
	36	其他同上，两侧均为2 mm×12 mm 厚板	43	35	45	50	56	60	47	51
⑬	37	双层 120 mm 砖墙，空腔 20 mm（粉刷）	484	28	31	33	43	45	46	38
	38	双层 240 mm 砖墙，空腔 150 mm	800	50	51	58	71	78	80	63
	39	双层 240 mm 砖墙（基础分开，抹灰），空腔 100 mm	960	46	55	65	80	95	103	68
⑭	40	轻钢龙骨，两侧 12 mm 厚纸面石膏板各一层，空腔 75 mm，内填 30 mm 厚超细棉	22	28	44	49	54	60	46	47
	41	其他同上，两侧均为2 mm×12 mm 板	42	33	47	50	57	64	51	51
	42	其他同上，空腔内填 40 mm 岩棉	62	40	51	58	63	64	57	52
⑮	43	分立轻钢龙骨，一侧12mm厚，另一侧2mm×12 mm 厚纸面石膏板，空腔 95 mm，内填30 mm 超细棉	34	33	45	54	57	60	49	54
	44	其他同上，两侧均为2 mm×12 mm 厚板	44	40	47	54	55	61	53	55

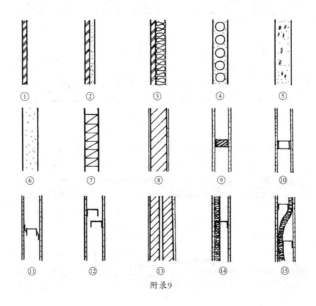

附录9

附录 8　各类型楼板的计权规范化撞击声级

楼板序号	单位面积质量（kg/m²）	各频带（Hz）的规范化撞击声级 L_n（dB）						计权规范化撞击声压级 $L_{n,w}$（dB）
		125	250	500	1 000	2 000	4 000	
①	144	71	77	83	85	80	74	82
②	220	59	73	74	73	59	53	67
③	300	69	73	78	81	76	70	78
④	410	70	74	77	79	72	64	75
⑤	322	78	74	73	76	64	58	70
⑥	—	64	70	75	80	77	65	78
⑦	300	65	71	71	65	48	40	61
⑧	291	63	70	72	66	54	52	63
⑨	279	65	72	72	59	43	40	61
⑩	—	70	79	79	70	58	—	69
⑪	—	70	73	72	71	66	—	68
⑫	71	66	60	54	43	37	57
⑬	—	61	59	66	59	52	47	57
⑭	246	63	65	56	48	42	38	53
⑮	300	74	77	74	67	55	42	66
⑯	—	58	57	48	40	28	20	46

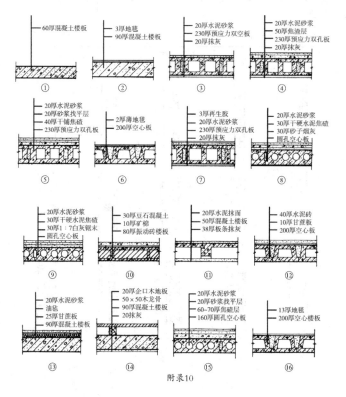

附录 9　建筑物理软件介绍

软件类别	软件	开发单位	工作平台	主要功能	输入与输出	适用范围	优点	缺点
热工软件	DOE-2	美国劳伦斯·伯克利国家实验室	基于 FORTRAN 语言编译器的平台，WINDOWS 下可以通过安装微软的 Visual FORTRAN 来运行	逐时能耗分析，HVAC 系统运行的寿命周期成本（LCC）分析	20 种多输入效验报告，700 多种综合报告，50 多种能耗逐时分析参数，用户可根据具体需要选择输出其中一部分	建筑外表皮与冷暖气空调系统的设计、节能设计、建筑设计研究	当前最强大的模拟软件，其 BDL 内核为类似多种软件使用。有非常详细的建筑能耗逐时分析报告，可处理结构和功能比较复杂的建筑	没有图形化操作界面，输入较为麻烦，掌握软件使用需经过专业化培训
	ESP-r	英国格拉斯哥的斯特拉思克莱德大学能源系统研究中心	WINDOWS、LINUX、MAC 系统均可运行	建筑内外空间的温度场、空气流场以及水蒸气等分布模拟，建筑舒适度、采暖、通风、制冷效率、容量及效率等综合流状态等参量综合评估。对新的可再生能源技术分析	内置 CAD 绘图插件，或者直接导入 CAD 文件，HVAC 系统的详细描述	对影响建筑能源特性和环境特性的因素进行深入的评估	独创算法计算速度快，精度高。计算结果接近实际，可模拟和分析当前比较前沿或创新的技术	专业性较强，须对相关领域知识有较深入的理解
	Energy-plus	美国劳伦斯·伯克利国家实验室及其他单位	有 WINDOWS 和 LINUX 两个独立版本。另有可用于 SketchUp 的插件	建筑热性能研究及太阳能利用方案设计，多区域气流分析	简单的 ASCII 输入、输出文档。或者基于建模工具 SketchUp 的可视化输入系统	建筑全能耗分析，建筑模拟及空调系统全年逐时的负荷及能耗。太阳能方案设计	新版本 Energy-plus 提供了即时的关键词解释，使得操作变得更加简单	对建筑的描述简单，输出文件不够直观，须对电子数据表做进一步处理
	Dest	清华大学建筑环境与设备研究所	以插件形式集成于 AutoCAD，适用于 WINDOWS 平台	全年逐时对建筑内温度计算、负荷计算、空调机组负荷计算、AHU 设备负荷计算、设备负荷及效核计算、风、水网水力计算、冷冻站设备选型计算	嵌入 AutoCAD 中，界面可视化，便于设计掌握。采用"分阶段设计、分阶段模拟"的设计思想	建筑全能耗分析，建筑节能设计，HVAC 系统设计，建筑经济分析	可以支持复杂的工程项目，增强了对建筑热特性分析，如日照阴特性的影响，逐时通风和灵活的热扰设定，夜间背景辐射等	在复杂建筑节能评估工程中计算时间较长

续表

软件类别	软件	开发单位	工作平台	主要功能	输入与输出	适用范围	优点	缺点
通风软件	Airpak	美国 ANSYS 公司	基于 WINDOWS 平台	模拟通风系统的空气流动、空气品质、传热、污染和舒适度	自带丰富模型库，也可通过 IGES 和 dxf 格式导入 CAD 软件的几何模型，输出以为常见图片格式和多种媒体文件	住宅通风、污染控制、工业通风等	软件强大且易学，不需要很深计算机应用背景也可掌握。使软件计算迅速而又精确。强大的可视化交互式分析系统	商业软件较为昂贵
	Flovent	英国 Flomerics 公司	基于 WINDOWS 平台	建筑流体分析，室内外空气流场、烟尘、温度场浓度分析计算	自带丰富模型组和材料库，设计者可以以堆积木的方式，快速建立所需的模型。可输出图形文件和动画	室内通风、空调设计、建筑内外环境设计、无尘室设计，烟浓度扩散预测及火灾仿真	模块化建模工具。流场粒子图表现	参数化求解算法相对于 Airpak 的 FLUENT 流体算法在速度和精确度上稍逊一筹
光学软件	Radiance	美国劳伦斯·伯克利国家实验室	有 UNIX、MS-DOS、WINDOWS 等版本	对人工光和室外实际表面或者虚拟计算面到点之间的照度值。对应用了灯具效果的场景实时渲染	自带建模工具，包含材质、光源、灯具库等，方便快速建立照明模型，也能处理流行的 CAD 系统数据	建筑室内外天然采光设计、建筑室内外渲染表现	对天然采光模拟十分强大	对人工光的模拟有限
	AGI32	美国 Lighting Analysts, Inc 公司	基于 WINDOWS 平台	室内和室外表面到实际计算点的照度值。对应用了灯具效果的场景实时输出	自带建模工具，也支持多种格式的模型导入，有强大的 IES 格式灯具库支持，可以以多种格式输出	建筑室内照明设计、室外停车场、泛光照明、道路照明和工业照明设计等	各计算物理量设置合理，使用灵活、出色的建模功能	在灯具布置和计算布置上智能化不够，操作较繁琐，上手较难。不能模拟自然光
	DIALux	德国 DIAL 股份有限公司	有 WINDOWS、LINUX 等多个版本	照明计算和照明仿真，以前者为主	可导入多种格式文件。有大量插件和灯具数据，而且支持 IES 格式灯具文件。计算结果能以多种格式输出	建筑室内照明设计、灯具设计	软件免费，灯具资源丰富	建模功能相对薄弱，材质简单，渲染图无法达到较高水平

续表

软件类别	软件	开发单位	工作平台	主要功能	输入与输出	适用范围	优点	缺点
声学软件类	EASE	德国 ADA 公司	基于 WINDOWS 平台	一定建声条件和一定电声条件下的扩声系统工程设计模拟	可导入 dxf 格式模型，可支持 SketchUp 模型。具有局部模型对象定义功能。储存有丰富的音箱参数	建筑声学设计	当今最流行的计算机声学辅助设计软件，功能全面，第三方扩展数据丰富	电声系统设计方面较强，但建筑声学设计方面较弱
	Odeon	丹麦技术大学声学技术系	基于 WINDOWS 平台	室内声学音质参数的模拟分析、评价，工业及环境声学噪声预测与评估	内含 AutoCAD、IntelliCAD 接口，可直接导入上述文件生成的模型进行评价	工业及环境声学设计、室内声学设计	软件开放度高，设计中每个元素都可以自定义	所用算法虽精度高，但比较耗费时间，对计算机性能要求较高
	Cadna/A	德国 Datakustik 公司	基于 WINDOWS 平台	多种噪声源的预测、评价，工程设计和研究，以及城市噪声规划	支持多种格式文件的导入，同时可以导出为 dxf、ASCII、rtf 等文件格式。数据可导出至多种数据库	住宅区、工业设施、公路和铁路、机场及其他噪声评价	通用噪声评价软件，在噪声预测、评价领域常非常成熟与完善	不适用于建声设计与电声设计
综合类软件	CATT Acoustic	瑞典 CATT 公司	基于 Windows 平台	建筑室内各项声学参数的模拟分析评估	可导入 Sketchup、Auto CAD 软件模型，对各个房间界面设定各种材质和吸声参数，基于虚声源和声线追踪的计算方法对房间各声学指标进行计算。提供可听化工具，将预期设计效果导出为音频文件	建筑声学设计	模型中各种声学参数的自定义程度高，有完善的室内音质评价指标，模拟结果可听化	软件内的模型修改较复杂，对电声系统的支持较弱
	IES (VE)	英国 IES 公司	基于 WINDOWS 平台。另外也可以插件形式集成于 Sketchup、Revit Architecher 等软件	建筑能耗、管路、电路、照明、日照、通风、费用评估、方案比选等综合性分析	智能化的 IDM 集成建模工具，模型内各种分析参数，还可读入二维 dxf 格式平面图，然后生成三维计算模型	建筑全功能模拟、生态建筑设计研究	建模方面较为简单，功能比较全面	使用软件需要较为全面的相关基础知识

参考文献

[1]   Norbert Lechner.Heating，Cooling，Lighting：Design Methods for Architects[M].JOHN WILEY & SONS，INC.，2000.

[2]   （日）今井与藏.图解建筑物理学概论 [M].吴启哲，译.台北：建筑情报杂志社出版，1994.

[3]   柳孝图、林其标、沈天行.人与物理环境 [M].北京：中国建筑工业出版社，1996.

[4]   刘加平.建筑物理（第三版）[M].北京：中国建筑工业出版社，2000.

[5]   柳孝图.建筑物理（第三版）[M].北京：中国建筑工业出版社，2015.

[6]   刘加平.城市物理环境 [M].西安：西安交通大学出版社，1994.

[7]   刘加平，杨柳.室内热环境设计 [M].北京：机械工业出版社，2005.

[8]   刘念雄，秦佑国.建筑热环境 [M].北京：清华大学出版社，2005.

[9]   林宪德.绿色建筑 [M].台北：詹氏书局，2006.

[10]   宋德萱.建筑环境控制学 [M].南京：东南大学出版社，2003.

[11]   付祥钊.夏热冬冷地区建筑节能技术 [M].北京：中国建筑工业出版社，2002.

[12]   中华人民共和国住房和城乡建设部.民用建筑热工设计规范：GB 50176—2016[S].北京：中国计划出版社，2016.

[13]   中国建筑科学研究院有限公司.严寒和寒冷地区居住建筑节能设计标准：JGJ 26—2018[S].北京：中国建筑工业出版社，2018.

[14]   中国建筑科学研究院有限公司.夏热冬冷地区居住建筑节能设计标准：JGJ 134—2010[S].北京：中国建筑工业出版社，2010.

[15]   中国建筑科学研究院有限公司，广东省建筑科学研究院.夏热冬暖地区居住建筑节能设计标准 [S].北京：中国建筑工业出版社，2012.

[16]   中华人民共和国住房和城乡建设部.公共建筑节能设计标准:GB 50189—2015[S].北京：中国建筑工业出版社，2015.

[17]   彦启森，赵庆珠.建筑热过程 [M].北京：中国建筑工业出版社，1986.

[18]   中华人民共和国建设部.住宅建筑规范：GB 50368—2005[S].北京：中国建筑工业出版社，2005.

[19]   杨公侠.视觉与视觉环境（修订版）[M].上海：同济大学出版社，2002.

[20]   詹庆璇.建筑光环境 [M].北京：清华大学出版社，1988.

[21]   Robbins.Claude L..Daylighting [J].Van Nostrand Reinhold Co.，1986.

[22]   William M. C. Lam. Sunlighting as Formgiver for Architecture [J]. Van Norstrand Rein—hold Co.，1986.

[23]   M. David Egan.Concepts in Architectural Lighting [J].McGraw—Hill Book Company，1983.

[24] 日本建筑学会.采光设计 [M].东京：彰国社，1972.

[25] 肖辉乾，等，译.日光与建筑 [M].北京：中国建筑工业出版社，1988.

[26] CIE.Guide On Interior Lighting（Draft）[M].Publication CIE N029/2（TC—4.1），1983.

[27] IES.IES Lighting Hand book[M]，1982.

[28] 日本照明学会.照明手册（第二版）[M].李农，杨燕，译.北京：科学出版社，2005.

[29] 詹庆璇，等，译.建筑光学译文集——电气照明 [M].北京：中国建筑工业出版社，1982.

[30] D. Philips.Lighting in Architecture Design [M].Mc Graw—Hill Book Co.，1964.

[31] J.R. 柯顿，A.M. 马斯登.光源与照明 [M].陈大华，等，译.上海：复旦大学出版社，2000.

[32] 北京电光源研究所，北京照明学会.电光源实用手册 [M].北京：中国物资出版社，2005.

[33] 朱小清.照明技术手册 [M].北京：机械工业出版社，1995.

[34] 荆其诚，等.色度学 [M].北京：科学出版社，1979.

[35] 束越新.颜色光学基础理论 [M].济南：山东科学出版社，1981.

[36] 北京照明学会，北京市政管理委员会.城市夜景照明技术指南 [J].北京：中国电力出版社，2004.

[37] 国家经贸委 /UNDP/GEF 中国绿色照明工程项目办公室，中国建筑科学研究院.绿色照明工程实施手册 [M].北京：中国建筑工业出版社，2003.

[38] 中华人民共和国住房和城乡建设部.建筑采光设计标准：GB 50033—2013[S].北京：中国建筑工业出版社，2013.

[39] 中华人民共和国住房和城乡建设部.建筑照明设计标准：GB 50034—2013[S].北京：中国建筑工业出版社，2014.

[40] 中华人民共和国住房和城乡建设部.建筑照明术语标准：JGJ/T 119—2008[S].北京：中国建筑工业出版社，2009.

[41] 中国建筑科学研究院建筑物理研究所.建筑声学设计手册（第一版）[M].北京：中国建筑工业出版社，1987.

[42] 吴硕贤，夏清，等.室内环境与设备（第二版）[M].北京：中国建筑工业出版社，1996.

[43] 项端祈.实用建筑声学 [M].北京：中国建筑工业出版社，1992.

[44] 孙广荣，吴启学.环境声学基础 [M].南京：南京大学出版社，1995.

[45] V.O. 努特生，等.建筑中的声学设计 [M].王季卿，郑长聚，译.上海：上海科学技术出版社，1959.

[46] L. L. 白瑞纳克.声学 [M].章启馥，等，译.北京：高等教育出版社，1959.

[47] 子安腾.建筑吸声材料 [M].高履泰，译.北京：中国建筑工业出版社，1975.

[48] L. L. 多勒.建筑环境声学 [M].吴伟中，叶恒健，译.北京：中国建筑工业出版社，1981.

[49] L. H. 肖丁尼斯基.声音·人·建筑 [M].李崇理，译.北京：中国建筑工业出版社，1985.

[50] 车世光，王炳麟，秦佑国.建筑声环境 [M].北京：清华大学出版社，1988.

[51] 秦佑国，李晋奎.建筑物理研究论文集（清华大学建筑学术丛书 1946 ~ 1996）[M].北京：中国建筑工业出版社，1996.

[52] 首都规划建设委员会办公室等 . 北京亚运建筑 . 世界建筑导报社，1990.

[53] 吴硕贤，张三明，葛坚 . 建筑声学设计原理（第二版）[M]. 北京：中国建筑工业出版社，2019.

[54] 威廉 J.，卡瓦诺夫，等 . 建筑声学——原理和实践 [M]. 北京：机械工业出版社，2005.

[55] 王铮，陈金京 . 建筑声学与音响工程——现代建筑中的声学设计 [M]. 北京：机械工业出版社，2007.

[56] 李耀中，李东升 . 噪声控制技术 [M]. 北京：化学工业出版社，2008.

[57] 李建成，卫兆骥，王诂 . 数字化建筑设计概论 [M]. 北京：中国建筑工业出版社，2007.

[58] 云朋 .ECOTECT 建筑环境设计教程 [M]. 北京：中国建筑工业出版社，2007.

[59] 中华人民共和国住房和城乡建设部 . 民用建筑室内热湿环境评价标准：GB/T 50785—2012[S]. 北京：中国建筑工业出版社，2012.

[60] 中华人民共和国住房和城乡建设部 . 城市居住区热环境设计标准：JGJ 286—2013. 北京：中国建筑工业出版社，2014.

[61] 柳孝图 . 城市环境物理与可持续发展 [M]. 南京：东南大学出版社，1999.

[62] 刘凤利，朱教群，马保国，周卫兵，李元元 . 相变石膏板制备及其在建筑墙体中应用的研究进展 [J]. 硅酸盐学报，2016，44（8）：1178-1191.

[63] 张小松，夏燚，金星 . 相变蓄能建筑墙体研究进展 [J]. 东南大学学报（自然科学版），2015，45（3）：612-618.

[64] 周国兵，张寅平，林坤平，张群力，狄洪发 . 定形相变贮能材料在暖通空调领域的应用研究 [J]. 暖通空调，2007（5）：27-32.

[65] 李百战，庄春龙，邓安仲，李胜波，沈晓东 . 相变墙体与夜间通风改善轻质建筑室内热环境 [J]. 土木建筑与环境工程，2009，31（3）：109-113. 暖通空调，2007（5）：27-32.

[66] 毕海江 . 二氧化硅气凝胶隔热材料制备及其隔热性能研究 [D]. 合肥：中国科学技术大学，2014.

[67] 张德忠 . 二氧化硅气凝胶在保温隔热领域中的应用 [C]// 中国无机盐工业协会无机硅化物分会 . 2016 年全国无机硅化物行业年会暨创新发展研讨会论文集 . 北京：中国无机盐工业协会无机硅化物分会，2016：7.

[68] 吕亚军，吴会军，王珊，付平，周孝清 . 气凝胶建筑玻璃透光隔热性能及影响因素 [J]. 土木建筑与环境工程，2018，40（1）：134-140.

[69] 魏高升，张欣欣，于帆 . 超级绝热材料气凝胶的纳米孔结构与有效导热系数 [J]. 热科学术，2005（2）：107-112.

[70] 窦维维，李小雨，陈长，张良苗，杨帆，高彦峰 .VO_2-WO_3 复合薄膜的制备及其热致变色—电致变色性能研究 [J]. 现代技术陶瓷，2017，38（3）：225-230.

[71] 牛微，王玉，胡伟，郑楠 . 电致变色智能窗的研究进展 [J]. 广州化工，2013，41（22）：1-3.

[72] 刘艳华 .Ce/Sm 掺杂 TiO_2 电致变色薄膜的制备与表征 [D]. 沈阳：东北大学，2008.

[73] Cascione V，Maskell D，Shea A，Walker P. A review of moisture buffering capacity：

From laboratory testing to full-scale measurement [J]. Construction and Building Materials. 2019，200：333-343.

[74] Zhang H，Yoshino H，Hasegawa K，Liu J，Zhang W，Xuan H. Practical moisture buffering effect of three hygroscopic materials in real-world conditions [J]. Energy and Buildings. 2017，139：214-223.

[75] Zhao B，Hu M，Ao X，Chen N，Pei G. Radiative cooling：A review of fundamentals，materials，applications，and prospects [J]. Applied Energy. 2019，236：489-513.

[76] 韦云生，姚伟. 智能照明控制系统的应用现状和发展趋势 [J]. 通讯世界. 2018：358-359.

[77] 李刚. 智能照明技术发展现状与未来展望. 数字通信世界 [J].2019：55-63.

[78] 国家电光源质量监督检验（中心）. 日光的空间分布 CIE 一般标准天空 GB/T 20148—2006 [S]. 北京：中国质检出版社，2003.

[79] 李卓，王爱英. 国际上建筑天然采光研究的新动态 [J]. 照明工程学报，2007，18（2）：5-12.

[80] 罗涛，燕达，赵建平，等. 天然光光环境模拟软件的对比研究 [J]. 建筑科学，2011，27（10）：1-6.

[81] 吴蔚. 国际上天然采光研究热点分析 [J]. 照明工程学报，2016，27（4）：95-104.

[82] 胡华，曾坚，马剑. 可持续的建筑天然采光技术 [J]. 新建筑，2006（5）：115-119.

[83] 王爱英，时刚. 天然采光技术新进展 [J]. 建筑学报，2003（3）：64-66.

[84] 周太明，等，照明设计 [M]. 复旦大学出版社，2015.

[85] 陈仲林，唐鸣放. 建筑物理（图解版）[M]. 北京：中国建筑工业出版社，2009.

[86] （英）理查德·哈代·阳光的疗愈力 [M]. 刘仲敬，译. 海口：海南出版社，2014.

[87] 郝洛西. 光＋设计 照明教育的实践与发现 [M]. 北京：机械工业出版社，2008.

[88] Robbins.Claude L..Daylighting [J].Van Nostrand Reinhold Co.，1986.

[89] William M.C. Lam.Sunlighting as Formgiver for Architecture[J].Van Norstrand Rein—hold Co. 1986.

[90] Wout van Bommel. Non-visual biological effect if lighting and the practical meaning for lighting for work [J]. Applied Ergonomics，2006（37）.

[91] David M Berson，Felice A Dunn，Motoharu Takao.Phototransduction by Retinal Ganglion Cells that Set the Cireadian Cloek[J].Science，2002，295（5557）：1070-1073.

[92] Forster RG，Hankins MW. Non-rod.Non-cone Photoreception in the Vertebrates[J]. Progress in Retinal and Eye Research，2002，21（6）：507-527.

[93] Berson DM.Strang Vision：Ganglion Cells as Circadian Photoreceptors [J].Trends in Neuroscience，2003，26（6）：314-320.

[94] W.J.M van Bommel，G. J. van den Beld. Ligthing for work：visual and biological effects [R]. Netherlands：Philips Lighting，2004.

[95] E. J. W Van Someren，A. Kessler，M. Mirmiran ed. Indirect light improves circadian rest-

activity rhythm disturbances in demental patients [J]. Biol.Psychiatry，1997（41）：955-963.

[96]　E. J. W Van Someren. Circadian rhythms and sleep in human aging [J] Chronobiol. Int. 2000，（17）：233-243.

[97]　C. J. Eastman，Circadian rhythms and bright light： recommendation for shift work[J]. Work Stress，1990（4）：245-260.

[98]　C. J. Eastman，S. K. Martin. How to use light and dark to produce circadian adaptation to night shift work [J]. Ann. Med，1999（31）：87-98.

[99]　陈仲林，杨春宇. 论健康照明 [J]. 重庆大学学报（自然科学版），2000（5）：93-95+103.

[100]　陈仲林，杨春宇，刘炜，建筑照明质量指标体系. 中国建筑学会建筑物理分会第八届年会 [J]. 2000.

[101]　刘炜，杨春宇，陈仲林，健康照明初探. 中国建筑学会建筑物理分会第八届年会 [J]. 2000.

[102]　陈仲林. 健康照明探讨 [J]. 重庆建筑大学学报，2000（1）：86-89.

[103]　Rosenthal N E，Sack D A，Gillin J C，et al.Seasonal Affective Disorder：A Description of the Syndrome and Preliminary Findings with Light Therapy [J].Arch Gen Psychiatry，1984，41（1）：72-80.

[104]　Rohan KJ，Meyerhoff J，Ho SY，Evans M，Postolache TT，Vacek PM. Outcomes One and Two Winters Following Cognitive-Behavioral Therapy or Light Therapy for Seasonal Affective Disorder [J]. American Journal of Psychiatry，2016.

[105]　Meyerhoff J，Rohan KJ. Treatment expectations for cognitive-behavioral therapy and light therapy for seasonal affective disorder： Change across treatment and relation to outcome [J]. Journal of Consulting & Clinical Psychology，2016，84：898.

[106]　章海聪. 照明科学新进展－眼睛的非视觉效应 [J]. 照明工程学报，2006，17（3）.

[107]　段然，基于植物生物节律的园林植物照明 [M]. 重庆：重庆大学出版社，2019.

[108]　姜汉侨，段昌群，等. 植物生态学 [M]. 第 2 版，北京：高等教育出版社，2010.

[109]　Kim H H，Goins G D，Wheeler R M，et al. Green-light supplementation for enhanced lettuce growth under red-and blue-light-emitting diodes [J]. Hortscience A Publication of the American Society for Horticultural Science，2004，39（7）：1617-22.

[110]　日本照明学会. 日本照明手册 [M]. 北京：中国建筑工业出版社，1985.

[111]　王雁，苏雪痕，彭镇华. 植物耐荫性研究进展 [J]. 林业科学研究，2002，15（3）：349-355.

[112]　Bertamini M，MuthuchelianK，Nedunchezhian N. Photoinhibition of photosynthesis in sun and shade grown leaves of grapevine（Vitis vinifera L.）[J]. Photosynthetica，2004，42（1）：7-14.

[113]　陈晓丽，杨其长，张馨，马太光，郭文忠，薛绪掌. LED 绿光补光模式对生菜生长及品质的影响 [J]. 中国农业科学，2017，50（21）：4170-4177.

[114] Giedre，Samuoliene. Light-emitting diodes：application inphotophysiology[Z]. Shanghai： FAST-LS，Engineering Research Center of Advanced Lighting Technology，Ministry of Education，Fudan University，2015.

[115] 陈晓丽，杨其长，马太光，薛绪掌，乔晓军，郭文忠. 不同频率 LED 红蓝光交替照射对生菜生长与品质的影响 [J]. 农业机械学报，2017，48（6）：257-262.

[116] Han，I.-S，W. Eisinger，T.-S. Tseng，and W. R. Briggs. Phytochrome A regulates the intracellular distribution of phototropin1-green fluorescent protein in Arabidopsis thaliana[J]. Plant Cell，2008，20：2835-2847.

[117] Tong，H.，C. D. Leasure，X. Hou，G. Yuen，W. R. Briggs，Z.-H. He. Role of root UV-B sensing in Arabidopsis early seedling development [J]. Proceeding of the National Academy of Sciences og the United States of America，2008，105（52）：21039-21044.

[118] Zhong-Hua Bian，Rui-Feng Cheng，Qi-Chang Yang1，and Jun Wang. Continuous Light from Red，Blue，and Green Light-emitting Diodes Reduces Nitrate Content and Enhances Phytochemical Concentrations and Antioxidant Capacity in Lettuce[J]. Journal of the American Society for Horticultural Science，2016，141（2）：186-195.

[119] Joshua R. Gerovac，Joshua K. Craver，et al. Light Intensity and Quality from Sole-source Light-emitting Diodes Impact Growth，Morphology，and Nutrient Content of Brassica Microgreens[M]. HortScience，2016，51（5）：497-503.

[120] 鲍顺淑，贺冬仙，郭顺星. 可控环境下光照时间对铁皮石斛组培苗生长发育的影响 [J]. 中国农业科技报，2007，9（6）：90-94.

[121] 别姿妍. 差异光周期下野牛草相连克隆分株生理代谢节律同步化 [D]. 北京：中国林业科学研究院，2014.

[122] Michael J. Haydon，Olga Mielczarek，Fiona C. Robertson，et al. Photosynthetic entrainment of the Arabidopsis thaliana circadian clock[J]. Nature，2013，502：689-692.

[123] 李跃，刘延吉. 果实花青苷代谢机制及调控技术研究 [J]. 安徽农业科学，2007，35（16）：4755-4777.

[124] 胡华，刘刚. 夜景照明与历史古典园林的保护和发展 [J]. 中国园林，2010，12：54.

[125] 刘刚，荣华，高大伟. 可持续发展的颐和园夜间开放策略 [J]. 中国园林，2011，5：65-67.

[126] 李凯历，徐浩，陆琦，夏超文. 上海夜公园游人活动照度需求研究 [J]. 中国园林，2015，8：105-109.

[127] Carmona R，Vergara JJ，Lahaye M，et al. Light quality affects morphology and polysaccharide yield and composition of Gelidiumsesquipedale（Rhodophyceae）[J]. Journal of Applied Phycology，1998（10）：323-332.

[128] TsukayaH，OhshimaT，NaitoS，Chino M，Komeda Y. Sugar-Dependent Expression of the CHS-A Gene for Chalcone Synthase from Petunia in Transgenic Arabidopsis.[J]. Plant

Physiology, 1991, 97（4）: 1414-1421.

[129] Kendrick, R.E., Kronenberg, G.H.M.. Photomorphogenesis in plants [M]. Kluwer: Academic Publishers, 1994.

[130] CoulterMW, Hamner KC.Photoperiodic flowering response of Biloxi soybean in 72-hour cycles. [J]. American Society of Plant Biologists, 1964; 39: 848-856.

[131] 李农，王钧锐. 植物照明的生态环保研究 [J]. 照明工程学报，2013，24（2）: 5-9.

[132] 文尚胜. LED 照明应用技术 [M]. 北京：电子工业出版社，2016，5.

[133] 李鹏飞，等. LED 照明产业现状与发展前景 [M]. 广州：南方出版社. 2015，5.

[134] CIE: 88-1990: Guide for the lighting of road tunnels and underpasses[S], CIE, 1990.

[135] CIE: 88-2004: Guide for the lighting of road tunnels and underpasses[S], CIE, 2004.

[136] 招商局重庆交通科研设计院有限公司. 公路隧道设计规范 第二册 交通工程与附属设施 JTG D70—2014 [S]. 北京：人民交通出版社，2014.

[137] CR 14380-2003: Lighting applications-Tunnel lighting[S]: CEN, 2003.

[138] 招商局重庆交通科研设计院有限公司. 公路隧道照明设计细则：JTG/T D70/2-01—2014 [S]. 北京：人民交通出版社，2014.

[139] 韩直，方建勤，等. 公路隧道节能技术 [M]. 北京：人民交通出版社，2009.

[140] 李铁楠. 城市道路照明设计 [M]. 北京：机械工业出版社，2007.

[141] Yang C, Yang P, Liang S, Wang T. The effects of illuminance and correlated colour temperature on daytime melatonin levels in undergraduates with sub-syndromal SAD[J]. Lighting Research & Technology, 2019.

[142] 梁树英，杨春宇，张青文. 基于青少年视觉发育的多媒体教室光环境研究动态 [J]. 照明工程学报，2018，29（6）: 11-15.

[143] 段然，杨春宇，苏加福. 园林照明对窄叶石楠光合指标的影响 [J]. 同济大学学报（自然科学版），2018，46（7）: 951-955.

[144] 杨春宇，汪统岳，陈霆，马俊涛. 基于光气候区的日照时数特征及变化规律 [J]. 同济大学学报（自然科学版），2017，45（8）: 1123-1130.

[145] 杨春宇，段然，马俊涛. 园林照明光源光谱与植物作用关系研究 [J]. 西部人居环境学刊，2015，30（6）: 24-27.

[146] 张青文，杨春宇，胡英奎，黄珂. 重庆地区的光气候研究 [J]. 照明工程学报，2011，22（5）: 21-28.

[147] 梁树英. 日光光谱与大气衰减影响下的建筑色彩定量方法研究 [M]. 北京：中国建筑工业出版社，2017.

[148] 蔡建奇，等. 视觉健康与光环境 [M]. 北京：中国标准出版社，2019，10.

[149] 邵左平，绿色照明工程 [J]. 电力建设，1997（9）.

[150] 翟国庆. 低频噪声 [M]. 杭州：浙江大学出版社，2013.

[151] Kang J. Numerical modelling of the speech intelligibility in dining spaces[J]. Applied

Acoustics，2002，63（12）：1315-1333.

[152] Building Bulletin 93 Acoustic Design of School. Department for Education and Skills，UK.

[153] Shield B，Dockrell J E. External and internal noise surveys of London primary schools[J]. Journal of the Acoustical Society of America，2004，115（2）：730-738.

[154] Hui Xie. Sound Environment in Critical Care[M]. Berlin：Springer，2020.

[155] Kang J. Urban Sound Environment[M]. London：Taylor & Francis Incorporating Spon，2006.

[156] Kang J. Acoustics of Long Spaces [M]. London：Thomas Telford，2002.

[157] Asdrubali F，D'Alessandro F，Schiavoni S. A review of unconventional sustainable building insulation materials [J]. Sustainable Materials & Technologies，2015，4：1-17.

[158] 方丹群 . 噪声控制工程学 [M]. 北京：科学出版社，2013.

[159] ISO 12913-1：2014 Preview Acoustics-Soundscape-Part 1： Definition and conceptual framework [S].International Organization for Standardization.

[160] Kang J，Aletta F，Gjestland T T，et al. Ten questions on the soundscapes of the built environment[J]. Building & Environment，2016，108：284-294.

[161] Kang J，Brigitte Schulte-Fortkamp. Soundscape and the Built Environment [M]. CRC Press，2016.

[162] 谢辉，邓智骁 . 基于循证设计的综合医院病房声环境研究——以宜宾市第二人民医院为例 [J]. 建筑学报，2017（9）：98-102.

[163] Garg，Naveen，Maji，Sagar. A critical review of principal traffic noise models： Strategies and implications[J]. Environmental Impact Assessment Review，2014，46：68-81.

[164] Xie H，Li H，Liu C，et al. Noise exposure of residential areas along LRT lines in a mountainous city[J]. Science of the Total Environment，2016，568：1283-1294.

[165] Xie H，Li H，Kang J . The characteristics and control strategies of aircraft noise in China[J]. Applied Acoustics，2014，84（10）：47-57.

[166] Francesco Asdrubali，Francesco D'Alessandro，Samuele Schiavoni. A review of unconventional sustainable building insulation materials[J]. Sustainable Materials and Technologies，2015，4.

[167] 温激鸿，蔡力，郁殿龙，等 . 声学超材料基础理论与应用 [M]. 北京：科学出版社，2019.

[168] Chang，Liu，et al. Effect of water content on noise attenuation over vegetated roofs：Results from two field studies[J]. Building and Environment，2018.

[169] Azkorra Z，Pérez，G，Coma J，et al. Evaluation of green walls as a passive acoustic insulation system for buildings[J]. Applied Acoustics，2015，89：46-56.

[170] Yu，Lei，Kang，Jian. Modeling subjective evaluation of soundscape quality in urban open spaces： An artificial neural network approach[J]. Journal of the Acoustical Society of

America，126（3）：1163.

[171]　Shilton S，Jones N，Werst T，et al. Common noise assessment methods in EU：CNOSSOS-EU（Part Ⅲ：Guidance for the competent use for strategic noise mapping purposes）[C]// 2010.

[172]　Brigitte Schulte-Fortkamp. The daily rhythm of the soundscape "Nauener Platz" in Berlin[J]. Acoustical Society of America Journal，2010，127（3）：1774.

[173]　刘江. 声景在场所营造中的应用——以意大利阿尔泰纳小镇声景设计为例 [J]. 城市规划，2016（10）：105-110.

[174]　张森，马蕙. 海河亲水空间声环境分析及声景观表现方式 [J]. 噪声与振动控制，2011，31（3）：115-119.

[175]　Haapakangas，A，Kankkunen，E，Hongisto，V，et al. Effects of Five Speech Masking Sounds on Performance and Acoustic Satisfaction. Implications for Open-Plan Offices[J]. Acta Acustica United with Acustica，97（4）：641-655.

[176]　燕翔，周庆琳. 国家大剧院建筑声学的创新应用 [J]. 建筑学报，2008（2）：68-71.

[177]　杨志刚. 流动的建筑悦耳的音色——哈尔滨大剧院的声学设计 [J]. 演艺科技，2016（1）：25-31.

[178]　中华人民共和国住房和城乡建设部. 民用建筑隔声设计规范：GB 50118—2020. 北京：中国建筑工业出版社，2020.

[179]　中华人民共和国住房和城乡建设部. 剧场建筑设计规范：JGJ 57—2016. 北京：中国建筑工业出版社，2016.

[180]　中华人民共和国住房和城乡建设部. 城市居住区热环境设计标准：JGJ 286—2013. 北京：中国建筑工业出版社，2014.

[181]　中国工程建设标准化协会. 医院建筑噪声与振动控制设计标准：T/CECS 669-220[S]. 北京：中国计划出版社，2020.

[182]　任超、吴恩融. 城市环境气候图——可持续城市规划辅助信息系统工具 [M]. 北京：中国建筑工业出版社，2011.

[183]　任超. 城市风环境评估与风道规划——打造"呼吸城市" [M]. 北京：中国建筑工业出版社，2016.